高等学校教材

制冷与低温技术原理

（第2版）

吴业正　厉彦忠　主编

中国教育出版传媒集团
高等教育出版社·北京

内容提要

本书是在第 1 版(普通高等教育"十五"国家级规划教材)的基础上修订而成的。

本书比较全面地讲述了制冷与低温技术的原理,包括系统的组成、热力学原理、循环计算,制冷机特性的理论分析和计算,以及热交换器等。按照制冷温度不同,本书分为制冷原理篇和低温原理篇两部分。制冷原理篇以蒸气压缩式制冷为主,并涉及固态制冷、CO_2 制冷、热交换过程及换热器、载冷与蓄冷等内容。低温原理篇重点介绍了气体的液化循环、混合气体的低温分离等,包括氢气液化、氦气液化、天然气液化技术等。为了便于读者将所学理论知识应用于实际,在一些章节中还有计算举例供读者参阅。

本书可作为高等学校能源动力类本科生的专业教材,也可供制冷及低温工程学科的研究生和从事此领域工作的科研和工程技术人员参考。在适当选择章节后,亦可用作专门讲授制冷原理及技术的教材,或专门讲授低温原理及技术的教材。

图书在版编目(CIP)数据

制冷与低温技术原理 / 吴业正,厉彦忠主编. --2 版. -- 北京:高等教育出版社,2023.9

ISBN 978-7-04-060770-3

Ⅰ. ①制… Ⅱ. ①吴… ②厉… Ⅲ. ①制冷工程-高等学校-教材②低温工程-高等学校-教材 Ⅳ. ①TB6

中国国家版本馆 CIP 数据核字(2023)第 125389 号

Zhileng yu Diwen Jishu Yuanli

策划编辑 宋 晓　　责任编辑 宋 晓　　封面设计 王 洋　　版式设计 马 云
责任绘图 于 博　　责任校对 高 歌　　责任印制 刁 毅

出版发行	高等教育出版社	网　　址	http://www.hep.edu.cn
社　　址	北京市西城区德外大街 4 号		http://www.hep.com.cn
邮政编码	100120	网上订购	http://www.hepmall.com.cn
印　　刷	中农印务有限公司		http://www.hepmall.com
开　　本	787 mm×960 mm　1/16		http://www.hepmall.cn
印　　张	29	版　　次	2004 年 8 月第 1 版
字　　数	520 千字		2023 年 9 月第 2 版
购书热线	010-58581118	印　　次	2023 年 9 月第 1 次印刷
咨询电话	400-810-0598	定　　价	58.00 元

物 料 号　60770-00

制冷与低温技术原理

（第2版）

吴业正　厉彦忠　主编

1 计算机访问http://abook.hep.com.cn/1226345，或手机扫描二维码、下载并安装Abook应用。

2 注册并登录，进入“我的课程”。

3 输入封底数字课程账号（20位密码，刮开涂层可见），或通过Abook应用扫描封底数字课程账号二维码，完成课程绑定。

4 单击“进入课程”按钮，开始本数字课程的学习。

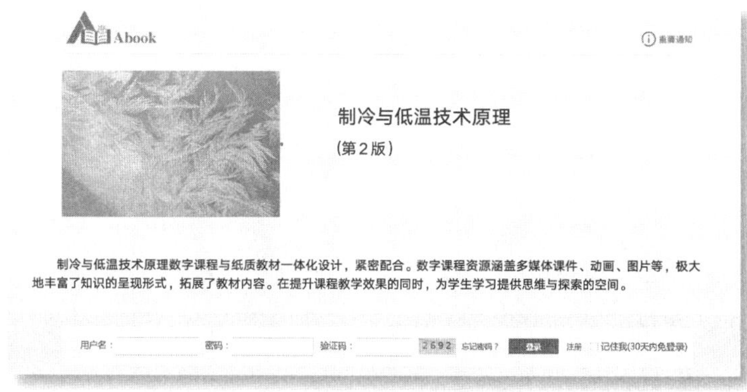

课程绑定后一年为数字课程使用有效期。受硬件限制，部分内容无法在手机端显示，请按提示通过计算机访问学习。

如有使用问题，请发邮件至abook@hep.com.cn。

http://abook.hep.com.cn/1226345

第2版前言

本书第1版于2004年出版，作为能源动力类专业核心课程教材被国内高等学校广泛使用，同时也为涉及制冷与低温技术的其他相关专业师生、科研工作者和工程技术人员提供参考。多年来，我们收到了许多来自高校和其他使用单位的反馈信息，除对本书的肯定和赞誉之外，还有对本书的使用体会以及建议和意见，我们对这些反馈信息倍加珍惜、高度重视，将其作为本次修订的重要依据和改进方向。

近20年来，制冷与低温技术有了长足发展，从制冷方法到技术应用都有了新的拓展和提升，相关新技术、新工艺也有显著的突破。制冷与低温技术在国民经济建设中得到了越来越广泛的应用，从传统行业到高新技术领域，从日常生活到新能源开发，从国防科技到人们生命健康，制冷与低温技术的作用日显重要，本书的修订也在这个大前提下显得更加迫切。跟踪新技术发展，向读者展示新技术内容和研究热点知识是本书修订的主要目的。

为适应和跟踪新技术的发展，本书在第1版的基础上做了较大改进，重点修订了近年来有关制冷与低温技术的新方法、新技术、新应用等内容，如制冷技术中突出了带喷射器的制冷循环、CO_2制冷循环、固态制冷技术、新型制冷剂等；根据制冷设备工艺技术的进步，增补了准二级压缩制冷循环、回热循环以及新型换热设备的介绍。低温原理篇强化了氢液化与氦液化基本技术原理的阐述，以适应当前氢能发展和氦资源开发的需要。突出了氢液化循环中正-仲转化新型工艺方法以及超流氦换热基本特点的论述与介绍，增加了空气中稀有气体低温分离技术的介绍，满足当前对低温技术应用和稀有气体资源开发利用的迫切需求。限于篇幅,删除了第 1 版中部分关注度不高和应用不广泛的内容,如吸收式制冷机等。在内容编排上也有较大幅度调整,因制冷技术原理和低温技术原理的基本循环方式有所不同,相关技术面向的应用领域也有很大差异,所以本书结合教学实践将制冷技术和低温技术分开介绍。此外,由于计算机技术以及相应软件的广泛应用和普及,不再保留第 1 版附录中制冷剂的热力性质表。这些调整安排使得本书在编写方面更具特色,重点突出、层次分明,会更加便于教学的实施。书中配置了部分循环过程、设备等的动画,可扫二维码查看;配套的多媒体课件也同步更新,可供选用。

本书共分 9 章,第 1 章绪论,基本保持第 1 版内容不变,介绍制冷与低温技术包含的内容、应用以及发展历史。第 2~5 章为制冷技术原理部分,第 6~9 章为低温技术原理部分。读者可以根据需要选学部分内容。本书的修订工作具体分工如下:鱼剑琳(第 1 章、第 2 章)、晏刚(第 3 章)、钱苏昕(第 4 章、第 5 章)、厉彦忠(第 6 章、第 8 章)、文键(第 7 章)、李翠(第 9 章),厉彦忠负责全书的统稿。本书基本保留了第 1 版原有的写作框架和风格,保留了大部分原有内容。在本次修订的具体工作中,每个人所承担的修订内容存在交叉,大家在通力协作中共同完成。

本书由北京科技大学王立教授审阅,王立教授对本书的修订给予了大力支持和帮助,对各章内容进行了细致的审查,提出了许多宝贵的指导性意见和修改建议,在此向王立教授致以衷心的感谢。

由于作者水平有限,对新技术信息掌握不够全面,书中难免出现遗漏或不妥之处,敬请读者批评指正。

编者

2023 年 2 月于西安

第1版前言

近20年来，制冷和低温技术得到了飞速的发展和广泛的应用。从人们的日常生活到国民经济各部门，从传统产业到高新技术产业，从国防科技到航空航天，到处都离不开制冷、低温技术及其设备。制冷和低温技术的快速发展带来了对该领域专业人才需求的持续增长，为了适应人才培养和学科发展的需要，我们编著了本书。

随着科学技术的发展，人们对事物的本质、人类与自然之间的相互关系有了更多、更深刻的了解，于是能源、环境保护等方面的问题受到了格外的重视。制冷和低温学科与之关联甚为密切，因而其内涵也随之得到深层次的开拓，并在本书中得到适当的反映。

首先，书中对影响环境质量的工质问题给予了应有的重视，将截至定稿时为止的主要替代工质问题做了介绍，体现了教科书应尽量反映成熟的科技成果的责任。其次，电子技术的飞速发展，使计算机在辅助设计方面的功能大为扩展，也使系统的控制得到质的飞跃，这在本书中受到重视。例如，书中提供了制冷热物理过程仿真、编程设计所需要的计算公式及各种图表资料，介绍了一些控制系统流量的热电元件，使教科书的质量能随科学技术的发展而提高。第三，本书还收入了一些近年来制冷和低温技术理论与实践方面的成就，如载冷与蓄冷技术的新进展、纳米流体强化传热的研究，用以帮助提高读者的理论修养和实践能力。

与以往的制冷教材和著作相比，本书的一个重要变化是按照国家标准的规定改变了一些基本物理量的符号。例如：制冷中最基本的物理量之一“制冷量”（单位为W），过去用 Q_0 表示，但按照国家标准，符号 Q_0 只能用来表示单位为 J 的热量。因此，参照 GB/T 7725—96《房间空气调节器》中采用的符号，将 Q_0 改成 ϕ_0。类似地，将一些表示“热流量”的参数，如冷凝器热负荷 Q_h（单位为 W）改成 ϕ_h。

本书由吴业正主编，各章的执笔分别是：西安交通大学吴业正（第一章、第五章），西安交通大学朱瑞琪（第二章的 2.1～2.3、第三章、第七章），西安交通大学李新中（第二章的 2.4 和 2.5、第八章），西安交通大学厉彦忠（第四章、第九章），清华大学李俊明（第六章）。

书后所附多媒体课件（光盘）由西安交通大学吴业正、熊联友、晏刚、侯予、王瑾和张玉文合作开发研制。课件内容包括重点内容素材的 pdf 文件，内部有指向相应动画的链接；动画素材也可单独使用；附录中有制冷低温工程中常用的物性图。

本书由中国工程院王浚院士审阅，他在审稿过程中提出了十分宝贵的意见；西安建筑科技大学杨磊教授对内容提出了书面意见；西安交通大学讲师晏刚、研究生马贞俊在稿件处理方面做了不少工作。在此一并表示衷心的感谢。

本书编写过程中参考了许多教授、专家的论著，部分参考文献列在每一章的后面。

由于水平所限，书中难免有不妥之处，敬请读者指正。

作者

2003 年 6 月于西安

目 录

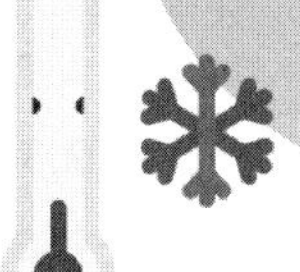

低温原理篇

主要符号表

拉丁字母

a	汽化率;循环倍率;声速,m/s;热扩散率,m^2/s
A	表面积,m^2
c	比热容,kJ/(kg · K);流速,m/s
COP	性能系数
d	含湿量,kg/kg(干空气);直径,m
D	直径,m;
E	补偿能
f	吸收器稀溶液再循环倍率;阻力系数;频率,Hz
g	重力加速度,m/s^2
G	质量流率,kg/(m^2 · s)
h	比焓,kJ/kg;对流换热系数,W/(m^2 · K)
H	高度,m
k	传热系数,W/(m^2 · K)
m	质量,kg
M	摩尔质量,kg/mol
n	转速,r/min
p	压强,压力,Pa
Δp	压力损失
P	功率,W
q	热负荷,W/m^2;单位制冷量,kJ/kg 或 kJ/m^3
q_m	质量流量,kg/s

Q	热量,J
r	汽化潜热,kJ/kg
R	气体常数,kJ/(kg · K);热阻,K/W
s	比熵,J/(kg · K)
S	熵,J/K
t	摄氏温度,℃
T	热力学温度,K
u	比内能,J/kg
U	内能,J
v	比体积,m^3/kg
V	体积,m^3
W	功,J
w	质量分数;比功,J/kg;容积比功,J/m^3
x	干度,摩尔分数
y	摩尔分数
z	压缩因子
Z	液化系数

希腊字母符号

β	肋化系数
ρ	密度,kg/m^3
ϕ	制冷量,W;化学势
η	效率
π	压力比
λ	导热系数,W/(m · K);容积效率(输气系数)
μ	动力黏度,Pa · s
υ	运动黏度,m^2/s
ξ	高低压级压缩机的理论输气量之比;析湿系数
σ	表面张力,N/m
δ	表示液空进料的含液率;厚度,m
φ	相对湿度;平面角,rad;回收率(分离度);体积分数
Ω	立体角,sr

下标

a	空气
ave	平均
b	纵向
C	压缩机
c	横向,卡诺循环,冷侧
cr	临界
d	露点
D	低压级
e	电,当量
ex	热交换器
E	蒸发,膨胀
f	流体,自由度
G	高压级
H	高压(温),热泵
i	内侧
j	当量
k	冷凝状态
l	单位长度,液相
L	低,理论
m	平均
max	最大
min	最小
M	常温(压)
o	蒸发状态,外侧
p	等压过程
pr	实际过程
R	制冷
s	绝热,饱和,固相
th	节流
tr	三相点
v	气相
w	污垢

第1章 绪论

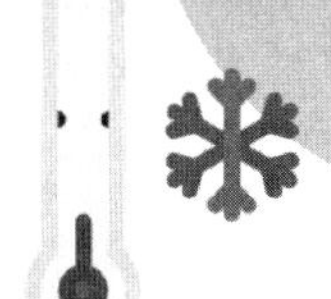

制冷与低温技术是为适应人们对低温条件的需要而产生和发展起来的。

在日常生活和长期的生产实践中，人们发现许多现象都与温度有密切关系。人体对温度相当敏感，炎热条件下希望降温以提供适宜的工作和生活环境。所有生物过程都受温度影响，低温可抑制食品发酵、霉菌的增殖，对食品保鲜起重要作用。材料的某些重要特性与温度有关：如机械材料具有冷脆性，塑料、橡胶也有同样的性质；又如金属的导电性随温度下降而提高，有些纯金属或合金当温度降低到某一数值时出现超导性。人为地利用这些特性，需要人工创造低温环境。通过降温产生物态变化，可以使混合气体分离、气体液化。扩散和化学反应与温度也有直接关系，许多生产工艺过程中温度对产品性能和质量有很大影响。空间和遥感遥控技术更是与制冷技术联系紧密。

综上所述，随着科学技术的发展以及人民生活水平的不断提高，制冷与低温技术在工业、农业、国防、科学研究等国民经济各个部门中的作用和地位日益重要。

1.1 制冷的定义

制冷是指用人工的方法在一定时间和一定空间内将物体冷却，使其温度降低到环境温度以下，保持并利用这个温度。

按照所获得的温度，通常将制冷的温度范围划分为以下几个领域：从环境温度到 120 K 为普冷;120~0.3 K 为深冷(又称低温);0.3 K 以下为极低温。

由于温度范围不同,所采用的降温方式,使用的工质、机器设备以及依据的具体原理有很大差别。

1.2 制冷与低温技术的研究内容及应用

1.2.1 制冷与低温技术的研究内容

制冷与低温技术的研究内容可以概括为以下四个方面:

1) 研究获得低于环境温度的方法、机理以及与此对应的循环,并对循环进行热力学的分析和计算。

2) 研究循环中使用工质的性质,从而为制冷机和低温装置提供合适的工质。因工质在循环中发生状态变化,所以工质的热物理性质是进行循环分析和计算的数据基础。此外,为了使这些工质能实际应用,还必须掌握它们的一般物理、化学性质。

3) 研究气体的液化和分离技术。例如液化氧、氮、氢、氦等气体,将空气或天然气液化、分离,均涉及一系列的制冷和低温技术。

4) 研究所需的各种机械和设备,包括它们的工作原理、性能分析、结构设计。此外,还有热绝缘问题、装置的自动化问题等。

上述前三个方面构成制冷与低温技术原理的基本研究内容,第四方面涉及具体的设备和装置。

1.2.2 制冷与低温技术的应用

制冷和低温技术最早用来保存食品和降低房间温度。随着技术和社会文明的进步,其应用几乎渗透到生产技术、科学研究的各个领域,并在改善人类的生活质量方面发挥巨大作用。

(1) 商业及人民生活

食品冷冻、冷藏和舒适性空气调节是制冷技术应用最广泛的领域。

商业制冷主要用于各类食品冷加工、冷藏贮存和冷藏运输,使之保质保鲜,满足各个季节市场销售的合理分配,并减少生产和分配过程中的食品损耗。现代的食品工业,从生产、贮运到销售,有一条完整的“冷链”。所使用的制冷装置有:各种食品冷加工装置、大型冷库、冷藏汽车、冷藏船、冷藏列车、分配性冷库,供食品零售商店、食堂、餐厅使用的小型装配式冷库、冷藏柜、各类冷饮设备、食品冷藏冷冻展示柜,家庭用的电冰箱。

舒适性空气调节为人们创造适宜的生活和工作环境。如家庭、办公室用的局部空调装置或房间空调器;车站、机场、宾馆、商厦、影剧院、游乐厅、办公楼等使用的集中式空调系统;各种交通工具,如轿车、客车、飞机、火车、船舱等的空调设施;文物保藏环境的空气调节装置等。

体育、游乐场所除采用制冷提供空气调节外,还将其用于建造人工冰场。我国人工冰场原集中在东北、华北,现在南方城市也相继建造了新型人工冰场。

(2) 工业生产及农牧业

许多生产场所需要生产用空气调节系统,例如高温生产车间、纺织厂、造纸厂、印刷厂、胶片厂、精密仪器车间、精密加工车间、精密计量室、计算机房等的空调系统,为各生产环境提供恒温、恒湿条件,以保证产品质量或机床、仪表的精度。

机械制造中,对钢进行低温处理可以改变其金相组织,使奥氏体变成马氏体,以提高钢的硬度和强度。在机器的装配过程中,利用低温进行零件的过盈配合。化学工业中,借助于制冷使气体液化、混合气分离,带走化学反应中的反应热。盐类结晶、润滑油脱脂、石油裂解、合成橡胶、生产化肥均需要制冷。在钢铁工业中,高炉鼓风需要用制冷的方法先除湿,再送入高炉,以降低焦铁比、提高铁水质量。

在农牧业中,利用低温对农作物种子进行低温处理;保存良种牲畜的精液,以便进行人工授精。在交通运输业中,已有采用压缩天然气的汽车。因液化天然气存储体积小、能量密度大,今后液化天然气的发展必定更具优势。

(3) 建筑工程

在挖掘矿井、隧道,建造江河堤坝时,或者在泥沼、沙水中掘进时,采用冻土法保持工作面,避免坍塌和保证施工安全。搅拌混凝土时,用冰代替水,借冰的熔化热补偿水泥的固化反应热,这在制作大型混凝土构件时十分必要,可以有效地避免大型构件因散热不充分而产生内应力和裂缝等缺陷。

英吉利海峡隧道是世界上最长的海底隧道。当列车以 160 km/h 的速度穿过隧道时,隧道内空气温度将上升到 49~55 ℃,必须进行降温处理。为此采用了 8 套冷水机组,分装在隧道两侧,供隧道降温,每套机组的能力达到 6 000~7 000 kW。

(4) 科学研究

科学研究往往需要人工的低温环境。例如:为了研究高寒条件下使用的发动机、汽车、坦克、大炮的性能,需要先在相应的环境条件下作模拟试验;航天仪表、火箭、导弹中的控制仪,也需要在地面作模拟高空环境下的性能试验。低温、低压环境实验装置为这类试验提供了条件。

气象科学中,云雾室需要-45~30 ℃的温度条件。云雾室用于人工气候实验,研究雨滴、冰雹的增长过程,各种催化方法及扰动对云雾的宏观、微观影响,模拟云的物理现象,等等。

(5) 医疗卫生

冷冻医疗是可靠、安全、有效、易行和经济的治疗方法,特别是用于治疗恶性肿瘤。用局部冷冻配合手术有很好的治疗效果,如肿瘤、扁桃体切除,心脏、皮肤、眼球移植,心脏大血管瓣膜冻存和移植,手术时的低温麻醉。细胞组织、疫苗、药品的冷保存,用真空冷冻干燥法制作血干、皮干,等等。可以说,现代医学已离不开制冷技术。

(6) 工业气体

各类工业生产过程需要大量工业气体,如钢铁冶炼、煤化工等工业需要氧气,焊接需要氩气,合成氨、玻璃生产等需要氮气,这些气体均来自空气。从空气中获取氧气、氩气、氮气的过程称为空气分离。通过低温分离方法实现空气分离是最主要的技术手段。依靠低温技术将天然气液化,也可以从中分离出所需要的气体组分。工业技术的快速发展对工业气体的需求加速了气体低温液化与分离技术的进步。

(7) 空间技术

火箭推进器所需的液态氧气和液态氢气是在低温下制取的。配合人造卫星发射和使用的红外技术也离不开低温环境。红外探测器只有在低温条件下才能获得优良的探测结果。这就促进了辐射制冷器、固体制冷器、G-M 制冷机和维勒米尔制冷机的发展。

用液态氮气、液态氦气做冷源的低温泵可通过冷凝密闭容器内的气体使其达到高真空,在航天器的地面模拟试验中起重要作用。而以微型制冷机与真空系统组成的低温泵,广泛应用于高真空技术,不但在空间技术中应用,而且在低温物理研究中起重要作用。

(8) 低温物理研究

低温技术提供的低温获得和低温保存的方法,为低温物理学的研究创造了条件,使低温声学、低温光学、低温电子学等一系列学科得到发展。超导现象的发现和超导技术的发展也与制冷技术的发展分不开,在研究超导体时发现的约瑟夫森效应,促进了超导技术在弱磁方面的应用。此外,^{3}He 液化与^{4}He 超流动性中一些物理特性的研究,均在很低的温度下进行。

表 1-1 列出了制冷和低温技术的一些应用范围。

表 1-1 制冷和低温技术的应用

温度范围		应用举例
T/K	t/℃	
300～273	27～0	热泵、冷却装置、空调装置
273～263	0～-10	苛性钾结晶，冷藏运输、运动场的滑冰装置
263～240	-10～-33	冷冻运输、食品长期保鲜、燃气（丙烷等）液化装置
240～223	-33～-50	滚筒装置的光滑冻结、矿井工作面冻结
223～200	-50～-73	低温环境实验室、制取固体 CO_2（干冰）
200～150	-73～-123	乙烷、乙烯液化，低温医学和低温生物学
150～100	-123～-173	天然气液化
100～50	-173～-223	空气液化、分离，稀有气体分离，合成气分离，氢及氩气还原，液氧、液氮、空间低温环境模拟（热沉）
50～15	-223～-258	氖和氢液化，宇航员出舱空间真空环境模拟（氦低温泵）
15～4	-258～-269	超导、氦液化
4～10^{-6}	-269～-273.15	^{3}He 的液化、^{4}He 超流动性、Josephson 效应、测量技术、物理研究、量子计算

1.3 制冷与低温技术发展历史简介

现代制冷技术是 18 世纪后期发展起来的。在此之前，人们就已懂得冷的利用。我国古代就有人用天然冰冷藏食品和防暑降温。马可·波罗在他的著作《马可·波罗游记》中，对中国制冷和造冰窖的方法有详细的记述。

1755 年，爱丁堡的化学教师库仑利用乙醚蒸发使水结冰。他的学生布拉克从本质上解释了融化和汽化现象，提出了潜热的概念，并发明了冰量热器，标志着现代制冷技术的开始。

在普冷方面，1834 年，发明家波尔金斯造出了第一台以乙醚为工质的蒸气压缩式制冷机，并正式申请了英国第 6662 号专利。这是后来所有蒸气压缩式制冷机的雏形，但使用的工质是乙醚，容易燃烧。到 1875 年卡利和林德用氨作制冷剂，从此蒸气压缩式制冷机开始占据统治地位。

在此期间，空气绝热膨胀会显著降低空气温度的现象开始用于制冷。1844 年，医生高里用封闭循环的空气制冷机为患者建立了一座空调站，空气制冷机使他一举成名。威廉·西门斯在空气制冷机中引入了回热器，提高了制冷机的性能。

1859 年，卡列发明了氨水吸收式制冷系统，申请了原理专利。

1910 年左右，马利斯·莱兰克发明了蒸气喷射式制冷系统。

到 20 世纪，制冷技术有了更大发展：全封闭制冷压缩机的研制成功（美国通用电气公司），米里杰发现氟利昂制冷剂并用于蒸气压缩式制冷循环以及混合制冷剂的应用，伯宁顿发明回热式除湿器循环以及热泵的出现，均推动了制冷技术的发展。

在低温方面，1877 年卡里捷液化了氧气；1895 年，林德液化了空气，建立了空气分离设备；1898 年，杜瓦用液态空气预冷氢气，然后用绝热节流使氢气成为液体，温度降至 20.4 K；1908 年，卡末林·昂纳斯用液态空气和液态氢预冷氦气，再用绝热节流将氦液化，获得 4.2 K 的低温。杜瓦于 1892 年发明的杜瓦瓶，用于贮存低温液体，为低温领域的研究提供了重要条件。

1934 年，卡皮查发明了先用膨胀机将氦气降温，再用绝热节流使其液化的氦液化器；1947 年，柯林斯采用双膨胀机于氦的预冷。大部分的氦液化器现已采用膨胀机，在制冷技术的开发和实际使用中获得广泛的应用。

新的降低温度方法的发明扩大了低温的范围，并进入了超低温领域。德拜和焦克分别在 1926 年和 1927 年提出了用顺磁盐绝热退磁的方法获取低温，应用此方法获得的低温现已达到 $1\times10^{-3}\sim5\times10^{-3}$ K；由库提和西蒙等提出的核子绝热去磁的方法可将温度降至更低，库提用此法于 1956 年获得了 20×10^{-3} K 的低温。1951 年，伦敦提出并于 1965 年研制出的 $^{3}He-^{4}He$ 混合液稀释制冷法，可达到 4×10^{-3} K；1950 年，泡墨朗切克提出利用压缩液态 ^{3}He 的绝热固化的方法，可使低温达到 1×10^{-3} K。

更近期的制冷技术发展主要缘于世界范围内对食品、舒适和健康方面，以及在空间技术、国防建设和科学实验方面的需要，从而使这门技术在 20 世纪的后半期得到飞速发展。受微电子、计算机、新型原材料和其他相关工业领域的技术进步的渗透和促进，制冷技术取得了一些突破性的进展，同时也面临一场新的挑战。突破性的进展表现在以下几个方面。

（1）微电子和计算机技术的应用

“机电一体化”浪潮给制冷技术以巨大推动。

基础研究方面:计算机仿真制冷循环始于1960年。如今,普冷和低温领域中的各种循环,如焦-汤节流制冷循环(J-T循环)、斯特林制冷循环、维勒米尔循环(VM循环)、吉福特-麦克马洪循环(G-M循环)、索尔文循环(SV循环)、逆向布雷顿循环、脉管式循环、吸收式制冷循环、热电制冷循环,利用声制冷、光制冷、化学方法制冷的各种循环,以及各种新型的混合型循环,如热声斯特林发动机驱动小型脉管制冷机的循环均广泛应用计算机仿真技术于循环研究。研究制冷系统的热物理过程、系统及部件的稳态和瞬态特性以及单一工质和混合工质的性质等,也离不开微电子和计算机技术的应用。

在制冷产品的设计制造上,计算机现已广泛用于产品的辅助设计和制造(CAD,CAM),例如结构零件设计的有限元法和有限差分法,以及用计算机控制精密机械加工等。

计算机和微处理器对制冷技术的最大影响在于高级自动控制系统的开发。这是一项综合技术,涉及先进的控制方法、可靠的集成块芯片、专门的控制模块及精良的传感器。当前制冷系统采用计算机控制已极为普遍,控制模式正在发生变化,已由简单的机械式控制发展到综合控制。

(2) 新材料在制冷产品上的应用

陶瓷及陶瓷复合物(如熔融石英、稳定氧化锆、硼化钛、氧化硅等)具有一系列优良性质:比钢轻、强度和韧性好、耐磨、导热系数小、表面光洁。将陶瓷用烧结法渗入溶胶体制成零件或用作零件的表面涂釉,可改善零件的性能。

聚合材料(工程塑料、合成橡胶和复合材料)用于制冷产品中作为电绝缘材料、减振件和软管材料;利用聚合材料的热塑性,以新工艺通过热定型的方法制造压缩机中的复杂零件(转子、阀片等)。这些新材料的应用,带来产品性能、寿命的提高和成本的降低。

(3) 机器、设备的发展

为满足各种用冷的需要,新产品不断推出,商品化程度不断提高。

压缩机以高效、可靠、低振动、低噪声、结构简单、成本低为追求目标,由往复式向回转式发展。如新型螺杆式压缩机、涡旋式压缩机、摆线式压缩机等,都具有优良特性和竞争力。

在压缩机的驱动装置上,将变频器用于空调、热泵及集中式制冷系统的变速驱动,带来了节能效果。

在低温机器和设备方面,前述各种低温循环虽早已提出,但近年来生产开发的产品在温度、制冷量、启动速度、可靠性、能耗、体积等方面均有长足的进步。现在,氦液化器多数为膨胀型,中型的为双膨胀机组成的柯林斯机器,大型的采用透平膨胀机。辐射制冷、固态制冷已经实际应用。利用^3He-^4He混合稀释制冷原理的低温制冷机已经商品化,可作为磁制冷机的预冷设备。各种气体分离设备、热交换器、低温恒温器也在高效、紧凑、可靠等方面取得很大的进展。

(4) 工质

继氟利昂和共沸混合工质之后,由于 1970 年石油危机,节能被提到重要地位,开发出一系列引人注目的非共沸工质,取得了节能的效果,满足了一些特定需要。

由于臭氧损耗和温室效应引起了严峻的环境保护问题,20 世纪 80 年代末开始全球禁止 CFCs 物质,进而波及 HCFCs 类物质,这既是一次历史性的冲击,同时又提供了新的发展机遇。自 1990 年起,制冷剂开始进入以臭氧损耗潜值(ozone depletion potential,ODP)为零的 HFCs 类物质为主的时期。虽然 HFCs 制冷剂的 ODP 为零,但其仍属于温室气体,它的全球变暖潜能值(global warning potential,GWP)很高。自 2016 年起,为应对全球气候变暖的形势要求,零 ODP 和低 GWP(150 以下)制冷剂已成为制冷剂的发展新方向。因此,回归自然工质的使用、研究新的环保性制冷剂,同时发展各类混合制冷剂广受关注。近年来,在替代工质开发及其热物理性质研究方面取得的成就即是证明。

伴随着材料科学与技术的不断发展,采用各类固态工质的制冷技术一直也处于研究发展中。其中,基于热电材料的热电制冷技术已经实用化,在电子冷却和小型制冷装置等方面获得了广泛应用。近十多年来,基于各种固态相变材料的磁热效应、弹热/压卡效应、电卡效应等的新型固态相变制冷技术受到广泛关注。磁制冷、弹热制冷、电卡制冷等固态制冷技术为制冷技术的发展提供了新思路。

当工质处于很低温度时,其量子特性变得十分重要,必须考虑其量子效应。超流氦制冷(如 1.8 K)在低温超导领域得到越来越多的应用,mK 级温度的制冷也为光量子通信技术提供了冷却条件。此时,制冷循环的热力性能不同于经典制冷循环的表达方式。相关内容的基础研究和应用研究都在同步进行中。

制冷和低温技术是充满勃勃生机的学科和工业技术,巨大的市场增长潜力和新技术的交叉渗透为它开辟了广阔的发展天地。

参考文献

[1] 吴业正,韩宝琦,朱瑞琪. 制冷原理及设备[M].2 版. 西安:西安交通大学出版社,1997.

[2] 张祉祐,石秉三. 制冷及低温技术[M]. 北京:机械工业出版社,1981.

[3] ASHRAE. ASHRAE handbook of fundamental[M]. Atlanta:ASHRAE Inc,1996.

[4] STOECKER W F. Refrigeration and air condition[M]. New York:McGraw-Hill Publishing Company Ltd,1983.

[5] BACKHAUS S,SWIFT G W. A thermoacoustic stirling heat engine[J]. Nature,1999,399:335-338.

[6] 杨惠山. 量子斯特林制冷机的回热特性[J]. 低温与超导,2003,31(1):39-41.

[7] YU B F,WU Y Z,WANG Z G. Phase-out and replacement of CFCs in China[J]. Bulletin of IIR,2000,(1):3-12.

[8] 何济州. 以理想玻色气体为工质的量子 Ericsson 制冷循环[J]. 低温与超导,2001,29(4):28-32.

[9] 程文龙,陈则韶,胡芃. 一种新的制冷工质性质的通用四参数预测方法[J]. 制冷学报,2001,(1):1-6.

[10] 查世彤,马一太,王景刚等. CO_2 - NH_3 低温复叠式制冷循环的热力学分析与比较[J]. 制冷学报,2002,(2):15-19.

[11] 成珂,李新中,束鹏程,等. 蒙特卡洛法计算 G 型辐射器抛物面屏耦合因子的研究[J]. 制冷学报,2003,24(1):23-27.

[12] HOWELL J R. The Monte Carlo method in radiative heat retransfer[J]. J. Heat Transfer,1998,120(3):547-560.

[13] 陈家富,严善仓,赵东辉. 10 W/20 K、80 W/80 K G-M 制冷机的设计与研究[J]. 低温与超导,2003,31(1):13-15.

[14] KUWAHARA N,BAJAJ S V,CASTRO L N. Liquefied natural gas supply optimization [J].Energy Coversion & management,2000,41:153-161.

[15] 陈曦,厉彦忠,王强,等. 液化天然气汽车的发展优势[J]. 低温与超导,2002,30(4):44-48.

[16] MA W B,DENG S M. Theoretical analysis of low-temperature hot source driven two-stage LiBr/H_2O absorption refrigeration system[J]. Int. J. Refrig,1996,19(2):141-146.

[17] 陈茂平. $CaCl_2$ NH_3 工质对化学吸附制冷的研究[D]. 西安:西安交通大学,2003.

[18] 袁作斌. 新世纪中国低温医学的发展[J]. 制冷学报,2000,(4):7.

[19] 华泽钊,任禾盛. 低温生物医学技术[M]. 北京:科学出版社,1994.

[20] FOUNTAIN D R M,HIGGIUS N,et al. Liquid nitrogen freezers:a potential source of microbial contamination of hemopoietic stem cell components [J]. Transfusion, 1997, 37 (16):585-591.

[21] WU D,HU B,WANG R Z. Vapor compression heat pumps with pure low-GWP refrigerants [J]. Renewable and Sustainable Energy Reviews,2021,138:110571.

[22] HEREDIA-ARICAPA Y, Belman-Flores J M, Mota-Babiloni A, et al. Overview of low GWP mixtures for the replacement of HFC refrigerants:R134a,R404A and R410A[J]. International Journal of Refrigeration,2020,111:113-123.

[23] ISLAM A M, MITRA S, THU K, et al. Study on thermodynamic and environmental effects of vapor compression refrigeration system employing first to next-generation popular refrigerants [J]. International Journal of Refrigeration, 2021, 131: 568-580.

[24] NAIR V. HFO refrigerants: A review of present status and future prospects[J]. International Journal of Refrigeration, 2021, 122: 156-170.

[25] TWAHA S, ZHU J, YAN Y Y, et al. A comprehensive review of thermoelectric technology: materials, applications, modelling and performance improvement[J]. Renewable and Sustainable Energy Reviews, 2016, 65: 698-726.

[26] GRECO A, APREA C, MAIORINO A, et al. A review of the state of the art of solid-state caloric cooling processes at room-temperature before 2019[J]. International Journal of Refrigeration, 2019, 106: 66-88.

[27] 钱苏昕，袁丽芬，晏刚，等．弹热制冷技术的发展现状与展望[J]．制冷学报，2018，39(1): 1-12.

[28] 李子超，施骏业，陈江平，等．电卡制冷材料与系统发展现状与展望[J]．制冷学报，2021，42(1): 1-13.

制冷原理篇

第2章

制冷方法

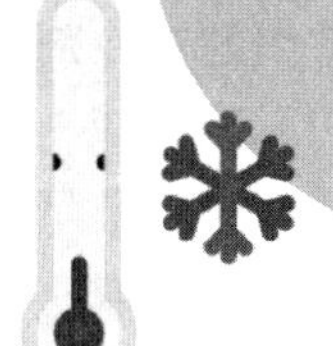

在普冷温区制冷的方法很多,常见的有物质相变制冷、固态制冷和利用气体膨胀制冷效应的涡流制冷等。

本章介绍现有的各种制冷方法,概述其基本原理和应用领域。

利用天然冷源是获得冷量的一种基本方式(例如,采集和贮存天然冰、冬灌蓄冷、深井水空调等)。面对工业化伴随而来的环境问题的压力,利用天然冷源的环保意义日益突出。天然冷源利用会受到更多重视。

2.1 物质相变制冷

2.1.1 相变制冷概述

物质有三种聚集态:气态、液态、固态。物质聚集态的改变称为相变。相变过程中,由于物质分子重新排列和分子热运动速度的改变,会吸收或放出热量,这种热量称为潜热。物质发生从质密态到质稀态的相变时,将吸收潜热;反之,当它发生由质稀态向质密态的相变时,放出潜热。相变制冷就是利用前者的吸热效应而实现的。利用液体相变的,是液体蒸发制冷;利用固体相变的,是固体融化或升华冷却。

液体蒸发制冷以流体作制冷剂,通过一定的机器设备构成制冷循环,可以对被冷却对象实现连续制冷。它是制冷技术中使用的主要方法。

固液和固气相变冷却则是以一定数量的固体物质作制冷剂,作用于被冷却对象,实现冷却降温。一旦固体全部相变,冷却过程即告终止。

1. 固液和固气相变冷却

常用的制冷剂是冰、冰盐、干冰，此外还有一些其他固体物质。

(1) 冰冷却

冰冷却是最早使用的降温方法，现在仍广泛应用于日常生活、工农业、科学研究等各种领域。冰融化和冰升华均可用于冷却，实际主要是利用冰融化冷却。

常压下冰在 0 ℃融化，冰的融化潜热为 335 kJ/kg。能够满足 0 ℃以上的制冷要求。

冰冷却时，常借助空气或水作中间介质以吸收被冷却对象的热量。此时，换热过程发生在水或空气与冰表面之间。被冷却物体所能达到的温度一般比冰的融化温度高 5~10 ℃。厚度 10 cm 左右的冰块，其单位体积的比表面积在 25~30 m^2/m^3 之间。为了增大比表面积，可以将冰粉碎成碎冰。水到冰表面的表面传热系数为 116 W/(m^2·K)。空气到冰表面的表面传热系数与二者之间的温度差以及空气的运动情况有关，其值见表 2-1。

表 2-1　空气到冰表面的表面传热系数　　W/(m^2·K)

温差/K	5	10	15
空气自然循环	4.1	7.0	9.3
空气强制循环	11.6	17.4	23.2

冰的其他物理特性如下。

水冻结成冰时出现膨胀现象，其体积约增大 9%。冰的膨胀系数与温度有关，见表 2-2。冰的平均密度为 900 kg/m^3。

表 2-2　冰的膨胀系数

温度/℃	0	-5	-10	-15	-20
膨胀系数/($\times10^{-4}$)	2.76	2.13	1.71	1.28	1.43

冰的比热容与温度有关，用下式表达：

$$\{c\}_{kJ/(kg\cdot K)} = 2.165 - 0.0264\{T\}_K \tag{2-1}$$

在温度-20~0 ℃范围内，其平均比热容为 2.093 kJ/(kg·K)。

冰的导热系数也随温度改变。在-20 ℃以下，冰的导热系数的平均值为 2.32 W/(m·K)。

(2) 冰盐冷却

冰盐是指冰与盐类的混合物。相较冰冷却，用冰盐作制冷剂可以获得更低的温度。

冰盐冷却是利用冰盐融化过程的吸热。冰盐融化过程的吸热包括冰融化吸热和盐溶解吸热这两种作用。起初,冰在 0 ℃下吸热融化,融化水在冰表面形成一层水膜。接着,盐溶于水,变成盐水膜,由于溶解要吸收溶解热,造成盐水膜的温度降低。继而,在较低的温度下冰进一步融化,并通过其表层的盐水膜与被冷却对象发生热交换。这样的过程一直进行到冰全部融化,与盐形成均匀的盐水溶液。

冰盐冷却能达到的低温程度与盐的种类和混合物中盐与冰的质量比有关。

工业上应用最广的冰盐是块冰与工业盐 NaCl 的混合物。表 2-3 给出 NaCl 冰盐的融化温度和单位制冷能力。

表 2-3 NaCl 冰盐的融化温度和单位制冷能力

NaCl 与冰的质量比 x/%	5	10	15	20	25	30
融化温度 t_m/℃	-3.1	-6.2	-9.9	-13.7	-17.8	-21.2
单位制冷能力 q_0/(kJ/kg)	314.3	284.9	259.8	238.8	213.7	192.7

工业上还常用下列经验公式计算 NaCl 冰盐的制冷特性:

融化温度 $$t_m = -0.7x \tag{2-2}$$

单位制冷能力 $$q_0 = 335 + 4.187t_m \tag{2-3}$$

密度 $$\rho = 500 + 0.5x \tag{2-4}$$

NaCl 冰盐与空气之间的表面传热系数值:当温差为 5~15 ℃时,若空气自然对流,表面传热系数为 5.8~8.1 W/(m^2·K);若空气强制对流,表面传热系数将增大 1~2 倍。

一些其他种类冰盐的特性见表 2-4。冰(雪)与某些酸类的混合物也有与冰盐类似的冷却作用和机理,其特性在表 2-4 中一并列出。

表 2-4 冰盐(酸)混合物特性

混合物中的盐(酸)	盐(酸)与冰的质量比/%	混合后的最低温度/℃
$CaCl_2 \cdot 6H_2O$	41	-9.0
$NaS_2O_2 \cdot 5H_2O$	30	-11.0
KCl	67.5	-11.0
NH_4Cl	30	-11.0
NH_4NO_3	25	-15.8
$NaNO_3$	60	-17.3

续表

混合物中的盐(酸)	盐(酸)与冰的质量比/%	混合后的最低温度/℃
$(NH_4)NO_3$	59	-18.5
NaCl	62	-19.0
$NaCl \cdot 6H_2O$	33	-21.2
	82	-21.5
	125	-40.3
	143	-55.0
H_2SO_4(浓度 60%)	8	-16
	13	-20
	25	-25
	40	-30
	72	-35
	100	-37

(3) 干冰冷却

固态 CO_2 俗称干冰。

CO_2 的三相点参数为温度-56.6 ℃、压力 0.52 MPa 。图 2-1 是 CO_2 的相平衡图,图中示出它的相区和相变特征。干冰在三相点以上吸热时融化,成为液态二氧化碳;在三相点和三相点以下吸热时,则直接升华,成为二氧化碳气体。

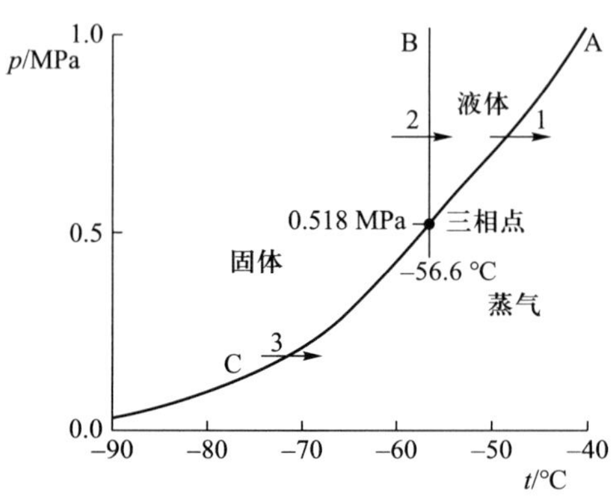

图 2-1　CO_2 的相平衡图

A—气-液相界线；B—固-液相界线；C—固-气相界线；1—沸腾；2—融化；3—升华

干冰的升华潜热 r 与温度 T 之间的关系可用下式表达：

$$\{r\}_{\mathrm{kJ/kg}} = 665.5 - \{T\}_{\mathrm{K}} - 6.26 \times 10^{-3}\{T\}_{\mathrm{K}}^{2} - 1.8 \times 10^{-5}\{T\}_{\mathrm{K}}^{3} \quad (2-5)$$

常压下干冰的升华温度为-78.5 ℃，升华潜热为573.6 kJ/kg。升华后的低温二氧化碳气体仍具有显热制冷能力，若再使它温度升到0 ℃，则总的制冷能力为646.4 kJ/kg。所以干冰的制冷能力比冰和冰盐都大。在与冰制冷相同的条件下，干冰的单位质量制冷能力是冰的1.9倍，单位容积制冷能力是冰的2.95倍。

干冰的平均密度为1 560 $\mathrm{kg/m^3}$。干冰融化成液体时，体积约增大28.5%。这一点与水冰融化时体积减小正相反。设计和操作干冰液化设备时务必注意此特性。

干冰是良好的制冷剂，它化学性质稳定，对人体无害。早在19世纪，干冰冷却就已用于食品工业、冷藏运输、医疗、人工降雨、机械零件冷处理和冷配合等方面。

(4) 其他固体升华冷却

近代科学研究中，为了满足冷却红外探测器、射线探测器、机载红外设备等的需要，采用了固态制冷剂升华的制冷系统。其制冷温度取决于固体的种类、系统中的压力和被冷却对象的热负荷。通过改变升华气体的流量来调节系统中的背压和温度，就可以保持一个特定的温度。这种制冷系统的工作寿命由固体制冷剂的用量和被冷却对象的负荷决定，有达1年之久的。固体升华制冷的主要优点是升华潜热大，制冷温度低，固体制冷剂的贮存密度大。

表2-5列出了一些固体制冷剂的工作温度范围、升华潜热和密度的值。表中温度范围的上限值是相应物质的三相点温度，下限值是相应物质在压力13.33 kPa下的平衡温度，升华潜热和密度均为对应于最低(下限)温度时的值。

表2-5 一些固体制冷剂的工作温度范围、升华潜热和密度

固体制冷剂	工作温度范围/K	升华潜热/(kJ/kg)	密度/($\mathrm{kg/m^3}$)
氢	13.9~8.3	51.1	900
氖	24.5~13.5	105.4	1 490
氮	63.1~43.5	152.0	940
一氧化碳	68.1~45.5	295.0	1 030
氩	83.8~47.8	205.3	1 710
甲烷	90.7~59.8	494.2	520
二氧化碳	216.6~125.0	566.4	1 700
氨	195.4~150.0	1 837.5	800

2. 液体蒸发制冷

液体汽化形成蒸气,利用该过程的吸热效应制冷的方法称为液体蒸发制冷。液体蒸发制冷循环的基本原理如下(图 2-2)。

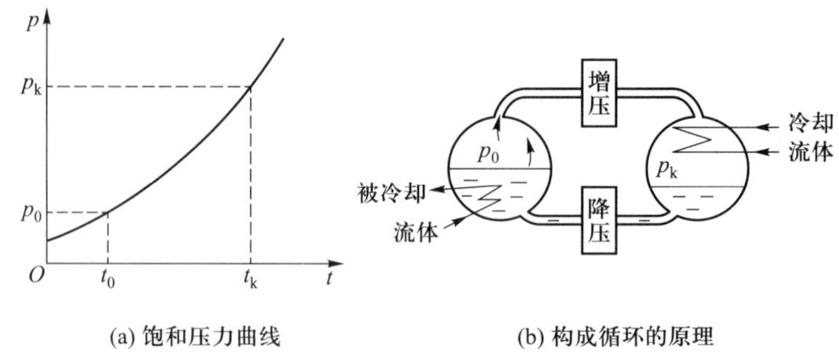

(a) 饱和压力曲线　　(b) 构成循环的原理

图 2-2　液体蒸发制冷原理图

液体蒸发制冷

当液体处在密闭的容器内时,若容器内除了液体和液体本身的蒸气外不含任何其他气体,那么液体和蒸气在某一压力下将达到平衡。这种状态称为饱和状态。如果将一部分饱和蒸气从容器中抽出,液体中就必然要再汽化出一部分蒸气来维持平衡。以液体为制冷剂,它在汽化时要吸收汽化潜热,该热量来自被冷却对象,只要液体的蒸发温度比环境温度低,便可使被冷却对象变冷或者使它维持在环境温度以下的某一低温。

为了使上述过程得以连续进行,必须不断地从容器中抽走制冷剂蒸气,再不断地将液体补充进去。通过一定的方法将蒸气抽出,再令其凝结为液体后返回到容器中,就能满足这一要求。为使制冷剂蒸气的冷凝过程可以在常温下实现,需要将制冷剂蒸气的压力提高到常温下的饱和压力。这样,制冷剂将在低温低压下蒸发,产生制冷效应;然后在常温和高压下凝结,向环境温度的冷却介质排放热量;凝结后的制冷剂液体由于压力较高,返回容器之前需要先降低压力。由此可见,液体蒸发制冷循环必须具备以下四个基本过程:制冷剂液体在低压下汽化产生低压蒸气,将低压蒸气抽出并提高压力变成高压气,将高压气冷凝成高压液体,高压液体再降低压力回到初始的低压状态。如此便完成循环。按照实现循环所采用的方式的不同,液体蒸发制冷有蒸气压缩式制冷、蒸气吸收式制冷、蒸气喷射式制冷和蒸气吸附式制冷等几种形式。

2.1.2　蒸气压缩式制冷

蒸气压缩式制冷的基本系统如图 2-3 所示。

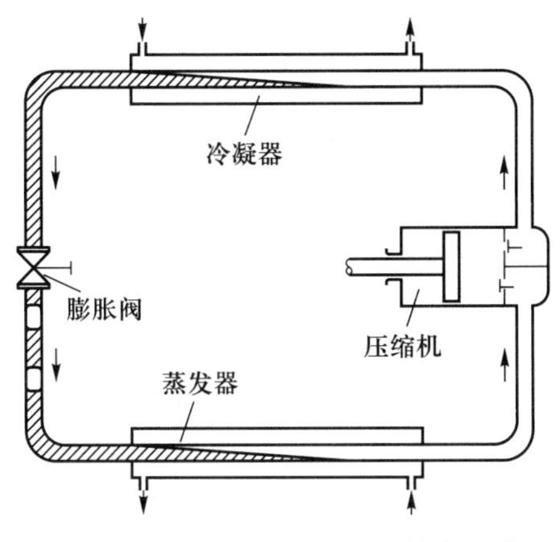

图 2-3 蒸气压缩式制冷的基本系统

蒸气压缩式制冷

系统由压缩机、冷凝器、膨胀阀、蒸发器组成，用管道将它们连接成一个密封的系统。在蒸发器内处于低温低压的制冷剂液体与被冷却对象发生热交换，吸收被冷却对象的热量并汽化。产生的低压蒸气被压缩机吸入，经压缩后以高压排出。压缩机排出的高压气态制冷剂进冷凝器，被常温的冷却水或空气冷却，凝结成高压液体。高压液体流经膨胀阀时节流，变成低压低温的气、液两相混合物，进入蒸发器，其中的液态制冷剂在蒸发器中蒸发制冷，产生的低压蒸气再次被压缩机吸入。如此周而复始，不断循环。

蒸气压缩式制冷系统中，用压缩机抽出低压蒸气并将其提高压力后排出。气体压缩过程需要消耗能量，由输入压缩机的机械能或电能提供。

2.1.3 蒸气吸收式制冷

蒸气吸收式制冷的基本系统如图 2-4 所示。

整个系统包括两个回路：制冷剂回路和溶液回路。

系统中使用制冷剂和吸收剂作为工作流体，称为吸收式制冷的工质对。吸收剂对制冷剂气体有很强的吸收能力。吸收剂吸收了制冷剂气体后形成溶液，溶液经加热又能释放出制冷剂气体。因此，可以用溶液回路取代压缩机的作用，构成蒸气吸收式制冷循环。图 2-4 中，制冷剂回路由冷凝器 2、制冷剂节流阀 3 和蒸发器 4 组成。高压制冷剂气体在冷凝器中冷凝，产生的高压制冷剂液体经节流后到蒸发器蒸发制冷。溶液回路由发生器 1、吸收器 5、溶液节流阀 6、溶液热交换器 7 和溶液泵 8 组成。在吸收器中，吸收剂吸收来自蒸发器的低压制冷剂蒸气，形成富含制冷剂的溶液。将该溶液用泵送到发生器，经加热使溶液中的

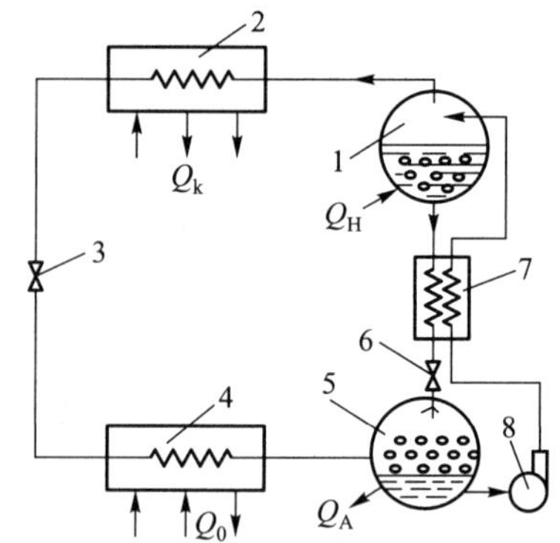

蒸气吸收式制冷

图 2-4　蒸气吸收式制冷的基本系统

1—发生器；2—冷凝器；3—制冷剂节流阀；4—蒸发器；5—吸收器；6—溶液节流阀；7—溶液热交换器；8—溶液泵

制冷剂重新以高压气态发生出来，送入冷凝器。另一方面，发生后的溶液重新恢复到原来成分，经冷却、节流后成为具有吸收能力的吸收液，进入吸收器，吸收来自蒸发器的低压制冷剂蒸气。吸收过程中伴随释放吸收热，为了保证吸收的顺利进行，需要用冷却的方法带走吸收热，以免吸收液温度升高。

如果将吸收式制冷系统与压缩式制冷系统做个对比，在蒸气吸收式制冷系统中，吸收器好比压缩式制冷系统中压缩机的吸入侧；发生器好比压缩机的排出侧；对发生器内溶液的加热，提供用于提高制冷剂蒸气压力的能量。

蒸气吸收式制冷的机种以其所用的工质对区分。见于研究报道的工质对有许多种。当前普遍应用的工质对有两种：溴化锂-水（制冷剂是水），氨-水（制冷剂是氨）。溴化锂吸收式制冷机用于制取 7～10 ℃的冷水；氨水吸收式制冷机能够制冷的温度可达-20 ℃或更低。吸收式制冷的传统应用方向为太阳能制冷和冷热电多联供系统。近年来，吸收式热泵在工业余热回收、低品位热量长距离输送等大型装置中得到了快速发展。

2.1.4　蒸气喷射式制冷

蒸气喷射式制冷系统如图 2-5 所示，其组成部件包括发生器、喷射器、冷凝器、蒸发器、节流阀和泵。喷射器由喷嘴、吸入室和扩压器三部分组成。喷射器的喷嘴与发生器相连；喷射器的吸入室与蒸发器相连，扩压器出口与冷凝器相连。

图 2-5 表示的是一个封闭循环系统，其工作过程为：用发生器产生高温高

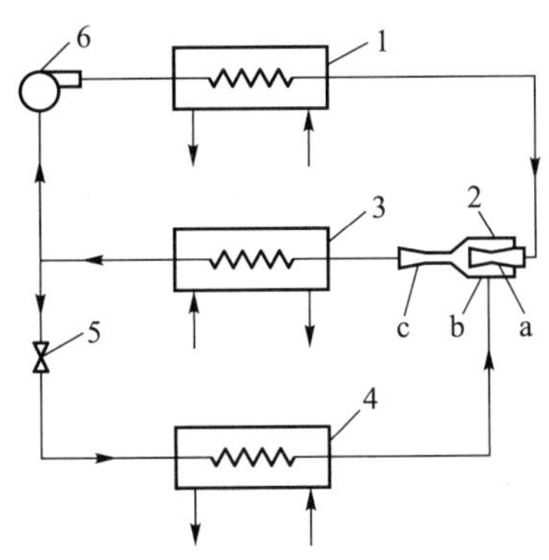

图 2-5 蒸气喷射式制冷系统

1—发生器；2—喷射器（a—喷嘴，b—吸入室，c—扩压器）；
3—冷凝器；4—蒸发器；5—节流阀；6—泵

蒸气喷射式制冷

压制冷剂工作蒸气，工作蒸气进入喷嘴，在喷嘴中膨胀并以高速（可达 1 000 m/s 以上）流动，于是在喷嘴出口处造成很低的压力，因而引射来自蒸发器的制冷剂蒸气。蒸发器中产生的制冷剂蒸气与工作蒸气在喷嘴出口处混合，一起进入扩压器；在扩压器中流动的蒸气流速逐渐降低，压力逐渐升高，以较高压力进入冷凝器，被外部冷却水冷却变成制冷剂液体。从冷凝器流出的制冷剂液体分两路：一路经节流降压后送回蒸发器，继续蒸发制冷；另一路用泵提高压力送回发生器，重新加热产生工作蒸气。

图 2-6 示出在 $T-s$ 图上所描述的蒸气喷射式制冷机的理论工作过程。图中 1-2 表示工作蒸气在喷嘴内部的膨胀过程。工作蒸气（状态 2）与制冷剂蒸气（状态 3）混合后的状态是 4。4-5 表示混合蒸气在扩压器中流动升压的过程。5-6 表示冷凝器中制冷剂气体的凝结过程。凝结终了的状态为 6。制冷剂液体分为两部分：一部分经过节流，进入蒸发器，产生制冷作用，用过程线 6-7-3 表示；另一部分用制冷剂泵送入发生器，产生工作（驱动）蒸气，用过程线 6-8-1 表示。

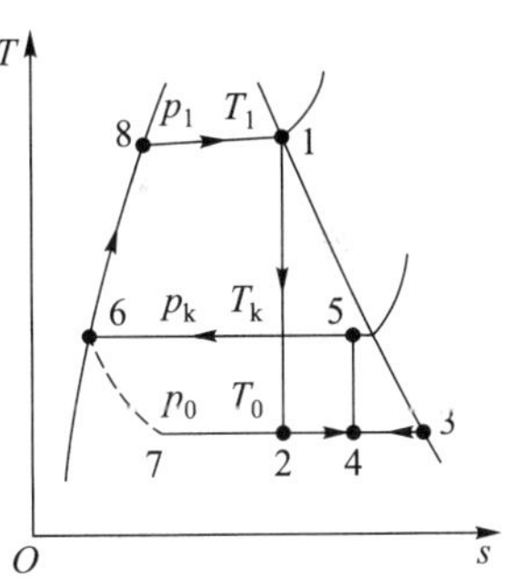

图 2-6 蒸气喷射式制冷机的理论工作循环

参照图 2-6 进行循环的热力分析：

制冷量

$$\phi_0 = q_{m0}(h_3 - h_6) \qquad \text{kW} \qquad (2-6)$$

式中：q_{m0} 为被引射制冷剂蒸气的质量流量，kg/s；h_3 为制冷剂蒸气出蒸发器时的比焓，kJ/kg；h_6 为制冷剂液体出冷凝器时的比焓，kJ/kg。

发生器热负荷

$$\phi_h = q_{m1}(h_1 - h_8) \quad kW \tag{2-7}$$

式中：q_{m1} 为工作蒸气的质量流量，kg/s；h_1 为工作蒸气出发生器时的比焓，kJ/kg。

冷凝器热负荷

$$\phi_k = (q_{m0} + q_{m1})(h_5 - h_6) \quad kW \tag{2-8}$$

式中，h_5 为混合蒸气进冷凝器时的比焓，kJ/kg。

如果忽略制冷剂泵消耗功而产生的热量，则循环的热平衡式为

$$\phi_k = \phi_0 + \phi_h \tag{2-9}$$

在蒸气喷射式制冷机中用喷射系数 u 作为评定喷射器性能的参数。它定义为：每单位质量工作蒸气所能引射的制冷剂蒸气量，即

$$u = q_{m0}/q_{m1} \tag{2-10}$$

理论情况下，喷射系数的值通过喷射器的热平衡式求得：

$$q_{m0}h_3 + q_{m1}h_1 = (q_{m0} + q_{m1})h_5$$

因而

$$u = q_{m0}/q_{m1} = (h_1 - h_5)/(h_5 - h_3) \tag{2-11}$$

实际上，由于流动过程中存在阻力，混合过程中有冲击损失等因素，蒸气喷射式制冷机的实际工作过程与图 2-6 所示的理论循环过程有较大的区别。

蒸气喷射式制冷机除采用水作为工作介质外，还可以用其他制冷剂作为工作介质。比如，用低沸点的氟利昂制冷剂，可以获得更低的制冷温度。另外，将喷射式制冷系统中的喷射器与压缩机组合使用，用喷射器作为压缩机入口前的增压器，这样可以使单级压缩式制冷机获得更低的制冷温度。

蒸气喷射式制冷机具有如下特点：补偿能的形式是热能，可以不用电能；结构简单；加工方便；没有运动部件；使用寿命长。因而具有一定的使用价值，例如用于制取空调所需的冷水。但这种制冷机所需的工作蒸气压力高，喷射器的不可逆损失大，效率较低。因此，在空调冷水机组中采用溴化锂吸收式制冷机比用蒸气喷射式制冷机具有明显的优势。

2.1.5　蒸气吸附式制冷

蒸气吸附式制冷系统也是以热能为动力的能量转换系统。其原理是：一定数量的固体吸附剂对某种制冷剂气体具有吸附作用，而且吸附能力随吸附剂温度的改变而不同。利用这种性质，通过周期性地冷却和加热吸附剂，使之交替吸

附和解吸。解吸时,释放出制冷剂气体,并使之凝为液体;吸附时,制冷剂液体蒸发,产生制冷作用。

所以,吸附制冷的工作介质是吸附剂-制冷剂工质对。工质对有多种,按吸附机理有物理吸附与化学吸附之别。

1. 物理吸附制冷

以常见的沸石-水吸附对为例。沸石是一种铝硅酸盐矿物,它能够吸附水蒸气,且吸附能力的变化对温度特别敏感。因而它们是较理想的吸附制冷工质对之一。图 2-7 示出一个利用太阳能驱动的沸石-水吸附制冷系统原理。它包括吸附床、冷凝器和蒸发器,用管道连接成一个封闭的系统。吸附床是充装了吸附剂(沸石)的金属盒;制冷剂液体(水)贮集在蒸发器中。白天,吸附床受日照加热,沸石温度升高,产生解吸作用,从沸石中脱附出水蒸气,系统内的水蒸气压力上升,达到与环境温度对应的饱和压力时。水蒸气在冷凝器中凝结,同时释放出潜热,冷凝水贮存在蒸发器中。夜间,吸附床冷下来,沸石温度逐渐降低,它吸附水蒸气的能力逐步提高,造成系统内气体压力降低,同时,蒸发器中的水不断蒸发出来,用以补充沸石对水蒸气的吸附。蒸发过程吸热,从而达到制冷的目的。

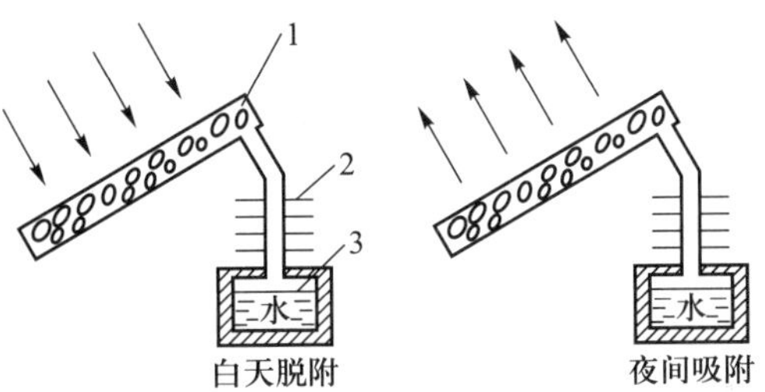

图 2-7　太阳能沸石-水吸附制冷原理

1—吸附床;2—冷凝器;3—储水器(蒸发器)

如果采用其他热源,只要能够保证交替地加热和冷却吸附床,使沸石周期性地解吸和吸附,同样能达到制冷的目的。

由上可知,吸附制冷属于液体汽化制冷。与蒸气压缩式制冷机相类比,吸附床起到压缩机的作用。但上述吸附系统只能间歇制冷。吸附器处于吸附过程中产生制冷效应,吸附结束后必须有一个解吸过程使吸附剂状态还原,这时将停止制冷。为了连续制冷,可以采用两个吸附器。美国学者乔纳斯还提出用三个或四个吸附器进行系统循环,不仅能实现连续制冷,还可以利用一个吸附床的排热去加热另一个吸附床,从而使热能充分利用。

现在对吸附制冷的研究正在不断深入和发展。为了使吸附制冷成为一种实用化的制冷方式，人们在吸附工质对及其吸附机理、改善吸附床传热质，以及吸附制冷的系统结构方面进行着不懈的努力。

已研究的吸附工质对（吸附剂-制冷剂）主要有：沸石-水，硅胶-水，活性炭-甲醇，金属氢化物-氢，氯化物盐类-氨；复合工质对等。各工质对的吸附动力学特性是研究吸附制冷的基础内容。

对吸附式制冷循环进行热力学分析，发现制约系统 COP 的主要因素是内外换热不可逆性，强化解吸和吸附过程的热质传递效果是提高系统 COP 的关键。吸附制冷的循环速率受吸附床传热传质特性的制约。颗粒状充填的吸附床，其传热过程缓慢，使循环周期拉长。为了提高制冷循环速度，在改善吸附床传热传质方面现采取的主要措施是：①优化吸附床结构，增大吸附剂与吸附床金属壁的热交换表面积；②改善吸附床金属壁与吸附剂之间的接触方式来降低吸附床内部的接触热阻；③通过添加、固化和复合等方法提高吸附剂颗粒之间的导热。在改善吸附床传质方面，常采用浸渍法，将吸附剂浸泡于化学溶液，利用吸附剂大的比表面积，将物质吸附在其表面以提高吸附量。

在吸附式制冷实际应用过程中，其能效受到吸附床传热传质性能的限制，为了提高运行效率，构建了如图 2-8a 所示的回热循环和如图 2-8b 所示的回质循环。

回热过程在吸附式制冷系统中起重要的作用，它减少了系统运行过程中的热量损失，提高了能效。由于比较容易实现和性能提升明显的优点，回热循环被经常采用，形成回热型吸附式制冷系统。回热方式主要有循环式、串联式和被动式，对这三种回热方法进行理论分析，结果表明串联式回热为最优的回热方式。串联式回热结构如图 2-8a 所示，通过对阀门的开关控制冷热流体的流程形式实现回热，来自冷凝器的冷却介质依次流过高温吸附床 2 和低温吸附床 1，最后流回冷凝器。因此，回收的热量可以通过冷却介质从高温吸附床 2 传输到低温吸附床 1，冷却介质首先由高温吸附床 2 加热，然后由低温吸附床 1 冷却。

吸附剂在有限的吸附/解吸时间内无法实现充分的平衡反应，使制冷剂循环吸附量偏小，导致实际系统的体积过大且造价高昂。为了提高制冷剂的循环吸附量，在两床的吸附式制冷系统中，只要在两床之间增加一根回质管和一个回质控制阀，便可实现回质循环，如图 2-8b 所示。在吸附/解吸周期结束时，通过开启回质控制阀，由于此时吸附床的压力低于冷凝压力且解吸床的压力高于蒸发压力，所以可以提高两床的吸附率/解吸率。

吸附式制冷作为一种热驱动制冷技术，也可有效利用太阳能、工业余热、数据中心余热、车船尾气余热等低品位热能，对国家实施节能环保战略具有重要意

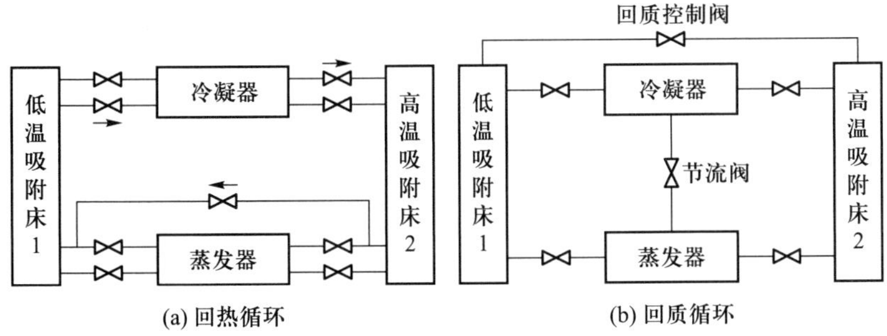

(a) 回热循环　　(b) 回质循环

图 2-8　吸附式制冷回热循环与回质循环

义。同时吸附式制冷大多采用绿色环保的制冷剂,不会产生温室效应和对臭氧层产生破坏,是一种绿色环保的制冷方式。

2. 固-气热化学制冷

利用固体与气体的化学吸附现象制冷,称为固-气热化学制冷,或固-气反应法制冷。目前主要研究的是利用氯化物(盐)与氨的固-气反应热现象,用于热泵或制冷。以下概要说明利用此原理的三种系统与循环。

(1) 单效液体蒸发吸附循环

固-气热化学制冷系统原理可以用固-气体系的平衡图加以说明。以氯化钡盐与氨的固-气反应为例,在压力-温度图上体系的平衡态特性如图 2-9 所示[图中压力(纵坐标)采用压力的对数值来标度,温度(横坐标)用$-\frac{1}{T}$的数值来标度,体系的压力-温度关系呈线性]。图 2-9a 是该系统所用反应物(固体盐与气体)的相平衡图;图 2-9b 是系统组成及两个阶段的工作过程。

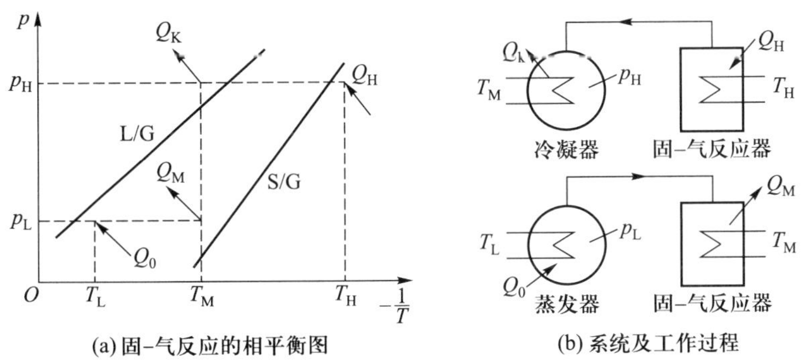

(a) 固-气反应的相平衡图　　(b) 系统及工作过程

图 2-9　单效液体蒸发吸附系统与循环

由反应器、热交换器及二者之间的连接管道组成封闭系统。系统中的物质是氨和 $BaCl_2$ 固体。$BaCl_2$ 充填在反应器中，NH_3 在反应器和热交换器之间循环。$BaCl_2$ 与 NH_3 的反应式为

$$BaCl_2 + 8NH_3 \underset{\text{分解}}{\overset{\text{合成}}{\rightleftharpoons}} BaCl_2(8NH_3) + \Delta H_{R1} \qquad (2-12)$$

循环由下面两个过程组成：

分解/冷凝过程　图 2-9b 上图在高温 T_H 下对反应器加热，反应器中发生分解反应，$BaCl_2$ 中释放出气态 NH_3，气态 NH_3 到热交换器（这时作为冷凝器使用），在常温 T_M 下冷却，凝结为液体。

合成/蒸发过程　图 2-9b 下图再在常温 T_M 下冷却反应器，反应器中发生合成反应。$BaCl_2$ 吸附 NH_3 气，造成热交换器中的液态 NH_3 在低温 T_L 下蒸发。这时热交换器作为蒸发器用。液态 NH_3 蒸发吸热，产生制冷效果。

图 2-9a 中，L/G 是纯 NH_3 的饱和压力线（即液/气平衡线）；S/G 是 NH_3-$BaCl_2$的吸附平衡压力-温度曲线（即固/气平衡线）。分解/冷凝过程中系统内部为高压 p_H（系 NH_3 的冷凝压力），向反应器加入的热量为 Q_H；热交换器中氨气凝结的排热量为 Q_k。合成/蒸发过程中系统内部为低压 p_L（系 NH_3 的蒸发压力），反应器在温度 T_M 下的排热量为 Q_M；热交换器中 NH_3 液蒸发的吸热量为 Q_0（制冷）。

（2）单效再吸附循环

其组成如图 2-10a 所示。系统由两个反应器和它们之间的连接管道组成。两个反应器中分别充填不同的盐。不同的盐与 NH_3 具有不同的吸附平衡特性。例如，反应器 1 中充填 $BaCl_2$固体，反应器 2 中充填 NiCl 固体。$BaCl_2$ 和 NiCl 与 NH_3的化学吸附反应式分别由式（2-12）和下式表达：

$$NiCl(2\,NH_3) + 4NH_3 \underset{\text{分解}}{\overset{\text{合成}}{\rightleftharpoons}} NiCl\,(6NH_3) + \Delta H_{R2} \qquad (2-13)$$

图 2-10a 中 S/G1 是 $BaCl_2$ 与 NH_3 的吸附平衡曲线；S/G2 是 NiCl 与 NH_3 的吸附平衡曲线。

循环的两个过程如下：

再生过程　图 2-10b 上图在高温 T_H 下加热反应器 2，其中 NiCl 发生式（2-13）的分解反应，释放出 NH_3 气；同时在常温 T_M 下冷却反应器 1，其中 $BaCl_2$ 发生式（2-12）的合成反应，$BaCl_2$ 吸附来自反应器 2 的 NH_3 气。

制冷过程　图 2-10b 下图在常温 T_M 下冷却反应器 2，其中 NiCl 发生式（2-13）的合成反应，吸附气态 NH_3，使反应器 1 中 $BaCl_2$ 发生分解反应。分解反应要吸收热量，产生制冷作用。

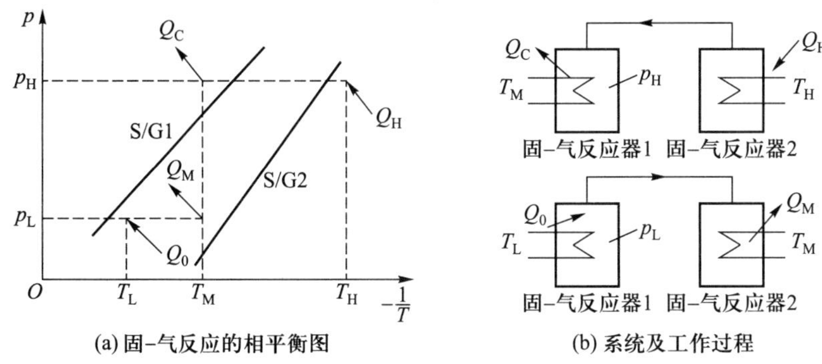

(a) 固–气反应的相平衡图　　(b) 系统及工作过程

图 2–10　单效再吸附循环

基于以上循环原理,还可拓展至双效再吸附循环,感兴趣的读者可参考相关文献。

2.2 固态制冷

固态制冷是利用固体材料内部或表面吸、放热效应的一类制冷技术的统称。与 2.1 节中固液和固气相变冷却不同的地方在于,固态制冷的材料始终维持固态,且可以连续利用高品位能量维持制冷效应。根据产生制冷效应的不同原理,固态制冷技术可分为热电制冷和固态相变制冷两大类,后者根据驱动场源的类型可细分为磁场驱动的磁(热)制冷、力场驱动的弹热制冷、电场驱动的电热制冷。

2.2.1 热电制冷

热电制冷(thermoelectric cooling)又称为温差电制冷,或半导体制冷,是利用热电效应(即帕尔帖效应)的一种制冷方法。

1834 年,法国物理学家帕尔帖在铜丝的两头各接一根铋丝,再将两根铋丝分别接到直流电源的正、负极上,通电后发现一个接头变热,一个接头变冷。这说明:当有直流电通过两种不同材料组成的电回路时,两个结点处分别发生了吸、放热效应。这个现象称为帕尔帖热电效应,它是热电制冷的依据。

如果结点处热电效应足够强,就可以产生有用的制冷作用。热电效应的大小主要取决于两种材料的热电势。纯金属材料的导电性好,导热性也好。

用两种金属材料组成电偶回路，其热电势小，热电效应很弱，制冷效果不明显（制冷效率不到 1%）。半导体材料具有较高的热电势，可以成功地用来做成小型热电制冷器。按电流载体的不同，半导体分为 N 型半导体（电子型）和 P 型半导体（空穴型）。图 2-11 示出 N 型半导体和 P 型半导体构成的热电偶制冷元件。用铜板和铜导线将 N 型半导体和 P 型半导体连接成一个回路，铜板和铜导线只起导电的作用。回路由低压直流电源供电。回路中接通电流时，一个结点变热，一个结点变冷。如果改变电流方向，则两个结点处的冷热作用互易，即原来的热结点变成冷结点，原来的冷结点变成热结点。

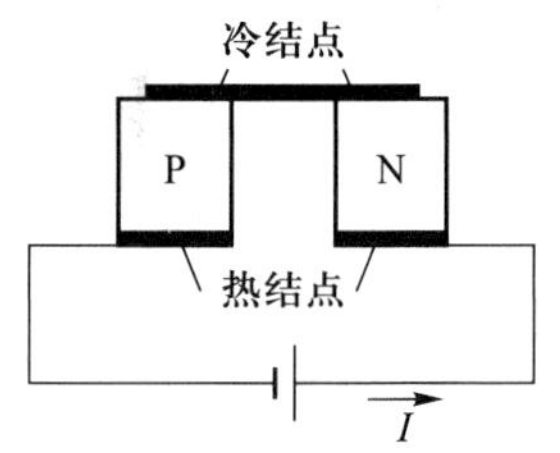

图 2-11　热电偶制冷元件

一对 N、P 热电偶只需零点几伏特的电源电压，冷端产生的制冷量也很小，所以实际热电制冷器是将许多热电偶组成热电堆使用。

热电制冷器的结构和原理显然不同于气液相变制冷。它不需要一定的工质循环来实现能量转换，没有任何运动部件。热电制冷的效率低，半导体材料的价格又较高，而且，由于必须使用直流电源，变压和整流装置往往不可避免，从而增加了电堆以外的附加体积。所以热电制冷不宜大规模和大冷量使用。但由于它的灵活性强，简单方便，使用可靠，冷热切换容易，非常适宜于微型制冷领域或有高精度控温需求的局部用冷场所。例如，为空间飞行器上的科学仪器、电子仪器、医疗器械中需要冷却的部位提供冷源；装备在核潜艇驾驶舱的空调设备上。此外，采用热电制冷的小型手提式电冰箱很适用于小冷量直流供电的车载冰箱及具有高精度控温要求的红酒酒柜。

2.2.2　磁制冷

这是利用磁热效应（magnetocaloric effect）的制冷方式。

早在 1907 年，郎杰斐（P. Langevin）就注意到：顺磁体绝热去磁过程中，其温度会降低。从机理上说，固体磁性物质（具有显著电子磁矩的物质）在受磁场作用磁化时，电子磁矩的有序度加强（磁熵减小），对外放出热量；再将其去磁，则电子磁矩的有序度下降（磁熵增大），又要从外界吸收热量。这种固体材料在磁场施加与除去过程中所产生的热现象称为磁热效应。

1. 基本概念

螺旋线圈通电时，产生感应磁场，其磁感应强度为 B_0。在线圈中插入磁性物体（比如铁棒），物体磁化后产生附加磁场，其磁感应强度为 B'。于是，总的磁

感应强度为

$$B = B_0 + B' \tag{2-14}$$

不同的磁介质产生的附加磁场情况不同，附加磁场与原磁场方向相同的磁介质称为顺磁体（如铁、锰）；附加磁场与原磁场方向相反的磁介质称为抗磁体（如铋、氢等）。磁感应强度的单位是 T（特［斯拉］），量纲为 N/Am。

设物体的磁矩为 M。物体在强度为 H 的磁场中磁矩增加 $\mathrm{d}M$ 时，磁场对物体做功为 $\mu_0 H\mathrm{d}M$。该过程中单位质量物体吸热 $\mathrm{d}q$，比内能增加 $\mathrm{d}u$。则由热力学第一定律有

$$\mathrm{d}q = \mathrm{d}u - \mu_0 H\mathrm{d}M \tag{2-15}$$

式中：μ_0 为真空磁导率，N/A^2；H 为磁场强度，A/m；M 为磁矩，$A \cdot m^2/kg$。

将式（2-15）与描述气体容积变化功的热力学第一定律表达式

$$\mathrm{d}q = \mathrm{d}u + p\mathrm{d}v \tag{2-16}$$

相类比，磁工质中的磁场强度 $\mu_0 H$ 相当于气体系统中的压力 p；磁极化强度 M 则相当于比容 v。在此基础上可以引出磁熵 s_M 这个状态参数，它微观上描述了磁工质中磁矩的有序度，宏观上描述了磁矩变化对应的吸放热大小。类似于气体，磁熵与温度、磁场强度有关。

2. 低温磁制冷

在 16 K 以下的温区，由于固体的晶格振动和传导电子的热运动小于稀土元素外层电子形成的电子磁矩对比热的贡献，可以有效利用电子磁矩对应的磁熵变化来进行制冷。

低温磁制冷通常采用绝热退磁（adiabatic demagnetization refrigeration，ADR）的卡诺循环，如图 2-12 所示。它由四个过程组成：

1-2 为等温磁化（排放热量）；

2-3 为绝热退磁（温度降低）；

3-4 为等温退磁（吸收热量制冷）；

4-1 为绝热磁化（温度升高）。

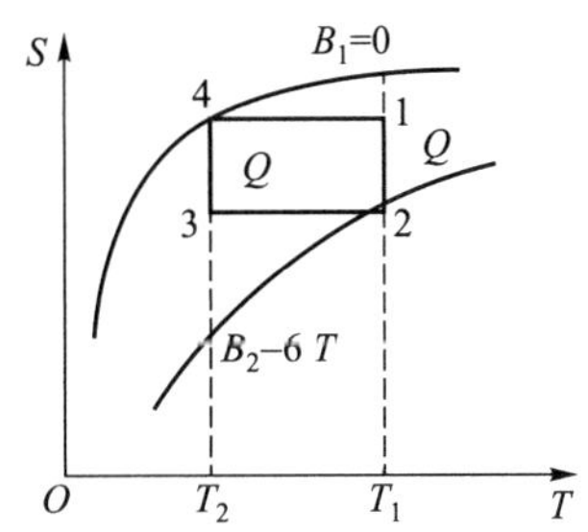

图 2-12 磁制冷卡诺循环

已开发出的低温磁工质主要为顺磁盐稀土化合物：有钆镓石榴石（$Gd_3Ga_5O_{12}$）、镝铝石榴石（$Dy_3Al_5O_{12}$）、钆镓铝石榴石［$Gd_3(Ga_{1-x}Al_2)_5O_{12}$］，其制冷温度范围为 4.2~20 K。

正在开发的低温磁工质有 RAl_2 和 RNi_2（R 代表 Gd、Dy、Ho、Er 等重稀土），其制冷温度范围为 15~77 K。

3. 室温磁制冷

温度超过 20 K 时，固体晶格振动对比热的贡献快速上升，使得仅依靠电

子磁矩的变化的顺磁盐在更高的温度无法获得有效制冷效应。在室温温区，需要利用稀土及稀土合金、过渡族金属化合物材料在顺磁、铁磁或反铁磁相之间进行相变产生的热效应。1976 年，布朗使用铁磁-顺磁相变特性的稀土单质钆(Gd)首次验证了室温磁制冷的可行性。近年来，室温磁制冷技术得到了快速发展，美国宇航公司(Astronautics)、海尔、通用电气、Ubi-blue 等公司已经开发了磁制冷冷藏柜原型机。目前，将磁制冷技术应用于室温制冷的研究仍在进行。

为了运行在更高频率保证制冷功率，室温磁制冷普遍采用逆布雷顿循环。它由四个过程组成：绝热加磁(温度升高)，等磁场强度向热汇放热(温度降低)，绝热退磁(温度降低)，等磁场强度向热源输送冷量(温度升高)。

现代磁制冷机为了维持足够的热汇与热源之间的制冷温差，普遍采用主动回热式制冷循环(active magnetocaloric regenerator)。如图 2-13 所示，由颗粒或板片状磁工质构成的填充床内部可以流动载冷剂，使用逆布雷顿循环，对磁工质绝热加磁后，热量被自左向右的流体传递至热汇，磁工质温度降低；绝热退磁后，冷量被自右向左的流体传递至热源，磁工质温度升高。主动回热式循环的最大特征在于在传热流体流动方向上，磁工质自左向右有显著的温度梯度，左侧温度接近被冷却对象温度，右侧温度接近热汇温度。利用温度梯度的特性，主动回热式制冷循环可以实现比磁热效应大很多倍的系统热汇、热源间的制冷温差。例如，美国宇航公司采用旋转永磁磁体的结构，可依次对圆周方向上的 12 组磁工质加、退磁场，实现了 3 kW 的制冷功率和最大 18 K 的制冷温差。

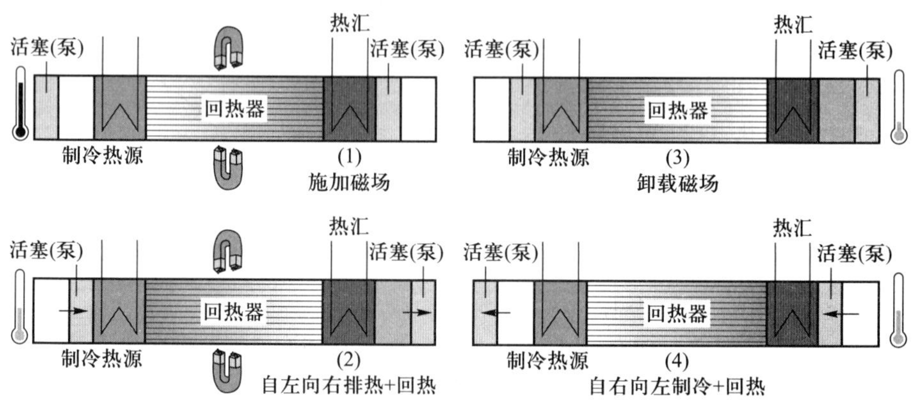

图 2-13 基于主动回热式循环的室温磁制冷装置原理图

2.2.3 弹热制冷

广义的弹热制冷是利用应力驱动形状记忆材料在卸载相变阶段产生制冷效应的制冷技术,需要形状记忆材料的相变温度低于制冷温区。驱动力可以是单轴应力(对应了狭义弹热制冷),可以是静压力(对应了压热制冷),也可以是扭转驱动(对应了扭热制冷)。具有弹热效应的形状记忆材料可以是合金也可以是高分子材料,其中,在绝热加载完全相变时,镍钛形状记忆合金可产生 20~30 K的温度升高,绝热卸载时温度可降低 20 K 以上,热效应显著。高分子材料,例如天然橡胶,在拉伸和卸载时可产生 10 K 的温度变化,因其非线性力学特性和显著的热效应在过去几十年已被作为物理学课程的经典实验研究对象。

与室温磁制冷技术类似,作为固态制冷剂,对形状记忆材料施加强度为 σ 的单轴应力,使工质应变增加 $\mathrm{d}\varepsilon$,单位质量工质与外界热交换为 $\mathrm{d}q$,比内能变化为 $\mathrm{d}u$。由热力学第一定律得

$$\mathrm{d}q = \mathrm{d}u - \sigma \frac{\mathrm{d}\varepsilon}{\rho} \tag{2-17}$$

式中,ρ 为工质的密度,$\mathrm{kg/m^3}$。

由于工质的内能变化包含显热变化和潜热变化两部分,以形状记忆合金为例,在外加应力足以使常温状态下为奥氏体(高熵相,类似于气体)转变为马氏体时(低熵相,类似于液体),公式(2-17)可以改写为

$$\mathrm{d}q = c_p \mathrm{d}T - h_{\mathrm{AM}} \mathrm{d}x_{\mathrm{M}} - \sigma \frac{\mathrm{d}\varepsilon}{\rho} \tag{2-18}$$

式中:c_p 为形状记忆合金的比定压热容,$\mathrm{J/(kg \cdot K)}$;h_{AM} 为奥氏体与马氏体相变时吸收或释放的潜热,J/kg;x_{M} 为马氏体质量分数,类似于气液两相状态下的干度。

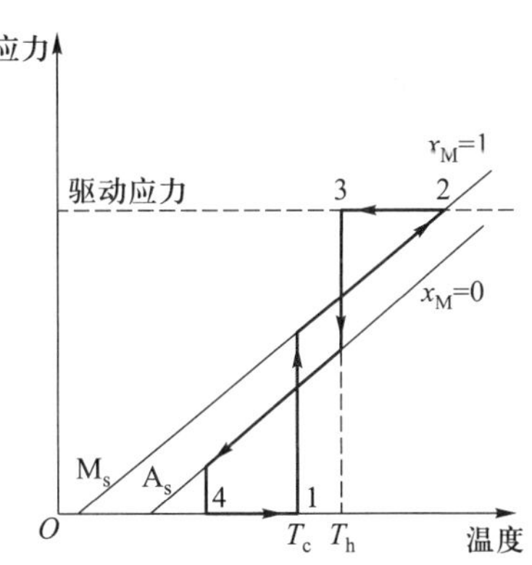

图 2-14 弹热制冷应力-温度状态参数图和制冷循环原理

与室温磁制冷类似,在图 2-14 所示的应力-温度状态参数图上,弹热制冷循环包含了四个基本步骤:

1-2 绝热加载,根据公式(2-18),应力增加时马氏体质量分数增加($\mathrm{d}x_{\mathrm{M}}>0$),绝热($\mathrm{d}q=0$)时,工质温度上升;

2-3 等应力向热汇放热($\mathrm{d}q<0$),马氏体质量分数不变($\mathrm{d}x_{\mathrm{M}}=0$),应力不变,工

质温度降低;

3-4 绝热卸载,根据公式 2-18,应力降低时马氏体质量分数减小($\mathrm{d}x_M<0$),绝热($\mathrm{d}q=0$)时,工质温度下降;

4-1 等应力从热源吸热制冷($\mathrm{d}q>0$),马氏体质量分数不变($\mathrm{d}x_M=0$),应力不变,工质温度升高。

目前,该项技术仍在实验室研发阶段,待解决的问题包括改善工质寿命、降低工质相变不可逆损耗、紧凑型高效驱动装置、兼具力学稳定性和高传热效率的工质结构及制备工艺等。

2.2.4　电热制冷

电热效应(又称为电卡效应)是库尔恰托夫于 1930 年在罗息盐中首次发现的一种物理现象。与热电制冷不同,电卡效应描述了在循环电场作用下介电材料(可产生电极化的绝缘体)的可逆极化循环。对电介质加载电场,介电材料的电偶极子取向从高自由度(无序)变为低自由度状态(有序),材料系统熵减,对外放热;对电介质卸载电场,材料中的偶极取向由有序态转变为无序态,材料熵增,从外界吸热制冷。

与磁制冷和弹热制冷的热力学原理类似,对介电材料施加场强为 E 的电场,使工质极化强度增加 $\mathrm{d}P$,过程中单位质量工质与外界热交换为 $\mathrm{d}q$,比内能变化为 $\mathrm{d}u$。由热力学第一定律得:

$$\mathrm{d}q = \mathrm{d}u - E\mathrm{d}P \tag{2-19}$$

近年来,在铁电陶瓷和铁电高分子偏氟乙烯-三氟乙烯共聚物中都发现了施加电场温度变化超过 10 K 的新型介电材料。基于铁电高分子材料的电热制冷材料可与电极、电源等制备成柔性器件,在可穿戴设备或电子器件冷却上具有一定的应用潜力。与弹热制冷类似,电热制冷技术尚处于实验室研发阶段。

2.3　气体涡流制冷

2.3.1　气体涡流制冷的机理分析

涡流冷却效应的实质是利用人工方法产生漩涡使气体分为冷、热两部分。利用分离出来的冷气流即可制冷。

涡流管是一个构造比较简单的管子，如图 2-15 所示，它主要是由喷嘴、涡流室、分离孔板及冷热两端的管子组成。气体分离成两部分是在涡流管的涡流室内进行。涡流室内部形状为阿基米德螺旋线，喷嘴沿切线方向装在涡流室的边缘，其连接可以有不同的方法。

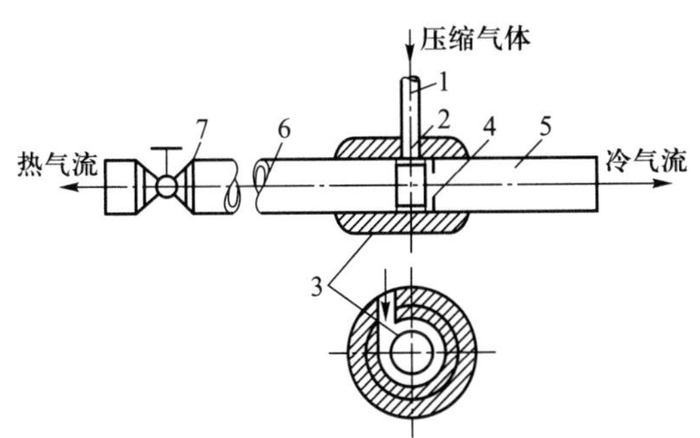

图 2-15 涡流管的结构及工作过程示意图

1—进气管；2—喷嘴；3—涡流室；4—分离孔板；5—冷端管；6—热端管；7—控制阀

在涡流室的一侧装有一个分离孔板，其中心孔径约为涡流管内径的一半（或稍小一些），它与喷嘴中心线的距离大约为涡流管内径的一半。分离孔板之外即为冷端管子。热端装在分离孔板的另一侧，在其外端装有一个控制阀，控制阀离开涡流室的距离约为涡流管内径的 10 倍。

经过压缩并冷却到室温的气体（通常是用空气，也可以用其他气体如二氧化碳、氨气等），进入喷嘴内膨胀后以很高的速度沿切线方向进入涡流室，形成自由涡流，经过动能的交换并分离成温度不相同的两部分，中心部分的气流经分离孔板流出，即冷气流；边缘部分的气体从另一端经控制阀流出，即热气流。所以涡流管可以同时得到冷热两种效应。根据试验，当高压气体的温度为室温时，冷气流的温度可达-50～-10 ℃，热气流的温度可达 100～130 ℃。控制阀用来改变热端管子中气体的压力，因而可调节两部分气流的流量比，以改变它们的温度。

在涡流室内气体的分离过程是相当复杂的，它的物理实质可说明如下。压力为 p_1、温度为 T_1 的高压气体，在喷嘴中膨胀到压力 p_2，此时理论上为等熵膨胀时可达到的温度 T_s 为

$$T_s = T_1 \left(\frac{p_2}{p_1}\right)^{\frac{\kappa-1}{\kappa}} \tag{2-20}$$

并且获得超声速的速度 c_2。这样高速的气流沿切线方向进入涡流室，便在涡流室的周边部分形成自由涡流，其旋转质量角速度在涡流室边缘部分较小，而越接

近轴心部分则越大，于是在涡流室中沿半径方向形成了不同角速度的气流层。由于气流层之间的摩擦，内层的角速度要降低而外层的角速度要提高，因而内层气流便将一部分动能传给外层气流。涡流室中心部分的气体当经孔板流出时便具有了较低的温度 T_c；而当边缘部分的热气体流经热端管子时，由于摩擦的存在，使动能又转化为热能，因而经控制阀流出时便具有了较高的温度 T_h。涡流管内部的这种过程表示在 $T-s$ 图上如图 2-16 所示。图中点 4 表示气体在压缩以前的状态，4-5 为压缩机中的等熵压缩过程，5-1 为在冷却器中的等压冷却过程。点 1 表示高压气体进喷嘴以前的状态，在理想情况下经绝热膨胀到压力 p_2 时温度降到 T_s，膨胀后的状态用点 $2a$ 表示。点 2 表示涡流管出来的冷气流状态，其温度是 T_c；点 3 表示涡流管出来的热气流的状态，其温度为 T_h。1-2 及1-3′分别表示冷、热两部分气流的分离过程，这一过程是不可逆的过程；3′-3 为热气流经控制阀的节流过程，节流前后比焓值不变。从涡流管出来的冷气流的温度 T_c 总是高于 T_s。这是因为：

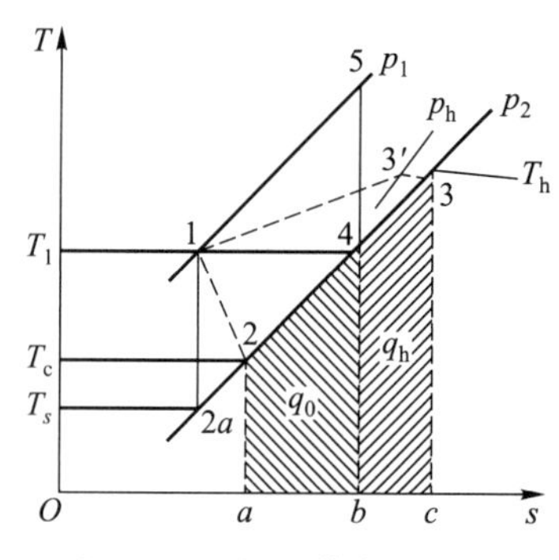

图 2-16　涡流管内部过程在 $T-s$ 图上的描述

（1）气体在喷嘴中不可能是等熵膨胀；

（2）涡流室中内层的气体不可能将其动能全部传给外层的气体；

（3）涡流室内存在向心的热量传递过程。

2.3.2　气体涡流制冷的计算

令

$$\Delta T_c = T_1 - T_c$$

$$\Delta T_s = T_1 - T_s$$

式中：ΔT_c 为涡流管的冷却效应；ΔT_s 为等熵膨胀温度效应。则涡流管冷却的有效性可用冷却效率 η_c 表示，即

$$\eta_c = \frac{\Delta T_c}{\Delta T_s} = \frac{T_1 - T_c}{T_1\left[1 - \left(\frac{p_2}{p_1}\right)^{\frac{\kappa-1}{\kappa}}\right]} \tag{2-21}$$

由质量连续方程有

$$q_{m1}=q_{m,c}+q_{m,h} \tag{2-22}$$

式中,q_{m1}、$q_{m,c}$及 $q_{m,h}$分别表示涡流管的高压气流以及从涡流管排除的冷气流及热气流的质量流量,kg/s。用 h_1、h_2 及 h_3 分别表示它们的比焓值,并忽略气体流进流出时的动能,则可写下涡流管的热平衡式

$$q_{m1}h_1=q_{m,c}h_2+q_{m,h}h_3 \tag{2-23}$$

将式(2-22)代入式(2-23),再将比焓用温度表示,并令

$$\Delta T_h=T_h-T_1$$

$$\mu_c=\frac{q_{m,c}}{q_{m1}}=\frac{q_{m,c}}{q_{m,c}+q_{m,h}}$$

式中: ΔT_h 为涡流管的加热效应;μ_c 为冷气流分量。则热平衡式可以简化为

$$T_1=\mu_c T_c+(1-\mu_c)T_h \tag{2-24}$$

$$\mu_c=\frac{T_h-T_1}{T_h-T_c}=\frac{\Delta T_h}{\Delta T_h+\Delta T_c} \tag{2-25}$$

冷气流由 T_c 加热到 T_1 所能吸收的热量即为涡流管的制冷量

$$\phi_0=q_{m,c}c_p(T_1-T_c)=\mu_c q_{m1}c_p\Delta T_c \tag{2-26}$$

1 kg 冷气流的单位制冷量为

$$q_0=\frac{\phi_0}{q_{m,c}}=c_p\Delta T_c \tag{2-27}$$

这一数值在图 2-16 中用等压线下的面积 2ab42 表示。若对每千克高压气体而言,其单位制冷量应为

$$q_{01}=\frac{\phi_0}{q_{m1}}=\mu_c c_p\Delta T_c=\mu_c q_0 \tag{2-28}$$

用同样的方法可以计算涡流管的制热量

$$\phi_h=q_{m,h}c_p(T_h-T_1)=(1-\mu_c)q_{m1}c_p\Delta T_h \tag{2-29}$$

以及按热气流和高压流计算的单位制热量

$$q_h=\frac{\phi_h}{q_{m,h}}=c_p\Delta T_h \tag{2-30}$$

$$q_{h1}=\frac{\phi_h}{q_{m1}}=(1-\mu_c)c_p\Delta T_h \tag{2-31}$$

其中,q_h 可用图 2-16 中等压线下的面积 $4bc34$ 表示。同时,如果将式(2-25)代入式(2-26)和式(2-29),则不难证明涡流管的制冷量 ϕ_0 与制热量 ϕ_h 在数量上是相等的。

涡流管的优点是结构简单、维护方便、启动快,且能达到比较低的温度;其主要缺点是效率低。因此,涡流管只宜用于那些不经常使用的小型低温试验设备。应用回热原理及喷射器来降低涡流管冷气流的压力,不仅可以进一步降低涡流管所能获得的低温,而且还可以提高涡流管的经济性。为了获得更低的温度还可以采用多级涡流管。

参考文献

[1] GOSNEY W B. Principles of refrigeration[M]. Cambridge:Cambridge University Press,1982.

[2] KRAUS J A. Grundlagen der Kaltetechnik[M]. Berlin:VEB Velag Technik,1980.

[3] WANG J,WU Y Z. Start-up and shut-down operation in a reciprocating compressor refrigeration system with capillary tubes[J]. Int. J. Refrig. ,1990,13(3):187-190.

[4] SEKIGAMI K. Compact rotary compressors for refrigerators and dehumidifiers[J]. Hitachi Review,1987,36(3):169-176.

[5] ASHRAE. HVAC system and equipment handbook[M]. Atlanta:ASHRAE Inc.,2020.

[6] 陈砺,谭盈科. 太阳能吸附式制冷技术进展[J]. 流体机械,1997,25(9):44-50.

[7] 周启瑾."ADREF"吸附式冷冻机在工程中的应用[J]. 制冷,1996,56(3):26-28.

[8] CRITOPH R E. Activated carbon adsorption cycles for refrigeration and heat pumping [J].Carbon,1984,27(1):63-70.

[9] HEROLD K E,RADERMACHER R,KLEIN S A. Absorption chillers and heat pumps [M].New York:CRC Press,1996.

[10] 王如竹,王丽伟,吴静怡,等. 吸附式制冷理论与应用[M]. 北京:科学出版社,2007.

[11] FERNANDES M S,BRITES G,COSTA J J,et al. Review and future trends of solar adsorption refrigeration systems[J]. Renew. Sustain. Energy Rev. ,2014,39:102-123.

[12] BROWN G V. Magnetic heat pump near room temperature[J]. J. Appl. Phys. ,1976,47(8):3673-3680.

[13] 高强,俞炳丰,孟祥兆,等. 室温磁制冷研究进展[J]. 制冷学报,2003,(1):33-38.

[14] KITANOVSKI A,TUSEK J,TOMC U,et al. Magnetocaloric energy conversion: from theory to applications[M]. Heidelberg:Springer,2015.

[15] MASCHE M,LIANG J,DALL'OLIO S,et al. Performance analysis of a high-efficiency

multi-bed active magnetic regenerator device[J]. Appl. Therm. Eng. ,2021,199:117569.

[16] MOYA X,MATHUR N D. Caloric materials for cooling and heating[J]. Science,2020,370(6518):797-803.

[17] 钱苏昕,袁丽芬,鱼剑琳,等. 弹热制冷的发展现状与展望[J]. 制冷学报,2018,39(1):1-12.

[18] TUSEK J,ENGELBRECHT K,ERIKSEN D,et al. A regenerative elastocaloric heat pump[J]. Nat. Energy,2016,1:16134.

[19] 李子超,施俊业,陈江平,等. 电卡制冷材料与系统发展现状与展望[J]. 制冷学报,2021,42(1):1-13.

[20] TORELLO A, LHERITIER P, USUI T, et al. Giant temperature span in electrocaloric regenerator[J]. Science,2020,370(6512):125-129.

[21] 中国制冷学会. 2018—2019 制冷及低温工程学科发展报告[M]. 北京:中国科学技术出版社,2020.

[22] ZHAO D,TAN G. A review of thermoelectric cooling:materials,modeling and applications[J]. Appl. Therm. Eng. ,2014,66(1):15-24.

[23] EIAMSA-ARD S, PROMVONGE P. Review of Ranque-Hilsch effects in vortex tubes[J].Renew. Sustain. Energy Rev. ,2008,12:1822-1842.

[24] PAN Q W, WANG R Z, WANG L W. Comparison of different kinds of heat recoveries applied in adsorption refrigeration system[J]. International Journal of refrigeration,2015,55:37-48.

[25] PAN Q W,WANG R Z. Experimental study on operating features of heat and mass recovery processes in adsorption refrigeration[J]. Energy,2017,135(15):361-369.

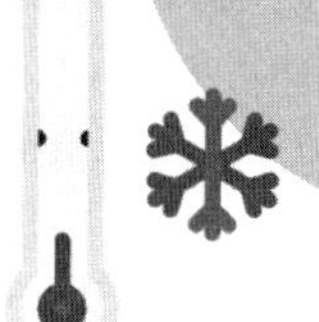

第 3 章

蒸气压缩式制冷

3.1 可逆制冷循环

3.1.1 压缩式制冷的热力学原理概述

制冷系统是利用逆向循环的能量转换系统,通过能量补偿,使制冷剂在循环中不断地从温度较低的被冷却对象中吸取热量,并向温度较高的冷却介质排放热量。一般将流出热量的对象(制冷剂从中吸收热量)称为热源;将流入热量的对象(制冷剂向其排放热量)称为热汇。所以,制冷循环的热力学本质是:用能量补偿的方式把热量从低温热源排到高温热汇。从这一本质出发,制冷循环不但可以实现使物体降到环境温度以下的制冷目的,而且可以实现使物体升温到环境温度以上的加热目的。

1. 制冷机与热泵

在制冷机中人们以环境(环境温度的水或空气)为高温热汇,利用逆向循环在低温下从低温热源吸热,收益是制冷量。如果以环境为低温热源,利用循环在高温下向高温热汇排热,收益是供热量,便可用此热量将某空间或物体加热到环境温度以上。具有这种用途的机器称为热泵。可见,热泵与制冷机循环的热力学本质完全相同。这就是将热泵纳入制冷技术范畴的理由。它们的区别仅在于使用目的。单一用于制冷的机器称为制冷机;单一用于供热的机器称为热泵。制冷机可以做成在一些时候用来制冷,在另一些时候用来供热,这样的制冷机称为热泵型制冷机。

制冷机和热泵的能量转换关系如图 3-1 所示。图中,制冷剂从低温热源吸

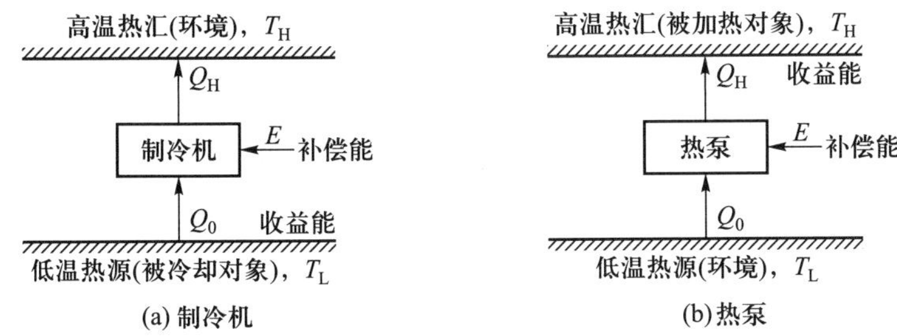

图 3-1 制冷机和热泵的能量转换关系图

收的热量用 Q_0 表示，向高温热汇排放的热量用 Q_H 表示，补偿能用 E 表示。

2. 制冷循环的性能系数 COP 和循环效率 η

性能系数 COP 和循环效率 η 是评价制冷循环的经济性指标。

性能系数用来反映消耗一定的补偿能可以获得多少收益能。性能系数的普遍定义为：循环中收益能数值与补偿能数值之比，即

$$\text{COP} = \text{收益能量} / \text{补偿能量}$$

循环用于制冷时，制冷机的性能系数为

$$\text{COP}_R = Q_0/E \tag{3-1}$$

循环用于供热时，热泵的性能系数为

$$\text{COP}_H = Q_H/E \tag{3-2}$$

按热力学第一定律，有

$$Q_H = Q_0 + E \tag{3-3}$$

所以

$$\text{COP}_H = \text{COP}_R + 1 \tag{3-4}$$

由式(3-4)可知，热泵的性能系数恒大于1。这说明，用热泵供暖，可以获得比所消耗补偿能量更多的供热量。

因为在蒸气压缩制冷机或热泵中，补偿能是向压缩机输入的电能或机械能，记作 W。同时，制冷行业中习惯上将压缩式制冷机的性能系数又称为制冷系数，将热泵的性能系数又称为供热系数。所以，压缩式制冷机和热泵中

$$\text{COP}_R = Q_0/W \tag{3-5}$$

$$\text{COP}_H = Q_H/W \tag{3-6}$$

以后的论述主要针对制冷机，其性能系数简单记作 COP，不再出现下标“R”。

循环效率(或称为热力完善度)用来说明制冷循环与可逆制冷循环的接近程度。热力学上最为完善的循环是可逆循环。制冷循环的循环效率定义为：一个制冷循环的性能系数 COP 与相同低温热源、高温热汇温度下可逆制冷循环的

性能系数 COP_c 之比，即

$$\eta = COP/COP_c \tag{3-7}$$

实际制冷循环中总会存在各种不可逆因素，其循环效率的值介于 0~1 之间。η 越接近 1，说明越接近可逆循环，循环的热力学完善程度越高。

3.1.2　卡诺制冷循环

设有恒温热源和恒温热汇，其温度分别为 T_L 和 T_H。在这两个温度之间工作的可逆制冷循环是卡诺制冷循环。

卡诺制冷循环由两个等温过程和两个等熵过程组成，如图 3-2a 所示。工质在循环中以 T_L 温度从低温热源等温吸热（过程 4-1），再等熵压缩到温度升至 T_H（过程 1-2），又在 T_H 下向高温热汇等温放热（过程 2-3），然后等熵膨胀到温度降至 T_L（过程 3-4），回到循环开始状态。循环中的一些参数按以下公式确定：

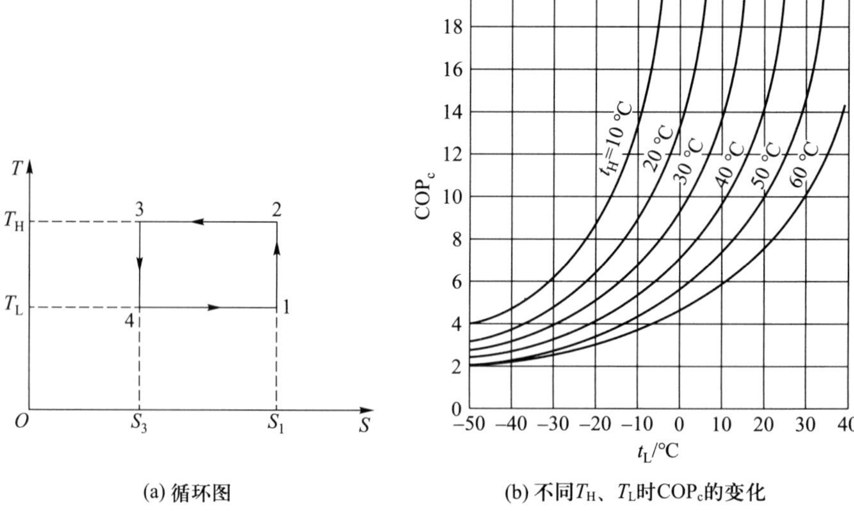

(a) 循环图　　(b) 不同 T_H、T_L 时 COP_c 的变化

图 3-2　卡诺制冷循环

循环的吸热量

$$Q_0 = T_L(S_1 - S_4) = T_L\Delta S$$

排热量

$$Q_H = T_H(S_2 - S_3) = T_H\Delta S$$

循环的净输入功

$$W = (T_H - T_L)\Delta S$$

由能量守恒有

$$Q_H = Q_0 + W$$

性能系数

$$COP_c = Q_0/W = \frac{T_L}{T_H - T_L} = \frac{1}{T_H/T_L - 1} \qquad (3-8)$$

式(3-8)给出卡诺制冷循环性能系数的表达式,它是相同的低温热源、高温热汇温度条件下制冷循环性能系数在理论上的最高值。式(3-8)表明:

(1) 卡诺制冷循环的性能系数 COP_c 只与热源和热汇的温度有关,而与制冷剂的性质无关。

(2) COP_c 的大小随 T_H/T_L 改变,T_H/T_L 越大则 COP_c 越小。T_H 一定时,T_L 越低则 COP_c 越小。

图 3-2b 给出不同 T_H、T_L 时 COP_c 变化的具体数值。

以上结论对于评价制冷机经济性的意义在于:

(1) 制冷机的 COP 与热源和热汇的温度条件有关。

(2) 用 COP 值来评价或比较制冷机的循环经济性时,只有指明 T_H、T_L 评价才有意义;只有在同样的 T_H、T_L 条件下,才可以用 COP 值来比较两台或几台制冷机的循环经济性。

(3) 循环效率 η 的定义本身已包含了相同热源和热汇条件下的比较,所以根据 η 值的大小可以直接评价和比较各种制冷循环的经济性。

3.1.3 洛伦兹循环

恒温热源和恒温热汇条件下的可逆制冷循环是卡诺制冷循环。恒温热源和热汇的假定意味着热源和热汇的热容量无穷大。事实上,热源(汇)的热容量有限,热源在放热过程中温度将降低,热汇在吸热过程中温度将升高,即它们是温度变化的热源(汇)。

针对变温热源和变温热汇条件,制冷剂变温吸热、变温排热的循环是洛伦兹循环。洛伦兹循环如图 3-3 所示。循环由两个变温过程和两个等熵过程组成。过程 1-2 为制冷剂等熵压缩过程;2-3 过程为变温放热过程;3-4 过程为等熵膨胀过程;过程 4-1 为变温吸热过程。如果上述循环中满足:对于变温放热过程2-3,制冷剂在放热时温度的变化

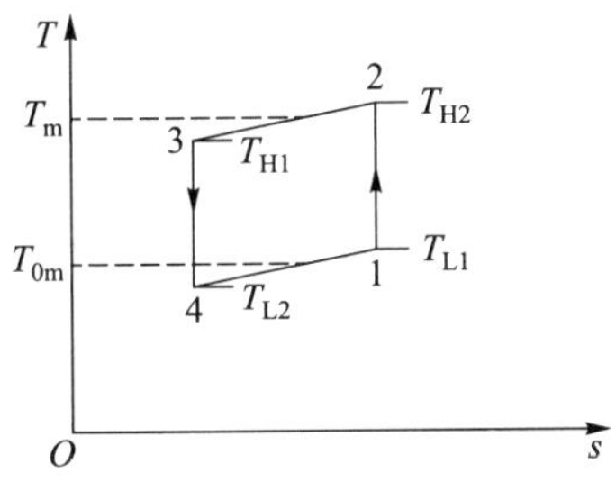

图 3-3 洛伦兹循环

与热汇的温度变化相一致,二者之间没有传热温差;对于变温吸热过程 4-1,制冷剂在吸热时温度的变化与热源的温度变化相一致,二者之间没有传热温差。那么,该循环的各个过程都是可逆过程,为可逆洛伦兹循环。可逆洛伦兹循环是变温源(汇)条件下热力学上最理想的循环。

分析可逆洛伦兹循环时引入平均当量温度的概念。设 T_m 是放热过程的平均当量温度;T_{0m}是吸热过程的平均当量温度。

2-3 过程单位质量的放热量

$$q = \int_3^2 T\mathrm{d}s = T_m(s_2 - s_3) \tag{3-9}$$

4-1 过程单位质量的吸热量

$$q_0 = \int_4^1 T\mathrm{d}s = T_{0m}(s_1 - s_4) = T_{0m}(s_1 - s_4) \tag{3-10}$$

循环的单位质量输入功

$$w = q - q_0 \tag{3-11}$$

循环的性能系数

$$\mathrm{COP} = q_0/w = T_{0m}/(T_m - T_{0m}) \tag{3-12}$$

可见,洛伦兹制冷循环的性能系数的值,相当于在 T_m 和 T_{0m}恒温源(汇)条件下工作的卡诺制冷循环的性能系数。

3.2　单级蒸气压缩式制冷的理论循环

3.2.1　理论循环的特点及工作过程

单级蒸气压缩式制冷系统如图 3-4 所示。它由压缩机、冷凝器、膨胀阀、蒸发器四个基本部件组成,并用管道将它们串连成一个封闭的系统,制冷剂在这个封闭的系统中循环。工作过程如下。

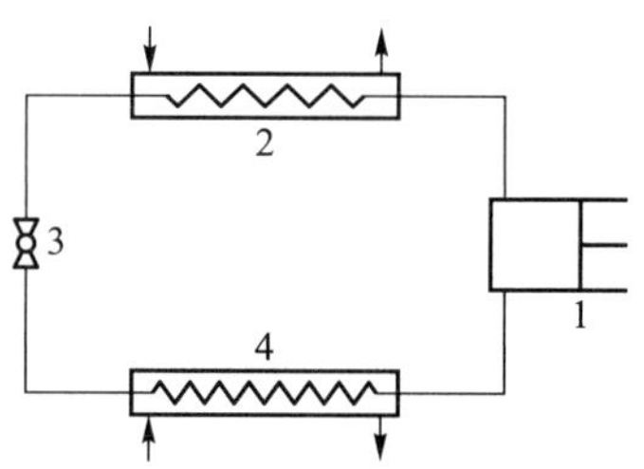

图 3-4　单级蒸气压缩式制冷系统
1—压缩机; 2—冷凝器;
3—膨胀阀; 4—蒸发器

制冷剂在压力 p_0、温度 T_0 下沸腾,T_0 低于被冷却对象(液体或物体空间)的温度。压缩机不断抽吸蒸发器中产生的制冷剂蒸气,并将它压缩到冷凝压力 p_k,排出后送到冷凝器,在压力 p_k 下等压冷却凝结成液体,制冷剂冷却和凝结时放出的热量传给冷却介质(通常是常温的水或空气)。与冷凝压力 p_k 相对应的冷凝温度 T_k 一定要高于冷却介质的温度。冷凝后的制冷剂高压液体通过膨胀阀或其他节流元件进入蒸发器。当制冷剂通过节流元件时,压力从 p_k 降到 p_0,有一部分液体汽化,剩余的液体温度降到 T_0,于是节流后的制冷剂以低温低压(p_0,T_0)气液两相混合状态进入蒸发器。混合物中的液体在蒸发器中蒸发,并从被冷却对象吸热,产生制冷作用。节流过程产生的那部分蒸气是闪发出来的,该蒸气通常被称为闪蒸气,它在蒸发器中几乎不产生制冷作用。

在整个循环过程中,压缩机起着压缩和输送制冷剂蒸气,并造成蒸发器中低压、冷凝器中高压的作用,是整个系统的心脏,使制冷剂在系统内循环。节流阀对制冷剂起节流降压作用,并调节进入蒸发器的制冷剂流量。蒸发器是输出冷量的设备,制冷剂在蒸发器中蒸发时要吸收被冷却对象的热量,从而达到制冷的目的。冷凝器是输出热量的设备,制冷剂在蒸发器中吸收的热量和压缩机消耗功所转化的热量,均带到冷凝器,排放给冷却介质。根据热力学第二定律,以压缩机所消耗的功为补偿,使制冷剂不断从低温物体中吸收热量,并不断向高温物体排放热量,从而完成整个制冷循环。

该系统中,来自蒸发器的低压制冷剂蒸气被压缩机吸入后经一次压缩,压力提高到冷凝所对应的高压,因此称之为单级蒸气压缩式制冷系统。

3.2.2　制冷剂的状态图

分析制冷循环,需要借助于制冷剂的状态图描述出制冷剂热力状态的循环变化。

因为纯质制冷剂的热力状态由两个独立的状态参数确定,所以任何一种制冷剂都可以用平面状态图反映其热力性质,可以用任意两个状态参数分别作平面图的横坐标和纵坐标绘制状态图,并以这两个坐标参数命名状态图,例如 $T-s$ 图、$p-h$ 图、$h-s$ 图、$p-V$ 图等。状态图上绘出各状态参数的等值线簇、制冷剂的相区(液相、气相、两相)。状态图上的一个点代表一个热力状态;利用状态图可以描述热力状态的变化过程,以及由各种过程所组成的循环,并能直观描述循环中的各状态变化和分析这些变化对循环的影响。

制冷循环的分析与计算中,通常借助于 $T-s$ 图和 $p-h$ 图。由于单位质量制冷剂循环的各个过程中功与热量的变化均可以用比焓的变化计算,因此,$p-h$ 图在制冷工程计算中得到更为广泛的应用。

1. 压力-比焓图

压力-比焓图简称压-焓图,即 $p-h$ 图。它的纵坐标为对数坐标,表示绝对压力;横坐标为比焓。压-焓图的结构如图 3-5 所示。

图中的粗实线为相界线。相界线上的点 C 为临界点。点 C 左侧的相界线是饱和液体线;右侧的相界线是饱和蒸气线。饱和液体线上的点代表饱和液体状态;饱和蒸气线上的点代表饱和蒸气状态。相界线将制冷剂的状态平面分成三个区:饱和液体线左侧为过冷液体区;饱和蒸气线右侧为过热蒸气区;饱和液体线与饱和蒸气线所围成的区域为气-液两相区。两相区是饱和气-液共存的状态(湿蒸气状态),其中饱和气所占的份额称为干度 x。图中各参数的等值线簇为:

等压线——水平线。

等比焓线——垂直线。

等温线——液体区几乎为垂直线;两相区为水平线,与相应的等压线重合;过热蒸气区为向右下方弯曲的倾斜线。

等比熵线——向右上方倾斜的实线。

等比体积线——向右上方倾斜的虚线,比等比熵线平坦。

等干度线——只存在于两相区内,与相界线的走向有相似趋势。

2. 温度-比熵图

温度-比熵图简称温-熵图,即 $T-s$ 图,是以温度为纵坐标、以比熵值为横坐标的制冷剂热力状态图。温-熵图的结构及各状态参数的等值线簇形状如图 3-6 所示。

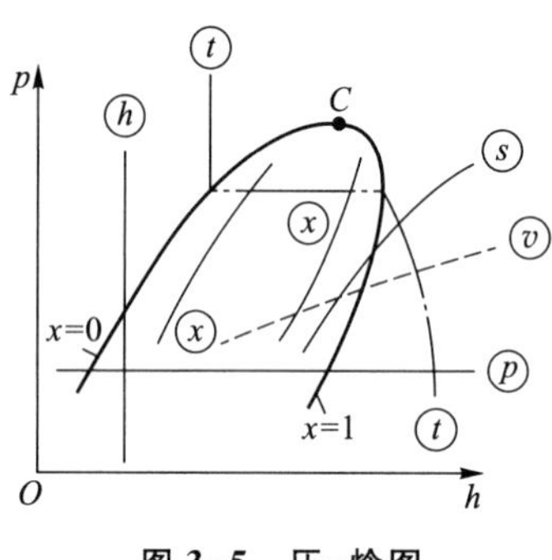

图 3-5　压-焓图

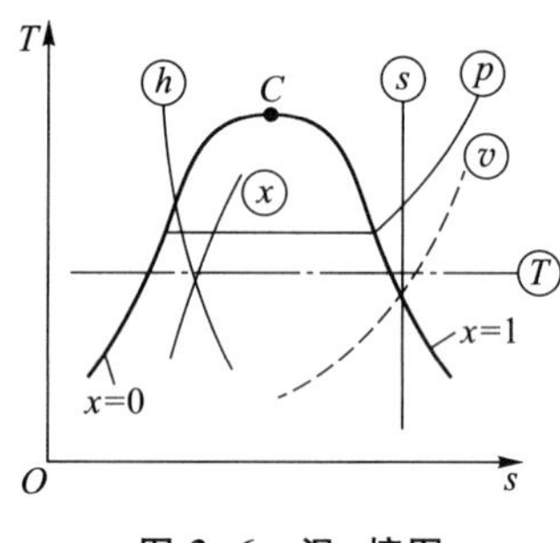

图 3-6　温-熵图

3.2.3　理论循环

1. 理论循环的假定

理论循环基于以下假定:

(1) 高温热汇和低温热源的温度 T_H、T_L 恒定,且制冷剂在相变(冷凝、蒸

发)过程中与热源(汇)之间没有传热温差,即冷凝温度 $T_k = T_H$,蒸发温度 $T_0 = T_L$;

(2) 制冷剂出蒸发器的状态为饱和蒸气,出冷凝器的状态为饱和液体;

(3) 制冷剂除在压缩机和膨胀阀处发生压力的升降外,在整个循环的其他流动过程中没有流动压力损失;

(4) 除两个热交换器(冷凝器和蒸发器)外,制冷剂在整个循环的其他流动过程中与外界不发生热交换;

(5) 压缩过程为等熵压缩。

2. 理论循环在状态图上的描述

按以上假定,理论循环由两个等压过程、一个等熵压缩过程和一个绝热节流过程组成。图 3-7 示出理论循环在状态图上的描述。对照图 3-7,循环中各特征状态和各过程说明如下:

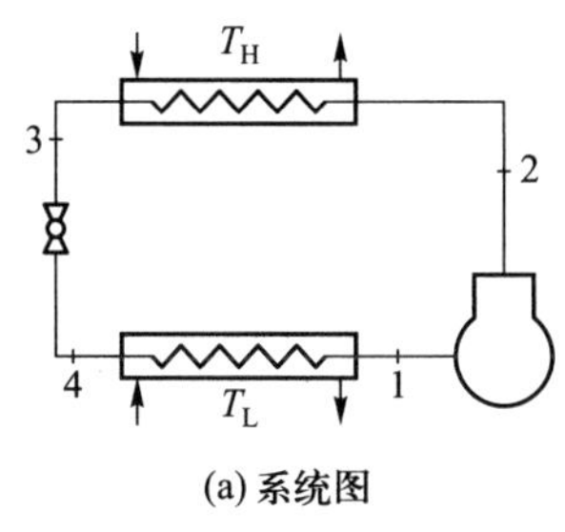

(a) 系统图

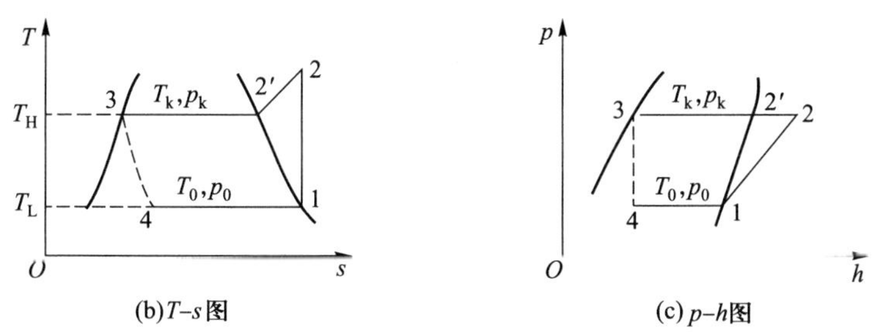

(b) $T-s$ 图　　(c) $p-h$ 图

图 3-7　理论循环在状态图上的描述

点 1 表示制冷剂进入压缩机的状态,它是对应于蒸发温度(压力)下的饱和蒸气。点 1 位于 p_0 等压线(或 T_0 等温线)与饱和蒸气线(等干度线 $x=1$)的交点上。

点 2 表示经压缩机压缩后排出的制冷剂状态,也是制冷剂在冷凝器入口处的状态。过程线 1-2 表示制冷剂气体在压缩机中的等熵压缩过程,有 $s_1 = s_2$。所以点 2 位于等熵线 s_1 与等压线 p_k 的交点上。大多数制冷剂饱和蒸气经等熵压缩后成为过热蒸气，点 2 为过热蒸气状态。

点 3 表示制冷剂在冷凝器出口处的状态，也是制冷剂节流前的状态。点 3 为饱和液体状态。冷凝器中的过程 2-2′-3 是定压过程，过程 2-2′表示过热蒸气定压冷却到饱和蒸气的过程；过程 2′-3 表示从饱和蒸气定压凝结到饱和液体的过程。点 2′位于等压线 p_k 与等干度线 $x=1$ 的交点上；点 3 位于等压线 p_k 与等干度线 $x=0$ 的交点上。

点 4 表示节流后的制冷剂状态，也是制冷剂在蒸发器入口处的状态。点 4 为低压两相状态。因为节流过程是绝热的，所以 $h_3=h_4$；节流后压力达到蒸发压力，点 4 位于 p_0 等压线与 h_3 等焓线的交点上。

过程 4-1 表示发生在蒸发器中的定压蒸发过程。至此，完成一个理论循环过程。

3. 理论循环特性

用循环特性指标反映单位质量（1 kg）制冷剂和单位体积（以压缩机吸入状态计 1 m³）制冷剂完成一个循环时，各个过程中的功与热量的转换与变化。循环特性还包括循环中的一些重要特征参数。理论循环的特性指标如下。

（1）单位质量制冷量 q_0（简称单位制冷量）

表示 1 kg 制冷剂完成循环时从低温热源所吸收的热量。取蒸发器为隔离体，它等于制冷剂在蒸发器出口处与入口处的比焓之差，即

$$q_0 = h_1 - h_3 = h_1 - h_4 \qquad \text{kJ/kg} \tag{3-13}$$

（2）单位容积制冷量 q_{ZV}

表示以压缩机吸入状态计，单位体积（1 m³）制冷剂完成一个循环时，从低温热源所吸收的热量，即

$$q_{ZV} = q_0/v_1 \qquad \text{kJ/m}^3 \tag{3-14}$$

式中，v_1 为状态点 1 的比体积。

（3）比功 w

表示 1 kg 制冷剂完成循环时所消耗的压缩功。它应等于制冷剂在压缩机吸入与排出口处的比焓之差，即

$$w = h_2 - h_1 \qquad \text{kJ/kg} \tag{3-15}$$

（4）容积比功 w_V

表示以压缩机吸入状态计，单位体积（1 m³）制冷剂完成一个循环所消耗的压缩功，即

$$w_v = w/v_1 \qquad \text{kJ/m}^3 \tag{3-16}$$

（5）单位冷凝热负荷 q_k

表示 1 kg 制冷剂完成循环时向高温热汇所排放的热量。它等于制冷剂在

冷凝器出口处与入口处的比焓之差,即

$$q_k = h_2 - h_3 \qquad kJ/kg \tag{3-17}$$

(6) 压力比 π

循环中压缩机的排气压力与吸气压力之比,即

$$\pi = p_2/p_1 = p_k/p_0 \tag{3-18}$$

(7) 排气温度 T_2

制冷剂气体压缩终了的温度。

(8) 循环的性能系数 COP

$$COP = q_0/w \tag{3-19}$$

(9) 循环效率(热力完善度)

$$\eta = COP/COP_c \tag{3-20}$$

制冷机的性能主要用制冷机的制冷量 ϕ_0、压缩机消耗功率 P 和制冷机性能系数 COP 反映。设压缩机的理论输气量为 q_{vh}(m^3/s),理论循环的制冷机性能计算如下:

(1) 制冷剂的循环质量(循环中的质量流量)

$$q_m = q_{vh}/v_1 \qquad kg/s \tag{3-21}$$

(2) 制冷量

$$\phi_0 = q_0 q_m = q_{vh} q_{ZV} \qquad kW \tag{3-22}$$

(3) 压缩机功率

$$P = q_m w = q_{vh} w_V \qquad kW \tag{3-23}$$

(4) 制冷机性能系数

$$COP = \phi_0/P \tag{3-24}$$

4. 理论循环的意义

在构造理论循环时做了一系列的理想化假定,那么理论循环是否是可逆循环呢?我们将图 3-7 与图 3-2a 放在一起比较,如图 3-8 所示。可以看出,理论循环假定中排除了蒸发器中相变传热的不可逆、膨胀过程的不可逆和冷凝器中相变传热部分的不可逆,但仍存在两部分的不可逆损失:一是冷凝器中过热气非相变传热部分存在传热温差;二是绝热节流过程为不可逆过程。这两部分的不可逆损失如图中阴影所示。所以,理论循环并非可逆循环。

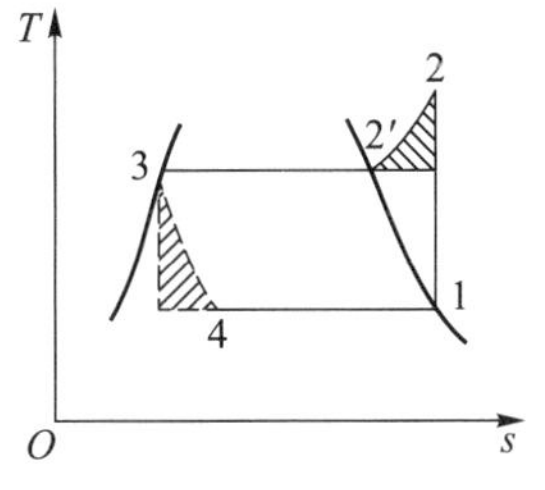

图 3-8 理论循环与可逆循环的比较

尽管如此,理论循环是针对蒸气压缩式制冷系统部件组成条件下的理想化

循环，它已最大限度地排除了机器设备（压缩机、冷凝器、蒸发器）本身的不完备因素，所以在给定热源和热汇温度情况下，理论循环是蒸气压缩式制冷循环的基准。

理论循环特性与热源（汇）温度和制冷剂的性质有关。当热源和热汇温度给定或冷凝温度和蒸发温度给定时，理论循环在制冷剂的状态图上就唯一地确定下来，各种制冷剂有各自确定的状态图，所以在相同 T_k、T_0 条件下，理论循环特性唯一地取决于制冷剂的热力性质。

综上所述，理论循环的作用和意义在于：

(1) 它是实际循环的基准和参照，用于分析研究实际循环的各种不完善因素和应做出的改进。

(2) 用于评价制冷剂。相同 T_k、T_0 条件下，通过不同制冷剂的理论循环特性比较，可以评价它们在热力性质方面的适宜程度。

表 3-1 给出一些制冷剂在 30 ℃/-15 ℃时的理论循环特性。运用某种制冷剂时，通过 p_k、p_0 反映系统内的压力水准；通过压力比、压力差和排气温度，了解压缩机的工作条件；用 q_0 和 q_{ZV} 反映其制冷能力；COP 反映循环的经济性。这样，对于某种特定的制冷要求，流体物质是否适宜用作制冷剂，及其作制冷剂时的优缺点便一目了然。

表 3-1　一些制冷剂在 30 ℃/-15 ℃时的理论循环特性

制冷剂	CO_2	R717	R22	R134a	R152a	R290	R123
摩尔质量 M/(g/mol)	44.0	17.0	85.6	102.0	66.05	44.1	152.9
标准沸点 t_s/℃	-78.5	-33.3	-40.8	-26.2	-25	-42.1	27.9
临界温度 t_c/℃	31.0	132.5	96.0	101.1	113.5	96.8	183.8
p_k/MPa	7.21	1.169	1.192	0.770	0.708	1.085	0.109 5
p_0/MPa	2.29	0.236	0.296	0.164	0.151 7	0.292	0.015 96
$\pi=p_k/p_0$	3.15	4.95	4.03	4.69	4.67	3.72	6.86
q_0/(kJ/kg)	132	1 094	162.9	148	246	285	142.7
v_1/(m^3/kg)	0.016 6	0.507	0.077 6	0.121	0.204 8	0.153	0.872
q_{ZV}/(kJ/m^3)	7 940	2 157	2 100	1 228	1 201	1 860	164
w/(kJ/kg)	48.6	230	34.9	33.2	46.5	60.5	30.6
$w_V=w/v_1$/(kJ/m^3)	2 920	454	450	275.5	227.0	394	35.0
COP	2.72	4.76	4.66	4.46	5.29	4.71	4.66

3.3 单级蒸气压缩式制冷的实际循环

3.3.1 实际循环

制冷机工作时,实际情况并不满足理论循环的各种假定。就循环的外部条件而言,低温热源和高温热汇均为有限源(汇),它们是有限流量的空气、水或其他流体。冷却流体流过冷凝器时吸收制冷剂的排热,其温度要升高;被冷却流体流过蒸发器时其温度要降低;它们与制冷剂发生热交换时,必然有传热温差。就循环的内部条件而言,制冷剂出蒸发器和进入压缩机的状态未必恰好是饱和蒸气,往往有一定的过热;制冷剂在膨胀阀前的状态也未必恰好是饱和液体;制冷剂在系统中循环流动,经过设备的连接管道(包括管件、阀门等)、热交换器管道时均存在流动阻力,造成压力损失,并且通过管道与外界存在热交换。另外,压缩机的实际压缩过程也存在不可逆损失。

考虑以上各种实际因素,实际循环与理论循环的比较如图 3-9 所示。比较中忽略了热源和热汇的温度变化,仍视之为恒温热源和热汇。实际循环详述如下。

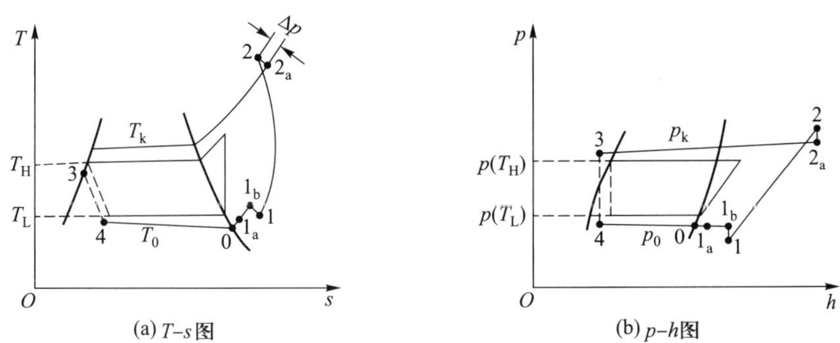

(a) T–s 图　　(b) p–h 图

图 3-9　实际循环与理论循环的比较

由于相变传热部分存在传热温差,所以制冷剂的蒸发过程线位于理论循环的蒸发过程线下方;制冷剂的冷凝过程线位于理论循环的冷凝过程线上方。

4-0-1_a 表示制冷剂在蒸发器中的蒸发过程,因在蒸发器中的流动阻力损失，蒸发过程温度和压力均有所下降。另外，制冷剂出蒸发器时蒸气稍有过热(状态点 1_a)。

1_a-1_b-1 表示制冷剂气体出蒸发器后经吸气管、压缩机吸气腔、吸气阀和气缸时的压降和温升，在图上将该过程分解为等压过热(1_a-1_b)和等比焓降压(1_b-1)两部分。

点 1 表示制冷剂气体开始压缩的状态。压缩过程初期，气体温度较低，被气缸壁加热，为吸热的压缩过程，比熵增加；随着压缩过程的进行，气体温度逐渐升高到高于气缸壁温度，气体又向气缸壁散热，这阶段为放热的压缩过程，比熵减小。所以，整个压缩过程中先是比熵增加，后是比熵减小，用 1-2 表示。点 2 代表压缩终了状态。

高压气体经排气阀、排气腔到排气管的流动过程存在压降，用 2-2_a 表示。

2_a-3 表示高压气体在排气管和冷凝器中的冷却-凝结过程。该过程伴随有流动阻力引起的压力降，且过程终了高压液体有一定的过冷(状态点 3)。

3-4 表示高压液体的节流过程。由于制冷剂经膨胀阀时流速很快，来不及换热，仍视为绝热节流，故点 3 与点 4 的比焓相等。

3.3.2　各种实际因素对循环的影响

1. 高压液体过冷的影响

制冷剂液体的温度若低于它所处压力下的饱和温度，则称为过冷液体。过冷液体温度与其饱和温度之间的差值称过冷度。

以理论循环作为比较基准，若节流前的高压液体处于过冷状态，过冷对循环的影响可以由图 3-10分析得出。图中 1-2-3-4-1 是理论循环，1-2-3′-4′-1 是高压液体有过冷的循环。

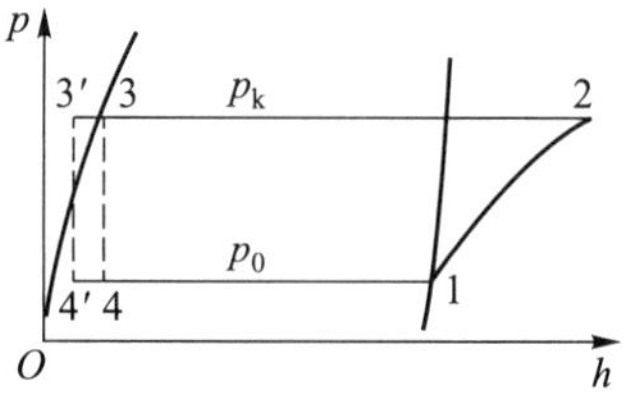

图 3-10　高压液体有过冷的循环

节流前过冷的高压液体状态点为点 3′，其过冷度为

$$\Delta T_g = T_3 - T_{3'} \qquad (3-25)$$

过冷液体的比焓比饱和液体的比焓有所降低，降低值为

$$\Delta h = h_3 - h_{3'} = c'\Delta T_g \quad \text{kJ/kg} \qquad (3-26)$$

式中，c'为液体比热容。循环的状态点 1 和 2 未变。循环特性比较见表 3-2。

表 3-2 循环特性比较

循环特性指标	理论循环	有过冷的循环	过冷的影响
单位质量制冷量 q_0	h_1-h_3	$h_1-h_{3'}$	增大
单位容积制冷量 q_{ZV}	$(h_1-h_3)/v_1$	$(h_1-h_{3'})/v_1$	增大
比功 w	h_2-h_1	h_2-h_1	不变
性能系数 COP	$(h_1-h_3)/(h_2-h_1)$	$(h_1-h_{3'})/(h_2-h_1)$	增大

可见,液体过冷使循环的主要特性指标 q_0、q_{ZV}和 COP 增大,而且由于单位容积制冷量增大,还使压缩机制冷能力提高;由于吸气比体积和比功不变,故压缩机的功率不变。所以,过冷对循环总是有利的。过冷度越大,得益越多。相同的过冷度下,过冷使制冷量和性能系数提高的百分数取决于制冷剂的热力性质,即与制冷剂的液体比热容和蒸发温度下的汽化潜热有关。液体比热容越大和汽化潜热越小的制冷剂,过冷的相对收益越大。例如,氨和丙烷,在某一相同工况下计算得出:每过冷 1 ℃,氨的单位制冷量提高约 0.4%;而丙烷则提高约 0.9%。此外,由于低蒸发温度时节流损失大(节流过程的闪蒸气多),节流后的两相状态干度变大,所以蒸发温度越低,过冷使性能的相对提高越大。这一点,在设计低蒸发温度的制冷机时应充分考虑。

计算有过冷的循环时,要用到过冷液体的比焓值,即图中状态 3′的比焓 $h_{3'}$。虽然可按式 $h_{3'}=h_3-c'\Delta T_g$ 计算过冷液体的比焓值,但计算中要用到液体的比热容 c'。工程计算中 $h_{3'}$可以近似用相同温度下饱和液体的比焓值,即

$$h_{3'} \approx h_s(T_{3'}) \tag{3-27}$$

获得过冷的几种方法如下。

(1) 利用冷凝器直接得到过冷

也就是说,使压缩机排出的制冷剂蒸气在冷凝器中经历冷却-凝结-过冷这样三个阶段的换热过程。为此,冷凝器结构设计中应满足此要求。逆流套管式水冷凝器最易获得过冷,如图 3-11 所示。翅片管式风冷凝器,通过管程的合理布置也可以获得过冷。一般的壳管式水冷凝器,由于制冷剂在壳侧只能得到饱和态的凝液,无法在冷凝器中获得过冷。若壳管式水冷凝器壳体下部兼作高压贮液器使用,并布置有冷却水管,使冷却水自下而上流过,也可以在冷凝器中得到过冷液体,如图 3-12 所示。

虽然可以直接从冷凝器中获得过冷,但受冷凝器总传热温差的制约,过冷程度有限,一般仅能得到 1~5 ℃的过冷度。

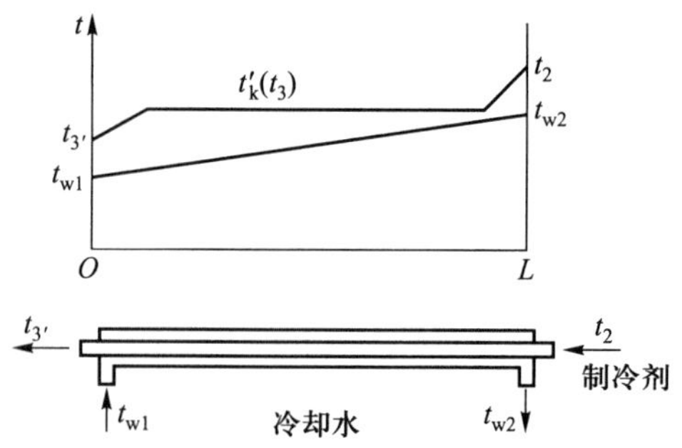

图 3-11　逆流套管式水冷凝器中获得过冷

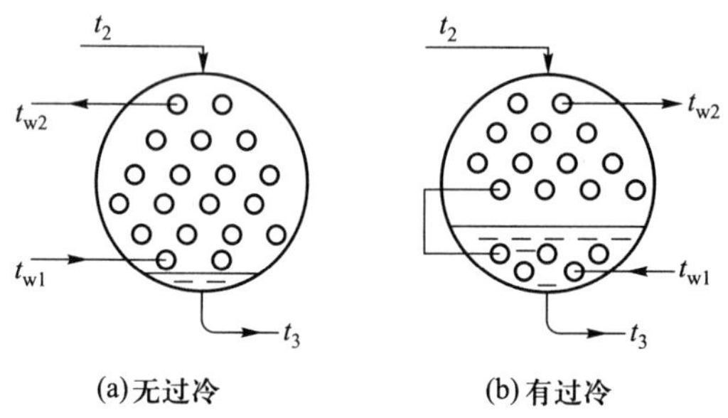

图 3-12　壳管式水冷凝器

（2）利用过冷器获得过冷

在冷凝器与膨胀阀之间增设一台热交换器——过冷器，使来自冷凝器的制冷剂液体在过冷器中进一步被冷却。例如，冷凝器用常温水冷却，过冷器则用温度更低的深井水冷却。或者，用常温冷却水，使它先流过过冷器，再流过冷凝器。用过冷器能够获得的过冷度一般也不会很大，而取决于冷凝器与过冷器所用冷却水之间的温度差异程度。

（3）用气-液热交换器获得过冷

上述两种方法均因受常规冷却介质的温度条件限制，过冷度不大。如果采用制冷剂自身回热的办法，则可以得到更大的过冷度。做法是：在冷凝器与膨胀阀之间增设一台热交换器，使来自冷凝器的高压液体与来自蒸发器的低温制冷剂气体发生热交换。由于出蒸发器的制冷剂气体温度远低于常规的冷却介质的温度，高压液体在它的冷却下便有较大过冷度。这种回热器称为气-液热交换器。来自蒸发器的制冷剂蒸气经气-液热交换器温度升高（过热）后，再返回压缩机。关于采用气-液热交换器的回热循环，在后面的内容中有详细叙述。

2. 压缩机吸气过热的影响

压缩机吸气过热使排气温度升高，还对其他循环特性指标造成影响，具体影响情况要看吸气过热所造成的制冷剂比焓增是否产生有用的制冷作用。不产生制冷作用的过热称无用过热;产生制冷作用的过热称有用过热。

有吸气过热的循环与理论循环的比较如图 3-13 所示。图中,1-2-3-4-1 为理论循环;1′-2′-3-4-1′为有吸气过热的循环。吸气过热度定义为

$$\Delta T_r = T_{1'} - T_1 \tag{3-28}$$

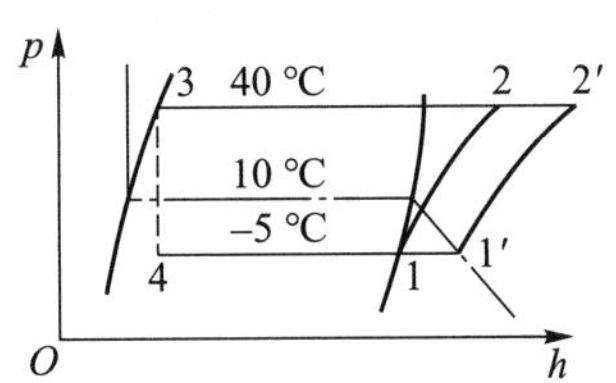

图 3-13 有吸气过热的循环与理论循环的比较

当过热为无用过热时,低压制冷剂蒸气从被冷却对象的吸热(制冷)过程为 4-1。而过程 1-1′则是低压气在被压缩之前经吸气管道和压缩机因受到加热而产生的过热过程。

当过热为有用过热时,低压制冷剂的吸热(制冷)过程为 4-1′。

(1) 无用过热

根据图 3-13,无用过热情况下主要循环特性与理论循环的比较见表 3-3。

表 3-3 无用过热循环与理论循环的比较

循环特性指标	理论循环	无用过热循环	无用过热的影响
单位质量制冷量 q_0	h_1-h_4	h_1-h_4	不变
单位容积制冷量 q_{ZV}	$(h_1-h_4)/v_1$	$(h_1-h_4)/v_{1'}$	减小
比功 w	h_2-h_1	$h_{2'}-h_{1'}$	增大
性能系数 COP	$(h_1-h_4)/(h_2-h_1)$	$(h_1-h_4)/(h_{2'}-h_{1'})$	减小

可见,无用吸气过热情况下,循环的单位制冷量未变,但比功增大了,因而性能系数下降。它对循环是不利的,故又将无用过热称为有害过热。实际中应尽量减少有害过热。制冷机的吸气管道总要外敷隔热层,防止环境对吸气管的加热作用,其目的就是为了减少有害过热。

(2) 有用过热

根据图 3-13,有用过热情况下主要循环特性与理论循环的比较见表 3-4。

表 3-4 有用过热循环与理论循环的比较

循环特性指标	理论循环	有用过热循环	有用过热的影响
单位质量制冷量 q_0	h_1-h_4	$h_{1'}-h_4$	增大
单位容积制冷量 q_{ZV}	$(h_1-h_4)/v_1$	$(h_{1'}-h_4)/v_{1'}$	不一定
比功 w	h_2-h_1	$h_{2'}-h_{1'}$	增大
性能系数 COP	$(h_1-h_4)/(h_2-h_1)$	$(h_{1'}-h_4)/(h_{2'}-h_{1'})$	不一定

可以看出,有用过热使循环的单位质量制冷量 q_0 有所提高、压缩比功增大。由于吸气比体积 $v_{1'}$ 比理论循环的吸气比体积 v_1 增大,所以从循环特性指标的表达式上不能直接判断出有用过热对单位容积制冷量 q_{zv} 的影响,也不能直接判断出它对性能系数 COP 的影响,而需要针对具体制冷剂通过计算得出结论。计算表明:有用过热对 q_{zv} 和 COP 产生正面影响还是负面影响,取决于制冷剂的性质:有些制冷剂有用过热产生正影响;有些制冷剂有用过热产生负影响。而正面影响或负面影响的大小还与有用过热度的大小有关。图 3-14 和图 3-15 给出对一些制冷剂的计算结果。计算工况取冷凝温度为 30 ℃、蒸发温度为-15 ℃。图 3-14是一些制冷剂的单位容积制冷量随有用过热度的变化情况。图 3-15 是一些制冷剂的性能系数随有用过热度的变化情况,并均以与理论循环的相对值给出。

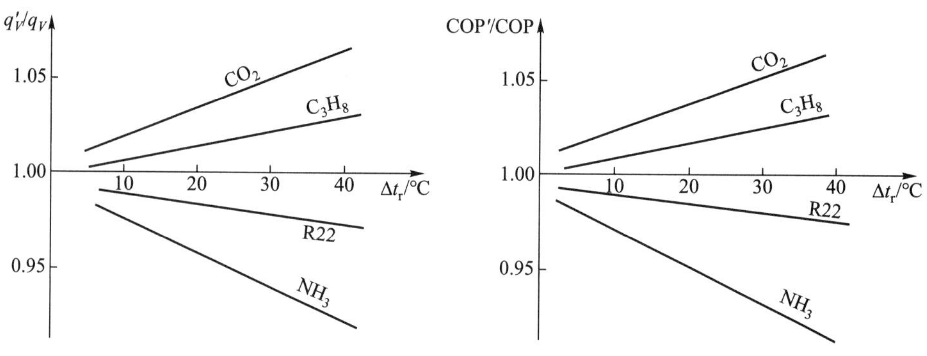

图 3-14　有用过热对单位容积制冷量的影响　　**图 3-15　有用过热对性能系数的影响**

比较图 3-14 和图 3-15 可以看到:对同一种制冷剂,有用过热对单位容积制冷量的影响与对性能系数 COP 的影响具有相同的趋势。也就是说,有用过热若使某制冷剂的单位容积制冷量提高(或降低),那么也必然使其性能系数提高(或降低)。

若制冷剂在蒸发器出口处达到过热状态,则它在蒸发器内的过热是因吸收了被冷却对象的热量而具有的,即产生了制冷作用,为有用过热。比如,热力膨胀阀供液控制蒸发器出口有 5 ℃的过热度,这 5 ℃的过热度便是有用过热。

多数情况下,由于受蒸发器传热温差的制约,在蒸发器内能够得到的有用过热很有限,压缩机吸气过热的大部分是无用过热。避免大量无用过热的方法是采用气-液热交换器。

采用气-液热交换器的单级蒸气压缩制冷系统如图 3-16a 所示。人们将其循环称为有回热的循环。该系统中,在冷凝器 B 与膨胀阀 C 之间增加了气-液热交换器 D,其中高压液体与蒸发器 E 回气发生热交换,结果高压液体被冷却变成过冷状态 3′;而低压回气则因回收了高压液体的热量而变成过热状态 1′。有回热的循环与理论循环的比较如图 3-16b 所示。

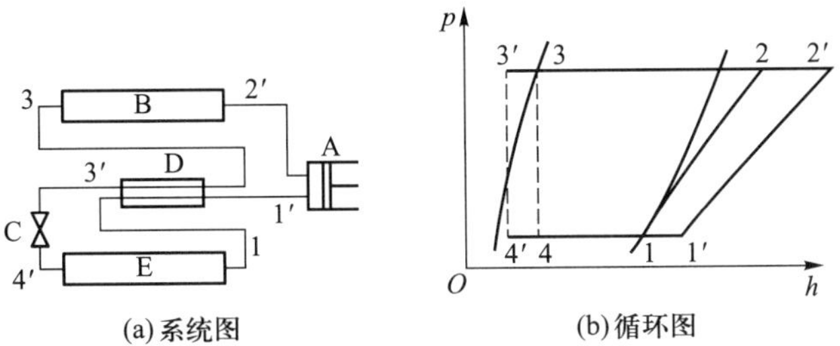

(a) 系统图　(b) 循环图

图 3-16　有回热的循环

有回热的循环分析如下。

由气-液热交换器的能量平衡关系

$$h_3 - h_{3'} = h_{1'} - h_1 = h_4 - h_{4'} \tag{3-29}$$

单位质量制冷量

$$q_0 = h_1 - h_{4'} = h_{1'} - h_4 \tag{3-30}$$

由上式可见,回热循环就相当于有用过热循环。尽管系统图 3-16a 过程 1-1′的比焓增并未直接用于制冷,但它使液体过冷,过冷部分的比焓差与过热部分的比焓差相等,并产生了制冷作用。所以,分析其循环特性并与理论循环相比较,可知回热循环等价于没有过冷的有用过热循环。前面关于有用过热对循环影响的分析结果都适用于回热循环,即回热对循环的影响程度因制冷剂的种类而异。具体说,采用回热不利的制冷剂中氨是典型,此外还有 R21、R40;采用回热有利的制冷剂有丙烷 R290、CO_2 等。R22 采用回热对循环的影响不明显。

所以,氨不宜采用回热循环。主要原因不仅是因为回热使循环经济性下降,还由于氨的绝热指数大,排气温度高,吸气过热会造成氨的排气温度过高,危害压缩机的安全性和可靠性。氨的吸气过热度被控制在 5 ℃以内。

蒸发温度较高的制冷机,由于高压液体与蒸发器回气之间的温度差异不太大,回气温度与环境温度之间的温差也不太大,吸气管隔热层处理得好就能控制有害过热,所以一般不用回热器。

蒸发温度低的制冷机用回热器有重要意义。由于压缩机不允许吸气温度过低(否则压缩机外壁结霜、润滑油变黏甚至絮浊),较大的吸气过热度是必须的。所以,一定要用回热器才能使足够大的过热度成为有用过热,而且高压液体因回热而得到过冷。过冷又是防止膨胀阀或毛细管节流件前的制冷剂液体中出现闪蒸气，保证节流件稳定工作的有效措施。

还有一些制冷剂如 RC318 等，它们的热力性质特征使得饱和蒸气等熵压缩进入两相区，也就是说，在这类制冷剂的 $T-s$ 图上，气相饱和线呈向左下方倾斜的形状，如图 3-17 所示。对于具有这种性质的制冷剂就必须采用回热循环，让吸气过热到足以保证压缩的全过程都在气相区内完成。

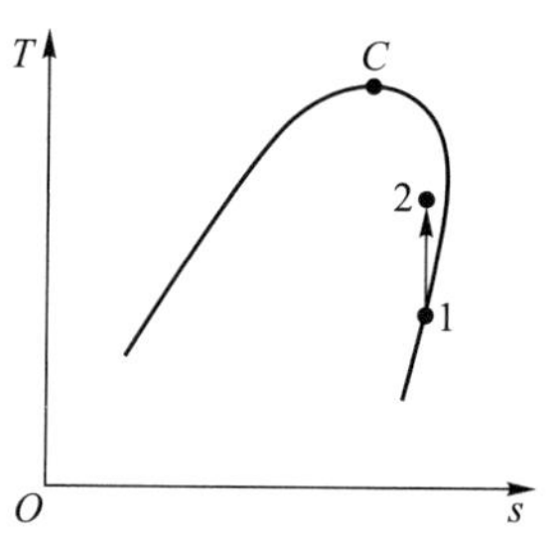

图 3-17　某些制冷剂的 $T-s$ 图（饱和蒸气等熵压缩进入两相区）

3. 管道压力损失和热交换的影响

制冷系统的管道有设备之间的连接管道和热交换设备的内部管道。这里主要讨论设备之间的连接管道。制冷剂在这些管道内流动时，因流动阻力会产生压力损失；因管内制冷剂与管外环境之间存在温差会发生热交换。管道的压力损失和热交换都将对循环特性产生影响。制冷系统的设备连接管道分为吸气管、排气管、高压液管和低压液管。下面分别讨论这四段管道的压力损失和热交换对循环特性的影响。

（1）吸气管

吸气管是连接蒸发器与压缩机吸入侧的管道。制冷剂在吸气管内处于低温低压状态。

吸气管发生热交换时，环境热量传入管内将对制冷剂气体加热，产生吸气过热，这种过热是无用过热。前面已经分析过，无用过热对循环是有害的，使吸气比体积增大，容积制冷量减小，排气温度上升，循环的性能系数下降。

吸气管内制冷剂的流动压力损失，使压缩机的吸气压力降低，吸气比体积增大，容积制冷量下降。另外，吸气压力降低使压缩机的工作压力比增大，引起压缩比功增大和排气温度升高，同时使循环的性能系数降低。这种不利影响程度会随着蒸发温度的降低而更加严重，因为压力越低比体积随压力的变化越快。

（2）排气管

排气管是连接压缩机排气侧与冷凝器的管道。压缩机的排气温度总是高于环境温度。排气管发生热交换时，制冷剂将向环境散热，因而排气管热交换起到冷却高压排气的作用，减少了冷凝器的负荷，是有利无害的。于是，通常排气管裸露处理。但有些情况下，过高的排气管壁温度（如氨制冷压缩机）可能会对操作人员产生安全问题，应采取必要的防护措施。

排气管中的压力损失，使压缩机排气压力必须高于冷凝压力才能保证制冷剂流入冷凝器。其影响是增大了压缩机的工作压力比，使比功增大，排气温度升高。

（3）高压液管

高压液管是从冷凝器到膨胀阀之间的连接管道。冷凝器的流体温度与环境温度比较接近，所以高压液管发生热交换的情况有两种可能：一种是制冷剂温度高于环境温度，向环境散热。其结果起到高压液体过冷的作用，对循环是有益的。另一种可能是制冷剂温度低于环境温度，被环境加热。于是，高压液管中将有部分液体汽化，使膨胀阀入口处的制冷剂不再是纯液态。制冷机运行中，膨胀阀前若出现气泡，会大大降低阀的流通能力，并使阀的工作不稳定。阀能力下降造成对蒸发器供液不足。蒸发器缺液，则制冷能力大大降低；阀工作不稳定会危及压缩机的安全。

高压液管中的压力损失使膨胀阀前的制冷剂压力降低。由于阀前压力降低，使阀前后的压力差变小，造成膨胀阀的通流能力降低。另外，假定来自冷凝器的制冷剂液体是饱和液，高压液管中的压力损失将使阀前液体中出现闪蒸气，阀前液体汽化，更是严重影响膨胀阀能力，还使阀的工作不稳定。危害如上所述。

（4）低压液管

低压液管是连接膨胀阀与蒸发器之间的管道。低压液管中的制冷剂处于低温。低压液管发生热交换时，制冷剂受环境加热。进入蒸发器的制冷剂比焓值将增大，所以要损失一部分制冷量。

低压液管中的压力损失，将使膨胀阀出口处的压力升高。阀前后压力差变小，这会使膨胀阀能力有所削弱。

实际上，制冷系统的低压液管一般很短，往往将膨胀阀紧靠蒸发器安装，这部分的管道便不产生什么影响。

由以上分析可以看出，制冷系统管道中特别要注意认真处理的是吸气管和高压液管。吸气管外要做隔热处理，以减小有害过热；吸气管内制冷剂流速应保证吸气侧压降在允许的范围内，吸气管段上还应当尽量减少管件阀门等附件。

高压液管最关键的问题是防止制冷剂液体汽化。实际系统中若高压液体管道较长，再有转弯、上升等，压降无法避免。为了防止膨胀阀前液体汽化现象发生，就必须使制冷剂液体过冷。足够的液体过冷度不仅可避免压降引起的闪蒸，还能避免液管因受环境加热而引起的制冷剂液体汽化。如图 3-18 所示，对于饱和温度 T_3，对应的制冷剂饱和压力 p_3，高压液管的压力损失为 Δp，为了不使膨胀阀前液体汽化，高压液体在高压液管入口处的最小过冷度为

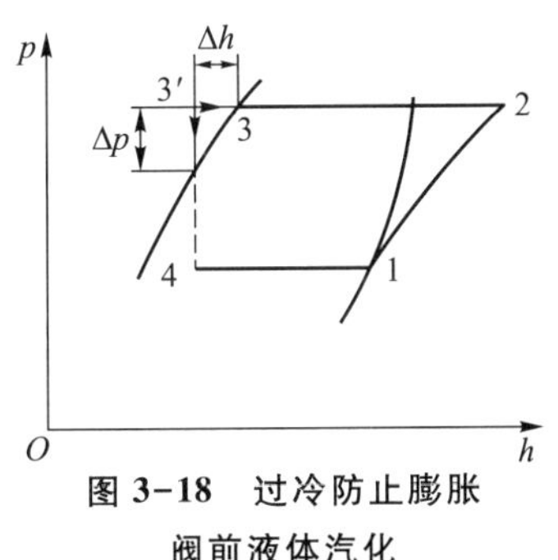

图 3-18　过冷防止膨胀阀前液体汽化

$$(\Delta T_G)_{min} = T_3 - T_{3'}$$

式中，$T_{3'}=f(p_3-\Delta p)$。

4. 压缩机与压缩过程不可逆的影响

压缩机存在功率损失，还存在容积损失。功率损失使压缩机实际功耗增大，容积损失使压缩机输气量减小，结果是制冷能力减小、性能系数下降。压缩机的这些损失都用效率来反映。

(1) 指示效率

压缩机中气体的压缩过程并非理论循环所假定的等熵过程。压缩机具有气腔、气阀结构，气体经过它们时要产生压降，所以压缩过程的起始压力低于吸气管压力，压缩过程的终了压力高于排气管压力，这要多消耗压缩功。另外，压缩过程是不可逆的，也要多消耗功。直接用于气体压缩所消耗的功称为指示功。指示比功 w_i 将大于理论比功 w。用指示效率 η_i 来反映这二者的相对差异。

指示效率

$$\eta_i = w/w_i \tag{3-31}$$

(2) 机械效率

压缩机存在机械摩擦损失，所以输入到压缩机主轴上的比功 w_s 又比指示比功大。用机械效率来反映指示比功与压缩机实际消耗的轴比功。

机械效率

$$\eta_m = w_i/w_s \tag{3-32}$$

(3) 电动机效率

对于全封闭式压缩机，电动机与压缩机封闭在一个壳体中，电动机属于压缩机的一部分，所以还要考虑电动机的损失。电动机效率 η_{mo} 等于作用在压缩机轴上的比功与压缩机实际输入的比电功 w_e 之比，即

$$\eta_{mo} = w_s/w_e \tag{3-33}$$

可见，对于开启式压缩机，输入到轴上的比功为

$$w_s = w/\eta_i\eta_m = w/\eta_k \tag{3-34}$$

对于全封闭和半封闭式压缩机，输入的比电功为

$$w_e = w/\eta_i\eta_m\eta_{mo} = w/\eta_{el} \tag{3-35}$$

开启式压缩机的轴效率 η_k 为

$$\eta_k = \eta_i\eta_m \tag{3-36}$$

封闭式压缩机的电效率 η_{el} 为

$$\eta_{el} = \eta_i\eta_m\eta_{mo} \tag{3-37}$$

(4) 压缩机的容积效率

压缩机的实际输气量不可能达到按气缸行程容积计算的理论值输气量，通

常会小于理论输气量。用容积效率 λ 反映这一差异。容积效率(又称输气系数)定义为实际输气量 q_{vs} 与理论输气量 q_{vh} 之比,即

$$\lambda = q_{vs}/q_{vh} \tag{3-38}$$

5. 相变传热不可逆的影响

理论循环中假定相变传热过程为无温差的可逆过程,因而制冷循环的工作温差 $T_k - T_0$ 等于低温热源与高温热汇之间的温差 $T_H - T_L$。实际循环相变传热有传热温差,冷凝温度必须高于热汇的温度,蒸发温度必须低于热源的温度,使循环的工作温差增大。这对循环产生如下影响:循环的压力差和压力比增大,比功增大,单位质量制冷量和单位容积制冷量都变小,性能系数降低。压力比增大还使压缩机容积效率下降,使制冷量进一步减小。

6. 其他影响因素

理论上认为制冷系统内是纯制冷剂,实际上会有些其他因素,也会对循环带来影响,如:

1) 润滑油　压缩机的润滑油与制冷剂直接接触,二者有一定的互溶性,使热力性质有所偏移。

2) 水分与不凝性气体　制冷系统中如果混入了水分或不凝性气体,将会产生危害。水分存在使制冷剂发生水化反应,对系统材料有腐蚀。不凝性气体存在,则使系统内压力升高,排气温度升高,造成机器运行异常。

3.3.3　单级蒸气压缩式制冷机的热力计算

热力计算是制冷机设计计算的第一步。热力计算的结果为制冷系统各部件的设计或选型提供基础数据。热力计算的内容包括:在设计工况下,计算实际循环特性,计算制冷机性能和各热交换设备的热负荷。

1. 热力计算的方法与步骤

进行制冷机设计时,首先按制冷机的使用要求和使用时的环境条件,选择制冷剂、规划制冷系统流程。在上述条件已知的情况下,进行制冷机的热力计算。

设有单级蒸气压缩制冷机的系统流程如图 3-19a 所示(为了充分反映可能的情况,流程中使用了过冷器和气-液热交换器)。

已知:要求的制冷温度 T_L,环境冷却介质的温度 T_H,主机(压缩机)的理论输气量 q_{vh}。

热力计算的步骤如下。

(1) 按已知系统流程在制冷剂的 p-h 图上表示出循环(如图 3-19b 所示)

需要说明的是,尽管用图 3-9 详细地描述了实际循环,但热力计算时采用

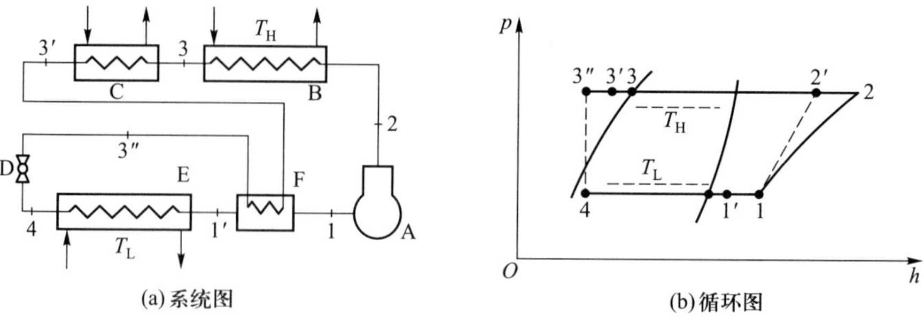

(a) 系统图　　(b) 循环图

图 3-19　单级蒸气压缩制冷机的系统及循环

A—压缩机；B—冷凝器；C—过冷器；D—膨胀阀；E—蒸发器；F—气-液热交换器

简化的实际循环图，即：不考虑管道压降，图中也不反映压缩机内部气腔及气阀的压力损失。故简化后的实际循环图 3-19b 中，高压侧是冷凝压力等压线，低压侧是蒸发压力等压线。点 1 表示制冷剂在压缩机吸气管的状态；点 2 表示制冷剂在压缩机排气管的状态，点 2 的比焓值为压缩过程终了制冷剂的比焓。图中的虚线 1-2′表示假想的等熵压缩过程，即从吸气状态开始经等熵压缩将压力提高到冷凝压力。

（2）确定循环工况

冷凝温度　$T_k = T_H + \Delta T_k$。

冷凝压力　$p_k = f(T_k)$。

蒸发温度　$T_0 = T_L - \Delta T_0$。

蒸发压力　$p_0 = f(T_0)$。

吸气温度 T_1　按实际情况和制冷剂允许的吸气温度或吸气过热度取值。

蒸发器出口温度 $T_{1'}$　按膨胀阀控制的蒸发器出口过热度确定，也可以粗略地按饱和气体温度计算。

冷凝器出口温度 $T_{3'}$　按冷凝器出口可能获得的过冷度确定，也可以粗略地按饱和液体温度计算。

另外，关于冷凝器和蒸发器传热温差的取值，一般情况下：

水冷式冷凝器　$\Delta T_k = 4 \sim 6$ K。

风冷式冷凝器　$\Delta T_k = 10 \sim 14$ K。

冷却液体的蒸发器　$\Delta T_0 = 3 \sim 5$ K。

冷却空气的蒸发器　$\Delta T_0 = 8 \sim 10$ K。

（3）计算实际循环特性

由以上所确定的循环工况，先求取并列出循环中各已知状态点的热力状态参数，然后计算以下循环特性指标：

单位质量制冷量

$$q_0 = h_{1'} - h_4 = h_{1'} - h_{3''} \qquad \text{kJ/kg}$$

单位容积制冷量

$$q_{ZV} = q_0/v_1 \qquad \text{kJ/m}^3$$

理论比功

$$w = h_{2'} - h_1 \qquad \text{kJ/kg}$$

指示比功

$$w_i = h_2 - h_1 = (h_{2'} - h_1)/\eta_i \qquad \text{kJ/kg}$$

压缩机排气管处制冷剂气体的比焓

$$h_2 = h_1 + (h_{2'} - h_1)/\eta_i \qquad \text{kJ/kg}$$

冷凝器单位热负荷

$$q_k = h_2 - h_3 \qquad \text{kJ/kg}$$

过冷器单位热负荷

$$q_G = h_3 - h_{3'} \qquad \text{kJ/kg}$$

气-液热交换器单位热负荷

$$q_h = h_1 - h_{1'} = h_{3'} - h_{3''} \qquad \text{kJ/kg}$$

节流前的液体温度,查制冷剂性质图表

$$T_{3''} = f(p_k, h_{3''}) \qquad \text{K}$$

压缩机排气温度,查制冷剂性质图表

$$T_2 = f(p_k, h_2) \qquad \text{K}$$

制冷系统的压力比

$$\pi = p_k/p_0$$

压缩机的实际压力比 π_c 应考虑压缩机吸气阀上的压力损失 Δp_s 和排气阀上的压力损失 Δp_d,故

$$\pi_c = (p_k + \Delta p_d)/(p_0 - \Delta p_s)$$

(4) 计算制冷机性能及各热交换设备的热负荷

压缩机的实际输气量

$$q_{vs} = \lambda q_{vh} \qquad \text{m}^3/\text{s}$$

制冷剂的质量流量

$$q_m = q_{vs}/v_1 \qquad \text{kg/s}$$

制冷量

$$\phi_0 = q_m q_0 = q_{vs} q_{ZV} \qquad \text{kW}$$

压缩机的指示功率

$$P_i = q_m w_i \qquad \text{kW}$$

压缩机的轴功率

$$P_{\mathrm{k}} = q_m w_{\mathrm{k}} \qquad \mathrm{kW}$$

压缩机的电功率

$$P_{\mathrm{e}} = q_m w_{\mathrm{e}} \qquad \mathrm{kW}$$

制冷机的性能系数

$$\mathrm{COP} = \phi_0 / P_{\mathrm{e}} \qquad \text{（封闭式压缩机）}$$

$$\mathrm{COP} = \phi_0 / P_{\mathrm{k}} \qquad \text{（开启式压缩机）}$$

冷凝器热负荷

$$\phi_{\mathrm{k}} = q_m q_{\mathrm{k}} \qquad \mathrm{kW}$$

过冷器热负荷

$$\phi_{\mathrm{G}} = q_m q_{\mathrm{G}} \qquad \mathrm{kW}$$

回热器热负荷

$$\phi_{\mathrm{H}} = q_m q_{\mathrm{h}} \qquad \mathrm{kW}$$

2. 热力计算举例

例 3-1　某空调用制冷系统，制冷剂为氨，需要的制冷量 $\phi_0 = 48$ kW，空调用冷水温度 $t_{\mathrm{c}} = 10$ ℃，冷却水温度 $t_{\mathrm{w}} = 32$ ℃，试进行制冷机的热力计算。计算中，取蒸发器端部的传热温差 $\Delta t_0 = 5$ ℃，冷凝器端部的传热温差 $\Delta t_{\mathrm{k}} = 8$ ℃，节流前的制冷剂液体过冷度 $\Delta t_{\mathrm{G}} = 5$ ℃，吸气管路有害过热度 $\Delta t_{\mathrm{r}} = 5$ ℃，压缩机的容积效率 $\lambda = 0.8$，指示效率 $\eta_{\mathrm{i}} = 0.8$。

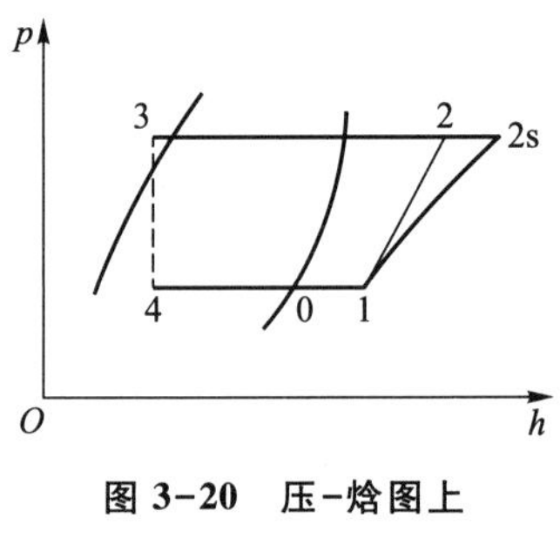

图 3-20　压-焓图上的制冷循环

解　绘制压-焓图上的制冷循环，如图3-20 所示。根据已知条件，制冷循环的工况参数为

$$t_{\mathrm{k}} = t_{\mathrm{w}} + \Delta t_{\mathrm{k}} = 32\ ℃ + 8\ ℃ = 40\ ℃$$

$$t_0 = t_{\mathrm{c}} - \Delta t_0 = 10\ ℃ - 5\ ℃ = 5\ ℃$$

$$t_3 = t_{\mathrm{k}} - \Delta t_{\mathrm{G}} = 40\ ℃ - 5\ ℃ = 35\ ℃$$

$$t_1 = t_0 + \Delta t_{\mathrm{r}} = 5\ ℃ + 5\ ℃ = 10\ ℃$$

查氨的热力性质图和表，得循环各特征点的状态参数见表 3-5。

（1）单位质量制冷量　$q_0 = h_0 - h_4 = 1\ 461.693\ \mathrm{kJ/kg} - 366.691\ \mathrm{kJ/kg} = 1\ 095.0\ \mathrm{kJ/kg}$

（2）单位容积制冷量　$q_{ZV} = q_0 / v_1 = 1\ 095.0\ \mathrm{kJ/kg} / 0.249\ 4\ \mathrm{m^3/kg} = 4\ 390.55\ \mathrm{kJ/m^3}$

（3）理论比功　$w = h_{2\mathrm{s}} - h_1 = 1\ 635.953\ \mathrm{kJ/kg} - 1\ 475.243\ \mathrm{kJ/kg} = 160.71\ \mathrm{kJ/kg}$

表 3-5 循环特征点的状态参数

点号	p/MPa	t/℃	h/(kJ/kg)	v/(m³/kg)
0	0.517	5	1 461.693	
1	0.517	10	1 457.243	0.249 4
2	1.557		1 635.953	
3	1.557	35	366.691	

(4) 指示比功 $w_i=w/\eta_i=160.71\ \text{kJ/kg}/0.8=200.89\ \text{kJ/kg}$

(5) 冷凝器入口的制冷剂比焓值 h_{2s}

因 $w_i=h_2-h_1$,所以

$$h_2=w_i+h_1=200.89\ \text{kJ/kg}+1\ 475.243\ \text{kJ/kg}=1\ 676.13\ \text{kJ/kg}$$

(6) 性能系数

理论值 $\text{COP}=q_0/w=1\ 095.0\ \text{kJ/kg}/160.71\ \text{kJ/kg}=6.81$

指示值 $\text{COP}_i=q_0/w_i=1\ 095.0\ \text{kJ/kg}/200.89\ \text{kJ/kg}=5.54$

(7) 冷凝器的单位热负荷

$$q_k=h_{2s}-h_3=1\ 676.13\ \text{kJ/kg}-366.69\ \text{kJ/kg}=1\ 309.44\ \text{kJ/kg}$$

(8) 制冷剂循环的质量流量

$$q_m=\phi_0/q_0=48\ \text{W}/1\ 095.0\ \text{kJ/kg}=43.8\times10^{-3}\text{kg/s}$$

(9) 实际输气量和理论输气量

$$q_{vs}=q_m v_1=43.8\times10^{-3}\ \text{kg/s}\times0.249\ 4\ \text{m}^3/\text{kg}=10.93\times10^{-3}\ \text{m}^3/\text{s}$$

$$q_{vh}=q_{vs}/\lambda=10.93\times10^{-3}\ \text{m}^3/\text{s}/0.8=13.67\times10^{-3}\ \text{m}^3/\text{s}$$

(10) 压缩机消耗的理论功率和指示功率

$$P=q_m w=43.8\times10^{-3}\ \text{kg/s}\times160.7\ \text{kJ/kg}=7.0\ \text{kW}$$

$$P_i=P/\eta_i=7.0\ \text{kW}/0.8=8.8\ \text{kW}$$

(11) 冷凝器热负荷

$$\phi_k=q_m q_0=43.8\times10^{-3}\ \text{kg/s}\times1\ 309.44\ \text{kJ/kg}=57.35\ \text{kW}$$

(12) 热力学完善度

因卡诺循环的性能系数为

$$\text{COP}_c=T_H/(T_H-T_L)=(273+10)\ \text{K}/(33-10)\ \text{K}=12.86$$

因此,指示循环效率为

$$\eta=\text{COP}_i/\text{COP}_c=5.45/12.86=0.42$$

例 3-2 有一台 6FS10 型制冷压缩机,欲用来配一座小型冷库。库内的温度要求为 $t_c=-10$ ℃,采用水冷式冷凝器,冷却水的温度 $t_w=30$ ℃,试做运行工况下的热力计算。已知压缩机参数为：气缸直径 $D=100$ mm，行程 $S=70$ mm，气缸数 $Z=6$，转速 $n=1\ 440$ r/min，机械效率 $\eta_m=0.9$，指示效率 $\eta_i=0.65$，容积效率 $\lambda=0.6$。制冷剂为 R22，蒸发器的传热温差 $\Delta t_0=10$ ℃，冷凝器的传热温差 $\Delta t_k=5$ ℃，蒸发器出口过热度为 5 ℃，吸气管路过热度为 5 ℃，高压液体有过冷度，其温度为 32 ℃。

解　按已知条件，制冷机的运行工况为

$$t_k = t_w + \Delta t_k = 30\ ℃ + 5\ ℃ = 35\ ℃$$

$$t_0 = t_c - \Delta t_0 = -10\ ℃ - 10\ ℃ = -20\ ℃$$

$$t_{1'} = t_0 + 5\ ℃ + 5\ ℃ = -10\ ℃$$

$$t_3 = 32\ ℃$$

在 $p-h$ 图上描述循环，如图 3-21 所示。查 R22 的热力性质图和表，得循环各特征点的状态参数见表 3-6。

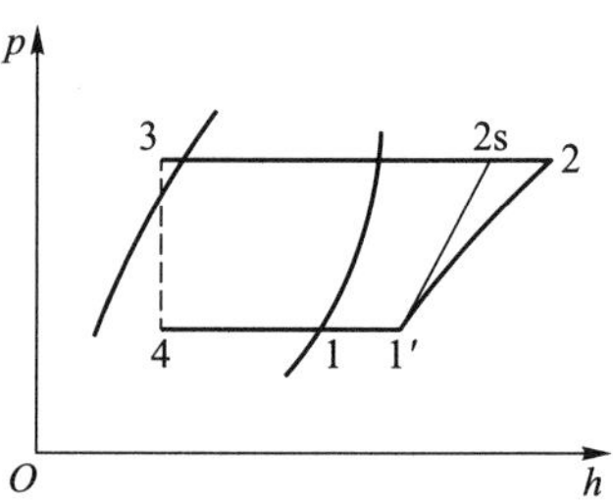

图 3-21　$p-h$ 图上的循环

表 3-6　循环各特征点的状态参数值

点号	p/MPa	t/℃	h/(kJ/kg)	v/(m^3/kg)
1	0.245	-15	400.75	
1′	0.245	-10	404.02	0.095 2
2	1.355		448.0	
3	1.355	32	239.23	

循环特性参数计算：

（1）压力比

$$\pi = p_k/p_0 = 1.355\ \text{MPa}/0.245\ \text{MPa} = 5.53$$

（2）单位质量制冷量

$$q_0 = h_1 - h_4 = 400.75\ \text{kJ/kg} - 239.23\ \text{kJ/kg} = 161.52\ \text{kJ/kg}$$

（3）单位容积制冷量

$$q_{ZV} = q_0/v_{1'} = 161.52\ \text{kJ/kg}/0.095\ 2\ \text{m}^3/\text{kg} = 1\ 696.64\ \text{kJ/m}^3$$

（4）理论比功

$$w = h_{2s} - h_{1'} = 448\ \text{kJ/kg} - 404.02\ \text{kJ/kg} = 43.98\ \text{kJ/kg}$$

（5）指示比功

$$w_i = w/\eta_i = 43.98\ \text{kJ/kg}/0.65 = 67.77\ \text{kJ/kg}$$

（6）性能系数

$$\text{COP} = q_0/w = 161.52\ \text{kJ/kg}/43.98\ \text{kJ/kg} = 3.67$$

$$COP_i = q_0/w_i = 161.52\ kJ/kg/67.77\ kJ/kg = 2.39$$

制冷机的性能参数计算：

(1) 理论输气量

$$q_{vh} = \pi D^2SZn/4 = 3.14 \times (0.01\ m)^2 \times 0.07\ m \times 6 \times 1\ 440\ rpm/60\ s/4 = 0.079\ m^3/s$$

(2) 实际输气量

$$q_{vs} = \lambda q_{vh} = 0.6 \times 0.079\ m^3/s = 0.047\ 4\ m^3/s$$

(3) 制冷剂的质量流量

$$q_m = q_{vs}/v_{1'} = 0.047\ 4\ m^3/s/0.095\ 2\ m^3/kg = 0.5\ kg/s$$

(4) 制冷机制冷量

$$\phi_0 = q_m q_0 = 0.5\ kg/s \times 161.52\ kJ/kg = 80.76\ kW$$

(5) 压缩机理论功率和指示功率消耗

$$P = q_m w = 0.5\ kg/s \times 43.98\ kJ/kg = 22.0\ kW$$

$$P_i = q_m w_i = 0.5\ kg/s \times 67.66\ kJ/kg = 33.8\ kW$$

(6) 冷凝器热负荷

$$h_2 = h_{1'} + (h_2 - h_{1'})/\eta_i = 404.02\ kJ/kg + (448 - 404.02)\ kJ/kg/0.65 = 471.7\ kJ/kg$$

$$\phi_k = q_m(h_2 - h_3) = 0.5\ kg/s \times (471.68\ kJ/kg - 239.2\ kJ/kg) = 116\ kW$$

3.3.4 单级蒸气压缩式制冷机的变工况特性

1. 工况变化对制冷机性能的影响

所谓制冷机的工况，是指它的工作循环状况。反映工况的参数是 T_k、T_0、T_1 和 T_3。

从前面的热力计算可以看到，一旦运行工况确定，对于给定了主机容量配备的制冷机来说，其性能(ϕ_0、P、COP 等)便是确定的。制冷机实际运行过程中，由于系统外部热源(汇)条件的改变和系统自身设备工作条件的变化，将导致系统内部制冷剂工况参数的变化，从而对循环特性乃至制冷机性能产生影响。

四个工况参数中，对性能影响重要的是冷凝温度 T_k 和蒸发温度 T_0，相对而言，T_1 和 T_3 的影响较小，而且在前面关于吸气过热和液体过冷的分析中已做了说明，这里不再赘述。通常讲制冷机工况变化，主要指冷凝温度和蒸发温度的变化。

(1) 冷凝温度变化的影响

图 3-22 示出冷凝温度变化的循环图。假定蒸发温度不变，原循环为 1-2-3-4-1；若冷凝温度升高，循环变成 1-2′-3′-4′-1。分析比较这两个循环特性，不难看出，由于冷凝温度升高，冷凝压力上升，使压缩机的工作压力比增大，致使比功增大，压缩机排气温度升高。高冷凝压力下，饱和液体的比焓值有所减小，使单位质量制冷量减小，循环的性能系数 COP 下降。

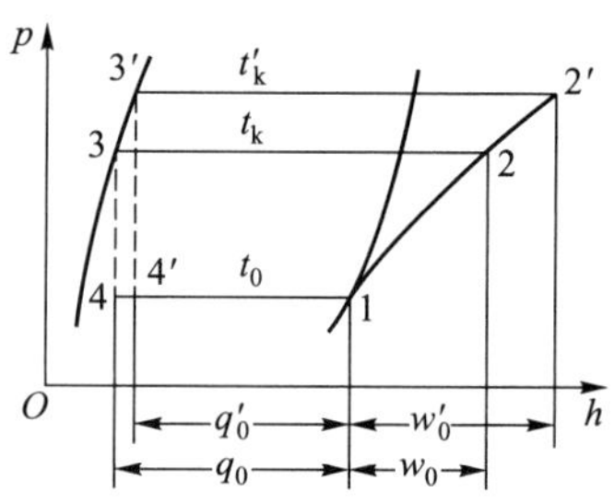

图 3-22　冷凝温度变化的循环图

再考察它引起制冷机整机性能的改变。由于给定压缩机的理论输气量 q_{vh} 为定值（压缩机转速不变的条件下），实际输气量 $q_{vs}=\lambda q_{vh}$，压力比升高使压缩机的容积效率 λ 下降，故实际输气量减少，制冷机中制冷剂的质量流量 q_m 下降，制冷量 ϕ_0 受 q_m 和 q_0 共同下降的影响，所以降低更多。如果不考虑容积效率随压力比变化的因素（理想压缩机），从表达式 $P=q_m w$ 可以直接看出，随着冷凝温度上升，压缩机功率也将增大。实际压缩机功率的变化与理想压缩机有所不同：在高蒸发温度时，由于随冷凝温度提高压力比的变化不明显，对容积效率影响不大，压缩机实际功率仍是增大的，不过比理想压缩机功率增大得少。低蒸发温度时，同样冷凝温度的变化（升高）量造成压力比的变化（增大）明显，压缩机容积效率降低明显，质量流量 q_m 减少的影响将抵消掉比功增大的影响，所以压缩机功率有可能大致不变，甚至有可能略有减小。然而不管是高蒸发温度还是低蒸发温度，固定蒸发温度下，随冷凝温度上升 COP 总是下降的。

可见，冷凝温度升高使制冷机制冷能力下降，运行经济性变差。除此之外，冷凝温度升高使压缩机排气温度升高，高排气温度的制冷剂和工况的不利影响不容忽视。实际运行中，尤其是在高环境温度下工作的制冷机，应特别注意尽可能保证冷凝器的散热条件，不要使冷凝温度过多升高。

(2) 蒸发温度变化的影响

图 3-23 给出蒸发温度变化（降低）时的循环图。假定冷凝温度不变。图中 1-2-3-4-1 是原有循环，1′-2′-3-4′-1′是蒸发温度降低了的循环。

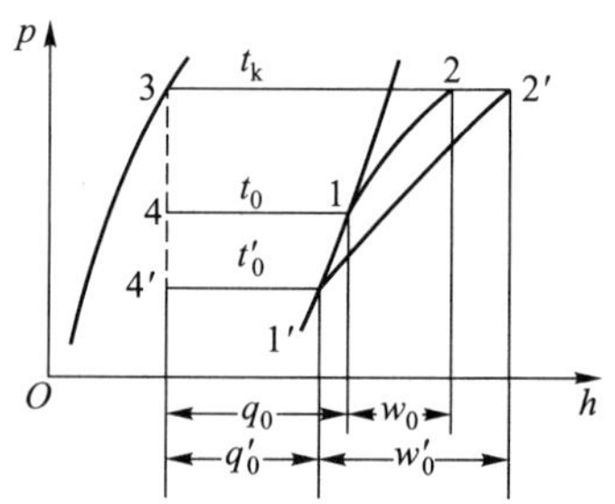

图 3-23　蒸发温度变化（降低）时的循环图

比较两个循环特性不难看出,蒸发温度即蒸发压力降低时循环参数的变化是:吸气比体积增大($v_{1'}>v_1$),压力比增大,排气温度升高($T_{2'}>T_2$)。由此引起循环特性指标的变化是:压缩比功增大($w'>w$),单位质量制冷量减小($q'_0<q_0$),单位容积制冷量 $q'_0/v_{1'}$ 明显减小,循环的性能系数也明显下降。

至于对容积比功的影响,进一步分析如下。容积比功 $w_V=w/v_1$。当蒸发温度下降时,因为 w 和 v_1 同时增大,所以简单地从 w_V 的表达式尚不能直接判断出 w_V 的变化趋势。姑且把制冷剂蒸气当作理想气体,依理想气体等熵压缩过程来看待,则比功为

$$w=\frac{\kappa}{\kappa-1}p_0v_1\left[\left(\frac{p_k}{p_0}\right)^{\frac{\kappa-1}{\kappa}}-1\right] \tag{3-39}$$

那么,容积比功

$$w_V=\frac{w}{v_1}=\frac{\kappa}{\kappa-1}p_0\left[\left(\frac{p_k}{p_0}\right)^{\frac{\kappa-1}{\kappa}}-1\right] \tag{3-40}$$

对式(3-40)求导,令$\left(\frac{\partial w_V}{\partial p_0}\right)_{p_k}=0$ 得到使 w_V 取得极值的条件是

$$\pi^*=(p_k/p_0)_{w_V=\max}=k^{\frac{\kappa}{\kappa-1}} \tag{3-41}$$

极值点处的压力比数值 π^* 只与制冷剂气体的绝热指数 κ 有关。对不同制冷剂按式(3-41)计算发现,它们的 π^* 值比较接近,大致在 3 附近。由此可以得出结论:在固定的冷凝温度下,随蒸发温度下降,压力比增大。当压力比小于 3 时,容积比功随蒸发温度下降而增大;压力比在 3 附近容积比功有最大值;当压力比超过 3 时,容积比功随蒸发温度下降而减小。

此结论是将制冷剂气体按理想气体近似而推导出的,经实际考察得到证实。图 3-24 给出蒸发温度变化对氨制冷循环特性影响的具体数值。

制冷机整机性能随蒸发温度下降的变化情况如下:T_0 降低,因吸气比体积增大,压力比增大,压缩机容积效率下降,故循环的质量流量 q_m 减少。制冷量 ϕ_0 因 q_m 和 q_0 共同下降而明显降低。

压缩机功率 $P=\lambda q_{vh}w_V$,若不考虑容积效率 λ 的变化,理想压缩机功率与容积比功有同样的变化趋势。实际压缩机存在 λ 下降使 P 下降的因素,但也存在压力比升高使压缩不可逆损失增大的因素,所以实际压缩机功率随蒸发温度变化的情况也大体上与容积比功随蒸发温度变化的情况类似,即在压力比等于 3 附近压缩机功率有最大值;压力比小于 3 时,蒸发温度下降压缩机功率增大;压力比大于 3 时,蒸发温度下降压缩机功率减小。

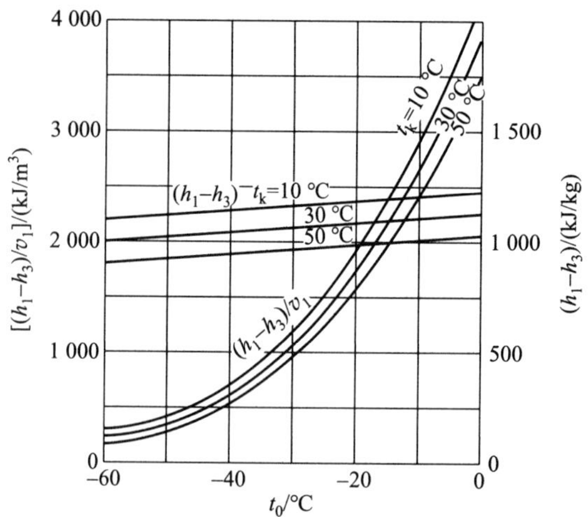

(a) 单位制冷量及容积制冷量与蒸发温度的关系

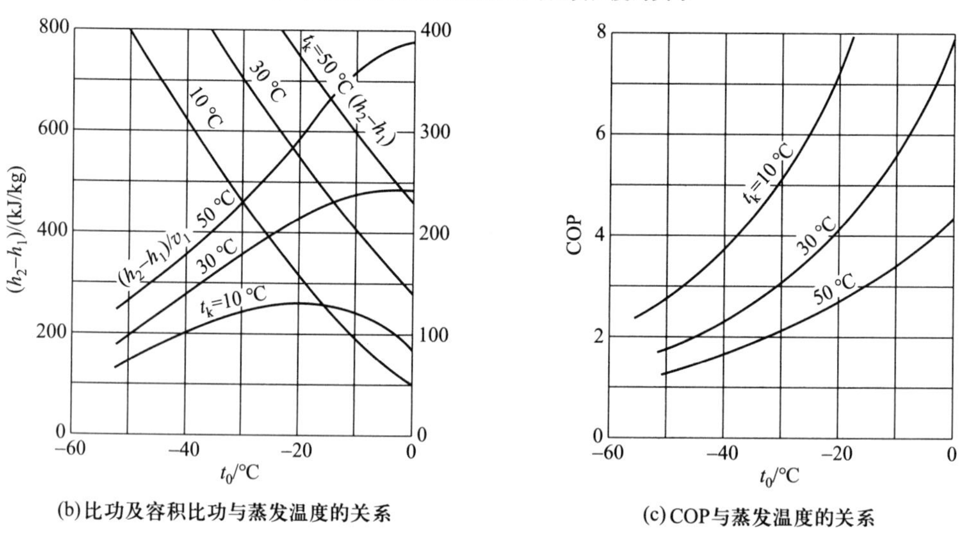

(b) 比功及容积比功与蒸发温度的关系

(c) COP与蒸发温度的关系

图 3-24 蒸发温度变化对氨循环特性指标影响

蒸发温度降低时，不管压缩机功率是增是减，制冷机的性能系数 COP 总是减小的。

基于制冷机性能的上述变化特征，实际中应注意：

(1) 蒸发温度降低使制冷机性能恶化(制冷量变小，运行经济性变差)，而且其影响程度更甚于冷凝温度变化的影响。所以，制冷机运行中应尽量避免造成蒸发温度低于额定值的各种可能因素。

(2) 实际装置中，常温冷凝条件下，空调使用的制冷机压力比的值大致为3，其功率达到最大。其电动机容量按最大功率配备，能够满足工况波动范围的制冷机功率要求。而冷冻冷藏装置的制冷机额定工况的压力比远大于3（可达8~10），电动机的额定功率通常比最大功率小许多。在降温初期或高负荷时，蒸发温度较高，压缩机功率将超过电动机的额定功率，造成电动机超载。所以，低蒸发温度的装置运行必须采取一定的措施防止这种情况发生。

2. 制冷机的安全使用条件

制冷机的运行工况虽然允许变化，但是这种变化是有一定范围限制的。超出了范围，将危及制冷机的可靠性和寿命。制冷机的安全使用条件与压缩机的安全使用条件是一致的。各种制冷压缩机的设计使用条件在相应的技术标准中均有具体规定。

3.4 蒸气压缩式制冷中的制冷剂

3.4.1 概述

蒸气压缩式制冷中的制冷剂有多种。按制冷剂的组成分类，有单一制冷剂和混合制冷剂；按制冷剂物质的化学类别分类，主要有无机物、氟利昂和碳氢化合物三类；按物质的来源分类，有天然制冷剂和人工合成制冷剂。

1. 制冷剂的命名

为了书写和表达简便，采用国际统一规定的符号命名制冷剂。制冷剂符号由字母“R”和它后面的一组数字或字母组成。字母“R”表示制冷剂（refrigerant），后面的数字与字母根据制冷剂物质的化学组成按一定规则编写。编写规则如下。

（1）无机物　符号为R7（ ）（ ），括号内填入的数字是该无机物的相对分子质量（取整数部分）。例如：

制冷剂	NH_3	H_2O	CO_2	SO_2	N_2O
相对分子质量	17	18	44	64	44
命名符号	R717	R718	R744	R764	R744a

上例中，因为 CO_2 和 N_2O 相对分子质量的整数部分相同，规定用R744命名 CO_2；用R744a命名 N_2O，以便区分。

（2）氟利昂和烷烃类　烷烃化合物的分子通式为 C_mH_{2m+2}；氟利昂的分子通式为 $C_mH_nF_xCl_yBr_z(n+x+y+z=2m+2)$ 。它们的命名符号为 R $(m-1)(n+1)(r)(z)$ 。例如：

制冷剂	分子式	m、n、r、z 的数值	命名符号
二氟一氯甲烷	CHF_2Cl	$m=1,n=1,r=2$	R22
四氟乙烷	$C_2H_2F_4$	$m=2,n=2,r=4$	R134
甲烷	CH_4	$m=1,n=4$	R50
乙烷	C_2H_6	$m=2,n=6$	R170
丙烷	C_3H_8	$m=3,n=8$	R290

(3) 共沸混合物　符号为 R5( )( )。括号中的数字按命名先后排序。

(4) 非共沸混合物　符号为 R4( )( )。括号中的数字按命名先后排序。

此外,其他物质的命名符号规定为:环烷烃和环烷烃的卤代物,首字母为 RC;链烯烃和链烯烃的卤代物,首字母为 R1 ,其后的数字列写规则与氟利昂和烷烃类的数字列写规则相同。例如,乙烯(C_2H_4)的命名符号为 R1250;八氟环丁烷 (C_4F_8)的命名符号为 RC318 。

按美国供暖制冷空调工程师协会(ASHRAE)颁布的制冷剂的符号表示标准,表 3-7 选列出部分制冷剂的符号对照。

表 3-7　部分制冷剂的符号对照表

代号	化学名称	分子式	代号	化学名称	分子式
	氟利昂类		R125	五氟乙烷	CHF_2CF_3
R10	四氯化碳	CCl_4	R134a	四氟乙烷	CH_2CF_4
R14	四氟化碳	CF_4	R140a	三氯乙烷	CH_3CCl_3
R20	三氯甲烷	$CHCl_3$	R142b	二氟一氯乙烷	CH_3CF_2Cl
R21	一氟二氯甲烷	$CHFCl_2$	R123	三氟二氯乙烷	$CHCl_2CF_3$
R22	二氟一氯甲烷	CHF_2Cl	R143a	三氟乙烷	CH_3CF_3
R23	三氟甲烷	CHF_3	R152a	二氟乙烷	CH_3CHF_2
R30	二氯甲烷	CH_2Cl_2	R160	氯乙烷	CH_3CH_2Cl
R31	一氟一氯甲烷	CH_2FCl	R170	乙烷	CH_3CH_3
R32	二氟甲烷	CH_2F_2	R218	八氟丙烷	$CF_3CF_2CF_3$
R40	氯甲烷	CH_3Cl	R290	丙烷	$CH_3CH_2CH_3$
R41	氟甲烷	CH_3F		**环状有机物**	
R50	甲烷	CH_4	RC318	八氟环丁烷	C_4F_8
R124	四氟一氯乙烷	$CHFClCF_3$		**烯烃类卤代物**	
R124a	四氟一氯乙烷	CHF_2CF_2Cl	R1112a	二氟二氯乙烯	$CF_2=CCl_2$

续表

代号	化学名称	分子式	代号	化学名称	分子式
R1113	三氟一氯乙烯	$CFCl=CF_2$	R729	空气	$O_2/N_2/A$
R1114	四氟乙烯	$CF_2=CF_2$			(21/78/1)
R1120	三氯乙烯	$CHCl=CCl_2$	R732	氧	O_2
R1130	二氯乙烯	$CHCl=CHCl$	R740	氩	A
	碳氢化合物		R717	氨	NH_3
R50	甲烷	CH_4	R718	水	H_2O
R170	乙烷	CH_3CH_3	R744	二氧化碳	CO_2
R290	丙烷	$CH_3CH_2CH_3$	R744a	氧化二氮	N_2O
R600	丁烷	$CH_3CH_2CH_2CH_3$	R764	二氧化硫	SO_2
R600a	异丁烷	$CH(CH_3)_3$			
R1150	乙烯	$CH_2=CH_2$		**脂肪族胺**	
R1270	丙烯	$CH_3CH=CH_2$	R630	甲胺	CH_3NH_2
	有机氧化物		R631	乙胺	$C_2H_5NH_2$
R610	乙醚	$C_2H_5OC_2H_5$			
R611	甲酸甲酯	$HCOOCH_3$		**混合物**	
				组分	(成分)
	无机物		R404A	R125/143a/134a	(44/52/4)
R702	氢	H_2	R407C	R32/125/134a	(23/25/52)
R704	氦	He	R410A	R32/125	(50/50)
R720	氖	Ne	R507	R125/143a	(50/50)
R728	氮	N_2			

2. 制冷剂的选用

蒸气压缩式制冷技术的发展,始终与它所使用的制冷剂的变更密切相关。

选用什么物质作制冷剂,主要从以下三方面考察:是否有好的制冷性能,是否实用,该物质逸散到大气中是否会对环境带来不利影响。

(1) 制冷性能

制冷剂制冷性能的好坏,要看它在制冷机要求的工作条件(即温度 T_H、T_L)下,是否有满意的理论循环特性。这取决于制冷剂的热力性质。人们期望的是:

它冷凝压力不太高；蒸发压力在常压以上或不要比大气压低得太多；压力比适中；排气温度不太高；单位制冷量大；循环的性能系数高；传热性好（导热系数大、比热容大）；流动性好（黏性小）。

（2）实用性

为了便于实用，制冷剂的化学稳定性和热稳定性要好，在制冷循环过程中不分解、不变质，对机器设备的材料无腐蚀，与润滑油不起化学反应。还希望它安全：无毒，无害，燃烧性和爆炸性小。另外，来源广、价格便宜也是考虑的重要方面。

（3）环境可接受性

将环境可接受性列为选用制冷剂的考察指标，而且作为硬指标，是 20 世纪 80 年代后期提出的。针对保护大气臭氧层和减少温室效应的环境保护要求，制冷剂的臭氧破坏指数必须为 0，温室效应指数应尽可能小。

制冷剂选定后，根据它本身性质，又反过来要求制冷系统在流程安排、结构设计及运行操作等方面与之相适应。这些都须在充分掌握制冷剂性质的基础上恰当地处理。

3.4.2　制冷剂的性质

1. 热力性质

制冷剂热力性质是指其热力参数之间的相互关系，诸如：饱和蒸气压力与温度之间的关系、热力状态参数（p,T,v,h,s）之间的关系，还有状态参数与比热容 c、绝热指数 κ、声速 a 等的关系。这些热力性质是物质固有的，由实验测定和热力学微分方程计算求得。通常将各种制冷剂的热力性质数据绘制成相应的图表。工程计算使用时，可以从相应的图表中查取所需的热力参数值，也可以根据热力性质的数学模型，利用计算机计算得出。

在相同的工作温度条件下，不同制冷剂的制冷循环特性由它们各自的热力性质所决定。一些主要制冷剂在 $t_k=30$ ℃、$t_0=-15$ ℃时的理论循环特性已在表 3-1 中给出。

（1）制冷剂的饱和蒸气压力曲线

纯制冷剂的饱和蒸气压力是温度的单值函数，用饱和蒸气压力曲线描述这种关系。图 3-25 给出主要制冷剂的饱和蒸气压力曲线。

制冷剂在标准大气压（101.32 kPa）下的沸腾温度称为标准蒸发温度（或标准沸点），用符号 T_s 表示。制冷剂的标准蒸发温度大体上可以反映用它制冷时能够达到的低温范围。T_s 越低的制冷剂能够达到的制冷温度越低。所以，习惯上依据 T_s 的高低，将制冷剂分为高温制冷剂、中温制冷剂、低温制冷剂。

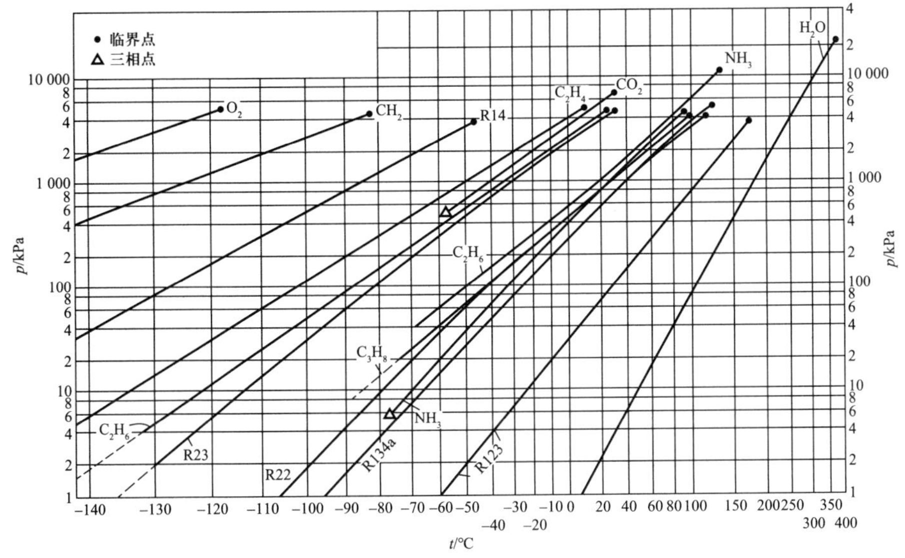

图 3-25　制冷剂的饱和蒸气压力曲线

由图 3-25 可以看出，各种物质的饱和压力曲线的形状大体相似。所以，在相同温度下，标准蒸发温度低的制冷剂的压力较高；而标准蒸发温度高的制冷剂的压力较低。也就是说，低温制冷剂又属于高压制冷剂；高温制冷剂又属于低压制冷剂。

制冷剂的饱和蒸气压力-温度特性决定了给定工作温度下制冷循环的高压侧压力、低压侧压力以及压力比的数值。

(2) 临界温度

临界温度是物质在临界点状态时的温度，用 T_c 表示。它是制冷剂不可能加压液化的最低温度，在此温度以上，无论怎样提高制冷剂气体的压力，也无法使它由气态变成液态。

对于绝大多数制冷剂，其临界温度 T_c 与标准蒸发温度 T_s 之间存在如下关系：

$$T_s/T_c \approx 0.6$$

这说明：低温制冷剂(标准沸点低的制冷剂)的临界温度低；高温制冷剂的临界温度高。不可能找到一种制冷剂，它既有很高的临界温度又有很低的标准沸点温度。所以，对于每一种制冷剂，其制冷循环的工作温度范围是有限的。

(3) 黏性、导热性和比热容

制冷剂的黏性、导热性和比热容等热物理性质是影响到制冷机的辅机(特别是热交换器)设计的重要物性参数。

黏性反映流体内部分子之间发生相对运动时的摩擦力。黏性的大小与流体种类、温度、压力有关。衡量黏性的物理量是动力黏度 μ(单位是 Pa·s)和运动黏度 ν(单位是 m^2/s),两者之间的关系是

$$\nu = \mu/\rho \tag{3-42}$$

式中,ρ 为流体的密度,kg/m^3。

制冷剂的导热性用导热系数 λ[单位是 W/(m·K)]表示。气体的导热系数一般很小,并随温度的升高而升高。在制冷技术常用的压力范围内,气体的导热系数实际上不随压力的改变而变化。液体的导热系数随温度的升高而降低,受压力的影响很小。

制冷剂饱和液体的比热容以及饱和蒸气的比定压热容数据可根据文献[11]公式计算或从相关数据库中查得。

2. 环境影响指数

(1) 臭氧损耗潜值 ODP

考察物质的气体逸散到大气中对臭氧破坏的潜在影响程度,用臭氧损耗潜值 ODP 表示。规定以 R11 的臭氧破坏影响作为基准,取 R11 的 ODP 值为 1,其他物质的 ODP 是相对于 R11 的比较值。

(2) 温室影响指数

考察物质的气体逸散到大气中对大气变暖的直接潜在影响程度,用全球变暖潜能值 GWP 表示。规定以 CO_2 的温室影响作为基准,取 CO_2 的 GWP 值为 1,其他物质的 GWP 是相对于 CO_2 的比较值。也可以仍以 R11 为基准物质,温室影响指数用 HGWP 表示,并取 R11 的 HGWP 值为 1,其他物质的 HGWP 是相对于 R11 的比较值。这两种表示方法,在数值上 GWP 值是 HGWP 的 3 500 倍(因为 R11 的 GWP 值为 3 500)。

进一步研究制冷剂使用对大气变暖的影响,不仅应考虑其自身逸散造成温室气的直接影响,还应考虑使用了它们的装置因消耗能量(发电和燃烧)引起 CO_2 的排放量增多所造成的间接温室影响。因此,提出用一个综合指标总当量温室影响指数(total equivalent warming impact,TEWI)来反映总的温室影响。它包括了直接影响和间接影响两部分。直接影响部分为 GWP,是由制冷剂自身性质决定的;间接影响部分则涉及装置、能效、能量转换效率等许多因素,有一套计算方法。

从 TEWI 指标的提出可以看到,制冷机的能耗指标(性能系数 COP)不仅影响循环的经济性,而且也影响环境。在有关的法规中对制冷机能耗标准的限制日趋苛刻。这也是在选用新制冷剂中必须考虑的要素之一。

表 3-8 中列出了主要制冷剂的安全性指数及环境影响指数。

表 3-8 主要制冷剂的安全性指数和环境影响指数

制冷剂	安全性指数				环境影响指数		
	TLV/ppm	LFL/%	HOC/(MJ/kg)	等级	大气寿命/年	ODP	GWP
R50	—	5.1	—	A3	10.5	0.000	11
R14		无		A1	>500	0.000	>4 500
R170		3.3		A3		0.000	
R503		无				0.599	
R23		无	12.5		300	0.000	19 400
R13		无	3.0	A1	400	1.000	
R744	5 000	无		A1		0.000	1
R504		无		A1		0.259	
R32		12.7	9.4	A2	6.2	0.000	720
R403A		无		A1		0.041	
R402A		无		A1		0.021	
R125		无	-1.5	A1	40.5	0.000	3 400
R143a		7.0	10.3	A2	64.2	0.000	3 800
R407C		无		A1		0.000	
R507		无		A1		0.000	
R404A		无		A1		0.000	
R502		无		A1		0.283	
R717	25	15	22.5	B2		0.000	

合成烃中的 CFC 类物质的 ODP 和 GWP 都很高,是典型的臭氧破坏和温室影响物质,在国际和各国政府所制定的环保法规中被明令禁用。HCFC 类物质也将于 2030 年完全禁用。这使得制冷性能优良的传统主导制冷剂 R11、R12、R502、R22 等被淘汰,开发新的无环境危害制冷剂是制冷界面对的长期任务。

3. 物理、化学性质

从制冷剂使用对人身的直接安全和保证机器、系统得以可靠运行的角度来考察制冷剂的理化性质。

（1）安全性

有毒和可燃易爆的制冷剂有可能危及人身安全，必须采取可靠的防范措施慎重使用。各国都制定了制冷剂使用的最低安全标准，如 ANSI/ASHRAE15—1992 等。

制冷剂毒性的评价指数是 TLV，可燃性的评价指标有 LFL 和 HOC。新的国际标准 ISO5149—1993 和美国标准 ANSI/ASHRAE34—1992 综合毒性和可燃性规定了制冷剂的安全等级。

毒性指数（threshold limit values，TLV_S）　用造成中毒的制冷剂气体在空气中体积含量的极限值表示。

可燃性低限（lower flammaility limit，LFL）　用引起燃烧的空气中制冷剂含量（单位为 kg/m^3 或百分比含量）的低限值表示。

燃烧热（heat of comustion，HOC）　指单位制冷剂燃烧的发热量（单位为kJ/kg）。

安全等级　按毒性分 A、B 两类；再按可燃性每类分三级。这样共分六个安全等级，即 A1、A2、A3、B1、B2、B3。具体规定见表 3-9。

表 3-9　制冷剂安全等级分类（ANSI/ASHRAE34—1992）

可燃性	低毒性 $TLV_S>4\times10^{-4}$	高毒性 $TLV_S<4\times10^{-4}$
无火焰传播，不可燃	A1	B1
LFL>0.1 kg/m^3，低度可燃 HOC<19 000 kJ/kg	A2	B2
LFL<0.1 kg/m^3，高度可燃 HOC>19 000 kJ/kg	A3	B3

（2）电绝缘性

在全封闭和半封闭式压缩机中，制冷剂和润滑油与电动机的绕组直接接触，通常制冷剂和润滑油的电绝缘性能都能满足要求。不过应注意的是，系统中微量杂质和水分的存在会造成绝缘性能下降。

（3）热稳定性及与材料的相容性

在普通制冷温度范围，制冷剂是稳定的。制冷剂的最高温度不得超过其允许的限制值。例如，氨的最高温度（压缩终温）不得超过 150 ℃；R22 的最高温度不得超过 145 ℃。制冷剂应对它所接触到的设备材料没有腐蚀作用。进行系统设计时应考虑不同制冷剂的腐蚀性特点，选择与制冷剂相容的结构材料。例如,氨对有色金属具有腐蚀性,设备只能用钢铁材料;R22 对天然橡胶和树脂化合物有腐蚀作用,因而应选择耐氟材料作密封件和全封闭压缩机的电动机绕组绝缘层。

(4) 与润滑油的互溶性

蒸气压缩式制冷机中,制冷剂总要与压缩机的润滑油相接触,制冷剂与油的互溶性是要考虑的一个重要问题,它对系统中机器设备的工作特性和系统的流程设计都有影响。

制冷剂与油的溶解性有两种可能:完全溶解和有限溶解。完全溶解时,制冷剂与油形成均匀混合溶液。有限溶解时,混合物出现明显分层:一层为贫油层;一层为富油层。

溶解度与温度有关,有限溶解与完全溶解会发生转化。图 3-26 示出 R22 的溶油性临界曲线。临界曲线上方为完全溶油区,曲线下方为有限溶油区。图中:由 A 到 B,由完全溶油转变成有限溶油;在 B 状态,混合物出现分层;B′代表贫油层;B″代表富油层。另外,同一种制冷剂与不同的油有不同的溶解性,如图 3-27所示。图 3-28 给出 R134a 的溶解性曲线。

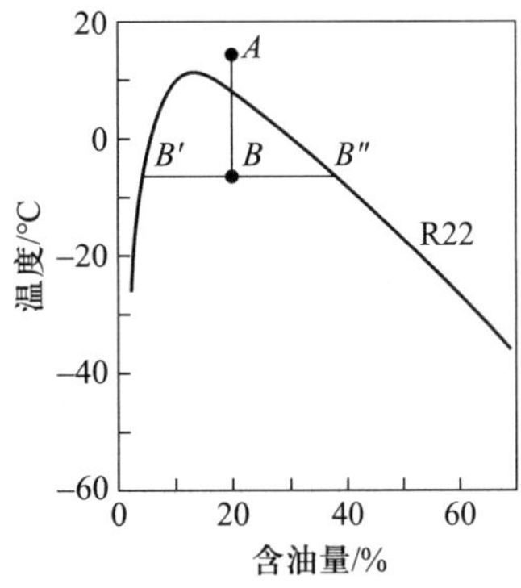

图 3-26 R22 的溶油性临界曲线

氟利昂制冷剂要求使用与它互溶的润滑油。这是因为氟利昂制冷剂一般都比油重,若溶油性差,混合物出现分层,下部为贫油层。这样,对满液式蒸发器来说,油浮在上面既影响下部制冷剂的蒸发,又造成回油困难。对于干式蒸发器来说,制冷剂在管内沿程蒸发,靠制冷剂气流裹挟油滴回油。回油的好坏取决于气流速度和油的黏性。制冷剂溶油越充分,才越容易将油带回压缩机。对压缩机来说,运行时曲轴箱处于低压高温,制冷剂在油中的溶解度小;停机后达到压力平衡时,油池中的制冷剂含量增多,出现分层,下部贫油,再开机时会造成油泵吸入池中的贫油液体,使压缩机供油不充分,影响润滑。

(5) 溶水性

氟利昂和烃类物质都很难溶于水;氨易溶于水。对于溶水性差的制冷剂,若系统中的含水量超过制冷剂中水的溶解度,则系统中存在游离态的水。当制冷温度到达 0 ℃以下时,游离态的水便会结冰,堵塞膨胀阀或其他狭窄流道。一旦出现这种冰堵现象,制冷机将无法正常工作。

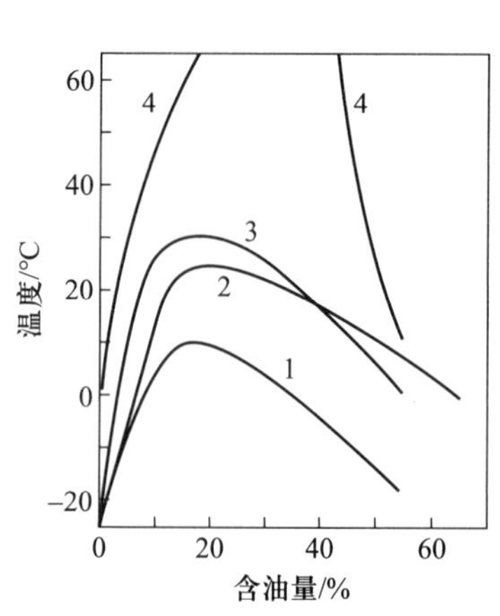

图 3-27 R22 与不同油的溶解性曲线

1、2—环烃油；3—环烃-液状石蜡；4—液状石蜡

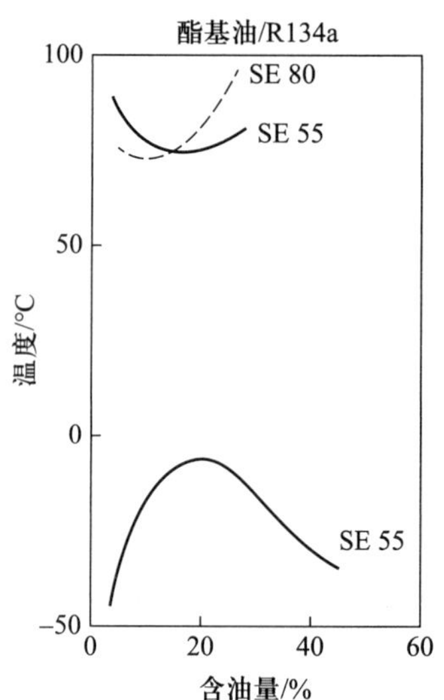

图 3-28 R134a 的溶解性曲线

对于溶水性好的制冷剂,尽管不会出现上述冰堵问题,但制冷剂溶水后发生水解作用,水解有微量离子化现象发生,会对设备造成腐蚀。所以,制冷系统中必须严格控制含水量,不能超过规定的限度。

(6) 渗透性

渗透性强的制冷剂容易泄漏。

3.4.3 混合制冷剂

混合制冷剂是由两种或两种以上的纯制冷剂组成的混合物。由于纯制冷剂在品种和性质上的局限性,采用混合制冷剂为调节制冷剂的性质和扩大制冷剂的选择提供了更大的自由度。

1. 基本概念

在讲述混合制冷剂之前,先给出涉及混合制冷剂的一些的基本概念。

混合物按其定压下相变时的热力学特征有非共沸混合物、共沸混合物和近共沸混合物之分。用 $T-X$ 相图反映这两类混合物的不同,如图 3-29 所示。

(1) 非共沸混合物

非共沸混合物的 $T-X$ 相图具有如图 3-29a 所示的特征,定压下混合物的露点线和泡点线呈鱼形曲线。它在定压相变(蒸发或凝结)过程中,伴随有一定的

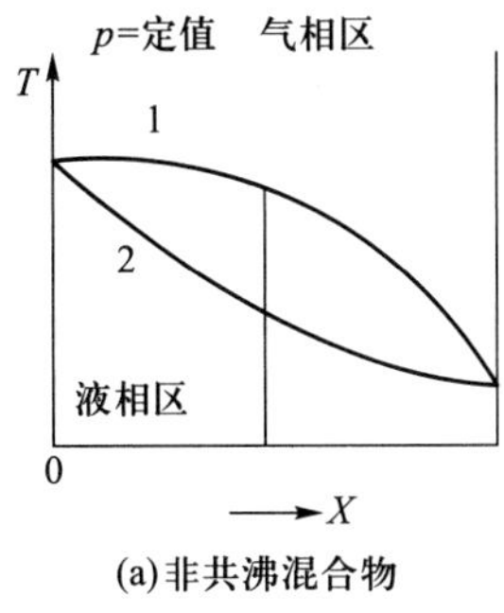

(a)非共沸混合物

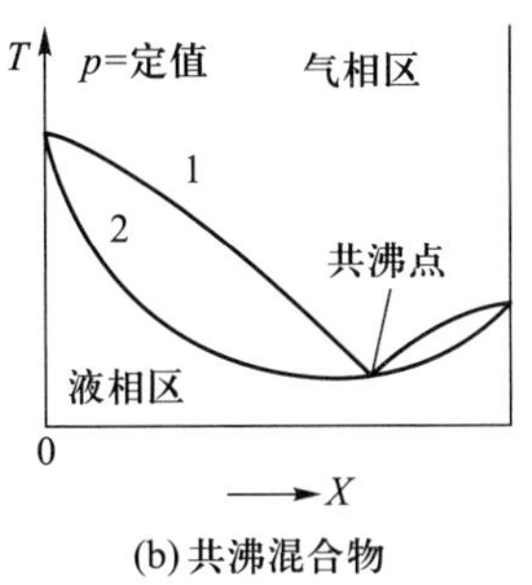

(b)共沸混合物

图 3-29 混合物的 T-X 相图

1—露点线；2—泡点线

温度变化。温度的改变量为混合物成分 X 所对应的露点与泡点之差,该差值称为相变温度滑移。另外,相变过程中气相与液相的成分不相同,而且各自都是变化的,直到相变完成。

(2) 共沸混合物

共沸混合物的 $T-X$ 相图具有如图 3-29b 所示的特征,定压下混合物的露点线和泡点线存在一个相切点,该点称为共沸点。具有共沸点的混合物在定压相变过程中,其温度滑移为零(即保持定温),而且气相与液相的成分相同(两个组分共同沸腾)。可见,在蒸气压缩式制冷系统中,共沸混合物作制冷剂具有与纯制冷剂一样的热力性状,可以像纯制冷剂一样地使用。

(3) 近共沸混合物

近共沸混合物是相变温度滑移很小的非共沸混合物,定压下相变时气相和液相成分改变很小,其热力性状很接近共沸混合物,因此将这类物质称为近共沸混合物。

(4) 分馏

混合物因易挥发组分优先蒸发或不易挥发组分优先冷凝而引起的成分改变。

2. 混合制冷剂的性质与使用

混合制冷剂的性质取决于其组分物质的性质以及各组分物质在混合物中所占的份额。可以通过组分物质的选择和成分搭配调整混合制冷剂的性质,以达到用于制冷的性能要求。混合后不仅热力性质改变,而且理化性质改变。例如,稳定性好的组分对混合物性质的贡献是改善稳定性;不可燃组分对混合物性质的贡献是抑制可燃性;重分子组分对混合物性质的贡献是降低压缩机排气温度;溶油性好的组分对混合物性质的贡献是改善溶油性等。

蒸气压缩式制冷循环中，共沸混合制冷剂由于在整个循环的冷凝、蒸发过程中，不会出现因分馏引起制冷剂成分的改变，也不会因泄漏造成制冷剂成分的变化，易于使用，并且不会带来机器操作、管理和维修时补充工质上的麻烦，所以有很好的工程实用性。

已发现具有共沸特征的混合物不到 50 种，其中满足制冷性能要求的仅有 10 种。过去由 ASHRAE 命名了 7 种，从 R500 到 R506，其中取得显著商业应用的是 R500、R502 和 R503。这些共沸混合制冷剂的标准沸点都比构成它们的组分物质的标准沸点低，因而相同蒸发温度下，蒸发压力有所提高，故能够提高单位容积制冷量和扩大应用温度范围。但是，这些共沸混合制冷剂都是以 CFC 或 HCFC 物质为主要组分，今后无法继续使用。新提出和命名的共沸混合制冷剂是 R507，它由 R125 和 R143a 组成，满足环境指标要求，用以替代 R502。

非共沸混合制冷剂的好处是：利用它相变中有温度滑移的特点，与实际热源和热汇的变温特性相匹配，以减小冷凝器和蒸发器的传热不可逆损失，提高能效（见本书 3.5 节），特别是在热泵中应用，有很好的节能效果。但非共沸混合制冷剂由于在整个循环的冷凝、蒸发过程中，会出现因分馏引起制冷剂成分的改变，系统泄漏也将造成制冷剂成分的变化，给使用带来一定的麻烦，所以制冷工程实用上不大希望用相变温度滑移大的非共沸混合制冷剂。

由于具备共沸性状的混合物毕竟十分有限，近共沸混合制冷剂是非共沸混合物与共沸混合物之间的一种折中。近共沸混合制冷剂虽属非共沸混合制冷剂，但它在制冷循环中温度滑移和分馏都不大，可以近似按共沸混合制冷剂处理。

当前的一些主要混合制冷剂见表 3-10。

表 3-10　主要混合制冷剂

符号	组分（成分）	沸点/℃	符号	组分（成分）	标准沸点/滑移温度/℃
R401A	R22/152a/124（53/13/34）	-33.1	R404A	R125/143a/134a（44/52/4）	-46.5/0.5
R402A	R125/290/22 （60/2/38）	-49.2	R407A	R32/125/134a（20/40/40）	-45.8/6.6
R402B	（38/2/60）	-47.4	R407C	R32/125/134a（23/25/52）	-44.3/7.1
R403A	R290/22/21B （5/75/20）	-50.0	R410A	R32/125 （50/50）	-52.5/0.1
R405A	R22/152a/142b/C318 （45/7/5.5/42.5）	-27.3	R507	R125/143a（50/50）	-46.5/0.2
R406A	R22/600a/142b（55/4/41）	-22.0			

3.4.4 实用的制冷剂

表 3-11 给出蒸气压缩式制冷中各类主要实用的制冷剂综览。按蒙特利尔条约和随后的修正条约,表中 CFC 类已被淘汰,HCFC 类正在被淘汰。依照臭氧衰减指数 ODP 为 0 的要求,原有的主导制冷剂 R11、R12、R502 和 R22 的替代物质只能有两类选择:合成烃中不含氯的物质(即 HFC 和 FC 类)和天然物质。现已提出的具体替代方案见表 3-12。表中列出的短期替代物是长期替代物尚未商品化生产时的一种过渡性物质,仅供参考。

表 3-11 蒸气压缩式制冷中各类主要实用的制冷剂综览

卤代烃(氟利昂)			天然物质	
含 Cl	不含 Cl			
不完全卤代 HCFC 类	完全卤代 FC 类	不完全卤代 HFC 类	碳氢化合物 HC 类	无机物
纯质 R22 R123 R124 R142b	纯质 R14 R116 R218 RC318	纯质 R23 R125 R32 R134a R143a R152a R227	纯质 R170 R290 R600 R600a R1150 R1270	纯质 R717 R718 R744
混合物 R401A R408A R401B R409A R402A R409B R402B R403A R509 R403B R406A	混合物 R508	混合物 R404A R407A R407B R407C R410A R410B R507	混合物 R290/R600a	混合物

表 3-12 原有主导制冷剂的替代方案

	短期替代物(HCFC 物质)	长期替代物
R11	R123	R245a
R12	R401A,R401B,R406A,R409A,R409B	R134a,R600a,R290/R600a
R22		R407C,R410A,R410B,R717,R290
R502	R22,R402A,R402B,R403A,R403B,R408A	R404A,R407A,R407B,R507

还需指出,从两个环境影响指数 ODP 和 GWP 考虑,只有天然物质才是完全对大气环境无害的。合成物质 FC 和 HFC 类尽管 ODP 满足要求,但它们的 GWP 较高。在人类发展过程中,环境问题总是与合成物质的出现与使用相联系的,未来进一步的环境法规将如何对待它们,尚有待于环境研究的科学认证。

1. 氟利昂类

氟利昂是饱和碳氢化合物的氟、氯、溴衍生物,通过人工合成的方法制备,价格较高(尤其是新的 HFC 和 FC 类物质)。该类中的各个物质以其分子组成的不同,表现出不同的热力性质,因它们的标准沸点覆盖了普通制冷所要求的温度范围,所以成为供蒸气压缩式制冷选择制冷剂的重要物类。

氟利昂在以下方面具有共性:相对分子质量大、密度大、流动性差;传热性能差;绝热指数小,压缩终温较低;对金属材料的腐蚀性小,但对天然橡胶和树脂材料有膨润作用(腐蚀);溶水性极差;无味,渗透性很强,这使得它们在制冷系统中使用时极易泄漏,而且泄漏不易觉察,必须有专门的检漏手段。

氟利昂在物理化学性质上具有一定的规律性:含 H 原子多的,可燃性强;含 F 原子多的,化学稳定性好;含 Cl 原子多的,有毒性,Cl 原子存在还对臭氧破坏有潜在影响;完全卤代烃在大气中寿命长;不完全卤代烃在大气中的寿命较短。含 Cl 的完全卤代烃 CFC,对臭氧破坏的潜在影响最大;含 Cl 的不完全卤代烃(HCFC)因其在大气中的寿命较短,对臭氧破坏的潜在影响小一些。不含氯的 HFC 和 FC 制冷剂与传统的冷冻油(矿物油或烷基苯油)都不互溶。与它们能够相互溶解的是合成油,如酯类油等。

传统氟利昂制冷剂在广泛的制冷与空调装置(中温/高温制冷,制冷温度范围为-40~5 ℃)中的使用情况是:R11 用在大型离心式压缩机的冷水机组中。R12 主要用在小型冷冻冷藏装置中,配备全封闭或半封闭式压缩机,如冰箱、冷柜、小型商业冷展示柜、组合冷库等,还用在中型空调装置以及汽车空调装置中,配备半封闭或开启式压缩机。R22 广泛用在家用空调器(配备全封闭容积式压缩机)以及中型冷水机组中(配备半封闭容积式压缩机),还在工业制冷中使用。R502 主要用在商业低温制冷装置上(低温制冷展示柜、低温组合冷库等)。新的制冷剂主要针对这些用途替代传统制冷剂。

(1) R123、R245ca 和 R245fa(R11 的替代制冷剂)

R123($C_2HF_3Cl_2$)　属 HCFC 物质,被作为 R11 的过渡性替代物,允许使用的时限到 2020 年,将于 2030 年停止生产。它的热力性质与 R11 接近。相对分子质量为 153,标准沸点为 27.6 ℃,ODP 值为 0.013~0.022,GWP 值为 0.017~0.020,在大气中的寿命为 1~4 年。它不可燃,使用安全。

R245ca($C_3H_3F_5$)　热力性质能够满足 R11 替代的其他物质研究中,已淘汰了许多化合物，现在的替代候选物主要集中在 R245ca 上。R245ca 的标准沸点为 25.5 ℃（R11 的标准沸点为 23.8 ℃），但 R245ca 有可燃性，因而继续在研究其可燃性小的同素异构体（如 R245fa，标准沸点为15.3 ℃）以及寻找能够抑制其可燃性的物质与它组成混合物。不过，初步的循环计算表明，R245ca（或其同素异构体或它们与阻燃物质的混合物）的循环效率明显低于 R11 和 R123。

（2）R134a（R12 的替代制冷剂）

R134a（$C_2H_2F_4$） R134a 的热力性质与 R12 最接近，是第一个被提出的非臭氧破坏物质，它是高温和中温制冷装置中替代 R12 的重要制冷剂，在冰箱、冷柜和汽车空调这两类装置中已经并将继续用 R134a 取代 R12，大型离心式冷水机中也有使用 R134a 的产品。R134a 的标准沸点为-26.2 ℃，ODP 值为 0，GWP 值为 0.24~0.29。

在中、高温制冷装置中，R134a 的制冷能力及性能系数与 R12 相当。蒸发温度低于-23 ℃时，R134a 的循环特性明显不如 R12，主要原因是：制冷能力和 COP 明显降低；压力比很高，影响压缩机的可靠性；低压侧压力低于大气压，引起系统运行可靠性方面的问题。

与高压制冷剂相比，在循环特性上 R134a 与 R12 有同样的缺点：单位容积制冷能力小，因而大多数冷量要求大的商业与空调装置，需要较大气量的压缩机和较大尺寸的管道。

R134a 的相对分子质量大，流动阻力损失比 R12 大。传热性比 R12 好。

R134a 与 R12 在溶油种类和溶油行为特征上都有很大差异。R134a 的分子极性大，在非极性油中的溶解度极小，与传统的矿物油或烷基苯油不溶，需要使用与之互溶的酯类油。R134a 分子中不含氯，不具备自润滑性。机器中的运动件供油不足时，会加剧磨损甚至产生烧结，所以需要在合成油中使用添加剂，以提高润滑性。此外，改善运动副的材料与表面特性以及改善供油机构都是很必要的工作。

R134a 对橡胶、树脂材料的膨润腐蚀作用比 R12 强。R134a 在使用温度范围热稳定性方面不会出现问题，它的热分解温度远高于压缩机和系统中可能出现的最高温度。R134a 的分子直径比 R12 小，更容易泄漏，而稳定性高又使它对传统电子卤素检漏的反应不够强，需使用灵敏度更高的氟碳制冷剂检漏仪。

（3）R1234yf 和 R1234ze（R134a 的替代制冷剂）

R1234yf（CF3CF=CH2）是非饱和碳氢化合物，属 HFO 类（Hydrofluoroolefins，氢氟烯烃），它的 ODP=0、GWP=4，毒性比较小，有轻度可燃性。R1234yf 标准沸点-29 ℃，它的热力性能和 R134a 相似，在-30~-90 ℃范围内 R1234yf 和 R134a 饱和蒸气压力十分接近。在汽车空调中，R1234yf 的制冷能力与 R134a 接近，但它的性能系数要超过 R134a。R1234yf 与常用塑料材料均相容,对橡胶材料的膨润性也与 R134a 的相近,对胶管具有比 R134a 较低的渗透性。R1234yf 溶解水的能力比 R134a 要弱。由于 R1234yf 和 R134a 性能相似,且在应用到汽车空调系统中制冷循环的效率较高,在现有的汽车空调系统中,可以直接替代 R134a 使用。

R1234ze($CF_3CH=CHF$)也属 HFO 类,它的热力性能也和 R134a 相似,ODP=0,GWP<1,无毒,不燃,大气停留时间短,化学性能稳定,被认为是最有潜力替代 R134a 的新一代制冷剂。R1234ze 的标准沸点为-19 ℃。基本制冷理论循环分析表明,R1234ze 的容积制冷量约为 R134a 的 76%,而其 COP 与 R134a 相当。R1234ze 可作汽车空调、大型冷水机组和热泵系统 R134a 的替代制冷剂,对于冷凝温度为 75~95 ℃ 的高温热泵系统,R1234ze(E)相对于 R134a 具有高的制热 COP。同时 R1234ze(E)在冷凝压力和排气温度上相对于 R134a、R417A 和 R22 具有较大的优势,但是 R1234ze(E)具有较小的容积制热量,因而在相同排量压缩机下,R1234ze(E)会影响加热时间。

(4) R22(CHF_2Cl)

R22 的 ODP 为 0.055,GWP 为 0.35。R22 的标准沸点为-40.8 ℃,凝固温度为-160 ℃。它的饱和蒸气压力特性与氨相近,单位容积制冷量也与氨差不多;它的压缩终了温度虽不如氨的高,但在氟利昂类制冷剂中属于排气温度较高的制冷剂。若在压力比较高的工况下工作,要对压缩机采取冷却措施,以避免压缩机排气温度超过安全温度限。R22 与水的互溶性很差,温度为0 ℃时水在 R22 中的溶解度仅为 0.66%(wt)。若系统中的含水量超过规定标准,则有可能引起冰堵和"镀铜"腐蚀,因而规定 R22 产品的含水量在 10×10^{-6} 以下(ARI700—1993)。

(5) R407C(R32/125/134a,23/25/52)(R22 的替代制冷剂)

R407C 是三元非共沸混合制冷剂,可作为 R22 的替代物之一。因为它在制冷能力和压力特性上与 R22 最接近,替代最便于实现,替代时对现有 R22 设备所必需的改动最少。唯一的主要变动是改用聚合酯类油代替原来 R22 所用的矿物油。主要缺点是蒸发时的温度滑变明显(约5 ℃)。使用时分馏对维修保养带来困难,因为很难保证泄漏和经过几次补灌后系统中的成分能维持不变。另外,在某些采用多蒸发器的机组中,当一个蒸发器不工作时,分馏现象就更严重,超出系统可以接受的程度。在满液式蒸发器中也出现分馏,使制冷剂在整个循环过程中成分与原来的成分大不相同。还有,在壳管式冷凝器中,R407C 在壳侧凝结,其表面传热系数也大大低于纯制冷剂或共沸混合制冷剂的表面传热系数。

(6) R410A(R32/125,50/50)

R410A 是近共沸混合制冷剂,可作为 R22 替代物选择之一。它的标准沸点为-52.5 ℃,相变温度滑移可以忽略。近共沸的热力特性是它用作替代制冷剂的长处。R410A 的压力明显高于 R22,大约高出 50%,所以它的单位容积制冷量大,相同冷量所需的压缩机输气量比用 R22 小得多。因为它有高密度和高压力,用口径小得多的管道仍能保持压降合理。理论上,R410A 循环的 COP 不如 R22 的高,但它的传热性能很好。在采用 R410A 并经过优化设计的系统上做运行实验,结果表明:其性能优于 R22,COP 提高 5%。R410A 替代 R22,性能比 R407C 好。不过,为了适应高压以及优化热交换器,必须对原有系统重新设计,包括压缩机和大部分部件。

(7) R32(CH_2F_2)(R22 的替代制冷剂)

R32 的 ODP 为 0,现有 GWP 为 675,根据联合国政府间气候变化专门委员会(IPCC)发布了题为《气候变化 2021——物理科学基础》的报告,R32 的 GWP 更新为 771。

R32 的标准沸点为-51.7 ℃,凝固温度为-136 ℃。R32 无色、无味,毒性和 R22 相当,但轻微可燃(安全性属为 A2 级别)。R32 与 R410A 的热物理性质较为接近,它的饱和蒸气压力比 R410A 高 1.5%~2.5%,饱和气体的比容略高于 R410A,汽化潜热要比 R410A 高 40%~50%。

R32 是混合制冷剂 R407C、R410A 和 R410B 的组分之一。在热力学性能方面与 R410A 相比,R32 的单位制冷量、容积制冷量和 COP 明显要高,但排气温度也过高。另外,R32 制冷系统相对充注量比 R22 和 R410A 的要小。在家用和商用空调中 R32 可以考虑作为替代 R410A、R22 的制冷剂之一。

(8) R404A(R125/143a/134a,44/52/4)(R502 的替代制冷剂)

R404A 是三元近共沸混合制冷剂,ODP 值为 0。作为 R502 替代物选择之一。它的标准沸点为-46.5 ℃,相变温度滑移很小(0.5 ℃)。它的循环特性各项参数都与 R502 相接近,二者的制冷量和 COP 也差不多,可以直接在原来的 R502 装置上使用。R404A 适用于各种中温或低温制冷装置。它与多元醇酯(POE)润滑油相溶。世界上的主要制冷压缩机和系统制造厂已经将 R404A 用于它们的新设备,包括冷藏食品展示柜、低温组合冷库、制冰和运输制冷等。对所有装置来说,R404A 微小的相变温度滑移造成的分馏现象都不明显,所以它还适用于配备有满液式蒸发器的制冷系统。对 R404A 进一步的研究重点是更好地掌握 R404A 制冷系统中每一部分的性能和特征(特别是压缩机的性能),从而指导新设备的设计与改善系统特性。

由于 R404A 的 GWP 较高,根据欧盟第 517/2014 号法规,自 2020 年起,该制冷剂必须从所有应用中排除，因此已有学者已经尝试用碳氢化合物和 HFC/HFO 的混合物作为 R404A 的可能替代品进行了研究，包括 R454C、R455A、R442A、R407H、R449A、R454A、R465A、R459B 等。从环境角度来看，R454C、R455A、R459B 和 R465A 被认为是最佳选择，它们的 GWP 相对于 R404A 降低了近 96%，其余制冷剂的 GWP 降低了 50%~70%。与 R404A 相比，这些制冷剂的潜热升高了 13%~34%。R407H 和 R442A 的临界压力比 R404A 高 30%和 27%，这有利于蒸气压缩制冷循环在更宽的压力范围内工作。

(9) R507(R125/143a,50/50)(R502 的替代制冷剂)

R507 属于共沸混合制冷剂，是 Allied-Signal 的专利物质。它作为 R502 的替代选择物之一。它的标准沸点为-46.5 ℃。在典型的零售冷冻食品使用的装置中，蒸发温度为-32 ℃时 R507 的制冷能力和 COP 几乎与 R502 完全一致。R507 的传热性能比 R502 更好些。

2. 天然制冷剂

天然制冷剂是在自然界中大量存在的物质，并被证明对大气环境无害。物理性质不同的许多天然物质具有作制冷剂的实用价值，有些已经在使用，如水、氦、氮、二氧化碳、氨、碳氢化合物。

低沸点的氦、氮、空气和甲烷广泛用在极低温装置和气体液化中，它们不适合普通制冷温度使用，因为就现有的系统装备而言，不可逆损失太大。水是吸收式制冷或高温热泵的理想制冷剂，但不适合于在蒸气压缩式制冷机中使用，因为水蒸气的比体积太大。

在通常制冷温度范围（蒸发温度为-40~5 ℃）可用的天然制冷剂是氨、碳氢化合物和二氧化碳。

(1) 氨

氨的标准沸点为-33.3 ℃，凝固点为-77.7 ℃。氨有较好的热力性质和热物理性质。它在常温和普通制冷的低温范围内压力比较适中。它的单位容积制冷量大，黏性小，密度小，流动阻力小，传热性能好。由于以上优点，它是应用最早而且目前仍广泛使用的制冷剂。氨通常主要在大型制冷装置中使用。国内比较多的大中型冷库用氨作制冷剂。

氨的主要缺点是毒性大、易燃、易爆、有刺激性气味。使用氨的场合必须严格按照规范采取安全措施。安全要求规定：车间工作区内的氨蒸气浓度不得超过0.02 mg/L。氨在高温条件下会分解出游离态的氢，并积存在压缩机中，若制冷系统内含有空气，当氢积存达到一定浓度时，遇到空气便具有很强的爆炸性，可能引起恶性事故。因此，在氨制冷系统中必须设置空气分离器，以便能够及时地排除系统中的空气和其他不凝性气体。

氨的绝热指数大,压缩终温较高。为了避免压缩机排气温度超过安全温度限,需要对氨压缩机气缸采取冷却措施。

氨是典型难溶于润滑油的制冷剂(溶解度不超过1%)。氨制冷系统的管道和热交换器内部的传热表面上会被油膜覆盖,影响传热效果。另外,润滑油还会积存在冷凝器、贮液器、蒸发器的下部,这些部位应当定期放油。

氨与水能够以任意比例互溶,形成氨水溶液。在普通低温下水分不会析出,不会出现冰堵。纯氨不腐蚀钢铁,但氨中含水分时,对锌、铜、青铜及其他铜合金(除磷青铜外)具有腐蚀性。因此,氨制冷系统中不允许使用铜构件;压缩机的耐磨件和密封件(如活塞销、轴瓦、密封环等)限定使用磷青铜材料制作。同时,应该控制系统中的含水量不得超过0.2%。

氨是已经使用了120年的制冷剂,至今在许多国家仍为大型工业制冷系统所乐于使用。就CFC制冷剂的替代而言,由于氨有良好的热力性质,在25 kW以上、配用容积式压缩机(往复式或回转容积式)的常规工业制冷装置中,氨是有生命力的替代物。只要机器设备合适,即便是容量更小,氨制冷也重新具有市场价值。现在为扩大氨的使用,新设计的机型比老系统充灌量大大减少。

对于很大型的系统,透平压缩机自然是首选机型。由于氨的相对分子质量小,单级压缩所达到的压力比不大,所以即使中温制冷也得用多级压缩。采用新材料和提高轮周速度,可逐步削弱氨制冷的这一缺点。一般来说,氨不宜应用于家用和商用小型制冷,这首先是出于安全方面的考虑,同时,还由于氨的气味,哪怕是很小的泄漏,也令人难以忍受。

(2) HC类

碳氢化合物共同的特点是:凝固点低;与水不起化学反应;无腐蚀性;与油完全相溶;它们是石油化工流程中的产物,易于获得,价格便宜。其缺点是燃爆性很强。因此,传统上它们主要用作石油化工大型制冷装置的制冷剂。石油化工生产中具备严格的防火防爆安全措施,制冷剂又是取自流程本身的产物,其相宜性是显而易见的。当前出于环境保护需要,将扩大碳氢化合物的应用领域。用碳氢化合物作制冷剂的系统,低压侧必须保持为正压,否则一旦空气渗入便有爆炸危险。

目前常用的HC_S有烷烃和烯烃两类。前者化学性质稳定,后者化学性质活泼。它们都不溶解于水,但易溶解于有机溶剂中。

丙烯的制冷温度范围与R22相当,它可以用于两级压缩式制冷装置,也可以在复叠式制冷中作高温部分的制冷剂。

丙烷(R290)作为中温制冷剂在大型制冷装置已应用很久了。丙烷的ODP为0,GWP只有0.03,是一种环保的制冷剂。丙烷的基本热物理性质如标准沸点、凝固点、临界温度、临界压力等参数和 R22 非常接近。理论循环计算表明，丙烷除了容积制冷量小于 R22 外，其他热力循环指标如单位质量制冷量、单位容积理论功、冷凝压力、蒸发压力、压缩比、压缩机的排气温度和性能系数等均优于 R22。在房间空调器中，丙烷目前被认为是较有潜力的替代工质。丙烷的最大缺点是具有可燃性和爆炸性，其燃点为 468 ℃，在空气中的燃烧极限为 2.2%~9.5%（体积分数）。正是由于其可燃性，目前对丙烷应用在房间空调器中的充灌量有着严格的要求，并在设计和生产时也要严格遵守相关安全标准的要求。

异丁烷（R600a）目前主要用于替代冰箱、冷柜，以及其他小型制冷设备中的 R12、R134a 制冷剂；由于 R600a 易燃，通常只用于充液量较少的低温制冷设备中，也常用于作为混配冷媒的一种组分；R600a 与传统的润滑油兼容，能直接代替 R12，因此现在是电冰箱中取代传统 R12 的一种选择。

丙烯的制冷温度范围与 R22 相当，它可以用于两级压缩式制冷装置，也可以在复叠式制冷中作高温部分的制冷剂。

乙烷、乙烯的制冷温度范围与 R13 相当，只在复叠式制冷的低温部分使用。

以上的碳氢制冷剂还可以组成两元、三元或四元的混合制冷剂在商用冷柜、低温生物冰箱中使用。

（3）二氧化碳

CO_2 曾作为重要制冷剂使用了半个世纪，当时因其安全性好普遍用于船上，氨则主要用于陆上。直到 1930 年后，CFC 制冷剂的广泛应用才淘汰了 CO_2。当前（H）CFC 的淘汰，人们又重新开始 CO_2 作为制冷剂的应用研究。

CO_2 有很多优点：价格很低；与通用机器材料完全相容；实用方便；单位容积制冷能力比 R22 大 5 倍；比传统制冷剂的压力比小得多；传热性和流动性好；操作维护简单，无需回收制冷剂的“再循环”。它的主要问题是：临界温度为31 ℃，常温冷却条件下高压侧近临界或超临界；系统内压力很高（高压侧约10 MPa，是传统装置的 3~4 倍）；节流损失很大。

为使 CO_2 有效地在制冷空调中应用，1994 年 Lorentzen 提出了 CO_2 跨临界循环系统和实现循环高效的措施，并证明了它在汽车空调、热泵和冰箱中应用的可行性。

（4）水

它的标准沸点为 100 ℃，冰点为 0 ℃。水适用于 0 ℃以上的制冷温度。水无毒、无味、不燃、不爆、来源广，是安全而便宜的制冷剂。但水蒸气的比体积大，水的蒸发压力低，使系统处于高真空状态（例如，35 ℃时饱和水蒸气的比体积为 25 m^3/kg，压力为5.63 kPa；5 ℃时饱和水蒸气的比体积达到147 m^3/kg，压力仅为0.87 kPa）。由于这两个特点，水不宜在压缩式制冷机中使用，只适合在吸收式和蒸气喷射式冷水机组中作制冷剂。

3.4.5 制冷剂热力性质的计算

基本的热物性方程式是状态方程式和理想气体的比定压热容方程式,其他的状态参数(如比焓、比熵等)表达式可以从这两个方程式导出。基于大量粒子所构成系统的统计性质导出的位力方程(又称维里方程),虽适用于各种制冷工质,但因在实用时不够方便,往往被一些普遍性不及维里方程的状态方程式取代。例如用于氟利昂类制冷剂的 MH 公式:

$$p = \frac{RT}{v-b} + \frac{A_2 + B_2T + C_2\mathrm{e}^{(-kT/T_c)}}{(v-b)^2} + \frac{A_3 + B_3T + C_3\mathrm{e}^{(-kT/T_c)}}{(v-b)^3} + \frac{A_4 + B_4T}{(v-b)^4} + \frac{A_5 + B_5T + C_5\mathrm{e}^{(-kT/T_c)}}{(v-b)^5} + (A_6 + B_6T)\mathrm{e}^{av} \tag{3-43}$$

式中:A_i、B_i、C_i、k、b 和 a 为常系数,不同工质有不同的常系数;T_c 为临界温度,K。MH 方程是一个精度较高、适用范围较广的状态方程式。确定该方程式中的常系数只需要临界参数,以及一个饱和蒸气压数据。

计算比定压热容 c_p 的方程式:

$$c_p = c_{p0} - \left[\int_{p_0}^{p} T\left(\frac{\partial^2 v}{\partial T^2}\right)_p \mathrm{d}p\right] T$$

式中,c_{p_0}为温度 T 时理想气体的比定压热容。

计算比熵的微分方程式:

$$\mathrm{d}s = c_p\frac{\mathrm{d}T}{T} - \left(\frac{\partial v}{\partial T}\right)_p \mathrm{d}p$$

计算比焓的微分方程式:

$$\mathrm{d}h = c_p\mathrm{d}T + \left[v - T\left(\frac{\partial v}{\partial T}\right)_p\right]\mathrm{d}p$$

常用的制冷剂的热力性质表和图是利用针对各制冷剂的精确热物性方程计算出的数据编绘而成的,它们为传统的制冷工程设计、产品设计中简单的手算提供了方便。

现在计算机普遍应用,基础研究深入,设计方法更新。制冷系统模拟仿真、参数与结构调整等均可借助计算机完成。计算机辅助设计时已不再需要手工查图表,可直接按计算式编程计算制冷剂的热物性及进行循环的热力计算。读者只需查阅有关文献,如本章所列参考文献[11],即可获得计算程序。

3.5　采用混合制冷剂的单级蒸气压缩式制冷循环

3.5.1　理论循环

采用混合制冷剂进行单级蒸气压缩式制冷，在不考虑系统内部流动阻力损失和成分变化的情况下，理论循环的吸热和放热过程为定压过程，理论循环的节流过程和压缩过程仍分别视为绝热过程和等比熵过程。混合制冷剂中，对于共沸混合物，由于在定压下相变时温度保持不变，所以共沸混合物的制冷循环情况与纯制冷剂相同。而对于非共沸混合物，定压下相变时温度将发生变化。由于两个相变传热情况具有洛伦兹循环所描述的特征（见 3.1.3），所以可用洛伦兹循环作为它的理想化的基准循环（可逆循环）。

以二元非共沸混合制冷剂为例，其定压相变图如图 3-30 所示。定压凝结过程温度降低，定压沸腾过程温度升高。非共沸混合制冷剂的理论循环在 T-s 图上的描述如图 3-31 所示。可见，这种循环过程对于变温热源和热汇条件，能够有较好的内外温度配合，可以减少吸热和放热过程的传热不可逆损失。

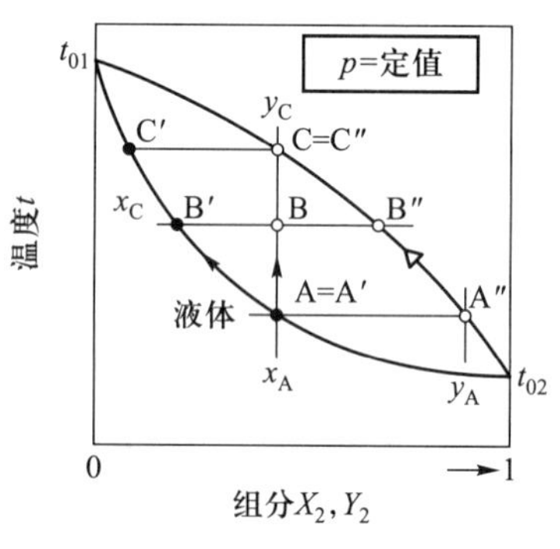

图 3-30　二元非共沸混合制冷剂定压相变图

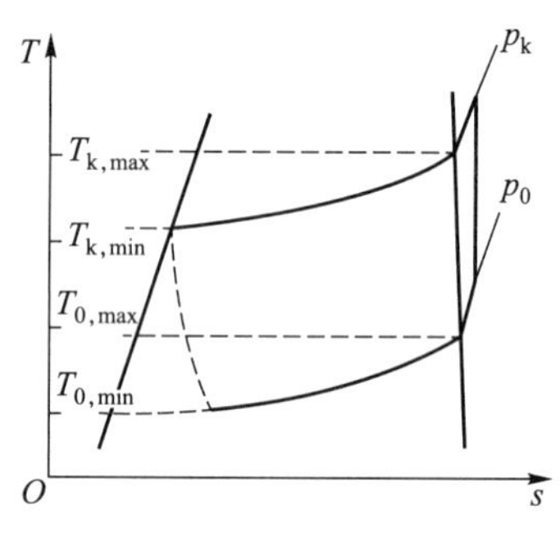

图 3-31　非共沸混合制冷剂循环图

3.5.2　实际循环

混合制冷剂的实际循环要考虑一些实际因素的影响。与纯制冷剂类似的实际因素不再讨论。这里主要分析发生相变温度滑移时蒸发器中的实际温度分布和系统内混合制冷剂成分改变的影响。

1. 蒸发器中制冷剂温度的实际分布

设混合制冷剂定压蒸发时的温度滑移为 ΔT_G,这使它在蒸发器入口处的蒸发温度为 T_{01};在蒸发器出口处的蒸发温度为 T_{02}。

制冷剂在蒸发器内沿程流动阻力造成压降 Δp。压降使蒸发器入口处的蒸发温度高于出口处的蒸发温度。

这两种效应总量是相叠加的。叠加的结果,造成蒸发器中制冷剂温度的实际分布有三种可能的情况,如图 3-32 所示。

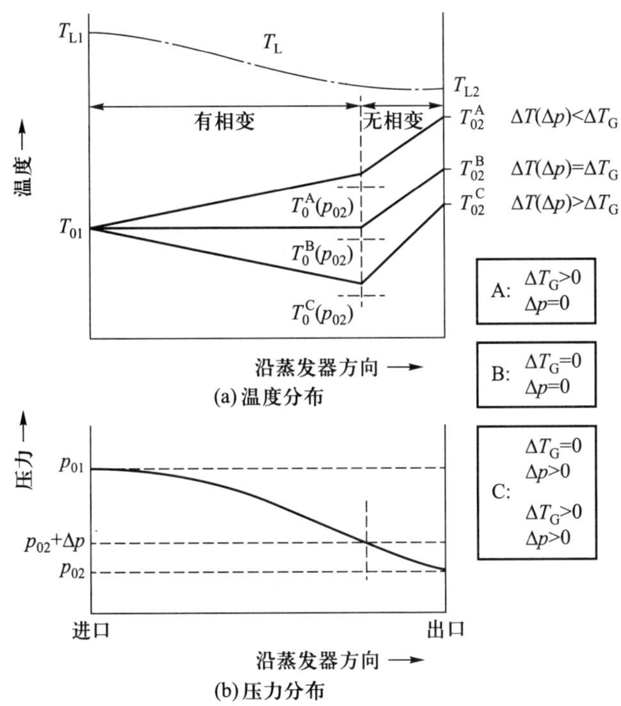

图 3-32 蒸发器中制冷剂的温度及压力分布

(1) 压降 Δp 造成的蒸发温度降低 $\Delta T_0(\Delta p)$ 小于相变温度滑移 ΔT_G 时,即 $\Delta T_0(\Delta p)<\Delta T_G$ 时,蒸发器中制冷剂的温度分布如图中 A 的情形。沿管长流动方向温度升高。这种分布相当于无阻力、$\Delta T_G<0$ 的情况(即混合物冷凝相变时情况)。

(2) 若 $\Delta T_0(\Delta p)=\Delta T_G$,两种效应相互抵消,温度分布如图中 B 的情形。这相当于无阻力、无温度滑移蒸发的情况。

(3) 若 $\Delta T_0(\Delta p)>\Delta T_G$,则压降的影响成为主导,温度分布如图中 C 的情形。

这相当于无滑移、有压降的蒸发情况或者有滑移、压降很小的蒸发情况。

蒸发器中传热温差的分布如图 3-33 所示。

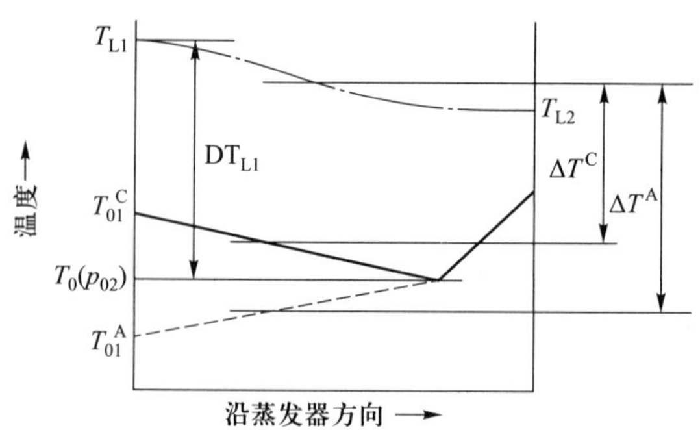

图 3-33　蒸发器中传热温差的分布

2. 成分变化

实际定压相变过程中混合制冷剂的气相成分和液相成分均发生变化。这种相变特征导致即使操作正确,循环流动中的制冷剂成分与充入系统的制冷剂成分也不相同。

实际运行中还存在下述因素,影响成分偏离规定的水准:

(1) 制冷机的生产工艺与充灌工艺过程的差异。

(2) 运行中工况改变,造成气相成分与液相成分之间差异的变化。

(3) 润滑油对混合物组分有选择性的互溶性。(也就是说,润滑油对两个组分物质的互溶性并不完全相同。)

由于以上影响,使非共沸混合制冷剂循环不像纯制冷剂那样,制冷剂的温度与压力之间能够有明确的对应关系。制冷机运行时,仅以压力测量值和规定的成分这两个参数尚不足以准确地把握相变温度。精确地进行非共沸混合制冷剂的制冷循环模拟和测量与计算制冷量都是比较复杂的过程。

3.5.3　非共沸混合制冷剂的回热循环

以单一物质为工质的单级蒸气压缩制冷系统一般只能用于-40 ℃以上温区,在获取-40 ℃以下制冷温度时存在压缩机压比及排气温度高、毛细管节流损失大等问题,造成系统运行稳定性及效率较低。基于焦耳-汤姆孙效应的混合工质节流制冷循环采用非共沸混合物作为工质,其各组元之间能够实现优势互补,在获取-40 ℃以下制冷温度时采用单级压缩机就可以保证压比适中;该系统还具有灵活性高的优势,在系统各组件不进行大改动的前提下,可以通过充注不同的混合工质获取不同的制冷温度,实现宽温区制冷;此外,非共沸混合工质的温度滑移特性使得冷热流体间能够获得良好的温度匹配,从而降低换热温差和不可逆损失。因此,该循环在低温冰箱、冷柜等普冷领域以及气体液化、低温电子技术、冷冻外科、超导技术等低温领域都有着独特的应用优势。值得注意的是,当制冷温度远低于压缩机润滑油凝固点时,润滑油会堵塞节流装置或者增加制冷剂流动阻力,使传热性能恶化,因此该循环对润滑油与制冷剂的分离效果要求较高。

非共沸混合制冷剂的回热循环及其 $p-h$ 图如图 3-34 所示,在混合工质节流制冷循环的各个组件中,回热器有着极为重要的作用。在回热器中来自蒸发器出口的低温低压两相工质冷却冷凝器出口的高温高压流体,极大地增大了毛细管进口制冷剂的过冷度,减小了毛细管内等焓节流过程的不可逆损失。

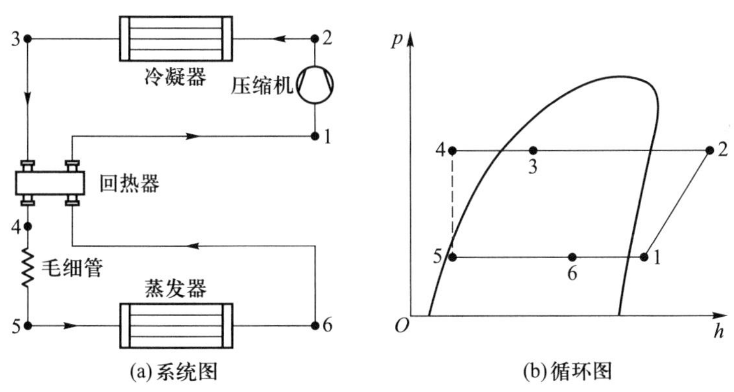

图 3-34　非共沸混合制冷剂的回热循环及其 $p-h$ 图

3.6　多级蒸气压缩制冷循环

采用单级压缩式制冷循环,在常温冷却条件下能够获得的低温程度有限。制约因素是单级压力比和排气温度。当热汇与热源之间的温差 T_H-T_L 增大时,循环的工作温差 T_k-T_0 增大,使循环的压力比增大。

对于往复式容积压缩机,影响是三方面的:

(1) 实际压缩机存在余隙容积,压力比升高,压缩机的容积效率下降(极限情况下容积效率下降到 0,系统中制冷剂无法循环);

(2) 压缩过程不可逆损失增加,压缩机效率降低,这些造成制冷量和 COP

明显下降;

(3) 压缩机排气温度上升,会超过允许的限值。

从运行经济性和可靠性方面综合考虑,对氟利昂类和氨的单级压力比规定分别不得超过 10 和 8。

对于回转式容积压缩机,单级压力比增大虽不致太多地影响容积效率,但排气温度过分升高也是不被允许的。

对于离心式压缩机,单级叶轮可以达到的压力比取决于轮周速度和制冷剂的相对分子质量。通常单级压缩的压力比只能达到 3~4。轮周速度相同时,轻分子制冷剂的单级压力比更低。

当热汇与热源的温差使循环的压力比超过单级压力比的上述限制时,一种解决办法是采用分级压缩、中间冷却。就是分两级或多级压缩达到循环所要求的总压力比,并且在低压级完成压缩后,先将其排气冷却降温后再到高压级继续压缩,从而每一级的压力比和排气温度均不超限。

按照容积式压缩机单级压力比的限制条件,采用单级压缩式制冷循环所允许的最低蒸发温度见表 3-13。需要蒸发温度低于表中所列数值时,则需分级压缩。容积式压缩机通常为两级压缩。离心式压缩机根据蒸发温度的不同,分级压缩用到两级、三级甚至更多级。下面重点讲述两级压缩制冷循环,多级压缩循环的分析方法与两级压缩循环类似。

表 3-13　往复式压缩机单级压缩的最低蒸发温度　　℃

冷凝温度/℃	R717	R22	R134a	R12	R290	R152a
30	-25	-37	-32	-36	-40	-34
35	-22	-34	-29	-33	-37	-30
40	-20	-31	-25	-31	-35	-29
50		-26	-29	-25	-29	-21

3.6.1　两级压缩制冷的循环形式

两级压缩制冷循环中,制冷剂气体从蒸发压力提高到冷凝压力的过程分两个阶段:先经低压级压缩到中间压力,中间压力下的气体冷却后再到高压级压缩到冷凝压力。中间压力下的气体冷却为中间冷却。中间冷却有完全与不完全之分。若中间冷却使中间压力下的气体完全消除过热成为饱和蒸气(即温度降到中间压力下的饱和温度),称中间完全冷却;若中间冷却仅使中间压力下的气体温度有所降低,但并未完全消除过热,则称中间不完全冷却。

冷凝压力下的制冷剂液体需节流使压力降低到蒸发压力。该过程也有两种可能的实现方式:用一只节流阀一次完成,或者用两只节流阀分两次完成,即先从冷凝压力降低到中间压力,再从中间压力降低到蒸发压力。

这样,以中间冷却程度和节流次数来表征两级压缩制冷循环,有以下四种基本循环形式:一次节流中间完全冷却循环,两次节流中间完全冷却循环;一次节流中间不完全冷却循环,两次节流中间不完全冷却循环(表 3-14)。这四种形式的循环描述如图 3-35 所示。

表 3-14 两级压缩制冷的循环形式

节流次数	中间冷却形式	
	中间完全冷却	中间不完全冷却
一次节流	●	●
两次节流	●	●

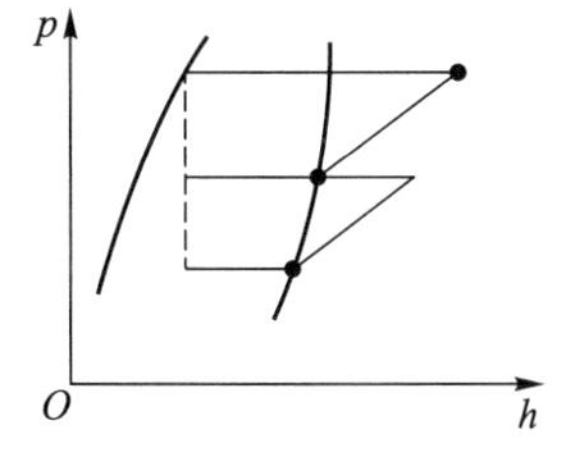

(a) 一次节流中间完全冷却循环

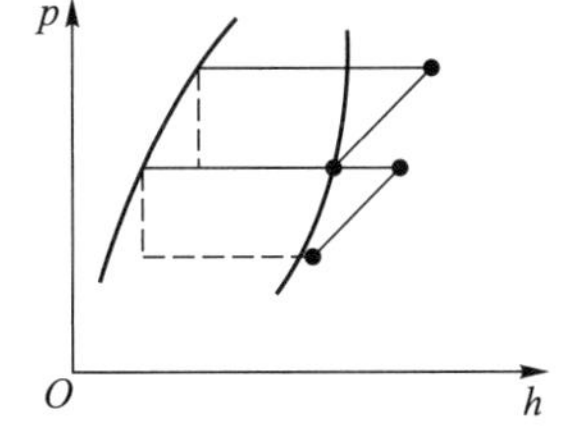

(b) 两次节流中间完全冷却循环

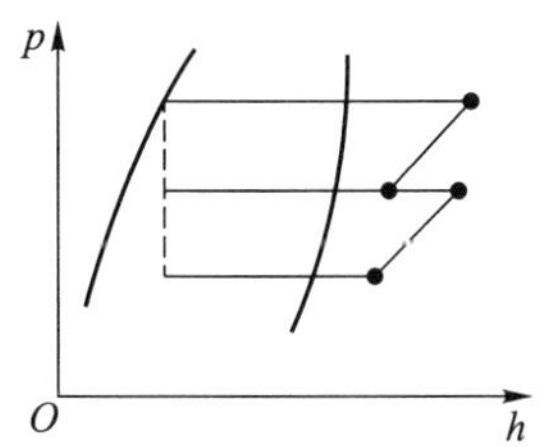

(c) 一次节流中间不完全冷却循环

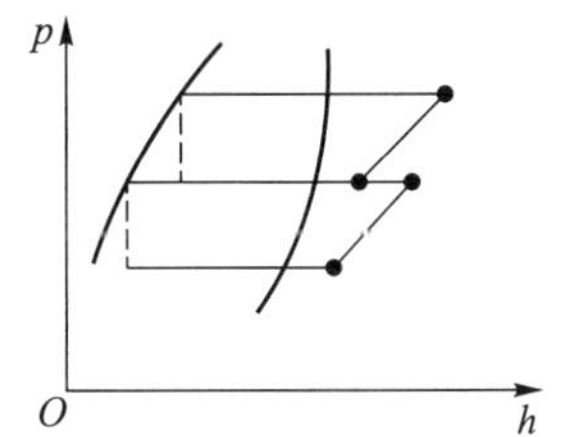

(d) 两次节流中间不完全冷却循环

图 3-35 两级压缩制冷的基本循环形式

中间冷却程度的选择取决于制冷剂的性质。对于压缩过程温升不太大的制冷剂,如氟利昂类制冷剂往往希望压缩机吸气具有一定的过热,宜采用中间不完全冷却。对于压缩过程温升较大的制冷剂,例如氨,则不希望压缩机吸气过热,就应采用中间完全冷却。

节流方式的选择根据实际系统决定。理论上，一次节流的过程不可逆损失大。从图 3-35 可以看出，其他条件相同的情况下，由于一次节流的压降大，节流后的闪蒸气多，进蒸发器的制冷剂干度较大，故单位制冷量小，COP 小。所以，就循环的经济性而言，两次节流优于一次节流。两次节流的另一用途处是可以用两级压缩循环获得两种不同的蒸发温度。但一次节流在实际应用上具有以下好处：供液压差大，系统简化，只用一只节流阀，并且由于阀前后的压差大，节流阀的尺寸小，节流前液体的过冷度大，不易闪蒸；而两次节流需用两只节流阀，每只节流阀上的压降要小许多，相同流量下要求用大口径的节流阀，同时还要保证两只节流阀的流量调节相协调；再则，由于第二只节流阀前制冷剂液体温度较低且无过冷，很容易出现阀前的闪蒸问题。所以，小型装置以简化系统和便于操作及控制为要旨，采用一次节流。大型装置一般也多用一次节流。

3.6.2　两级压缩制冷的系统流程与循环分析

1. 一次节流中间完全冷却的两级压缩制冷循环

原理性系统流程与循环描述如图 3-36 所示。

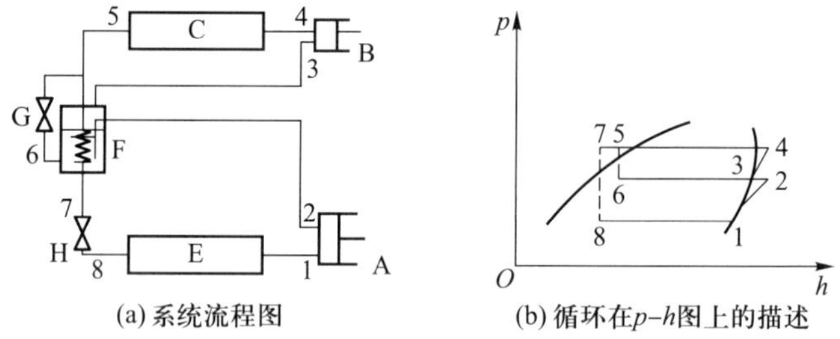

图 3-36　一次节流中间完全冷却的两级压缩制冷循环

A—低压压缩机；B—高压压缩机；C—冷凝器；E—蒸发器；F—中间冷却器；G、H—节流阀

来自蒸发器 E 中的压力为 p_0 的低压蒸气首先被低压压缩机 A 吸入，并压缩到中间压力 p_m 后进入中间冷却器 F，在其中被液体制冷剂的蒸发冷却到与中间压力对应的饱和温度 t_m，再进入高压压缩机 B，进一步被压缩到冷凝压力 p_k，然后进入冷凝器 C，成为液体。由冷凝器出来的液体分为两路：一路流经中间冷却器内的盘管，被盘管外的制冷剂液体冷却（过冷），再经节流阀 H 节流到蒸发压力 p_0，在蒸发器中蒸发产生制冷作用。另一路经节流阀 G 节流到中间压力 p_m，进入中间冷却器 F，并在中间冷却器中蒸发，使来自低压压缩机的排气得到冷却，还使盘管内的高压液体（来自冷凝器）冷却。节流后的闪蒸气、液体蒸发产生的蒸气连同被冷却后的低压压缩机的排气一并被高压压缩机 B 吸入，并被压

缩到冷凝压力后排入冷凝器 C。循环就这样周而复始地进行。进入蒸发器的这一部分高压液体由于节流前先在中间冷却器的盘管中进一步冷却,可以使其后的节流过程中闪蒸气(无效蒸气)减少,从而使单位质量制冷量增大。

循环的工作过程与单级蒸气压缩式制冷循环相比,区别是:增加了一台压缩机,增加了中间冷却器和节流阀。另外,因为高压压缩机所处理的制冷剂量包括了来自低压压缩机排出的制冷剂量和中间冷却器产生的制冷剂蒸气量,所以进入高压压缩机的制冷剂质量流量大于低压压缩机的制冷剂质量流量。

上述两级压缩循环的工作过程在压-焓图上的描述如图 3-36b 所示。图中用来表示各主要状态点的序号与图 3-36a 是对应的。图中过程 1-2 表示低压压缩机的压缩过程,过程 2-3 表示低压压缩机的排气在中间冷却器中的冷却过程,过程 3-4 表示高压压缩机中的压缩过程,过程 4-5 表示制冷剂在冷凝器中的冷却、凝结和过冷过程(也可能没有过冷)。此后液体分为两路:过程 5-6 表示进入中间冷却器的一路液体在节流阀 G 中的节流过程,过程 6-3 表示节流后的制冷剂液体在中间冷却器内的蒸发过程。过程 5-7 表示进入蒸发器的一路液体在中间冷却器盘管中进一步冷却的过程,过程 7-8 表示它在节流阀 H 中的节流过程,过程 8-1 表示它在蒸发器内蒸发制冷的过程。

由于中间冷却器的液体冷却盘管传热存在端部的传热温差,所以高压液体在其中不可能被冷却到中间压力下的饱和温度 t_m,一般 t_7 比 t_m 高 3~5 ℃。

与单级蒸气压缩式制冷循环一样,利用 $p-h$ 图进行两级压缩循环的热力计算。在两级压缩制冷循环中,制取冷量的是低压部分的制冷剂蒸发过程 8-1,单位制冷量依低压级制冷剂的单位质量或单位吸入体积计。设制冷机的制冷量需求为 ϕ_0。计算如下:

(1) 单位质量制冷量

$$q_0 = h_1 - h_8 = h_1 - h_7 \qquad \text{kJ/kg} \tag{3 - 44}$$

(2) 低压级的比功

$$w_D = h_2 - h_1 \qquad \text{kJ/kg} \tag{3 - 45}$$

(3) 低压级压缩机的制冷剂质量流量

$$q_{m,D} = \phi_0/q_0 = \phi_0/(h_1 - h_8) = \phi_0/(h_1 - h_7) \qquad \text{kg/s} \tag{3 - 46}$$

(4) 低压级压缩机所需轴功率

$$P_{k,D} = q_{m,D}w_D/\eta_{k,D} = \phi_0(h_2 - h_1)/[\eta_{k,D}(h_1 - h_7)] \qquad \text{kW} \tag{3 - 47}$$

式中:$\eta_{k,D}$为低压级压缩机的绝热效率。

(5) 低压级压缩机的输气量

实际输气量 $q_{vs,D} = q_{m,D}v_1 = \phi_0 v_1/(h_1 - h_7) \qquad \text{m}^3/\text{s}$ (3 - 48)

理论输气量 $q_{vh,D} = q_{m,D}v_1/\lambda_D = \phi_0 v_1/[(h_1 - h_7)\lambda_D] \qquad \text{m}^3/\text{s}$ (3 - 49)

式中：v_1 为低压级压缩机吸气的比体积，m^3/kg；λ_D 为低压级压缩机的容积效率，其数值可按相同压力比条件下单级压缩机容积效率的 90%考虑。

（6）高压级压缩机的理论比功

$$w_G = h_4 - h_3 \quad kJ/kg \quad (3-50)$$

（7）高压级压缩机的制冷剂质量流量

高压级压缩机的制冷剂质量流量 $q_{m,G}$ 大于低压级压缩机的制冷剂质量流量 $q_{m,D}$，二者之间的关系可以从中间冷却器的能量平衡关系计算出来。中间冷却器的能量平衡关系如图 3-37 所示。

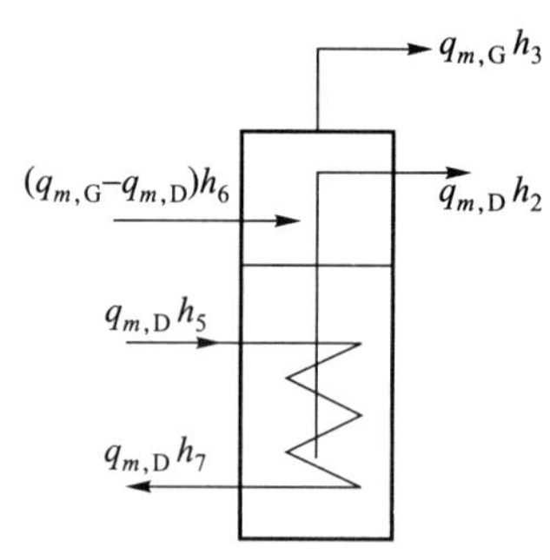

图 3-37　中间冷却器的能量平衡关系

能量平衡式为

$$q_{m,D}h_2 + q_{m,D}(h_5 - h_7) + (q_{m,G} - q_{m,D})h_6 = q_{m,G}h_3$$

从而得出

$$q_{m,G} = q_{m,D}(h_2 - h_7)/(h_3 - h_5)$$
$$= \phi_0(h_2 - h_7)/[(h_1 - h_7)(h_3 - h_5)] \quad kg/s \quad (3-51)$$

（8）高压级压缩机所需的轴功率

$$P_{k,G} = q_{m,G}w_G/\eta_{k,G} \quad kW \quad (3-52)$$

式中：$\eta_{k,G}$ 为高压级压缩机的绝热效率。

（9）高压级压缩机的输气量

实际输气量　$q_{vs,G} = q_{m,G}v_3 = \phi_0(h_2 - h_7)v_3/[(h_1 - h_7)(h_3 - h_5)] \quad m^3/s \quad (3-53)$

理论输气量　$q_{vh,G} = q_{vs,G}/\lambda_G \quad m^3/s \quad (3-54)$

式中：v_3 为高压级压缩机吸入状态下制冷剂气体的比体积，m^3/kg；λ_G 为高压级压缩机的容积效率，其数值可按相同压力比条件下单级压缩机的容积效率取值。

（10）两级压缩一次节流中间完全冷却循环的性能系数

理论循环的性能系数　$COP = \phi_0/(q_{m,G}w_G + q_{m,D}w_D) \quad (3-55)$

实际循环的性能系数　$COP_s = \phi_0/(q_{m,G}w_G/\eta_{k,G} + q_{m,D}w_D/\eta_{k,D}) \quad (3-56)$

（11）冷凝器的热负荷

$$\phi_k = q_{vs,G}(h_{4s} - h_5) \quad kW \quad (3-57)$$

$$h_{4s} = h_3 + (h_4 - h_3)/\eta_{i,G} \quad kJ/kg \quad (3-58)$$

式中：h_{4s} 为高压级压缩机的实际排气比焓，kJ/kg；$\eta_{i,G}$ 为高压级压缩机的指示效率。

以上计算方法适用于设计或选择压缩机时的计算，可以根据计算出来的高、低压级压缩机的理论输气量 $q_{vh,G}$ 和 $q_{vh,D}$ 值，去设计或选择合适型号的压缩机，根据制冷量 ϕ_0 和冷凝器热负荷 ϕ_k 的值去设计或选配蒸发器和冷凝器。对于已选定型号的两级制冷压缩机，由于它的结构参数已确定，高、低压级的理论容积已知，可以根据已知条件 $q_{vh,G}$ 和 $q_{vh,D}$ 计算其制冷量 ϕ_0 及其他工作性能：

$$\phi_0 = q_{vh,D}\lambda_D(h_1 - h_7)/v_1 \qquad \text{kW} \qquad (3-59)$$

图 3-38 示出氨两级压缩式制冷机在冷库制冷装置中的实际系统流程图。图中除画出了完成工作循环所必需的基本设备外，还包括一些辅助设备和控制阀门。高压级压缩机排出的制冷剂气体进入冷凝器前先经过油分离器，将其中挟带的油滴分离出来，以免油进入冷凝器和蒸发器中对传热产生不利影响。在油分离器出口管路上装有一个单向阀，它的作用是当机器突然停车时，防止高压蒸气倒流进入压缩机。冷凝器后有一个贮液器，作用是贮存系统中未参与循环的多余制冷剂。有了它，可以在蒸发器热负荷变化导致制冷剂循环量变化时，对系统中的制冷剂起到蓄、补作用，同时可以减少泄漏引起的制冷剂补充次数。中间冷却器用浮子调节阀供液，以便能够自动控制其中的氨液面高度。用来产生制冷作用的氨液经过调节站分配到各个库房的蒸发器中。在调节站的管路上一般都装有节流阀。压缩机吸气侧有气-液分离器，它的作用是：一方面把来自蒸发器的制冷剂气流中挟带的液滴分离掉，防止氨液进入压缩机造成湿压缩的危害；另一方面又可以保证节流后产生的闪蒸气不进入蒸发器，使蒸发器的传热表面得到充分利用。一个气-液分离器可以与几个蒸发器相连，这样它还起着分配液体和汇集蒸气的作用。

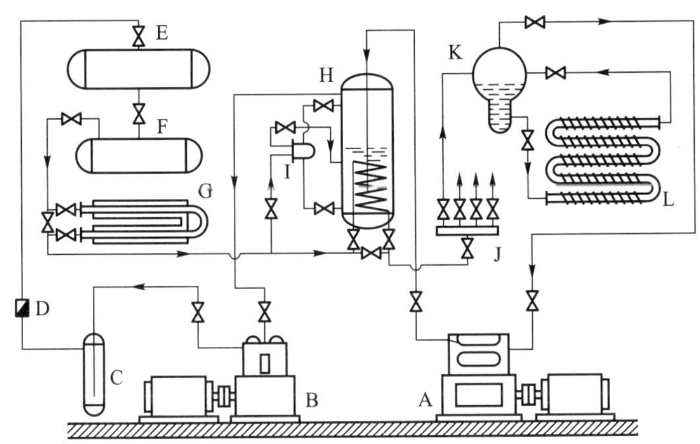

图 3-38　氨两级压缩制冷系统实例

A—低压压缩机；B—高压压缩机；C—油分离器；D—单向阀；E—冷凝器；F—贮液器；G—过冷器；H—中间冷却器；I—浮球调节阀；J—调节站；K—气-液分离器；L—室内冷却排管（蒸发器）

2. 一次节流中间不完全冷却的两级压缩制冷循环

图 3-39 示出一次节流中间不完全冷却的两级压缩制冷循环的系统原理及相应的循环图。其工作过程与一次节流中间完全冷却循环的主要区别在于，低压级压缩机的排气不进入中间冷却器，而是与来自中间冷却器的饱和蒸气在管路中混合，然后进入高压级压缩机如图 3-39a 所示。因此，高压级压缩机吸入的是中间压力下的过热蒸气。

图 3-39b 示出 p-h 图上所描述的循环。图中各状态点均与图 3-39a 相对应。点 4 表示来自低压级压缩机的排气与来自中间冷却器的饱和蒸气混合以后的状态，也就是高压级压缩机的吸气状态。

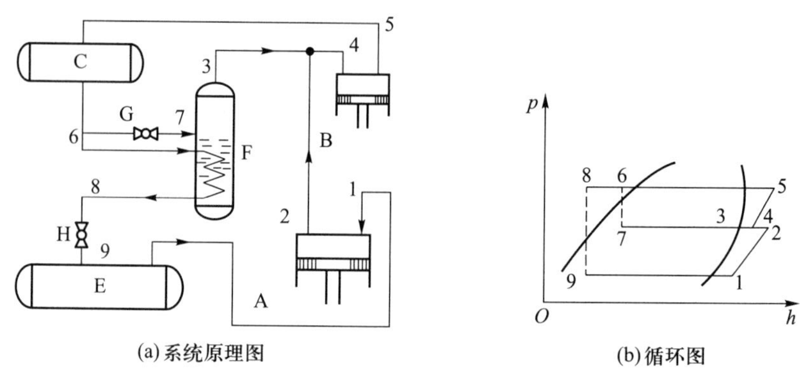

(a) 系统原理图　　(b) 循环图

图 3-39　一次节流中间不完全冷却的两级压缩制冷循环

A—低压级压缩机；B—高压级压缩机；C—冷凝器；E—蒸发器；F—中间冷却器；G、H—节流阀

一次节流中间不完全冷却的两级压缩制冷循环的热力计算与一次节流中间完全冷却循环的计算基本上是一样的，二者之间的区别仅在于高压级压缩机质量流量计算的表达式有所不同，同时，高压级压缩机吸入的是过热蒸气，其状态参数要通过计算求得。

高压级压缩机的制冷剂质量流量仍由中间冷却器的能量平衡关系式中导出。中间冷却器的能量平衡图如图 3-40 所示。

稳态下的能量平衡式为

$$(q_{m,G}-q_{m,D})h_6+q_{m,D}(h_6-h_8)=(q_{m,G}-q_{m,D})h_3$$

从而得

$$q_{m,G}=q_{m,D}(h_3-h_8)/(h_3-h_6) \tag{3-60}$$

点 4 状态的蒸气比焓由图 3-41 所示的能量平衡关系求得。混合过程的能量平衡为

$$(q_{m,G}-q_{m,D})h_3+q_{m,D}h_2=q_{m,G}h_4$$

所以

$$h_4 = (q_{m,G}h_3 + q_{m,D}(h_2 - h_3))/q_{m,G}$$
$$= h_3 + (h_3 - h_6)(h_2 - h_3)/(h_3 - h_8) \qquad (3-61)$$

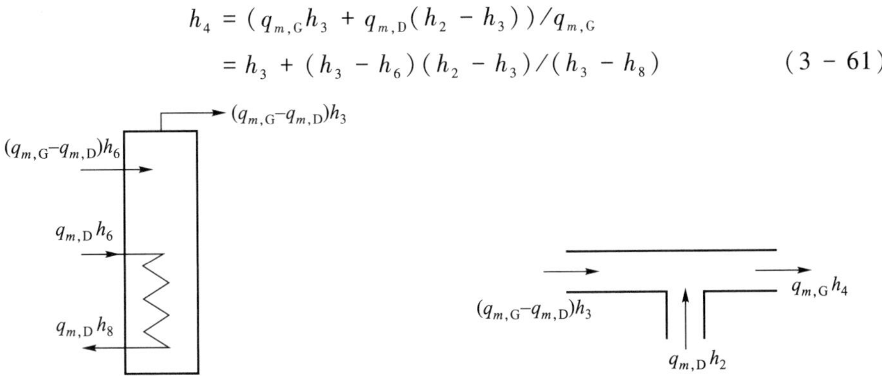

图 3-40 中间冷却器能量平衡图

图 3-41 蒸气混合过程的能量平衡图

图 3-42 示出一个氟利昂两级压缩式制冷机系统实例，它是按图 3-39a 所示的一次节流中间不完全冷却循环所设计的。系统中增设了气-液热交换器。这里采用气-液热交换器的目的，不仅是使高压液体的温度进一步降低（过冷增大），增大制冷量，更重要的是为了提高低压级压缩机的吸气温度，以改善压缩机的润滑条件，并避免气缸外表面结霜等。系统中还采用了自动回油的油分离器装置、自动调节供液量的热力膨胀阀以及在压缩机停止运行时能够自动切断供液管路的电磁阀等。

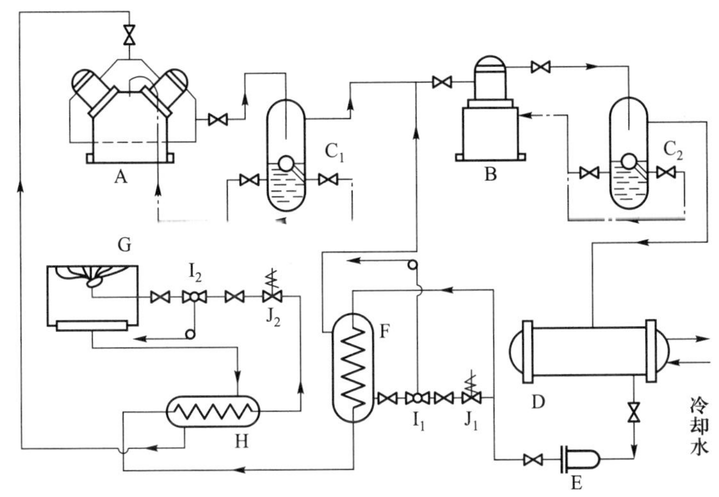

图 3-42 氟利昂两级压缩制冷系统实例

A—低压压缩机；B—高压压缩机；C_1、C_2—油分离器；D—冷凝器；E—干燥器过滤器；F—中间冷却器；G—蒸发器；H—气-液热交换器；I_1、I_2—热力膨胀阀；J_1、J_2—电磁阀

3. 获得两种蒸发温度的两级压缩制冷循环

利用两次节流后制冷剂液体温度不同,可以获得两种蒸发温度。其原理性系统流程与循环描述如图 3-43 所示。

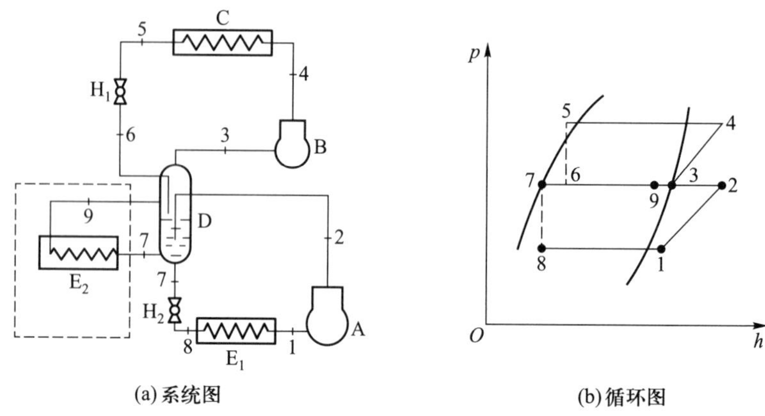

(a) 系统图　　(b) 循环图

图 3-43　获得两种蒸发温度的两级压缩制冷循环

A—低压级压缩机;B—高压级压缩机;C—冷凝器;D—中间冷却器;
E_1、E_2—蒸发器;H_1、H_2—节流阀

循环过程说明如下。来自蒸发器的低压制冷剂蒸气 1 经低压级压缩到中间压力下的状态 2,到中间冷却器完全冷却。中间压力下的饱和气 3 被高压级吸入并压缩到 4,进冷凝器冷凝为高压液体 5。高压液体 5 经节流阀 H_1 成为中间压力下的状态 6,进中间冷却器,中间冷却器中的饱和液体 7 经节流阀 H_2 节流后,成为蒸发压力下的两相状态 8,进蒸发器 E_1,在低蒸发温度 t_0 下蒸发制冷。以上便是两次节流中间完全冷却的两级压缩制冷循环过程。

如果再增设图 3-43a 中的虚线框部分,即从中间冷却器同时另引一股液体到蒸发器 E_2,使之在较高蒸发温度(中间温度 t_m)下蒸发制冷,出蒸发器 E_2 的制冷剂以状态 9 返回中间冷却器,其中的气相 3 仍进入高压级压缩机。如此便实现了具有两种蒸发温度的制冷要求。当然,这种情况下要求高压级压缩机的排气量较大。

3.6.3　两级压缩制冷循环的热力计算

从前面的循环分析可知,如果循环形式、冷凝温度(压力)、蒸发温度(压力)给定,只要知道中间压力(温度),便可以确定两级压缩制冷的循环工况,然后按确定的循环工况进行热力计算。

1. 中间压力的确定

设计条件下,两级压缩制冷的中间压力取值原则上依照使循环的性能系数最佳考虑,人们称该中间压力值为最佳中间压力。确定最佳中间压力的基本方法是:对于给定的蒸发温度和冷凝温度,在 p_0 和 p_k 的比例中项附近试取一组中间温度值 $T_{mi}(i=1,2,3,\cdots;i\nless 5)$。按每一个中间温度分别进行循环特性试算,得出相应的性能系数 COP_i。作出 COP 随中间温度的变化曲线,找出曲线 COP－T_m 的峰值点所对应的中间温度值,其相应的饱和压力值即为最佳中间压力。

按这种方法总结出一些经验公式,用于确定最佳中间压力,可以省去试算循环的工作量,使设计计算过程简化。例如,拉赛给出确定氨两级压缩循环最佳中间温度的经验公式为

$$t_m = 0.4t_k + 0.6t_0 + 3\ ℃ \tag{3-62}$$

根据最佳中间压力确定了最佳循环工况后可进行循环的热力计算。根据热力计算得出的高压级压缩机与低压级压缩机各自所需的理论输气量 q_{hG} 和 q_{hD},去选配适宜的压缩机。

实际压缩机产品已经系列化。在已有系列产品中选型搭配出的高压级压缩机与低压级压缩机,其理论输气量之比 ξ 不可能恰好等于最佳设计工况下计算出的 ξ 值。而一旦高、低压级压缩机的 ξ 值确定,运行中中间压力由整个系统平衡所决定。也就是说,设计工况将偏离最佳设计工况。为了确定平衡条件下的中间压力,应再按实际压缩机搭配下的 ξ 复算中间压力。复算的方法仍是:取一组中间压力假定值,对每一个中间压力分别进行循环特性试算,由试算结果作出 ξ 随中间压力的变化曲线 ξ-p_m。在曲线上找出实际 ξ 点所对应的 p_m,这便是在给定的蒸发温度、冷凝温度和已有高、低压级压缩机搭配条件下,两级压缩循环的中间压力。

现有的两级压缩制冷系统,压缩机有两种可能的选配情况。对于中小型装置,可选用一台多缸压缩机分配高低压级气缸,构成所谓的“单机双级压缩机”。例如:用一台六缸压缩机,其中 2 个气缸作高压级压缩缸,另 4 个气缸作低压级压缩缸,$\xi=1/2$。又如用一台八缸压缩机,其中 2 个气缸作高压级压缩缸,另 6 个气缸作低压级压缩缸,$\xi=1/3$。对于大型装置,从已有系列产品中选型搭配高压级压缩机与低压级压缩机。

前一种情况下,高、低压级理论输气量之比 ξ 是固定的,只可能有两种选择,1/2 或者 1/3。后一种情况下,ξ 的可调整范围会大一些。但不管哪一种情况,所搭配出的 ξ 都未必与最佳中间压力要求的最佳 ξ 完全相符。但在曲线COP－T_m 的峰值点附近 COP 对 T_m 的变化并不十分敏感,在给定 $\xi=1/2$ 或 1/3 的应用

条件下 COP 的值也是可以接受的，所以循环的经济性是能够保证的。

综上所述，两级压缩制冷循环的中间压力，若设计之初已选定了压缩机的，直接根据已知的 ξ 确定；若希望通过计算选配压缩机时，按最佳中间压力确定，选配后只要 ξ 与计算值出入不大，不必再重新复算。

2. 热力计算

以下通过两个例题说明热力计算的方法和步骤。

例 3-3　某冷库在扩建中需要增加一套两级压缩制冷机。其工作条件如下：制冷量 ϕ_0 = 150 kW，制冷剂为氨，冷凝温度 t_k = 40 ℃，高压液体无过冷，蒸发温度 t_0 = -40 ℃，吸气管路的有害过热 Δt_r = 5 ℃。试进行热力计算，并选配适宜的压缩机。

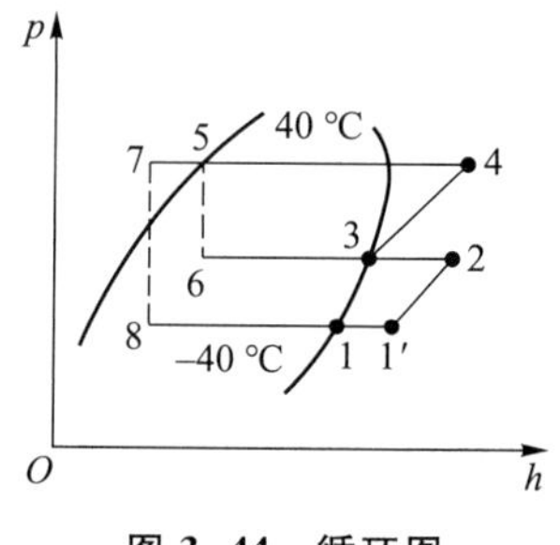

图 3-44　循环图

解　由于制冷剂为氨，故采用一次节流中间完全冷却循环。其循环图如图 3-44 所示。

根据已知条件可确定循环中的如下参数：

$$p_k = 1.557\ \text{MPa}$$

$$p_0 = 0.0716\ \text{MPa}$$

$$h_5 = 390.247\ \text{kJ/kg}$$

$$h_1 = 1\,405.887\ \text{kJ/kg}$$

$$h_{1'} = 1\,418.027\ \text{kJ/kg}$$

$$v_{1'} = 1.58\ \text{m}^3/\text{kg}$$

首先按性能系数最大的原则确定中间温度和中间压力。该循环的性能系数为

$$\text{COP} = \frac{h_1 - h_7}{(h_2 - h_{1'}) + (h_2 - h_7)(h_4 - h_3)/(h_3 - h_5)}$$

高、低压力的比例中项为

$$\sqrt{p_k p_0} = (1.557\ \text{MPa} \times 0.0716\ \text{MPa})^{0.5} = 0.334\ \text{MPa}$$

该压力所对应的饱和温度为-6.5 ℃。在-6.5 ℃附近取若干个数值，例如-2 ℃、-4 ℃、-6 ℃、-8 ℃、-10 ℃，作为试算循环的中间温度 t_m，试算时取中间冷却器盘管的氨液出口处的端部的传热温差为3 ℃。试算结果列于表 3-15 中。

表 3-15 试算结果

t_m/℃	p_m/MPa	h_3/(kJ/kg)	h_7/(kJ/kg)	h_2/(kJ/kg)	$h_{1'}$/(kJ/kg)	COP
-2	0.399	1 455.505	204.754	1 656.677	1 658.767	2.329
-4	0.369	1 453.55	195.249	1 644.287	1 667.137	2.345
-6	0.342	1 451.515	185.761	1 631.557	1 667.607	2.340
-8	0.316	1 449.396	176.293	1 618.987	1 688.075	2.327
-10	0.291	1 447.201	166.864	1 606.437	1 698.519	2.317

从表中的数据作出 COP $-t_m$ 关系曲线，得出 COP 最佳的中间温度是 -5.5 ℃。取中间温度 $t_m=5$ ℃作为最佳循环工况，并进行热力计算。其循环参数如下：

$$p_m=0.355\ \text{MPa},\ h_3=1\ 452.54\ \text{kJ/kg},\ h_7=190.51\ \text{kJ/kg},$$
$$h_2=1\ 637.92\ \text{kJ/kg},\ h_4=1\ 672.37\ \text{kJ/kg},\ v_1=0.345\ \text{m}^3/\text{kg}$$

高压级和低压级的压力比分别是

$$p_k/p_m=1.557\ \text{MPa}/0.355\ \text{MPa}=4.39;$$
$$p_m/p_0=0.355\ \text{MPa}/0.071\ 6\ \text{MPa}=4.96$$

(1) 单位质量制冷量

$$q_0=h_1-h_7=1\ 125.38\ \text{kJ/kg}$$

(2) 低压级压缩机的制冷剂质量流量

$$q_{m,\text{D}}=\phi_0/q_0=0.123\ 4\ \text{kg/s}$$

(3) 低压级压缩机理论输气量

$$q_{\text{vh,D}}=q_{m,\text{D}}v_{1'}/\lambda_{\text{D}}=0.3\ \text{m}^3/\text{s}(\text{取 }\lambda_{\text{D}}=0.65)$$

(4) 低压级压缩机理论功率

$$P_{\text{D}}-q_{m,\text{D}}(h_2-h_{1'})-27.13\ \text{kW}$$

(5) 低压级压缩机轴功率

$$P_{\text{k,D}}=P_{\text{D}}/\eta_{\text{k,D}}=40.5\ \text{kW}(\text{取 }\eta_{\text{k,D}}=0.67)$$

(6) 低压级压缩机实际排气比焓

$$h_{2s}=h_{1'}+(h_2-h_{1'})/\eta_{\text{i,D}}=1\ 682.96\ \text{kJ/kg}(\text{取 }\eta_{\text{i,D}}=0.83)$$

(7) 高压级压缩机的制冷剂质量流量

$$q_{m,\text{G}}=q_{m,\text{D}}(h_{2s}-h_7)/(h_3-h_5)=0.173\ \text{kg/s}$$

(8) 高压级压缩机理论输气量

$$q_{\text{vh,G}}=q_{m,\text{G}}v_3/\lambda_{\text{G}}=0.082\ \text{m}^3/\text{s}\quad(\text{取 }\lambda_{\text{G}}=0.73)$$

(9) 高压级压缩机理论功率

$$P_G = q_{m,G}(h_4 - h_3) = 38\ \text{kW}$$

（10）高压级压缩机轴功率

$$P_{k,G} = P_G/\eta_{k,G} = 54.3\ \text{kW} \quad （取\ \eta_{k,G} = 0.70）$$

（11）高压级压缩机实际排气比焓

$$h_{4s} = h_3 + (h_4 - h_3)/\eta_{i,G} = 1\ 711.16\ \text{kJ/kg} \quad （取\ \eta_{i,G} = 0.85）$$

（12）理论性能系数

$$\text{COP} = \phi_0/(P_D + P_G) = 2.364$$

（13）高、低压级压缩机的理论输气量之比

$$\xi = q_{vh,G}/q_{vh,D} = 0.273$$

（14）冷凝器的热负荷

$$\phi_k = q_{vh,G}(h_{4s} - h_5) = 228.5\ \text{kW}$$

根据热力计算所确定的理论输气量选配压缩机。低压级压缩机可选用 178A（即 8AS17）型，它的理论输气量为 0.304 m^3/s；高压级压缩机可选用 12.54A 型（即 4AV12.5 型），它的理论输气量为 0.079 m^3/s。

以上计算中所用到的压缩机容积效率及指示效率、轴效率数值的详细计算方法可参阅本章参考文献[2]。

例 3-4　将 104F（4F—10）型压缩机改制为单机双级型，其中三个缸作为低压缸，一个缸作为高压缸。如果采用 R22 作为制冷剂，试求该机器在 $t_k = 30$ ℃、$t_0 = -70$ ℃时的制冷量是多少？

解　104F 型压缩机的结构参数和转速为

气缸直径 $D = 100$ mm，活塞行程 $S = 70$ mm，转速 $n = 960$ r/min；
低压级压缩机的理论输气量为

$$q_{vh,D} = \frac{\pi}{4} \times (0.1\ \text{m})^2 \times 0.07\ \text{m} \times 3 \times 960\ \text{r/min}/60\ \text{s}$$

$$= 0.026\ 4\ \text{m}^3/\text{s} = 95.1\ \text{m}^3/\text{h}$$

高压级压缩机的理论输气量为

$$q_{vh,G} = \frac{\pi}{4} \times (0.1\ \text{m})^2 \times 0.07\ \text{m} \times 1 \times 960\ \text{r/min}/60\ \text{s}$$

$$= 0.008\ 8\ \text{m}^3/\text{s} = 31.7\ \text{m}^3/\text{h}$$

高、低压级的理论输气量之比

$$\xi = q_{vh,G}/q_{vh,D} = 0.334$$

采用一级节流中间不完全冷却循环，其 p-h 图如图 3-45 所示，循环系统如图 3-39a 所示。

图中 1-1′及 6-6′是回热器中的气、液热交换过程，其热平衡式为

$$h_{1'}-h_1=h_6-h_{6'}$$

计算时只要选定 $t_{1'}$ 或热端温差 Δt_2，就可以根据热平衡式确定点 6′的状态。在本例计算中取 $\Delta t_2=8$ ℃，取中间冷却器内传热温差 $\Delta t_1=3$ ℃。

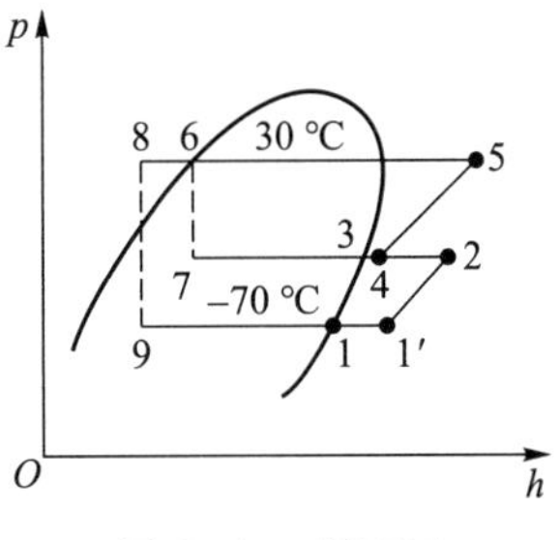

图 3-45 循环图

由以上条件可以确定

$$p_k=1.09\ \text{MPa},\ p_0=0.021\ \text{MPa},$$

$$h_1=374.232\ \text{kJ/kg},\ h_6=236.664\ \text{kJ/kg}$$

用试凑法确定满足 $\xi=0.334$ 的中间温度和中间压力。计算过程及结果见表 3-16。

将计算结果绘成 $\xi=f(t_m)$ 曲线，如图 3-46 所示。在曲线上找出与 $\xi=0.334$ 相应的温度值 $t_m=-36.5$ ℃，这便是所求的中间温度。

表 3-16 计算过程及结果

参数	单位	来源或计算公式	计算结果			
t_m	℃	试选	−32	−34	−36	−38
p_m	MPa	查表	0.150 1	0.137 6	0.125 9	0.115 1
t_8	℃	$t_8=t_m+\Delta t$	−29	−31	−35	−35
h_8	kJ/kg	查表	167.227	165.054	160.893	160.742
$t_{1'}$	℃	$t_{1'}=t_{6'}-\Delta t_2$	−37	−39	−41	−43
$v_{1'}$	m³/kg	查图	1.10	1.09	1.08	1.07
$h_{1'}$	kJ/kg	查图	392.664	391.508	390.36	389.22
h_3	kJ/kg	查表	392.249	391.350	390.444	389.531
h_2	kJ/kg	查图	446.3	442.4	438.1	434.2
$q_{m,G}/q_{m,D}$	/	$q_{m,G}/q_{m,D}=(h_3-h_{6'})/(h_3-h_6)$	1.45	1.46	1.48	1.50
h_4	kJ/kg	$h_4=h_3+(h_3-h_6)(h_2-h_3)/(h_3-h_{6'})$	429.526	426.178	422.644	419.310
v_4	m³/kg	查图	0.182	0.196	0.212	0.23
λ_D	/	选取	0.52	0.54	0.56	0.59
λ_G	/	选取	0.56	0.52	0.52	0.49
ξ	/	$\xi=(q_{m,G}/q_{m,D})(v_4/v_{1'})(\lambda_D/\lambda_G)$	0.223	0.273	0.312	0.388

在该中间温度下循环的状态参数为

$$p_m=0.123\ \text{MPa},\ t_{6'}=-33.5\ ℃,$$

$$h_6 = 162.355\ \text{kJ/kg},\ h_{1'} = 390.075\ \text{kJ/kg},$$
$$v_{1'} = 1.078\ \text{m}^3/\text{kg},$$
$$h_{6'} = h_6 - (h_1 - h_{1'}) = 146.512\ \text{kJ/kg}$$

从而可算出低压级的质量流量、制冷量及回热器的热负荷：

$$q_{m,\text{D}} = q_{\text{vh,D}}\lambda_{\text{D}}/v_{1'} = 0.137\ \text{kg/s} = 49.4\ \text{kg/h}$$
$$\phi_0 = q_{m,\text{D}}(h_1 - h_{6'}) = 3.12\ \text{kW}$$
$$\phi_{\text{H}} = q_{m,\text{D}}(h_6 - h_{6'}) = 0.22\ \text{kW}$$

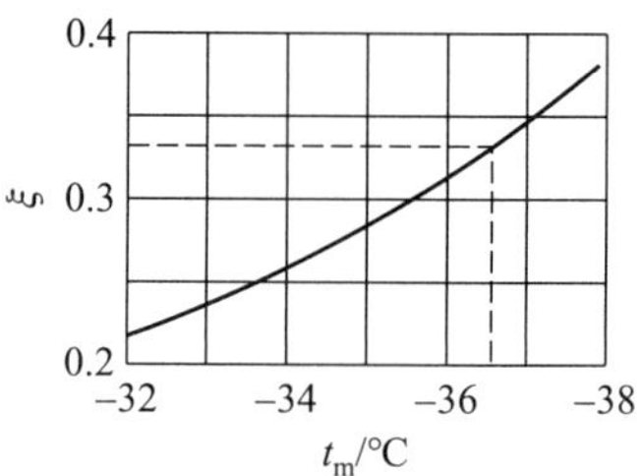

图 3-46　$\xi=f(t_m)$ 曲线

3.6.4　两级压缩式制冷机的变工况特性

与单级压缩式制冷机一样，两级压缩式制冷机运行时，系统内外之间、系统内部各部件之间自动建立平衡。运行工况就是系统平衡点所对应的各循环参数值。外部条件变化时，平衡点将发生移动，冷凝温度、蒸发温度和中间温度均将改变。冷凝温度升高或蒸发温度降低，使整个循环的工作温差增大，造成制冷量和 COP 下降。

这里着重分析两级压缩式制冷机从启动达到额定工况这段运行过程中的过渡特征。

为了使分析简化，忽略高、低压级压缩机容积效率随工况的变化，即假定高、低压级输气量之比 ξ 是定值；忽略高、低压级压缩机的制冷剂气体质量流量的差异，即假定高低压级压缩机的质量流量相等。

压缩机启动时，通常先启动高压级压缩机，使它作单级压缩运行，等蒸发压力降到一定程度后再启动低压级压缩机，转入两级压缩运行。

启动过程中，假定冷凝温度不变，蒸发温度逐步降低到额定值。由于存在高、低压级气缸容积比 ξ，意味着存在一个压力比 $\pi(\xi)$。该压力比下相应的蒸发温度记作 t_0^*，即 $\pi(\xi)=p_k/p_{t_0^*}$。在启动初期，蒸发温度较高，系统高低压侧的压力比较小。蒸发温度未降到 t_0^* 之前，即压力比未升至 $\pi(\xi)$之前，只需单级压缩便可实现。只有当蒸发温度降到 t_0^* 以下、循环的压力比超过 $\pi(\xi)$时，才可能投入两级压缩运行。刚开始投入两级压缩运行时，低压级承担全部工作压差 p_k-p_0 中的主要部分。随着蒸发温度继续下降，低压级的压力差 Δp_D 逐渐减小，高压级的压力差 Δp_G 逐渐增大。中间压力的变化情况为：在两级压缩未建立起来时，中间压力也就是蒸发压力，即 $p_m=p_0$；两级压缩建立起来之后，中间压力随蒸发温度的下降而逐渐降低，p_m 的降低速度比 p_0 的降低速度更快。图 3-47 示出两级压缩制冷机启动过程中，三个压力 p_k、p_m、p_0 以及高、低压级的压力差

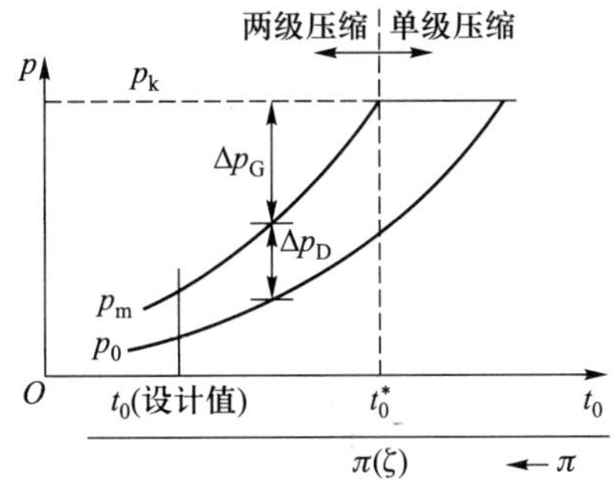

图 3-47 两级压缩式制冷机启动过程系统中的压力和压差的变化过程

Δp_G、Δp_D 的上述变化过程。

启动过渡过程特征的分析结果,同样适用于变工况特性。

3.6.5 应用离心式制冷机的多级压缩制冷循环

供空调或工艺流程中水冷却用的离心式冷水机组往往只需单级压缩,而工业大型制冷用的离心式制冷机(如石油化工等场合)情况有很大不同。按制冷温度要求采用多级压缩循环,不仅可以产生一种蒸发温度,还常常有多种蒸发温度,以满足不同工艺过程的用冷温度需要。这里简要说明其多级压缩循环。

图 3-48 示出一个单蒸发温度、多级压缩、多次节流的离心式制冷机的系统流程与循环图。图中分三级压缩。来自蒸发器的制冷剂蒸气 1 进入离心压缩机的第一级叶轮,被压缩到状态 2,与来自中间冷却器 A_1 的饱和蒸气混合到状态 3,进入压缩机的第二级叶轮并被压缩到状态 4,再与来自中间冷却器 A_2 的饱和蒸气混合到状态 5,进入压缩机的第三级叶轮并被压缩到状态 6,然后被排入冷凝器,冷凝到状态 7。经第一节流阀 V_1 节流到两相状态 8,进入中间冷却器 A_2。中间冷却器 A_2 的饱和液体 8′经第二节流阀 V_2 节流到两相状态 9,进入中间冷却器 A_1。A_1 中的饱和液体 9′经第三节流阀 V_3 节流到低压两相状态 10,进蒸发器蒸发制冷,产生的低压制冷剂蒸气再回到压缩机的第一级叶轮。如此完成循环。显然,该循环中采用了中间不完全冷却方式。

3.6.6 准二级压缩循环(补气增焓系统)

常规的空气源热泵在湿冷地区运行时会遇到结霜问题以及低温环境下制热效率急剧下降的问题,随着压缩机技术的发展,提出了补气增焓技术。该技术主

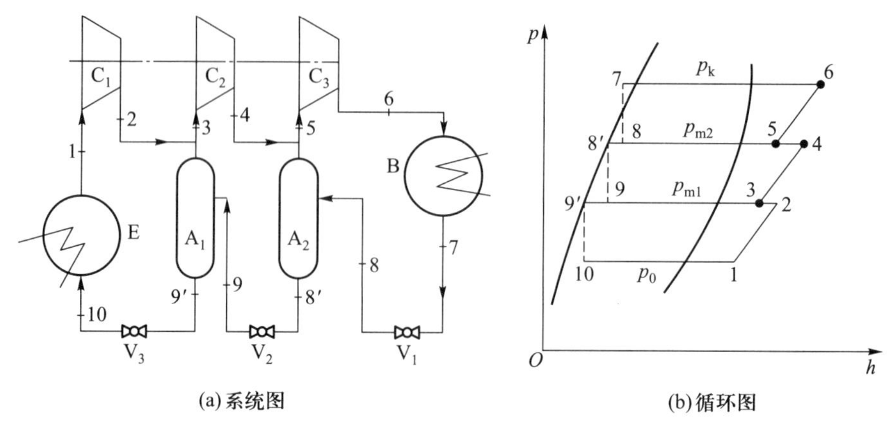

图 3-48　离心式制冷机的多级压缩制冷循环

A_1、A_2—中间冷却器；B—冷凝器；C_1、C_2、C_3—离心式压缩机的第一、二、三级叶轮；E—蒸发器；V_1、V_2、V_3—节流阀

要应用于螺杆压缩机、涡旋压缩机及转子压缩机，即在压缩机气缸上开设一定大小的补气口，将中间压力制冷剂补入气缸内，达到增大制冷剂循环流量的目的，进一步提升系统的制热量与 COP。应用该技术的系统被称为准二级压缩循环，根据循环形式不同可分为闪发器循环系统和过冷器循环系统。

图 3-49 示出闪发器循环系统流程与循环图，压缩机排出的高温、高压制冷剂气体（点 3）经冷凝器将热量传递给载热介质后变为液体（点 4），升温后的载热介质可用于采暖或其他用途。从冷凝器出来的高压制冷剂液体经节流阀 A 节流到某一压力（也称中间压力），变为气液混合物（点 4′）后进入闪发器，在闪发器中，处于上部的闪发蒸气通过辅助进气口（点 6）被压缩机辅助进气口吸入，此回路称为辅路；蒸气的不断闪发致使闪发器下部的液体过冷。过冷后的液体（点 5）再经节流阀 B 节流到蒸发压力（点 5′）后进入蒸发器，此回路称为主路。在蒸发器内，主路的制冷剂吸收低温环境中的热量而变为低压气体通过吸气口（点 1）被压缩机吸气口吸入，压缩到一定压力后（点 2）和辅路吸入的制冷剂（点 6）在压缩机工作腔内混合（点 2′），再进一步压缩后排出压缩机外（点 3），从而构成了封闭的工作循环。

过冷器循环系统与闪发器循环系统相比较，将闪发器更换为过冷器，其系统流程与循环如图 3-50 所示。

如图 3-50 所示，流经冷凝器后的高压液态制冷剂分成两路，一部分直接进入到过冷器另一部分经节流阀 B 节流到中间某一压力进入过冷器。这两部分制冷剂在过冷器中产生热交换，后一部分汽化后被压缩机辅助进气口吸入，前一

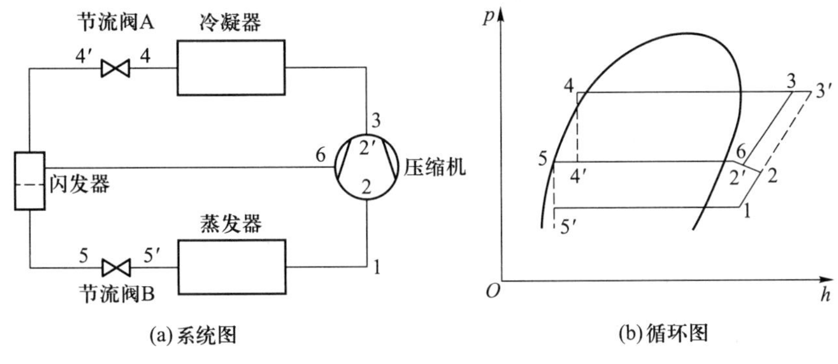

图 3-49 闪发器循环系统

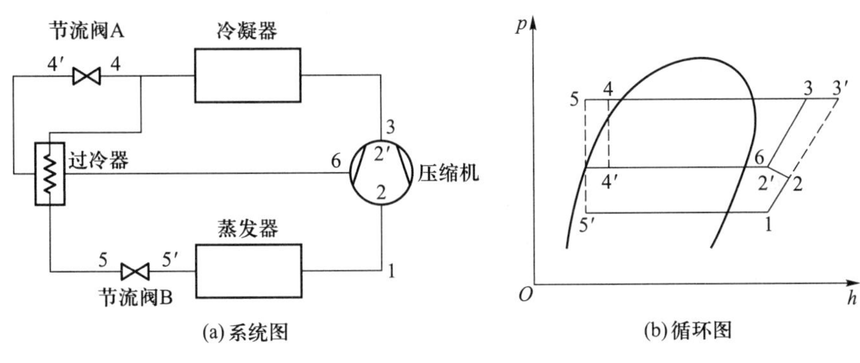

图 3-50 过冷器循环系统

部分得到进一步过冷后,经节流阀 A 进入蒸发器。

过冷器系统制热量的调节范围较宽。闪发器系统性能系数 COP 较高,主要原因在于闪发器内的过程是制冷剂的气液分离,无能量损失,而过冷器内是不同压力制冷剂的换热过程,因存在换热温差,必定存在㶲损失。同时,过冷器系统辅路制冷剂状态多为具有一定过热度的气态,而闪发器系统辅路制冷剂为饱和气态,补入压缩机气缸内可更好地降低排气温度,提高压缩机运行效率。另外,闪发器系统只增加一个固定容积的闪发器,相对于增加换热器,其成本增加幅度较小。

3.7 复叠式制冷

采用两级或多级压缩循环,在一定程度上扩大了循环的工作温差,可以获得比单级压缩循环更低的制冷温度。但是,单靠分级压缩并不能大范围地增大循环的工作温差。制约因素是制冷剂的性质。

要获得有效的蒸气压缩式制冷,就要求制冷剂在其临界点以下和标准沸点附近的温度范围循环。任何流体物质的这段温度范围都是有限的,并存在粗略关系:$T_c/T_b=0.6$。这就是说,低沸点的制冷剂的临界点温度较低,高沸点的制冷剂的临界点温度较高。不可能有一种制冷剂,同时既有很高的临界温度,又有很低的沸点温度。这成为使用一种制冷剂完成制冷循环时,可能的最大工作温度范围 T_k-T_0 的限制。每一种制冷剂的热力性质决定了它相宜的工作循环的温度区间。不同制冷剂,其相宜的工作循环温区是不同的。

可见,当制冷循环的温差大到一定程度时,无法用一种制冷剂有效地制冷。解决的办法是:将总的制冷循环温差分割成 2 个或多个区段,每个区段用性质相宜的制冷剂循环,即:用高/中沸点的制冷剂循环承担高温区段的制冷,用低沸点的制冷剂循环承担低温区段的制冷。将它们叠加起来,达到最终要求的制冷温度。这就是复叠式制冷。

3.7.1　蒸气压缩式复叠制冷系统与循环

蒸气压缩式复叠制冷系统与循环原理如图 3-51 所示。图中以三元复叠为例,说明如下。

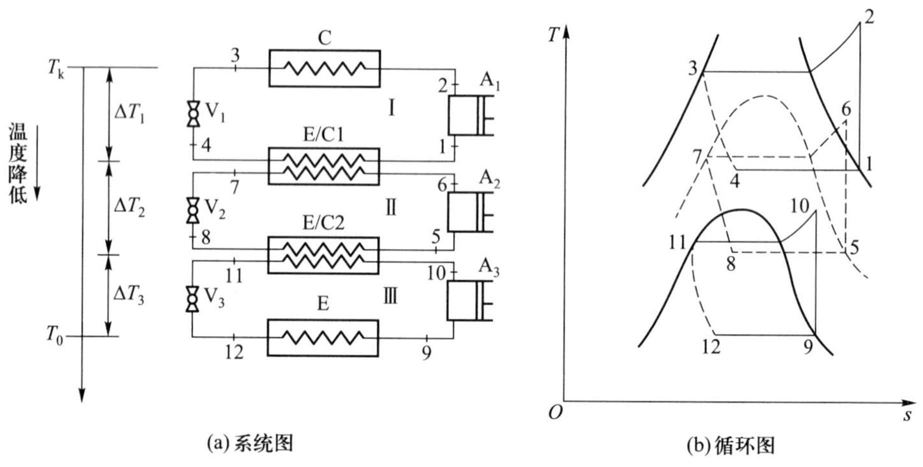

图 3-51　蒸气压缩式复叠制冷系统与循环原理

整套制冷系统包含有三个蒸气压缩式循环的子系统(每个子系统可以是单级压缩循环,也可以是两级压缩循环。简化起见,图中的三个子系统均为单级压缩循环),按工作温度由高到低依次是Ⅰ、Ⅱ、Ⅲ。相邻两个子系统通过一个热交换器相联系:将上一级的蒸发器与下一级的冷凝器做在一起,称为蒸发/冷凝器。子系统Ⅰ使用较高沸点的制冷剂循环,它在常温下冷凝,在温度 t_{01} 下蒸发;子系统Ⅱ用沸点较低的制冷剂循环,它在子系统Ⅰ提供的低温 t_{01} 下冷凝,在温度 t_{02} 下蒸发;子系统Ⅲ用沸点更低的制冷剂循环,它在子系统Ⅱ提供的低温 t_{02} 下冷凝,在温度 t_{03} 下蒸发制冷,获得整套系统所要求的制冷温度。

整套系统的总工作温差记作 ΔT;各个子系统的工作温差记作 $\Delta T_i(i=1,2,3)$。总温差和各子系统温差的分布情况在图 3-51a 中示出。三个子系统的复叠循环如图 3-51b 所示。从图中可以看到,每个子系统都在合理的温度范围内循环。

如果不考虑蒸发/冷凝器的传热温差,上一级子系统的蒸发温度就等于下一级子系统的冷凝温度。事实上由于存在传热温差,上一级子系统的蒸发温度要低于下一级子系统的冷凝温度。将蒸发/冷凝器的传热温差称为复叠温差。蒸发/冷凝器将相邻子系统的工作温度区间衔接起来,二者之间的衔接点温度为复叠温度。图 3-51b 所描述的是存在复叠温差的原理性循环。

实用的复叠制冷系统为保证循环的经济性和保证压缩机的正常工作状态,需要增加一些辅助设备。图 3-52 示出 -80 ℃低温箱(箱内要求的温度为 -80 ℃±2 ℃)所用的二元复叠制冷机的实际系统流程。由 R22 与 R23 组成复叠,R23 子系统的设计蒸发温度为-85~-90 ℃。

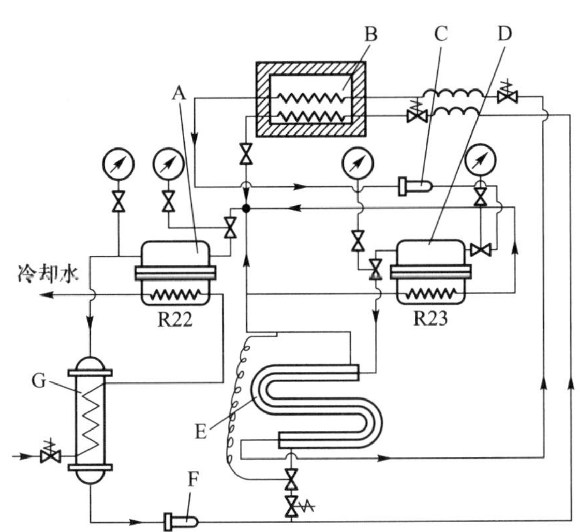

图 3-52 -80 ℃低温箱用二元复叠制冷机的实际系统

A—R22 压缩机;B—低温箱;C、F—干燥过滤器;D—R23 压缩机;E—蒸发/冷凝器;G—冷凝器

图 3-53 示出 NH_3/CO_2 二元复叠制冷系统的实际系统流程，其中高温部分采用 NH_3 作工质，低温部分利用 CO_2 作工质。NH_3 和 CO_2 属于自然工质，NH_3 在商业冷冻冷藏制冷中有成熟的应用；CO_2 无毒、不可燃、没有气味，不会造成危害。NH_3/CO_2 复叠制冷系统在 -35 ~ -50 ℃ 制冷温度的范围内具有一定的优势，在商业冷冻冷藏领域具有良好的应用前景。

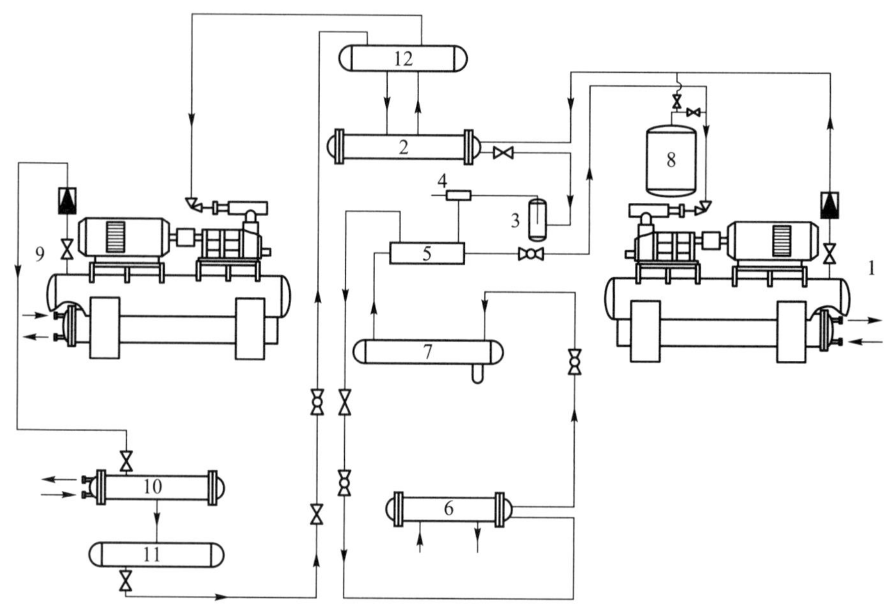

图 3-53　NH_3/CO_2 二元复叠制冷的实际系统

1—CO_2 压缩机；2—蒸发/冷凝器；3—储液器；4—干燥过滤器；5—中间热交换器；6—蒸发器；7—气液分离器；8—膨胀容器；9—NH_3 压缩机；10—冷凝器；11—贮液器；12—气液分离器

图 3-54 示出一个 -120 ℃ 低温用的三元复叠系统。由 R22、R23 和乙烯组成复叠。其中 R22 为两级压缩。乙烯子系统中，油分离之后用活性炭吸附器进一步清除排气中的润滑油，从而防止油进入蒸发器造成管路堵塞。乙烯的蒸发温度可达 -100 ~ -125 ℃。

复叠式制冷循环的热力计算方法是：选定复叠方式后，分别对每一个子系统进行循环特性计算，再由蒸发/冷凝器的能量平衡建立起子系统之间的容量联系，并进行各个子系统的容量配备。整套系统的输入功率 P 为各子系统输入功率之和，制冷量为最后一级子系统的制冷量，性能系数为 $COP=\phi_0/P$。

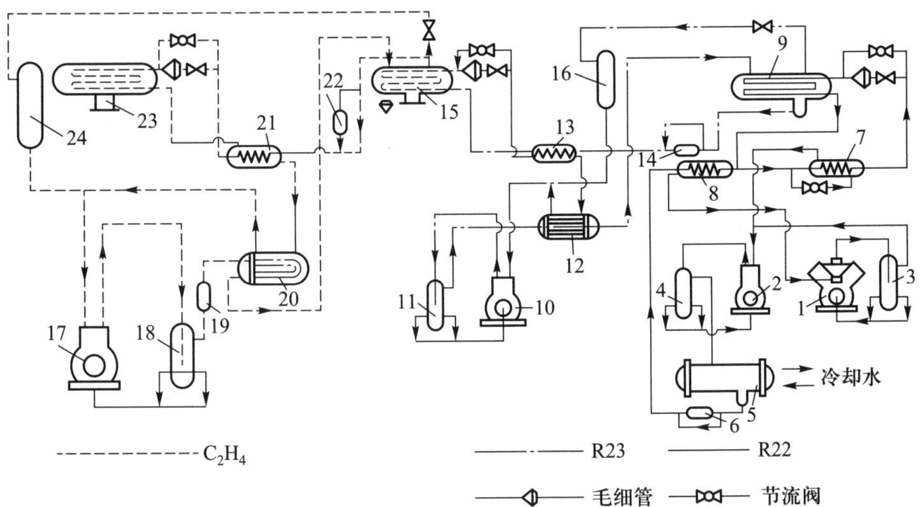

图 3-54　-120 ℃低温用的三元复叠制冷系统

R22 子系统:1—低压级压缩机;2—高压级压缩机;3、4—油分离器;5—冷凝器;6—干燥过滤器;7—中间冷却器;8—气液热交换器;9—蒸发/冷凝器

R23 子系统:10—压缩机;11—油分离器;12、13—气液热交换器;14—干燥过滤器;15—蒸发/冷凝器;16—膨胀容器

乙烯子系统:17—压缩机;18—油分离器;19—活性炭吸附器;20—气气热交换器;21—气液热交换器;22—干燥过滤器;23—蒸发器;24—膨胀容器

3.7.2 复叠式制冷系统设计与使用中的若干问题

1. 复叠式制冷循环的应用温度范围与制冷剂

按制冷温度需要,蒸气压缩式制冷拟采用的循环方式如下:单级压缩制冷,温度在-35~-40 ℃以上;两级压缩制冷,温度到-40~-80 ℃;复叠式制冷,温度在-50 ℃以下。

可见,制冷温度要求在-80 ℃以下时,只能采用复叠式循环。制冷温度要求在-80~-60 ℃之间时,有两种选择余地,可以用复叠循环,也可以用两级压缩循环。表 3-17 列出这两种循环的综合比较,可供设计选择时考虑。

-50 ℃以下低温制冷时,复叠循环形式及所选用的制冷剂,应按制冷温度、制冷量大小和制冷剂的价格考虑。通常,压缩式复叠制冷的高温部分选用中温制冷剂,如 R22 或 R404A(小型装置用)、氨、丙烷、丙烯(大型装置用)等;低温部分选择低温制冷剂,如 R23、R14、CO_2、乙烯、乙烷、甲烷等。表 3-18 给出一些示例。

表 3-17　复叠式制冷与两级压缩制冷的比较

项　目	复叠式制冷	两级压缩制冷
系统结构	复杂,要两套子系统,两种制冷剂;低温制冷剂比中温制冷剂要贵许多	简单,只要一种中温制冷剂。单机双级压缩机只需一台;双机双级情况下需处理好两台压缩机中润滑油的分配问题
运行特性	1. 存在复叠温差,造成不可逆损失。 2. 由于低温制冷剂的容积制冷能力大,使低温压缩机尺寸小,机械效率高。 3. 每台压缩机的压力适中,容积效率和压缩过程的指示效率可以提高。 4. 系统正压或轻度负压,外气渗入系统的危险性小,运行稳定性好。 5. 温度调节范围小	1. 不存在不可逆损失。 2. 低压级压缩机尺寸大,机械效率低。 3. 低压级压缩机的容积效率和指示效率低。 4. 低压级负压程度较高,外气渗入系统的危险性大。 5. 温度调节范围大
主要应用	工业生产用的低温装置;大型试验装置	小型试验装置,尤其是需要宽范围温度调节的应用装置

表 3-18　复叠式制冷循环系统与制冷剂示例

制冷温度/℃	复叠形式与制冷剂
-50	两元复叠;NH_3+CO_2
-80	两元复叠;R22+R23
-100	两元复叠;R22 单级+R23 双级或 R22 双级+R23 单级
-130	三元复叠;R22 单级+R23 单级+R14 单级
-170	四元复叠;R22 单级+R23 单级+R14 单级+R50 单级

2. 复叠温度与复叠温差

各子系统之间复叠温度的设计选择,理论上从保证整套系统的 COP 最佳考虑。事实上,由于总温差是确定的,各子系统的循环具有一定的独立性,复叠温度在可能的范围变化时,对总的 COP 所造成的影响不大。所以,按各子系统的压力比大致相同来决定复叠温度为好,因为这样能够保证压缩机的工作容积利用率较高(即各子系统的压缩机容积效率较高)。

复叠温差(即蒸发/冷凝器的传热温差)的设计取值一般为 5~10 ℃。考虑到温度越低,相同传热温差造成的传热不可逆损失越大,所以复叠温度越低,复叠温差越应取小值。

同样道理,复叠制冷机的蒸发器传热温差应小于 5 ℃。

3. 辅助热交换器的使用

为了保证循环的经济性和压缩机的正常工作状态,复叠式系统中需要灵活地使用一些辅助热交换器。辅助热交换器的实际应用如图 3-52 和图 3-54 所示。

(1) 回热器

理论分析表明:对于复叠式制冷系统所用的几乎各种低温制冷剂,即使是有用过热也将使容积制冷能力下降。由于出蒸发器的制冷剂气体温度很低,与环境温度之间的温差很大,管道绝热不良及压缩机内部的热交换很容易产生无用过热,而压缩机希望在常温下工作,吸气温度不宜低于-30 ℃(可以不必使用特殊的低温材料和专门的低温润滑油),为此要用回热器使吸气过热成为有用过热。起码是用气-液热交换器回热,如果气-液热交换器回热尚不足以使吸气达到希望高的温度,还要进一步用气气热交换器,使来自蒸发器的低温制冷剂蒸气经气-液热交换器之后,再与压缩机的排气热交换,然后进入压缩机。如图 3-54 中乙烯子系统的部件 20。

(2) 水冷却器

低温子系统中压缩机排气温度仍较高,其制冷剂排热量中过热部分占有相当份额。让该压缩机的排气先经过水冷却器,用常温的水将低温压缩机排气预冷却,使之消除过热后再进入蒸发/冷凝器,可以减轻高温子系统的蒸发器热负荷,从而减少功耗,提高 COP。

4. 启动与防止停机时低温子系统超压的措施

复叠式制冷机启动时,应先启动高温子系统,待其蒸发温度降低到足以保证下一级子系统的冷凝压力不致超过限制值时,再启动下一级子系统。

停机时,系统温度逐渐升高,会导致低温子系统中的制冷剂压力超过规定的限制值。为了避免这种情况发生,要采取一定的措施。

对于大型装置,若短期停机,可以通过自动控制的方法检测低温子系统的高压侧压力,自动控制高温子系统间歇运行,保持它对低温子系统高压侧的冷却作用。若长期停机,则应将低温子系统中的制冷剂抽出,放到高压钢瓶中保存。

对于小型装置,通过严格控制低温子系统的制冷剂充注量和附加膨胀容器,可以防止低温子系统超压。膨胀容器可以加在其吸气侧,也可以加在其排气侧。若加在其吸气侧,所需膨胀容器小一些;若加在其排气侧,则需膨胀容器大一些。膨胀容器的容积 V_E 按下述方法确定。

设低温子系统中制冷剂的总充注质量为 m,膨胀容器中的制冷剂质量为 m_E,在系统中循环的制冷剂质量为 m_x,低温子系统的内容积(不计膨胀容积)

为 V。

工作状态下膨胀容器中的制冷剂气体比体积记作 v_x,则有

$$m = m_E + m_x = m_x + V_E / v_x \tag{3-63}$$

记停机后系统的平衡压力为 p_p,其值规定范围为 $p_p = 1.0 \sim 1.5$ MPa。平衡态时系统中制冷剂的比体积 $v_p = f(p_p, t_a)$, t_a 为环境温度。

那么,平衡态时系统中制冷剂的总体积为

$$m v_p = V_E + V \tag{3-64}$$

联立式(3-62)和式(3-63)可得出所需膨胀容积为

$$V_E = (m_x v_p - V) / (1 - v_p / v_x) \tag{3-65}$$

3.7.3 自行复叠循环

复叠式制冷系统中还有一种特殊形式,称为“自行复叠系统”,它实质上是混合制冷剂的多级分凝循环。这种系统中充注两种或多种制冷剂,它们在相同的冷凝压力和蒸发压力下工作,因而系统中只需使用一台压缩机。

图 3-55 示出了一种自行复叠式制冷系统的流程图。系统中的制冷剂为 R22 和 R23。相同压力下,R23 的冷凝温度远低于 R22 的冷凝温度,自行复叠式制冷系统正是利用了这一特性。

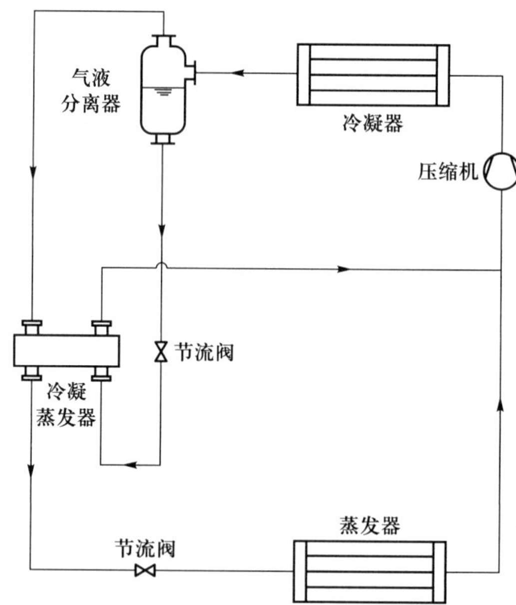

图 3-55　自行复叠式制冷系统

从压缩机排出的高温高压 R23 和 R22 混合制冷剂气体进入冷凝器,冷凝器用常温冷却水(或空气)冷却,混合制冷剂在其中放热冷凝。由于二元组分的沸点不同,在冷凝器中大部分高沸点的 R22 和少量低沸点的 R23 先冷凝成液体,而大部分 R23 仍保持气态。混合制冷剂进入气液分离器后分离成两路,一路是富含 R22 的液态混合制冷剂,经节流阀后进入冷凝蒸发器中吸收蒸发;另一路是富含 R23 的气态混合制冷剂,在冷凝蒸发器中冷凝成液体后经节流阀进入蒸发器,在其中吸收被冷却物的热量,实现制冷。最后,富含 R23 的蒸气和富含 R22 的蒸气混合后被压缩机吸入、压缩,从而完成整个循环。

在 R23 的回路中混有少量的 R22,而在 R22 的回路中也混有少量的 R23,其混合量可按溶液热力学所提供的公式和图表计算。

3.8 CO_2 制冷

用 CO_2 制冷的方法有两类:一是将 CO_2 制成干冰,再以干冰作为消耗性制冷剂,利用干冰升华过程的吸热现象制冷(关于干冰升华冷却在第 2 章已做论述);另一类是用 CO_2 作为制冷剂,通过制冷循环实现连续制冷。本节说明 CO_2 制冷循环的特点和当前的主要应用装置。

3.8.1 近临界循环和跨临界循环

CO_2 的临界点温度为 31 ℃,处于常温范围,在与一般制冷机同样的环境冷却条件下,CO_2 制冷循环的高压侧将接近临界点(低环境温度时)或超过临界点(高环境温度时),而不能像常用制冷剂那样实现远临界循环。所以,CO_2 的单级压缩循环处于临界点附近,是近临界循环(用温度较低的水冷却时)或者是跨临界循环(用温度较高的空气冷却时)。所谓跨临界循环,就是循环中制冷剂的放热过程在临界点以上,为非凝结相变的排热;制冷剂的吸热过程在临界点以下,为有相变的蒸发吸热过程,整个循环跨越临界点。

有凝结的近临界循环如图 3-56 所示。可以看出,对于给定的蒸发温度,单位制冷量很小。随着冷凝温度上升,点 3 沿饱和液体线移动到临界点。冷却温度进一步上升时,变成无凝结的跨临界循环,如图 3-57 所示。超临界的高压气体被冷却时,只是温度降低,而不发生相变。假定最终温度降到 t_3,t_3 的值取决于冷却介质温度和传热表面积的大小。由状态 3 节流到两相区的状态 4。可以看出，其单位制冷量也很小，大约不到相同蒸发温度下汽化潜热的一半。

在超临界条件下循环的独特之处在于：可以通过提高高压侧压力的方法来增大单位制冷量 q_0 和 COP。如图 3-57 中所示，保持 t_3 相同，提高压力，循环变为 $1-2_a-3_a-4_a-1$。由于等温线 t_3 有一段斜度平缓段，压力提高不多，便使 q_0 增大明显。由于状态点 1 未变，机器的制冷量 ϕ_o 便可通过此法增大。

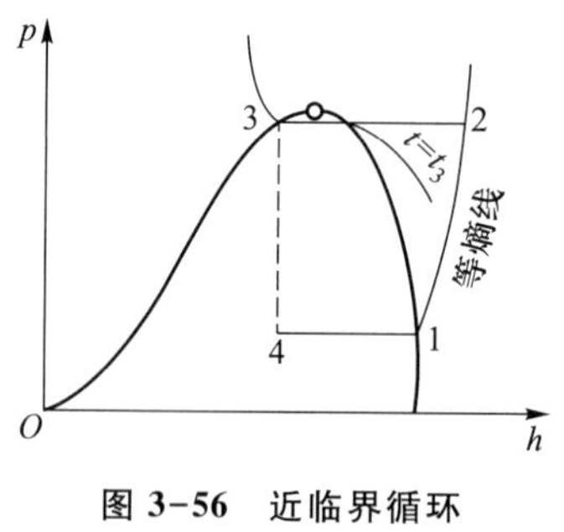

图 3-56　近临界循环

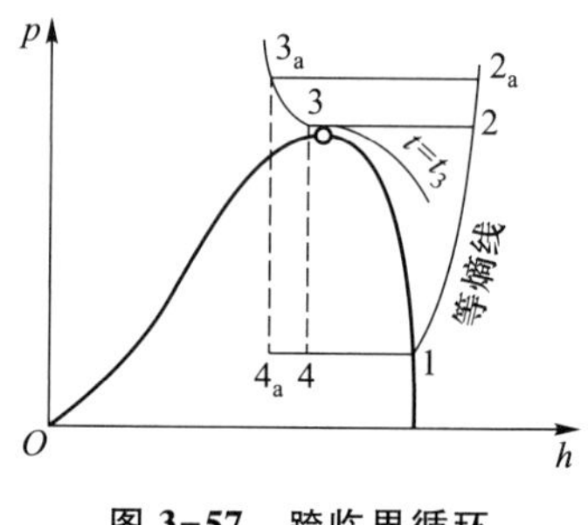

图 3-57　跨临界循环

应注意：在这里，过冷液体的比焓值若按通常的近似方法确定[式(3-27)]就会很不精确。过冷液体的比焓值必须从该区的热力性质图表获取。

至于 COP 的变化，由于等熵线陡和等温线曲率的变化特点，使得 p_H 增高时，开始比功 h_2-h_1 不如单位制冷量 h_1-h_3 增大得多，而后 h_1-h_3 的增大不足以补偿 h_2-h_1 的增大。所以，COP 先增大，增大到某一值又减小。即随着 p_H 增高，COP 存在一个最大值。另外，温度 t_3 越低，在该温度下，COP 取得的最大值所对应的高压侧压力越低。因此，当冷却介质温度变化引起 t_3 变化时，应相应地调整高压侧压力以使循环具有较大的 COP。图 3-58 给出了在不同高压侧压力时，温度 t_3 对跨临界循环性能系数 COP 的影响情况。这说明气体冷却器的设计对 CO_2 跨临界循环的性能有显著影响。

由于在临界点附近等温线的走向相似，因此即使高压气体凝结现象发生(对于近临界循环)，以上结论仍成立。

常规系统中，简单地减少冷却水或冷却空气的流量便可提高冷凝压力。而在超临界条件下，减少冷却水只能使高压气被冷却后的最终温度 t_3 上升，这是所不希望的，因为 t_3 上升造成制冷量下降。超临界气体在冷却器中是单相流体，其压力与温度几乎无关。这时要提高 p_H 就必须增加高压侧 CO_2 的质量流量，也就是说，将更多的 CO_2 供应给高压侧。如果暂时关闭膨胀阀，能使系统中的一些 CO_2 从蒸发器中转移出来到高压侧，但这样又会造成蒸发器缺液，在希望制冷量大时机器产冷量反而变小。因此，在超临界条件下改变 p_H 通常采用的办法是在冷却水温高时从贮液筒向系统中补充一些 CO_2。考虑到避免高承压造成容器笨

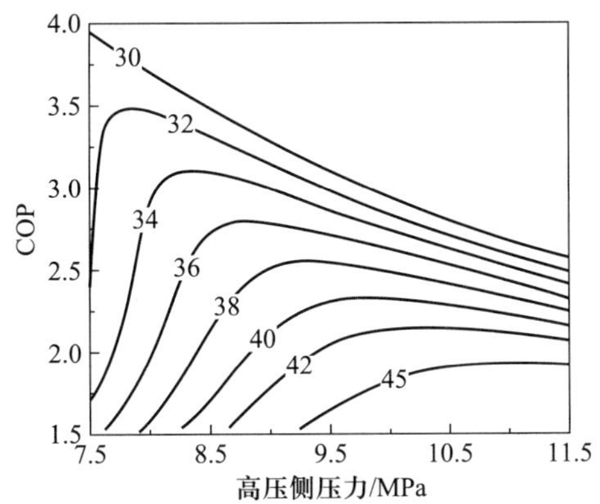

图 3-58　温度 t_3 对跨临界循环性能系数 COP 的影响

大,CO_2系统一般不设高压贮液器。

3.8.2　CO_2 跨临界循环的应用装置

对于 CO_2 跨临界循环的应用,起初集中在两类装置(与超临界排热相适应):一类是汽车空调,因为传统汽车空调的 R12 排放量占到制冷装置 CFC_S 总排放量的 60%;另一类是热泵式水加热器(heat pump water heater,HPWH),因为这类应用占到全球加热需求量的很大一部分。以后又产生了其他可能的应用。

1. CO_2 汽车空调

CO_2 跨临界循环制冷在汽车空调上应用时,其循环原理如图 3-59a 所示,系统组成如图 3-59b 所示。

工作原理如下:压缩机排出的高压 CO_2 气(状态 2)到气体冷却器,被环境空气冷却(过程 2-3),再到回热器进一步被压缩机的吸气冷却(过程 3-4);高压 CO_2 气的排热过程经历温度降低和密度不断增大的过程,然后经膨胀阀节流(过程 4-5),变成低压两相状态(状态 5);进入蒸发器蒸发(过程 5-6),产生制冷作用;蒸发器的回气到低压贮液器经气、液分离后,再经回热器过热(过程 6-1)后,返回压缩机。循环特性的指标如下:

单位质量制冷量　　$q_o = h_6 - h_5$　kJ/kg　　(3-66)

单位质量放热量　　$q_k = h_2 - h_3$　kJ/kg　　(3-67)

比功　　$w_o = h_2 - h_1$　kJ/kg　　(3-68)

制冷量　　$Q_O = m_r q_o$　kW　　(3-69)

循环的制冷性能系数　　$COP = q_o/w_o$　　(3-70)

式中：h_1、h_2、h_3、h_5、h_6 是温熵图上状态点的比焓；m_r 是制冷剂的质量循环量，kg/s。

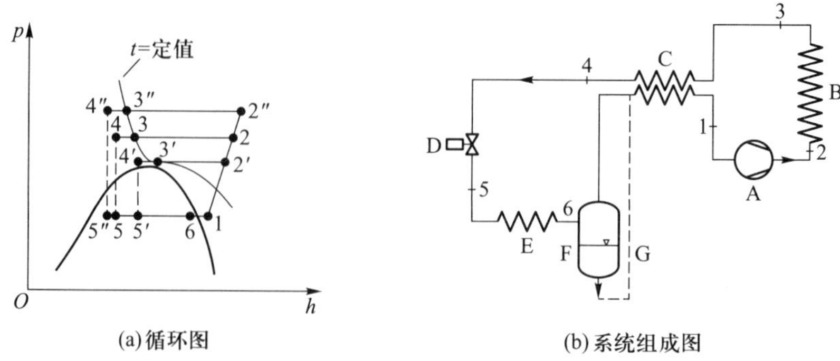

(a)循环图　　(b)系统组成图

图 3-59　CO_2 跨临界循环在汽车空调上的应用

A—压缩机；B—气体冷却器；C—回热器；D—膨胀阀；E—蒸发器；
F—低压贮液器/分离器；G—回油毛细管

该系统与常规单级压缩制冷系统的不同，除了在临界点附近循环，高压气体不发生凝结外，还有以下两点：系统的压力很高，但高低压的压力比小。

图 3-59a 同时示出，通过改变压缩机排气压力 p_H 循环的制冷量和能耗将会如何变化。通常应将 p_H 调整得使 COP 接近最大值。需要时还可以用进一步增大 p_H 的办法，以更高些的能耗为代价，使制冷能力提高到超过正常值。这是一个重要的优点，例如，在汽车客舱很热的条件下启动制冷系统时就需要这样做，能够缩短舱内的降温时间，系统尺寸也可以较小，实际总能耗是节省的。

图 3-59b 中低压贮液器/分离器和回热器对于保证系统发挥正常功能是必须的，有多重目的：

(1) 允许蒸发器供液有一定的过量，以简化系统控制，并能增强蒸发器传热。

(2) 用以收回或发送系统中多余的制冷剂，以调节高压侧的压力。

(3) 保持系统内有足够的制冷剂液体量，以覆盖所有可能运行工况下的流量需求，并且补偿不可避免的制冷剂泄漏损失。

(4) 保证压缩机回油，用毛细管或节流阀从贮液器将适量的油引回压缩机吸气管。

(5) 在高环境温度下装置怠速运行时，用以提供足够的系统内容积，避免系统超压。

已开发出的 CO_2 制冷的汽车空调样机实验结果表明：CO_2 制冷系统在所有使用条件下工作得都很好。其能效特性甚至比传统的 R12 系统更好，主要原因是:由于压缩过程在很低的压力比下进行,压缩效率高;由于平均压力相当高,流动压力损失微不足道;蒸发器的传热好。

2. 热泵式水加热器

利用 CO_2 跨临界循环加热水的热泵装置的原理性系统与循环如图 3-60 所示。

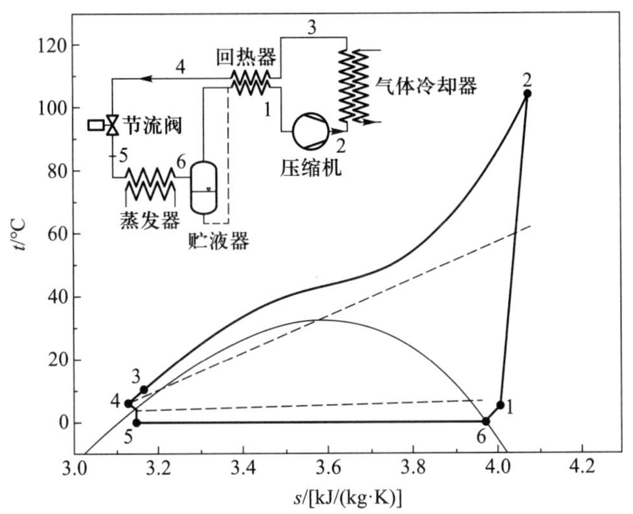

图 3-60 用于水加热的 CO_2 跨临界循环的 *T-s* 图

图上方示出的系统组成与图 3-59b 类似。*T-s* 图中的虚线分别表示被加热水的温度变化和热源侧的温度变化。

就一般情况而言,多数热泵从环境(水或空气)大热源吸热,热源温度变化较小,蒸发器中制冷剂的定温蒸发过程很适宜这种传热情况。热泵向有限流量的水或空气排热,被加热的流体温度升高,所要求的流体温升值或大或小。在小型直接凝结的空气热泵中,被加热空气的温升范围从 15~20 K(常规分体式机组)直到 30~40 K(大型区域热网供热),工业应用和直接对水罐加热的场合,则还要更高。这导致若用凝结排热的常规热泵循环方式,由于冷凝器中制冷剂定温排热与被加热流体温升的不匹配,而要额外消耗相当多的功率。

这样的加热过程用 CO_2 跨临界循环就很相宜。从图 3-60 中可以看到,要提高热泵的效率,应使 CO_2 的排热温度曲线与被加热流体的吸热温度曲线形状相近似。

当要求加热水的温升较大时,用图 3-60 所示的 CO_2 单级压缩系统,适宜于要求加热温升 40~50 K 的场合(取决于热源温度)。这种情况下,与传统循环相比,它很容易将比功降低 40%,COP_H 也获得相应的改善。

当要求加热水温升较小时，上述系统的 CO_2 的排热温度曲线与被加热流体的吸热温度曲线匹配不理想，存在 COP_H 下降的问题。用分级压缩可以解决该问题。通过分级压缩，让 CO_2 的排热温度曲线与期望的形状相接近。图 3-61示出一个两级压缩的 CO_2 热泵式水加热系统。将水的温度从35 ℃加热到60 ℃，适用于温带地区冬季供暖装置。图 3-62 利用 $T-s$ 图给出在同样制热能力和加热温度要求下，传统 R12 热泵循环与 CO_2 两级压缩热泵循环的比较。显然，由于热交换的温度匹配关系改善了，CO_2 系统的能效明显优于传统系统。

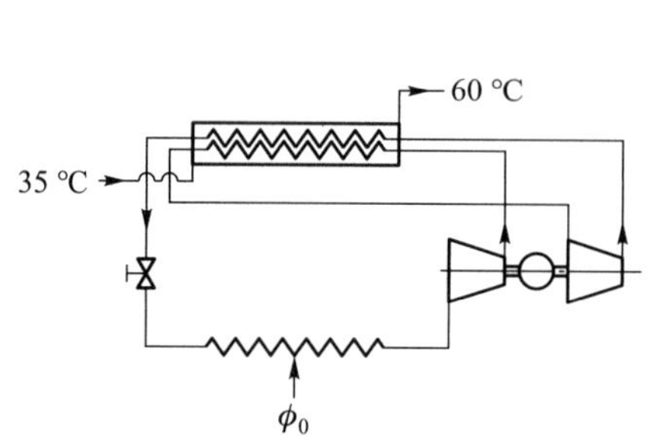

图 3-61　两级压缩的 CO_2 热泵式水加热系统

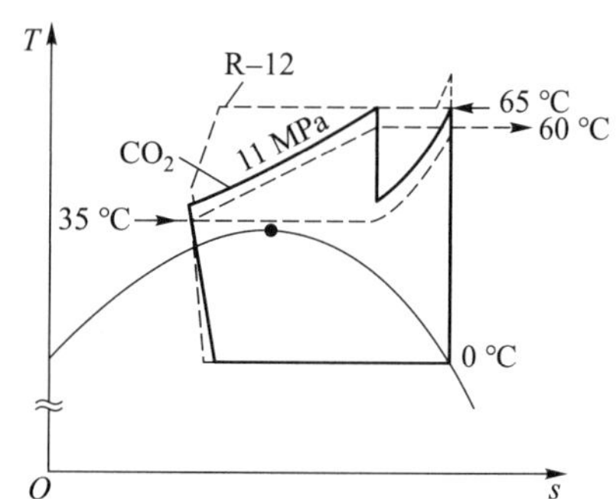

图 3-62　R12 热泵循环与 CO_2 两级压缩热泵循环的比较

CO_2热泵热水器也可应用在寒冷气候地区，同时提供生活热水和房间供暖热水。对于提供供暖热水和生活热水的 CO_2热泵热水器，气体冷却器可以有不同的布置方案，优化设计气体冷却器是提高 CO_2热泵热水器节能性能的重要途径之一。图 3-63 表示了结合成一体化的 CO_2热泵系统的流程。该 CO_2热泵机组系统由一个全封闭滚动活塞式压缩机、三部分组成的一体化逆流管-管式气体冷却器和逆流管-管式吸气热交换器、一个膨胀阀（回气压力调节阀）和一个低压贮液器（LPR）组成。气体冷却器 A 和 C 连接到一个单壳热水贮水箱和一个变频器控制的封闭回路的水泵。气体冷却器 B 连接到一个低温度水力热量分配系统。该 CO_2热泵机组有三种不同运行模式：①同时具有空间热水供暖 SH 和生活热水加热 DHW 的模式（DHW 预热、DHW 加热和 SH 加热三部分组合成的一体化模式）；②生活热水加热模式（DHW 模式）；③空间供暖模式（SH 模式）。图 3-64 在三部分组合成的一体化操作模式下的放热程的温度-比焓图。在一体化模式地板采暖系统的供水/回水温度分别为 35 ℃和 30 ℃，而城市自来水的温度和设定点的生活热水的供水温度分别为 6.5 ℃和 70 ℃。CO_2热泵机组在一体化模式具有最高的性能系数。

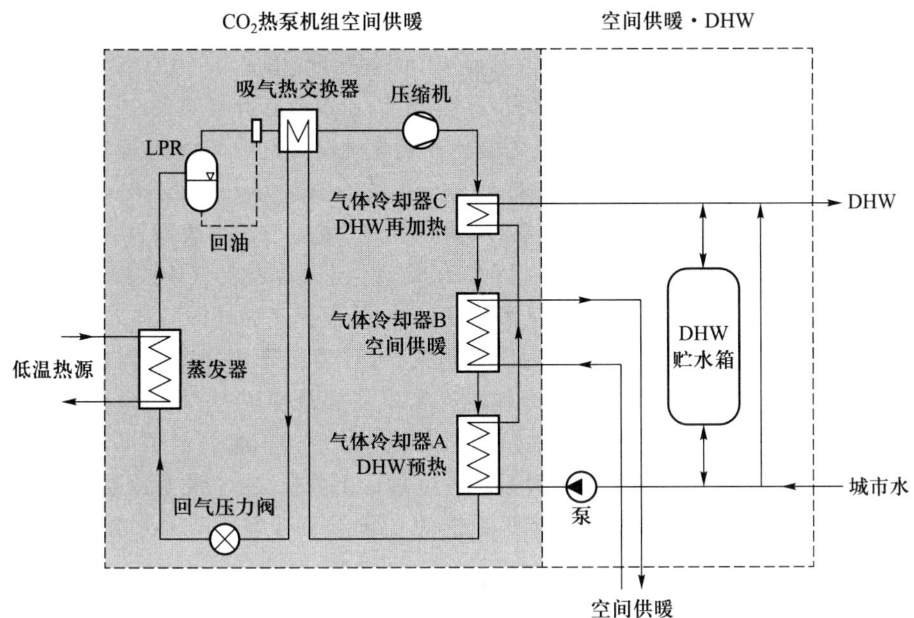

图 3-63 载热剂-水结合成一体化的二氧化碳热泵系统样机的流程图

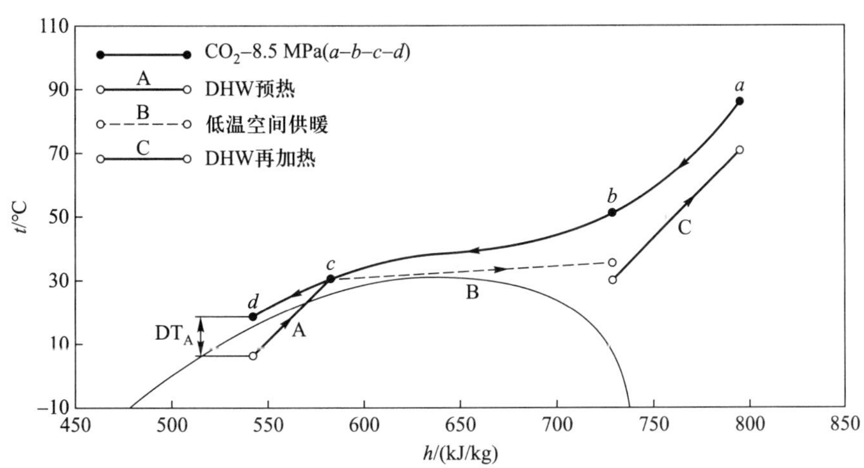

图 3-64 一个集成 CO_2 热泵一体化模式热量排放过程(35/30 ℃,70 ℃)的温-焓图(气体冷却器最佳压力 8.5 MPa)

3. 在冷冻冷藏中的应用

CO_2具有良好的安全性能,从环境问题、安全问题和成本价格等方面比较,除了在热泵热水器和汽车空调方面的应用,它在较大用量的食品冷冻冷藏领域中也是很理想的制冷剂。当 CO_2在冷冻冷藏领域内作为复叠式循环的低温级运行时，它处在亚临界循环。这种系统的高温级制冷剂通常是丙烷、氨或 R404A。

另外，在整个制冷系统中也可以只使用 CO_2制冷剂，构成单一 CO_2系统。它与复叠式系统相比较的优点是没有蒸发/冷凝器，因而也就不存在蒸发/冷凝器的温差。其缺点是高温级循环的冷凝压力会比使用常规制冷剂的系统高很多，例如在 25 ℃时，CO_2的冷凝压力为 6.5 MPa，而 R404A 的冷凝压力为 1.25 MPa。当环境温度高时，则单一 CO_2系统将在超临界的跨临界区域运行。一般而言，较高的冷凝/冷却温度将导致 COP 的损失。这种系统最适合于在寒冷的气候或温度较低的热汇时工作。这时装置将主要在亚临界区运行，从而提高循环的整体效率。

为了减少在高温级 CO_2循环的压缩损失，可以使用带中间冷却器的二级或三级压缩循环。通过附加的中间冷却器可实现降低最佳压力，并可以从中间冷却器移走一定的热量，这将有效地改善循环效率。图 3-65 表示了一个带中间冷却器和内部热交换器的 CO_2多级系统。从理论上分析，由于没有冷凝/蒸发器的温差，在一般情况下，单一 CO_2多级系统的 COP 要高于复叠式 CO_2系统。

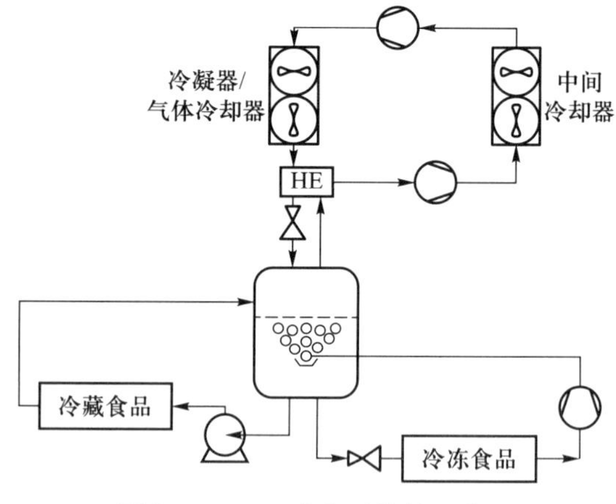

图 3-65　CO_2 多级系统的示意图

3.8.3　CO_2跨临界循环的改进方式

在 CO_2跨临界循环中，循环的节流损失远大于传统循环的节流阀损失，因此循环 COP 明显低于传统氟利昂制冷系统。采用喷射器代替节流阀是提高 CO_2跨临界循环 COP 的有效方法，利用喷射器的膨胀与增压作用，直接回收一部分膨胀功，达到减少循环的节流损失。图 3-66 为带喷射器的 CO_2跨临界循环系统示意图。

当喷射器应用在 CO_2跨临界循环中时，循环的理想工作过程如图 3-67 所示。其中，1-2 表示在压缩机中的等熵压缩过程；2-3 表示在气体冷却器中的等

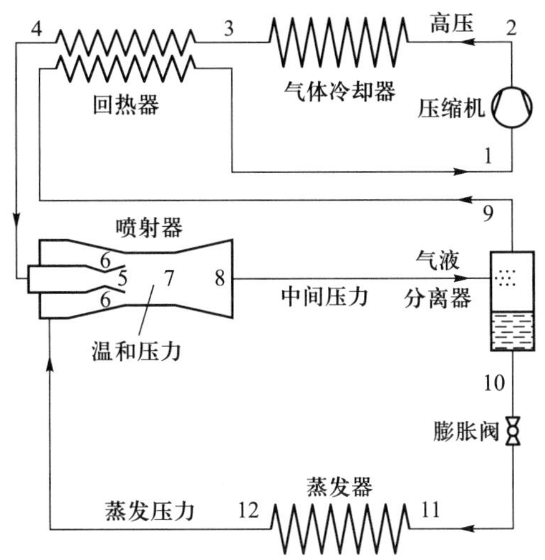

图 3-66 带喷射器的 CO_2 跨临界循环系统示意图

压放热过程;3-4 为在回热器中的等压放热过程;4-5 表示在喷嘴中的等熵加速过程;12-6 表示吸入室中的等熵加速过程;5-7、6-7 表示了在喷射器中的等压混合过程;7-8 表示在扩压器中的等熵压缩过程;8-9、8-10 表示了绝热条件下的气液分离过程;9-1 表示在回热器中的等压吸热过程;10-11 表示在膨胀阀中的绝热膨胀过程;11-12 表示在蒸发器中的等压吸热过程。以喷射器内混合过程后的单位质量工质(1 kg)为例计算,循环的特性参数如下。

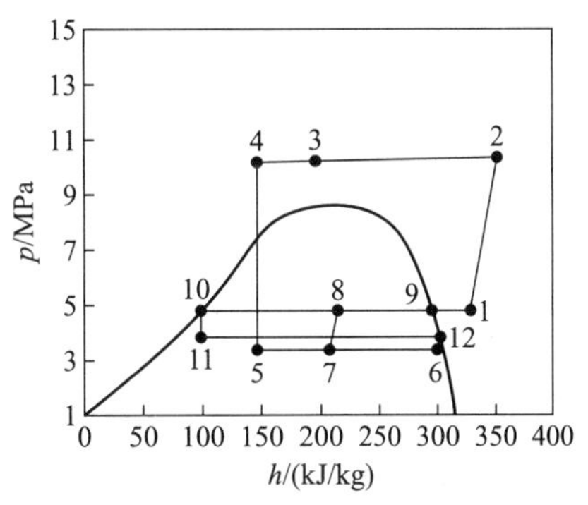

图 3-67 带喷射器的 CO_2 跨临界循环的工作过程

喷射器的喷射系数 $\mu = m_4/m_{12}$

则工质为 1 kg 时被引射流体质量为 $\mu/(1+\mu)$,工作流体质量为 $1/(1+\mu)$

比功 $w_o = (h_2 - h_1)/(1 + \mu)$ kJ/kg (3 - 71)

单位质量放热量 $q_k = (h_2 - h_3)/(1 + \mu)$ kJ/kg (3 - 72)

单位质量制冷量 $q_o = (h_{12} - h_{11})\dfrac{\mu}{1 + \mu}$ kJ/kg (3 - 73)

循环的制冷性能系数 $COP = q_o/w_o$ (3 - 74)

式中:h_1、h_2、h_3、h_{11}、h_{12}为温熵图上状态点的比焓;m_4、m_{12}为制冷剂的质量流量,

kg/s。喷射器扩压器出口处 CO_2的比焓以及干度可从整个喷射器的能量守恒方程和 CO_2的热力性质确定求得。

在 CO_2跨临界循环的改进方式方面,还可以利用膨胀机代替节流阀,以回收 CO_2工质从高压到低压过程的膨胀功。对于 CO_2跨临界循环来说,由于其膨胀比小,而膨胀回收功大,因此循环性能系数可以获得较大的提高。图 3-68 给出了一种带膨胀机双级压缩的 CO_2跨临界循环示意图。在该循环形式中带有一中间冷却器,但不带回热器,也可以采用回热方式进一步提高循环性能系数。理想的带膨胀机循环基本工作过程为:从气体冷却器出来的 CO_2气体经过膨胀机膨胀($3\rightarrow4_s$),进入蒸发器中蒸发吸热($4_s\rightarrow1$),再进入低压压缩机压缩至中压($1\rightarrow1_a$),中压排气经气体冷却器冷却后($1_a\rightarrow2_a$)进入高压压缩机,被高压压缩机压缩至高压后($2_a\rightarrow2$)排入气体冷却器再次冷却($2\rightarrow3$),最后再进入膨胀机,这样周而复始地进行循环。在循环中膨胀机输出的功用于低压压缩机的压缩过程,因此膨胀机的利用可以显著提高循环性能系数。

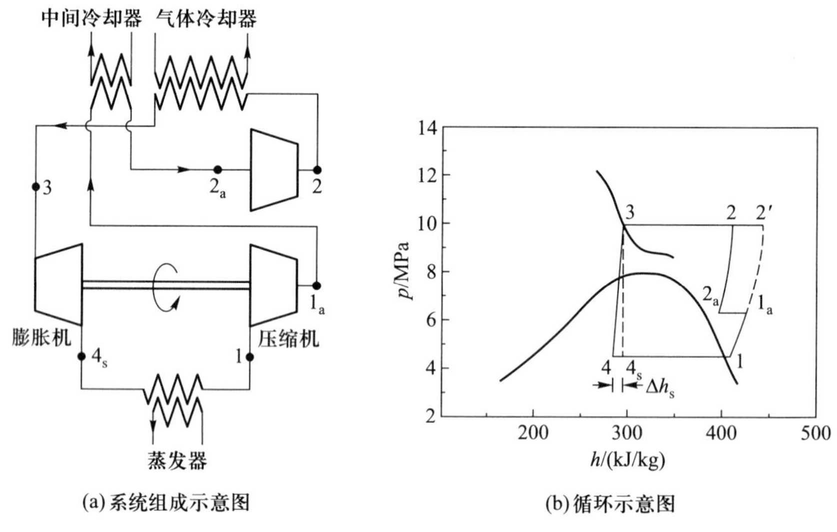

(a) 系统组成示意图　　(b) 循环示意图

图 3-68　带膨胀机双级压缩的 CO_2跨临界循环示意图

参 考 文 献

[1] GOSNEY W B. Principles of refrigeration [M]. Cambridge: Cambridge University

Press,1982.

[2] 缪道平．活塞式制冷压缩机[M].2 版．北京:机械工业出版社,1982.

[3] 庄友明．冷库氨双级压缩制冷系统最佳工况研究[J]. 制冷学报,2001(1):48-52.

[4] 机械工业部冷冻设备标准化技术委员会．制冷空调技术标准应用手册[M]. 北京:机械工业出版社,1998.

[5] Wu Y Z,XIE G C,LI X Z. Development of a high-efficiency domestic refrigerator using CFC substitutes [J]. Int. J. Refrig. ,1994,17(3):205-208.

[6] 沈志光．制冷工质热物理性质表和图[M]. 北京:机械工业出版社,1983.

[7] KAISE H. Bus-klimatisierung mit scroll-verdichtern und R134a[J]. Kiluft-und Kaltetechnik,1994,(1):24-29.

[8] DEVOTTA S,GOPICHAND S. Comparative assessment of HFC 134a and some refrigerants as alternative to CFC12 [J]. Int. J. Refrig. ,1992,15(2):112-118.

[9] FRIEDRICH K. Determination of the optimum high pressure for transcriptical CO_2-refrigeration cycles[J]. Int. J. Therm. Sci. ,1999,38:325-330.

[10] GRANRYD E. Hydrocarbons as refrigerants: an overview [J]. Int. J. Refrig. , 2001, 24 (1):15-24.

[11] 刘志刚．工质热物理性质计算程序的编制及应用[M]. 北京:科学出版社,1992.

[12] PURKAYASTHA B. An experimental study on HC290 and a commercial liquefied petroleum gas(LPG) mix as suitable replacements for HCHC22[J]. Int. J. Refrig. ,1998,21:3-7.

[13] HEREDIA-ARICAPA Y,BELMAN-FLORES J M,MOTA-BABILONI A,et al. Overview of low GWP mixtures for the replacement of HFC refrigerants: R134a, R404A and R410A[J]. Int. J. Refrig. ,2020,111:113-123.

[14] MCLINDEN M O,SEETON C J,Pearson A. New refrigerants and system configurations for vapor-compression refrigeration[J]. Science,2020,370:791-796.

[15] 公茂琼,罗二仓,周远．用于复叠温区的多元混合工质节流制冷机优化分析及实验研究[J]. 制冷学报,2000(1):20-26.

[16] LORENTZEN G,PETTERSEN J. A new efficient and environmentally benign system for car air conditioning[J]. Int. J. Refrig. ,1993,16(1):4-12.

[17] SCHMIDT E L,KLOCKER K,FLACKE N,et al. Applying the tran-critical CO_2 process to drying heat pump[J]. Int. J. Refrig. ,1998,21(3):202-211.

[18] KLOCKER K,SCHMIDT E L,STEIMLE F. Carbon dioxide as a working fluid in a drying heat pumps[J]. Int. J. Refrig. ,2001,24(1):15-24.

[19] TAKAHASHI H. An introduction of miscible refrigeration oil for ammonia refrigerant [J]. Refrig. JSHRAE,2000,75(2):111-114.

[20] TOBIHARA T. Performance assessment of natural fluids for heat pumps[J]. Trans. JSHRAE, 2000,17(1):1-11.

[21] 柴玉鹏,马国远,许树学,等．带闪蒸器补气的 R134a 准二级压缩制冷/热泵系统实验研究[J]. 制冷学报,2017,38(02):11-16.

[22] 马一太,王侃宏,杨昭,等. 带膨胀机的 CO_2 跨(超)临界逆循环的热力学分析[J]. 工程热物理学报,1999,20(6):661-665.

[23] 查世彤,马一太,王景刚. CO_2-NH_3 低温复叠式制冷循环的热力学分析与比较[J]. 制冷学报,2002(2):15-19.

[24] 周志华,张于峰. 碳氢化合物混合工质在制冷系统中的应用研究[J]. 制冷学报,2002(2):50-52.

[25] 顾兆林,刘红娟,李云. NH_3/CO_2 低温制冷系统研究[J]. 西安交通大学学报,2002,36(5):536-539.

[26] 张术学. CO_2/NH_3 复叠制冷浅析[J]. 制冷与空调,2006,6(1):59-62.

[27] WANG B M, WU H G, LI J F, et al. Experimental investigation on the performance of NH_3/CO_2 cascade refrigeration system with twin-screw compressor[J]. Int. J. Refrig. ,2009,32(6):1358-1365.

[28] DOPAZO J A, FERNÁNDEZ-SEARA J. Experimental evaluation of a cascade refrigeration system prototype with CO_2 and NH_3 for freezing process applications[J]. Int. J. Refrig. ,2011,34(1):257-267.

[29] 林高平,顾兆林. 跨临界 CO_2 制冷循环性能的研究[J]. 西安交通大学学报,1998,32(8):35-38.

[30] 管海清,马一太,马利蓉. CO_2 制冷系统的最优高压压力研究[J]. 制冷与空调,2006,6(1):17-20.

[31] 刘军朴,陈江平,陈芝久. 跨临界二氧化碳蒸气压缩/喷射制冷循环[J]. 上海交通大学学报,2004,38(2):273-275.

[32] 邓建强,姜培学. 跨临界二氧化碳蒸气压缩/喷射制冷循环性能比较[J]. 工程热物理学报,2006,27(3):382-384.

[33] LI D Q, GROLL E A. Transcritical CO_2 refrigeration cycle with ejector-expansion device[J]. Int. J. Refrig. ,2005,28:766-773.

[34] 李敏霞,马一太,苏维城,等. CO_2 跨临界循环带膨胀压缩机系统热力学分析[J]. 制冷与空调,2005,5(4):35-39.

[35] HYUN J K, JONG M A, SUNG O C, et al. Numerical simulation on scroll expander-compressor unit for CO_2 trans-critical cycles[J]. Applied Thermal Engineering, 2008, 28(13):1654-1661.

[36] 傅烈虎,吴青平,王瑞祥,等. 带膨胀机的二氧化碳跨临界循环变工况特性[J]. 流体机械,2008,36(4):83-87.

[37] 周子成. 寒冷气候使用的 CO_2 热泵热水器[J]. 制冷,2011(4):30-37.

[38] 周子成. CO_2 制冷剂在食品冷冻冷藏中的应用前景[J]. 制冷,2011(1):24-33.

第 4 章

制冷机中的热交换过程及换热器

换热器是制冷机的重要设备，其特性对制冷机的性能有重要影响。换热器中包括多种热交换过程，如凝结、沸腾、强制对流、自然对流等。本章主要介绍蒸发器和冷凝器的结构、传热特性以及蒸发器供液量自动调节，也适当介绍一些制冷系统传热强化与削弱的方法。

4.1 制冷机中热交换设备的传热过程及传热计算方法

热量由壁面一侧的流体穿过壁面传给另一侧流体的过程称为传热过程。制冷机热交换设备中的传热基本可以归结为通过平壁、圆管以及肋壁的传热，本节结合制冷换热器传热计算的实际需要，给以简要回顾。

4.1.1 通过平壁的传热

对于无内热源、导热系数 λ 为常数、厚度为 δ 两侧流体温度为 t_{f1} 与 t_{f2}、表面传热系数为 h_1 与 h_2 的单层无限大平壁的稳态传热过程，通过平壁的热流量可由下式计算：

$$\phi = kA(t_{f1} - t_{f2}) = kA\Delta t \tag{4-1}$$

式中：ϕ 为通过平壁的热流量，W；A 为传热面积，m^2；k 为传热系数，$W/(m^2 \cdot K)$。式(4-1)可改写成热流密度的形式为

$$q = k\Delta t \tag{4-2}$$

式中，q 为热流密度，W/m^2。

整个传热过程可分成三个分过程：高温流体与壁面的对流换热、平壁导热以及壁面向低温流体的对流换热。传热系数为

$$k=\frac{1}{\frac{1}{h_i}+\frac{\delta}{\lambda}+\frac{1}{h_o}} \tag{4-3}$$

相应的传热热阻为

$$R=\frac{1}{k}=\frac{1}{h_i}+\frac{\delta}{\lambda}+\frac{1}{h_o} \tag{4-4}$$

式中：R 为传热过程的热阻，$m^2\cdot K/W$；$\frac{1}{h_i}$、$\frac{1}{h_o}$和$\frac{\delta}{\lambda}$分别为两表面的对流换热热阻与壁面的导热热阻。

对于 n 层平壁，当各层材料的导热系数分别为 λ_1、λ_2、…、λ_n，且为常数，厚度分别为 δ_1、δ_2、…、δ_n，层与层之间接触良好，无接触热阻时，热阻计算公式为

$$R=\frac{1}{h_i}+\sum_{i=1}^{n}\frac{\delta_i}{\lambda_i}+\frac{1}{h_o} \tag{4-5}$$

4.1.2　通过圆管的传热

图 4-1 所示的单层圆管，内、外径分别为 d_i 和 d_o，相应的半径为 r_i 和 r_o，长度为 l，导热系数 λ 为常数，无内热源，圆管内、外两侧的流体温度分别为 t_{f1}、t_{f2}，且 $t_{f1}>t_{f2}$，两侧的表面传热系数分别为 h_i、h_o。与平壁传热不同，由于圆管的内、外表面积不相等，所以传热系数也有内、外之分。制冷换热器计算中，一般以圆管外表面面积 A_o 为基准，相应的热流量 ϕ 为

$$\phi=k_oA_o(t_{f1}-t_{f2})=k_o\pi d_o l(t_{f1}-t_{f2}) \tag{4-6}$$

单位长度圆管的传热密度 ϕ_l 为

$$\phi_l=\frac{\phi}{l}=k_l(t_{f1}-t_{f2}) \tag{4-7}$$

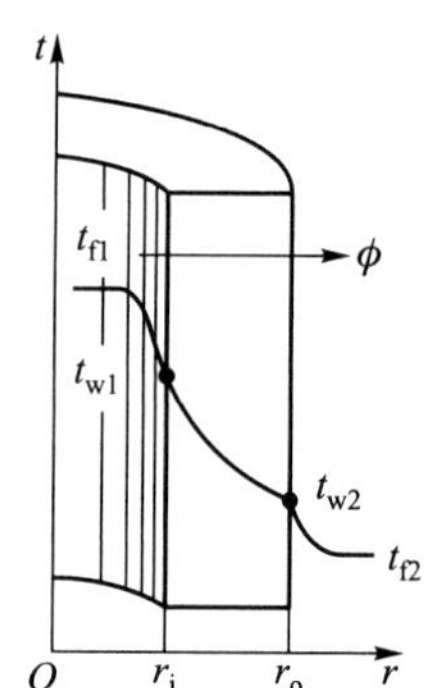

图 4-1　圆管壁的传热过程

式中，$k_l=k_o\pi d$，为单位管长的传热系数。

以圆管外壁面面积为基准计算，传热系数 k_o 为

$$k_o=\frac{1}{\frac{d_o}{d_i}\frac{1}{h_i}+\frac{d_o}{2\lambda}\ln\frac{d_o}{d_i}+\frac{1}{h_o}} \tag{4-8}$$

工程计算中,当圆管的内、外径之比 $d_o/d_i \leqslant 2$ 时,式(4-8)可简化为

$$k_o = \frac{1}{\frac{d_o}{d_i}\frac{1}{h_i}+\frac{\delta}{\lambda}\frac{d_o}{d_m}+\frac{1}{h_o}} \tag{4-9}$$

或

$$k_o = \frac{1}{\frac{d_o}{d_i}\frac{1}{h_i}+\frac{\delta}{\lambda}\frac{A_o}{A_m}+\frac{1}{h_o}} \tag{4-10}$$

式中:δ 为圆管壁厚,m;λ 为圆管导热系数,W/(m·K);d_m 为圆管内、外直径的算术平均值,m;A_m 为圆管内、外表面面积的算术平均值,m^2。计算表明,简化后的式(4-9)、(4-10)与原式(4-8)相比,计算偏差小于4%。

类似于平壁传热的情形,当圆管壁为多层材料组成时,传热系数可由热阻迭加求得。涉及圆管保温时,其隔热材料的厚度应大于临界热绝缘直径。具体确定方法见有关传热学书籍。

换热器投入使用后,传热表面会产生污垢,增大传热热阻。污垢对传热的影响通过污垢热阻考虑。计及污垢热阻的圆管传热系数公式为

$$k_o = \frac{1}{\frac{d_o}{d_i}\left(R_i+\frac{1}{h_i}\right)+\frac{\delta}{\lambda}\frac{d_o}{d_m}+\left(\frac{1}{h_o}+R_o\right)} \tag{4-11}$$

或

$$k_o = \frac{1}{\frac{d_o}{d_i}\left(R_i+\frac{1}{h_i}\right)+\frac{\delta}{\lambda}\frac{A_o}{A_m}+\left(\frac{1}{h_o}+R_o\right)} \tag{4-12}$$

式中,R_i、R_o 分别为圆管内、外表面的污垢热阻(在换热器设计中常称为污垢系数),$m^2 \cdot K/W$。在制冷换热器中,制冷剂侧污垢主要为润滑油的油膜及其他悬浮物的沉积;水侧污垢主要来自盐类在换热表面上的结晶以及悬浮颗粒在换热表面上的沉积;空气侧污垢主要来自空气中的悬浮颗粒在换热表面的沉积。由于污垢生成过程的复杂性,目前尚无法用理论计算方法确定。表4-1给出了部分实验值,更详细的资料可参见有关专门著作。

表4-1　换热器传热表面的污垢系数

部位及介质	污垢系数/($m^2 \cdot K/W$)
冷凝器氨侧	0.43×10^{-3}
蒸发器氨侧	0.60×10^{-3}

续表

部位及介质	污垢系数/($m^2 \cdot K/W$)
氟利昂(钢管)侧	0.09×10^{-3}
冷却水侧	0.09×10^{-3}
盐水、海水侧	0.18×10^{-3}
冷媒水、水蒸气侧	0.045×10^{-3}

4.1.3　通过肋壁的传热

在制冷及低温工程中,常遇到两侧表面传热系数相差较大的传热过程。例如:一侧是单相液体强迫对流换热或相变换热(沸腾或凝结),其表面传热系数一般在 500 W/($m^2 \cdot K$)以上;另一侧是气体强迫对流换热或自然对流换热,表面传热系数一般在 100 W/($m^2 \cdot K$)以下。这种情况下,强化传热的主要考虑是增强表面传热系数较小一侧壁面的对流换热,由于增大流速所起的作用有限,且会增加风机的耗能,一般采用加肋方式扩展换热面积以增大肋侧热流量,从而使两侧对流换热相匹配,是强化传热的有效措施。

图 4-2 所示即为一侧传热表面加肋后肋壁的传热过程。假设未加肋的左侧面积为 A_1,加肋侧肋基面积为 A_2',肋基温度为 t_{w2}',肋片面积为 A_2'',肋片平均温度为 t_{w2}'',肋侧总面积 $A_2=A_2'+A_2''$;肋壁材料的热导率 λ 为常数,肋侧表面传热系数 h_o 也为常数。在稳态传热情况下,肋侧的热流量 ϕ 计算公式为

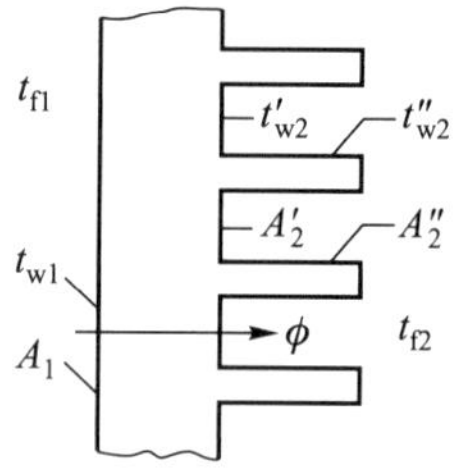

图 4-2　通过肋壁的传热过程

$$\phi = A_2'h_o(t_{w2}' - t_{f2}) + A_2''h_o(t_{w2}'' - t_{f2}) \quad (4-13)$$

引入肋效率得

$$\phi = A_2'h_o(t_{w2}' - t_{f2}) + A_2''h_o\eta_f(t_{w2}' - t_{f2}) \quad (4-14)$$

通过肋壁的传热热流量计算公式为

$$\phi = \frac{t_{f1} - t_{f2}}{\dfrac{1}{A_1h_i} + \dfrac{\delta}{A_1\lambda} + \dfrac{1}{A_2\eta h_o}} \quad (4-15)$$

式中,$\eta=(A_2'+A_2''\eta_f)/A_2$ 称为肋面总效率。

以肋侧总面积为基准,传热计算公式为

$$\phi = A_2k_o(t_{f1} - t_{f2}) \quad (4-16)$$

相应的传热系数为

$$k_o=\frac{1}{\left(\frac{1}{h_i}+\frac{\delta}{\lambda}\right)\beta+\frac{1}{\eta h_o}} \tag{4-17}$$

式中,$\beta=A_2/A_1$ 为肋化系数。由上式可见,加肋后,肋侧的对流换热热阻是$\frac{1}{\beta\eta h_o}$,而未加肋时为$\frac{1}{h_o}$,加肋后热阻减小的程度与$(\beta\eta)$有关。由肋化系数定义易知$\beta>1$,其大小取决于肋高与肋间距。增加肋高可以加大β,但增加肋高会使肋效率η_f降低。减小肋间距也可以加大β,但肋间距过小会增大流体的流动阻力。一般肋间距应大于两倍边界层最大厚度,当涉及结露和结霜工况时,肋间距还应适当增大。工程上,当$h_i/h_o=3\sim5$时,一般选择β较小的低肋;当$h_i/h_o>10$时,选β较大的高肋。

引入污垢系数后,以肋侧表面面积为基准的传热系数为

$$k_o=\frac{1}{\left(\frac{1}{h_i}+R_i+\frac{\delta}{\lambda}\right)\beta+\left(R_o+\frac{1}{h_o}\right)\frac{1}{\eta}} \tag{4-18}$$

对于带肋的圆管,当$d_o/d_i<2$时,以肋侧表面面积为基准的传热系数为

$$k_o=\frac{1}{\left(\frac{1}{h_i}+R_i\right)\frac{A_2}{A_1}+\frac{\delta}{\lambda}\frac{A_2}{A_m}+\left(R_o+\frac{1}{h_o}\right)\frac{1}{\eta}} \tag{4-19}$$

式中,A_m为管道内外表面积的算术平均值。

4.1.4　平均传热温差与析湿系数

进行传热计算之前,热交换器的形式和热负荷已在选型和循环计算中确定,但是热交换器中的传热温差、传热面积、冷却介质流速或被冷却介质流速需在传热计算过程中确定。传热温差和介质流速与热交换器的形式有关,一般通过技术经济分析确定其最佳值,或按经验数值选用。

1. 对数平均温差

在热交换器中,冷、热流体沿传热面进行热交换,其温度沿流动的方向不断变化,所以冷、热流体间的温差也在不断地变化。为此,在进行传热计算时需取温差的平均值,以符号Δt_m表示。相应的传热计算公式为

$$\phi=kA\Delta t_m \tag{4-20}$$

平均温差Δt_m与介质的流动形式有关。如图4-3所示,冷、热流体的流动形式主

要有 4 种：两者平行且同向流动时称为顺流；两者平行而反向流动时称为逆流；彼此垂直的流动称为交叉流；图 4-3d 所示的情形称为混合流，对应于蛇形管换热器中的流动情形。

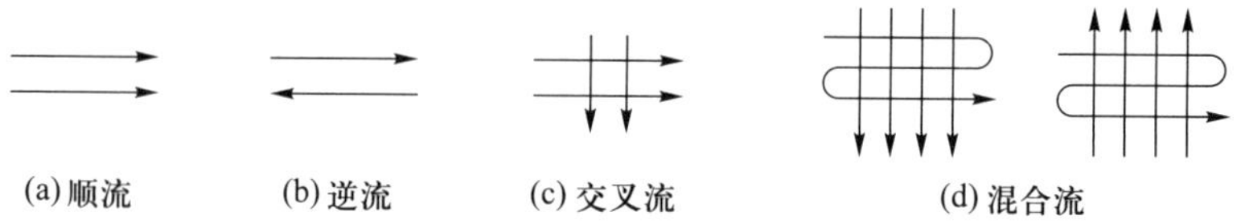

图 4-3　流动形式示意图

在顺流和逆流情况下，冷、热流体的温度变化如图 4-4 所示。可以证明，当冷、热流体的热容量（质量流量与比热容的乘积）在整个换热面上均为常量、传

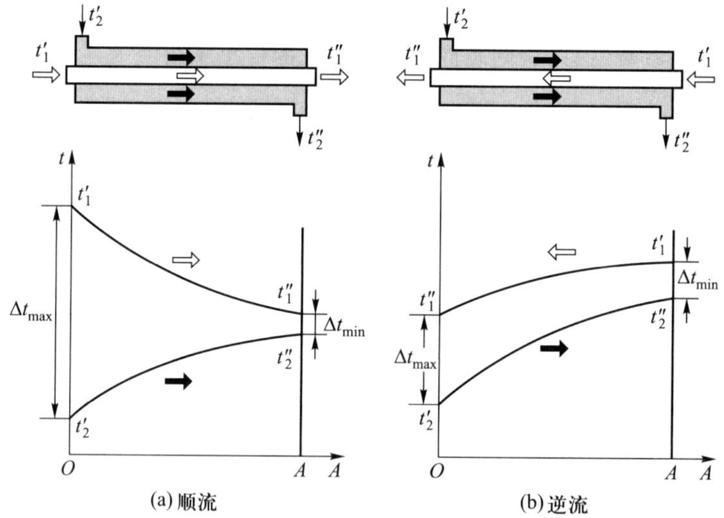

图 4-4　换热器中流体温度沿程变化

热系数 k 在整个换热面上不变、换热器无散热损失、沿换热面轴向的导热量可以忽略不计，以及换热器中任何一种流体都不能既有相变又有单相对流换热时，换热器内的平均传热温差取两端温差的对数平均值温差，计算式如下：

$$\Delta t_{m}=\frac{\Delta t_{max}-\Delta t_{min}}{\ln\dfrac{\Delta t_{max}}{\Delta t_{min}}} \tag{4-21}$$

式中：Δt_{max} 为换热器两端冷、热流体间温差的最大值，Δt_{min} 是换热器两端冷、热流体间温差的最小值。

当 $\Delta t_{max}/\Delta t_{min}\leqslant 2$ 时，可以采用算术平均温差，即

$$\Delta t_{\mathrm{m}}=\frac{\Delta t_{\max}+\Delta t_{\min}}{2} \tag{4-22}$$

进、出口温度相同时,算术平均温差的数值略大于对数平均温差,偏差小于4%。

当冷、热流体进、出口温度相同时,逆流的平均温差最大,顺流的平均温差最小。从图4-4可以看出,顺流时冷流体的出口温度 t_2'' 总是低于热流体的出口温度 t_1'',而逆流时 t_2'' 却可以大于 t_1'',因此从强化传热的角度出发,换热器应当尽量布置成逆流。但逆流的缺点是热流体和冷流体的最高温度 t_1'、t_2'' 和最低温度 t_1''、t_2' 分别集中在换热器的两端,使换热器的温度分布乃至热应力分布不均匀。在蒸发器或冷凝器中,冷流体或热流体发生相变,如果忽略相变流体压力的变化,则相变流体在整个换热面上保持其饱和温度。在此情况下,由于一侧流体温度恒定不变,所以无论顺流还是逆流,换热器的平均传热温差都相同,如图4-5所示。

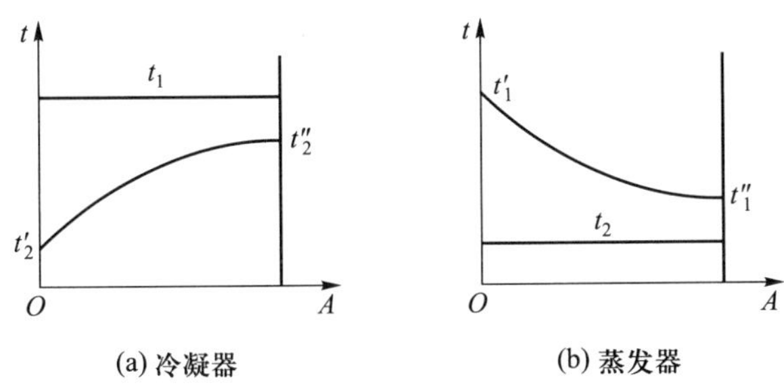

图4-5 有相变时换热器内流体的温度变化示意图

纯粹的顺流和逆流只有套管式换热器、板式换热器才能实现,但对于工程计算,图4-3d所示的蛇形管换热器内的流动形式,第一种可作顺流处理,第二种可作逆流处理。

2. 析湿系数

在涉及湿空气对流传热传质过程的换热器中,如冷却空气的蒸发器表面有结露、结霜的情形,空气侧的对流换热为既有显热交换又有潜热交换的全热交换。全热交换的驱动力为焓差。此时,一般引入析湿系数对表面传热系数进行折算,定义为

$$\xi=\frac{\Delta h}{c_p\Delta t} \tag{4-23}$$

式中,c_p、Δh 和 Δt 分别为湿空气的比定压热容、湿空气与所流经表面(结露时为气-液相界面,结霜时为空气与霜层间的气-固相界面)间的比焓差及温差。可见,析湿系数的物理意义为全热交换量与显热交换热之比。

引入析湿系数后，针对全热交换的表面传热系数可表示为

$$h_o = \xi h_{o,s} \tag{4-24}$$

式中，$h_{o,s}$为相同条件下的显热表面传热系数。式(4-24)代入前述传热系数计算式得到的传热系数，可用对数平均温差计算换热。

4.1.5　换热器传热计算的平均温差法

换热器传热计算的常规方法有两种：平均温差法和效能-传热单元数法。在制冷换热器的计算中，平均温差法较为常用，故本节只介绍平均温差法。

换热器的传热计算分两种类型：设计计算与校核计算，所谓设计计算，就是根据制冷循环热力计算确定的换热器负荷和工作条件设计换热器，需要确定换热器的型式、结构及传热面积。而校核计算是对已有的换热器进行核算，看其能否满足一定的换热要求，一般需要计算流体的出口温度、换热量以及流动阻力等。

换热器传热计算的基本公式有传热方程式和冷、热流体的热平衡方程式：

$$\phi = kA\Delta t_m$$

$$\phi = q_{m1}c_{p1}(t_1' - t_1'') \tag{4-25}$$

$$\phi = q_{m2}c_{p2}(t_2'' - t_2') \tag{4-26}$$

式中，q_{m1}、q_{m2}以及c_{p1}、c_{p2}分别为两侧流体的质量流量和比定压热容。如果c_{p1}、c_{p2}已知，则以上 3 个方程中共有 8 个独立变量，即ϕ、k、A、q_{m1}、q_{m2}以及t_1'、t_1''、t_2'、t_2''中的 3 个，只要知道其中 5 个变量，就可以算出其他 3 个。

1. 设计计算

进行设计计算，一般是根据制冷系统热力计算结果，给定流体的质量流量q_{m1}、q_{m2}和 4 个进、出口温度中的 3 个，确定换热器的型式、结构，计算传热系数 k 及换热面积 A。计算步骤如下：

(1) 根据给定的换热条件、流体的性质、温度和压力范围等条件，选择换热器的类型及流动形式，初步布置换热面，计算换热面两侧对流换热的表面传热系数 h_1、h_2 及换热面的传热系数 k；

(2) 根据给定条件，由式(4-25)、式(4-26)求出 4 个进、出口温度中未知的温度，并求出换热量 ϕ；

(3) 根据冷、热流体进、出口的 4 个温度及流动形式确定平均温差 Δt_m；

(4) 由传热方程式(4-20)求出所需的换热面积 A；

(5) 计算换热面两侧流体的流动阻力，若计算结果不满足设计和经济性要求，重新布置换热面并重复上述计算步骤。

2. 校核计算

对已有或设计好的换热器进行校核计算时,一般已知换热器的换热面积 A、两侧流体的质量流量 q_{m1} 和 q_{m2}、进口温度 t_1' 和 t_2' 等 5 个参数。由于两侧流体的出口温度未知,传热平均温差无法计算;同时由于流体的定性温度不能确定,也无法计算换热面两侧对流换热的表面传热系数及通过换热面的传热系数,因此不能直接利用式(4-20)、式(4-25)、式(4-26)求出其余的未知量。在这种情况下,通常采用试算法,其具体计算步骤如下:

(1) 先假设一个流体的出口温度 t_1''(或 t_2''),用热平衡方程式(4-25)、式(4-26)求出换热量 ϕ' 和另一个流体的出口温度。

(2) 根据流体的 4 个进、出口温度求得平均温差 Δt_m。

(3) 根据给定的换热器结构及工作条件计算换热面两侧的表面传热系数 h_i、h_o,进而求得传热系数 k。

(4) 由传热方程式(4-20)求出换热量 ϕ''。

(5) 比较 ϕ' 和 ϕ'',如果两者相差较大(如大于 2%或 5%),说明步骤(1)中假设的温度值不符合实际,再重新假设一个流体出口温度,重复上述计算步骤,直到 ϕ' 和 ϕ'' 值的偏差小到满意为止。至于两者偏差应小到何种程度,则取决于要求的计算精度,一般认为应小于 2%~5%。

对具体换热器的计算,将在以后几节中结合例题进行讨论。

4.2 蒸 发 器

制冷剂在蒸发器内吸热汽化从而实现制冷目的。为了使蒸发器效率高、体积小,蒸发器应具有高的传热系数。由于液体沸腾时表面传热系数远大于蒸气与管壁间的对流换热表面传热系数,故在设计蒸发器时要尽量使液体与管壁接触,并尽快将沸腾产生的蒸气排走。为保证压缩机正常运转,制冷剂离开蒸发器时不允许有液滴。实际系统中,有时在蒸发器出口处装设气-液分离器,使压缩机得到进一步的保护。

蒸发器的类型很多,按制冷剂在蒸发器内的充满程度及蒸发情况进行分类,主要有三种:干式蒸发器、再循环式蒸发器和满液式蒸发器。干式和再循环式蒸发器中,制冷剂在管内进行流动沸腾换热,而满液式蒸发器中,制冷剂在管间的大空间沸腾,可作为饱和池沸腾进行计算分析。

4.2.1　蒸发器的分类与结构

1. 干式蒸发器

制冷剂在管内一次完全汽化的蒸发器称为干式蒸发器。干式蒸发器常用于冷库,以直接对库房进行冷却,也用于间接式制冷系统,如空调制冷站、制冰系统等,先用制冷剂冷却载冷剂,再通过载冷剂传递冷量。干式蒸发器如图 4-6 所示,在这种蒸发器中,来自膨胀阀出口处的制冷剂从管子的一端进入蒸发器,吸热汽化,并在到达管子的另一端时全部汽化。管外的被冷却介质通常是载冷剂或被冷空间的空气。在正常运转条件下,干式蒸发器中的液体体积约为管内体积的 15%~20%。假定液体沿管子均匀分布,且润湿周长为圆周的 30%,则管内有效沸腾传热面积为管内表面的 30%。增加制冷剂的质量流量,可增加液体润湿面积,但蒸发器进、出口处的压差将因流动阻力的增大而增大,从而降低了性能系数。在多管路组成的蒸发器中,为了充分利用每条管路的传热面积,应将制冷剂均匀地分配到各条管路中去,常见的方法如图 4-7 所示。图中的分配器为六通道分配器。每条通道有相同的流动阻力,制冷剂经分配器进入各条管路中。管道的布置应使蒸发后的制冷剂与温度最高的气流接触,以保证蒸气进入压缩机吸气管道时略有过热。

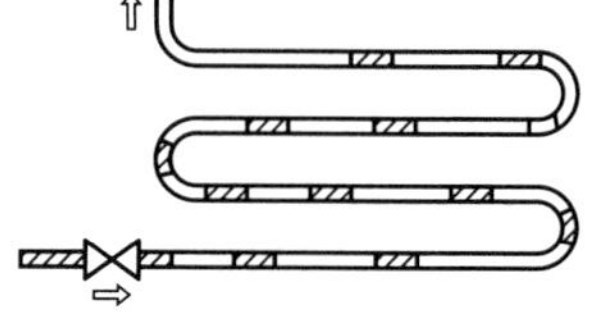

图 4-6　干式蒸发器示意图

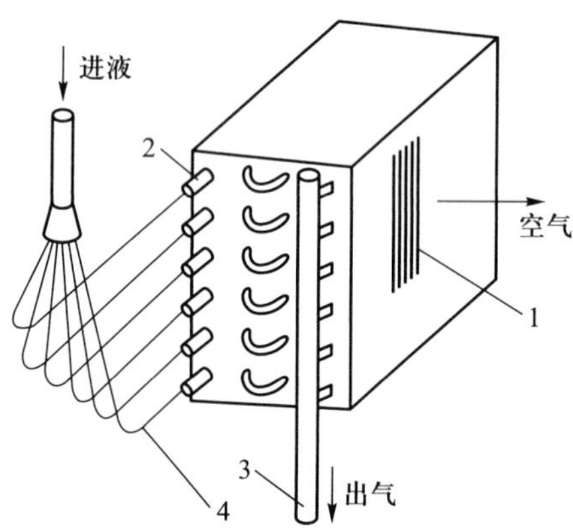

图 4-7　多路干式蒸发器中制冷剂的分配

1—肋片；2—蒸发管；3—集气管；4—毛细管

干式蒸发器主要有用于冷却液体的干式壳管式蒸发器和板式换热器,以及形式多样的冷却空气的蒸发器。

(1) 干式壳管式蒸发器

这类蒸发器用于对液体进行冷却,按管组的排列方式又可分为直管式和U型管式两种。直管式如图4-8所示。制冷剂在管内流动沸腾,载冷剂在管外流动。机器运转时制冷剂从左端盖进入,经一次(或多次)往返后汽化,产生的蒸气从右端盖引出。由于制冷剂在汽化过程中蒸气量逐渐增多,比体积不断增大,在多流程的蒸发器中每流程的管子数也依次增多,以适应比体积的增大。载冷剂从蒸发器的右端进入,左端流出。为了提高载冷剂的流速,并使载冷剂更好地与管外壁接触,在蒸发器壳体内装有折流板。折流板的数量取决于载冷剂流速的大小。折流板通常用拉杆固定,相邻两块折流板之间装有定距管,以保证折流板的间距。直管式干式蒸发器采用光滑管或具有纵向肋片的内肋片管。由于载冷剂侧强迫对流的表面传热系数较管内高,一般强化传热采用内微肋管。

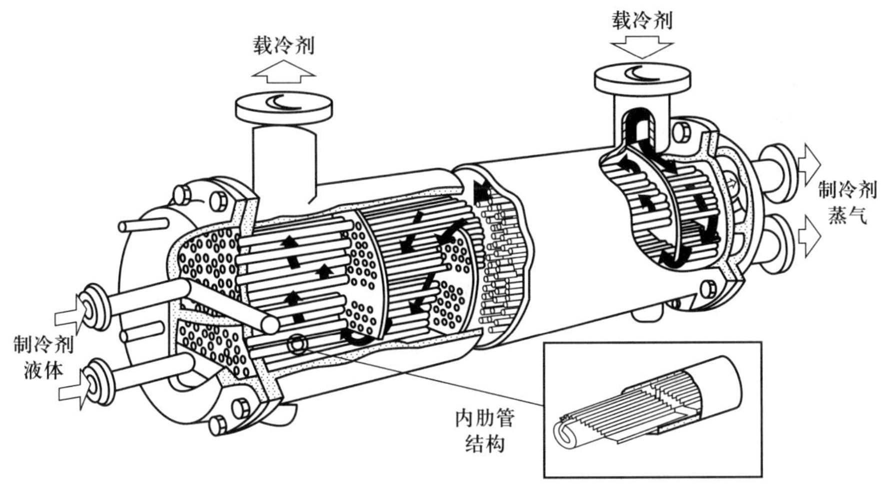

图4-8 直管式干式蒸发器

U形管干式蒸发器如图4-9所示。这种蒸发器的壳体、折流板以及载冷剂在壳侧的流动方式与直管式干式蒸发器相同。两者的不同之处在于U形管式是由许多根不同弯曲半径的U形管组成。U形管的开口端胀接在管板上,制冷剂液体从U形管的下部进入,蒸气从上部引出。U形管式蒸发器的管组可预先装配,而且可以抽出来清除管外的污垢。此外,还可消除由于材料的膨胀而引起的内应力。制冷剂在流动过程中始终沿同一管道流动,分配比较均匀,因而传热效果较好。其缺点是制造管组时要用不同的模具;不能使用纵向内肋片管,因为当管组的管子损坏时不易更换。

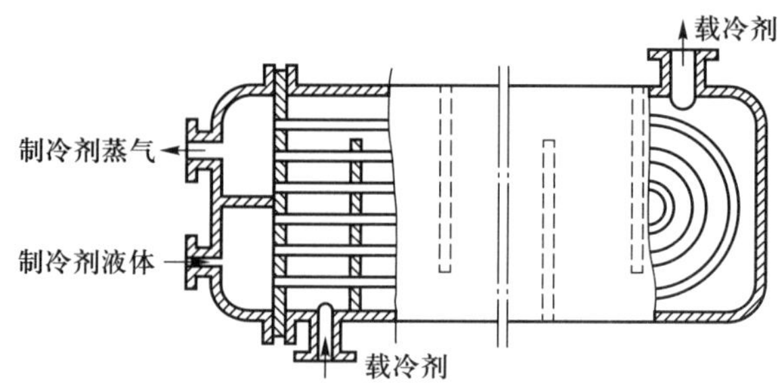

图 4-9　U 形管式干式蒸发器

（2）板式换热器

板式换热器有组装式和整体钎焊式两种。其中组装式由若干片压制成形的波纹状金属传热板片叠加而成，板四角开有角孔，相邻板片之间用特制的密封垫片隔开，使冷、热流体分别由一个角孔流入，间隔地在板间沿着由垫片和波纹所设定的流道流动，然后从另一对角线角孔流出，如图 4-10 所示。组装式板式换热器具有拆装清洗方便的优点，但耐压能力有限。图 4-11 所示为整体钎焊式板式换热器，此种板式换热器的换热板片与组装式相同，板片端部整体钎焊，承压能力高，但清洗不便，使用时应注意保证流体的清洁。一般单个整体钎焊式换热器换热能力较组装式小。

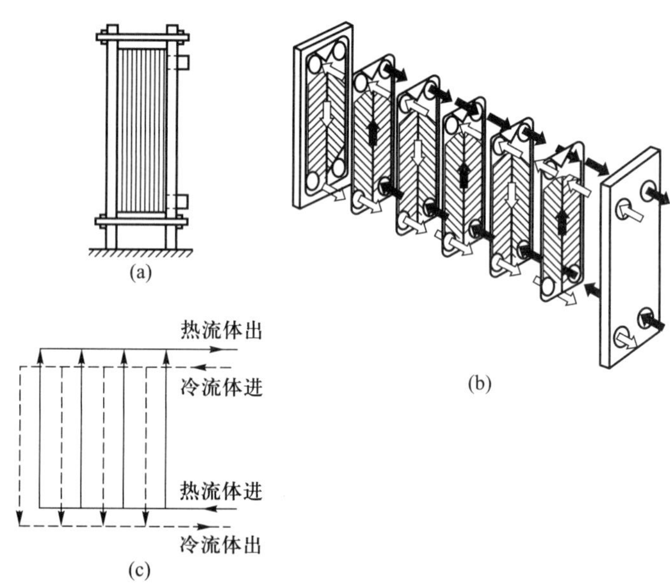

图 4-10　组装式板式换热器

传热板片是板式换热器的关键元件,不同形式的板片直接影响到传热系数、流动阻力和耐压能力。板片的材料通常为不锈钢,国内有的厂家采用铝合金板片。板片波纹形状有人字形、水平波纹形、锯齿形等。目前,换热板片多采用人字形,如图 4-11 所示。板式换热器是目前紧凑式换热器中单位体积换热能力最高的换热器之一,当两侧工质为水时,传热系数可高达到 5 000~7 000 W/(m^2·K),由于氟利昂类制冷剂在板片间流动沸腾时表面传热系数较水强迫对流换热时小,用作此类制冷剂的蒸发器时,换热器的传热系数低于此值。与其他形式换热器相比,具有阻力相对较小、结构紧凑、金属消耗量低、传热面积可通过调整片数灵活变更等优点。其中组装式已有用于溴化锂吸收式冷水机组中作为冷凝器和蒸发器的报道,而整体钎焊式已被广泛用于小型水源热泵机组,作为蒸发器。

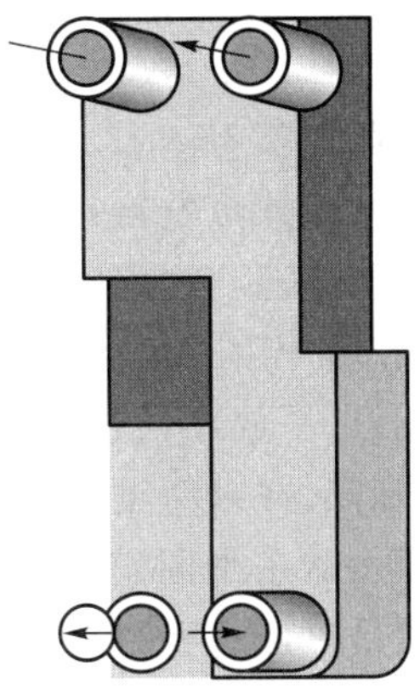

图 4-11 整体钎焊式板式换热器

(3) 冷却空气型干式蒸发器

冷却空气的蒸发器广泛用于冰箱、冷藏柜、空调器及冷藏库中。此类蒸发器多做成蛇形管式,制冷剂在管内流动沸腾,空气在管外流过而被冷却。为强化空气侧的换热,管外侧常装有各类肋片,按引起空气流动的原因,又可分为自然对流式和强迫对流式两大类型。

根据蒸发器结构形式的不同,自然对流蒸发器主要有管板式、吹胀式、单脊翅片管式以及冷却排管等种类。

管板式蒸发器有两种典型结构,图 4-12a 所示的蒸发器是将紫铜管贴焊在钢板或薄钢板制成的方盒上。这种蒸发器制造工艺简单、不易破损泄漏,常用于直冷式冰箱的冷冻室。在立式冷冻箱中,此类蒸发器常做成多层搁架式,具有结构紧凑、冷冻效率高等优点。图 4-12b 是另一种管板式结构,管子装在两块四

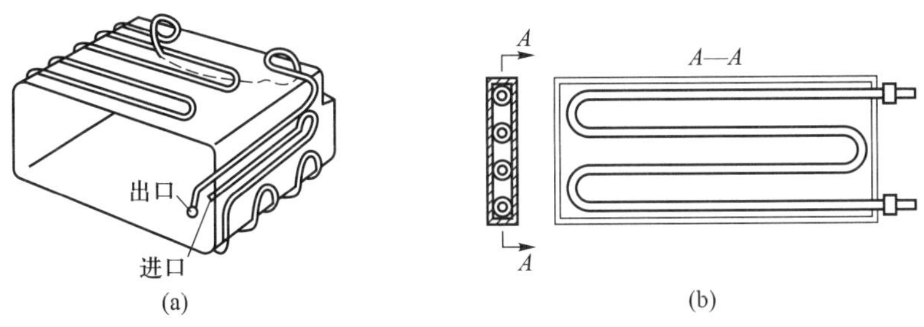

图 4-12 管板式蒸发器

边相互焊接的金属板之间。这种蒸发器的管子和金属板之间充填共晶盐,并抽真空,使金属板在大气压力作用下紧压在管外壁,保证管板间的良好接触。充填的共晶盐用于蓄冷。此类蒸发器常用于冷藏车的顶板及侧板,也可用作冷冻食品的陈列货架。

吹胀式蒸发器目前在国内外家用冰箱中使用得较普遍。这类蒸发器如图 4-13 所示,预先以铝-锌-铝三层金属板,按蒸发器所需的尺寸裁切好,平放在刻有管路通道的模具上,通过加压、加热,并以高压氮气吹胀成形。单脊翅片管式蒸发器是由固定在架板上的盘管构成,它的特点是单位长度的制冷量小、工艺简单,并易于清洗,常在直冷式双门双温冰箱中用作冷藏室的蒸发器。

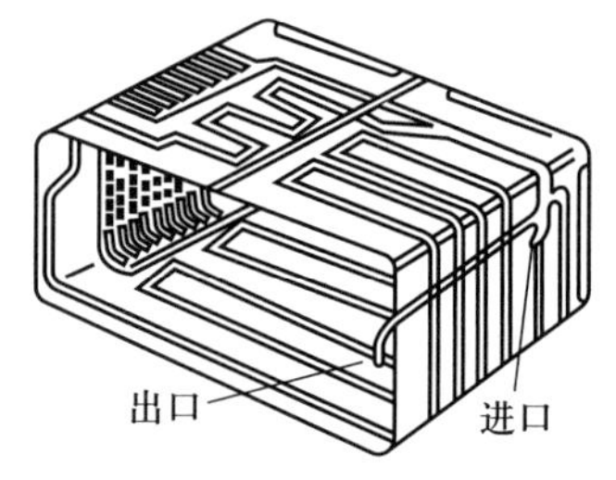

图 4-13　铝复合板吹胀式蒸发器

冷却排管主要用于各种冰箱、低温试验箱及冷库的冷藏间中。小型制冷装置中的冷却排管一般为蛇形管式,通常为光管,也有翅片管。氟利昂翅片管式冷却排管一般是在直径为 6 mm 的紫铜管外套 0.3～0.5 mm 的铝翅片,翅片间距为 10～15 mm,翅高为 20～35 mm。图 4-14 为吊装在库房顶上的翅片管式顶排管。光滑管式蒸发器通常用于空气自然对流的冷藏室,传热系数较低,但设备简单。肋片管式蒸发器是在光滑管上套金属片或绕金属带后制成的。由于肋片的作用,提高了蒸发器外侧的传热效果。肋片和管壁应接触良好,以保证良好的导热性能。为此,有些肋片直接焊在管壁上,有些使用高压流体或机械方法使管径扩张,达到管壁和肋片的良好接触。

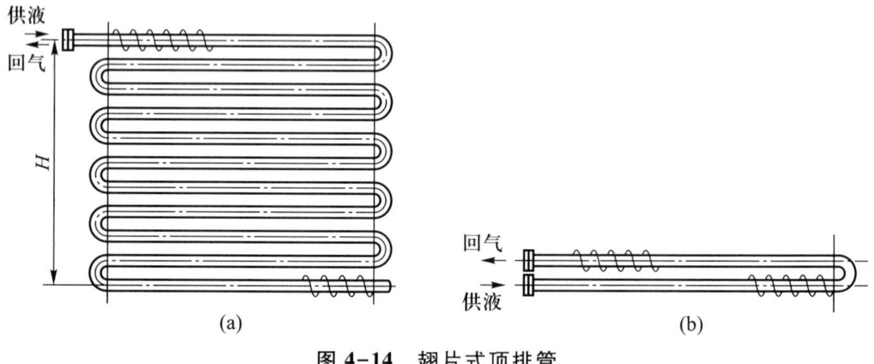

图 4-14　翅片式顶排管

小型制冷装置中使用的强制对流空气冷却式蒸发器(常称为表面式蒸发器)如图 4-15、图 4-16 所示,蒸发管一般做成蛇形管,并在管外装有各种类型的翅片,以强化空气侧的换热。此类蒸发器需配置风机,实现空气的强制对流。蒸发管外面的翅片最常见的是缠绕圆翅片(图 4-15)和整体穿片式,整体穿片式有平直大套片(图 4-16)、波纹形翅片、条缝形翅片等。

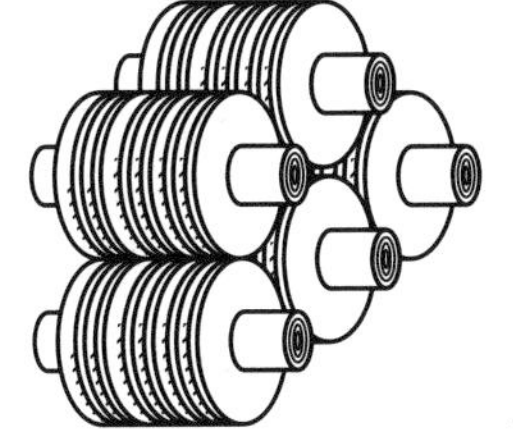

图 4-15 缠绕圆翅片

蒸发管组在低温下冷却空气时,水分有可能在肋片和管子上冻结成霜,影响空气的流通。因此低温下使用的蒸发器应采用较大的片距,通常取 6~12 mm。当蒸发器用于空气调节或蒸发温度在水的凝固点以上时,肋片和管子上不会结霜,此时可用较小的片距,一般取 2~4 mm,最小可取 1.6 mm。

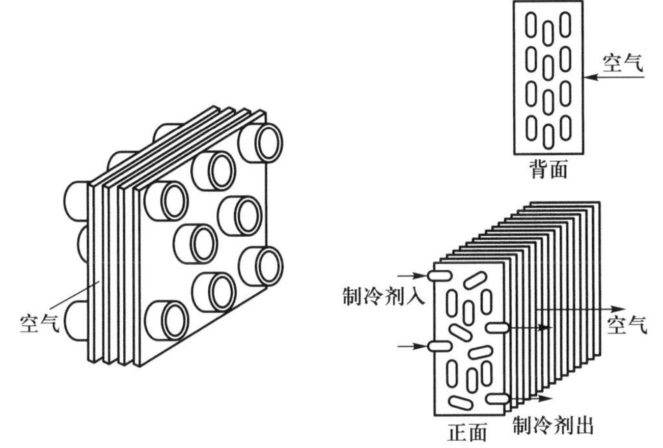

图 4-16 平直大套片

干式蒸发器有一系列的优点:充液量少,系统中不需要储液器或只要小的储液器,从而使整台机器的重量和体积减小;便于把蒸发器中的润滑油排回压缩机;由于载冷剂在管外流动,冷量损失较小,且可以减缓冻结的危险。受管内制冷剂液体对管壁润湿程度的影响,干式蒸发器的传热系数较低,这是其缺点。带折流板的干式壳管式蒸发器还有下列缺点:(1) 折流板与壳体之间以及折流板与管子之间存在间隙,易使载冷剂发生泄漏,影响传热效果;(2) 当出口蒸发温度不变时,入口蒸发温度由于流动阻力的存在而增高,因而使传热温差减小;(3) 折流板的结构及装配工艺比满液式蒸发器复杂,管外污垢只能用化学方法清洗。

2. 再循环式蒸发器

顾名思义,再循环式蒸发器中制冷剂需经过几次循环才能完全汽化。由蒸发管出来的两相混合物进入气液分离器，分离出的蒸气被吸入压缩机内，液体再次进入蒸发管中沸腾，如图 4-17 所示。实际上蒸发管由若干平行的上升管组成，这些管子的上下端均与集管相连。下端的集管由下降液体供液，上端的集管与气液分离器相连。由冷凝器向气液分离器供液的数量由液位控制器控制。在再循环式蒸发器的管子中，液体所占的体积约为管内总容积的 50%，因而管子内表面得到良好的润湿。

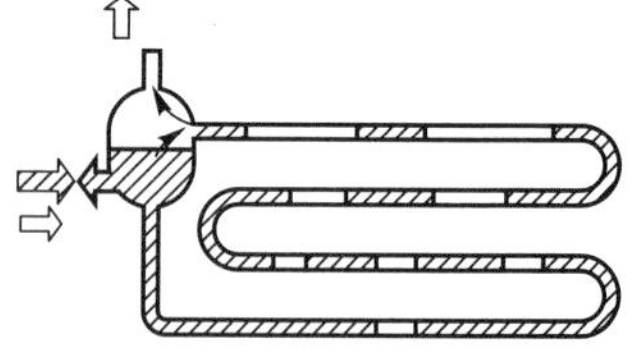

图 4-17　再循环式蒸发器示意

根据换热机理，立管式冷水箱型蒸发器是一种典型的再循环热蒸发器，其结构及接管方式如图 4-18 所示。这种蒸发器只用于氨制冷机。蒸发器的每一个管组上都装有上、下两个水平集管，沿集管的轴向焊有直径较小、两端略弯的主管，中间焊接一个直径稍大的直立管，管中插有中间进液管，如图 4-19 所示。立管式冷水箱型蒸发器的下集管与储水箱外的集油器相连。氨液从中间进液管进入。进液管一直插到直立管的下部，这样可以利用氨液流入时的冲力扰动蒸发器内的氨液，有利于提高传热能力，也有利于直立管内氨液的流动。立管式冷水箱型蒸发器在汽化过程中形成的蒸气沿上集管进入气液分离器，在气液分离器中流速降低，使蒸气中挟带的液滴被分离出来。蒸气从上面引出，液体返回到下集管中。蒸发器中的润滑油积存在集油器中，定期排放。整台蒸发器浸在水箱中，蒸发管组视制冷量的大小由一组或几组并列安装后构成。水箱用钢板制成，外侧敷设隔热层。水箱中的载冷剂在电动搅拌器作用下循环流动。载冷剂

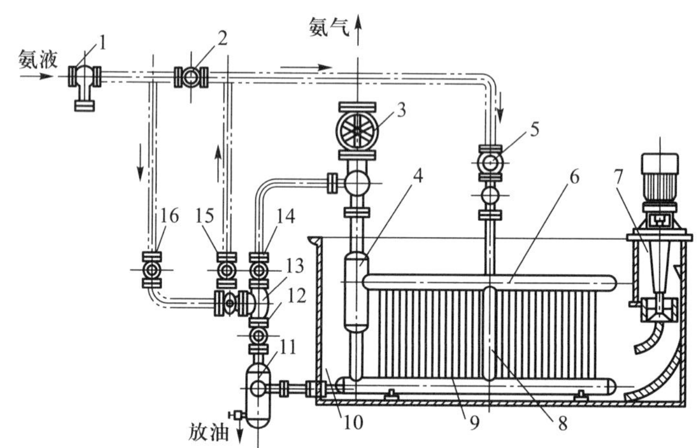

图 4-18　立管式水箱型蒸发器

1—液体过滤器；2—节流阀；3、5、12、14、15、16—截止阀；4—气液分离器；6—上集管；7—搅拌器；8—立管；9—下集管；10—水箱；11—集油器；13—浮球阀

流速通常取 0.5 m/s。立管式冷水箱型蒸发器的主要缺点是立管与上、下集管的焊接点较多。螺旋管式冷水箱型蒸发器克服了这一缺点,用螺旋管代替了立管。为了充分利用螺旋管中的空间,采用内、外两组螺旋管。这种结构使上、下管的焊点大为减少。

如果液体用泵循环,最好将气液分离器安装在压缩机附近,这样管路损失可以小一些,如图 4-20 所示。在图 4-20 所示的回路中,气液分离器有水平的和垂直的两种。不管采用哪一种形式的气液分离器,都必须保证循环泵入口处的液柱高度,同时要有充分的空间进行气液分离。制冷剂在气液分离器内的流速(按分离器的直径计算)应低于 0.5 m/s。

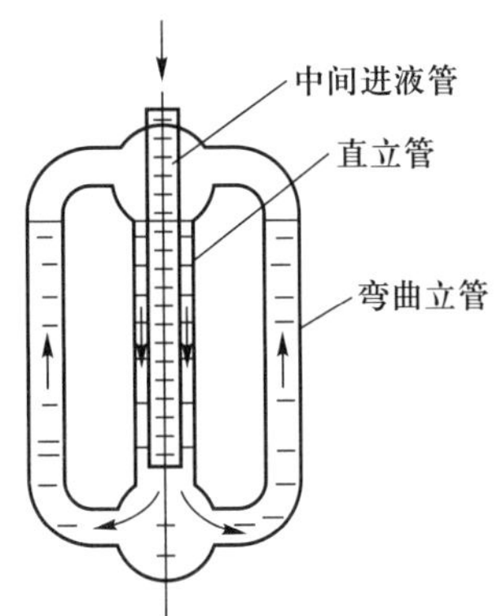

图 4-19 直立管内制冷剂的流动

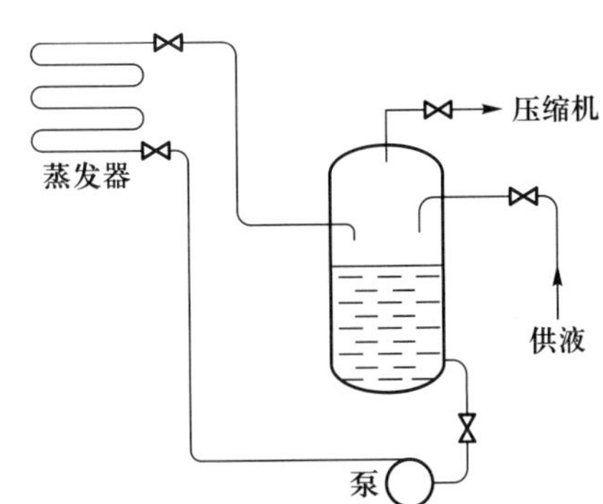

图 4-20 用泵输送液体的再循环式蒸发器

除前文所述空调制冷站的氨水箱式蒸发器外,再循环式蒸发器还广泛用于冷藏库、人工冰场等制冷系统中。与干式蒸发器相比,再循环式蒸发器的主要优点是蒸发管的内壁能够完全湿润,因而表面传热系数较高。其主要缺点是体积大,需要的制冷剂多。在用泵输送液体的再循环式蒸发器中,需密封泵等设备。

3. 满液式蒸发器

满液式蒸发器广泛应用于制冷机中。这种蒸发器结构紧凑,传热效果好,易于安装,使用方便。图 4-21 所示为满液式蒸发器的原理图。在满液式蒸发器中,制冷剂在管外沸腾,液体载冷剂在管内流动。卧式满液式蒸发器如图 4-22 所示。这种蒸发器有一个用钢板卷制焊成的圆筒形外壳,外壳两端焊有两块圆形的管板。管板上

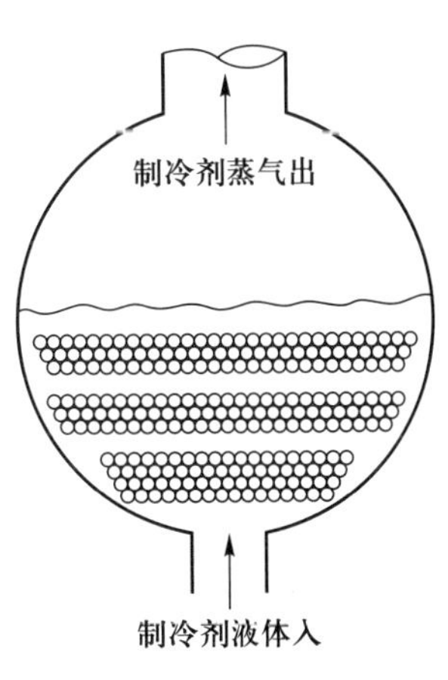

图 4-21 满液式蒸发器

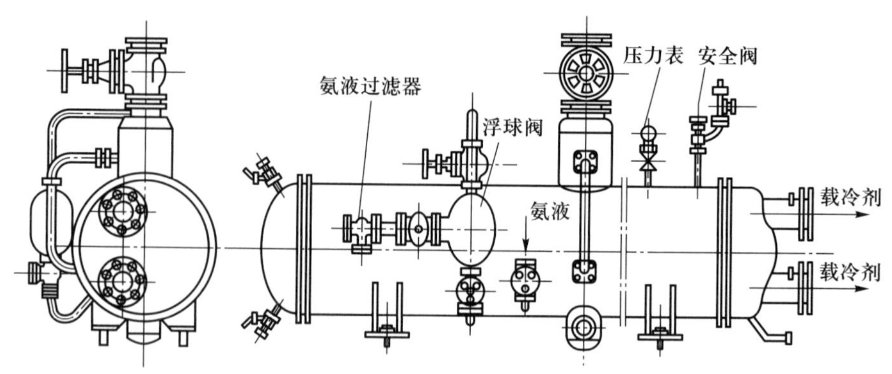

图 4-22　卧式满液式蒸发器

钻了许多小孔,每个小孔内装了一根管子,管子两端用胀接法或焊接法紧固在管板上,形成一组直管管束。如果管子太长,可在筒体内装一块或几块支承板,以防止下垂。筒体两端装有封头,封头可用铸铁铸成,也可用钢板制成。封头内设有隔板,将管子按一定的管数和流向分成几个流程,使载冷剂按规定的流速及流向在管内往返流动。制冷剂按一定的液面高度充灌在壳体内,它在管间吸收管内载冷剂的热量后汽化,使载冷剂得到冷却。为防止蒸气从蒸发器引出时挟带液体,除了控制液面高度外,有时在筒体上部设置气包,达到气液分离的目的。管板上的管孔常排列成正三角形,这样的排列比较紧凑。管孔的中心距(节距)一般取 $s>1.25d_o$(d_o 是管子外径),管孔边缘间的距离不应小于 4 mm,最外部孔的边缘与外壳内表面的距离不应小于 5 mm。与透平压缩机配套的满液式氟利昂蒸发器的总体结构与一般卧式满液式蒸发器相类似,其不同点是在管束上方装有挡液板,以阻挡从蒸气中带出的液滴。此外,容器上部不装管束,以减少蒸气流动时的阻力。

满液式蒸发器虽然有制冷剂液体对传热壁面湿润性好,因而沸腾传热系数较高等优点,但存在如下缺点:(1) 制冷剂的充灌量大。对价格较贵的氟利昂制冷剂,这个缺点显得更为突出。(2) 当蒸发器壳体的直径较大时,受液体静压力的影响,底部液体的蒸发温度将有些提高,减少了蒸发器的传热温差。蒸发温度愈低,这种影响愈大。对于氟利昂,因其密度较大,静压高度影响将更为显著。(3) 对于氟利昂蒸发器,制冷剂中溶解的润滑油较难排出。(4) 当用作船用制冷装置时,船体的摇摆有可能使制冷剂液体进入压缩机。

为了克服上述缺点,有时将制冷剂从蒸发器底部抽出,用泵输送到壳顶后喷淋下来。这种蒸发器又称为淋激式蒸发器,它也可以看成一种用泵输液的再循环式蒸发器,只是氟利昂在蒸发管的管外流动。采用淋激式蒸发器,壳体中的液位可以很低,消除了因高液位造成的液体上、下部温度的不均匀,并减少了充灌量,但增加了泵和管路。

应用各种蒸发器时,载冷剂多采用不与空气接触的闭式循环,对系统中设备的腐蚀性小;可以使用挥发性载冷剂;在使用盐水作载冷剂时,不会因吸收空气中的水分而稀释。但在载冷剂系统中需设置膨胀容器,以消除载冷剂温度变化时因体积变化而引起的压力变化。

4.2.2 蒸发器内的对流换热

蒸发器内的对流换热包括制冷剂沸腾换热与被冷却工质的对流换热。前者根据蒸发器的不同,有干式及循环式蒸发器中管内流动沸腾换热及满液式蒸发器内制冷剂在壳侧的饱和池沸腾,后者有强迫对流及自然对流换热两种模式。通常,无集态改变的对流换热研究较充分,一些公认的表面传热系数计算关联式计算误差较小,而沸腾换热由于现象的复杂性,迄今研究尚不充分。因而,本节提供的关联式只是数百种关联式中较为通用的一些,以提供设计训练和理解传热机理的基本依据。对具体蒸发器的设计计算,专用的关联式一般计算精度要高一些,读者完全可以根据具体设计要求,从文献(包括产品样本)中寻找形式简单的专用关联式。对近年来研究较多的高效传热管,包括内微肋管和各种用模具加工的具有复杂结构的传热管,目前尚无通用关联式。

1. 单组分制冷剂在管内的流动沸腾换热

流动沸腾换热涉及气泡的发生、长大以及脱离加热表面的机制,又涉及工质定向宏观运动规律,可以看作核沸腾与强迫对流换热的综合。著名的陈氏(Chen)关联式即基于此,认为

$$h_i = f'h_s + s'h_n \tag{4-27}$$

式中:h_i 为管内流动沸腾表面传热系数,W/(m^2·K);h_s 为液相单独流过管内的强迫对流表面传热系数,W/(m^2·K);h_n 为核态沸腾表面传热系数,W/(m^2·K);f'为由于管内沸腾,液相转化为气相使液相强迫对流换热增强的因子,称为增强系数,$f'>1$;s'为考虑强迫对流和大空间核态沸腾按百分比进行叠加的系数。

在 20 世纪 80 年代初,随着对制冷剂管内流动沸腾换热研究的不断深入,不断改进和完善管内流动沸腾模型,提出了一些适用于多种制冷剂的半经验通用关联式。其影响较大的有:1982 年,夏(Shah)提出的通用关联式;1986 年,冈戈尔(Gungor)和温特劳(Winteron)在大量 R11、R12、R22、R113 和 R114 实验数据的基础上提出的通用关联式;1987 年,凯特里卡(Kandlikar)在他 1983 年提出的

关联式的基础上,进一步提出了经过改进的具有更高精度的通用关联式。支持这个关联式的实验数据有 5 246 个,涉及的工质有水、R11、R12、R13B1、R113、R114、R152a、氮、氖等,在以后的研究中人们发现这个关联式还可用于 R134a。凯特里卡的关联式可表示为

$$\frac{h_i}{h_l}=C_1Co^A(25Fr_l)^B+C_2Bo^CF_l \tag{4-28}$$

其中:

$$h_l=0.023\left[\frac{G(1-x)d_i}{\mu_l}\right]^{0.8}\frac{Pr_l^{0.4}\lambda_l}{d_i}\quad Co=\left(\frac{1-x}{x}\right)^{0.8}\left(\frac{\rho_g}{\rho_l}\right)^{0.5}$$

$$Bo=\frac{q}{Gr}\quad Fr_l=\frac{G^2}{9.8\rho_l^2d_i}$$

式中:h_l 为液相单独流过管内的表面传热系数,W/(m^2 · K);Co 为对流特征数;Bo 为沸腾特征数;Fr_l 为液相弗劳德数;G 为质量流率,kg/(m^2 · s);x 为质量含气率(干度);d_i 为管内径,mm;μ_l 为液相动力黏度,Pa · s;λ_l 为液相热导率,W/(m · K);Pr_l 液相普朗特数;ρ_g、ρ_l 分别为气相及液相密度,kg/m^3;q 为热流密度,W/m^2;r 为汽化潜热,J/kg。F_l 为取决于制冷剂性质的系数,按表 4-2 取值。

表 4-2　各种制冷剂的 F_l 值

制冷剂	F_l	制冷剂	F_l
水	1.00	氦	4.70
R22	2.20	氖	3.50
R152a	1.10	R134a	1.63

式(4-28)中,A、B、C、C_1、C_2 为常数,其值取决于对流特征数 Co 的大小:
当 $Co\leqslant 0.65$ 时,

$$A=-0.9;\quad B=0.3;\quad C=0.7;\quad C_1=1.136;\quad C_2=666.2$$

当 $Co>0.65$ 时,

$$A=-0.2;\quad B=0.3;\quad C=0.7;\quad C_1=0.668\,3;\quad C_2=1\,058.0$$

近年来,蒸发器中广泛采用微细内肋管。管内的微肋数目一般为 60~70,肋高为 0.1~0.2 mm,螺旋角 β 为 10°~30°。其中对传热性能和流动阻力性能影响最大的参数为肋高。微细内肋管有两个突出的优点:与光管相比它可以使管内蒸发表面传热系数增加 1.6~3 倍,压降的增加却只有 1~2 倍,即传热的增强明显大于压降的增加;微肋管与光管相比,单位长度的重量增加得很少,同样换热负荷下材料耗量少。

内微肋还可有其他结构形式,包括复杂结构表面。评价高效强化传热管的指标之一为对流换热增强因子,定义为微肋管表面传热系数与其当量直径光滑管的表面传热系数的比值。由于一些形状复杂的强化传热管的实际传热面积难以准确确定,所以在一般对流换热增强因子中,强化传热管的表面传热系数是按等内径、同样长度光管定义的名义表面传热系数,而不是按实际换热面积定义,故增强因子实际上包括了对换热面积扩展导致的强化传热作用。

当实验数据缺乏时,可由式(4-28)计算流动沸腾的表面传热系数,计算换热器传热系数时,用肋壁传热的有关公式,考虑内表面面积扩展的效果。或者按实际表面传热系数(可以是光管表面传热系数与对流换热增强因子的乘积)计算,计算传热系数时不再考虑表面扩展。由于加工时模具及工艺不同,同一类传热强化管的沸腾表面传热系数有时并不相同,所以若可得到厂家提供的实验数据,应优先采用厂家数据。

2. 单组分制冷剂在板式换热器中的流动沸腾换热

近年来,随着板式换热器的应用向制冷系统的扩展,制冷剂在其内的流动沸腾研究引起了一定关注,但除了各生产厂家的一些为用户提供选型的资料外,迄今尚无通用关联式。有关换热器的一些专门著作,提到的沸腾计算方法基本是基于水流动沸腾的一些经典计算方法,如前述陈氏关联式,尚缺乏对制冷剂的专门试验数据支持。在尚不多见的文献中,2002 年 Hsieh 等对 R134a、R410a 在人字形板片板式换热器内流动沸腾的实验数据关联式可作为设计计算参考,关联式如下:

$$h = 88Bo^{0.5}h_l \tag{4-29}$$

式中:h 为沸腾表面传热系数,$W/(m^2 \cdot K)$;Bo 为沸腾特征数,见式(4-28);h_l 为液相单独流过时的表面传热系数,由下式计算:

$$h_l = 0.209\,2\frac{\lambda_l}{d_e}Re_l^{0.78}Pr_l^{0.33}\left(\frac{\mu_l}{\mu_w}\right)^{0.14} \tag{4-30}$$

式中:$Re_l=\dfrac{Gd_e}{\mu_l}$,为液相雷诺数;d_e 为当量直径,取作板间平均流道宽度的 2 倍,m;μ_l、μ_w 分别为液相黏度及壁温下的液相黏度;其余符号意义同前。

3. 单组分制冷剂在满液式蒸发器中的沸腾换热

制冷剂在水平光管束外大空间内沸腾时,广为采用的计算式仍为米海耶夫大容器饱和沸腾公式,沸腾表面传热系数为

$$h_o = aq^b \tag{4-31}$$

式中的系数 a 和指数 b 与制冷剂种类及热流密度有关,由对制冷剂的实验得出。当热流密度 $q \leqslant 2\,100\ W/m^2$ 时,

对于 R717：$a=103, b=0.25$。

当热流密度 $q>2\ 100\ \mathrm{W/m^2}$ 时，

对于 R717：$a=4.4(1+0.77t_0), b=0.7, t_0$ 为蒸发温度。

对于低肋管，氟利昂的沸腾表面传热系数与光管时相近。

4. 表面式蒸发器空气侧强迫对流换热

(1) 干工况

表面式蒸发器换热过程中，湿空气的含湿量保持不变的工作状况称为干工况。由于叉排管束对流换热性能好于顺排，目前表面式蒸发器多采用叉排。对平直套片叉排的蒸发器，当排数为 4~8 排时，管外对流换热的传热因子由如下的麦克奎勋(McQuistion)关联式计算：

$$j = 0.001\ 4 + 0.261\ 8Re_d^{-0.4}\left(\frac{A_\mathrm{t}}{A_\mathrm{o}}\right)^{-0.15} \tag{4-32}$$

式中：$j=StPr^{2/3}=\dfrac{h_0}{\rho_\mathrm{a}u_{\max}c_p}$为传热因子；$Re_d=\dfrac{\rho_\mathrm{a}u_{\max}d_\mathrm{o}}{\mu_\mathrm{a}}$，为以管外径为特征尺度的空气雷诺数；$\rho_\mathrm{a}$ 为空气的密度，$\mathrm{kg/m^3}$；c_p 为空气的比定压热容；d_o 为管外径，m；μ_a 为空气的黏度，Pa · s；A_t、A_a 分别为总外表面面积与光管管束的外表面面积，$\mathrm{m^2}$。当排数小于 4 时，上式应进行排数修正，计算式为

$$j_N/j = 0.992\left[2.24Re_d^{-0.092}\left(\frac{N}{4}\right)^{-0.031}\right]^{0.607(N-4)} \tag{4-33}$$

式中，N 为管排数。

在做换热器设计计算时，还应求得肋片效率。平直套片的肋片效率可由下式计算：

$$\eta_\mathrm{f} = \frac{\mathrm{th}(mh')}{mh'} \tag{4-34}$$

式中：$m=\sqrt{\dfrac{2h_\mathrm{o}}{\lambda_\mathrm{f}\delta}}$为肋片参数；$\lambda_\mathrm{f}$ 为肋片材料的导热系数，W/(m · K)；δ 为肋片厚度，m；h'为肋片的折合高度，m。

折合高度 h'可按下式计算：

$$h' = \frac{d_\mathrm{o}}{2}(\rho' - 1)(1 + 0.35\ln\rho')$$

对长方形翅片，$\rho'=1.28\rho_m\sqrt{\dfrac{A}{B}-0.2}$，其中 $\rho_m=\dfrac{B}{d_\mathrm{o}}$，其中 A 和 B 是长方形的长边与短边，$A=B$ 时则为正方形。对六角形翅片，$\rho'=1.27\rho_m\sqrt{\dfrac{A}{B}-0.3}$，$\rho_m=\dfrac{B}{d_\mathrm{o}}$，其

中 A 和 B 分别是六角形的长对边距离与短对边距离。正方形肋片及六角形肋片对应于管束的顺排及叉排，如图 4-23 所示。

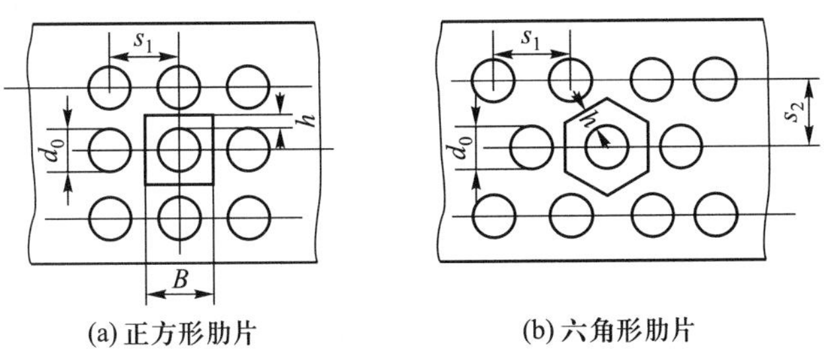

(a) 正方形肋片　(b) 六角形肋片

图 4-23　正方形肋片与六角形肋片

对条缝形、波纹形肋片，有针对性专用关联式，可参见有关文献。

（2）湿工况

当湿空气流过表面式蒸发器时，如翅片表面温度低于空气的露点温度，空气中含有的水蒸气将在翅片表面上凝结，一般称为结露。结露对换热的影响主要表现在：由于液膜的波动，流经蒸发器的表面传热系数将增大；在显热对流换热的同时发生水蒸气凝结的潜热传递，上述两方面的影响使凝露时的总传热系数比干工况时高出 30%～50%。然而，湿工况时肋效率明显下降，最大可下降 30%。由于表面传热系数与翅片效率起着相反的作用，因而总传热系数比干工况时只增加 10%左右。

结露时由于析出的水分附着在翅片表面上，使空气流过蒸发器的阻力大为增加。当液膜连结成为“液桥”时，对传热和流动均不利。因而，湿工况下工作的表面换热器，肋片间距应大于干工况时的肋片间距。在风机功率不变条件下，空气阻力的增加使湿工况下的风量明显低于干工况下的风量。为了解决这一问题，国内外已研制成功亲水膜表面处理技术，在翅片表面上涂覆亲水性的涂层，包括特殊的树脂漆、合成硅石和一些表面活性添加剂。涂覆的方法是对整个翅片管束进行整体浸涂。这些涂覆层的作用是尽可能减小水和翅片表面的润湿角，使凝结水膜极易从翅片表面流下。与不涂覆的翅片比较，经涂覆处理后的翅片表面，其湿工况时的阻力可减小 40%。

当蒸发器表面温度低于水的凝固点时，从湿空气中析出的凝结水还会凝固在表面上形成霜层，表面结霜后对蒸发器性能的影响主要为：在肋片外表面附加了霜层的导热热阻；结霜使肋片间的空气通流截面变窄，在风机功率一定的情况下，由于阻力增大，风量减小，使空气与霜层表面间的对流换热减弱。二者相比较，后者的影响更大。

对于肋片管式蒸发器，霜层厚度随时间的变化可由下式估算：

$$\delta = 1.14(\rho u_{\max})^{0.1}\varphi^{3}C_{t}^{-3}\tau^{0.5} \tag{4-35}$$

式中：$\rho u_{\max}$为最窄截面中的质量流速，kg/(m^2·s)；φ 为空气的相对湿度；C_t = 0.94~0.97，为温度系数；τ 为结霜时间，h。

5. 其他条件下的单相对流换热

(1) 空气自然对流换热

自然对流表面传热系数远小于强迫对流，在计算此类空气冷却器空气侧表面传热系数时，必须同时考虑空冷器表面与外界的辐射换热。因为在室温条件下，辐射换热与自然对流换热处于同一数量级，如计算冷库内冷却排管与空气间的换热时，辐射换热所占的比例就较大，有时可占总换热量的 40%~50%。

冰箱中常见的管板式和吹胀式蒸发器，可以看作是一种复杂的翅片式换热器，其肋化系数仍可定义为蒸发器外表面面积与管外表面面积之比。一般冰箱的管板式蒸发器，其肋化系数在 3.5~4.5 之间，而吹胀式蒸发器的肋化系数在 4.5~6.0 之间。为了精确计算蒸发器外表面的自然对流换热和辐射换热，必须首先计算出外表面（翅片表面）的温度分布，而翅片表面的温度分布又与局部表面传热系数相符合。因此，迄今为止尚无通用的计算方法、目前主要仍依赖经验数据，一般家用冰箱采用的管板式与吹胀式蒸发器的表面传热系数在 11~14 W/(m^2·K)之间（未结霜状态）。

(2) 管内强迫对流换热

制冷机管内的流动多数为湍流，可采用广为应用、形式简单的迪图斯-玻尔特(Dittus-Boelter)公式进行计算，公式为

$$h_{\mathrm{i}} = 0.023\,\frac{\lambda}{d_{\mathrm{i}}}Re_{\mathrm{f}}^{0.8}Pr_{\mathrm{f}}^{0.4} \tag{4-36}$$

式中：λ 为流体的导热系数，W/(m·K)；d_{i} 为管内径，m；定性温度取流体平均温度。计算 Re 时，取 u 为流体的平均速度，m/s。式(4-36)的适用范围是 $Re_{\mathrm{f}}>10^4$ 以及 $Pr_{\mathrm{f}}=0.7\sim2\,500$。如果管道截面不是圆形，特性尺度应取其当量直径 d_{e}，但对偏离圆断面形状较远的通道，最好采用专用关联式。

流体在螺旋管内或螺旋形槽道内流动时，换热过程有所增强，其表面传热系数可先按式(4-36)计算，再乘以由下式计算的校正系数：

$$\varepsilon_R = 1 + 1.77\,\frac{d_{\mathrm{i}}}{R} \tag{4-37}$$

式中，R 为螺旋管的曲率半径，m。

(3) 管束外横向绕流时的对流换热

对于光管束强迫对流，当流体流动方向与管轴线垂直，$Re_{\mathrm{f}} = 200\sim200\,000$

时，平均的表面传热系数可按下列关联式计算。

空气：顺排管束

$$h_o = 0.21\frac{\lambda}{d_o}Re_f^{0.65} \tag{4-38}$$

叉排管束

$$h_o = 0.37\frac{\lambda}{d_o}Re_f^{0.6} \tag{4-39}$$

液体：顺排管束

$$h_o = 0.23\frac{\lambda}{d_o}Re_f^{0.65}Pr_f^{0.33} \tag{4-40}$$

叉排管束

$$h_o = 0.41\frac{\lambda}{d_o}Re_f^{0.6}Pr_f^{0.33} \tag{4-41}$$

计算时取管外径 d_o 为特征尺度，流体的平均温度为定性温度。确定 Re_f 时，取通道最窄截面上的流速 u_{max}。由于前排对后排的扰动，管束表面传热系数随管排数增加而增大。这种影响一般在 10 排以上管束可忽略不计。对于沿流动方向有 n 排管子的管束，上述公式的计算值应乘以管排校正系数 ε_n，具体数值见表 4-3。

表 4-3 管排校正系数 ε_n

总排数	1	2	3	4	5	6	7	8	9	10 以上
ε_n(顺排)	0.64	0.80	0.87	0.90	0.92	0.94	0.96	0.98	0.99	1.0
ε_n(叉排)	0.68	0.75	0.83	0.89	0.92	0.95	0.97	0.98	0.99	1.0

当流体在具有折流板的壳管式换热器管束外流动时，对镗削筒体，表面传热系数为

$$h_o = 0.25\frac{\lambda}{d_o}Re_f^{0.6}Pr_f^{0.33} \tag{4-42}$$

筒体不镗削时，表面传热系数略低，计算公式为

$$h_o = 0.22\frac{\lambda}{d_o}Re_f^{0.6}Pr_f^{0.33} \tag{4-43}$$

计算时取流体的平均温度为定性温度；取管外径为特性尺度；Re_f 按壳体中心线附近管间横流截面上的流速与折流板缺口处流速的几何平均值计算。

4.2.3　蒸发器的传热计算

前面对蒸发器结构方面的知识做了比较详细介绍,这里只对蒸发器的传热计算做一些简单的说明。蒸发器的种类繁多,前面介绍的对流换热计算式并不能涵盖所有,应根据具体涉及对象参阅必要的设计参考资料。

1. 流动压力降

在蒸发器中,被冷却介质的流动阻力直接影响制冷系统的运行工况,因而也影响着系统的经济性。下面对几种典型蒸发器可能涉及的流动压降计算做简要叙述。

(1) 干式壳管式蒸发器

干式壳管式蒸发器中的流动压降,包括管内制冷剂沸腾两相流动压降与壳侧载冷剂的流动压降。管外液体载冷剂纵向混合流动,使用圆缺形折流板时,纵向流速 u_b 是折流板缺口中的流速,如图 4-24 所示。

$$u_b = \frac{q_V}{A_b} \tag{4-44}$$

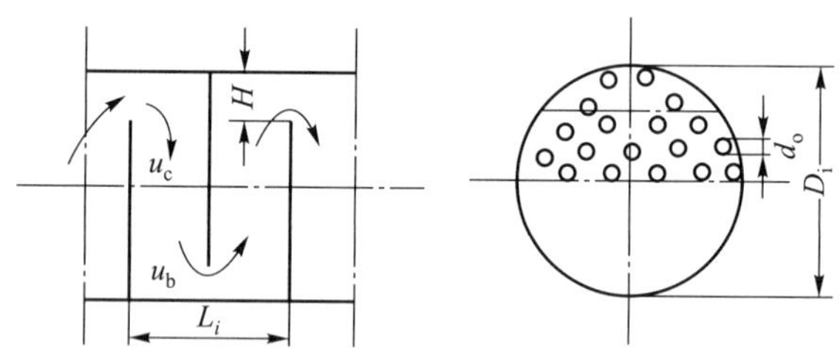

图 4-24　干式壳管式蒸发器壳侧的流通截面

式中:q_V 为体积流量,m^3/s;A_b 为折流板的缺口面积,m^2。横向流速 u_c 为壳体中心线附近的流速,即

$$u_c = \frac{q_V}{A_c} \tag{4-45}$$

式中,A_c 为横向流通面积,m^2。若折流板的缺口高度为 H,其中包含有 n_b 根传热管(图 4-24 中,$n_b=5$),管外径为 d_o,则

$$A_b = K_b D_i^2 - \frac{1}{4} n_b \pi d_o^2 \tag{4-46}$$

式中,K_b 是折流板缺口面积的折算系数,其值见表 4-4。

表 4-4 K_b 的数值

H/D_i	0.15	0.20	0.25	0.30	0.35	0.40	0.45
K_b	0.073 9	0.112	0.154	0.198	0.245	0.293	0.343

如果上、下折流板的缺口面积不同，应取两者的算术平均值。A_c 是壳体直径附近的流通面积，按下式计算：

$$A_c = (D_i - n_c d_o)L \tag{4-47}$$

式中：n_c 为壳体直径附近的管数；L 为折流板间距，m。在蒸发器两端，为了安装进、出口管而使折流板的间距较大，L 应取 L_i（图 4-24）的加权平均值。

载冷剂压降由四部分组成：流经进、出口管接头时的阻力，流经折流板缺口时的阻力，与管子平行流动时的阻力以及横掠管束时的阻力。流经每块折流板缺口时的阻力为

$$\Delta p_b = 0.103\rho u_b^2 \tag{4-48}$$

流体横掠管束时的阻力为

$$\Delta p_c = 2n_c f\rho u_c^2 \tag{4-49}$$

阻力系数 f 与管子的中心距 s 及流体的流动情况有关，层流（$Re<100$）时

$$f = \frac{15}{Re\dfrac{s-d_o}{d_o}}$$

湍流时

$$f = \frac{0.75}{\left(Re\dfrac{s-d_o}{d_o}\right)^{0.2}}$$

其余两项阻力按一般的公式计算。

制冷剂在管内流动沸腾的压力降包括沿程阻力 Δp_l 及局部阻力 Δp_m 两部分，即

$$\Delta p = \Delta p_l + \Delta p_m \tag{4-50}$$

其中

$$\Delta p_l = \frac{1}{2}\psi_R fN\frac{1}{d_i}u_g^2\rho_g \tag{4-51}$$

式中：f 为沿程阻力系数；l 为传热管的长度，m；d_i 为管内径，m；u_g 为制冷剂饱和蒸气的流速，m/s；ρ_g 为制冷剂饱和蒸气的密度，kg/m^3；ψ_R 为两相流动阻力换算系数，与制冷剂的种类及质量流速有关，数值见表 4-5。

表 4-5 两相流动时 R22 的流动阻力换算系数

$u_g\rho_g$/[kg/(m·s)]	40	60	80	100	150	200	300	400
ψ_R	0.53	0.587	0.632	0.67	0.75	0.82	0.98	1.20

沿程阻力系数 f 为

$$f=\frac{0.3164}{Re_g^{0.25}} \tag{4-52}$$

式中,Re_g 为对应于单根管内平均流速的制冷剂饱和蒸气雷诺数,特征尺度为管内径。

实验表明,沿程阻力占总阻力的 20%~50%,因而总阻力为

$$\Delta p=(2-5)\Delta p_l \tag{4-53}$$

(2) 表面式蒸发器空气流动压降

空气横向流过整体肋片管式换热器时,流动压降可由下式计算:

$$\Delta p=\frac{fq_{m,\max}^2 n}{2\rho} \tag{4-54}$$

式中:$q_{m,\max}$ 为最小流通断面处空气的单位面积质量流量,kg/(m^2·s);n 为管排数;ρ 为以平均温度为定性温度的空气密度,kg/m^3;f 为摩擦阻力系数,由下式计算:

$$f=1.463\left(\frac{d_e q_{m,\max}}{\mu}\right)^{-0.245}\left(\frac{s_1-d_o}{d_o}\right)^{-0.9}\left(\frac{s_1-d_o}{s}+1\right)^{0.7}\left(\frac{d_e}{d_o}\right)^{0.9} \tag{4-55}$$

式中:μ 为空气的黏度,Pa·s;d_o 为光管外径,m;s_1 为管间距,m;s 为肋片间距,m;d_e 为当量直径,按下式计算:

$$d_e=\frac{A_o d_o+A_f\sqrt{A_f/2n_f}}{A_o+A_f} \tag{4-56}$$

式中:A_o、A_f 分别为单位长度光管面积及单位管长的肋片面积,m^2;n_f 为单位管长的肋片数。

2. 蒸发器设计的一般原则

(1) 满液式蒸发器

这种蒸发器结构简单,可用于封闭式盐水循环中。设计满液式蒸发器时,先给定制冷剂种类,压缩机形式、压缩机的额定运行工况,并按这些给定的条件确定蒸发器的传热面积和结构。

设计时,几个主要参数的选择如下。

1）结构形式　满液式蒸发器中，制冷剂液体由底面或侧面进入，产生的蒸气从上部引出。为了使蒸气中的液滴分离出来，小型蒸发器常在壳体上部焊接一个气包，大型蒸发器则在上部留出一定的分离空间或装有分离挡板等液滴分离装置。蒸发器运转时应有 1~3 排管子露在液面以上，以防止液滴带出。这几排管子会被蒸气带上来的液体润湿，仍能起传热管的作用。在氨蒸发器中一般采用钢管，在氟利昂蒸发器中常采用低螺纹铜管。

2）盐水与水流速度的选择　氨蒸发器常用于冷却盐水，由于盐水对钢管的腐蚀性较大，故选用的流速较低，约为 0.5~1.5 m/s。氟利昂蒸发器用于冷却淡水，蒸发管采用低螺纹管或锯齿形柱片管，水在管内的流速约为 2.0~2.5 m/s。

3）水在蒸发器内的温降　水在蒸发器内的温降一般在 4~5 ℃之间。降温过大会使水与制冷剂之间的传热温差减小，传热面积增大。温降过小会使水流量增大，水泵耗功增加。

（2）干式壳管式蒸发器

干式壳管式蒸发器具有制冷剂填充量少，便于把蒸发器中的润滑油排回压缩机等优点。由于载冷剂在管外，所以冷损较小，并且还可减少冻结的危险性。在制冷系统中不用储液器，因而机组的重量和体积较小。但这种蒸发器有载冷剂侧泄漏较严重、制冷剂在管内分配不均匀等缺点。

设计时应给定额定工况下的制冷量，然后根据以下原则选择主要参数。

1）制冷剂质量流速的选择　在额定工况下，制冷剂质量流速的选择对于干式蒸发器的设计具有重要的意义。质量流速愈大，制冷剂在管内蒸发时的换热系数愈高，因而传热性能提高，但制冷剂在管内的阻力也增加，这将使制冷剂的进出口的温差增大。在制冷剂出口温度不变的前提下，制冷剂入口温度的提高将使制冷剂与载冷剂之间的对数平均温差减小。因此，存在一个最佳质量流速，此时单位面积的热流量为最大值，这就是干式蒸发器存在最佳设计的概念。因为最佳质量流速与管子的规格及流程数等因素有关，故最佳设计方案要通过多次计算和比较才能确定。考虑管内沸腾的压降后，顺流布置的平均温差大于逆流的平均温差，因此应尽可能使蒸发管的布置为顺流。

2）流程数的选择　流程数的选择与管型有关。采用内肋管时，一般都选二流程的 U 形管结构，可以防止制冷剂转向时产生的气液分离现象。采用光管时，可选择四流程或六流程。

3）载冷剂降温的选择　在氟利昂水冷却器中，水侧的温降一般为 4~6 ℃。

4）载冷剂侧折流板数的选择　在干式壳管式蒸发器中，载冷剂在管外流动。为了保证载冷剂横向流过管束时有一定的流速（0.5~1.0 m/s），必须沿筒体轴向布置一定数量的折流板。折流板数应根据载冷剂横向流过管束时的平均流速决定。圆缺形折流板的缺口尺寸对管外侧载冷剂的换热效果影响很大,缺口愈小传热效果愈好,但相应的阻力愈大,因此选择缺口尺寸时应做全面的考虑。

(3) 表面式蒸发器主要参数的选择

已知冷却器所处理的空气量、空气进出口参数后,需要选取的主要参数有:

1) 结构参数　一般采用以下数据:管直径为 10~20 mm;肋化系数为 10~15;肋片高度为 10~12 mm;肋片厚度为 0.2~0.4 mm;肋片间距为 3~4 mm,如结霜则可达 6~8 mm;肋管排数一般取 4 或 6 排;每一回路的肋管长度不超过 12 m。

2) 用于空气调节的冷却器常采用正三角形排列的管束,制冷剂为氨时用钢管钢肋片,制冷剂为氟利昂时用铜管,肋片为铜肋片或铝肋片。

3) 空气流速较大时可提高换热系数,但空气阻力也增加,并产生空气带水的现象。一般迎面风速取 1.5~3 m/s,空气流经最窄截面的流速取 3~6 m/s。

3. 蒸发器传热计算实例:

例 4-1　已知某制冷循环,制冷量 $\phi_0=10$ kW;制冷剂采用 R134a,蒸发温度 5 ℃,制冷剂质量流量 $q_{m,r}=0.062$ kg/s,,蒸发器出口为 9 ℃的过热蒸气,蒸发器入口制冷剂干度 $x=0.3$;水进口温度为 16 ℃,出口温度为 10 ℃。选择整体钎焊板式换热器为蒸发器,试作设计计算。

解　(1) 初选蒸发器形式及其参数

选型:瑞典 SWEP 公司生产的 B26 型板式换热器。

参数:接口直径为 25.4 mm;长 $a=77$ mm,宽 $b=177$ mm,高 $h=524$ mm;板片总数为 20 片,共 19 个流道,其中 9 个 R134a 流道,10 个水流道。

(2) 水流量

查表得:$h_{16\ ℃}=67.13$ kJ/kg,$h_{10\ ℃}=42.00$ kJ/kg。水的质量流量为

$$q_{m,w}=\frac{\phi_0}{h_{16\ ℃}-h_{10\ ℃}}=\frac{10\ \text{kW}\times 1\ 000}{67.13\ \text{kJ/kg}-42\ \text{kJ/kg}}=0.398\ \text{kg/s}\approx 0.4\ \text{kg/s}$$

(3) 计算平均温差

蒸发段:因换热器一侧主要以蒸发温度 5 ℃为主,所以可将其作为 R134a 的进口温度,蒸发段和过热段分界点处水的焓值如下:

对于 5 ℃的 R134a,饱和液态和气态的焓值分别为 $h'=55.98$ kJ/kg、$h''=250.7$ kJ/kg。则

$$h=h_{10\ ℃}+\frac{q_{m,r}(h''-h')(1-x)}{q_{m,w}}$$

$$= 42.00\ \text{kJ/kg} + \frac{0.062\ \text{kg/s} \times (250.7\ \text{kJ/kg} - 55.98\ \text{kJ/kg}) \times (1 - 0.3)}{0.4\ \text{kg/s}}$$

$$= 63.30\ \text{kJ/kg}$$

对应的水的温度 $t = 15.1\ ℃$。蒸发段水的平均温度为

$$t_{\text{ave}} = 0.5 \times (15.1\ ℃ + 10\ ℃) = 12.5\ ℃$$

则蒸发段平均温差为

$$\Delta t_{\text{e}} = 12.5\ ℃ - 5℃ = 7.5\ ℃$$

过热段：

$$\Delta t_{\min} = t_{w,\text{in}} - t_{r,\text{out}} = 16\ ℃ - 9\ ℃ = 7\ ℃$$

$$\Delta t_{\max} = t - t_{\text{e}} = 15.1\ ℃ - 5\ ℃ = 10.1\ ℃$$

对数平均温差

$$\Delta t_{\text{s}} = \frac{\Delta t_{\max} - \Delta t_{\min}}{\ln \dfrac{\Delta t_{\max}}{\Delta t_{\min}}} = \frac{10.1\ ℃ - 7\ ℃}{\ln \dfrac{10.1\ ℃}{7\ ℃}} = 8.4\ ℃$$

（4）体积流量

水的体积流量

$$q_{V,\text{w}} = \frac{q_{m,\text{w}}}{\rho_{\text{w}}} = \frac{0.4\ \text{kg/s}}{1\ 000\ \text{kg/m}^3} = 4 \times 10^{-4}\ \text{m}^3/\text{s}$$

制冷剂液相体积流量

$$q_{V,l} = \frac{q_{m,\text{r}}}{\rho_{\text{r},l}} = \frac{0.062\ \text{kg/s}}{1\ 388\ \text{kg/m}^3} = 4.47 \times 10^{-5}\ \text{m}^3/\text{s}$$

制冷剂气相体积流量

$$q_{V,\text{v}} = \frac{q_{m,\text{r}}}{\rho_{\text{r,v}}} = \frac{0.062\ \text{kg/s}}{16.67\ \text{kg/m}^3} = 3.72 \times 10^{-3}\ \text{m}^3/\text{s}$$

（5）换热器的实际面积

每块板的面积

$$A_i = bh = 0.117\ \text{m} \times 0.524\ \text{m} = 0.061\ 3\ \text{m}^2$$

整个蒸发器的有效换热面积

$$A = (20 - 1)A_i = 19 \times 0.061\ 3\ \text{m}^2 = 1.164\ 9\ \text{m}^2$$

（6）传热系数的计算

查 AISI316 板片材料，其厚度为 0.4 mm，板间距 $\delta = 2.25$ mm，当量直径 $d_{\text{e}} = 2\delta = 4.5$ mm。单通道横截面积

$$A_{\text{s}} = b\delta = 0.117\ \text{m} \times 0.002\ 25\ \text{m} = 2.633 \times 10^{-4}\ \text{m}^2$$

水的流速

$$w_{w}=\frac{q_{V,w}}{(10A_{s})}=\frac{0.0004\ m^{3}/s}{(10\times0.0002633\ m^{2})}=0.1519\ m/s$$

根据水的平均温度查表得其物性为：密度 $\rho=999.3\ kg/m^3$，比定压热容 $c_p=4\ 189\ J/(kg\cdot K)$，导热系数 $\lambda=0.582\ W/(m\cdot K)$，运动黏度 $\nu=1.22\times10^{-6}\ m^2/s$，普朗特数 $Pr=8.77$。则

$$Re_{w}=\frac{w_{w}d_{e}}{\nu}=\frac{0.1519\times0.0045}{1.22\times10^{-6}}=562.3$$

$$Nu_{w}=0.2121\ Re_{w}^{0.78}Pr^{1/3}=0.2121\times562.3^{0.78}\times8.77^{1/3}=61.07$$

由 $$Nu=hd_{e}/\lambda\ 得\ h=\lambda Nu/d_{e}，所以$$

$$h_{w}=0.582\times61.07/0.0045\ W/(m^{2}\cdot K)=7\ 898.8\ W/(m^{2}\cdot K)$$

制冷剂侧分蒸发段和过热段两段考虑。

1）蒸发段

平均温度就是蒸发温度，此温度时 R134a 的物性为

$$\rho_{l}=1\ 388\ kg/m^{3},\rho_{v}=16.67\ kg/m^{3}$$

$$r=194\ kJ/kg(汽化潜热)$$

$$\lambda_{l}=0.093\ W/(m\cdot K),\lambda_{v}=0.0125\ W/(m\cdot K)$$

$$\mu_{l}=250\times10^{-6}\ Pa\cdot s,\mu_{v}=11.4\times10^{-6}\ Pa\cdot s$$

$$Pr_{l}=3.8,Pr_{v}=0.8$$

沸腾的表面传热系数为

$$h_{r,e}=h_{r,l}\times88Bo^{0.5}$$

式中，角标 r 代表制冷剂，e 代表蒸发，l 代表液相。又

$$Bo=\frac{q}{Gr}$$

其中：

热流密度 $$q=\frac{\phi_{0}}{A}=\frac{10\ 000\ W}{1.1649\ m^{2}}=8\ 584.8\ W/m^{2}$$

质量流速 $$G=\frac{q_{m,r}}{9A_{s}}=\frac{0.062\ kg/s}{9\times0.0002633\ m^{2}}=26.17\ kg/(m^{2}\cdot s)$$

所以 $$Bo=\frac{q}{Gr}=\frac{8\ 584.8\ W/m^{2}}{26.17\ kg/(m^{2}\cdot s)\times194\ 000\ J/kg}=1.691\times10^{-3}$$

液相表面传热系数

$$h_{r,l}=0.2092\frac{\lambda_{l}}{d_{e}}Re^{0.78}Pr^{0.33}\left(\frac{\mu_{ave}}{\mu_{wall}}\right)^{0.14}\quad（可以认为\frac{\mu_{ave}}{\mu_{wall}}近似为 1）$$

$$Re=\frac{Gd_e}{\mu_l}=\frac{26.17\ \text{kg}/(\text{m}^2\cdot\text{s})\times 0.0045\ \text{m}}{0.00025\ \text{Pa}\cdot\text{s}}=471.0$$

所以

$$h_{r,l}=0.2092\times\frac{0.093\ \text{W}/(\text{m}\cdot\text{K})}{0.0045\ \text{m}}\times 471^{0.78}\times 3.8^{0.33}$$

$$=816.9\ \text{W}/(\text{m}^2\cdot\text{K})$$

$$h_{r,e}=816.9\ \text{W}/(\text{m}^2\cdot\text{K})\times(88\times 0.001691)^{0.5}$$

$$=2956.1\ \text{W}/(\text{m}^2\cdot\text{K})$$

2）过热段

过热段为单相气体流动，由平均温度查制冷剂过热蒸气图表得：$\rho=16.67\ \text{kg/m}^3$，$\lambda=0.0125\ \text{W}/(\text{m}\cdot\text{K})$，$\mu=11.4\times10^{-6}\ \text{Pa}\cdot\text{s}$，$Pr=0.8$。而

$$Re=\frac{Gd_e}{\mu}=\frac{2.6169\ \text{kg}/(\text{m}^2\cdot\text{s})\times 0.0045\ \text{m}}{0.0000114\ \text{Pa}\cdot\text{s}}=10\,329.7$$

$$Nu_{r,s}=0.2121\,Re^{0.78}Pr^{1/3}=0.2121\times 10\,329.7^{0.78}\times 0.8^{1/3}=266.2$$

$$h_{r,s}=\lambda Nu_{r,o}/d_e=0.0125\ \text{W}/(\text{m}\cdot\text{K})\times 266.2/0.0045\ \text{m}$$

$$=739.5\ \text{W}/(\text{m}^2\cdot\text{K})$$

3）污垢热阻的确定

由于板式换热器高度湍流，且水温在 5～16 ℃ 间不易结垢，垢层一般比较薄。由经验知，板式换热热阻不到管壳式换热器的一半，在设计校核时其数值应不大于管壳式换热器公开发表的污垢热阻的 1/5，即有 $R_w=0.00012\ \text{m}^2\cdot\text{K/W}$，$R_{r,e}=0.00006\ \text{m}^2\cdot\text{K/W}$，$R_{r,s}=0.00008\ \text{m}^2\cdot\text{K/W}$。

4）总传热系数

蒸发段：

$$k_e=\frac{1}{\dfrac{1}{h_w}+R_w+\dfrac{\delta}{\lambda}+R_{r,e}+\dfrac{1}{h_{r,e}}}$$

$$=\frac{1}{\dfrac{1}{7898.8\ \text{W}/(\text{m}^2\cdot\text{K})}+0.00012\ \text{m}^2\cdot\text{K/W}+0+0.00006\ \text{m}^2\cdot\text{K/W}+\dfrac{1}{2956.1\ \text{W}/(\text{m}^2\cdot\text{K})}}$$

$$=1550.6\ \text{W}/(\text{m}^2\cdot\text{K})$$

过热段：

$$k_s=\frac{1}{\dfrac{1}{h_w}+R_w+\dfrac{\delta}{\lambda}+R_{r,s}+\dfrac{1}{h_{r,s}}}$$

$$= \frac{1}{\frac{1}{7\ 898.8\ \mathrm{W/(m^2 \cdot K)}} + 0.000\ 12\ \mathrm{m^2 \cdot K/W} + 0 + 0.000\ 08\ \mathrm{m^2 \cdot K/W} + \frac{1}{739.5\ \mathrm{W/(m^2 \cdot K)}}}$$

$= 595.6\ \mathrm{W/(m^2 \cdot K)}$

（7）换热面积

蒸发段：

$$\phi_e = (1-x)(h''-h')G_r = 8.475\ 4\ \mathrm{kW}$$

$$A_e = \frac{\phi_e}{k_e \Delta t_e} = \frac{8\ 475.4\ \mathrm{kW}}{1\ 550.6\ \mathrm{W/(m^2 \cdot K)} \times 7.5\ ℃} = 0.724\ 7\ \mathrm{m^2}$$

过热段：

$$A_o = \frac{\phi_s}{k_s \Delta t_s} = \frac{10\ 000\ \mathrm{kW} - 8\ 475.4\ \mathrm{kW}}{595.6\ \mathrm{W/m^2 \cdot K} \times 8.4\ ℃} = 0.303\ 0\ \mathrm{m^2}$$

总面积：

$$A' = 1.1(A_e + A_s) = 1.1 \times (0.724\ 7\ \mathrm{m^2} + 0.303\ 0\ \mathrm{m^2}) = 1.130\ 5\ \mathrm{m^2}$$

$A'<A$,所以选用此板式换热器可以胜任传热负荷。

（8）流动阻力的计算

板式换热器的流动阻力主要包括摩擦阻力、局部阻力、加速阻力和重力阻力等,采用的基本公式为

$$\Delta p = 4f \frac{L}{d_e} \frac{\rho w^2}{2}$$

式中,L 为流道长度,此处认为是 0.524 m。

1）摩擦阻力

（a）水侧

$$Re_w = 562.3$$

$$f = 9.67/Re_w^{0.22} = 9.67/562.3^{0.22} = 2.40$$

$$\Delta p_w = 4 \times 2.40 \times \frac{0.524}{0.004\ 5} \times \frac{999.3 \times 0.151\ 9}{2}\ \mathrm{kPa} = 12.90\ \mathrm{kPa}$$

（b）制冷剂侧

制冷剂的流量为 0.062 kg/s。

每个流道平均干度下的气相质量流量:$0.062\ \mathrm{kg/s} \times 0.65/9 = 4.478 \times 10^{-3}\ \mathrm{kg/s}$。

每个流道平均干度下的液相质量流量:$0.062\ \mathrm{kg/s} \times 0.35/9 = 2.411 \times 10^{-3}\ \mathrm{kg/s}$。

	流速 $w/(m/s)$	Re	Re_{eq}	f	$\Delta p/Pa$
气相	1.020	6 714.3	42 173.8	0.101	406.97
液相	6.499×10^{-3}	164.86	1 035.3	1.04	146.16

表中：
$$Re_{eq}=Re\left[1-x+x\left(\frac{\rho_l}{\rho_v}\right)^{0.5}\right]$$

临界雷诺数为 1 000，则气相为湍流，液相为层流，属于 ϕ_{LT}型。

马丁尼列参数

$$X_{LT}^2=\frac{\Delta p_l}{\Delta p_v}=\frac{146.16}{407.97}=0.358\ 3$$

摩阻分液相表观系数

$$\phi_{LT}^2=1+\frac{12}{X_{LT}}+\frac{1}{X_{LT}^2}=1+\frac{12}{0.598\ 6}+\frac{1}{0.358\ 3}=23.84$$

$$\Delta p_r=\phi_{LT}^2\Delta p_l=23.84\times146.16\ kPa=3.484\ kPa$$

2）流动阻力估算

在各项阻力中，最主要的是摩擦阻力，加速阻力及重力阻力很小，局部阻力约占总阻力的 10%～60%，所以冷凝的阻力可按 $\Delta p=(1.1\sim1.6)\Delta p_r$计算，此处取系数为 1.3。则：

水侧 $\Delta p_w=1.3\times12.90\ kPa=16.77\ kPa$

制冷剂侧 $\Delta p_r=1.3\times3.484\ kPa=4.529\ kPa$

通过计算，说明 SWEP 公司的板式换热器板数取 20 符合要求，压降也比较小，可以接受。

例 4-2 试对一台表面式空气冷却器的蒸发器进行计算。已知：进口空气的干球温度 $t_{a1}=27$ ℃、湿球温度 $t_{s1}=19.5$ ℃；管内 R22 的蒸发温度 $t_0=5$ ℃，当地大气压力 $p_B=101.32$ kPa。要求出口空气的干球温度 $t_{a2}=17.5$ ℃、湿球温度 $t_{s2}=14.6$ ℃，蒸发器的制冷量 $\phi_0=11\ 600$ W。

解 （1）选定蒸发器的结构参数

选用 $\phi10$ mm×0.7 mm 的紫铜管，翅片选用厚为 $\delta_f=0.2$ mm 的铝套片，热导率为 $\lambda_f=237$ W/(m·K)，翅片间距 $s_f=2.2$ mm。管束按正三角形叉排排列，垂直于流动方向的管间距 $s_1=25$ mm，沿流动方向的管排数 $n_L=4$，迎面风速 $u_f=2.5$ m/s。

（2）计算几何参数

翅片为平直套片，考虑套片后的管外径为

$$d_b=d_0+2\delta_f=10\ mm+2\times0.2\ mm=10.4\ mm$$

以图 4-23b 所示的计算单元为基准进行计算，沿气流流动方向的管间距为

$$s_2 = s_1\cos30° = 25\ \text{mm} \times 0.866 = 21.65\ \text{mm}$$

沿气流方向套片的长度

$$L = 4s_2 = 4 \times 21.65\ \text{mm} = 86.6\ \text{mm}$$

每米管长翅片的外表面面积

$$a_f = 2\left(s_1 s_2 - \frac{\pi}{4}d_b^2\right)\frac{1}{s_f} = 2 \times [0.025\ \text{m} \times 0.021\ 65\ \text{m} - 0.25\pi \times (0.010\ 4\ \text{m})^2]/0.002\ 2\ \text{m} = 0.414\ 8\ \text{m}^2/\text{m}$$

每米管长翅片间的管子表面面积

$$a_b = \pi d_b(s_f - \delta_f)\frac{1}{s_f} = \pi \times 0.010\ 4\ \text{m} \times (0.002\ 2\ \text{m} - 0.000\ 2\ \text{m})/0.002\ 2\ \text{m} = 0.029\ 7\ \text{m}^2/\text{m}$$

每米管长的总外表面面积

$$a_{of} = a_f + a_b = 0.414\ 8\ \text{m}^2/\text{m} + 0.029\ 7\ \text{m}^2/\text{m} = 0.444\ 5\ \text{m}^2/\text{m}$$

每米管长的外表面面积

$$a_{bo} = \pi d_b \times 1 = 0.010\ 4\ \text{m}\pi = 0.032\ 67\ \text{m}^2/\text{m}$$

每米管长的内表面面积

$$a_i = \pi d_i \times 1 = 0.008\ 6\ \text{m}\pi = 0.027\ 02\ \text{m}^2/\text{m}$$

每米管长平均直径处的表面面积

$$a_m = \pi d_m \times 1 = 0.5 \times (0.010\ 4\ \text{m} + 0.008\ 6\ \text{m})\pi = 0.029\ 845\ \text{m}^2/\text{m}$$

由以上计算得

$$a_{of}/a_{bo} = 0.111\ 5\ \text{m}^2/\text{m}/0.032\ 67\ \text{m}^2/\text{m} = 13.606$$

（3）计算空气侧干表面传热系数

1）空气的物性

空气的平均温度为

$$t_a = \frac{t_{a1} + t_{a2}}{2} = \frac{27\ ℃ + 17.5\ ℃}{2} = 22.25\ ℃$$

空气在此温度下的物性约为 $\rho_a = 1.196\ 6\ \text{kg/m}^3$，$c_{pa} = 1\ 005\ \text{J/(kg} \cdot \text{K)}$，$Pr_a = 0.702\ 6$，$\nu_a = 15.88\times10^{-6}\ \text{m}^2/\text{s}$。

2）最窄界面处的空气流速

$$w_{max} = w_f \frac{s_1 s_f}{(s_1 - d_b)(s_f - \delta_f)}$$

$$= 2.5\ \text{m/s} \times \frac{25\ \text{mm} \times 2.2\ \text{mm}}{(25\ \text{mm} - 10.4\ \text{mm}) \times (2.2\ \text{mm} - 0.2\ \text{mm})}$$

$$= 4.7\ \text{m/s}$$

3）空气侧干表面传热系数

空气侧干表面传热系数可用式(4-32)计算：

$$j = 0.001\ 4 + 0.261\ 8 Re_{\text{d}}^{-0.4} \left(\frac{a_{\text{of}}}{a_{\text{bo}}}\right)^{-0.15}$$

$$= 0.001\ 4 + 0.261\ 8 \left(\frac{u_{\max} d_{\text{b}}}{\nu_{\text{a}}}\right)^{-0.4} \left(\frac{a_{\text{of}}}{a_{\text{bo}}}\right)^{-0.15}$$

$$= 0.001\ 4 + 0.261\ 8 \times \left(\frac{4.7\ \text{m/s} \times 0.010\ 4\ \text{m}}{15.88 \times 10^{-6}\ \text{m/s}}\right)^{-0.4} \times 13.606^{-0.15}$$

$$= 0.008\ 52$$

$$h_{\text{o}} = \frac{j\rho_{\text{a}} u_{\max} c_{pa}}{Pr_{\text{a}}^{2/3}}$$

$$= \frac{0.008\ 52 \times 1.196\ 6\ \text{kg/m}^3 \times 4.7\ \text{m/s} \times 1\ 005\ \text{J/(kg} \cdot \text{K)}}{0.702\ 6^{2/3}}$$

$$= 61.02\ \text{W/(m}^2 \cdot \text{K)}$$

（4）确定空气在蒸发器内的状态变化过程

根据给定的空气进出口温度，由湿空气的焓湿图（图 4-25）可得 $h_1 = 55.6$ kJ/kg，$h_2 = 40.7$ kJ/kg，$d_1 = 11.1$ g/kg，$d_2 = 9.2$ g/kg。

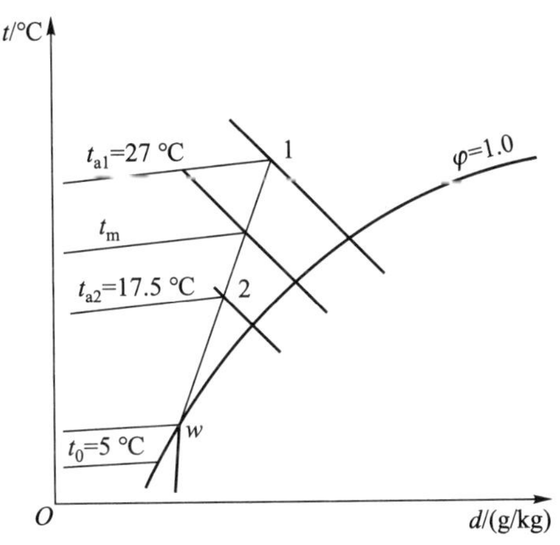

图 4-25 湿空气的状态变化

在图 4-25 上连接空气的进出口状态点 1 和点 2,并延长与饱和空气线($\varphi=1.0$)相交于点 w,该点的参数是 $h''_w=29.5\ \mathrm{kJ/kg}$,$t_w=9\ ℃$,$d''_w=7.13\ \mathrm{g/kg}$。

在蒸发器中,空气的平均比焓为

$$h_m = h''_w + \frac{h_1 - h_2}{\ln \dfrac{h_1 - h''_w}{h_2 - h''_w}}$$

$$= 29.5\ \mathrm{kJ/kg} + \frac{55.6\ \mathrm{kJ/kg} - 40.7\ \mathrm{kJ/kg}}{\ln \dfrac{55.6\ \mathrm{kJ/kg} - 29.5\ \mathrm{kJ/kg}}{40.7\ \mathrm{kJ/kg} - 29.5\ \mathrm{kJ/kg}}}$$

$$= 47.1\ \mathrm{kJ/kg}$$

在焓湿图上按过程线与 $h_m=47.1\ \mathrm{kJ/kg}$ 线的交点读得 $t_m=21.4\ ℃$,$d_m=10\ \mathrm{g/kg}$。

析湿系数可由下式确定:

$$\xi = 1 + 2.46\frac{d_m - d''_w}{t_m - t_w} = 1 + 2.46\ ℃\cdot\mathrm{kg/g}\times\frac{10\ \mathrm{g/kg} - 7.13\ \mathrm{g/kg}}{21.4\ ℃ - 9\ ℃} = 1.57$$

(5) 循环空气量的计算

$$q_m = \frac{\phi_0}{h_1 - h_2} = \frac{11.6\ \mathrm{W}\times 3\ 600\ \mathrm{s/h}}{55.6\ \mathrm{kJ/kg} - 47.1\ \mathrm{kJ/kg}} = 2\ 803\ \mathrm{kg/h}$$

进口状态下空气的比体积可由下式确定:

$$v_1 = \frac{R_a T_1(1 + 0.001\ 6 d_1)}{P_B} =$$

$$\frac{287.4\times(273+27)(1+0.001\ 6\times 11.1)}{101\ 320}\ \mathrm{m^3/kg} = 0.866\ \mathrm{m^3/kg}$$

故循环空气的体积流量为

$$q_{V,a} = q_m v_1 = 2\ 803\ \mathrm{kg/h}\times 0.866\ \mathrm{m^3/kg} = 2\ 427\ \mathrm{m^3/h}$$

(6) 空气侧当量表面传热系数的计算

当量表面传热系数

$$h_j = \xi h_o \frac{\eta_f a_f + a_b}{a_f + a_b}$$

对于正三角形叉排排列的平直套片管束,翅片效率 η_f 可由式(4-34)计算,叉排翅片可视为正六角形,且此时翅片的长对边距离和短对边距离之比为 $\dfrac{A}{B}=1$,且 $\rho_m=\dfrac{B}{d_b}$,故

$$\rho' = 1.28\rho_m\sqrt{\frac{A}{B} - 0.3} = 1.28 \times \frac{25\ \text{mm}}{10.4\ \text{mm}} \times \sqrt{1 - 0.3} = 2.554$$

肋片折合高度为

$$h' = \frac{d_b}{2}(\rho' - 1)(1 + 0.35\ln\rho') = \frac{10.4\ \text{mm}}{2} \times (2.554 - 1) \times$$

$$(1 + 0.35 \times \ln 2.554) = 10.735\ \text{mm}$$

$$m = \sqrt{\frac{2h_o\xi}{\lambda_f\delta_f}} = \sqrt{\frac{2 \times 61.02 \times 1.57}{237 \times 0.2 \times 10^{-3}}}\ \text{m}^{-1} = 63.57\ \text{m}^{-1}$$

故在凝露工况下的翅片效率为

$$\eta_f = \frac{\text{th}(mh')}{mh'} = \frac{\text{th}(63.57\ \text{m}^{-1} \times 0.010\ 735\ \text{m})}{63.57\ \text{m}^{-1} \times 0.010\ 735\ \text{m}} = 0.869\ 1$$

当量表面传热系数为

$$h_j = 1.57 \times 61.02\ \text{W/(m}^2 \cdot \text{K)} \times \frac{0.869\ 1 \times 0.414\ 8\ \text{m}^2\text{/m} + 0.029\ 7\ \text{m}^2\text{/m}}{0.414\ 8\ \text{m}^2\text{/m} + 0.029\ 7\ \text{m}^2\text{/m}}$$

$$= 84.02\ \text{W/(m}^2 \cdot \text{K)}$$

(7) 管内 R22 蒸发时表面传热系数的计算

R22 在 t_0 = 5 ℃时的物性为:饱和液体的比定压热容 $c_{p,l}$ = 1.198 kJ/(kg · K),饱和蒸气的比定压热容 $c_{p,g}$ = 0.658 kJ/(kg · K),饱和液体的密度 ρ_l = 1 267.40 kg/m^3,饱和蒸气的密度 ρ_g = 25.53 kg/m^3,汽化潜热 r = 201.16 kJ/kg,饱和压力 p_s = 583.78 kPa,表面张力 $\sigma = 1.12\times10^{-2}$ N/m,液体的动力黏度 $\mu_l = 256\times10^{-6}$ Pa · s,蒸气的动力黏度 $\mu_g = 8.42\times10^{-6}$ Pa · s,液体的导热系数 $\lambda_l = 93\times10^{-13}$ W/(m · K),蒸气的导热系数 $\lambda_g = 10.9\times10^{-13}$ W/(m · K),液体的普朗特数 Pr_l – 3.29,蒸气的普朗特数 Pr_v = 0.735。

R22 在管内蒸发的表面传热系数可由式(4-28)计算。已知 R22 进入蒸发器时的干度 x_1 = 0.16、出口干度 x_2 = 1.0,则 R22 的总质量流量为

$$q_m = \frac{\phi_0 \times 3\ 600}{r(x_2 - x_1)} = \frac{11.6\ \text{W} \times 3\ 600\ \text{s/h}}{201.16\ \text{kJ/kg} \times (1.0 - 0.16)} = 247.1\ \text{kg/h}$$

作为迭代计算的初值,取 q_i = 11.8 kW/m^2,R22 在管内的质量流速为 q_i' = 100 kg/(m^2 · s),则总的流通截面面积为

$$A = \frac{q_m}{3\ 600\ q_i'} = \frac{247.1\ \text{kg/h}}{3\ 600\ \text{s/h} \times 100\ \text{kg/(m}^2 \cdot \text{s)}} = 6.865 \times 10^{-4}\ \text{m}^2$$

每根管子的有效流通截面面积为

$$A_i = \frac{\pi d_i^2}{4} = \frac{\pi \times (0.008\ 6\ \text{m})^2}{4} = 5.8 \times 10^{-5}\ \text{m}^2$$

蒸发器的分路数

$$Z = \frac{A}{A_i} = \frac{6.865 \times 10^{-4}\ \text{m}^2}{5.8 \times 10^{-5}\ \text{m}^2} = 11.81$$

取 $Z=11$,则每一分路中 R22 的质量流量为

$$q_{m,\text{d}} = \frac{q_m}{Z} = \frac{247.1\ \text{kg/h}}{11} = 22.467\ \text{kg/h}$$

每一个分路中 R22 在管内的实际质量流速为

$$G_i = \frac{q_{m,\text{d}}}{3\ 600A_i} = \frac{22.467\ \text{kg/h}}{3\ 600\ \text{s/h} \times 5.8 \times 10^{-5}\ \text{m}^2} = 107.44\ \text{kg/(m}^2 \cdot \text{s)}$$

于是

$$Bo = \frac{q_i}{G_i r} = \frac{11.8\ \text{kW/m}^2}{107.44\ \text{kg/(m}^2 \cdot \text{s)} \times 201.16\ \text{kJ/kg}} = 5.460 \times 10^{-4}$$

$$C_0 = \left(\frac{1-\bar{x}}{\bar{x}}\right)^{0.8}\left(\frac{\rho_g}{\rho_l}\right)^{0.5} = \left(\frac{1-\dfrac{x_1+x_2}{2}}{\dfrac{x_1+x_2}{2}}\right)^{0.8}\left(\frac{\rho_g}{\rho_l}\right)^{0.5}$$

$$= \left(\frac{1-0.58}{0.58}\right)^{0.8} \times \left(\frac{25.53\ \text{kg/m}^3}{1\ 267.40\ \text{kg/m}^3}\right)^{0.5} = 0.109\ 6$$

$$Fr_l = \frac{G_i^2}{\rho_l^2 g d} = \frac{(107.44)^2}{(1\ 267.40)^2 \times 9.8 \times 0.008\ 6} = 0.085\ 26$$

$$Re_l = \frac{G_i(1-\bar{x})d_i}{\mu_l} = \frac{107.44 \times (1-0.58) \times 0.008\ 6}{256 \times 10^{-6}} = 1\ 515.9$$

$$h_l = 0.023 Re_l^{0.8} Pr_l^{0.4} \frac{\lambda_l}{d_i} = 0.023 \times 1\ 515.9^{0.8} \times$$

$$3.29^{0.4} \times \frac{0.093}{0.008\ 6}\ \text{W/(m}^2 \cdot \text{K)} = 140.32\ \text{W/(m}^2 \cdot \text{K)}$$

[计算 h_i 时采用式(4-28),其中 $C_0<0.65$,$C_1=1.136$,$C_2=-0.9$,$C_3=667.2$,$C_4=0.7$,$C_5=0.3$,对于 R22,$F_{fl}=2.2$。]

$$h_i = h_l[C_1(C_0)^{C_2}(25Fr_l)^{C_5} + C_3(Bo)^{C_4}F_{fl}]$$

$$= 140.32 \times [1.360 \times 0.109\ 6^{-0.9} \times (25 \times 0.085\ 26)^{0.3} +$$

$$667.2 \times (5.460 \times 10^{-4})^{0.7} \times 2.2]\ \text{W/(m}^2 \cdot \text{K)}$$

$$= 2\ 533.88\ \mathrm{W/(m^2 \cdot K)}$$

（8）传热温差的初步计算

先不计 R22 的阻力对蒸发温度的影响，则有

$$\Delta t'_{\mathrm{m}} = \frac{t_{\mathrm{a1}} - t_{\mathrm{a2}}}{\ln \dfrac{t_{\mathrm{a1}} - t_0}{t_{\mathrm{a2}} - t_0}} = \frac{27.0\ ℃ - 17.5\ ℃}{\ln \dfrac{27.0\ ℃ - 5.0\ ℃}{17.5\ ℃ - 5.0\ ℃}} = 16.8\ ℃$$

（9）传热系数的计算

$$k_{\mathrm{o}} = \frac{1}{\dfrac{a_{\mathrm{t}}}{a_{\mathrm{i}} h_{\mathrm{i}}} + r_{\mathrm{w}} + r_{\mathrm{s}} + \dfrac{a_{\mathrm{t}}}{a_{\mathrm{m}}} r_{\mathrm{t}} + \dfrac{1}{h_{\mathrm{j}}}}$$

由于 R22 与聚酯油能互容，故管内污垢热阻可忽略。据有关文献介绍，翅片侧污垢热阻、管壁导热热阻及翅片与管壁间接触热阻之和$\left(r_{\mathrm{w}} + r_{\mathrm{s}} + \dfrac{a_{\mathrm{t}}}{a_{\mathrm{m}}} r_{\mathrm{t}}\right)$可取为 $4.8 \times 10^{-3}\ \mathrm{m^2 \cdot K/W}$，故

$$k_{\mathrm{o}} = \frac{1}{\dfrac{0.444\ 5\ \mathrm{m^2}}{0.027\ 02\ \mathrm{m^2} \times 2\ 533.88\ \mathrm{W/(m^2 \cdot K)}} + 4.8 \times 10^{-3}\ \mathrm{W/(m^2 \cdot K)} + \dfrac{1}{84.02\ \mathrm{m^2 \cdot K/W}}}$$

$$= 43.11\ \mathrm{W/(m^2 \cdot K)}$$

（10）核算假设的 q_{i} 值

$$q_{\mathrm{o}} = k_{\mathrm{o}} \Delta t'_{\mathrm{m}} = 43.11\ \mathrm{W/(m^2 \cdot K)} \times 16.8\ ℃ = 724.53\ \mathrm{W/m^2}$$

$$q_{\mathrm{i}} = \frac{a_{\mathrm{t}}}{a_{\mathrm{i}}} q_{\mathrm{o}} = \frac{0.444\ 5\ \mathrm{m^2/m}}{0.027\ 02\ \mathrm{m^2/m}} \times 724.53\ \mathrm{W/m^2} = 11\ 919.0\ \mathrm{W/m^2}$$

计算表明，假设的 q_{i} 初值 $11\ 800\ \mathrm{W/m^2}$ 与核算值 $11\ 919.0\ \mathrm{W/m^2}$ 较接近，偏差小于 1%，故假设有效。

（11）蒸发器结构尺寸的确定

蒸发器所需的表面传热面积

$$A'_{\mathrm{i}} = \frac{\phi_0}{q_{\mathrm{i}}} = \frac{11\ 600\ \mathrm{W}}{11\ 800\ \mathrm{W/m^2}} = 0.98\ \mathrm{m^2}$$

$$A'_{\mathrm{o}} = \frac{\phi_0}{q_{\mathrm{o}}} = \frac{11\ 600\ \mathrm{W}}{724.53\ \mathrm{W/m^2}} = 16.01\ \mathrm{m^2}$$

蒸发器所需传热管总长

$$l'_{\mathrm{t}} = \frac{A_{\mathrm{o}}}{a_{\mathrm{t}}} = \frac{16.01\ \mathrm{m^2}}{0.444\ 5\ \mathrm{m^2/m}} = 36.02\ \mathrm{m}$$

迎风面积

$$A_f=\frac{q_{V,a}}{w_f}=\frac{2\ 427}{2.5\times 3\ 600}\ \mathrm{m}^2=0.269\ 7\ \mathrm{m}^2$$

取蒸发器宽 $B=980$ mm，高 $H=275$ mm，则实际迎风面积 $A_f=0.98\ \mathrm{m}\times 0.275\ \mathrm{m}=0.269\ 5\ \mathrm{m}^2$。

已选定垂直于气流方向的管间距 $s_1=25$ mm，故垂直于气流方向的每排管数为

$$n_1=\frac{H}{s_1}=\frac{275\ \mathrm{mm}}{25\ \mathrm{mm}}=11$$

深度方向（沿气流流动方向）为 4 排，共布置 48 根传热管，传热管的实际总长度为

$$l_t=0.98\ \mathrm{m}\times 11\times 4=43.12\ \mathrm{m}$$

传热管的实际内表面传热面积为

$$A_i=11\times 4\times \pi d_i B=44\times \pi\times 0.008\ 6\ \mathrm{m}\times 0.98\ \mathrm{m}=1.165\ \mathrm{m}^2$$

又

$$\frac{A_i}{A_i'}=\frac{1.165\ \mathrm{m}^2}{0.98\ \mathrm{m}^2}=1.185$$

$$\frac{l_t}{l_t'}=\frac{43.12\ \mathrm{m}}{36.02\ \mathrm{m}}=1.197$$

说明计算接近有 20%的裕度。上面的计算没有考虑制冷剂蒸气出口过热度的影响。当蒸气在管内被加热时，过热段的局部表面传热系数很低，即使过热温度不高，为 3~5 ℃，过热所需增加的换热面积仍可高达 10%~20%。

（12）R22 的流动阻力及其对传热温差的影响

实验表明，R22 在管内蒸发时的流动阻力可按下式计算：

$$\begin{aligned}\Delta p&=5.986\times 10^{-5}(q_i G_i)^{0.91} l/d_i\\&=5.986\times 10^{-5}\times(11\ 800\times 107.44)^{0.91}\times 0.98\times 4/0.008\ 6\ \mathrm{kPa}\\&=9.765\ \mathrm{kPa}\end{aligned}$$

由于蒸发温度为 5 ℃时 R22 的饱和压力为 583.78 kPa，故流动损失仅占饱和压力的 1.7%，因此流动阻力引起蒸发温度的变化可忽略不计。

4.3 冷　凝　器

冷凝器是制冷机中的主要热交换设备之一。高压过热制冷剂蒸气在冷凝器

中放出热量后,凝结成饱和液体或进一步被冷却为过冷液体。冷凝器按冷却方式可分为三类:空气冷却式冷凝器,水冷式冷凝器,蒸发式和淋激式冷凝器。凝结换热过程的热阻主要为凝结液膜的导热,因而使凝结液及时排除或液膜尽量变薄是强化凝结换热的主要出发点。当凝结换热热阻大于或相当于冷却介质对流换热热阻时,有必要考虑强化制冷剂蒸气的凝结换热,氟利昂水冷式冷凝器即属于此种情况。

4.3.1 冷凝器的分类与结构

1. 空气冷却式冷凝器

空气冷却式冷凝器迄今仅用于氟利昂制冷机,多用于电冰箱、冷藏柜、小型空调机组、汽车及铁路车辆用空调装置、冷藏运输式制冷装置等。随着分布式供冷供热系统的发展,空气冷却式冷凝器呈现向大负荷发展的态势。目前,国产空气冷却式空调机组的制冷量可达 200~300 kW。空气冷却式冷凝器多为蛇管式结构,制冷剂在管内流动凝结,空气在管外流动,制冷剂放出的热量被空气带走。根据空气流动情况可分为自然通风和强制通风冷却两种。

(1) 自然通风空气冷却式冷凝器

自然通风空气冷却式冷凝器依靠空气受热后产生的自然对流,将制冷剂放出的热量带走。这种冷凝器的传热效果低于强制通风空气冷却式冷凝器,但由于不用风机,节省了风机电耗,还避免了风机运转时的噪声,因而常用于电冰箱等小型制冷装置。图 4-26 是丝管式自然对流空气冷却式冷凝器。丝管式冷凝器有一根蛇形管,通常采用外径为 4.5~6 mm 的邦迪管,蛇形管两侧点焊外径为 1.2~1.5 mm 的镀铜钢丝。钢丝的间距为 5~7 mm。蛇形管上、下两相邻管的中心距为 35~50 mm。钢丝间距与钢丝直径的比值约为 4~4.2。钢管间距与钢管外径的比值约为 9.1~9.4。

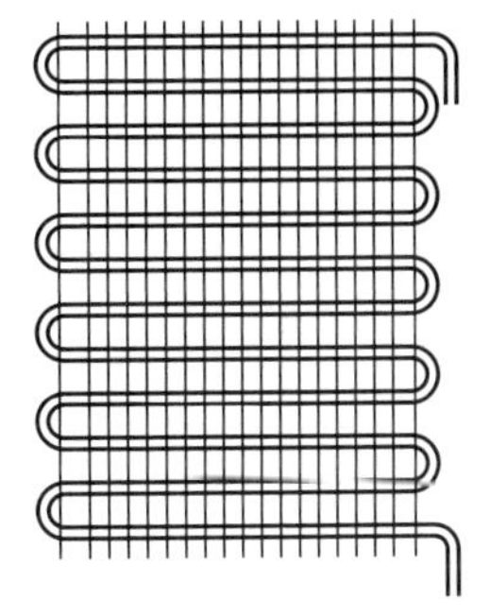

图 4-26 丝管式冷凝器

将水平管组胶合在冰箱箱体后面板上形成的箱体表面式冷凝器也是常见的形式。冷凝时放出的热量通过管壁传给板,再由板向空气散发。箱体表面式冷凝器的优点是箱体外无突出的冷凝器,外表光洁平整,但其散热能力不如丝管式冷凝器。

由于空气自然对流换热强度不大,设计自然通风空气冷却式冷凝器时不能忽视冷凝器表面的辐射换热。

(2) 强制通风空气冷却式冷凝器

强制通风空气冷却式冷凝器由一组或几组蛇形管组成。制冷剂蒸气进入蛇形管后自上而下流动,冷凝液体从底部排出。也有制冷剂蒸气沿蛇形管上下往返几次,最后从底部排出的。根据管道结构的不同,强制通风冷却式冷凝器可分为管翅式冷凝器和微通道冷凝器,图 4-27 所示为管翅式冷凝器,由圆形管道和肋片组成。制冷剂蒸气从上部的分配集管进入蛇形管中,冷凝的液体沿管子流下,汇集于下面的集液管中。管外设有套片式肋片,以提高空气侧的传热效果。肋片厚约 0.2 mm,片距为 1~4 mm。肋片立孔翻边,用涨管法扩张管径,使之与肋片紧密接触,以减小接触热阻。强制通风常用轴流式风机。小型冷凝器常与压缩机、储液器和电动机装在同一底板上,风扇用电动机驱动,这样就构成冷凝机组。小的冷凝机组可以安装在室内靠近蒸发器的地方,例如安装在小型冷库的顶部。大一些的冷凝器需远置安装,以保证有充分的空气进行冷却,例如安装在屋顶上。

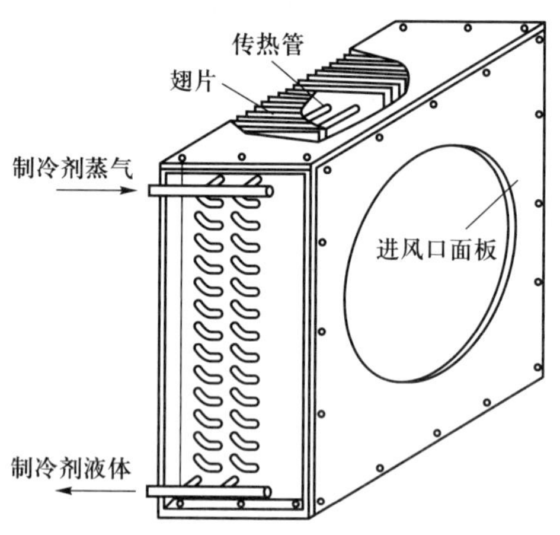

图 4-27　强制通风空气冷却式冷凝器

另一种结构形式是微通道冷凝器。在汽车空调系统中,广泛采用全铝制蛇形微通道冷凝器。这种冷凝器将铝制扁管弯成蛇形,每根扁管内包含多个平行的圆形或矩形制冷剂通道,直径一般为 0.5~2 mm,在扁管之间填充铝翅片,一般采用波纹翅片或百叶窗翅片,扁管和翅片采用钎焊连接,如图 4-28 所示。在单冷型单元式空调制冷系统中,也可以采用平行流微通道冷凝器。这种冷凝器采用同样的多通道铝制扁管,为了适应更大的制冷剂流量,多个扁管之间可以采用并联的流型。如图 4-29 所示,制冷剂的流程由集液管中的折流板控制:如果没有折流板,所有的扁管内制冷剂流向相同;如果有折流板,折流板分隔的上下

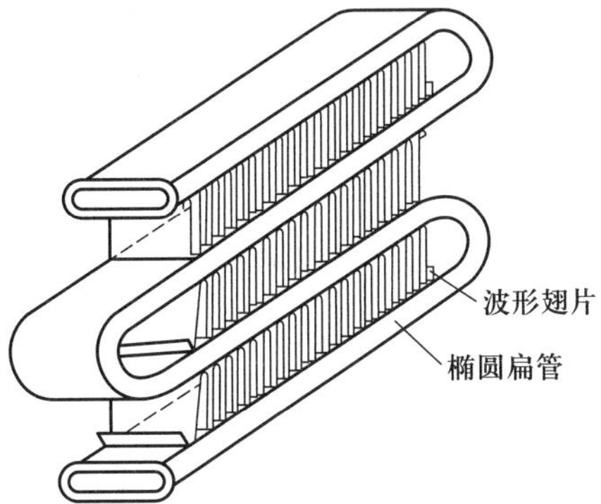

图 4-28 汽车空调用冷凝器

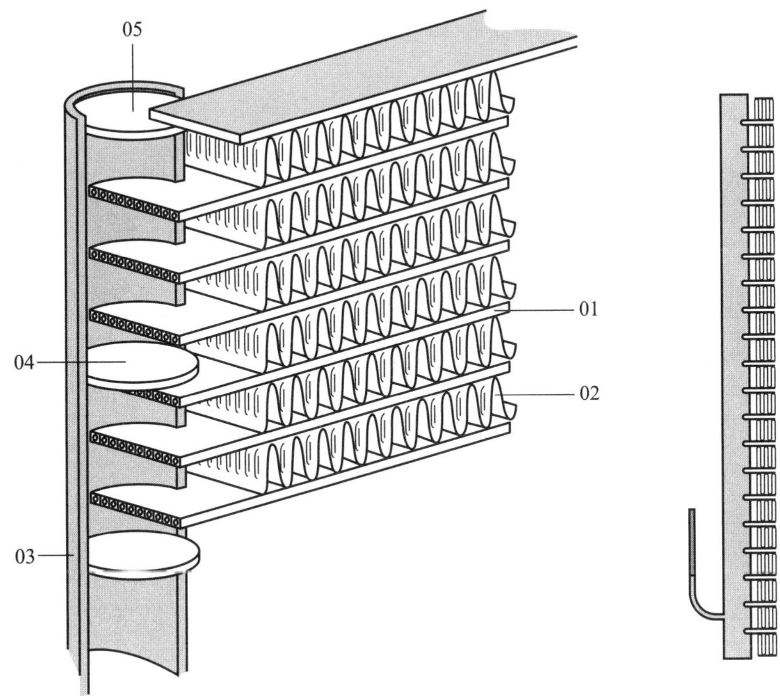

图 4-29 平行流微通道冷凝器

01—微通道扁管;02—百叶窗翅片;03—集流管;04—折流板;05—盖板

两部分扁管内制冷剂流向相反。可以通过合理地规划制冷剂的流路,更高效地利用制冷剂的流动冷凝换热系数。

2. 水冷式冷凝器

水冷式冷凝器中,制冷剂放出的热量被冷却水带走。水冷式冷凝器有壳管式、套管式等形式。冷却水可用天然水、自来水或经冷却水塔冷却后的循环水。使用天然水冷却时容易使冷凝器结垢，影响传热效果，因此必须经常清洗。耗水量不大的小型装置可以用自来水冷却。大、中型水冷式冷凝器用循环水冷却，以减少水耗。在现代化城市中，由于生产发展、人口集中，水的消耗量很大，需要特别重视节约用水的问题，应采用循环式水系统。

(1) 壳管式冷凝器

壳管式冷凝器分为立式和卧式两大类。卧式壳管式冷凝器的基本结构形式与壳管式蒸发器相似，也是由筒形外壳、管板、管束和端盖组成。制冷剂蒸气在管外凝结，凝结液从筒底流出，冷却水在管内多次往返流动。正常情况下，筒下部只有少量液体，但也有一些小型冷凝器的筒体下部不装管束，筒底部用以储存凝结的液体，使设备简化。有时筒下部设有集液包，制冷剂液体由此排出，并用以集存润滑油及机械杂质，如图 4-30 所示。

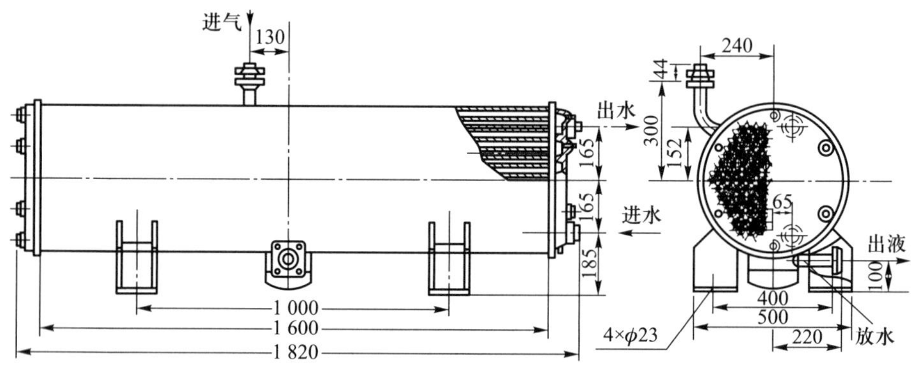

图 4-30　卧式壳管式冷凝器的结构

卧式壳管式冷凝器常采用偶数流程，使进出水管安装在同一端盖上。冷却水从下面的进水口流入，从上面的出水口流出。端盖用螺栓压紧在管板上。端盖和管板间用橡皮垫密封。端盖顶部有放气旋塞，以便供水时排除其中的空气。下部有放水旋塞，当冷凝器冬季停用时，用以排除其中的积水以免管子冻裂。卧式氨冷凝器通常用直径为 25～32 mm 的无缝钢管制造。卧式壳管式氟利昂冷凝器用铜管制造，且大多数采用滚压肋片管，以强化制冷剂侧的凝结换热。

立式壳管式冷凝器用于大、中型氨制冷装置，其结构如图 4-31 所示。筒体直立安装在储水池上，冷却水从顶部分水箱进入管道后，沿壁面呈膜状向下流动，流下的水集中在下面的水池中。制冷剂蒸气从筒体上部进入，放出热量后在管外凝结成液体，由底部排出。立式壳管式冷凝器可以露天安装，节省机房面积,也可以安装在冷却塔下面,以简化冷却水系统。

与卧式壳管式冷凝器相比,立式壳管式冷凝器可以使用水质较差的水,因为它可以在运转时进行清洗。但由于冷却水不能始终沿管壁流动,且上部管壁产生的凝结液覆盖下部管壁,因此表面传热系数低于卧式壳管式。

(2) 套管式冷凝器

套管式冷凝器由两根或几根大小不同的管子组成。大管子内套小管子,小管子可以是一根,也可以有数根,套管可以绕成螺旋型或弯成蛇管型,如图 4-32 所示。制冷剂蒸气从上部进入,凝结液从下部流出。冷却水从下部进入内管,吸热后从上部流出。制冷剂与冷却水之间逆流换热。

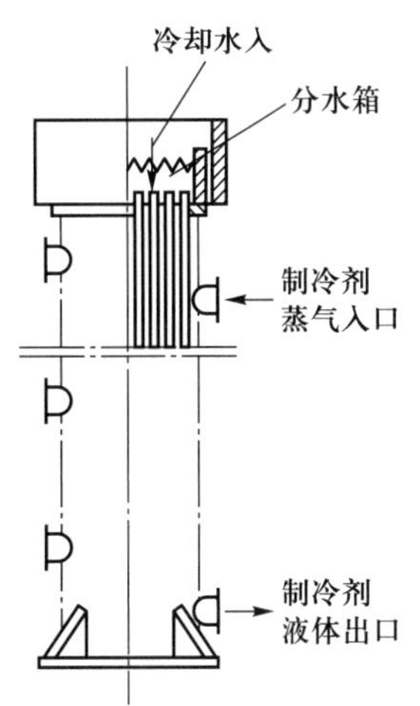

图 4-31　立式壳管式冷凝器

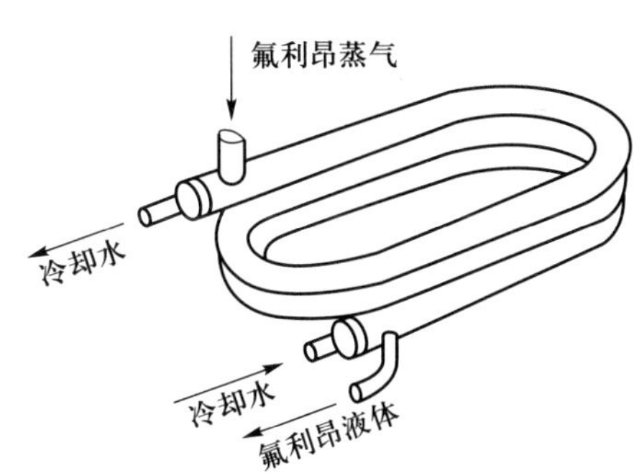

图 4-32　套管式冷凝器

在套管式冷凝器中,制冷剂同时受到冷水及管外空气的冷却,因而它的传热效果好,但金属的消耗量较大。

套管式冷凝器用于氟利昂机组时,内管常用液压肋片管,这种结构常用于水冷却式空调柜。氨制冷机中套管式热交换器主要用作过冷器。它由一根或几根盘管装在一个壳体内构成。

套管式冷凝器无法机械清洗,应当使用符合水质要求的水,并定期进行化学清洗。

(3) 螺旋板式和板式冷凝器

螺旋板式冷凝器由两个螺旋体加上顶盖和接管构成,其结构形式多见于传热学教材。两种介质在螺旋形通道内逆向流动,一种介质由螺旋中心流入,从周边流出;另一种介质由周边流入,从中心流出。螺旋板式冷凝器具有体积小、重量轻,而且传热系数高的优点。根据试验,当工作条件及介质流速相同时,新的氨螺旋板式冷凝器的传热系数比壳管式冷凝器高 50%左右,使用几年后还可稳定在 950~990 W/(m² · ℃)。这种冷凝器的主要缺点是不适用于高压。此外,它的内部不易清洗和检修,只能用软水或低硬度的水。

板式换热器也是传热性能很好的冷凝器,它具有螺旋板式换热器的优点,并且组装灵活。具体结构在蒸发器一节已有叙述。

3. 蒸发式和淋激式冷凝器

蒸发式冷凝器利用水在蒸发时吸收潜热而使制冷剂蒸气凝结。制冷剂蒸气在管内凝结时放出的热量通过油膜、管壁及污垢传给管外的水膜,再通过水的蒸发将热量传递给空气。水膜与空气之间不但有热传递而且有质传递。这种冷凝器每 1.1 kW 的冷凝负荷需要的循环水量为 60~80 l/h,补充水量为 3~5 l/h,空气流量为 100~200 m³/h,水泵及风机的功率为 0.2~0.3 kW,特别适用于缺水的地区,在气候干燥处更为有效。

蒸发式冷凝器的结构如图 4-33 所示。在箱体内装有蛇形管组,管组上面为喷水装置。制冷剂蒸气从蛇形管上面进入管内,冷凝液从下面流出,制冷剂放出的热量使喷淋水蒸发。空气在风机作用下从箱体下部进入,上部排出。喷水喷嘴上面一般装有挡水板,阻挡被空气带出的水滴。未蒸发的喷淋水落入下面的水池中。水池中有浮球阀调节补充水量,使之保持一定的水位。有时在挡水板上设有预冷管组,这样可使进入淋水管的蒸气温度降低,有利于减少外表面结垢。蒸发式冷凝器用软水。

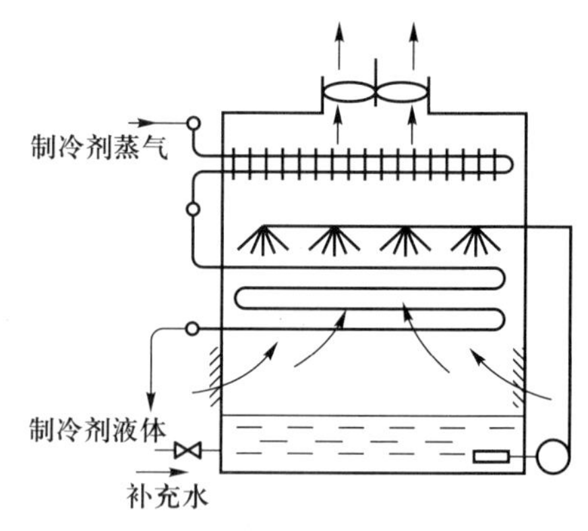

图 4-33　蒸发式冷凝器简图

蒸发式冷凝器的通风设备常装在箱体顶上,用引风机使空气流动,风从箱体下侧吸入。吸入式的优点是箱内保持负压,水的蒸发温度低。缺点是潮湿和带有水滴的空气流经风机,使风机的零件易于腐蚀损坏。为克服这些不足,也可采用空气从箱体下部用鼓风机鼓入的鼓风式,其优缺点与吸入式相反。

在大中型氨制冷装置中采用的淋激式冷凝器,换热管为无缝钢管制成的蛇形管,冷却水由蛇形管顶端成膜状淋激流下,进入水池中,再经冷却水塔冷却后循环使用。这种冷凝器可以露天安装,也可以安装在冷却塔的下方。淋激式冷凝器使用方便,对水质要求低,水垢较易清除。缺点是金属消耗量大,表面传热系数较低,占地面积较大。

目前风冷式机组单机制冷量较大,而水冷式制冷系统普遍采用壳管式冷凝器的循环式冷却水系统,淋激式冷凝器已很少采用。

4. 水冷式冷凝器的冷却水系统

水冷式冷凝器的冷却水系统可分成两类:直流式水系统和循环水系统。前者的冷却水在冷凝器中吸热直接排走,如图 4-34a 所示。后者离开冷凝器的水经管道送入冷却塔中,在冷却塔中降温后再进入冷凝器中,循环使用,如图 4-34b 所示。采用直流式水系统时,水的价格及供水来源是考虑的重要因素,它只适用于水源水量充足的地区。有些地方由于缺水,严格限制使用直流式系统。即使在一些水源充足的大城市,为了城市的未来,也应适当限制使用直流系统。与蒸发式冷凝器相似,再循环水系统的冷却塔也分为自然通风冷却塔和强制通风冷却塔两种,目前多采用强制通风式,如图 4-35 所示。为增大水与空气接触面积、延长接触时间,从而提高冷却效率,水与空气的主要换热面为淋水填料层。水沿填料层表面呈膜状流下,在水膜-空气相界面上与空气进行直接接触热质交换,通过相界面上的蒸发吸热使水膜冷却。填料层主要结构形式有平行平板、交错波纹板、蜂窝状填料等。塔顶装有挡水板,以防止水滴被空气带走。

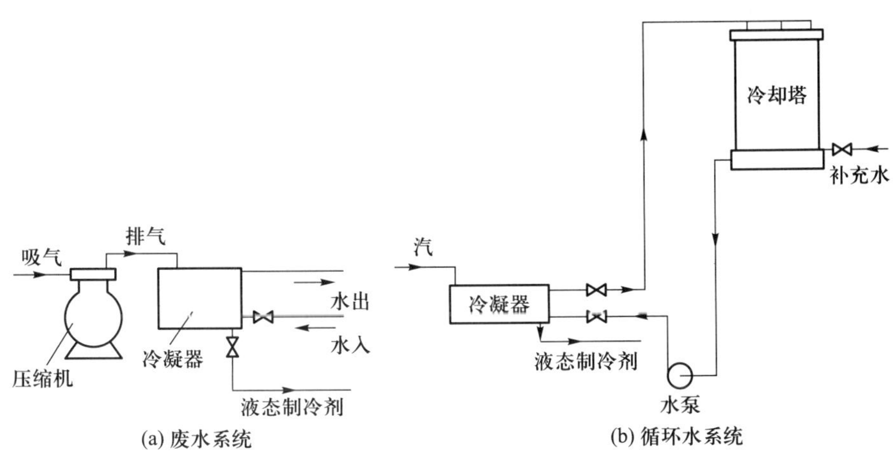

图 4-34 水冷式冷凝器的冷却水系统

循环式水系统中需要不断地补充新水,以补偿蒸发冷却过程及排放含盐量较高的水而失掉的水量。盐分积累在冷却水系统中,会引起管道结垢。排除含盐较高的水量取决于系统中允许的盐的质量分数(又称为盐分浓度)。按质量守恒定律,可溶盐分的质量平衡式为

$$m_1w_1 = m_2w_2 \qquad (4-57)$$

式中：m_1 和 w_1 分别为放掉的水的质量和放掉的水中盐的质量分数；m_2 和 w_2 分别为补充的水的质量和补充水的盐的质量分数。蒸发掉的水的质量 m_3 为

$$m_3 = m_2 - m_1 \qquad (4-58)$$

代入式(4-57)，整理可得

$$\frac{w_1}{w_2} = 1 + \frac{m_3}{m_1} \qquad (4-59)$$

w_1/w_2 为系统中水中含盐的质量分数与补充水的盐的质量分数之比。

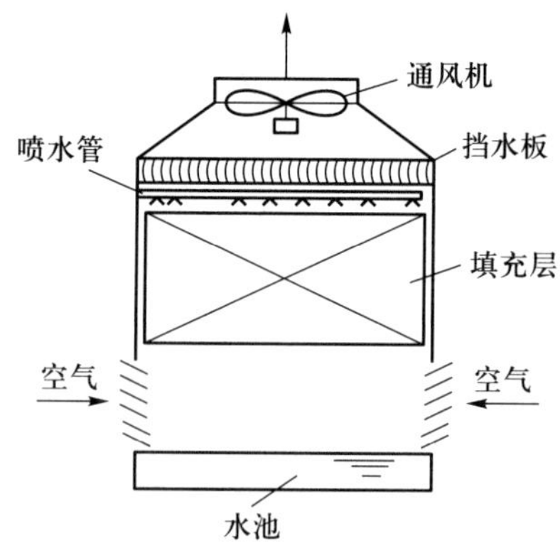

图 4-35　强制通风冷却塔

为控制放水量，可使用自动放水阀。阀的启闭由循环水中盐的质量分数控制。允许的质量分数比 w_1/w_2 主要取决于水中的碳酸盐含量。如果水中的碳酸盐含量接近饱和，温度升高时水的蒸发量增大将会引起盐的沉淀。通过化学处理可以减慢结垢速度或使垢层软化，从而易于被水冲掉。但即使采取了这些措施，质量分数比也不应超过 1.5~2.0，相应的放水量与蒸发量之比为 1~2。除了上述结垢问题外，水对金属的腐蚀作用也会影响系统的使用。为了减少腐蚀，回路中的水应略带碱性，例如 pH 为 7.0~7.5。在一些特殊的回路中，还需要对水做进一步的处理。当冷却塔暴露在大气中时，塔中容易生长绿藻，应连续或定期地投放化学药品以阻止藻类生长。在喷淋式结构中，喷淋过程中从空气里吸收的灰尘将积累在系统中，大部分形成一层薄薄的泥垢。这种灰尘颗粒很小，水泵吸入口的滤网对它无能为力，为此需定期清洗管道。

5. 蒸发-冷凝器

蒸发-冷凝器用于复叠式制冷机，它利用高温级制冷剂制取的冷量使低温级排出的气体凝结，既是高温级循环的蒸发器，又是低温级循环的冷凝器。其结构有以下几种：

(1) 立式壳管式，结构与一般壳管式冷凝器基本相同。高温级的制冷剂在管内汽化，低温级的制冷剂在管外冷凝。这种形式的蒸发-冷凝器结构简单，缺点是低温级制冷剂的充灌量较大。

(2) 立式盘管式，由一组盘管在一个圆形外壳中组成。高温级制冷剂从上面经液体分配器进入盘管，在管内汽化后蒸气从下部引出，低温级制冷剂在盘管外冷凝。

(3) 套管式，它是将两根直径不同的铜管套在一起后弯曲而成，高温级的制冷剂在管间蒸发，低温级的制冷剂在内管中冷凝。它的结构简单，便于制造，但

横向尺寸较大,适用于小型低温设备。

4.3.2 冷凝器内的对流换热

冷凝器内的对流换热,包括制冷剂凝结换热与冷却介质的对流换热。根据冷凝器的不同,在壳管式冷凝器中制冷剂的凝结为管束表面的凝结,以及套管式、板式和空气冷却式冷凝器中管内流动凝结。冷却介质侧的对流换热,有强迫对流及自然对流换热两种模式。如前所述,本节提供计算表面传热系数的关联式,只是数百种关联式中较为通用的一些。对具体传热计算,从文献(包括产品样本)中寻找形式简单的专用关联式仍然是必需的。

1. 水冷式冷凝器内的对流换热

(1) 制冷剂蒸气在光滑管束外凝结

蒸气在光滑管外的凝结换热表面传热系数,可采用努塞尔(Nusselt)公式计算:

$$h_{co}=C\left(\frac{B}{l\Delta t}\right)^{0.25} \tag{4-60}$$

式中:C 为系数,竖直面呈波状流动时 $C=1.13$,对水平单管 $C=0.725$;l 为特征尺度,竖直面取高度,水平单管取外径,m;Δt 为蒸气温度与壁面温度之差,℃;$B=\dfrac{\lambda_l^3\rho_l^2 gr}{\mu_l}$,为物性集合系数,k · m,其中 λ_l、ρ_l、r、μ_l 和 g 分别为冷凝液的导热系数、密度、汽化潜热、动力黏度以及重力加速度,凝结液的温度可近似取冷凝温度。

对于水平管束,由上部管束下落的冷凝液会使下部管束外侧液膜增厚,表面传热系数下降。考虑此因素,制冷剂在水平管束外表面的平均表面传热系数可由下式计算:

$$h_o=n_m^{-0.25}h_{co} \tag{4-61}$$

式中,n_m 为竖直方向的平均管排数,如果管束在竖直方向有 Z 列,每列的管数分别为 $n_1,n_2,\cdots,n_Z$,则

$$n_m=\left(\frac{n_1+n_2+\cdots+n_Z}{n_1^{0.75}+n_2^{0.75}+\cdots+n_Z^{0.75}}\right)^4 \tag{4-62}$$

(2) 制冷剂蒸气在低肋管束外凝结

对氟利昂制冷系统,卧式壳管冷凝管一般采用低肋紫铜管,如图 4-36 所示为低肋管的结构,几种低肋管的结构参数如表 4-6 所示。由于毛细作用使凝结液在低肋管表面的铺展,以及气液相界面的扰动,使低肋管表面凝结的表面传热系数较光滑管大,二者的比值称为凝结换热增强系数,表中用 ψ 表示。表 4-6

中，增强系数 ψ 是以真实凝结表面积计算的。而文献中给出的凝结换热增强系数多以光滑表面为基准计算，其数值一般在 2~3 之间，这一点读者应特别留意。采用以真实面积计算的增强系数，在进行传热计算时还应考虑肋壁效率，对铜低肋管，可取为 1。表 4-6 中，A_l 表示每米长低肋管的换热面积。

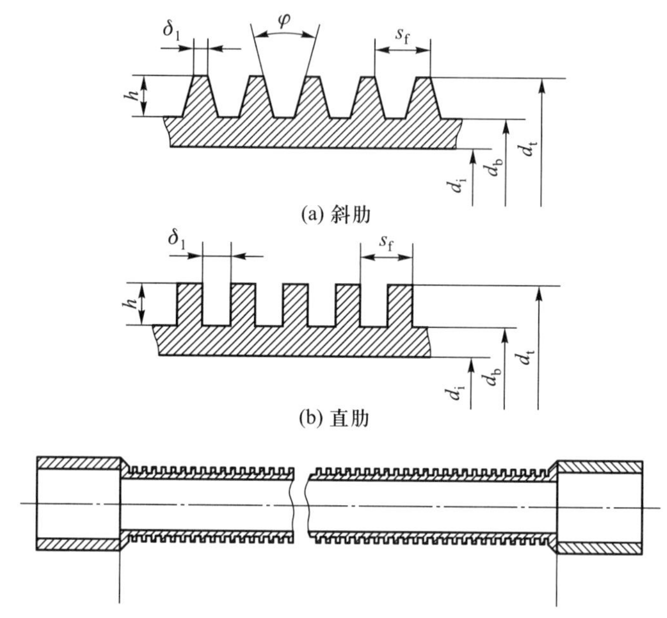

图 4-36　低肋管的结构

表 4-6　几种低肋管的结构参数

序号	规格 /mm	s_f /mm	δ_t /mm	h /mm	d_i /mm	d_b /mm	d_t /mm	φ	A_l	ψ
1	ϕ16×1.5	1.25	0.223	1.5	11	12.86	15.86	–	0.15	1.35
2	ϕ16×1.5	1.5	0.35	1.5	11	13	16	–	0.134	1.347
3	ϕ16×1.5	1.2	0.4	1.35	10.4	12.4	15.1	–	0.139	1.384
4	ϕ19×1.5	1.1	0.25	1.5	14	15.9	18.9	20°	0.179	1.48
5	ϕ19×1.5	1.34	0.25	1.45	14	15.85	18.75	20°	0.152	1.457

单组分制冷剂蒸气在水平低肋管束表面凝结换热的表面传热系数，可由下式计算：

$$h_o = 0.725 B d_b^{-0.25} \Delta t^{-0.25} \psi \varepsilon_n \tag{4-63}$$

式中：B、Δt 的意义同式(4-60)；d_b、ψ 的意义如图 4-37 及表 4-6 所示；ε_n 为管排修正系数，由下式计算：

$$\varepsilon_n=\frac{n_1^{0.833}+n_2^{0.833}+\cdots+n_Z^{0.833}}{n_1+n_2+\cdots+n_Z} \tag{4-64}$$

(3) 其他换热过程

冷却水在管内强迫对流换热的表面传热系数可用式(4-36)计算。

板式换热器中制冷剂的凝结换热,目前尚无通用关联式,而采用复杂强化表面的卧式壳管式冷凝器中的换热,并由于表面几何形状不易描述,迄今尚无通用关联式,选用时仍以厂家的样本为主。

2. 风冷式冷凝器内的对流换热

(1) 制冷剂蒸气管内流动凝结换热

对于制冷剂蒸气在水平管内流动凝结换热,目前公认较好的通用关联式为夏(M. M. Shah)提出的关联式,该式对应实验数据的实验管径为 6~40 mm,基本上覆盖了制冷换热器的常用管径范围。水平管内蒸气全部凝结时,平均表面传热系数的关联式为

$$h_i=(0.55+2.09Pr_l^{-0.38})h_l \tag{4-65}$$

式中:Pr_l 为液体的普朗特数,定性温度为冷凝温度;h_l 为假定液体单独在管内流动的表面传热系数,由式(4-36)计算。空气冷却式冷凝器的传热管多为蛇形管,理论上蛇形管的凝结换热较水平管略有增强,但实验表明,用式(4-65)进行计算误差不大。而且风冷式冷凝器的传热热阻主要为管外的空气对流换热热阻,就冷凝器设计而言,考虑弯管修正意义不大。

(2) 肋片管束冷凝器空气侧强迫对流换热

空气侧的强迫对流换热不涉及质交换,表面传热系数与肋片形状、片间距、材料以及空气的流动情况有关。目前,风冷式冷凝器多采用肋片间距 $s_f=1.8\sim2.5$ mm、片厚 $\delta_f=0.15\sim0.3$ mm 的整体套片结构,采用平肋片顺排管束时,空气侧表面传热系数可由下式计算:

$$h_o=C\psi\frac{\lambda_f}{d_e}Re_f^n\left(\frac{b}{d_e}\right)^m \tag{4-66}$$

式中:C、ψ、n、m 为系数及指数,如表 4-7、表 4-8 所示;λ_f 为空气的导热系数,W/(m·K);d_e 为当量直径,m;Re_f 为对应于空气最大流速的雷诺数;b 为肋片宽度(整体套片沿空气流动方向的尺度),m。定性温度为空气进出口平均温度。

表 4-7 式(4-66)中的系数 ψ 及指数 n

b/d_e	8	12	16	20	24	28	32	36	40
ψ	0.358	0.296	0.244	0.201	0.166	0.137	0.114	0.095	0.08
n	0.503	0.529	0.556	0.582	0.608	0.635	0.661	0.688	0.714

表 4-8　式(4-66)中的系数 C 及指数 m

Re_f	500	600	700	800	900	1 000	1 100	1 200	1 300	1 400	1 500	1 600
C	1.24	1.216	1.192	1.168	1.144	1.12	1.096	1.072	1.048	1.024	1.0	0.976
m	-0.24	-0.232	-0.224	-0.216	-0.208	-0.20	-0.192	-0.184	-0.176	-0.168	-0.16	-0.152

空气流过叉排管束时表面传热系数较顺排大 10%左右,上式乘以 1.1 即可用于叉排管束空气侧表面传热系数计算。对使用波纹翅片和条缝翅片的管束,空气侧表面传热系数目前尚无简单准确的计算式。实践表明,采用波纹翅片和有缝翅片时,空气侧表面传热系数一般较平翅片分别大 20%和 60%以上,若欲计算波纹翅片管或条缝翅片管管束空气侧表面传热系数,可先按平套片计算,然后再分别乘以 1.2 或 1.6,即可作为波纹翅片管束和条缝翅片管束空气侧表面传热系数的近似值。

式(4-66)的适用范围为 $s_f/d_o=0.18\sim0.35$,$b/d_e=4\sim50$,$s_1/d_o=2\sim5$,$Re_f=500\sim2\,500$ 及空气平均温度为-40~40 ℃。各式中符号的意义如图 4-23 所示。

当量直径由下式计算:

$$d_e=\frac{2(s_1-d_o)(s_f-\delta_f)}{(s_1-d_o)+(s_f-\delta_f)} \tag{4-67}$$

在风冷式冷凝器的传热计算中,通常以基管表面温度作为计算温度,而肋片侧面表面温度显然低于基管表面温度。因此,当以基管表面温度为计算温度时,应采用肋壁效率进行折算,肋片式冷凝器的肋壁效率仍可由式(4-34)计算,而相应的肋片当量高度由下式计算:

$$h'=\frac{d_o}{2}\left(\frac{s_1}{d_o}-1\right)\left[1-0.35\ln\left(C\frac{s_1}{d_o}\right)\right] \tag{4-68}$$

式中,系数 C 对正方形顺排取 1.145,等边三角形叉排取 1.063。

(3) 丝管式冷凝器空气侧自然对流换热

丝管式冷凝器的几何尺寸如图 4-37 所示。下列公式可用于计算其空气侧的自然对流表面换热系数:

$$h_o=0.94\frac{\lambda_f}{d_e}\left[\frac{(s_b-d_b)(s_w-d_w)}{(s_b-d_b)^2+(s_w-d_w)^2}\right]^{0.156}(Pr_fGr_f)^{0.26} \tag{4-69}$$

式中:λ_f 为空气导热系数,W/(m · K);d_w 为钢丝外径,m;其他结构尺寸 d_b、s_b 和 s_w 如图 4-37 所示;Pr_f 为空气的普朗特数;Gr_f 为空气的格拉晓夫数。$Gr_f=\frac{g\beta\Delta t d_e^3}{\nu^2}$,式中:$g$ 为重力加速度,m/s^2;β 为空气的体胀系数,K^{-1};Δt 为传热温差,℃;ν 为空气的运动黏度,m^2/s;式中各物性参数的定性温度为壁面与空气的平均温度；当量直径 d_e 由下式计算：

$$d_e=\left[s_b\frac{1+2s_bd_w/(s_wd_b)}{(0.362s_b/d_b)^{0.25}+(2s_bd_w\eta_f/(s_wd_b))^2}\right]^4 \tag{4-70}$$

式中，η_f 为肋壁效率，在常用结构参数及温度条件下可取 $\eta_f=0.85$。

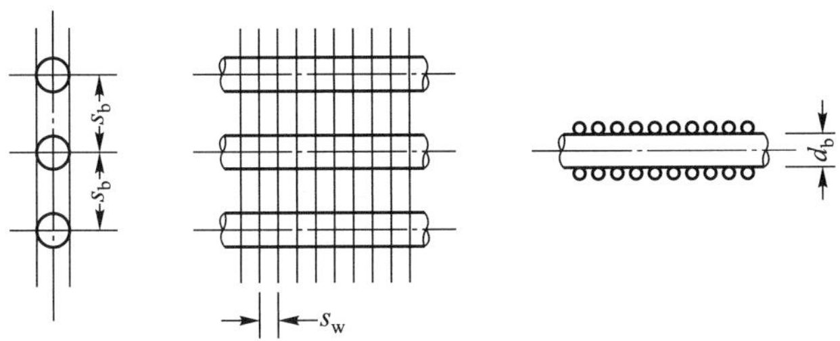

图 4-37 丝管式冷凝器的结构尺寸

丝管式冷凝器的自然对流换热系数较小，而辐射换热量约占总换热量的40%左右，做设计计算时不可忽略。

4.3.3 冷凝器的传热计算

1. 水冷冷凝器

(1) 给定条件

对于水冷冷凝器，一般是根据冷凝器的额定负荷设计的，并给出制冷压缩机的形式、制冷剂的种类、额定运行工况（包括制冷剂蒸发温度、冷凝温度和制冷量）。设计的任务就是根据上述条件确定冷凝器的形式、传热面积和结构，最后求出冷却水在冷凝器中的流动阻力。

(2) 水冷冷凝器设计时几个主要参数的选择

1) 冷凝器的结构形式根据冷凝器的工作条件选择　中、小型氨制冷机可采用立式或卧式壳管式冷凝器；中等容量的氟利昂制冷机宜采用卧式低螺纹管的壳管式冷凝器；小型氟利昂制冷机可用套管式冷凝器。在冷却水供应比较紧张的地区，可采用蒸发式冷凝器。氨冷凝器的传热管用钢管制成。我国生产的卧式氨冷凝器采用直径为 $\phi25$ mm、$\phi32$ mm 和 $\phi38$ mm 等的钢管，立式氨冷凝器采用直径为 $\phi38$ mm 和 $\phi51$ mm 的钢管。由于冷却水对钢管的腐蚀性较大，管壁厚度取 2.5~3.0 mm。氟利昂冷凝器的传热管常用铜制的低肋管，其结构尺寸前面已有叙述。

2) 冷却水流速的选择　冷却水在管内流动的速度对表面传热系数影响较大。流速增加，水侧换热增强，但冷却水在冷凝器内的流动阻力也增加，且水对管子的腐蚀加剧。管子的腐蚀与管材、冷却水种类和冷凝器的年使用小时数有关。氨冷凝器中，由于水对钢管的腐蚀作用较大，常选用较低的流速。表4-9中列出了不同年使用小时下的设计水速。

表 4-9　冷凝器的设计水速

年使用小时/h	1 500	2 000	3 000	4 000	6 000	8 000
设计水速/(m/s)	3.0	2.9	2.7	2.4	2.1	1.8

3）冷却水进口温度和冷却水进口温度差的选择　冷却水进口温度应根据当地气象资料取高温季节的平均水温，进口温度与冷凝温度之差一般选为 8~10 ℃，国外有的选择在 12 ℃以上。

4）冷却水温升的选择　冷却水在冷凝器内的温升与冷却水流量有关。流量愈大，温升愈小。若冷却水的温升小，则冷凝器中的对数平均温差大，所需的冷凝器传热面积小，而大冷却水流量将引起耗水量和水泵耗功增大。因此，冷却水温升应根据技术经济条件及当地供水状况决定。在卧式冷凝器中取 3~5 ℃，在立式氨冷凝器中取 2~4 ℃。

5）冷凝器中水垢和油垢的污垢热阻　在冷凝器中污垢主要指水垢和油垢，其热阻可按表 4-1 查取，或试验确定。

（3）冷却水流动阻力 Δp

冷却水在冷凝器内的总流动阻力用下式计算：

$$\Delta p = \frac{1}{2}\rho u^2 \left[fN\frac{l}{d_i} + 1.5(N+1) \right] \tag{4-71}$$

式中：u 为冷却水在管内的流速，m/s；ρ 为冷却水的密度，kg/m^3；l 为单根传热管长度，m；d_i 为管子内径，m；N 为流程数；f 为沿程阻力系数，对于水，f 由下面的光滑管内流动阻力公式求取：

$$f = \frac{0.316\ 4}{Re^{0.25}} \tag{4-72}$$

上式的适用范围是 $Re = 3\times10^3 \sim 1\times10^5$。

管子外侧制冷剂的流动阻力较小，一般可忽略不计。

2. 空气冷却式冷凝器

（1）空气冷却式冷凝器的选用与给定条件

空气冷却式冷凝器主要用于中、小型氟利昂制冷机。它的主要优点是不需要冷却水，安装和使用都很方便。缺点是体积庞大、冷凝温度较水冷式的高，因而冷凝压力高、能耗较大。设计空气冷却式冷凝器时给定条件与设计水冷冷凝器相同。要求根据制冷机的额定工况确定空气冷却式冷凝器的结构和空气流经冷凝器时的阻力,并选择合适的通风机。

(2) 设计中几个主要参数的选择

1) 结构形式　空气冷却式冷凝器选用带肋片管的蛇管式冷凝器,氟利昂在管内凝结,空气在管外横向流过。整台冷凝器由几排(一般 3~6 排)蛇形管并联组成,氟利昂蒸气从上部的分配集管进入每条蛇形管内,凝结成的液体沿蛇形管流下,经液体集管流入储液器中。由于空气侧的表面传热系数小,故采用肋片管,以增强换热能力。肋片管一般采用等边三角形排列。肋片的片距为 2~3.5 mm,肋高为 7~12 mm,肋化系数>13。

2) 空气进口温度和温升的选择　空气进口温度应根据当地高温季节日平均气温计算,空气在冷凝器内的温升一般取 10 ℃左右。

3) 管子列数的选择　在空气冷却冷凝器中,进口处空气与制冷剂的温差为 13~15 ℃,出口处的温差为 3~5 ℃。考虑到空气流经管束时温度不断升高,对于后面几排管子而言,出口处的温差将更小,因此管排数不宜过多,一般选用 3~6 排。

4) 迎面风速的选择　冷凝器的传热效果与风速有很大的关系,迎面风速愈高,冷凝器的传热效果愈好,但风机消耗的功也相应地增加,通常选择的迎面风速在 3~5 m/s 之间。

(3) 空气流动阻力

空气在管外的流动阻力与管束的排列方式、肋片形式及气体的流动情况有关,可采用蒸发器干工况时的计算式(4-54)进行计算。

3. 冷凝器设计计算示例

例 4-3　已知制冷剂为 R22,空调工况下冷凝热负荷为 46 kW,试设计与压缩冷凝机组配套的卧式壳管式冷凝器。

解　(1) 管型选择

选取表 4-6 第 3 行所列低翅片管为传热管,有关结构参数为 $d_i=10.4\ \text{mm}$,$d_t=15.1\ \text{mm}$,$\delta_t=0.4\ \text{mm}$,$d_b=12.4\ \text{mm}$,$s_f=1.2\ \text{mm}$。单位管长的各换热面积计算如下:

$$a_d=\pi d_t\delta_t/s_f=\pi\times0.0151\ \text{m}\times0.0004\ \text{m}/0.0012\ \text{m}=0.0158\ \text{m}^2/\text{m}$$

$$a_f=\pi(d_t^2-d_b^2)/(2s_f)=\pi\times[(0.0151\ \text{m})^2-(0.0124\ \text{m})^2]/(2\times0.0012\ \text{m})=0.0972\ \text{m}^2/\text{m}$$

$$a_b=\pi d_b(s_f-\delta_t)/s_f=\pi\times0.0124\ \text{m}\times(0.0012\ \text{m}-0.0004\ \text{m})/0.0012\ \text{m}=0.026\ \text{m}^2/\text{m}$$

$$a_i=\pi d_i=\pi\times0.0104\ \text{m}=0.0327\ \text{m}^2/\text{m}$$

$$a_{of}=a_d+a_f+a_b=0.0158\ \text{m}^2/\text{m}+0.0972\ \text{m}^2/\text{m}+0.026\ \text{m}^2/\text{m}=0.139\ \text{m}^2/\text{m}$$

（2）估算传热管总长

假定按管外面积计算的热流密度 $q_o=6\ 000\ \mathrm{W/m^2}$，则应布置传热面积为

$$A_{of}=\frac{\phi_k}{q_o}=\frac{46\ 000\ \mathrm{W}}{6\ 000\ \mathrm{W/m^2}}=7.67\ \mathrm{m^2}$$

应布置的有效总管长为

$$L=\frac{A_{of}}{a_{of}}=\frac{7.67\ \mathrm{m^2}}{0.139\ \mathrm{m^2/m}}=55.18\ \mathrm{m}$$

（3）确定每流程管数 Z、有效单管长 l 及流程数 N

取冷却水进口温度 $t_{w1}=30$ ℃，出口温度 $t_{w2}=35$ ℃。由水的物性表知，在平均温度 32.5 ℃时水的密度 $\rho=994.93\ \mathrm{kg/m^3}$，比定压热容 $c_p=4\ 179\ \mathrm{J/(kg\cdot K)}$，则所需水量为

$$q_V=\frac{\phi_k}{\rho c_p(t_{w2}-t_{w1})}=\frac{46\ 000}{994.93\times4\ 179\times(35-30)}\ \mathrm{m^3/s}=0.002\ 21\ \mathrm{m^3/s}$$

取冷却水流速 $u=2.5\ \mathrm{m/s}$，则每流程管数为

$$Z=\frac{q_V}{\frac{\pi}{4}d_i^2u}=\frac{4\times0.002\ 21}{\pi\times0.010\ 4^2\times2.5}=10.4$$

取整数 $Z=10$ 根，对流程数 N、总根数 NZ、有效单管长 l、壳体内径 d_i 及长径比 l/d_i 进行组合计算，结果如表 4-10 所示。

表 4-10　组合计算结果

流程数 N	总根数 NZ	有效单管长 l	壳体内径 d_i	长径比 l/d_i
2	20	2.76	0.12	23
4	40	1.38	0.17	8.1
6	60	0.92	0.208	4.4
8	80	0.69	0.24	2.9

分析组合计算结果，并考虑到冷凝器与半封闭活塞式制冷压缩机组成压缩冷凝机组及制冷压缩机和机组总体结构尺寸，本例选取 6 流程方案作为冷凝器结构设计依据。

（4）传热管的布置排列及主体结构

图 4-38 所示为传热管布置排式示意图（管板图）。为使传热管排列有序及左右对称，共布置 64 根管，则每流程平均管数 $Z=10.67$ 根，管内平均水速 $u=2.44\ \mathrm{m/s}$。取传热管有效单管长 $l=0.92\ \mathrm{m}$，则实际布置管外冷凝传热面积 $A_{of}=8.18\ \mathrm{m^2}$。传热管按正三角形排列，管板上相邻管孔中心距为 21.5 mm，管

数最多的一排管不在管体中心线上。考虑最靠近壳体的传热管与壳体的距离不小于 5 mm,则所需最小壳体内径为 219 mm,根据无缝钢管规格,选用 ϕ245 mm×7 mm 的无缝钢管作为壳体材料。冷凝器采用管板外径与壳体外径相同的主体结构型式,管排布置及管板尺寸能够保证在管板周边上均匀布置 6 个端盖螺钉孔以装配端盖,且能避免端盖内侧装配孔周边的密封面不致遮盖管孔,同时壳体内部留有一定空间起贮液作用。从整体上看,冷凝器的结构尺寸能满足压缩冷凝机组的装配要求和限制。

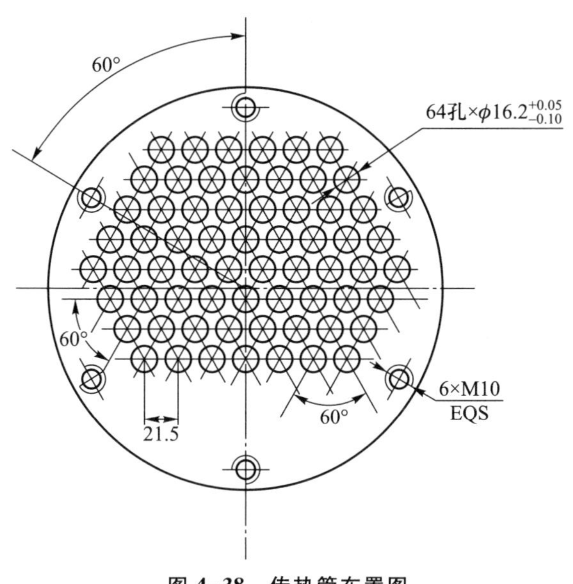

图 4-38 传热管布置图

(5) 传热计算及所需传热面积确定

1) 水侧表面传热系数计算 从水的物性表知,水在平均温度 $t_m = 32.5$ ℃ 时,运动粘度 $\nu = 0.768\ 5\times10^{-6}\ m^2/s$,物性集合系数 $B = 2\ 147$,$Pr_f = 5.14$,$\lambda = 0.622$ W/(m·K)。因为雷诺数 $Re = \dfrac{ud_i}{\nu} = \dfrac{2.44\times0.010\ 4}{0.768\ 5\times10^{-4}} = 33\ 020>10^4$,亦即水在管内的流动状态为湍流,水侧表面传热系数为

$$h_{w,i} = 0.023\frac{\lambda}{d_i}Re_f^{0.8}Pr_f^{0.4}$$

$$= 0.023\times\frac{0.622\ W/(m\cdot K)}{0.010\ 4\ m}\times 33\ 020^{0.8}\times 5.14^{0.4} = 10\ 912\ W/(m^2\cdot K)$$

2) 氟利昂侧冷凝表面传热系数计算 根据管排布置,管排修正系数由式(4-65)计算:

$$\varepsilon_n=\frac{2\times 1^{0.833}+2\times 2^{0.833}+2\times 3^{0.833}+13\times 4^{0.833}}{2+4+6+52}=0.81$$

根据所选管型，由表 4-6 可知增强系数 $\psi=1.384$。

查 R22 的物性表，在冷凝温度 $t_k=40$ ℃时，$B=1\ 446.1$，由式(4-64)计算氟利昂侧冷凝表面传热系数：

$$\begin{aligned}h_{k,o}&=0.725B^{0.25}d_b^{-0.25}\psi\varepsilon_n(t_k-t_{w,o})^{-0.25}\\&=0.725\times 1\ 446.1\times(0.012\ 4)^{-0.25}\times 1.384\times 0.81\times\\&\quad(t_k-t_{w,o})^{-0.25}=3\ 524.54\theta_0^{-0.25}\ \mathrm{W/(m^2\cdot K)}\end{aligned}$$

对数平均温差：

$$\Delta t_m=\frac{t_{w1}-t_{w2}}{\ln\dfrac{t_k-t_{w2}}{t_k-t_{w2}}}=\frac{35\ ℃-30\ ℃}{\ln\dfrac{40\ ℃-30\ ℃}{40\ ℃-35\ ℃}}=7.21\ ℃$$

取水侧污垢系数 $R_i=0.000\ 086\ \mathrm{m^2\cdot K/W}$，计算热流密度 q_0(单位为 $\mathrm{W/m^2}$)：

$$q_0=h_{k,o}\theta_0=3\ 524.54\theta_0^{-0.25}\cdot\theta_0$$

$$q_0=\frac{\theta_m-\theta_0}{\left(\dfrac{1}{h_{w,i}}+R_i\right)\dfrac{a_{o,f}}{a_i}+\dfrac{\delta}{\lambda}\dfrac{a_{o,f}}{a_m}}$$，其中 $a_m=\dfrac{\pi}{2}(d_i+d_b)$，所以

$$\begin{aligned}q_0&=\frac{7.21\ ℃-\theta_0}{\left(\dfrac{1}{10\ 912\ \mathrm{W/(m^2\cdot K)}}+0.000\ 086\ \mathrm{m^2\cdot K/W}\right)\times\dfrac{0.139\ \mathrm{m}}{0.032\ 7\ \mathrm{m}}+\dfrac{0.001}{393}\times\dfrac{0.139\ \mathrm{m}}{0.035\ 8\ \mathrm{m}}}\\&=1\ 308\times(7.21\ ℃-\theta_0)\end{aligned}$$

[注：θ 为过余温度，即温差，℃；$\theta_m-\theta_0$ 为水侧和管壁的总温差；$\left(\dfrac{1}{h_{w,i}}+R_i\right)\dfrac{a_{o,f}}{\alpha_i}$ 为水侧的热阻，$\dfrac{\delta}{\lambda}\dfrac{a_{o,f}}{a_m}$ 为管壁的热阻，读者可以自行进行推导。]

选取不同的 θ_0(单位为℃)进行试凑计算，计算结果列于表 4-11 中。

表 4-11　试凑计算结果

θ_0/℃	第一式 q_0/(W/m²)	第二式 q_0/(W/m²)
2	5 928	6 815
2.2	6 367	6 553
2.25	6 475	6 488

当 $\theta_0=2.25$ ℃时，两式 q_0 误差已经很小，取 $q_0=6\ 480\ \text{W/m}^2$ 计算实际所需传热面积：

$$A_{o,f}=\frac{\phi_k}{q_0}=\frac{46\ 000\ \text{W}}{6\ 480\ \text{W/m}^2}=7.1\ \text{m}^2$$

初步结构设计中实际布置冷凝传热面积为 8.18 m^2，较传热计算所需传热面积大 15%，可作为冷凝传热面积的富余量。初步结构设计所布置的冷凝传热面积能满足负荷传热要求。

(6) 冷却水侧阻力计算

按式(4-73)计算冷却水侧阻力，其中阻力系数

$$f=\frac{0.316\ 4}{Re^{0.25}}=\frac{0.316\ 4}{33\ 020^{0.25}}=0.023\ 5$$

冷却水侧阻力

$$\begin{aligned}\Delta p&=\frac{1}{2}\rho\omega^2\left[fN\frac{l_t}{d_i}+1.5(N+1)\right]\\&=\frac{1}{2}\times 994.93\ \text{kg/m}^3\times(2.44\ \text{m/s})^2\times\left[0.023\ 5\times 6\times\right.\\&\left.\frac{0.92\ \text{m}+0.06\ \text{m}}{0.010\ 4\ \text{m}}+1.5\times(6+1)\right]\\&=70\ 449\ \text{Pa}\end{aligned}$$

式中，l_t 为左右两管板外侧端面间的距离，取每块管板厚度为 30 mm，则 $l_t=0.92\ \text{m}+0.06\ \text{m}=0.98\ \text{m}$。

(7) 连接管管径计算：取冷却水在进出水接管中的流速 $u=1$ m/s，则进出水接管管内径为

$$d_i=\sqrt{\frac{4q_V}{\pi u}}=\sqrt{\frac{4\times 0.002\ 21}{\pi\times 1}}\ \text{m}=0.053\ \text{m}$$

根据无缝钢管规格，选取 $\phi57$ mm×3 mm 无缝钢管为进出水接管。依据循环热力计算，可分别求得制冷剂进冷凝器时过热蒸气的体积流量及制冷剂从冷凝器排出时冷凝液体的体积流量，选取制冷剂在冷凝器进气接管和出水接管中的适当流速，即可计算出进气接管和出水接管的管内径。一般卧式壳管式冷凝器的进气接管管径与所配制冷压缩机的排气管管径相同。本例可选用 $\phi22$ mm×1.5 mm 钢管为出水接管。

现将所设计的卧式壳管式冷凝器的主体结构及其有关参数综述如下：低翅片管总数为 64 根，每根传热管的有效长度为 920 mm，管板的厚度取 30 mm，考

虑传热管与管板之间胀管加工时两端各伸出 3 mm,传热管的实际下料长度为 986 mm。壳体长度为 920 mm(等于传热管有效单管长),壳体规格为 ϕ245 mm×7 mm 的无缝钢管。取端盖水腔深度为 50~60 mm,端盖铸造厚度约 10 mm,则冷凝器外形总长度为 1 100~1 120 mm。冷却水流动的流程数为 6,由于传热管总根数为 64 根,则每流程管数可分别为:第一至第四流程分别为 11 根管,最后两个流程分别为 10 根管。

4.4　蒸发器供液量的自动调节

除了压缩机及各种热交换设备外,还需要专门的膨胀机构。从冷凝器来的高压制冷剂液体流经膨胀机构后压力降低,进入蒸发器沸腾吸收汽化潜热而制冷。除节流作用外,膨胀机构还起调节进入蒸发器制冷剂流量的作用,通过膨胀机构的调节,使制冷剂离开蒸发器时有一定的过热度,保证制冷剂液体不会进入压缩机。由于制冷剂流经膨胀机构的时间很短,可看作绝热节流,膨胀机构出口一般是湿蒸气,干度为 0.1~0.3。节流产生的饱和蒸气称为闪发蒸气,以区别于液体沸腾产生的饱和蒸气。自动调节供液量的机构有热力膨胀阀、电子膨胀阀及浮球阀。毛细管虽不属于自动调节类,但它的流量随毛细管进出口压力差而变,因而也有一定的适应工况变化的能力。

4.4.1　热力膨胀阀

热力膨胀阀普遍应用于氟利昂制冷系统,如风冷式冻结间、制冷装置、冰激凌保藏箱以及空调装置等。其优点是可以控制蒸发器出口处制冷剂的过热度,随蒸发器负荷变化自动调节制冷剂流量。热力膨胀阀的开度由蒸发器出口处的温度控制,主要有内平衡式和外平衡式两种类型。

1. 内平衡式热力膨胀阀

在内平衡式热力膨胀阀中,来自感温包(装在蒸发器出口处,用于感受出口处蒸气的温度)的蒸气压力作用在膜片的一侧,蒸发器入口处的制冷剂蒸气压力作用在膜片的另一侧。膜片与针阀连接,以便按蒸发器出口处制冷剂的温度调节制冷剂流量。

内平衡式热力膨胀阀的工作原理如图 4-39 所示。当蒸发器负荷增大时,点 1 蒸气的过热度增加,作用于膜片上部感温包内工质压力上升,针阀向下移动，更多的制冷剂流入蒸发器，使点 1 蒸气的过热度下降；当蒸发器负荷减少时，点 1 蒸气过热度下降，作用在膜片上部的压力减少，针阀向上移动，进入蒸发器的制冷剂减少，使点 1 蒸气的过热度上升，从而实现蒸发器供液量随负荷变化的调节。稳定调节时，作用在膜片上压力的平衡关系为 $p_1=p_0+p_3$。

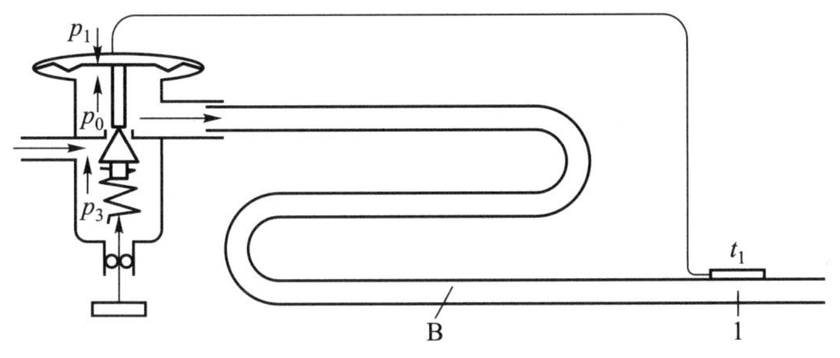

图 4-39 内平衡式热力膨胀阀

热力膨胀阀的静特性曲线如图 4-40 所示，它是在蒸发温度、冷凝温度、阀前液体温度一定条件下绘制的，反映了阀开度随蒸发器出口过热度变化的规律。阀即将开启或即将关闭时，弹簧力最小（为预先调整好的给定弹簧预紧力），这时所对应的蒸发器出口过热度是使阀打开的最小过热度，称为静态过热度，用符号 SS 表示。在阀开度从 0 到最大的变化过程中，弹簧力从预紧力逐渐增到最大，这段过程中过热度的变化值称为打开过热度 OP，又称可变过热度。热力膨胀阀处于某一开度下工作所对应的过热度称为工作过热度，用 OPS 表示。

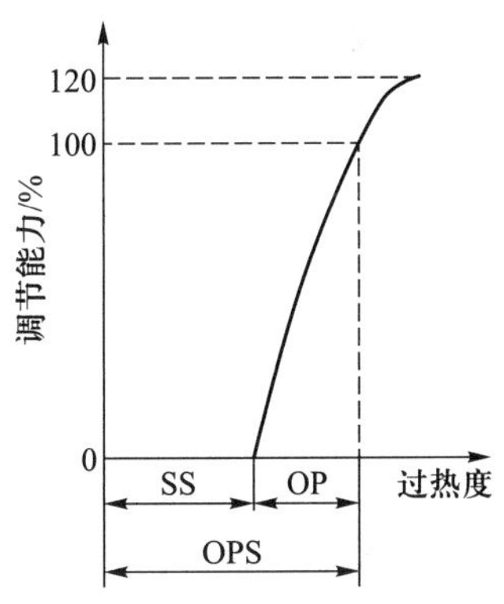

图 4-40 热力膨胀阀的静特性

从静特性曲线可以看出：热力膨胀阀大体上属于比例型流量调节器，即在标称容量范围内，按蒸发器出口过热度与预设静态过热度的偏差成比例地调节供液量。可变过热度 OP 是热力膨胀阀比例调节的比例带，反映了阀开度随过热度变化的灵敏度。此外，每只阀在标称容量之外，尚有 20% 的容量裕度。热力膨胀阀的特性取决于蒸发压力、弹簧压力和感温包性能。

2. 感温包的充注

感温包内工质的充注形式有多种，包括同种液体充注、交叉充注、气体充注和吸附充注等。采用同种液体充注式感温包时，感温包中充注的液体与制冷系统中使用的制冷剂相同。感温包内液体充灌量应足够大，以保证任何温度下感温包内总含有液体，感温系统内的压力始终为饱和压力。因此，膜片上部空间和连接管的容积之和应小于充注液体的体积，同时，感温包的容积应大于所充注的液体体积。

图4-41表示采用同种液体充注式热力膨胀阀所控制的过热度。随着蒸发温度提高，作用在膜片下部的蒸发压力及弹簧力之和也提高。此时，感温包压力也相应地增高，从而保证了制冷剂在离开蒸发器时始终有过热度，但过热度的大小随蒸发温度而变。蒸发温度越高，过热度越小，这是其缺点。液体充注式热力膨胀阀的另一个缺点是它对蒸发温度没有限制，而过高的蒸发温度会使制冷压缩机的电动机超负荷，甚至发生烧毁电动机的现象。

交叉充注式感温包内充注与制冷系统中不同的液态工质，感温包的饱和蒸气压力与膜片下面作用压力的变化曲线如图4-42所示。在不同的蒸发温度条件下，热力膨胀阀维持的过热度几乎不变。

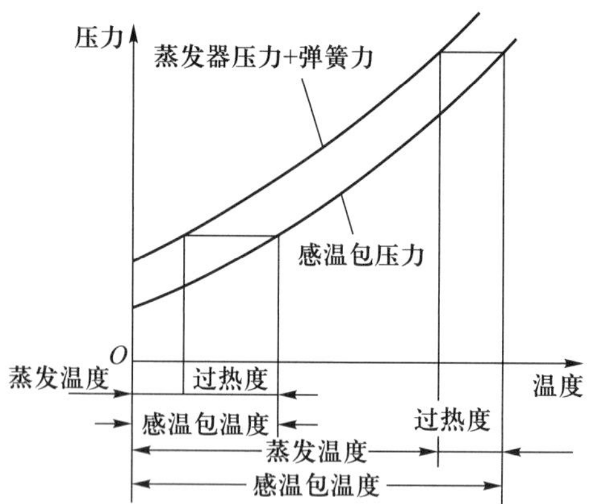

图4-41　同种液体充注热力膨胀阀的特性

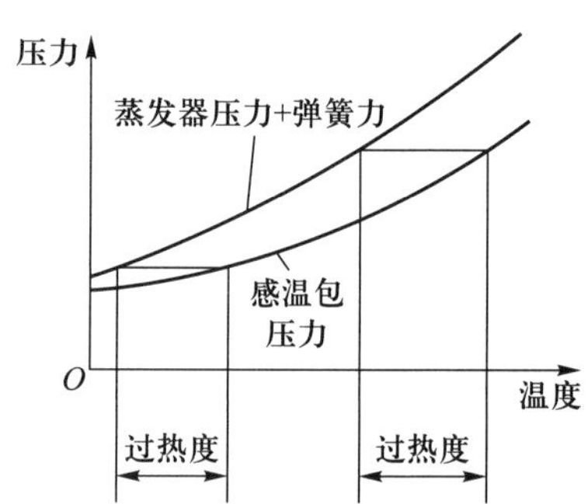

图4-42　交叉充注热力膨胀阀的特性

气体充注式感温包又称为限量充注或最大压力充注式感温包，如图4-43所示。在此感温包内只注入与制冷剂相同的限量工质。当蒸发温度（或蒸发器内的压力）低于规定值时，感温包内工质的压力-温度关系与液体充注式感温包相同。但是，当蒸发温度超过规定值后，感温包内工质已全部蒸发，压力-温度关系发生了变化。此时，尽管温度增加很多，压力增量却很小。因此，当蒸发温度超过规定温度

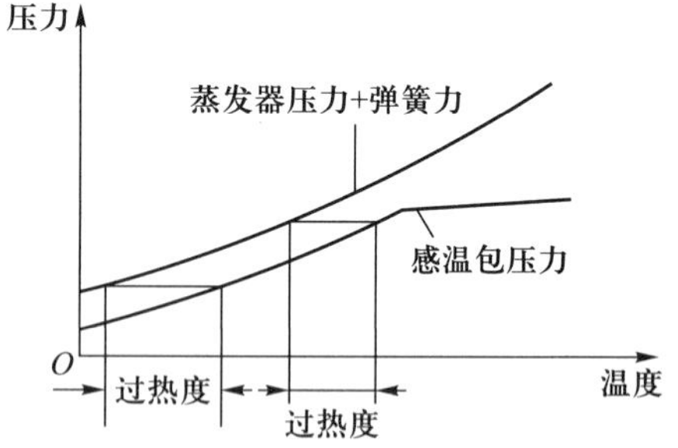

图4-43　气体充注热力膨胀阀的特性

时,蒸发器出口处制冷剂虽有很高过热度,仍不能将阀门开大。这样,就可以控制蒸发器供液量和蒸发压力,避免蒸发温度过高导致制冷压缩机电动机超负荷运转。

气体充注式热力膨胀阀的缺点是有时所充注的工质会以液态积聚在膜片上,而不返回感温包内。这种现象发生在膜盒温度低于感温包温度的情况下。设计时必须保证在膨胀阀关闭时,膜盒内有较高的温度,使盒内液体蒸发,回到感温包内。可以让温度较高的制冷剂绕膜盒流动来满足这个要求。

吸附充注式感温包内充满了吸附性气体与吸附剂,如活性炭、分子筛、硅胶、铝胶、惰性气体等。最普遍使用的是活性炭与 CO_2 气体。活性炭吸附气体的能力随感温包温度而变。当感温包内温度增加时,包内气体压力因被吸附气体释放而增大;当感温包温度降低时,气体被活性炭吸附,包内压力下降。吸附充注式感温包不可能发生气体积累在膜盒中而不返回感温包的现象,缺点是膨胀阀对过热度变化的反应较缓慢。

感温包应安装在不受积液和油作用的位置。当感温包安装处的吸气管需要提高时,提高处应有向下的弯头。感温包装在弯头前,以避免与积液直接接触而感受不到真实的过热度。

3. 外平衡式热力膨胀阀

制冷剂流经蒸发器时产生压力降,使蒸发器出口处的制冷剂饱和温度低于入口处的饱和温度。如果使用内平衡式膨胀阀,随着制冷剂压力的下降,在出口处将有较大的过热度。这意味着蒸发器中有更多传热面积用于产生过热蒸气,降低了传热面积的有效利用。为解决此问题,发展了外平衡式热力膨胀阀。

外平衡式热力膨胀阀有一条外部连接管,将膜片下部的空间与蒸发器出口相连,从而使膨胀阀所提供的过热度与蒸发器出口处的饱和温度相对应。图 4-44 示出了外平衡式热力膨胀阀的工作系统。为了保证阀的正常工作,膜片下的空间与蒸发器入口处隔绝,膜片的运动通过密封片传递给阀针。

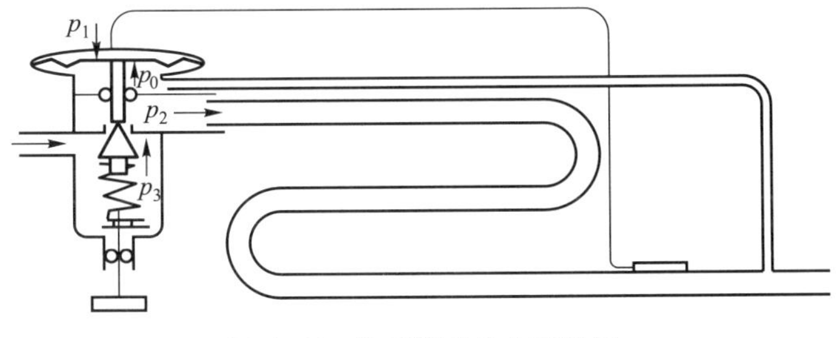

图 4-44 外平衡式热力膨胀阀

外平衡式热力膨胀阀结构比内平衡式复杂，安装也麻烦些。当制冷剂在蒸发器中压降较小时，对过热度控制影响不大，采用内平衡式热力膨胀阀就可以实现满意的调节。若制冷剂在蒸发器内压降较大，就必须采用外平衡式热力膨胀阀。当制冷系统在低蒸发温度下工作时，很小的压力变化就会引起饱和温度明显变化。所以，低温装置中常采用外平衡式热力膨胀阀。此外，在使用分液器对并联多路的蒸发器供液的场合，分液器上压降较大，也必须使用外平衡式热力膨胀阀。

4.4.2　热电膨胀阀

热力膨胀阀以蒸发器出口处的温度为控制信号，通过感温包将之转换为感温包内蒸气的压力，进而控制膨胀阀开度，达到反馈调节目的。其不足之处是：

1）信号反馈有较大滞后　蒸发器出口高温气体首先要加热感温包外壳，感温包外壳有较大的热惯性，导致反应滞后。感温包外壳对感温包内工质的加热引起进一步滞后。信号反馈的滞后将导致被调参数的周期性振荡。

2）控制精度较低　感温包中的工质通过薄膜将压力传递给阀针，因薄膜的加工精度及安装均会影响它受压产生的变形以及变形的灵敏度，故难以达到高的控制精度。

3）调节范围有限　因薄膜的变形量有限，使阀针开度变化的范围较小，流量调节范围亦较小，在要求有大的流量调节范围时（例如在使用变频压缩机时），热力膨胀阀无法满足控制要求。

热电式膨胀阀的应用克服了热力膨胀阀的上述缺点，并为制冷装置的智能化提供了条件。热电式膨胀阀利用被调节参数产生的电信号，控制施加于膨胀阀上的电压或电流，进而控制阀针的运动，以达到调节目的。

1. 热电膨胀阀流量调节系统

热电膨胀阀流量调节系统如图 4-45 所示。调节装置由检测过热度信号的传感器、电子调节器和执行器（热电膨胀阀）组成。它们之间用导线连接，以标准电量进行信号传输，调节规律由电子调节器设定。

过热度信号的检测方法有两种：一种是用一只压力传感器和一只温度传感器分别检测蒸发器出口处的压力和温度，根据制冷剂饱和压力-饱和温度关系进行换算，从而得到真实过热度信号。根据真实过热度信号，电子调节器对热电膨胀阀进行调节，如图 4-45a 所示。另一种是用两只温度传感器分别检测蒸发器入口和出口处的温度，取这两个温度之差近似作为蒸发器出口的过热度，称之

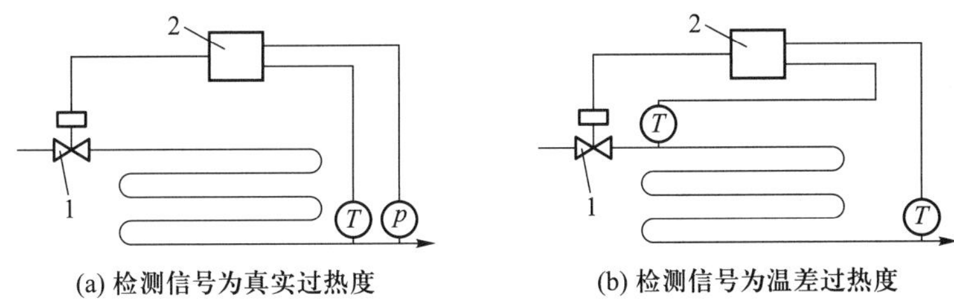

图 4-45 热电膨胀阀流量调节系统

1—膨胀阀(执行器); 2—电子调节器

为温差过热度。调节器根据温差过热度信号进行调节,如图 4-45b 所示。

2. 热电膨胀阀的种类及工作特性

目前已开发出的热电膨胀阀,按阀执行器的驱动方式可分为三类:热动式、电磁式和电动式。

(1) 热动式膨胀阀

热动式膨胀阀利用阀头电加热产生的热力提供阀杆运动的驱动力。调节器根据检测过热度信号与设定值之间的偏差量变化,按给定的调节规律向阀头电加热元件输出不同脉宽的电脉冲信号,调节热力的变化,从而改变阀的开度。

图 4-46 所示为 Danfoss 公司制造的 TQ 型热动式膨胀阀结构。来自调节器的电信号通过电线 5 输入,作用到膜头 15 内的加热元件 17 上,在膜头中产生热驱动力,使膜头下方的膜片发生弯曲变形,推动节流组件中的阀杆运动从而调节制冷剂流量。

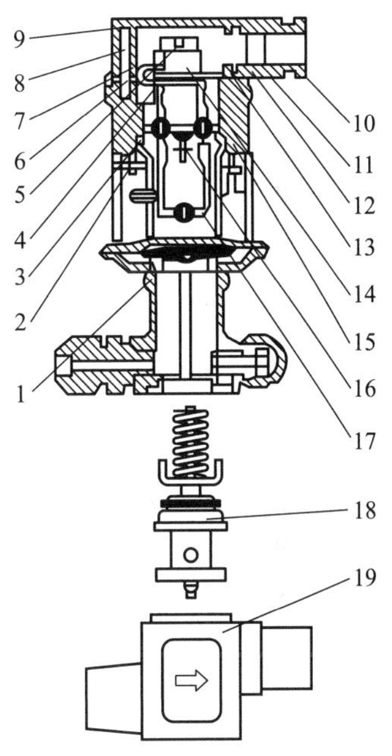

图 4-46 TQ 型热动式膨胀阀结构

1—阀头; 2—止动螺钉; 3—O 形圈; 4—电线套管; 5—电线; 6、8—螺钉; 7、12、13—垫片; 9—上盖; 10—电线旋入口; 11—密封圈; 14—端板; 15—膜头; 16—NTC 传感元件; 17—PTC 加热元件; 18—节流组件(包括阀杆、阀芯等); 19—阀体

(2) 电磁式膨胀阀

电磁式膨胀阀结构如图 4-47a 所示,电磁线圈通电前阀针处于全开位置。通电后,受磁力的作用,阀针的开度减小。开度的减小程度取决于施加在线圈上的控制电压。电压越高,开度越小,流经膨胀阀的制冷剂流量也越小。阀的流量特性如图 4-47b 所示。

电磁式膨胀阀结构简单,动作响应快,但工作时需要持续地通电为它提供控制电压。

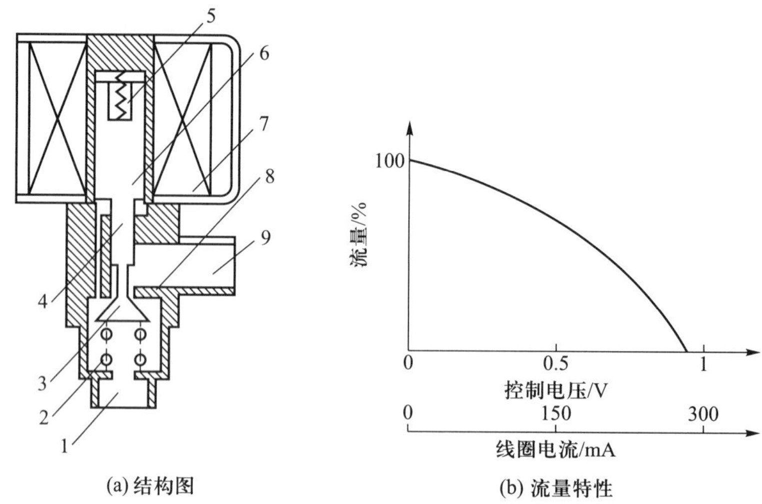

(a) 结构图　　(b) 流量特性

图 4-47　电磁式膨胀阀

1—出口；2—弹簧；3—阀针；4—阀杆；5—柱塞弹簧；6—柱塞；7—线圈；8—阀座；9—入口

（3）电动式膨胀阀

电动式膨胀阀用步进电动机驱动，目前多采用四相永磁式步进电动机驱动，有直动型和减速型两种。直动型的阀杆由步进电动机直接驱动，减速型是步进电动机通过减速齿轮驱动阀杆，因此用小转矩的步进电动机可以获得较大的驱动力矩。图 4-48 所示为直动型电动式膨胀阀的结构。它靠步进电动机正向或

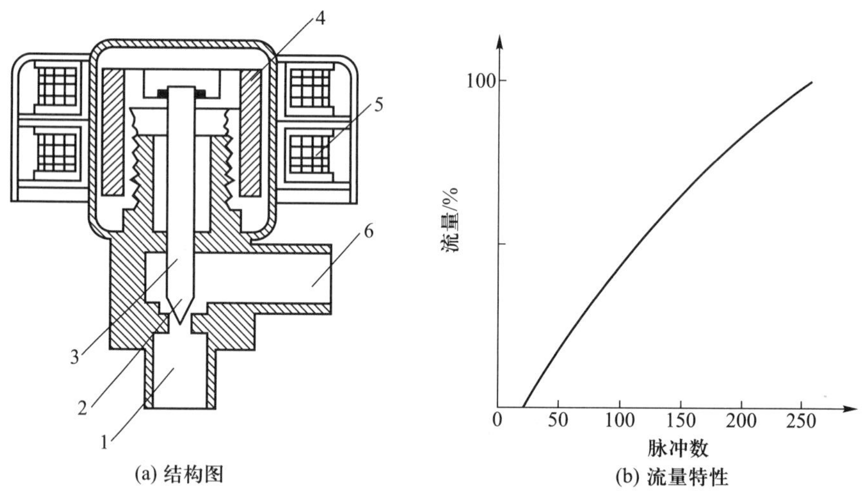

(a) 结构图　　(b) 流量特性

图 4-48　直动型电动式膨胀阀

1—出口；2—阀针；3—阀杆；4—电动机转子；5—电动机定子(线圈)；6—入口

反向旋转运动带动阀杆上下移动,使阀开度改变而实现流量调节。电子调节器接受蒸发器出口过热度信号,按一定的调节规律(预设调节程序)向步进电动机输出电脉冲执行信号。

与热力膨胀阀相比,电子膨胀阀具有如下优点:

1) 流量调节不受冷凝压力变化的影响。

2) 对膨胀阀前制冷剂液体过冷度的变化具有补偿作用。

3) 由于电信号比热信号传递快,使执行动作迅速、准确,能够及时调节供液量。只要控制得当,即使负荷变化剧烈,也能避免出现调节振荡。

4) 能够将蒸发器出口过热度控制到最小,从而最大限度地提高蒸发器传热面积的利用率,最大限度发挥装置的制冷能力。

5) 在制冷装置整个运行温度范围,可以有相同的过热度设定值。

6) 可以根据制冷装置实际运行特点决定调节器控制算法,便于通过控制器编程,引入先进控制方法。

此外,若再增加一些外部辅件,利用电子膨胀阀系统还可以扩展出一些其他功能,如控制最高蒸发压力、显示和报警等。电动式膨胀阀允许制冷剂逆向流动,因而在热泵装置、热气除霜装置中使用,有利于制冷系统的简化。

4.4.3 毛细管与浮球阀

1. 毛细管

毛细管常用于家用制冷装置,如冰箱、干燥器、空调器和小型制冷机组。它是一种便宜、有效、无磨损的节流机构。由于直径小,通路容易被阻塞,通常在毛细管的前面安装性能良好的过滤器;当蒸发温度低于 0 ℃时,还应保证流经毛细管的制冷剂不含水,为此常将干燥剂填入过滤器,组成干燥过滤器。

过冷液体进入毛细管后,先经过线性压降阶段,直到产生气泡为止。在这个阶段,制冷剂压力降低而温度不变。此后,制冷剂再经过非线性压力降。在此阶段中,压力与温度的关系为饱和压力与饱和温度的关系。图 4-49 表示与毛细管长度相应的压力与温度变化曲线。从毛细管入口至产生第一个气泡的毛细管长度称为液态长度,紧连着的长度称为两相长度。

进入毛细管的制冷剂流量应适当。流量太小,不能保持进口处的液封;流量过大,则流动阻力增加,导致压缩机排气压力过高、系统效率下降。通常,毛细管受蒸发器出口处低温制冷剂的冷却,可进一步冷却毛细管内的制冷剂。

毛细管的功能取决于五个因素:管长、管内径、热交换作用、毛细管的等圆程

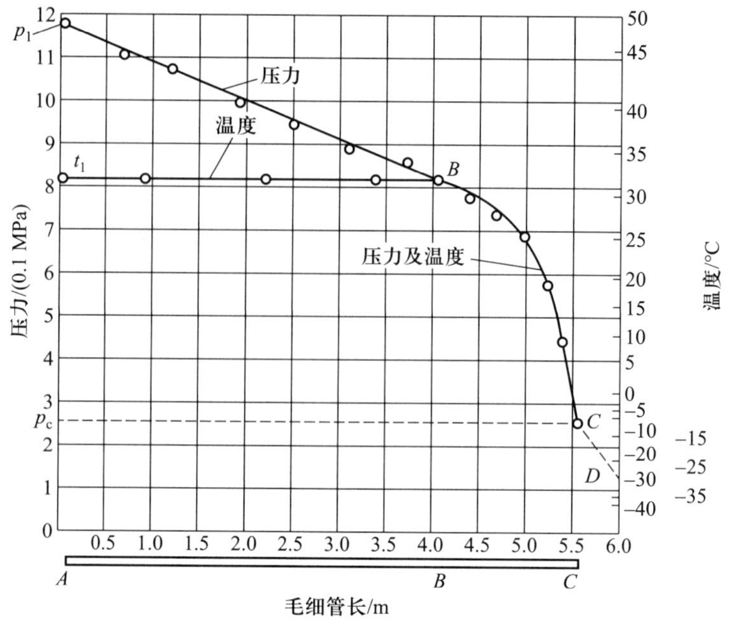

图 4-49　毛细管内压力与温度变化规律

度以及毛细管的安装位置。毛细管长度、内径的参考计算公式之一如下式：

$$q_m = 5.44(\Delta p/L)^{0.571} d_i^{2.71} \tag{4-73}$$

式中：q_m 为制冷剂的质量流量，kg/s；Δp 为毛细管进出口的压力差，MPa；L 为毛细管的长度，m；d_i 为毛细管内径，m。

2. 浮球阀

浮球调节阀是根据液位变化自动调节供液量的比例型调节阀。有高压浮球调节阀和低压浮球调节阀之分。

低压浮球调节阀用于满液式制冷系统，安装在满液式蒸发器的端部或侧面，用来控制蒸发器内制冷剂的液面，使其保持定值。图 4-50 表示低压浮球阀的结构及在制冷系统中的应用。浮球阀由壳体、浮球、浮球杆、阀座、阀针等组成。壳体的上、下两个接管分别与蒸发器的蒸气空间和液体空间相连通。浮球阀中用以启闭阀门的动力是一钢制浮球，当蒸发器的负荷改变而引起液面发生变化时，浮球即随液面在浮球室中升降。浮球杆通过杠杆推动节流阀的阀针，因此阀门可随着蒸发器中液面的下降或上升自动开大或关小。大容量的浮球阀一般不用阀针，而采用滑阀结构。高压浮球调节阀根据冷凝器或高压贮液器中的液位变化自动调节向蒸发器的供液量。其结构及在制冷系统中的应用如图 4-51 所示。当高压容器中的液位上升时，浮球向上运动，同时带动杠杆机构使针阀向离

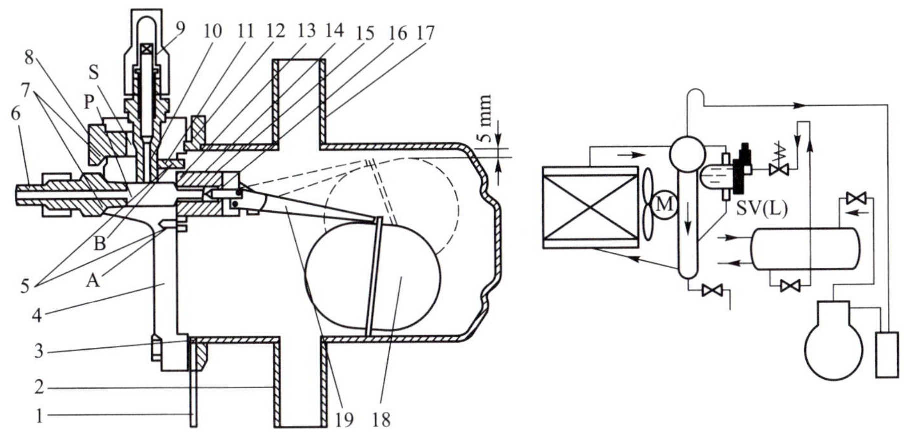

图 4-50　低压浮球调节阀的结构示意及其应用

1—指针；2—液相平衡管；3—浮球室；4—侧盖；5—螺钉；6—高压液体入口；7、12—垫片；8—堵头；9—手动调节机构、节流阀；10—旁通孔、调节孔；11、13、15—O 形圈；14—阀孔；16—针形阀；17—气相平衡管；18—浮球；19—杠杆机构；P—高压液体入口并行接口；S—高压液体入口串行接口

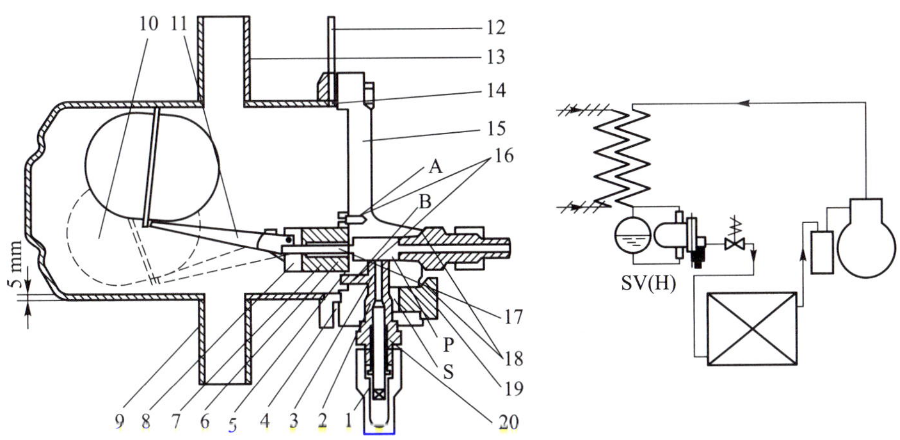

图 4-51　高压浮球调节阀及其应用

1—手动谓节机构、节流阀；2—旁通孔、调节孔；3、5、7—O 形圈；4、18、20—垫片；6—节流孔；8—针形阀；9—液相平衡管；10—浮球；11—杠杆机构；12—固定板；13—气相平衡管；14—浮球室；15—侧盖；16—螺钉；17—流出管接口；19—堵头；P—流出管接口并行接口；S—流出管接口串行接口

开阀座的方向移动，将阀口开大，使流出高压容器进入蒸发器的制冷剂流量增大；反之，流量减小。

4.5　制冷系统的传热强化与削弱

传热强化与削弱是热科学领域的重要研究主题，在制冷及低温系统当然也不例外。从制冷系统紧凑化、高效率等方面考虑，需要强化换热器的传热，同时应削弱制冷空间维护结构（墙体、箱体）以及管道、设备等与外界环境的传热。本节将主要针对制冷系统，简述强化与削弱传热的原则及具体措施，也适当介绍一点相关研究现状。

4.5.1　强化传热的原则与方法

1. 强化传热的原则

根据传热学基本理论，强化及削弱传热均应从换热器中热阻较大的一侧入手，提高这一侧对流换热表面传热系数。出于技术经济考虑，并非所有可以提高传热系数的方法都可取。实际选用时应考虑以下要求：

（1）采用强化传热措施后，应使系统效率提高、设备体积减小、系统总功耗降低；

（2）强化措施应能降低生产成本，采用强化传热措施的设备易于批量生产；

（3）要考虑强化方法与传热介质的相容性，保证强化效果持久有效。

制冷换热器强化传热可主要归结为对流换热的强化，主要问题是：表面传热系数增大效果与伴随的流体泵送功耗增大相比是否合适？这方面迄今可资参考的定量评判标准不多，对于单相对流换热，有文献给出如下判据：

$$\varphi = \left(\frac{Nu}{Nu_0}\right)_{Re}\left(\frac{f}{f_0}\right)_{Re}^{-1/3} \tag{4-74}$$

式中：Nu 与 Nu_0 分别为强化传热后与强化前对流换热努塞尔数；f 与 f_0 分别为强化后与强化前的达西摩擦阻力系数；下标 Re 表示相同 Re 数下的数值。一般认为，当 φ 大于 1 时，强化措施才有应用价值。

应当指出，制冷系统的性能系数明显地受制冷剂蒸发与冷凝温度影响，其中蒸发温度影响更为显著，特别是低蒸发温度的系统。因而选择制冷系统强化传热方式时还应考虑工质压力降对性能系数的影响。从这个意义上讲，满足式(4-74)并不一定适合制冷系统，应结合系统具体特性综合分析选取。

2. 制冷系统强化传热的方法

目前，制冷系统中强化传热主要通过换热表面加工处理实现。对制冷剂沸腾与凝结换热强化，主要通过各种高效传热管实现。对空气侧对流换热强化，主要围绕肋片形状、换热器表面物理化学处理等展开研究。此外，前已述及的板式、板翅式等紧凑式换热器均为高效换热器。

(1) 制冷剂凝结与沸腾换热强化

高效传热管是各种类型的低肋管（或微肋管）、多孔表面管的总称。对制冷剂与水热交换的氟利昂制冷系统，由于沸腾及凝结表面传热系数低于水强迫对流表面传热系数，强化表面一般主要考虑制冷剂侧。目前，常用高效传热管有以下几类。

1) 内微肋管　近年来内微肋管在氟利昂制冷装置的蒸发器中被广泛采用。图 4-52 所示为内微肋管剖面图，管内微肋数一般为 60～70，肋高为 0.1～0.2 mm，螺旋角 β 为 10°～30°，常用管直径 d_0 = 12.7 mm。由于小直径管可以使换热器结构更紧凑，强化传热效果更明显，目前有向更小管径发展的趋势。

在内微肋管结构参数中，对传热性能和流动阻力影响最大的是肋高。对于流动沸腾，微肋的作用在于提供汽化核心、增加表面张力的作用并增大传热面积；对于流动凝结，微肋的作用是在表面张力作用下使凝结液膜变薄并增大换热面积。与其他形式管内强化措施相比，内微肋管的突出优点为：与光管相比可以使管表面传热系数增加 2～3 倍（以等长度光管面积为基准计算），而压降的增加却只有 1～2 倍，强化传热明显大于压降增加。其次，内微肋管与光管相比，单位长度管材的质量增加很少，成本低。内微肋管在管壳式干式蒸发器中被大量应用，也可用来强化表面式蒸发器、空冷冷凝器的传热。

内微肋管可以加工成图 4-53 所示的结构形式，由于管内螺旋形突起部分对流体扰动加强，强化传热效果更好。

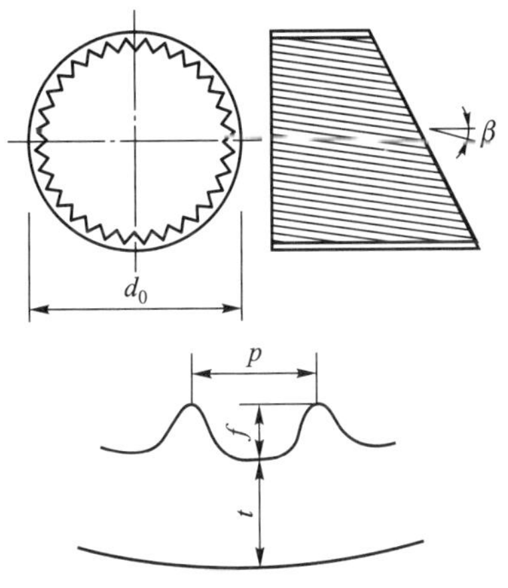

图 4-52　内微肋管剖面图

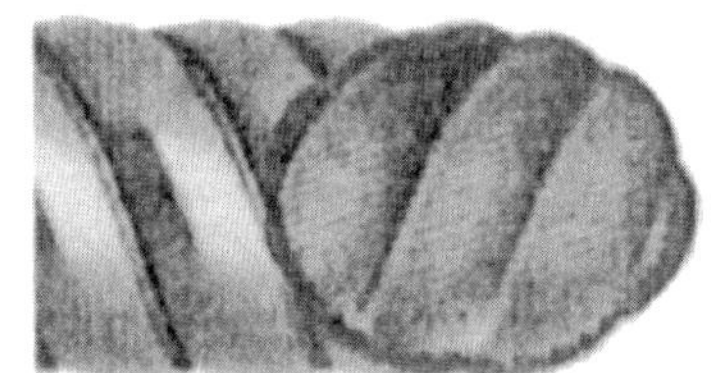

图 4-53　内微肋螺旋管结构

2）强化管外凝结换热的低肋管及横纹管　氟利昂制冷系统的卧式壳管式冷凝器多采用低肋紫铜管强化管外凝结换热，其结构尺寸及强化性能已见于图 4-36 及表 4-6。

氨冷凝器采用图 4-54 所示的横纹管。该管采用变截面的机械滚轧方法加工成型，氨在管外表面凝结，水在管内流动。成型后的横纹管外表面有许多横向沟槽，管内相应地呈凸肋状。氨在横纹管外的冷凝情况与管子节距有关。节距合适的横纹管，表面张力对凝结液起控制作用，使凝结液全由沟槽下方滴落，光滑段液膜薄，换热效果好，如图 4-54a 所示。节距太大的横纹管，重力起控制作用，冷凝液不是从沟槽处滴落，而是从光滑段中间滴落，液膜很厚，如图 4-54c 所示。图 4-54b 介于上述两者之间，采用横纹管，因管内有凸肋，水的强迫对流换热也有所增强。节距合适的横纹管，当水流速为 1.0 m/s 时，其总传热系数是光滑管的 1.6 倍，而冷凝器中水的总压降是光滑管冷凝器的 1.9 倍。

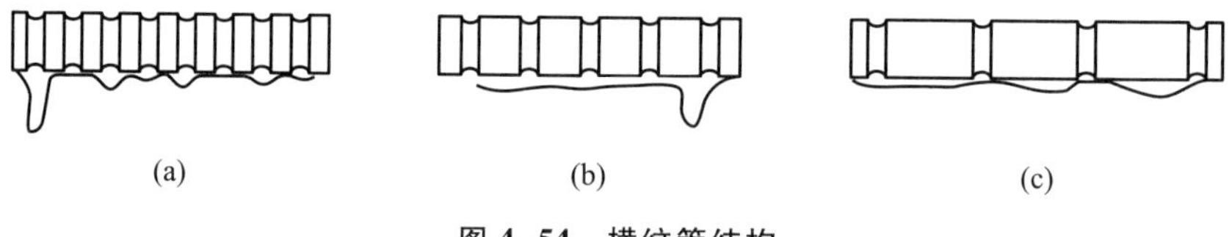

图 4-54　横纹管结构

3）管外沸腾换热强化管　强化管外沸腾传热的典型表面有图 4-55 所示四种。其中，图 4-55a 所示为 T 形肋片管，这种管子滚轧成形，管外表面具有一系列带螺旋结构状的 T 形肋片，肋片表面之间是宽度只有 0.2~0.25 mm 的狭窄小缝，小缝下面是螺旋形槽道。蒸气泡在 T 形管槽道内运动，不断冲刷着壁面上还在生长的气泡，使加热面上气泡脱离频率增加，从而强化了沸腾换热。由于进行 T 形表面机械加工时管子内表面也形成螺旋，故可同时强化管内对流换热。

图 4-55b、c 所示为机械加工复杂结构表面，其基本结构形式为表面环形微小槽道，上面开缝或孔，小孔的密度可达每平方厘米 300~400 个。图 4-55d 为铜颗粒烧结表面多孔结构。制冷剂在这三种形式强化表面沸腾的机理由图 4-55d 所示，由于表面小孔/缝与槽道相通，制冷剂能经槽道循环加热。槽道中一部分液体汽化后，蒸气泡由小孔/缝脱离，液体由其他孔/缝流入。表面结构既提供了大量稳定的汽化核心，还在沸腾过程组织起气液频繁进出槽道的局部循环，从而有效地强化了沸腾传热。单管试验表明，单位面积热负荷相同条件下，多孔管的沸腾过热度可降低到光滑管的约 1/10；工业现场试验表明，多孔管单位面积热负荷比低肋管高约 36%，可比低助管节省约 26%的换热面积。

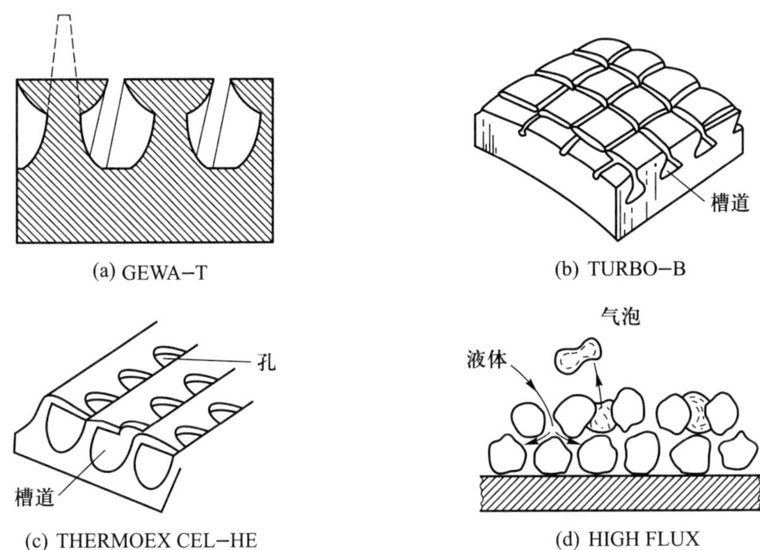

(a) GEWA-T
(b) TURBO-B
(c) THERMOEX CEL-HE
(d) HIGH FLUX

图 4-55 管外沸腾换热强化表面

（2）空气侧换热的强化

空气在风冷冷凝器和表面式蒸发器管外流动,其表面传热系数远低于管内制冷剂凝结或沸腾的表面传热系数,必须进行强化。强化措施很多,包括改进肋片形状、小管径化、增加管子排列密度、对蒸发器肋片表面处理、减少肋片与管子接触热阻等。

1）肋片形式改进　平直肋片结构简单,易于加工,但空气流经肋片时产生的边界层较厚,因而表面传热系数较低。为了克服此缺点,开发出不同几何形状的肋片,常见的有波纹肋片、百叶窗缝片以及裂缝肋片,如图 4-56 所示。波纹肋片可使气流沿其表面曲折流动,增强了气流扰动,从而强化对流换热。裂缝肋片和百叶窗肋片属于中断型肋片,中断型肋片的裂缝能周期性地破坏边界层,减少边界层厚度,增强换热。波纹肋片的表面传热系数比平肋片可提高约 50%,裂缝肋片和百叶窗肋片比平肋片可提高一倍以上。采用强化传热肋片后,空气侧流动阻力将增加。波纹肋片、裂缝肋片、百叶窗肋片的阻力较平肋片高出 50%以上。目前,波纹肋片、裂缝肋片、百叶窗肋片均已得到实际应用。除此之外,纵向涡发生器肋片也能通过三角翼、矩形翼等涡发生器产生除主流方向外的二级涡旋流动,根据具体的翼形,涡旋轴线可以是垂直于肋片方向也可以是主流方向,二者不仅能破坏边界层,还能增强温度梯度方向的空气对流,达到强化换热的目的。

2）小管径化　减小管径首先可以降低管内流动的边界层厚度,改善管内的对流换热系。其次,小管径化可以降低管内的容积,减少制冷剂的充注量。除此

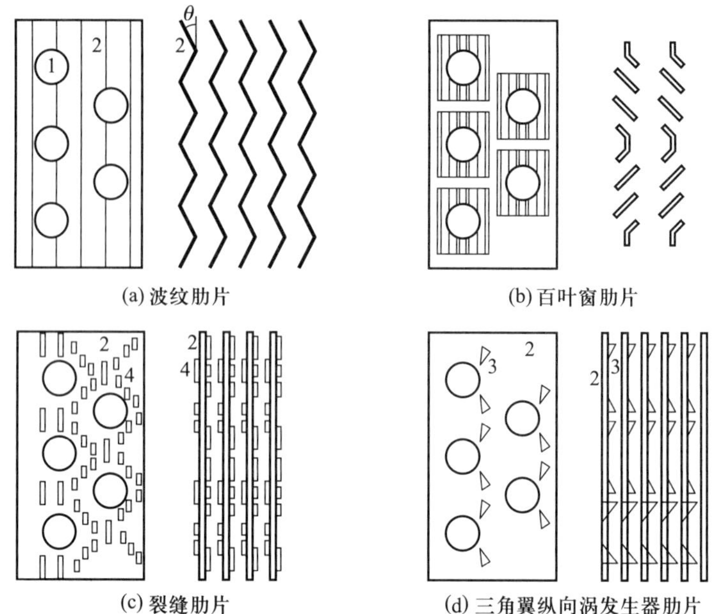

(a) 波纹肋片　(b) 百叶窗肋片　(c) 裂缝肋片　(d) 三角翼纵向涡发生器肋片

图 4-56　典型的风冷换热器肋片结构示意图

之外,小管径化还能提高单位体积的管外侧换热比表面积。最重要的是减小管径将同时减小管间距,使得外掠管束扰动边界层的作用更加明显,因而空气侧的换热系数也能提高。由于小管径换热器的优势,应用于空调制冷系统的换热器管径已从传统的 9.52 mm 降低到了 7 mm,并正在向 5 mm 及更小的管径发展。小于 1 mm 的光管管束式换热器由于较高的表面对流传热系数[200~300 W/(m^2·K)],甚至不再需要翅片。

3) 肋片间距　蒸发器表面结露、结霜均将导致热阻增大,风量减少,从而使表面传热系数下降。蒸发器表面的积水情况与肋片间距有关。大间距可减少肋片上的积水,但使换热面积减少。试验表明,空调器用蒸发器的肋片间距宜取 1.7~2 mm。对于表面结霜的蒸发器,如冷库用冷风机,前几排管子结霜较严重,可以采用沿空气流向变间距的肋片。通常将管子分成 2~4 组,每组的肋片间距不等,前排间距比后排间距大,最大间距可达 22 mm。

4) 空调用蒸发器的表面处理　因肋片间距小,湿空气在蒸发器表面结露时,凝水积聚会形成所谓“液桥”,使空气阻力增加,风量减少,传热恶化。国外从 20 世纪 80 年代起,发展了亲水镀膜技术。利用化学方法在肋片上形成稳定的高亲水薄膜,使凝水易于沿肋片表面流下。

制造亲水膜的方法有多种,如“一水氧化铝法”、“水玻璃法”、“水软铝石法”和“有机树脂-二氧化硅法”。其中以“有机树脂-二氧化硅法”较先进,采用的材料由超微粒状胶体二氧化硅、有机树脂及表面活性剂构成。亲水膜厚度约为1~2 μm。采用亲水膜后,由于凝结水迅速排除,即使风速较高,水也不会飞溅。

5）减少接触热阻　铝片与铜管间接触热阻约占总热阻的10%,与涨管率有关,涨管率减少时接触热阻增加。接触热阻还与翅片翻边方式有关,双翻边虽然加工困难,但热阻较低,有利于套片和控制片间距。

4.5.2 蒸发器表面结霜与霜抑制

1. 结霜及其对蒸发器的影响

一般认为,冷表面结霜为湿空气中水蒸气的凝华,经历以下三个阶段:

1）霜晶生长期　在此期间霜晶分散在表面各处并形成垂直霜柱群,这些霜柱群将成为霜层的构造骨架。

2）霜层生成期　晶生长到一定程度后,以三维方式生长。由于湿空气中水蒸气向霜层内部扩散并发生凝华,使霜层密度增加,并逐渐长成较为均匀的结构。

3）霜层成熟期　此时霜层会出现回融,密度不断增大,极限情况将转化成冰层,称为霜层老化。这一阶段霜层变得越来越厚实,热导率不断增大。

有关文献报道的观察结果表明:平表面上常温下湿空气结霜并非简单的凝华,而是包括初期结露、水珠冻结、霜晶生成和成长四个过程。霜晶成长过程大体上经历上述三个阶段。

对此现象的定性解释为:与凝结一样,凝华亦需要凝华核心。一定温度下,凝华核心不易在平表面形成。待液滴冻结成多孔表面后,可提供形成凝华核心的可能,因而在霜表面可以发生凝华。图4-57所示为-12 ℃的黄铜表面上霜晶成长期某时刻的放大照片,可见霜为结构复杂的多孔体,其物性会极大地依赖于由冷表面温度、空气物性、流动参数以及生长时间等决定的结构特性。

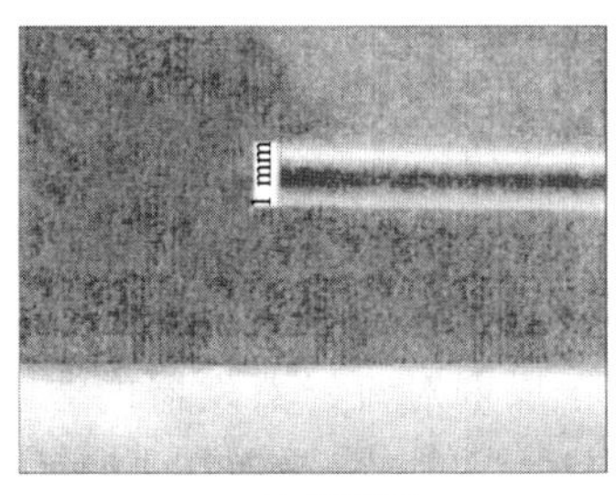

(a) 侧视图

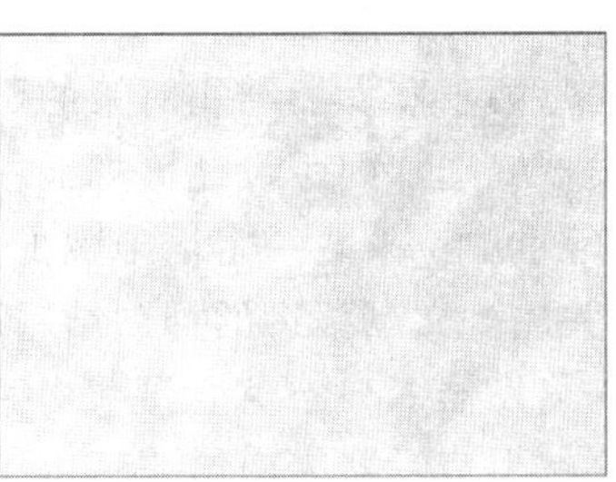

(b) 俯视图

图4-57　成长期的霜层

结霜对蒸发器的影响包括增加了霜层导热热阻,霜层阻塞了空气部分流通面积从而使流经蒸发器的阻力增加。根据风机的特性可知,阻力增大将引起风量减少,从而使表面传热系数下降,能耗增加。霜层引起的风量减小是导致系统运行情况恶化的主要因素,相比之下,霜层导热热阻影响不重要。

图 4-58 所示为冷风机表面结霜对风量及压降影响的实验结果。其中,曲线 A 表示未结霜时初始风量为 2 100 m^3/h,曲线 B 表示初始风量为 1 600 m^3/h,霜层厚度为迎风第一排肋片上霜的平均厚度,冷风机肋片间距为 12. 5 mm,管排数为 6。

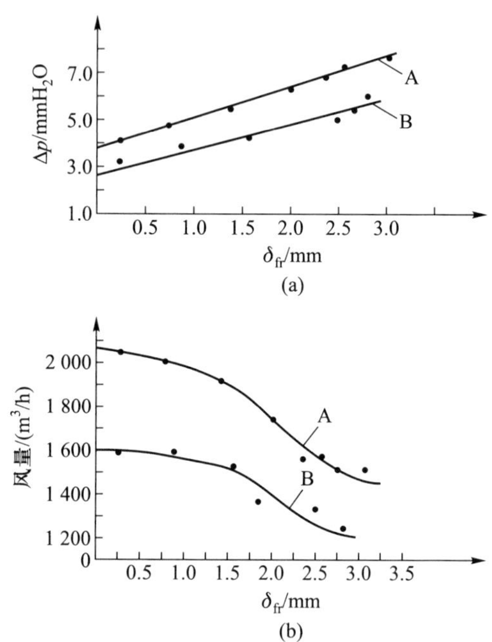

图 4-58　冷风机表面结霜对风量及压降影响的实验结果
(1 mmH_2O = 9. 806 7 Pa)

2. 抑制结霜的措施

长期以来,关于蒸发器结霜对策的研究主要集中在结霜规律、除霜方式及最佳控制、蒸发器变翅片间距设计等方面。这些研究无疑对提高制冷系统结霜时运行性能非常重要。采取一定措施减少蒸发器表面结霜的所谓结霜抑制研究引起了研究者关注。文献报道的抑制结霜对策主要有:

1) 改变蒸发器入口空气含湿量　用干燥剂对流经蒸发器的湿空气进行减湿处理,从而减少蒸发器表面结霜。由于系统复杂,需要增加部件,其实用价值不明显。

2) 外加电场　使蒸发器处于一均匀电场内,电场作用使霜晶长得较为纤细,易于被空气吹折并吹走,从而达到抑制结霜效果。这种方法不仅需要增加附件而且还存在安全上的问题。

3）改变冷表面特性　主要在表面上涂镀不同性质的涂层,从而抑制霜成长。与前两种方法相比,这种方法具有应用优势,因而近年来研究多集中于此。表面涂层主要有疏水涂层和亲水涂层。疏水涂层表面作用类似于外加电场,利用表面憎水性抑制霜生长,使霜晶成长为纤细型从而易于脱落;亲水材料的吸水性可以使涂层中水分在远低于 0 ℃才发生相变,这样就在涂层表面形成已冻结水分子膜和未冻结水分子膜的接触表面,从而降低霜的附着力。另外,亲水涂层材料吸水后膨胀也可以降低霜的附着力。

图 4-59 所示为亲水性涂料表面抑制结霜的实验结果。实验件为水平板,未结霜时板表面温度均为-10 ℃。可见亲水涂料对结霜有明显的抑制作用,由于导热热阻影响,霜表面温度随厚度增加而增大。

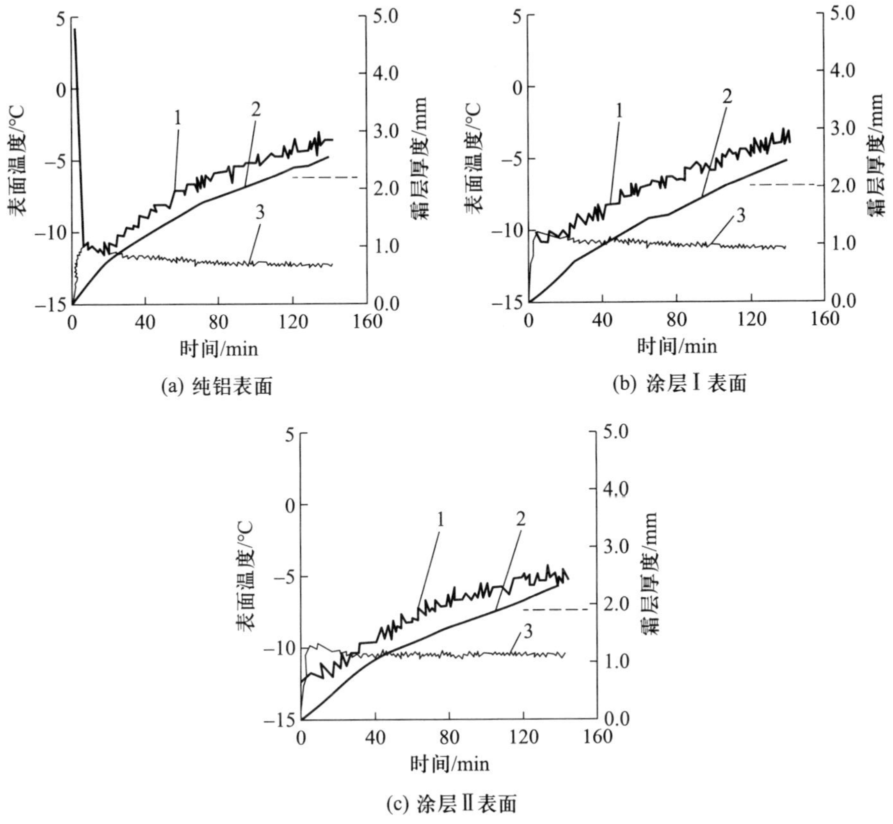

(a) 纯铝表面

(b) 涂层Ⅰ表面

(c) 涂层Ⅱ表面

图 4-59　亲水性涂层抑制结霜的实验结果

1—霜层表面温度;2—霜层厚度;3—实验平板表面温度

图 4-60 所示为疏水涂层表面霜成长过程放大照片。对比图 4-58 可以发现,疏水涂层表面使霜晶成长为纤细型,易于脱落。理论与实验均表明,对换热器金属表面喷镀高疏水性镀层,可降低其与水蒸气之间的表面能,增大接触角,对抑制结霜有效,而且还能改善换热器的传热性能。

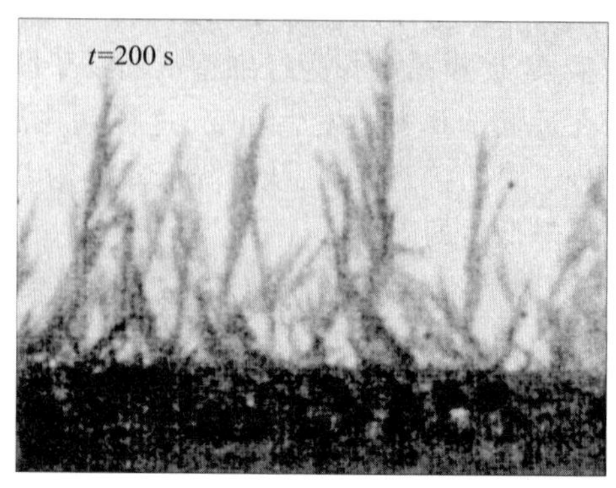

图 4-60　疏水涂层抑制结霜的实验结果

4.5.3　添加纳米颗粒强化传热

1. 研究现状

20 世纪 90 年代以来,随着纳米科学与技术迅速发展,一些学者开始尝试将纳米颗粒与流体混合,制成纳米颗粒悬浮液(有学者将其定名为“纳米流体”),强化对流换热,并大幅度降低流体输送功耗。研究人员对纳米流体用于微型换热器的散热问题进行了理论分析,结果认为:采用纳米流体作冷却介质,系统的冷却强度可高达 30 MW/m^2。此后有实验研究表明:在水中添加 5%(体积分数)的氧化铜颗粒,流体的导热系数可以提高 60%;运用通常混合物导热系数计算公式计算纳米流体热导率明显小于实测值 。

普遍认为,纳米颗粒强化对流换热的机理在于:加入一定份额金属及其氧化物纳米颗粒后,悬浮液导热性能明显改善;流动过程中在颗粒之间、颗粒和液体、颗粒和壁面之间存在相互作用;颗粒的存在增强了流体湍流强度,使截面温度分布平坦,减小了层流底层厚度。

2. 纳米悬浮液配置及强化传热特性

由于纳米颗粒的小尺寸效应,颗粒表面一般有较强极性,很容易团聚在一起,形成尺寸较大的团聚体而沉淀,因而纳米悬浮液的悬浮稳定性对于其强化传热应用就具有十分重要的作用。目前最常用的方法是,向悬浮液中加分散剂对颗粒表面进行修饰,并对悬浮液进行超声震荡处理。在此过程中,选择合适的分散剂非常重要。实验室中也有结合纳米颗粒生产工艺直接制作纳米悬浮液的,制取的悬浮液悬浮稳定性较前者好,但成本高。

图 4-61 给出了氧化铜-水纳米颗粒悬浮液扫描电镜(TEM)的照片。悬浮液采用的 CuO 纳米颗粒平均直径为 50 nm。纳米颗粒悬浮液的制备分为两步:

1) 配置质量分数为 0.02 的十二烷基苯磺酸钠(SDBS)水溶液,然后将 CuO 纳米颗粒加入溶液中搅拌;

2) 用超声波清洗器对所配置的悬浮液进行振荡,以消除团聚大颗粒。从图 4-61 可以看出,颗粒很好地分散在去离子水中,仅有少量颗粒块聚结。图中放大倍率是拍照时数值,拍照试样是在细铜丝网上制作的液膜。

图 4-62 所示为纳米颗粒悬浮液(或称纳米流体)导热系数随颗粒体积分数

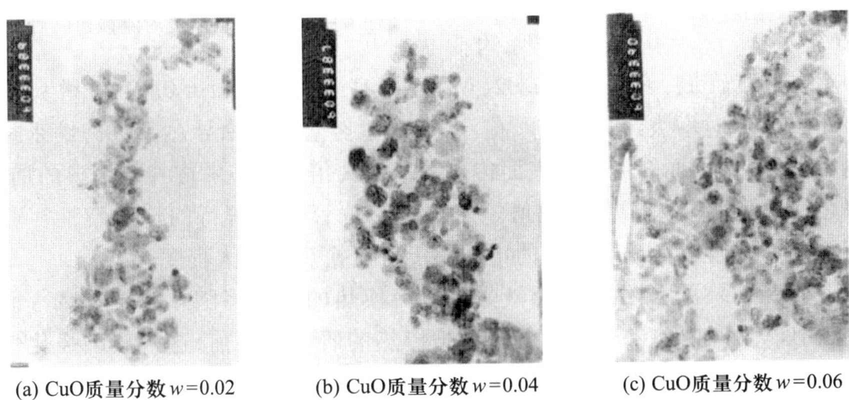

(a) CuO质量分数 $w=0.02$　(b) CuO质量分数 $w=0.04$　(c) CuO质量分数 $w=0.06$

图 4-61　CuO-水纳米颗粒悬浮液的 TEM 照片(放大倍率:1∶60 000)

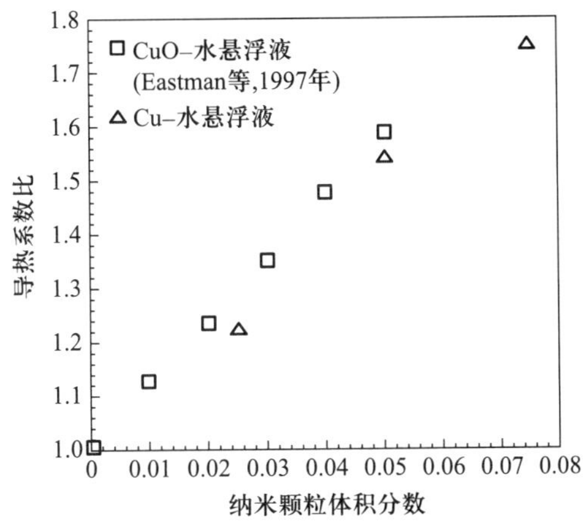

图 4-62　纳米颗粒悬浮液的导热系数

的变化。可见,当颗粒体积分数为 0.05 时,铜和氧化铜纳米颗粒悬浮液的导热系数相对于水增加约 60%。

图 4-63 为在 0.68 mm 内径的不锈钢管内,氧化铜纳米悬浮液强迫对流换热的实验结果,氧化铜纳米颗粒的平均粒径为 50nm,质量分数如图所示。对内径为 0.68 mm、1.01 mm、1.28 mm 的三种不锈钢管的实验表明:相同管径的试验段中,随纳米颗粒的质量分数提高,工质努塞尔数 Nu 将增大。流体的流态不同,努塞尔数 Nu 增大的幅度也不同。层流时,对于质量分数 $w=0.02$,Nu 可提高 5%左右;$w=0.04$ 时增大约为 7%;$w=0.06$ 时增大约为 10%。在过渡区域,对于 $w=0.02$,Nu 可提高 6%左右;$w=0.04$ 时增大约为 10%;$w=0.06$ 时增大约为 13%。应注意,这里努塞尔数中导热系数为纳米悬浮液的导热系数,因而对流换热表面传热系数增大倍率还应考虑导热系数的增大,实际增大程度明显大于上述数值。而对于三种管道所进行的流动特性实验显示,加入纳米颗粒后,流动压降的增加小于对流换热的增大程度。

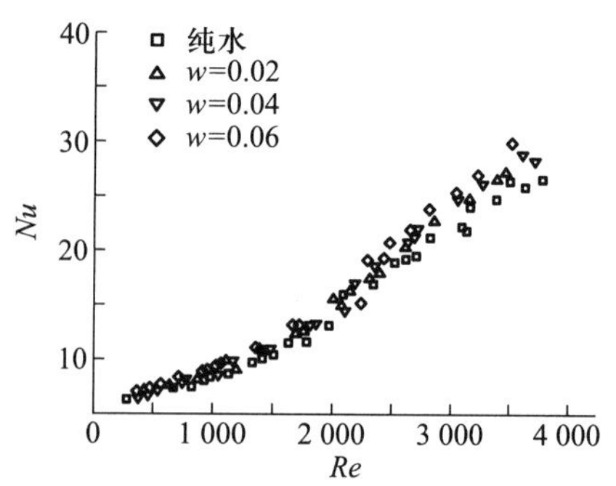

图 4-63　纳米悬浮液对流换热特性

有研究结果显示,纳米悬浮液强化对流换热的性能将随颗粒粒径减小而增强。也有学者开展纳米悬浮液强化沸腾传热的研究。目前,这一新型强化传热技术尚处于起步阶段,用于制冷系统强化传热还有待于进一步研究。

4.5.4　制冷系统中的隔热

隔热的主要目的在于减少冷量损失,提高运转经济性。同时,隔热层可使其外表面温度高于环境空气露点温度,防止表面出现凝结水甚至结霜的现象。

理想隔热材料应符合如下要求:导热系数小,抗湿性及耐火性强,不易霉烂并能避免虫蛀鼠咬,机械性能高,经久耐用,便于加工和施工等。可用于制冷装置隔热的材料很多,按其组织结构分为纤维材料、多孔性材料及颗粒状材料;按其性质分为有机质材料及矿物质材料等。表 4-12 给出了一些常用隔热材料的基本特性。一般来说,有机质材料的优点是密度小(一般在 300 kg/m^3 以下),导热系数小[一般在 0.1 W/(m·K)以下],易于获得和加工;其缺点是易受潮、易燃、易被霉菌腐蚀,而且耐久性较差。矿物质材料则相反,其优点是机械强度大、经久耐用、不易被霉菌腐蚀,缺点是密度和导热系数都比较大。

表 4-12 一些常用隔热材料的基本性质

材料名称	密度 ρ/(kg/m^3)	导热系数 λ/(W/m·K)	比热容 c/(kJ/kg·K)	吸水率/%	适用温度/℃
软木板	150~200	0.04~0.07	~2.1	≤50	-60~150
软木颗粒	100~250	0.04~0.06	~2.1		-60~150
聚苯乙烯泡沫塑料	20~50	0.03~0.046			-80~75
硬质聚苯乙烯泡沫塑料	40~45	0.03~0.043		<3	
软质聚氨基甲酸乙酯泡沫塑料	24~40	0.03~0.046			-30~130
硬质聚氨基甲酸乙酯泡沫塑料	45~65	0.022~0.024		<1.5	-100~120
锯木屑	200~250	0.07~0.093	1.884		
稻壳	155	0.14		8~10	
泡沫混凝土	400~600	0.174~0.233	1.046		
矿渣棉	100~180	0.038~0.046			
工业玻璃棉		0.384			
超细玻璃棉	18~22	0.033		~2	<100
普通膨胀珍珠砂	120~300	0.034~0.061	0.67		-100~450
石棉砖	470	0.151			

隔热材料通常制成板材或管壳形材料。在设备和管道上敷设隔热层时，可用制成的管壳型材，也可将板材割成所需的形状使用。

对于硬质聚氨基甲酸乙酯泡沫塑料（简称聚氨酯泡沫塑料），可用现场发泡的方法形成冷库、设备或管道的隔热层。

1. 管道的隔热层厚度

通常用两种方法确定管道隔热层的厚度：第一种方法是将隔热结构的表面传热系数或冷量损失限制在一定范围内；第二种方法是限制隔热结构外表面的温度，使其不低于环境空气的露点温度，以免在外表面上出现结露现象。即使按第一种方法确定隔热层厚度，也需要对外表面温度进行校核，若低于环境空气的露点温度，则需改变隔热层的厚度。

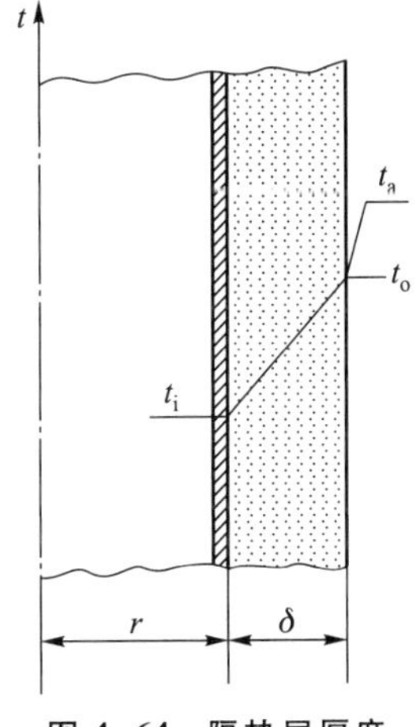

图 4-64 隔热层厚度

(1) 按限定的冷量损失计算隔热层厚度 δ

如图 4-64 所示，设设备外半径为 r，隔热层厚度为 δ，设备内介质的温度为 t_i，环境空气温度为 t_a，忽

略设备金属壁的热阻时，有

$$\phi = 2\pi h(r+\delta)l(t_a - t_o) \tag{4-75}$$

$$\phi = \frac{2\pi\lambda l}{\ln\dfrac{r+\delta}{r}}(t_o - t_i) \tag{4-76}$$

式中：λ 为隔热材料的导热系数，W/(m · K)；h 为空气与隔热层外表面的自然对流换热系数，W/(m^2 · K)；l 为管长，m。由式(4-75)、式(4-76)解出温差后相加可得

$$t_a - t_i = \frac{\phi}{2\pi l}\left[\frac{1}{\lambda}\ln\frac{r+\delta}{r} + \frac{1}{h(r+\delta)}\right] \tag{4-77}$$

式(4-77)中只有 ϕ 和 δ 两个未知数。只要给出限定的冷量损失 ϕ，即可求出隔热层厚度 δ。

（2）按表面不结露要求计算隔热层厚度 δ。

式(4-76)除式(4-77)得

$$\frac{t_a - t_i}{t_a - t_o} = 1 + \frac{h}{\lambda}(r+\delta)\ln\frac{r+\delta}{r} \tag{4-78}$$

为保证表面不结露，表面温度应该大于露点温度 t_d。通常取 $t_o = t_d + 1.5$ ℃。

式(4-77)、式(4-78)计算得到的 δ 值不同，应取其中大的 δ 作为设计的隔热层厚度。

2. 冷库的隔热层厚度

过去常用的方法与计算管道隔热层厚度的方法相似，即按限定的冷量损失求出隔热层厚度 δ，再按外表面不结露的要求计算出另一个隔热层厚度 δ，取这两个 δ 数值中较大的一个作为设计厚度。近年来开始采用另一种计算方法，即按经济性最好要求求出隔热层厚度 δ，然后与保证不结露隔热层厚度比较，取较大者为设计厚度。

（1）保证冷库墙壁不结露的隔热层厚度 δ

当外表面的温度为 t_o（$t_o = t_d + 1.5$ ℃，t_d 为露点温度），环境温度为 t_a，库内温度为 t_i 时，通过平壁的热流密度为

$$q = \frac{1}{\dfrac{1}{h_i} + \dfrac{\delta_1}{\lambda_1} + \dfrac{\delta}{\lambda} + \dfrac{\delta_2}{\lambda_2}}(t_o - t_i) \tag{4-79}$$

式中：h_i 为墙内侧空气的表面传热系数；δ_1、δ、δ_2 分别为砖砌体厚度、中间隔热层厚度和饰面材料厚度；λ_1、λ、λ_2 分别为砖砌体材料导热系数、中间隔热层材料导热系数和饰面材料导热系数。q 可以由外表面对流换热计算：

$$q = h_o(t_a - t_o) \tag{4-80}$$

式中,h_o 为墙外侧空气的表面传热系数。联立式(4-79)和式(4-80)得

$$\delta = \frac{\lambda}{h_o}\frac{t_o - t_i}{t_a - t_b} - \lambda\left(\frac{1}{h_i} + \frac{\delta_1}{\lambda_1} + \frac{\delta_2}{\lambda_2}\right) \tag{4-81}$$

(2) 按经济性最好的要求计算隔热层厚度

冷库墙体的总费用由四部分组成:建造费,包括墙体造价、所占建筑面积造价及制冷设备投资;运行管理费,包括人工费、维修费等;运行过程中的能耗费;因货物干耗损失的费用。在折旧年限内,使各项费用总和为最小的中间隔热层厚度即为经济性最好的隔热层厚度,简称经济隔热层厚度。

1) 冷库墙体的总热阻 R_0

$$R_0 = \frac{1}{h_i} + \frac{\delta_1}{\lambda_1} + \frac{\delta}{\lambda} + \frac{\delta_2}{\lambda_2} + \frac{1}{h_o} \tag{4-82}$$

式中:h_i、h_o 分别为库内侧空气的对流换热表面传热系数和库外侧空气的对流换热表面传热系数;δ_1、δ、δ_2 分别为砖砌体厚度、中间隔热层厚度和饰面材料厚度;λ_1、λ、λ_2 分别为砖砌体材料导热系数、中间隔热层材料导热系数和饰面材料导热系数。

2) 折算至每平方米墙体的各项费用

① 建造费

墙体造价 $P(\delta_1 s_1 + \delta_2 s_2 + \delta_3 s_3)$

制冷设备投资 $PBq = PB\dfrac{t_a - t_i}{R_0}$

建筑面积造价 $PA(\delta_1 + \delta_2 + \delta_3)$

② 运行管理费

$$cMq = cM\left(\frac{t_a - t_i}{R_0}\right)$$

③ 能耗费

$$mMEqs_4 = mMEs_4\left(\frac{t_a - t_i}{R_0}\right)$$

④ 干耗损失费

$$mMGqs_5 = mMGs_5\left(\frac{t_a - t_i}{R_0}\right)$$

以上各项费用中所用符号的意义如下:P 为利息系数,它是折旧期内偿还本息与贷款数之比值;s_1 为砖砌体造价,元/m^3;s_2 为饰面材料造价,元/m^3;s_3 为隔热材料造价,元/m^3;s_4 为电价,元/(kW·h);s_5 为货物价格,元/kg;B 为单位负荷的制冷设备投资,元/W;q 为每平方米壁面的冷负荷,W/m^2;c 为单位负荷年运行

管理费，元/(a · W)；M 为折旧年限，a；m 为每年运行时间，h/a；E 为每单位负荷所消耗电能，kW/W；G 为单位负荷每小时引起的货物干耗，kg/(W · h)；A 为冷库单位墙厚度单位面积的造价，元/(m · m^2)；t_a 为环境空气温度，℃；t_i 为库内空气温度，℃。

3）在折旧年限内折算至每平方米冷库墙体所需的总费用 I

$$I = P(\delta_1 s_1 + \delta_2 s_2 + \delta_3 s_3) + PB\frac{t_a - t_i}{R_0} + PA(\delta_1 + \delta_2 + \delta_3) + cM\left(\frac{t_a - t_i}{R_0}\right) + mMEs_4\left(\frac{t_a - t_i}{R_0}\right) + mMGs_5\left(\frac{t_a - t_i}{R_0}\right) \tag{4-83}$$

4）经济隔热层厚度

将总费用 I 对隔热层厚度 δ 求导，并令其为零，即$\frac{\mathrm{d}I}{\mathrm{d}\delta}=0$，可求得

$$\delta = \sqrt{\frac{\lambda(t_a - t_i)(PB + cM + mMEs_4 + mMGs_5)}{P(s_3 + A)}} - \lambda\left(\frac{1}{h_i} + \frac{\delta_1}{\lambda_1} + \frac{\delta_2}{\lambda_2} + \frac{1}{h_a}\right) \tag{4-84}$$

例 4-4　确定一土建冷库的中间隔热层厚度。墙由砖、隔热层和饰面材料组成。绝热材料为硬质聚氨基甲酸乙酯泡沫塑料（简称聚氨酯泡沫塑料）。已知：$t_a = 33.5$ ℃，$t_i = -23$ ℃，$t_d = 29$ ℃；$\lambda_1 = 0.81$ W/(m · ℃)，$\lambda = 0.022$ W/(m · ℃)，$\lambda_2 = 0.93$ W/(m · ℃)；$\delta_1 = 0.37$ m，$\delta_2 = 0.02$ m；$h_i = 8.7$ W/(m^2 · ℃)，$h_a = 10.2$ W/(m^2 · ℃)。

解　(1) 经济隔热层厚度

取 $B = 0.62$ 元/W，$c = 0.13$ 元/(a · W)，$M = 20$ a，$m = 8\ 760$ h/a，$E = 0.504\times10^{-3}$ kW/W，$G = 1.036\ 8\times10^{-3}$ kg/(W · h)，$A = 500$ 元/m^2，$P = 1.743\ 3$，$s_1 = 34.72$ 元/m^3，$s_2 = 220$ 元/m^3，$s_3 = 1\ 200$ 元/m^3，$s_4 = 0.12$ 元/(kW · h)，$s_5 = 3.2$ 元/kg。代入式(4-84)得 $\delta = 0.158$ m。

(2) 表面不结霜的厚度

由式(4-81)可解得 $\delta = 0.025$ m。

因经济厚度大于表面不结霜厚度，取硬质聚氨酯泡沫塑料厚度为 0.158 m。计算表明，在土建库中，当砖砌部分有足够厚度时，经济厚度是最终设计厚度。

参 考 文 献

[1] 吴业正,韩宝琦. 制冷原理及设备[M]. 2版. 西安:西安交通大学出版社,1996.

[2] 杨善让,徐志明. 换热设备的污垢与对策[M]. 北京:科学出版社,1995.

[3] 吴业正. 小型制冷装置设计指导[M]. 北京:机械工业出版社,1998.

[4] HSIEH Y Y,LIN T F. Saturated flow boiling heat transfer and pressure drop of refrigerant R-410A in a vertical plate heat exchanger[J]. Int. J. Heat and Mass Transfer,2002,45(5):1033-1044.

[5] MCQUISTON F C. Correlation of heat,mass and momentum transport coefficients for plate-fin-tube heat transfer surfaces with staggered tubes[J]. ASHRAE Trans. 1978,84(2):294-300.

[6] 杨荣麟. 板式换热器工程设计手册[M]. 北京:机械工业出版社,1998.

[7] SHAH M M. A general correlation for heat transfer during film condensation inside pipes [J]. Int. J. Heat and Mass Transfer,1979,22:546-556.

[8] 朱瑞琪. 制冷装置自动化[M]. 西安:西安交通大学出版社,1995.

[9] SHAH R K,SE KULIC D P. Fund amentals of heat exchanger design[M]. New York: John Wiley & Sons,2003.

[10] 顾维藻,神家锐等. 强化传热[M]. 北京:科学出版社,1990.

[11] 吴晓敏,王晓亮,王维城. 水平微肋管内流动蒸发换热及流阻特性[C]. 上海:中国工程热物理学会传热传质学术会议,2002.

[12] 解旭斌,王维城,王栋. 高效传热管内凝结换热性能及阻力性能的实验研究[J]. 工程热物理学报,2000,21(6):742-745.

[13] BROWNE M W,BANSAL P K. Heat transfer characteristics of boiling phenomenon in flooded refrigerant evaporators[J]. Appl. Therm. Eng.,1999,19:595-624.

[14] HAYASHI Y,AOKI A,ADACHI S,et al. Study of frost properties correlating with frost formation types[J]. Heat Transfer,1977,99:239-244.

[15] 单小丰. 表面特性对结霜过程影响的实验研究[D]. 北京:清华大学,2002.

[16] 吴晓敏,单小丰,王维城,等. 冷面结霜的微细观过程及表面湿润性对其影响[C]. 上海:中国工程热物理学会传热传质学术会议,2002.

[17] 李春林. 水平表面结霜过程的传热传质特性[D]. 北京:清华大学,2003.

[18] OKOROAFOR E U,NEWBOROUGH M. Minimising frost growth on cold surfaces exposed to humid air by means of crosslingked hydrophilic polymeric coatings[J]. Appl. Therm. Eng.,1999,20:736-758.

[19] 孙玉清,吴桂涛,等. 抑制换热器湿空气侧结霜的研究[J]. 工程热物理学报,1997,18(1):95-98.

[20] CHOI S U S. Enhancing thermal conductivity of fluids with nanoparticles[J]. Fluids Engineering Division (Publication) FED,1995,231:99-105.

[21] LEE S,CHOI S U S. Application of metallic nanoparticle suspensions in advanced cooling systems[J]. Pressure Vessels and Piping Division (Publication) PVP,1996,342:226-234.

[22] HUSSEIN A M,SHARMA K V,BA KAR R A,et al. A review of forced convection heat transfer enhancement and hydrodynamic characteristics of a nanofluid [J]. Renew. Sust. Energy Rev.,2014,29:734-743.

[23] WANG X W,XU X F,CHOI S U S. Thermal conductivity of nanoparticle-fluid mixture [J]. Therm and Heat Transfer,1999,13(4):474-480.

[24] XUAN YIMIN,LI QIANG. Heat transfer enhancement of nanofluid[J]. Int. J. Heat and Fluid Flow,2000,21:58-64.

[25] 宣益民,李强. 纳米流体强化传热研究[J]. 工程热物理学报,2000,21(4):466-470.

[26] DAI WENTING,LI JUNMING,WANG BUXUAN. Flow and heat transfer characteristics of copper oxide nanoparticle suspensions inside mini-diameter tubes[J]. Proc. Int. Conf on Therm Sci and Eng,Beijing,2002:23-24.

[27] 戴闻亭,李俊明,陈骁,等. 细圆管内纳米悬浮液对流换热的实验研究. 工程热物理学报[J],2003,24(4):633-636.

[28] 王启川. 热交换设计[M]. 台北:五南出版社,2003.

[29] SADEGHIANJAHKOMI A,WANG C C. Heat transfer enhancement in fin-and-tube heat exchangers:a review on different mechanisms[J]. Renew. Sust. Energy Rev.,2021,137:110470.

第5章 载冷与蓄冷

制冷的应用装置中,常常要用到载冷与蓄冷技术。

将制冷机的蒸发器直接安装在用冷场所,使被冷却对象冷却,这是用制冷剂为冷源直接与被冷却对象热交换,称为直接蒸发冷却或直接冷却。

以载冷剂或蓄冷剂为中间介质,利用制冷机将载冷剂或蓄冷剂冷却,再以它们作为用冷场所的冷源,使被冷却对象冷却,称为间接冷却。可见,载冷和蓄冷都是通过中间介质来贮存和传递制冷机的冷量,所以又将载冷剂或蓄冷剂称为第二制冷剂(secondary refrigerant)。

载冷侧重于冷量的载输,蓄冷侧重于冷量的贮存。

载冷剂在制冷机的蒸发器与用冷场所的冷却器之间循环,作为载体传输冷量。

用冷场所不适于就近安装制冷机或者不希望用制冷剂直接冷却的,需要用载冷剂。采用载冷的优点在于:可以将制冷剂系统集中在机房或者一个很小的范围内安装,使制冷系统的连接管道和接头减少,便于系统检漏,系统内制冷剂的充注量减少。特别是在大容量集中供冷的装置中,采用载冷有重要意义:便于解决冷量的分配和控制问题;便于机组的运行维护和管理;便于机组的使用与安装,生产厂家提供组装好的整套制冷机系统,用户只需在现场连接和安装载冷剂系统即可。

蓄冷剂作为冷量的贮存体。在无用冷需求或用冷需求量少时将制冷机产出的冷量贮存起来,而当需要用冷或冷量需求量大时再将贮存的冷量释放出来,以提供全部的冷量需求(制冷机不工作)或补充制冷机产冷量的不足。

5.1　传统载冷剂与蓄冷剂

5.1.1　对载冷剂性质的要求

载冷剂以液态在蒸发器与用冷场所的冷却器之间循环，用作载冷剂的物质应在所需要的载冷温度下保持液态，不挥发；对设备无腐蚀，对人体无危害；载冷能力强；输送耗功少。因此要求载冷剂具备如下性质：

1）无毒、不可燃、无刺激性气味、化学稳定性好，在大气压力下不分解、不氧化、不改变其物理、化学性质。

2）在使用温度范围内呈液态　它的凝固点应低于制冷机的蒸发温度，沸点应远高于使用温度。

3）密度小、黏度小、传热性好、比热容大　这样可以使载冷系统的液体循环量少，流动阻力小，消耗的泵功少，并可减小热交换器的尺寸。

5.1.2　常用的传统载冷剂

常用的传统载冷剂是水、无机盐水溶液、有机液或有机物的水溶液。各种载冷剂能够载冷的最低温度受其凝固点的限制。

（1）水

集中式空气调节中，水是最适宜的载冷剂。机房的冷水机组中产生出 7 ℃左右的冷水，送到建筑物房间的末端冷却设备（风机盘管）中，供房间空调降温使用。冷水还可以直接喷入空气，实现温度和湿度调节。水的冰点为 0 ℃，所以只适用于载冷温度在 0 ℃以上的场合。

（2）无机盐水溶液

无机盐水溶液有较低的凝固点温度，适合在中、低温制冷装置中载冷。最广泛使用的是氯化钙（$CaCl_2$）水溶液，还有氯化钠（NaCl）和氯化镁（$MgCl_2$）水溶液。

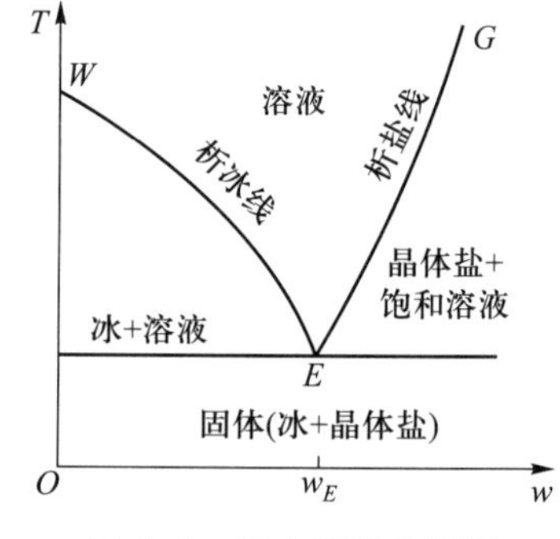

图 5-1　盐水溶液的相图

图 5-1 是盐水溶液的相图（$T-w$ 图）。图中绘出盐水溶液状态与温度 T 和盐质量分

数 w 的关系。曲线 WE 为析冰线,WG 为析盐线,点 E 为共晶点。共晶点所对应的温度和盐质量分数分别称为共晶温度 T_E 和共晶质量分数 w_E。溶液温度降低时,发生相变(凝固)的情况与溶液的盐质量分数有关。若盐质量分数小于共晶质量分数($w<w_E$),当溶液温度降低发生凝固时,首先析出水冰,并且随着盐质量分数的增大,析冰温度逐渐下降。当盐质量分数增大到等于共晶质量分数($w=w_E$)时,析冰温度达到最低值 T_E。若盐质量分数超过共晶质量分数($w>w_E$),当溶液温度下降发生凝固时,所析出的是固态盐晶体,并且随着盐质量分数的增大,析盐温度逐渐升高。共晶温度 T_E 是溶液不出现结冰或析盐的最低温度。

依据溶液的上述特性,在配制盐水溶液载冷剂时,盐质量分数不宜超过其共晶质量分数。否则,不仅要多消耗盐,而且溶液密度增大使输送过程的阻力和泵的功耗增大,凝固点温度还反而升高。配制溶液的盐质量分数值只要满足使其对应的析冰温度比制冷剂的蒸发温度低 5~8 ℃即可。$CaCl_2$、NaCl 和 $MgCl_2$ 水溶液的共晶温度分别是-55 ℃、-21 ℃和-34 ℃。

盐水溶液的密度和比热容都比较大,因此传递一定的冷量所需盐水溶液的体积循环量较小。盐水溶液具有腐蚀性,尤其是略呈酸性的稀盐水溶液,在使用条件又是与空气相接触的情况下,对金属的腐蚀性很强。为此,必须采取如下缓蚀措施:在盐水溶液中添加缓蚀剂。缓蚀剂通常采用二水合重铬酸钠($Na_2Cr_2O_7 \cdot 2H_2O$)溶液,其添加比例为 1.5~2.0 g/L。

(3)有机载冷剂

有机载冷剂很多,这里仅列举几例。

1)甲醇、乙醇和它们的水溶液　甲醇的冰点为-97 ℃。乙醇的冰点为-117 ℃,可以用在低温载冷中。它们的纯液体密度和比热容都比盐水小。甲醇比乙醇的水溶液黏性稍大一些,它们的流动性都比较好。甲醇和乙醇都具有挥发性和可燃性,所以使用中要注意防火。特别是当机器停止运行、系统处于室温条件下时,更要格外当心。

2)乙二醇、丙二醇和丙三醇水溶液　丙三醇(甘油)是极稳定的化合物,无毒,其水溶液对金属无腐蚀,可以与食品直接接触,是很好的载冷剂。乙二醇和丙二醇水溶液的特性相似,它们的共晶温度可达-60 ℃左右(对应的共晶质量分数为 0.6 左右)。它们的比重和比热容较大,溶液黏性较大,略有毒性,但无危害。

3)纯有机液体　纯有机液体如二氯甲烷、三氯乙烯和其他氟利昂液体。它们的凝固点很低,可低达 100 ℃左右甚至更低,可以用作低温载冷剂。这类载冷剂的特点是密度大、黏度小、传热性好、比热容大。

5.1.3　传统的蓄冷剂(共晶冰)

温度下降时,盐水、醇类、烯醇类溶液的状态变化都具有如图 5-1 所示的特征。

共晶质量分数的溶液在共晶点温度下结冰时,和纯液体一样要放出一定的潜热(固化潜热)。这样形成的冰称为共晶冰。同样,共晶冰在融化时,要吸收潜热。

共晶冰的熔点较低,在需要制冷温度比一般水冰低的场合,可以用共晶冰来蓄冷。表 5-1 示出某些共晶物质的共晶点和融化潜热。

采用第二制冷剂(无论是载冷剂还是蓄冷剂)将使第一制冷剂与被冷却对象之间的温差进一步增大,整个系统总的传热不可逆损失增大。

表 5-1　某些共晶物质(水溶液)的共晶点和融化潜热

溶质	溶质的质量分数	共晶点温度/℃	共晶冰的融化潜热/(kJ/kg)
氨 NH_3	0.33	-100	175
	0.57	-87	310
	0.81	-92	290
氯化钡 $BaCl_2$	0.22	-7.5	/
蔗糖 $C_{12}H_{22}O_{11}$	0.62	-14.5	/
氯化钙 $CaCl_2$	0.32	-55	212
氯化钠 NaCl	0.23	-21	235
硫酸钠 Na_2SO_4	0.04	-1.2	335

5.2　环保要求下载冷技术的新发展

5.2.1　概述

制冷机工质更替的一个重要趋势是尽量考虑使用天然制冷剂。天然制冷剂中的氨和碳氢化合物类以往很难进入商业制冷领域(如商场、超级市场、酒店等的制冷装置)。主要是由于氨的气味、毒性、可燃性和碳氢化合物的可燃性,成为直接冷却的不安全因素。为了解决这一矛盾,用载冷剂循环间接冷却。将制冷机集中在机房或者一个很小的范围安装,使得在这类场合运用天然制冷剂有了新的突破。载冷应用范围的扩大,要求高效载冷,促进了载冷技术的发展。新的载冷技术除开发和使用一些新的盐水载冷剂外,一个很重要的方面是用流态冰载冷。

现在,用流态冰载冷的间接冷却产品正在获得推广。国外的这类产品,载冷温度从-4 ℃至-40 ℃,容量从 3 kW 到 MW 级范围,已成功地应用于空气调节、冷冻冷藏柜、食品加工、工业、渔业等领域。鱼类、蔬菜、水果等可以通过在流态冰中浸冷实现快速保质处理。此外,流态冰载冷在医学、化工、科研等领域也有专门的应用。

5.2.2 流态冰

所谓流态冰(Flo-Ice)就是具有流动性的冰。它由微小的冰晶组成,每粒冰晶的尺寸很小。流态冰用专门设备——流态冰生成器——制取。冰晶在流态冰生成器的冷却表面形成,并且可以脱落。脱落的冰晶再与一定量的水及不冻液混合,用该混合物作为载冷流体。它可以用泵输送。流态冰看上去有如浆状,因而也称为浆状冰。

上一节介绍的载冷剂水或盐水利用液体的显热载冷,用流态冰载冷的主要不同是:它可以利用冰的潜能载冷。因而,与水或盐水相比,流态冰载冷有以下优点:

(1) 单位载冷能力大,故可以减少载冷剂的循环量,使载冷剂循环泵的容量和耗功明显减小。流态冰既可载冷又可蓄冷。蓄冷时,同样蓄冷能力所需的蓄冷器尺寸小。

(2) 流态冰载冷剂的输送管道尺寸明显减小,所以管道隔热设施费用少。

(3) 用冷场所的冷却器用流态冰循环,其进出口温差小,冷却温度分布均匀。

(4) 冷却器内流态冰相变(融化)换热,表面传热系数大,可以减小冷却器的尺寸。实用情况表明:它与制冷剂直接蒸发的热交换器尺寸相近。

流态冰载冷技术的要点包括以下两方面:制冰晶机(流态冰生成器)的技术,流态冰的传输机理研究。

制冰晶机通常采用氨制冷。已有的冰晶生成器是带有搅拌器的制冰器(蒸发器)。这种流态冰生成器由于有运动部件,存在的主要缺点是磨损严重,而且造价昂贵。冰晶生成器的价格相当于制冰系统中除它之外其他的所有机器部件(压缩机、冷凝器、控制器件等)价格的总和。丹麦技术研究所(DTI)开发了不含运动部件的真空制冰晶机,利用这一技术可以不用氨,而用水作制冷剂制取冰晶,而且制冰机运行的性能系数更高。

流态冰传输机理研究方面所关心的问题是冰晶的流动特性(包括压力损失,阀门和相关部件的构造)和冰晶融化的换热特性。

流态冰虽为流体,但是与纯液体载冷流体有很大不同。以力学特性而言,水、盐水或其他溶液属于牛顿流体。而流态冰则不然,P. Egolf 将它列为 Bingham 流体,其流态由特征数(量纲一的量)*Hed* 所决定。Bingham 流体存在一个初始应力,必须克服该初始应力才可以使冰晶进入流动状态。

流态冰流动过程中的压力损失与载冷混合物流体中冰晶的含量(含冰率)以及冰晶颗粒的大小有关。而冰晶颗粒的大小既与冰晶生成器有关,又与流态冰载冷剂混合物中所使用的防冻剂种类、质量分数以及由此决定的结冰温度有关。

法国里昂国家技术研究所(INSA)进行了流态冰融化传热的实验研究,指出流态冰融化的换热特性比纯液体载冷剂好,其表面传热系数与 HFC 制冷剂(如 R134a)蒸发换热的表面传热系数相当。

图 5-2 和图 5-3 是 DTI 对于以乙醇/水混合物为基础所产生的流态冰的实验研究结果。实验中所采用的流态冰输送管道为 ϕ22 mm 的不锈钢管。管内流速恒定为 1 m/s。压力损失实验结果表明:当流态冰载冷剂中含冰率在 5%～27%范围变化时,每米管长上的压力降为 Δp =3.3 kPa,如图 5-2 所示。传热实验研究结果表明:在上述含冰率变化范围内,传热系数 k=2 000～3 800 W/($m^2 \cdot K$),如图 5-3 所示。

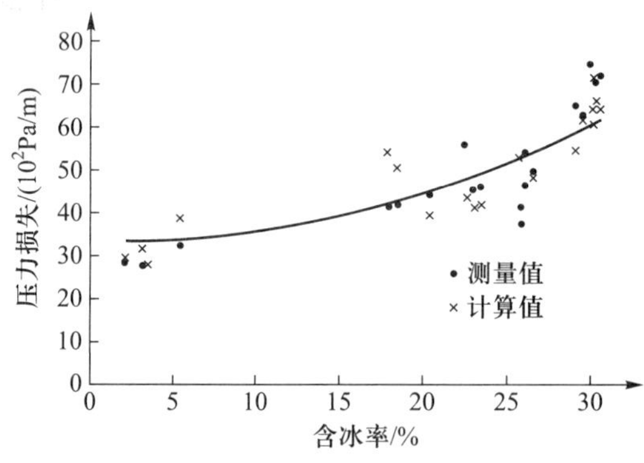

图 5-2　流态冰的压力损失

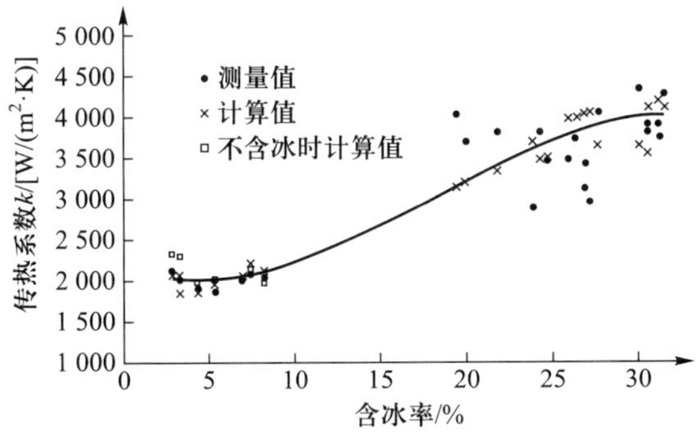

图 5-3 流态冰的传热系数

5.2.3 环保型制冷与载冷系统

下面通过几个典型实例,说明环保型的制冷与载冷系统。

实例 5-1 DTI 研究的商业制冷装置

图 5-4 是 DTI 研究的商业制冷系统,装备在超级市场的制冷装置上。它的制冷系统采用 NH_3/CO_2 复合循环。氨单级压缩制冷为高温子系统;二氧化碳单级压缩制冷为低温子系统。氨制冷机产生冰晶,用流态冰作载冷剂,它是冰、水、乙醇的混合物。商场普通制冷温度要求的冷却设备,用流态冰间接冷却-10 ℃;低温-30 ℃的冷却设备用二氧化碳直接蒸发冷却。流态冰还用于冷却二氧化碳子系统的冷凝器。

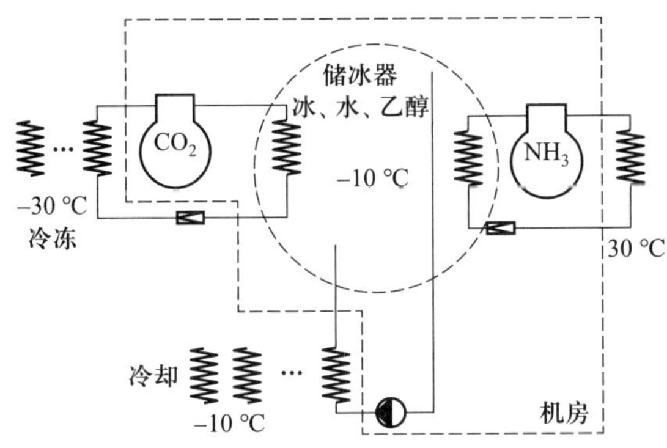

图 5-4 DTI 研究的商业制冷系统

实例 5-2 氨、丙烷制冷与流态冰载冷

奥地利森林管理处的野生动物加工厂,要求实现在野生动物分割、加工直到销售各个环节的制冷装置中均不采用新合成制冷剂(HFC 或 HF 类)。加工厂有

各种冷藏间(要求温度从-2 ℃到+20 ℃不等)和冷冻间(要求温度为-18 ℃)。

按此要求所规划和建造的系统采用氨、丙烷复合循环。氨制冷的蒸发温度为-9 ℃,用以产生流态冰。各冷藏间用流态冰载冷间接冷却。流态冰还用于冷却丙烷子系统的冷凝器。冷冻间用丙烷直接蒸发冷却。所有冷冻间均采用环戊烷泡沫隔热。

流态冰载冷剂是由冰、水、Talin 和 Corin 组成的混合流体。冰晶颗粒的直径不到 0.1 mm,载冷剂的温度为-3.8 ℃。

实例 5-3　Linde 公司的超市丙烯制冷设备

Linde 公司开发了供超级市场各种冷陈列柜用的丙烯制冷、盐水载冷系统。德国 Bad Freienwalde 的 Magnet 超级市场是第一个使用丙烯制冷设备的超市。该超市在 3 000 m^2的销售面积上装有 57 m 长的冷柜架、15 m 长的销售台、44 m 长的低温岛式柜,此外还有 4 个冷却间(容积约 194 m^3),一个冷冻间(容积约 66 m^3)。

用两套丙烯制冷系统高温制冷,产生-6 ℃、-10 ℃的冷盐水(盐水的进、出口温度);还有两套丙烯制冷系统低温制冷,产生-26 ℃、- 30℃的冷盐水。图 5-5 是系统原理图。为了简化,图中只画出一套制冷系统。高温和低温制冷均

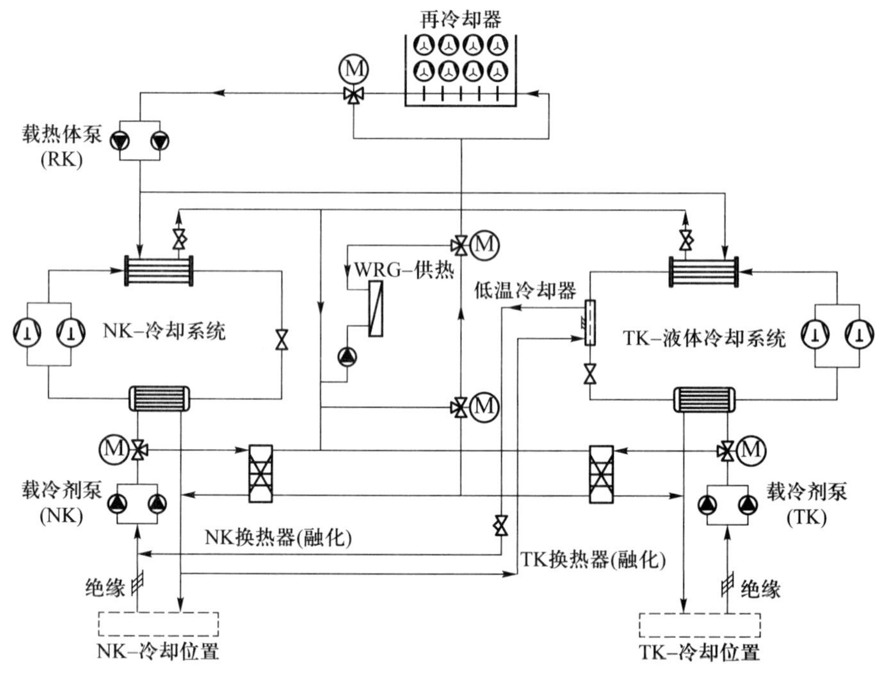

图 5-5　系统原理图

采用丙烯单级压缩制冷循环。低温制冷系统中,丙烯的高压凝液用高温系统的冷盐水冷却,使之有较大的过冷度,从而可将低温制冷系统的产冷能力提高 45%。

运行中,可以根据销售空间的温度及商场营业时间的实际情况提高盐水温度,使制冷机常在高蒸发温度下经济运行。盐水循环回路中,盐水泵并联两台,一台备用。该装置中,供高温冷却设备的盐水流量为 24 m^3/h,供低温冷却设备的盐水流量为 8.5 m^3/h 。盐水冷却器采用热盐水化霜,通过回收冷凝器的排热以减少化霜所需的电加热功率。

整个系统的 4 台压缩机均为半封闭式。每套高温系统的丙烯充注量为 5 kg;每套低温系统的丙烯充注量为 3.5 kg;总充注量仅 17 kg,还不到同样装置用 R404A 直接蒸发冷却时 R404A 充注量(约 400 kg)的 5%,而且装置的总当量温室效应 TEWI 也比用 R404A 直接蒸发制冷降低了一半。

运用载冷循环,保证了使用可燃性制冷剂制冷时用冷场所的安全无害。可燃性制冷剂被局限在机房范围。机房的安全性技术要求通过以下措施予以保证:

(1) 所有电气部件的驱动都必须通过继电器使电路接通或断开,以避免产生电火花。继电器安装在开关箱内,开关箱应在离开制冷剂管道 1 m 远以外的地方。

(2) 机房有足够的通风,以避免燃爆性制冷剂气体的聚集。同时,机房设气体传感器,当检测到可燃性制冷剂气体含量达到爆炸下限值的 25%时,自动使通风机运行,同时关闭制冷机。

(3) 使用高强度钢管和小振动结构,将制冷剂外泄的危险降到最小。

(4) 使用高效传热结构的热交换器,进一步降低可燃性制冷剂的充注量。

5.3 蓄 冷

蓄冷方法很多,各自针对具体的应用对象。普通制冷(冷冻冷藏和空气调节)应用的特点是蓄冷温度不太低,蓄冷量大;低温制冷应用的特点是蓄冷量小,但温度很低。关于低温技术领域的蓄冷,这里不涉及。

蓄冷需要蓄冷载体。就载体蓄冷方式而言,可分为两大类:显热蓄冷和潜热蓄冷。显热蓄冷的,物质贮能密度低,蓄冷器占据空间大;潜热蓄冷的贮能密度高,可以减小蓄冷器尺寸,而且冷能的贮存与释放过程在恒温下进行,故是普通制冷应用中理想的蓄冷方式。

蓄冷可能的目的有以下两个:

(1) 解决动力供应与用冷不同步的矛盾。

(2) 平衡负荷尖峰,改善电网供电,减小制冷机的装机容量和节省运行费用。

前一目的的蓄冷,在早期的陆地运输冷藏车上多有应用。用共晶冰或盐水冰蓄冷,例如铁路冷藏车上用盐水冰蓄冷,公路冷藏车上用共晶冰冷板蓄冷,其缺点是:增加车的自重;温度控制精度难以保证;蓄冷使用时间受到限制,或冷量不足或冷量浪费,使用有诸多不便。

具有重要意义的蓄冷在于后一使用目的。早在 20 世纪 30 年代,美国对一些教堂、影剧院、牛奶加工厂等需要在短时间大量供冷的部门使用了冰蓄冷器,以减小制冷机容量,节省设备费用。

前面所讲的冷冻、冷藏的载冷,如果载冷剂贮罐容量足够大,则也同时包含了蓄冷的作用。

近几十年来,随着现代化高层建筑的发展和空调应用的普及,空调制冷用电急剧增加,同时不同季节之间、昼夜之间的用电量差异越来越大,使得电业部门承受的供电压力日益繁重。为了削减昼夜之间电网供电的峰-谷之差,改善供电状况,1980 年美国得州电力公司首先实施“转移尖峰电力优待措施”。以后许多国家的电业部门相继实施用电分时计价、夜间电费优惠的制度。以鼓励多使用夜间(用电低谷期)的电力。城市建筑中空调是最大的用电设备之一。高峰季节(夏季)其用电量占到建筑物总用电量的一半以上。因而,空调蓄冷是实现用电移峰填谷、平衡城市供电和节省空调运行费用的重要手段,受到特别的重视,并成为一项专门技术。

5.3.1　空调蓄冷概述

空调蓄冷方式有水蓄冷和冰蓄冷。

最早开始使用的是水蓄冷。20 世纪 30~60 年代,水蓄冷以削减空调制冷设备的装机容量为主要目标,旨在降低初投资。

1973 年,能源危机再次引起人们对空调蓄冷的研究。以后,以转移尖峰用电负荷为目的进入冰蓄冷阶段。冰蓄冷比水蓄冷的蓄冷密度高,可以大大缩小蓄冷器尺寸。常规冰蓄冷虽然节省了运行费用,但制冷机要在制冰工况下运行,蒸发温度比无蓄冷的空调工况低许多,因而能效降低、实际能耗增大,而且初投资高。

进一步要研究的是空调蓄冷的节能问题。一方面是从空调系统入手,针对冰蓄冷的高品位冷能利用,从空调系统整体考虑提高能效和降低投资及建筑造价,并改善室内空气品质和舒适度。另一方面是从蓄冷本身考虑,用冻结点较高的蓄冷介质,使制冷机运行工况与空调工况相适应。新的蓄冷介质有气体水合物、优态盐或盐水合物(共晶盐),还有潜热与显热混合蓄冷方式。

作为比较,图 5-6 示出有蓄冷的空调系统与无蓄冷的空调系统。

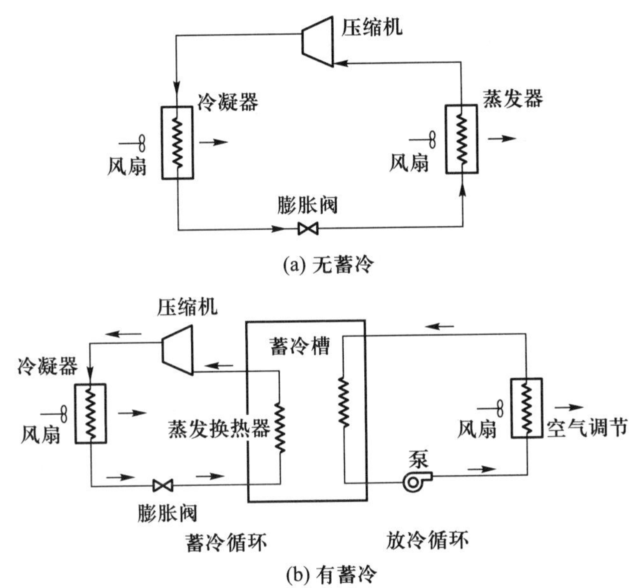

图 5-6 有蓄冷与无蓄冷的空调系统

表 5-2 给出各种空调蓄冷方式的主要特性比较。

表 5-2 各种空调蓄冷方式的主要特性比较

蓄冷介质		水	冰	冰、水	冰球	盐水合物	气体水合物	气体水合物+液体
蓄冷器尺寸		大	小	小	小	大	小	小
蒸发温度 /℃		0~10	0	0~10	0~3	12	5~13	5~13
压缩机效率		好	低	低	低	好	好	好
所需制冷量		一般	高	高	高	低	低	低
有无除冰装置	直接接触蓄冷	无	无	无	无	无	无	无
	非直接接触蓄冷	无	有	有	无	有	无或有	无或有
耗能		低	高	高	高	低	低	低

5.3.2　水蓄冷

水蓄冷是利用 5 ℃左右的低温水蓄冷。这种方式技术简单,不需要特殊的机器设备,只是在建筑物的地下室建造一个防渗水、保温的蓄冷水池,故投资费用省,维修量少。其主要缺点是:蓄冷密度低,需要庞大的蓄冷水池,占用建筑空间大;水池必须在使用现场制作,水池的防渗水与保温处理麻烦;使用中冷量损失大,泵功耗大。

水蓄冷的主要理论与设计问题是蓄冷水池中冷水与回水之间的分隔设计。对此有专门的研究,以日本、美国为代表。日本按冷水与回水之间的分隔方式将蓄冷水池归纳为几种标准形式:完全混合槽型、温度成层型和平衡温度成层型,并系统地给出理论分析与设计方法。

5.3.3　冰蓄冷

冰蓄冷利用的工质为常规冰,常规冰即水冰。以冰的融化潜热与水温升 5 ℃的显热相比,冰蓄冷与水蓄冷的贮能密度之比为 80 : 5(16 : 1)。这样,同样蓄冷量所需冰蓄冷器的尺寸大大减小,不必在现场制造蓄冷水池,可以由生产厂提供将制冷机系统与冰蓄冷器做成一体的整套机组,便于空调设计与安装。

冰蓄冷是当前较为成熟的空调蓄冷方式,20 世纪 80 年代后得到较快的推广和应用。

1. 制冰方式

制冰方式有静态制冰和动态制冰两类。

(1) 静态制冰

即在热交换器表面形成冰,冰不流动。蓄冷与释冷过程中在同一地点反复发生结冰-融冰过程,故称这种冰为静态冰。静态冰又有外融型和内融型之分。融冰过程中冰层变薄,融冰方向与冰层生成方向相反时为外融型;融冰方向与冰层生成方向相同时为内融型。

图 5-7 示出最常见的静态冰的生成与融化过程。图 5-7a 为管式热交换器制冰中的情况,图 5-7b 为球罐式制冰中的情况。

静态制冰中,结冰过程随着冰层厚度的增加制冰换热器的传热性能下降。为了克服由此造成的制冷机蒸发温度降低、制冷量和性能系数下降的不良影响,产生了动态制冰方法。

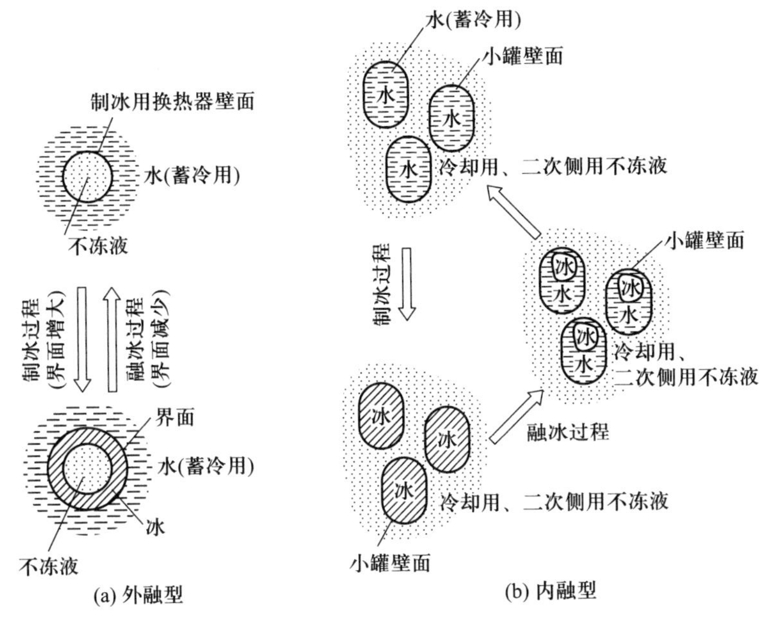

图 5-7 静态冰的生成与融化过程

(2) 动态制冰

即通过间歇地或连续地剥离热交换器表面的冰,消除制冰过程中的冰层热阻,提高制冰热交换器的效率。所产生的冰是细冰片或者微细冰粒与液体的混合物,具有流动性。

动态制冰方式有许多种。任何一种动态制冰方式,由于冰是流动的,都包含有许多复杂的技术问题。这里只做概要说明。各种动态制冰方式如图 5-8 所示。

图 5-8a 为间歇剥离的收获型制冰方式。所产生的冰是小碎块状。按热交换器表面形状产生板状或圆筒状的冰块。冰块下落时受外力作用而粉碎,形成细小冰块。制冰时,热交换器先作为蒸发器工作,向热交换器的外表面喷水,制冷剂在内部蒸发,使热交换器表面上生成冰。脱冰时,用电磁阀改变制冷剂的流动方向,使热交换器暂时作为冷凝器工作,热交换器壁面被加热,冰便从壁面上脱落下来。之后,再重新切换回制冷循环。如此周而复始,实现制冰和间歇脱冰。

这种制冰方式要解决的关键问题是:缩短脱冰时间,减少喷水用循环泵的动力,降低脱冰下落时的噪声。此外,使用多台热交换器时要设法减少所占用的空间。

图 5-8b 示出一种连续的动态制冰方式,所产生的是流态冰,被冷却介质是某种不冻液与水的混合溶液。溶液被冷却时,其中的水发生相变,形成细微的冰。此制冰方式要考虑的关键问题是:不冻液物质与添加剂的研究;换热速度及与之相应的热交换器的开发;随着制冰过程的进行,混合物中含冰率增加,不冻

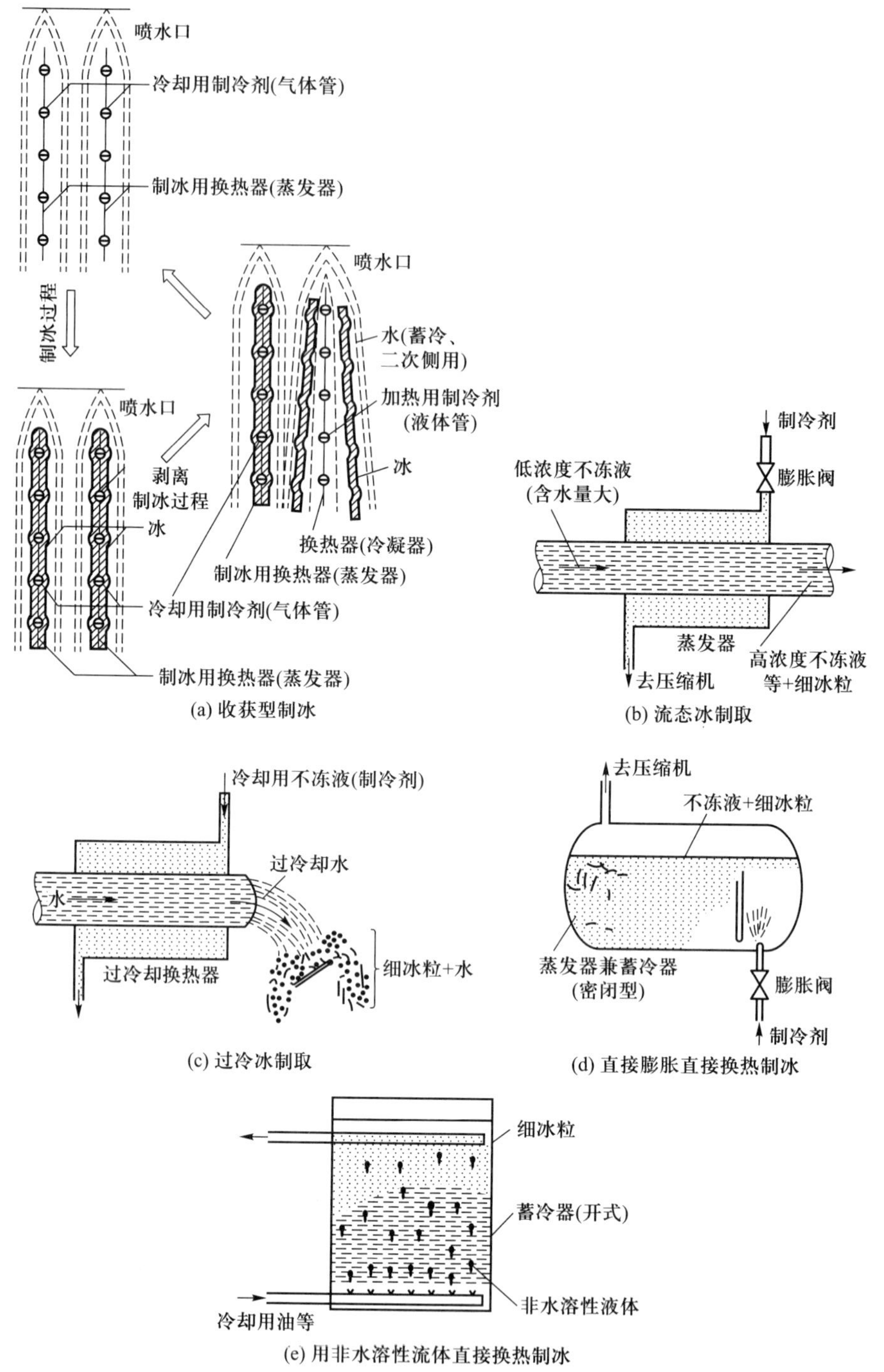

(a) 收获型制冰

(b) 流态冰制取

(c) 过冷冰制取

(d) 直接膨胀直接换热制冰

(e) 用非水溶性流体直接换热制冰

图 5-8　动态制冰方式

液物质的浓缩化所带来的问题,即析冰温度下降,引起蒸发温度降低的问题;黏稠流体输送中降低循环泵的动力等。

图 5-8c 为过冷冰的制取方式,它也属于一种连续的动态制冰方式。获得过冷冰的原理是利用由液体相变成为固体时常见的过冷现象:水在温度下降到 0 ℃时并不一定结冰。温度低于 0 ℃的水称为过冷水。用制冷机先制造出过冷水,将过冷水输送到欲制冰的蓄冷器,在蓄冷器中创造解除过冷状态的条件(如振动、冲击等),于是形成冰。此制冰方式的技术关键问题包括:要确定好能够创造过冷状态的换热速度、换热温差、介质流速;能够控制振动的热交换器;防止在蓄冷器以外的地方解除过冷状态;水的洁净度管理(水中如果有杂质,则杂质会成为冰或雪形成的核心)。

图 5-8d 示出的是直接膨胀、直接换热的制冰方式,它也是一种连续的动态制冰方式。这种方式不使用制冰热交换器,而是向装有不冻溶液的蓄冷器中直接吹入氟利昂等制冷剂液体,令其直接膨胀蒸发吸热,使溶液中的水发生相变,形成细微的冰粒。该制冰方式的技术要点是:选择性质相适应的制冷剂与不冻液物质;正确地确定吹入制冷剂的压力、流量及喷嘴形状;制冷剂气体返回压缩机前的雾滴分离方法。另外,这种方式制冰中,蓄冷器为密封的大容器(相当于大型蒸发器),当压缩机不工作时,系统压力升高,因此蓄冷器不得不使用压力容器。

图 5-8e 示出的是不要压力容器的直接换热制冰方式。用一种非水溶性的油作为载冷剂,在制冷机的蒸发器与蓄冷器之间循环。将油从蓄冷器底部送入,逐渐从下部浮升到上部。在该过程中,与蓄冷剂直接换热,使其中的水变成细小的冰。

2. 制冰热交换器

对制冰用的热交换器有具体要求。热交换器中的工作流体,如不冻液、非水溶性流体等具有很强的腐蚀性,故热交换器的材质应选用耐腐蚀材料。在结冰、融冰过程中,热交换器的传热性能很不稳定,随着冰层厚度的增加或减小,传热系数的值变化幅度很大。为了避免制冰热交换器的热工性能恶化,改善换热,除了必须在传热管形状、管距、管径等基本结构上采取一定的措施外,有时还采用吹入压缩空气的方法以及其他的一些辅助措施,使冰层脱落和控制冰层厚度。这些措施使得制冰热交换器的设计比常规热交换器要复杂得多。

静态制冰的热交换器主要为管状和球罐式。

(1) 管状制冰热交换器

它的结冰-融冰过程如前图 5-8a 所示,通过传热管换热。传热管大多数采用铜管、聚乙烯管、树脂管或表面经过处理的钢管。热交换器的管形有 U 形、螺旋盘管形、蚊香形、梯子形、平行管簇形等。这种热交换器结构简单,但形成大块结冰,成冰过程中热阻逐渐增大。

(2) 球罐式制冰热交换器

冰球蓄冷机采用球形或鸭蛋形的热交换表面。它是针对管式热交换表面的缺点而提出的改进,可以避免形成大块结冰和降低融冰换热的热阻。

图 5-9 示出冰球蓄冷的球罐、蓄冷器及其蓄冷系统。球罐是一个蓄冷单元,用高密度聚乙烯材料做成。每个球罐的直径不到 100 mm。从球罐的开口处灌入水,水的体积约为球罐内容积的 90%左右,留出 10%左右的空间,作为结冰时水膨胀的缓冲容积,如图 5-9a 所示。水灌入后,将罐口封死。将许多这样的球罐装入冰蓄冷器中,球罐要把冰蓄冷器装满,如图 5-9b 所示。蓄冷器可以卧式布置,也可以立式布置。蓄冷器的容器用钢板制作,其内表面经过了防腐处理。蓄冷时,制冷机工作,不冻液在蒸发器和蓄冷器的容器之间循环,不冻液的温度为-5～-2 ℃。不冻液使球罐内的水结冰,实现蓄冷。释冷时,不冻液在蓄冷器的容器和空调系统的热交换器之间循环,不冻液通过热交换器将空调系统的水冷却,不冻液的温度升到 4～10 ℃。该蓄冷方式与其他静态冰蓄冷系统的区别在于:流过冰球蓄冷器的流体始终是不冻液,空调系统的水不能进入冰蓄冷器。

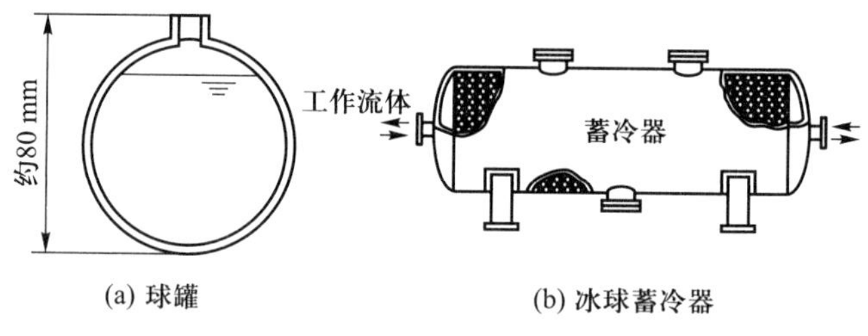

图 5-9　冰球蓄冷

一台容积为 1 100 m^3 的冰球蓄冷器,可装入 300 万个小球罐,制冰率为 55%,蓄冷量达 8 800 kW。

(3) 流态冰生成器与蓄冷系统

图 5-10 示出空调用的流态冰蓄冷系统。用制冷机的蒸发器将低浓度的盐水冷却,盐水温度降低到水的冰点以下,这时溶液防止冰微粒之间的结合,溶液中生成 0.1 mm 的微细的结晶冰粒,形成可流动的乳状冰。蒸发器为特殊的螺旋板结构,并在其中装有旋转的叶轮,水溶液进入蒸发器换热后被过冷,但仅温度降低到水的冰点以下尚不足以产生结晶冰。靠叶轮推动的搅拌作用,在过冷溶液中产生大量的微细冰粒。叶轮旋转不仅创造了冰晶的生成条件,还起到泵

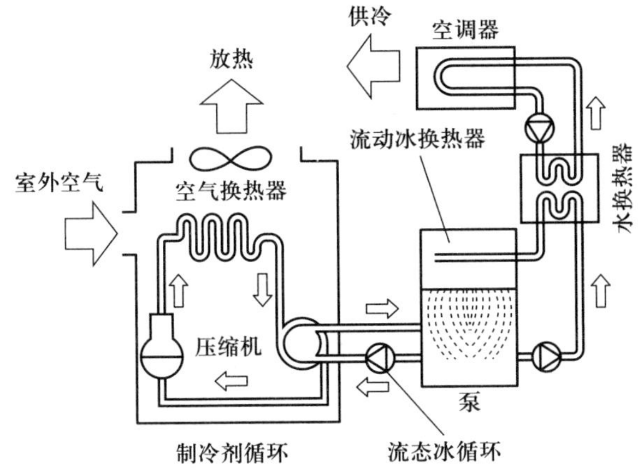

图 5-10 空调用的流态冰蓄冷系统

的作用,将乳状冰输送到蓄冷器中。蓄冷器与蒸发器构成一个循环回路,循环动力由专用的循环泵提供;蓄冷器与二次侧热交换器构成另一个循环回路,与空调水进行热交换。

这种机组,将制冷机组、蓄冷器、热交换器及泵等全部安装在一个机架上,形成整装机组。其系列产品的制冰量范围为 20~111 t。

3. 空调冰蓄冷系统实例

迄今已成功应用的空调冰蓄冷系统很多,这里按冰蓄冷机组的特色选择几例予以说明(见表 5-3),其中包括静态制冰和动态制冰。静态制冰的管式制冰热交换器,例中显示了一些不同的热交换管,如聚乙烯管、双螺旋形、铜管、U 形、热管;动态制冰,例中显示了收获型制冰和利用溶液过冷的流态冰制取方式。此外,例中的蓄冷系统多为热泵型,即夏季蓄冷、冬季蓄热,还包括太阳能的利用。

表 5-3 冰蓄冷系统实例

冰蓄冷系统图	制冷换热器	特　点
HP=热泵(空气热源) HP 热水(冬) 冰蓄冷器 空调器 不冻液(夏) 不冻液泵 (a)	双螺旋聚乙烯管,管外表面结冰 IPF = 10% ~ 20%	热泵型、冬(供热)夏(供冷)季切换,冬季用水蓄热,夏季用不冻液制冰

续表

冰蓄冷系统图	制冷换热器	特　点
(b)	热管 IPF = 35% ~ 40%	热泵型，利用了热管技术，蓄冷效率高
(c)	U 形铜管，管外表面结冰 IPF = 20% ~ 50%	室外部分无噪声，冷媒直膨式，供暖使用太阳能与空气的热能，热泵型
(d)	板式，直膨式、热回收式，生成板状冰 IPF = 30% ~ 50%	热泵型，供热能力强，热泵的热源为水，COP 大，可利用原有蓄冷水池

续表

冰蓄冷系统图	制冷换热器	特　点
 (e)	使用过冷却器进行动态制冰 IPF = 40% ~ 60%	生成乳状冰，蓄冷材料为普通水，制冰过程中传热特性不变，蓄冷器内无制冰设备，热泵型

5.3.4 气体水合物蓄冷

在冰蓄冷的基础上，进一步提高空调蓄冷系统效率的主要途径是：

(1) 用冰点温度较高的物质作蓄冷介质；

(2) 提高冰蓄冷热交换器的热交换效率。

气体水合物就是针对这方面提出的新技术。

气体水合物蓄冷技术研究在 20 世纪 80 年代初由美国橡树岭(OakRidge)国家实验室开始进行。最早是用传统的氟利昂物质(如 R11、R12、R21 等)构成气体水合物。1985 年后，日本做了进一步研究，并迅速投入工程应用。当提出 CFCs 物质对大气臭氧层的破坏问题后，用 CFC 替代物质构成气体水合物的研究成为当务之急。现已进行了实验研究的有 R134a、R113、R142b 的气体水合物；从保持蓄冷槽常压的角度考虑，R142b、R245ca 等有可能作为气体水合物的构成物质，有关的开发和研究国内外正在着手进行。

用气体水合物蓄冷具有以下优点：

(1) 蓄能密度与冰蓄冷相当；

(2) 相变温度为 5~13 ℃，使制冷机蓄冷运行时能够保持正常的空调工况；

(3) 用气体水合物蓄冷系统，可以实现直接接触的蓄冷-释冷换热过程，免除了间壁式传热的热阻，换热效率大大提高。

正因为气体水合物蓄冷既综合了水蓄冷蒸发温度高和冰蓄冷贮能密度大的优点，又有自己独特的换热长处，所以被认为是极有前途的空调蓄冷方法。国外研究指出：与传统空调相比，盘管式冰蓄冷系统多耗电 29%～38%；直接接触式冰蓄冷系统多耗电 12%～17%；直接接触式气体水合物蓄冷系统在相变温度为 6 ℃时仅多耗电 2%～4%。

1. 气体水合物

气体水合现象是一种当气体或挥发性液体与水作用时，造成水在高于其冰点温度下结冰的现象，所形成的固体称为气体水合物。由于结冰温度高，又称之为“暖冰”。

气体水合物属于包络化合物的一种，早在 19 世纪就被发现。气体水合物的微观结构是由许多水分子围绕一个气体分子而呈网状晶体结构，如图 5-11 所示。

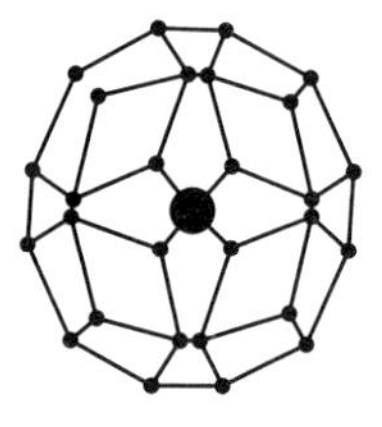

图 5-11　气体水合物的网状晶体结构图

制冷剂（R）与水的水合反应一般式为

$$\mathrm{R}(\text{气体}) + n\mathrm{H_2O}(\text{液体}) \underset{\text{分解}}{\overset{\text{合成}}{\rightleftharpoons}} \mathrm{R}\cdot n\mathrm{H_2O}(\text{固体}) + \Delta h \tag{5-1}$$

式中：Δh 是形成气体水合物 $\mathrm{R}\cdot n\mathrm{H_2O}$ 时所释放的热量，即反应热，也可视为暖冰的相变潜热，J/kg；n 是网状晶体中的水分子的数目。Δh 和 n 由气体水合物的相平衡性质决定。图 5-12 是典型的制冷剂气体水合物的相平衡图。图中 Q_1Q_2 代表气体水合物的相变线，即三相共存线，Q_1Q_2 线的左侧为气体水合物与气体的混合物（固-气混合区），右侧为水与气体的混合物。

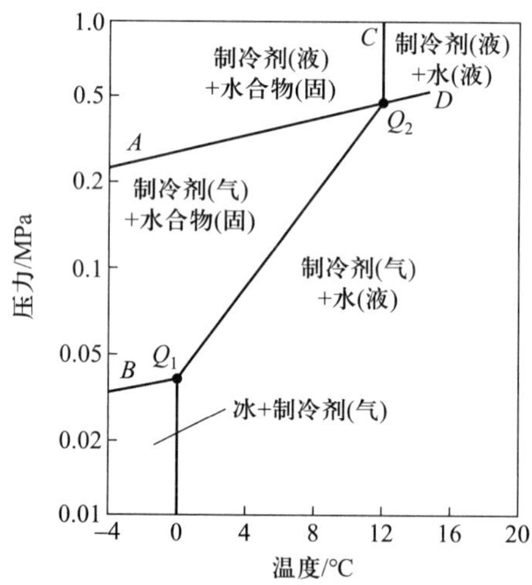

图 5-12　典型的制冷剂气体水合物（R12、水）的相平衡图

气体水合反应热是混合物状态穿越 Q_1Q_2 线时的相变热，可由克拉佩龙方程确定：

$$(\mathrm{d}p/\mathrm{d}T)_{Q_1-Q_2} = \Delta h/(T\Delta v) \tag{5-2}$$

相图中的 BQ_1 线代表由冰与气体作用生成气体水合物时的相变线。其相变热也由克拉佩龙方程确定。Q_1Q_2 线与 BQ_1 线的相变热之差应等于 n 摩尔水的结冰热。由此可以计算气体水合物的组成 n:

$$n/(n+1) = (\Delta h_{Q_1-Q_2} - \Delta h_{B-Q_1})/\Delta h_{结冰} \tag{5-3}$$

相图中的点 Q_2 被称为气体水合物形成的临界点或分解点。只有当温度低于临界点温度 T_{Q_2}时,才有可能形成水合物。由于制冷剂一般不溶于水,实际点 Q_2 为气体水合相变线与制冷剂气-液相变线的交点。当压力高于 p_{Q_2}时,水合物由液体制冷剂与水作用而形成,这时压力对相变温度的影响非常小。当压力低于 p_{Q_2}时,水合相变温度随压力的降低而降低。因此,有可能通过控制制冷剂气体的压力来控制相变温度。表 5-4 列出一些制冷剂气体水合物的分解点、反应热等性质。

表 5-4 一些制冷剂气体水合物的性质

制冷剂	分解点温度/ ℃	分解点压力/MPa	反应热 Δh/(kJ/kg)	密度/(kg/L)
乙烷 R290	5.7	0.545	382	0.88
R22	16.3	0.816	380	1.10
R21	8.7	0.099 7	337	1.05
R31	17.8	0.282	427	1.18
R141b	8.4	0.042 4	344	
R142b	12.1	0.225	349	
R152a	15.0	0.434	383	
R134a	10.0	0.410	358	

混合气体的水合现象称为混合水合,是指两种或几种气体分子占据同一晶穴的水合现象。混合水合的相平衡特性与混合物的气-液相平衡特性类似,也存在与工质共沸、非共沸相对应的等压不等温的气体水合过程。混合气体水合的热力学性质由溶液热力学理论描述。在此不再详述。

2. 气体水合物蓄冷技术

气体水合物蓄冷,按蓄冷-释冷的热交换方式有 4 种可能的蓄冷-释冷组合,如图 5-13 所示。其中,非直接接触式指两种发生热交换的介质通过热交换器壁面传热;直接接触式指两种发生热交换的介质不需要热交换器而直接接触换热。直接接触式与非直接接触式的优缺点比较如表 5-5 和表 5-6 所示。在释冷循环中，以采用直接接触式为好。

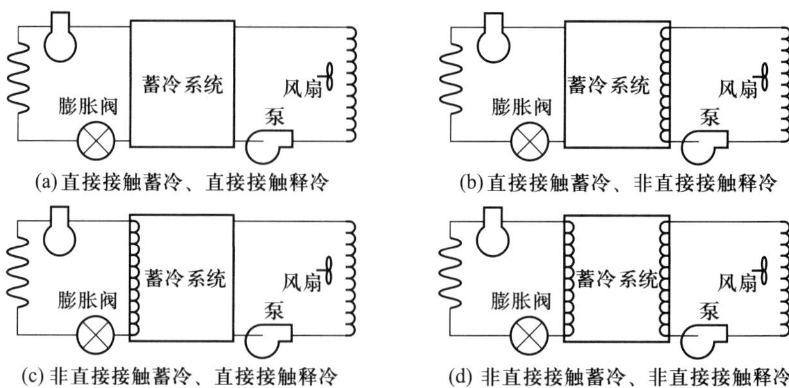

图 5-13　气体水合物的蓄冷-释冷组合方式

表 5-5　直接接触式与非直接接触式蓄冷循环比较

直接接触式	非直接接触式
优点： (1) 无需蒸发器盘管； (2) 传热性能很好； (3) 蒸发温度高，压缩机工作性能好； (4) 无需除霜装置； (5) 低能耗。 缺点： (1) 必须使用无油压缩机； (2) 必须使用水分离器； (3) 投资高	缺点： (1) 需要蒸发器盘管； (2) 传热性能不太好； (3) 蒸发温度低，压缩机工作性能下降； (4) 盘管上出现结冰或结晶时需除霜装置； (5) 高能耗。 优点： (1) 使用常规制冷压缩机即可； (2) 正常制冷循环系统； (3) 投资低

表 5-6　直接接触式与非直接接触式释冷循环比较

直接接触式	非直接接触式
优点： (1) 无热交换器； (2) 相变介质与风机盘管中的液体之间温差极小； (3) 能耗低。 缺点： 需要使用特殊密封的泵	缺点： (1) 需要热交换器； (2) 相变介质与风机盘管中的液体之间温差较大； (3) 能耗高。 优点： 用常规泵即可

气体水合物蓄冷是一项正在发展中的技术。关于它的研究,理论和实际技术问题很多,研究的关键是围绕气体水合物蓄冷介质的开发与研究、蓄冷方式方面的问题进行:

对水合蓄冷介质的基本要求是:水合反应速度快,水合物稳定,相变温度适宜,工作压力不高。

在无公害的气体水合物介质研究方面,混合气体水合是一个重要方向。因为用混合气体水合反应构造出的混合气体水合物可以具有单一气体水合物所不具备的优良性质,从而大大扩展了气体水合物蓄冷介质的选择范围。目前,虽然对此研究得尚少,但前途广阔。

至于蓄冷方式,无论是直接接触方式还是非直接接触方式,关键都是要设法使制冷剂与水充分混合,降低界面阻力,增强能量传递,保证稳定地形成水合物。现在,非直接接触蓄冷比较具备实用条件,而直接接触蓄冷有许多技术问题尚待进一步研究。随着科技的发展,相关技术难题得到解决,直接接触蓄冷的优势潜力也就逐渐发挥了出来。可以认为,前者是近期的实用技术,后者是远期的实用技术。

参考文献

[1] 张华. 冰蓄冷空调技术的研究[D]. 西安:西安交通大学,1996.

[2] 王华生. 冰球内的凝固及其强化[D]. 西安:西安交通大学,1997.

[3] 方贵银,张维. 平板式蓄冷系统融冰特性模拟与试验研究[J]. 制冷,2001,20(1):13-16.

[4] 方贵银. 蓄冷空调工程实用新技术[M]. 北京:人民邮电出版社,2000.

[5] 郭开华. 气体水合物及其在空调蓄冷技术中的应用[J]. 制冷学报,1994(2):22-28.

[6] SLOAN E D. Clathrate hydrate of natural gas[M]. New York:Mercel Dekker Inc. 1997.

[7] 赵永利,郭开华,张奕. 混合制冷剂气体水合物生成及融解过程实验研究[J]. 工程热物理学报,1998,19(4):481-484.

[8] 吕昶,郭廷玮,朱庭英,等. 气体水合物蓄冷实验研究[J]. 制冷学报,2000(2):14-18.

[9] 曹德胜. 冰晶(颗粒冰)储冰式空调介绍[J]. 制冷学报,1994(3):53.

[10] 王钖珩,朱富强. 蓄能融霜脱冰系统的研究[J]. 制冷学报,1994(3):22-26.

[11] 华泽钊. 蓄冷技术及其在空调工程中的应用[M]. 北京:科学出版社,1997.

[12] ISOBE F, MORI Y H. Fornmation of gas hydrate or ice by direct-contact evaporation of

CFC alternatives[J]. Int. J. Refrig., 1992, 15(3): 137-142.

[13] 毕月虹,郭廷玮,朱庭英,等. 促晶器流量对气体水合物蓄冷过程影响的实验研究[J]. 制冷学报,2003(1):1-5.

[14] 周伟坤,陈林,陈国邦. 新型导热塑料在蓄冰过程中的传热性能研究[J]. 低温与超导,2002,30(3):28-32.

[15] 郑丹星,武向红. 低温蓄冷用共晶盐的综合特性评价[J]. 低温工程,2002(1):37-45.

[16] DOUGLAS A A. Eutectic cool storage: current developments[J]. ASHRAE J., 1990, 32(4): 46-53.

[17] NIE B, PALACIOS A, ZOU B, et al. Review on phase change materials for cold thermal energy storage applications[J]. Renew. Sust. Energy Rev., 2020, 134: 110340.

[18] 王宝龙,石文星,李先庭. 空调蓄冷技术在我国的研究进展[J]. 暖通空调,2010,40(06):6-12.

低温原理篇

第6章

获得低温的方法

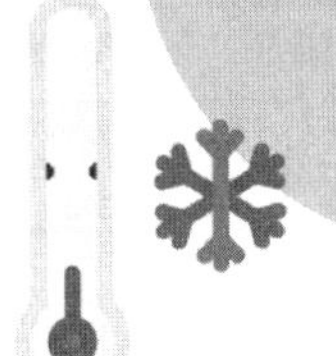

6.1 低温工质及其性质

6.1.1 低温工质的种类及其热力性质

在深冷技术中用于制冷循环或液化循环的工质通称为低温工质。它们在封闭式制冷系统中用作制冷工质,在气体分离及液化装置中既作为原料气体或产品气体,同时也起制冷工质的作用。低温工质液化后可以作为低温制冷剂。

凡标准沸点低于 120 K 的元素或化合物以及它们的混合物,原则上均可作为低温工质。深冷技术中最常见的工质有空气、氧、氮、氩、甲烷等。表 6-1 列举了常用低温工质的基本热物理性质。氙气虽然标准沸点高于 120 K,因其和空气分离有密切关系,所以一并收入。

表 6-1 常用低温工质的基本热物理性质

项目	符号	单位	CH_4	O_2	Ar	空气	N_2
相对分子质量	M_r		16.04	32.00	38.944	28.966	28.016
气体常数	R	kJ/(kg·K)	0.518 341	0.259 818	0.208 146	0.287 033	0.296 766
沸点	T_b	K	111.7	90.188	87.29	78.9/81.7	77.36
熔点*(近似)	T_m	K	90.7	54.4	83.85		63.2
临界温度	T_{cr}	K	191.06	154.78	150.72	132.55	126.26
临界压力	p_{cr}	10^3 kPa	4.64	5.107	4.864	3.769	3.398
三相点温度	T_{tr}	K	90.66	54.361	83.81		63.15
三相点压力	p_{tr}	kPa	11.667 6	0.152	68.92		12.535 7
固体密度(近似)	ρ_s	kg/m^3	500	1 400	1 624		947

续表

项目	符号	单位	CH_4	O_2	Ar	空气	N_2
饱和液体密度	ρ_l	kg/m^3	424.5	1 142	1 400	≈873	808
饱和蒸气密度	ρ_v	kg/m^3	1.8	4.8	5.7	4.48	4.16
密度(在273.15 K、101.3 kPa时)	ρ_s	kg/m^3	0.716 7	1.428 6	1.785	1.292 8	1.250 6
汽化热	r_v	kJ/kg	508.54	212.76	163.02	205.5	199
熔化热(近似)	r_m	kJ/kg	58.6	13.95	28.55		25.8

项目	符号	单位	Ne	H_2(*n*)-正常氢(*e*)-平衡氢(*p*)-仲氢	^4He	^3He	Kr	Xe
相对分子质量	M_r		20.183	2.016	4.003	3.016	83.80	131.30
气体常数	R	kJ/(kg·K)	0.411 94	4.124 1	2.076 989	2.780 0	0.099 215	0.063 322
沸点*	T_b	K	27.108	20.39(*n*) 20.28(*e*)	4.224	3.191	119.8	165.05
熔点	T_m	K	24.6	13.96			115.95	161.35
临界温度	T_{cr}	K	44.45	33.24(*n*) 32.9(*e*)	5.201 4	3.324	208.4	288.75
临界压力	p_{cr}	10^3 kPa	2.721	1.297(*n*) 1.287(*e*)	0.227 5	0.116 5	5.51	5.88
三相点温度	T_{tr}	K	24.56	13.95(*n*) 13.81(*e*)			115.76	161.37
三相点压力	p_{tr}	kPa	43.307 5	7.200 6(*n*) 7.040 6(*e*)			73.6	81.6
固体密度(近似)	ρ_s	kg/m^3	1 400	86.7	190	143	2 900	3 540
饱和液体密度	ρ_l	kg/m^3	1 204	≈70.8	125	60	2 413	3 057
饱和蒸气密度	ρ_v	kg/m^3	≈4.8	1.34	≈15.5	≈22	8.95 (120 K)	
密度(在273.15 K、101.3 kPa时)	ρ_0	kg/m^3	0.900 4	0.089 9	0.178 5	0.134 5	3.745	5.85
汽化热	r_v	kJ/kg	85.7	447	20.8	8.5	107.5	96.2
熔化热(近似)	r_m	kJ/kg	16.62	58.7	5.7		18.55	17.62

低温工质在常温、常压下均为气态，它们都具有低的临界温度，较难液化。在常温及一般低温下，当压力不很高（和常压相比）时，低温工质所处的状态离两相区仍较远，比体积仍较大，因而可近似地当作理想气体。

在深冷技术研究和应用中，经常会用到液态低温工质，如液氮、液氧、液氢、液氦等。因此，对液化气体性质也将着重讨论。

6.1.2　空气及其组成气体的性质

1. 空气

空气是一种多组分混合气体，其主要组分是氧、氮、氩、二氧化碳，还有微量的稀有气体（氖、氦、氪、氙）、甲烷及其他碳氢化合物、氢、臭氧等。此外，空气中还有少量的水蒸气及灰尘等。

在地球表面，干燥空气的组成列于表 6-2 中。

表 6-2　干燥空气的组成

组分	体积/%	质量/%
N_2	78.084	75.52
O_2	20.95	23.15
Ar	0.93	1.282
CO_2	0.03	0.046
Ne	18×10^{-4}	12.5×10^{-4}
He	5.24×10^{-4}	0.72×10^{-4}
乙炔及其他烃类	2.03×10^{-4}	1.28×10^{-4}
CH_4	1.5×10^{-4}	0.8×10^{-4}
Kr	1.14×10^{-4}	3.3×10^{-4}
H_2	0.5×10^{-4}	0.035×10^{-4}
N_2O	0.5×10^{-4}	0.8×10^{-4}
Xe	0.08×10^{-4}	0.36×10^{-4}
O_3	0.04×10^{-4}	0.05×10^{-4}
Rn	6×10^{-18}	7×10^{-17}
总计	99.999 9	99.999 9

若不考虑水蒸气、二氧化碳和各种碳氢化合物，则地面至 100 km 高度的空

气平均组成保持恒定值。在 25 km 高空臭氧的含量有所增加。在更高的高空，空气的组成随高度而变，且明显地同每天的时间及太阳活动有关。

常温下的空气是无色无味的气体，液态空气则是一种易流动的浅黄色液体。一般当空气被液化时，二氧化碳已经清除掉，因而液态空气的组成是 20.95% 氧、78.12% 氮和 0.93% 氩，其他组分含量甚微，可以略而不计。

空气作为混合气体，在定压下冷凝时温度连续降低，如在标准大气压（101.3 kPa）下，空气于 81.7 K（露点）开始冷凝，温度降低到 78.9 K（泡点）时全部转变为饱和液体。这是由于高沸点组分（氧、氩）开始冷凝较多，而低沸点组分（氮）到过程终了才较多地冷凝。

液态空气作为混合液，在定压蒸发时蒸发温度也是连续变化的。随着蒸发过程的进行，因低沸点组分氮较多地蒸发，混合液组成发生变化，致使液体的高沸点组分氧含量相应地增加，所以沸点也就相应提高。

液态空气具有较低的沸点和凝固温度（约为 60.15 K），可以用作冷却剂。通过减压（抽真空）的方法，还可以将其沸点温度降低到 65 K 左右。但是这种操作是危险的，因为蒸发会使剩余液体中氧的质量分数增加，引起减压用的真空泵发生爆炸。

2. 氮和氧

氮是一种无色无味的气体，比空气稍轻，难溶于水。因氮的化学性质不活泼，在通常情况下很难与其他元素直接化合，故可用作保护气体；但在高温下，氮能够同氢、氧及某些金属发生化学反应。因为氮无毒，又不能磁化，其沸点比空气低，所以液氮是低温研究中最常用的安全冷却剂，但需当心引起窒息。液氮也用于氢、氦液化装置中，作为预冷。液氮应小心储存，避免同碳氢化合物长时间的接触，以防止碳氢化合物溶于其中而引起爆炸。

液氮的蒸发温度为 77.36 K。在标准大气压下，液氮冷却到 63.2 K 时转变成无色透明的结晶体。液氮的沸点和凝固点之间的温差不到 15 K，因而在用真空泵减压时容易使其固化。因固态氮的密度比液氮大，所以沉降在底部。在大约 35.6 K 时，固态氮产生同素异形转变，并伴随比热容的增大。转化热约为 8.2 kJ/kg。

氧是一种无色无味的气体，标准状态下的密度是 1.430 kg/m^3，比空气略重。氧较难溶解于水。氧的化学性质非常活泼，它能与很多物质（单质和化合物）发生化学反应，同时放出热量；反应剧烈时还会燃烧发光。

在标准大气压下，氧在 90.188 K 时变为易于流动的淡蓝色液体；在 54.4 K 时凝固成淡蓝色的固体结晶。液氧和固态氧的淡蓝色是含有少量的氧聚合物 O_4 而引起的。

虽然氧的沸点比氮几乎高 13 K,可是它的凝固点却比氮低约 9 K。固态氧的密度大,因此在液氧中下沉。在 43.08 K 和 23.89 K 时,固态氧发生同素异形转变,并伴随有转化热。在 40.80 K 时转化热超过熔化热,约为 23.2 kJ/kg;在 23.89 K 时转化热只有 2.93 kJ/kg。

氧与其他大多数气体的显著不同在于具有强的顺磁性,且某些气态的氧化合物(如一氧化氮)也有顺磁性。氧的这一特性已被利用来制作氧磁性分析仪,根据磁化率的变化可以测出抗磁性气体混合物中所含微量氧的质量分数。

由于氧的化学活性很强,是一种强氧化剂,所以氧同碳氢化合物混合是很危险的。液氧中存在碳氢化合物结晶体已不止一次引起过严重爆炸事故,因此液氧必须严格避免同各种油脂、润滑油、炭、木材、沥青、纺织品接触。

3. 氩、氖、氪、氙和氡

空气中含有氩、氖、氪、氙和氡等稀有气体。氩是一种无色无味的气体;不燃烧,也不助燃;化学性质很稳定,一般状态下不生成化合物,没有毒性。

6.1.3 氢的性质

1. 氢的构成及热物理性质

氢有三种同位素:相对原子质量为 1 的氕(符号 H)、相对原子质量为 2 的氘(符号 D)和相对原子质量为 3 的氚(符号 T)。氕(通称氢)和氘(亦称重氢)是稳定的同位素;氚则是一种放射性同位素,半衰期为 12.26 年。氚放出 β 射线后转变成 ^3He。氚是极稀有的,在 10^{18} 个氢原子中只含有 0.4~67 个氚原子,所以自然氢中几乎全部是氕(H)和氘(D),它们的含量比约为 6 400 : 1。不论是哪种方法获得的氢,其中氕的含量高达 99.987%,氘(D)含量的范围在 0.013%~0.016%之间。事实上,因为氢是双原子气体,所以绝大多数的氘原子都是和氕原子结合在一起形成氘化氢(HD)。分子状态的氘——D_2 在自然氢中几乎不存在。因此,普通的氢实际上是 H_2 和 HD 的混合物,HD 在混合物中的含量在 0.026%~0.032%之间。

在通常状况下,氢是无色、无味、无嗅的气体,极难溶解于水。氢是所有气体中最轻的,标准状态下的密度为 0.089 9 kg/m^3,只有空气密度的 1/14.38。在所有的气体中,氢的比热容最大、导热系数最高、黏度最低。氢分子以超过任何其他分子的速度运动,所以氢具有最高的扩散能力,不仅能穿过极小的空隙,甚至能透过一些金属,如钯(Pd)从 240 ℃开始便可以被氢渗透。

氢的转化温度比室温低得很多,其最高转化温度约为 204 K。因此,必须把氢预冷到此温度以下再节流方能产生冷效应。

众所周知,氢是一种易燃易爆物质。氢气在氧或空气中燃烧时产生几乎无色的火焰(若氢中不含杂质),其传播速度很快,达 2.7 m/s;着火能很低,为 2.0×10^{-4} J。在大气压力及 293 K 时氢气与空气混合物的燃烧体积分数范围是 4%~75%;当混合物中氢的体积分数为 18%~65%时特别容易引起爆炸,因此进行液氢操作时需要特别小心,而且应对液氢纯度进行严格的控制与检测。

氢不仅在深冷技术中可以用作工质,或者液化之后可作为低温冷却剂,而且氢还是比较理想的清洁能源。在火箭技术中氢被作为推进剂,同时利用氢为原料还可以产生重氢,以满足核动力的需要。

2. 氢的正—仲转化

由双原子构成的氢分子 H_2 内,由于两个氢原子核自旋方向的不同,故存在着正、仲两种形态。正氢(o-H_2)的原子核自旋方向相同,仲氢(p-H_2)的原子核自旋方向相反。正、仲态的平衡组成与温度有关。表 6-3 列出了不同温度下平衡状态的氢(称为平衡氢,用符号 e-H_2 表示)中仲氢的质量分数。

表 6-3　不同温度时平衡氢中仲氢的质量分数　　%

温度/K	20.39	30	40	70	120	200	250	300
在平衡氢中的仲氢	99.8	97.02	88.73	55.88	32.96	25.97	25.26	25.07

在通常温度时,平衡氢是含 75%正氢和 25%仲氢的混合物,称为正常氢(或标准氢),用符号 n-H_2 表示。高于常温时,正—仲态的平衡组成不变;低于常温时,正—仲态的平衡组成将发生变化。温度降低,仲氢所占的百分率增加。如在液氢的标准沸点时,氢的平衡组成为 0.2%正氢和 99.8%仲氢(实际应用中则可按全部为仲氢处理)。

在一定条件下,正氢可以变成仲氢,这就是通常所说的正—仲转化。在气态时,正—仲转化只能在有催化剂(触媒)的情况下发生:液态氢则在没有催化剂的情况下也会自发地发生正—仲转化,但转化速率很缓慢。譬如,液化的正常氢最初具有原来的气态氢的组成,但仲氢的百分率 $\chi_{p\text{-}H_2}$ 将随时间而增大,可按下式近似计算:

$$\chi_{p\text{-}H_2}\approx\frac{0.25+0.008\,55\tau}{1+0.008\,55\tau} \tag{6-1}$$

式中,τ 为时间,h。若时间为 100 h,$\chi_{p\text{-}H_2}$ 将增大到 59.5%。

氢的正—仲转化是一放热反应,转化过程中放出的热量和转化时的温度有关。不同温度下氢的正—仲转化热见表 6-4。由表 6-4 知,氢的正—仲转化热随温度升高而减小。在低温(T<60 K)时,转化热实际上几乎恒定,约等于 706 kJ/kg。

表 6-4 氢正—仲转化时的转化热

温度/K	转化热/(kJ/kmol)	温度/K	转化热/(kJ/kmol)
10	1 417.85	60	1 413.53
20	1 417.86	80	1 382.33
20.39	1 417.85	100	1 295.56
30	1 417.85	150	867.38
40	1 417.79	200	440.45
50	1 417.06	300	74.148

正常氢转化成相同温度下的平衡氢所释放的热量如表 6-5 所示。由表 6-5 可见:液态正常氢转化时放出的热量超过汽化潜热(447 kJ/kg)。由于这一原因,即使在一个理想的绝热容器中,在正—仲转化期间储存的液态正常氢亦会发生汽化;在起始的 24 h 内约 18%的液氢要蒸发损失掉,100 h 后损失将超过 40%。为了减少液氢储存中的蒸发损失,通常在液氢产生过程中采用固态催化剂来加速正—仲转化反应。最常用的固态催化剂有活性炭、金属氧化物、氢氧化铁、镍、铬或锰等。催化转化过程一般在几个不同的温度级进行,如 65~80 K、20 K等。

表 6-5 正常氢转化成平衡氢时的转化热

温度/K	转化热/(kJ/kg)	温度/K	转化热/(kJ/kg)
15	527	100	88.3
20.39	525	125	37.5
30	506	150	15.1
50	364	175	5.7
60	385	200	2.06
70	216	250	0.23

如果使液态仲氢加热和蒸发,甚至当温度超过 300 K 时,它仍将长时间地保持仲氢态。欲使仲氢重新变回到平衡组成,在存在催化剂(可用镍、钨、铂等)的情况下,要将其加热到 1 000 K。在标准状态下,正常氢的沸点是 20.39 K,平衡氢的沸点是 20.28 K;前者的凝固点为 13.95 K,后者为 13.8 K。

由于氢是以正、仲两种状态共存,故氢的物性要视其正、仲态的组成而定。正氢和仲氢的许多物理性质稍微有所不同,尤其是密度、汽化热、熔解热,液态的热导率及声速。然而，这些差别是较小的，工程计算中可以忽略不计。但在 80~250 K 温度区间内，仲氢的比热容及热导率分别超过正氢将近 20%。

6.1.4　氦的性质

氦(He)由相对原子质量为 4.003 的^{4}He 和相对原子质量为 3.016 的^{3}He 两种稳定的同位素组成。这两种同位素的化学性质都不活泼。

氦在空气中的含量只有 5.24×10^{-6}。天然气中的含氦量要丰富得多，国外(如美国)有的气田气中氦的最高量可达 8%，但多数气田气的氦含量都在 1%以下。目前，世界氦生产量的 94%是从天然气中提取的。

从天然气分离出的氦，其中^{3}He 的含量约为 $1/10^7$；从空气分离中提取的氦，其中^{3}He 的含量比前述约大 10 倍，但也只占 $1/10^6$。因此，通常情况下讲到氦时实指^{4}He 而言。

氦是一种无色、无味的气体，化学性质极其稳定，一般情况下不与任何元素化合。氦具有很低的临界温度，是自然界中最难液化的气体；氦的转化温度也很低，^{4}He 的最高转化温度为 46 K，^{3}He 约为 39 K，在所有的气体中氦的沸点最低，^{4}He 的标准沸点是 4.224 K，^{3}He 是 3.191 K。在具有高比热容、高热导率及低密度方面，氦气仅次于氢。由于氦的这些热物性，加之它不活泼的惰性，所以氦是一种极好的低温制冷剂。

在所知的气体中，唯有氦气(^{4}He 和^{3}He)在压力低于 2 500 kPa、温度降低到接近热力学温度 0 K(绝对零度)时仍保持液态，这种异常现象同它具有大的零点能有关。例如^{4}He 的零点能超过其蒸发热的 2 倍。

普通的液氦(^{4}He)是一种容易流动的无色液体，表面张力极小，它的折射率(1.02)和气体差不多，因此氦液面不易看见。

液氦的汽化潜热比其他液化气体小得多，在标准大气压下^{4}He 的汽化潜热为 20.8 kJ/kg，^{3}He 的为 8.5 kJ/kg。因此，仅仅利用液氦汽化的冷量是很不经济的。由于液氦极易汽化，故需要隔热良好的容器来储存。

氦的两种同位素的相平衡特性是不相同的，它们的相图如图 6-1 和图 6-2 所示。图上各特性点列于表 6-6 中。两图中的虚线(即 $\beta=0$ 的线)将体积膨胀温度系数 β 分隔成正值($\beta>0$)和负值($\beta<0$)两个区域，在 $\beta>0$ 的区域液氦加热时体积膨胀，$\beta<0$ 的区域液氦加热时体积收缩。

由图 6-1 可见，^{4}He 相图在形式上与已知的任何其他的物质在许多方面都不相同。首先，如前面提到的，温度接近绝对零度时，液态^{4}He 在其本身的蒸气压力下也不凝固。^{4}He 没有升华平衡曲线，其固态和气态之间隔着很宽的液态区，这意味着在任何情况下固态和气态都不可能共处于平衡状态，所以^{4}He没有三种聚集态共存的三相点。另一独特的特性是^{4}He存在两个性质显著不同的液体：液氦Ⅰ(He Ⅰ)和液氦Ⅱ(He Ⅱ)。将两个液相分开的过渡曲线称为λ线。在λ线右边，氦是像任何液体一样的正常状态(有黏性)，称为He Ⅰ；在λ线左边，氦是一种性质独特的具有超流动性的液体，称为He Ⅱ。λ线与沸腾曲线的交点称为点λ，其温度为2.171 K、压力为5.036 kPa。当压力增大时，点λ向温度降低的方向移动，形成了λ线。λ线与熔化曲线相交于点λ′，该点温度为1.763 K，压力为3 013.4 kPa。这样，^{4}He相图的液态区被λ线分成He Ⅰ和He Ⅱ两个区域。从He Ⅰ变化到He Ⅱ称为λ转变(或λ相变)。

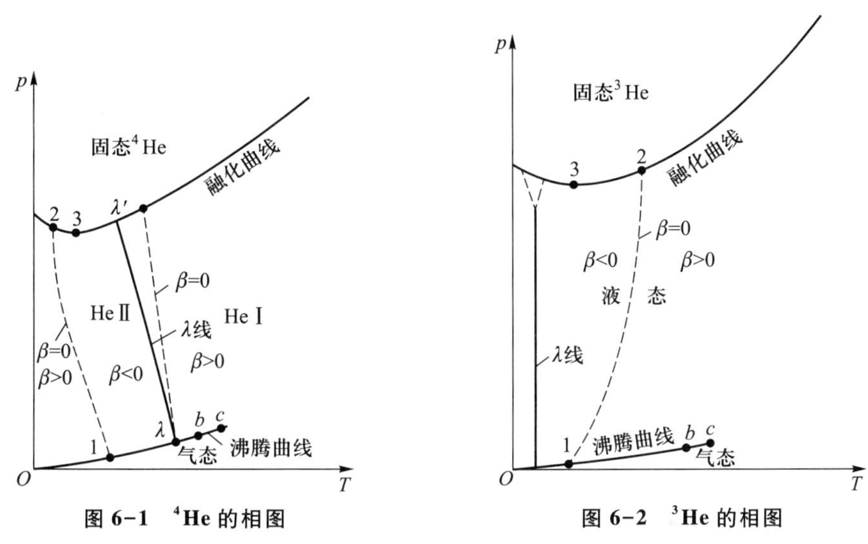

图6-1 ^{4}He的相图

图6-2 ^{3}He的相图

表6-6 ^{4}He和^{3}He相图上的特性点

^{4}He的特性点	温度/K	压力/MPa	^{3}He的特性点	温度/K	压力/MPa
c(临界点)	5.201 4	0.227 5	c(临界点)	3.324	0.116 5
λ(下λ点)	2.172	0.005 063	λ	≈0.003	
λ′(上λ点)	1.763	3.013 4			
b(标准沸点)	4.224	0.101 325	b(标准沸点)	3.191 4	0.101 325
1($\beta=0$)	1.14	$0.709\ 3\times10^{-4}$	1($\beta=0$)	0.502	$0.273\ 6\times10^{-4}$
2($\beta=0$)	0.59	2.533 1	2($\beta=0$)	1.26	4.762 3
3($p=p_{min}$)	0.775	2.529 1	3($p=p_{min}$)	0.32	2.930 3

在点λ温度下呈现的两种不同液相的转变是一种高阶相变。转变时没有

潜热的放出或吸收；比体积和比熵值没有变化。在点 λ 附近，密度曲线无急剧的变化，但伴随有液氦（^4He）比热容的突变（图 6-3）。

He Ⅱ具有其他液体所没有的特性，即超流动性。He Ⅱ可看作是具有正常黏度的正常流体和黏度为零的超流体的混合物。正常流体与超流体的比例决定于温度，如图 6-4 所示。图中 ρ_n 是正常流体的密度，ρ_s 是超流体的密度，ρ 是 He Ⅱ的密度。在点 λ 上，全部流体都是正常的，$\rho_n/\rho=1$；而在 0 K 时，全部流体都是超流体，$\rho_s/\rho=1$。超流体实际上没有黏度，所以 He Ⅱ的总黏度随温度降低而减少。超流体可以无阻碍地通过极细的狭缝和小孔，并在和任何固体表面接触时形成一层薄膜（其厚度约为 2×10^{-5} mm），此液膜能够相当快地蠕动到整个固体表面。He Ⅱ这种蠕动薄膜现象造成用抽真空方法难于使液氦（^4He）达到很低的压力，负压汽化^4He 所能获得的温度极限不低于 0.5 K。此外，He Ⅱ还具有喷泉效应（或称热-机械效应）、传递热波（即第二声波）以及在 He Ⅱ和固体表面间存在着额外的界面热阻（卡皮查热阻）等异常特性。

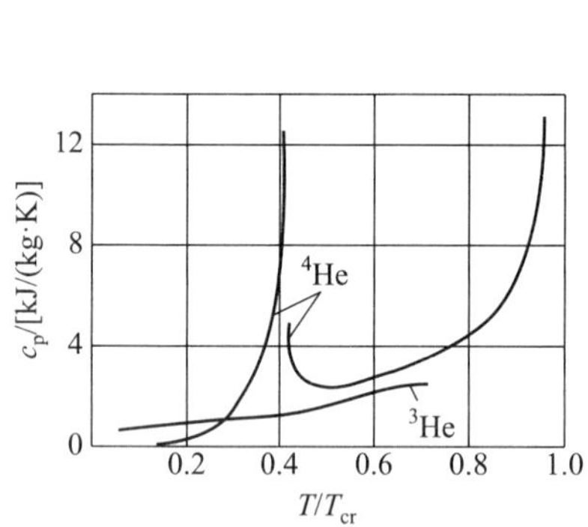

图 6-3　^4He 及 ^3He 饱和液体比热容与 T/T_{cr} 的关系

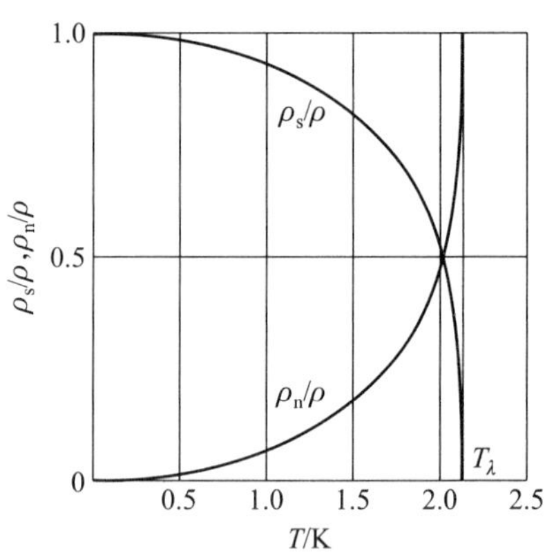

图 6-4　He Ⅱ中正常流体和超流体的密度比值与温度的关系

氦凝固时变成一种无色透明的柔软结晶，这时液相和固相之间几乎看不到分界面。

由图 6-2 可见，^3He 的液相可一直延伸到绝对零度。压力低于 2.93×10^3 kPa 时，无论怎样冷却^3He 都不会凝固；^3He 也不存在三相点。最近已发现，^3He 在大约 0.003 K 时存在 λ 相变。^3He 的溶解曲线具有反常的特性，当温度低于 0.32 K 时，^3He 的固-液相平衡系统的温度随压力增加而降低，其溶解曲线的斜率变为负值。根据溶解曲线的这一特异形状，构成了^3He 绝热凝固制冷的基础。同^4He 相比，^3He 沸点低、蒸气压高，在 0.003 K 以上温度不表现出超流动性，因此在同样的条件下减压，^{3}He 液体能获得更低温度（约 0.2 K）。

6.1.5 天然气的性质

1. 天然气的组成

天然气是多种气体的混合物，以烃类气体成分为主。天然气中各组分气体的含量因气田不同存在差异，同一气田也会随着采集时间的推移而发生变化。不同天然气中气体成分不同会导致其物理性质出现差异。我国天然气的组成见 8.3.1 节。由于大多数气田的天然气中甲烷含量最高，有的甚至高达 90%以上，而甲烷又是烃类气体中相对分子质量最小、液化温度点最低的气体，因此对天然气的液化以及分离通常会以甲烷作为主要对象，以纯甲烷性质近似为天然气的性质进行预估和分析。本节介绍天然气的性质以甲烷的性质代之。

天然气不溶于水，密度为 0.717 4 kg/m^3，燃点为 650 ℃，爆炸极限为 5%～15%。在标准状况下，甲烷至丁烷以气体状态存在，戊烷及以上为液体。天然气是除了煤炭、石油之外的第三大能源，天然气每立方燃烧热值为 8 000～8 500 kcal。广泛用于发电、工业、交通和城市家庭中。为便于运输，天然气通常被压缩为压缩天然气（CNG）或者液化为液化天然气（LNG）。

2. 液化天然气

天然气在常压下，冷却至约−161.5 ℃（甲烷的正常沸点）时，则由气态变成液态，称为液化天然气。液化天然气无色、无味、无毒且无腐蚀性，其体积约为同量气态天然气体积的 1/625，质量仅为同体积水的 45%左右。其制造过程是先将气田生产的天然气净化处理，经多级降温液化后，利用专用液化天然气船或罐车运输。液化天然气储存在−161.5 ℃、0.1 MPa 左右的低温储存罐内，使用时重新气化。低温 LNG 转变为常温气态的过程中，可提供大量的冷能，将这些冷能回收，用于发电，还可以使空气分离而制造液态氧、液态氮，生产干冰或使用于冷冻仓库、海水淡化等。液化天然气与天然气比较，便于贮存和运输，低压保存安全性好，液化过程中去除了杂质更具环保性。

3. 甲烷

甲烷是一种有机化合物，是最简单的有机物，分子式是 CH_4，相对分子质量为 16.043。甲烷在自然界的分布很广，是天然气、石油气等的主要成分，俗称瓦斯。在 1 个大气压力的环境中，甲烷的沸点是−161 ℃，熔点−182.5 ℃。空气中的瓦斯含量只要超过 5%～15%就十分易燃。

在标准压力的室温环境中，甲烷无色、无味；家用天然气的特殊气味是为了安全而添加的人工气味，通常是使用甲硫醇或乙硫醇。甲烷是一种很重要的燃料,也是含碳量最小(含氢量最大)的烃。液化的甲烷不会燃烧,除非在高压的环境中(通常是 4~5 个大气压力)。除了作为燃料外,它还是用于制造氢气、炭黑、一氧化碳、乙炔、氢氰酸及甲醛等物质的原料。

甲烷也是一种温室气体。GWP 的分析显示,以单位分子数而言,甲烷的温室效应要比二氧化碳大 25 倍。

甲烷可以形成笼状的水合物,甲烷被包裹在“笼”里,也就是可燃冰。它是在一定条件(温度、压力、气体饱和度、水的盐度、pH 等)下由水和天然气混合组成的类冰的、笼形结晶化合物。可燃冰主要储存于中高压和低温条件下的海底或寒冷地区的永久冻土带里。

6.1.6　低温工质的 p、v、T 参数计算

1. 理想气体状态方程

由于低温工质的临界温度很低,因而在常温常压下,其 p、v、T 参数仍可用理想气体状态方程式

$$pv = RT \tag{6-2}$$

式中,R 为气体常数,其值随气体种类而变。当压力及比体积的单位分别用 kPa 及 m^3/kg 时,R 的单位为 kJ/(kg · K)。

2. 实际气体状态方程

在高压低温时,为了较准确地描述实际气体的特性,应用实际气体状态方程式。

(1) 范德瓦耳斯方程

$$\left(p + \frac{a}{v^2}\right)(v - b) = RT \tag{6-3}$$

式中,a 及 b 为范德瓦耳斯常数,对于一些常见气体,其值列于表 6-7 中。表 6-7 的数值是对 1 mol 而言,在使用时应予以注意。

表 6-7　范德瓦耳斯常数值

气体	分子式	$a\times10^3/\left(\frac{Pa\cdot m^6}{mol^2}\right)$	$b\times10^3$ /(m^3/mol)	气体	分子式	$a\times10^3/\left(\frac{Pa\cdot m^6}{mol^2}\right)$	$b\times10^3$ /(m^3/mol)
氧	O_2	137.80	0.031 8	氨	NH_3	422.53	0.037 1
氮	N_2	140.84	0.039 13	乙烯	C_2H_4	448.92	0.057 1
空气		135.57	0.036 34	甲烷	CH_4	228.28	0.042 8

续表

气体	分子式	$a\times10^3/\left(\frac{Pa\cdot m^6}{mol^2}\right)$	$b\times10^3$ /(m^3/mol)	气体	分子式	$a\times10^3/\left(\frac{Pa\cdot m^6}{mol^2}\right)$	$b\times10^3$ /(m^3/mol)
氢	H_2	24.723	0.026 6	乙烷	C_2H_6	556.17	0.063 8
氩	Ar	136.28	0.032 2	水蒸气	H_2O	553.64	0.030 5
氖	Ne	21.380	0.017 1	二氧化氮	NO_2	535.40	0.044 3
氦	He	34.572	0.023 7	一氧化氮	NO	135.78	0.027 8
氪	Kr	233.87	0.039 8	二氧化硫	SO_2	680.29	0.056 3
氙	Xe	424.96	0.051 0	硫化氢	H_2S	448.97	0.042 8
二氧化碳	CO_2	363.96	0.042 7	乙炔	C_2H_2	444.82	0.051 36
一氧化碳	CO	150.47	0.039 9	氯	Cl_2	657.90	0.056 2

（2）比迪-布里吉曼方程

$$pv^2=RT\left[v+B_0\left(1-\frac{b}{v}\right)\right]\left(1-\frac{c}{vT^3}\right)-A_0\left(1-\frac{a}{v}\right)\qquad(6-4)$$

式中,A_0、B_0、a、b、c 为由实验确定的常数,随工质种类而异。在表 6-8 中给出了几种气体的这些常数值,其中气体量以 mol 为单位。在表中指明的范围内,方程的计算结果同实验数值的偏差平均不大于 0.18%。

表 6-8 比迪-布里吉曼方程的常数值

气体	A_0/ (Pa · m^6/mol)	$B_0\times10^3$/ (m^3/mol)	$a\times10^3$/ (m^3/mol)	$b\times10^3$/ (m^3/mol)	$c\times10^3$/ (m^3/mol)	温度范围/ °C
氦	0.0216×101.325	0.014 00	0.059 84	0.0	0.004 0×10^4	400～-252
氢	0.197 5×101.325	0.020 96	-0.005 06	-0.043 59	0.050 4×10^4	200～-252
氮	1.344 5×101.325	0.050 46	0.026 17	-0.006 91	4.20×10^4	400～-149
氧	1.491 1×101.325	0.046 24	0.025 62	+0.004 208	4.80×10^4	100～-117
空气	1.301 2×101.325	0.046 11	0.019 31	-0.011 01	4.34×10^4	200～-145
二氧化碳	5.006 5×101.325	0.104 76	0.071 32	+0.072 35	66×10^4	100～0
甲烷	2.276 9 ×101.325	0.055 87	0.018 55	-0.015 87	12.83×10^4	200～0

（3）比奈狄特-韦勃-鲁宾方程（BWR 方程）

$$p = RT\rho + \left(B_0RT - A_0 - \frac{C_0}{T^2}\right) + (bRT - a)\rho^6 + \alpha a\rho^3 - \frac{c\rho^3}{T^2}(1 + \gamma\rho^2)\exp(-\gamma\rho^2) \tag{6-5}$$

式中:ρ 为密度;A_0、B_0、C_0、a、b、c、α、γ 为实验常数。BWR 方程特别适用于计算轻烃及其混合物的液体和蒸气的特性数据。各种轻烃的 BWR 方程的常数可查阅相关文献。

（4）雷德里奇-匡方程

$$p = \frac{RT}{v - b} - \frac{a}{T^{0.5}v(v + b)} \tag{6-6}$$

式中,a 及 b 为实验常数。雷德里奇-匡方程比较简单,只有两个常数,在所有的二常数状态方程中它的精确度最高,是最成功的一个方程。雷德里奇-匡方程的形式与范德瓦耳斯方程很相似,可求得 a、b 同临界参数之间的关系如下:

$$a = \frac{R^2T_{cr}^{2.5}}{9(2^{1/3} - 1)p_{cr}} = 0.427\ 48\frac{R^2T_{cr}^{2.5}}{p_{cr}} \tag{6-7}$$

$$b = \frac{2^{1/3} - 1}{3}\frac{RT_{cr}}{p_{cr}} = 0.086\ 64\frac{RT_{cr}}{p_{cr}} \tag{6-8}$$

在已知某种工质的临界参数时即可计算出该工质的雷德里奇-匡方程的常数。

（5）维里方程

根据统计物理的理论,可以推导出用位力系数（又称维里系数）表示的实际气体的状态方程

$$\frac{pv}{RT} = 1 + \frac{B}{v} + \frac{C}{v^2} + \frac{D}{v^3} + \frac{E}{v^4} + \Lambda \tag{6-9}$$

式中,B、C、D、E 等都是温度的函数,且分别称为第一、第二、第三、第四维里系数,Λ 表示“…”符号。维里方程也可表示成如下的形式:

$$\frac{pv}{RT} = 1 + B'p + C'p^2 + D'p^3 + \Lambda \tag{6-10}$$

式(6-9)同式(6-10)是等效的,但它们的系数不同。

（6）引入压缩性系数的状态方程

应用压缩性系数是进行实际气体物性计算的另一种方法。按照这种方法,实际气体的状态方程可表示为

$$pv = zRT$$

式中,z 为压缩性系数。压缩性系数随压力及温度变化的关系可用实验方法确定,或用准确度高的状态方程计算。

6.2 获得低温的方法

6.2.1 气体的绝热节流

1. 节流过程的热力学特征

当气体在管道中流动时,由于局部阻力,如遇到缩口和调节阀门时,其压力显著下降,这种现象称为节流。工程上由于气体经过阀门等流阻元件时,流速大、时间短,来不及与外界进行热交换,可近似地作为绝热过程来处理,称为绝热节流。

参照图 6-5,根据稳定流动能量方程式得

$$h_1 = h_2 \tag{6 - 11}$$

即气体在绝热节流时,节流前后的比焓值不变。这是节流过程的主要特征。由于节流时气流内部存在摩擦阻力损耗,所以它是一个典型的不可逆过程,节流后的比熵必定增大,即

$$s_1 < s_2 \tag{6 - 12}$$

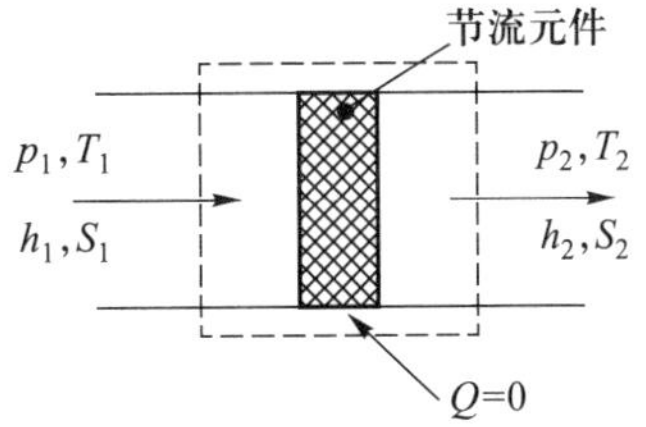

图 6-5 绝热节流过程

这是节流过程的另一个主要特征。

实验发现,实际气体节流前后的温度一般将发生变化。气体在节流过程中的温度变化称为焦耳-汤姆孙效应(简称焦-汤效应)。造成这种现象的原因是实际气体的比焓值不仅是温度的函数,而且也是压力的函数。大多数实际气体在室温下的节流过程中都有冷却效应,即通过节流元件后温度降低,这种温度变化称为正焦耳-汤姆孙效应。少数气体在室温下节流后温度升高,这种温度变化称为负焦耳-汤姆孙效应。

2. 微分节流效应和积分节流效应

根据气体节流前后比焓值相等这一特征,令

$$\alpha_h = \left(\frac{\partial T}{\partial p}\right)_h \tag{6 - 13}$$

式中,α_h 称为微分节流效应,有时也称为焦耳-汤姆孙系数,可以理解为气体在

节流时单位压降所产生的温度变化。对于正效应，$\alpha_h>0$；对于负效应，$\alpha_h<0$。一些气体在常温常压下的微分节流效应列于表 6-9 中。

表 6-9　几种气体在 273 K 及 98 kPa 时微分节流效应 α_h

气体名称	$\alpha_h/(10^{-3}\ \text{K/kPa})$	气体名称	$\alpha_h/(10^{-3}\ \text{K/kPa})$
空气	+2.75	二氧化碳	+13.26
氧	+3.16	氢	-3.06
氮	+2.65	氦	-6.08

压降 $\Delta p=p_2-p_1$ 为一有限数值时，节流所产生的温度变化称为积分节流效应，可按下式计算：

$$\Delta T_h = T_2 - T_1 = \int_{p_1}^{p_2} \alpha_h \mathrm{d}p$$

由热力学基本关系，实际气体的焓值全微分方程为 $\mathrm{d}h=C_p\mathrm{d}T-\left[T\left(\dfrac{\partial v}{\partial T}\right)_p-v\right]\mathrm{d}p$ 可以推出

$$\alpha_h = \left(\frac{\partial T}{\partial p}\right)_h = \frac{1}{c_p}\left[T\left(\frac{\partial v}{\partial T}\right)_p - v\right] \qquad (6-14)$$

如果已知气体的状态方程，则可以计算出 α_h，其正负也可完全确定。对于理想气体，状态方程

$$pv = RT, \qquad \left(\frac{\partial v}{\partial T}\right)_p = \frac{v}{T}$$

故 $\alpha_h=0$，所以理想气体的微分节流效应为零。

α_h 的表达式也可通过试验来建立。例如对于空气和氧，在 $p<15\times10^3$ kPa 时得到的经验公式如下：

$$\alpha_h = (a_0 - b_0 p)\left(\frac{273}{T}\right)^2 \qquad (6-15)$$

式中，a_0 及 b_0 为常数，并有

$$\text{氧气}: a_0 = 3.19 \times 10^{-3}, b_0 = 0.088\ 40 \times 10^{-6}$$

$$\text{空气}: a_0 = 2.73 \times 10^{-3}, b_0 = 0.089\ 51 \times 10^{-6}$$

T、p 的单位分别为 K 和 kPa。

积分节流效应还可用 $T-s$ 图或 $h-T$ 图求解，其方法如图 6-6 所示。从节流前的状态点 $1(p_1,T_1)$ 画等比焓线，与节流后压力 p_2 的等压线交于点 2，则这两

点之间的温差(T_1-T_2)即为要求的积分节流效应。

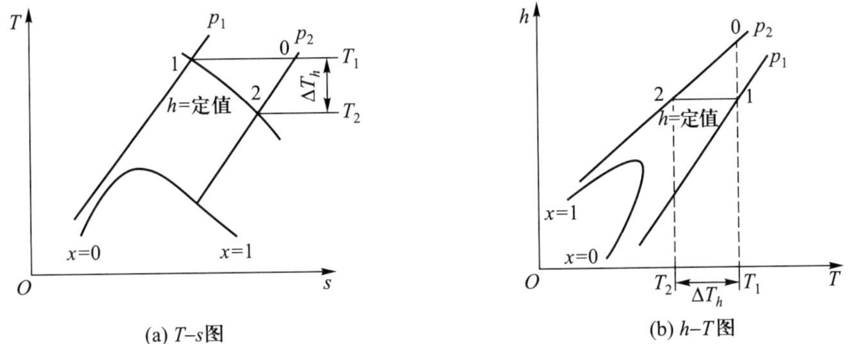

(a) T–s图

(b) h–T图

图 6-6 用图解法确定积分节流效应

3. 转化温度与转化曲线

在一定的压力下,气体具有某一温度时,微分节流效应可以等于零,这个温度称为转化温度。

已知气体的状态方程时,转化温度可以由方程(6-14)计算得到。以下通过范德瓦耳斯方程分析转化温度的变化关系。对于 1 mol 气体,遵守范德瓦耳斯方程时则有

$$p=\frac{RT}{v-b}-\frac{a}{v^2} \tag{6-16}$$

将上式代入方程(6-14)中,并令 $\alpha_h=0$,得到

$$p=\frac{a}{b^2}\left(1-\sqrt{\frac{RTb}{2a}}\right)\left(\sqrt[3]{\frac{RTb}{2a}}-1\right) \tag{6-17}$$

上式表示转化温度与压力的关系,它在 $T-p$ 图上为一连续曲线。转化温度与压力的关系曲线称为转化曲线。

图 6-7 示出了氮的转化曲线,虚线是按式(6-17)计算的,实线是用实验方法得到的。图中的 T'_{inv} 为上转化温度,T''_{inv} 为下转化温度。两者的差别是由于范德瓦耳斯方程在定量上不准确引起的。由图 6-7 以及理论分析可知,转化曲线将 $T-p$ 图分成了制冷和制热两个区域,并存在一个最大转化压力,即:对应该压力只有一个转化温度;大于该压力不存在转化温度;小于该压力存在两个转化温度,并分别称为上转化温度和下转化温度。转化曲线外是制热区,$\alpha_h<0$,节流后产生热效应;转化曲线内是制冷区,$\alpha_h>0$,节流后产生冷效应。因此,在利用气体节流制冷时,气体参数的选择要保证节流前的压力不得超过最大转化压力,节流前的温度必须处于上下转化温度之间。

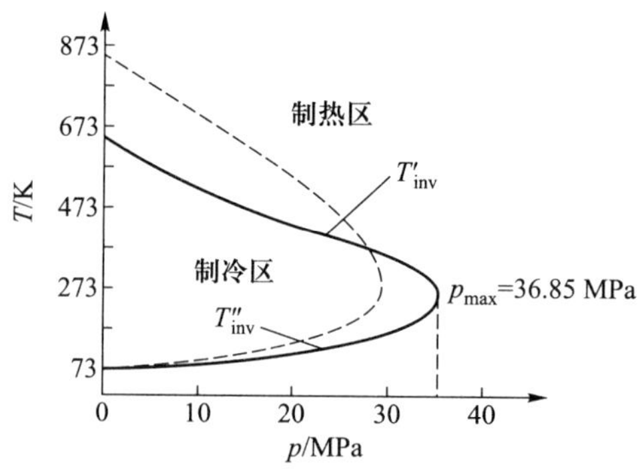

图 6-7　氮的转化曲线 $T=f(p)$

理论分析和实验结果都表明,气体的临界温度越低其转化温度也越低。表 6-10 示出了十几种气体在低压下的上转化温度及其与临界温度的比值。因大多数气体,如空气、氧、氮、一氧化碳等,转化温度较高,故从室温节流时总是产生冷效应。氖、氢及氦的转化温度比室温低,必须用预冷的方法使其降温到相对应的上转化温度以下,节流后才会产生冷效应。

表 6-10　气体在低压下的上转化温度、临界温度及二者的比值

气体	T'_{inv}/K	T_{cr}/K	T'_{inv}/T_{cr}	气体	T'_{inv}/K	T_{cr}/K	T'_{inv}/T_{cr}
空气	650	132.55	4.90	氦-4	~46	5.199	8.85
氧	771	154.77	4.98	氪	1 079	209.40	5.15
氮	604	126.25	4.78	氙	1 476	289.75	5.10
氩	765	150.86	5.07	一氧化碳	644	132.92	4.85
氖	230	44.40	5.18	二氧化碳	1 275	304.3	4.19
氢	204	32.98	6.19	甲烷	953	190.7	5.00
氦-3	~39	3.35	11.64	重氢	209~220	38.3	5.46~5.75

4. 等温节流效应

如图 6-6 所示,如果将气体由起始状态 0(p_2,T_1)等温压缩到状态 1(p_1,T_1),再令其节流到状态 2(p_2,T_2),则气体的温度由 T_1 降到 T_2。令节流后的气体在等压下吸热,则可以恢复至原来的状态 0(p_2,T_1),所吸收的热量即单位质量制冷量(简称为单位制冷量)

$$q_0 = c_p(T_1 - T_2) = h_0 - h_1 = -\Delta h_T$$

气体经过等温压缩和节流膨胀之后之所以具有制冷能力,是因为气体经等

温压缩后比焓值降低，气体的制冷能力是等温压缩时获得的，又通过节流表现出来。等温节流效应是等温压缩和节流这两个过程的综合。

因为节流效应与压力、温度有关，所以等温节流效应也直接取决于压力、温度。在一定温度下，只要压力不超过对应温度下的转化压力，$-\Delta h_T$ 将随压力的增加而增加。图 6-8a 给出了氮气的 $-\Delta h_T$ 随压力的变化情况（T=300 K）。

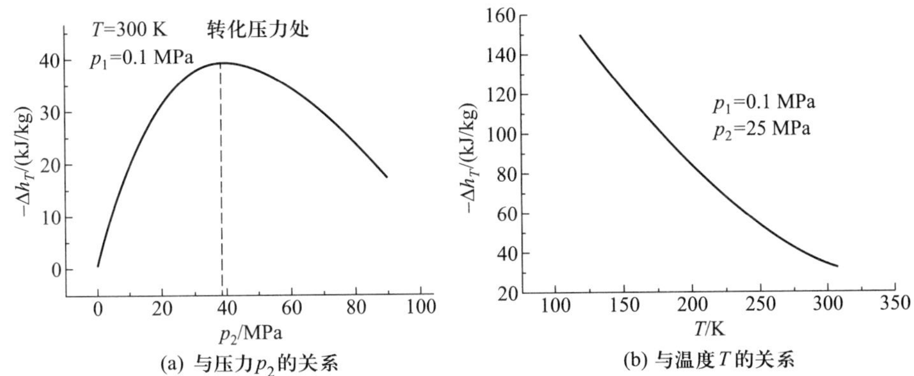

图 6-8　氮气的 $-\Delta h_T$ 与压力 p_2、温度 T 的关系（p_2、p_1 分别为节流前、后压力）

在一定压力下，降低温度，$-\Delta h_T$ 随之增大。图 6-8b 表示氮气在 p_1 = 0.1 MPa、p_2 = 25 MPa 时，$-\Delta h_T$ 与温度 T 的对应关系。可以看出，随着温度的降低，$-\Delta h_T$ 可以增加数倍。气体混合物的 $-\Delta h_T$ 值可以近似看作各组分的 $-\Delta h_T$ 值之和。

5. 绝热节流制冷循环

简单绝热节流制冷循环称为林德循环，系统组成如图 6-9 所示。图 6-10 为循环的 T-s 图。系统由压缩机、冷却器、逆流换热器、节流阀和蒸发器组成。制冷工质在压缩机里从低压 p_1 压缩到 p_2，经冷却器等压冷却至常温（点 2）。上述过程可近似地认为压缩与冷却过程同时进行，是一个等温压缩过程（由此引起的误差由等温效率修正，见后面章节），在 T s 图上简单地用等温线 1′ 2 表示。然后经逆流换热器冷却至状态 3，经节流阀节流后到状态 4 并进入蒸发器。在蒸发器中，节流后形成的液体工质吸收被冷却物体的热量（即冷量）蒸发为蒸气。处于饱和状态的蒸气回流至换热器中用于冷却高压正流气体，在理想情况下本身复热到温度 $T_{1'}$，然后被吸入压缩机，完成整个循环。

绝热节流制冷循环用于气体的液化，又称为节流液化循环，详细的循环分析见本书 7.2 节。

节流制冷循环的性能系数低，经济性较差。这是因为，作为节流循环的主要工作过程——节流过程，是典型的不可逆热力过程，此外在热交换器中存在由换热温差引起的不可逆损失。为了减少这两个损失，提高节流循环的性能指标，人

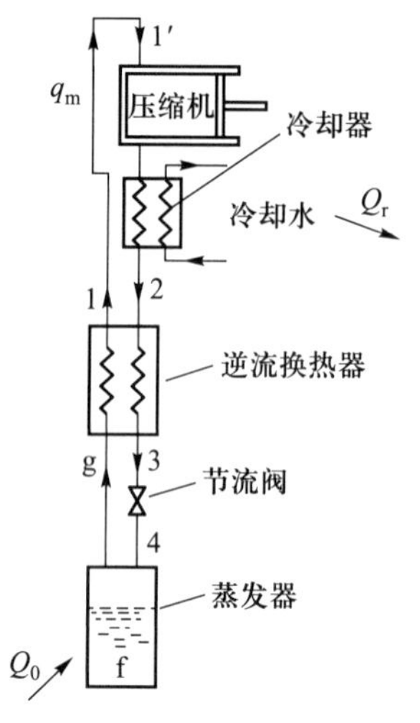

图 6-9 绝热节流制冷循环系统图

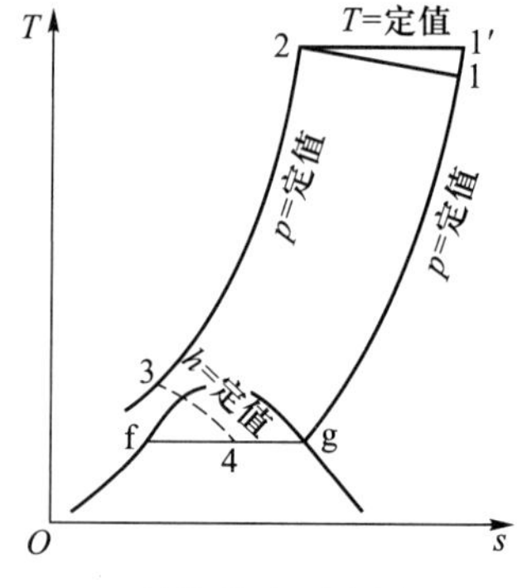

图 6-10 绝热节流制冷循环 T-s 图

们提出了有预冷的节流循环和双压节流循环及其他流程形式。要特别注意的是,由于氖、氢和氦的转化温度远低于室温,利用这些气体进行节流制冷循环时,预冷成为循环实现的必要条件。

尽管节流制冷循环效率较低,但是由于其组成简单,无低温下的运动部件,可靠性高,该循环仍得到了重视。尤其是开式节流制冷循环(此时用高压储气瓶代替压缩机作气源),便于微型化、轻量化,在红外制导等领域得到了广泛使用。

6.2.2 气体的等熵膨胀

1. 气体等熵膨胀制冷

高压气体绝热可逆膨胀过程称为等熵膨胀。气体等熵膨胀时有功输出,同时气体的温度降低,产生冷效应。这是制冷的重要方法之一。常用微分等熵效应 α_s 来表示气体等熵膨胀过程中温度随压力的变化,其定义为

$$\alpha_s = \left(\frac{\partial T}{\partial p}\right)_s \tag{6-18}$$

根据热力学基本关系

$$T\mathrm{d}s = \mathrm{d}h - v\mathrm{d}p$$

$$\mathrm{d}h = C_p\mathrm{d}T - \left[T\left(\frac{\partial v}{\partial T}\right)_p - v\right]\mathrm{d}p$$

式(6-18)推导为

$$\alpha_s = \left(\frac{\partial T}{\partial p}\right)_s = \frac{T}{C_p}\left(\frac{\partial v}{\partial T}\right)_p > 0$$

因 α_s 总为正值,故气体等熵膨胀时温度总是降低,产生冷效应。

对于理想气体,膨胀前后的温度关系是

$$\frac{T_2}{T_1} = \left(\frac{p_2}{p_1}\right)^{\frac{\kappa-1}{\kappa}} \tag{6-19}$$

由此可求得膨胀过程的温差

$$\Delta T = T_2 - T_1 = T_1\left[\left(\frac{p_2}{p_1}\right)^{\frac{\kappa-1}{\kappa}} - 1\right] \tag{6-20}$$

对于实际气体,膨胀过程的温差可借助热力学图和流体热物性软件查得,如图 6-11 所示。

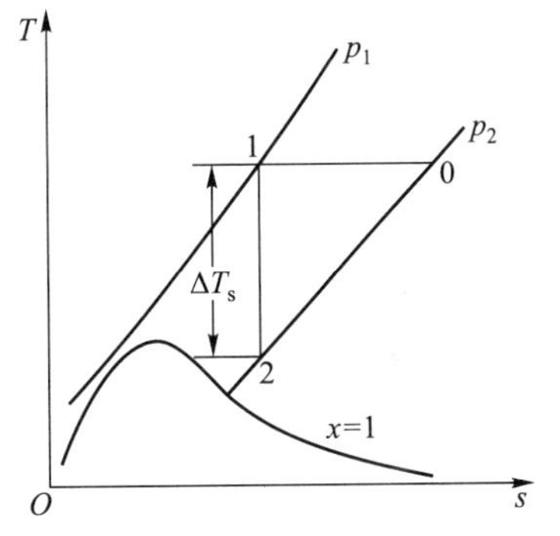

图 6-11 等熵过程的温差

由于等熵膨胀过程有外功输出,所以必须使用膨胀机。当气体在膨胀机内膨胀时,由于摩擦、漏热等原因,使膨胀过程成为不可逆,产生有效能损失,造成膨胀机出口处工质温度的上升,制冷量下降。工程上,一般用绝热效率 η_s 来表示各种不可逆损失对膨胀机效率的影响,其定义为

$$\eta_s = \frac{\Delta h_{pr}}{\Delta h_{id}} \tag{6-21}$$

即膨胀机进出口的实际比焓降 Δh_{pr} 与理想比焓降(即等熵焓降)Δh_{id} 之比。目前,透平式膨胀机的效率可达 0.75~0.85,活塞式膨胀机的效率达 0.65~0.75。

2. 绝热节流与等熵膨胀的比较

比较微分等熵效应和微分节流效应,两者之差为

$$\alpha_s - \alpha_h = \frac{v}{C_p} \tag{6-22}$$

因为 v 始终为正值,故 $\alpha_s>\alpha_h$。说明相同条件下,等熵膨胀的降温效果总是高于绝热节流。

二者的制冷量比较为

$$q_s - q_h = W_e \tag{6-23}$$

可以看出,等熵膨胀的制冷量也总是大于绝热节流,二者制冷量的差值正好等于膨胀机的输出功。由此说明,在节流膨胀的基础上,膨胀机对外输出功减少了气体的内能,获得了额外的制冷量。因此,对于气体绝热膨胀,无论从温降还是从

制冷量看，等熵膨胀比节流膨胀要有效得多。除此之外，等熵膨胀的膨胀功还可以回收利用，如用于发电或者压缩气体，因而可以进一步提高循环的经济性。

以上仅是对两种过程从理论方面的比较。在实用时尚有如下一些需要考虑的因素：

（1）节流过程用节流阀，结构比较简单，也便于调节；等熵膨胀则需要膨胀机，结构复杂，且活塞式膨胀机还有带油问题。

（2）在膨胀机中不可能实现等熵膨胀过程，因而实际上能得到的温度效应及制冷量比理论值要小，这就使等熵膨胀过程的优点有所减小。

（3）节流阀可以在含液量大的气液两相区工作，但带液的两相膨胀机带液量尚不能很大。

（4）初温越低，节流膨胀与等熵膨胀的差别越小，此时应用节流较有利。因此，节流膨胀和等熵膨胀这两个过程在低温装置中都有应用，它们的选择依具体条件而定。

3. 布雷顿制冷循环

布雷顿制冷循环又称逆向焦耳循环或气体制冷机循环，是以气体为工质的制冷循环。其工作过程包括等熵压缩、等压冷却、等熵膨胀及等压吸热四个过程，这与蒸气压缩式制冷机的四个工作过程相近，两者的区别在于工质在布雷顿制冷循环中不发生集态改变。历史上第一次实现的气体制冷机以空气作为工质，称为空气制冷机。除空气外，根据不同的使用目的，工质也可以是 CO_2、N_2、He 等气体。

（1）无回热气体制冷循环

图 6-12 所示为无回热气体制冷机系统图。气体由压力 p_0 被压缩到较高的压力 p_c，然后进入冷却器中被冷却介质（水或循环空气）冷却，放出热量 Q_c，而后气体进入膨胀机，经历绝热膨胀过程，达到很低的温度，再进入冷箱吸热制冷。循环就这样周而复始地进行。

无回热布雷顿循环

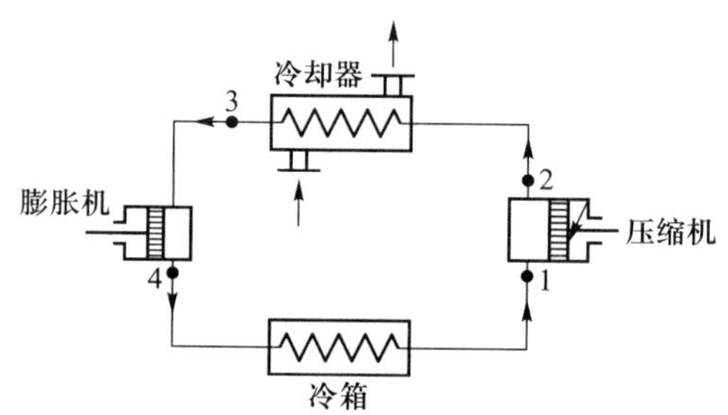

图 6-12　无回热气体制冷机系统图

在理想情况下，假定压缩过程和膨胀过程均为理想绝热过程，吸热和放热均为理想等压过程（即没有压力损失），并且换热器出口处没有端部温差。这样假设后的循环称为气体制冷机的理论循环，其 p-v 图及 T-s 图如 6-13 所示。图中 T_0 是冷箱中制冷温度，T_c 是环境介质的温度，1-2 是等熵压缩过程，2-3 是等压冷却过程，3-4 是等熵膨胀过程，4-1 是在冷箱中的等压吸热过程。

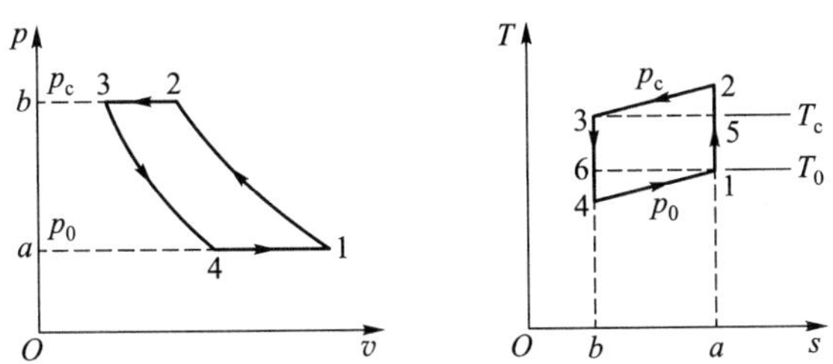

图 6-13　无回热气体制冷机理论循环 p-v 图与 T-s 图

现在进行理论循环的性能计算。单位制冷量 q_0 及单位热负荷 q_c 分别是

$$q_0 = h_1 - h_4 = c_p(T_1 - T_4) \tag{6-24}$$

$$q_c = h_2 - h_3 = c_p(T_2 - T_3) \tag{6-25}$$

单位压缩功 w_c 和膨胀功 w_e 分别是

$$w_c = h_2 - h_1 = c_p(T_2 - T_1) \tag{6-26}$$

$$w_e = h_3 - h_4 = c_p(T_3 - T_4) \tag{6-27}$$

从而可以计算出循环消耗的单位功 w 及性能系数 COP：

$$w = w_c - w_e = c_p(T_2 - T_1) - c_p(T_3 - T_4) \tag{6-28}$$

$$\mathrm{COP} = \frac{q_0}{w} = \frac{c_p(T_1 - T_4)}{c_p(T_2 - T_1) - c_p(T_3 - T_4)} \tag{6-29}$$

气体按理想气体处理时

$$\frac{T_2}{T_1} = \frac{T_3}{T_4} = \left(\frac{p_c}{p_0}\right)^{\frac{\kappa-1}{\kappa}}$$

则上式可简化为

$$\mathrm{COP} = \frac{1}{\left(\frac{p_c}{p_0}\right)^{\frac{\kappa-1}{\kappa}} - 1} = \frac{T_1}{T_2 - T_1} = \frac{T_4}{T_3 - T_4} \tag{6-30}$$

由式(6-30)可以看出，无回热气体制冷机理论循环的性能系数与循环的压力比或压缩机的温度比 $\frac{T_2}{T_1}$、膨胀机的温度比 $\frac{T_3}{T_4}$ 有关，压力比或者温度比越大，循环性能系数越低。因而，为了提高循环的经济性应采用较小的压力比。

因为热源温度是恒值,此时可逆卡诺循环的性能系数为

$$\mathrm{COP}_{c}=\frac{T_{1}}{T_{3}-T_{1}}$$

因此上述理论循环的循环效率 η 为

$$\eta=\frac{\mathrm{COP}}{\mathrm{COP}_{c}}=\frac{T_{1}}{T_{2}-T_{1}}\frac{T_{3}-T_{1}}{T_{1}}=\frac{T_{c}-T_{0}}{T_{2}-T_{0}} \tag{6-31}$$

由于 T_c 小于 T_2,所以无回热气体制冷机理论循环的性能系数小于同温限下的可逆卡诺循环的性能系数,即 $\mathrm{COP}<\mathrm{COP}_c$。这是因为,在 T_c 和 T_2 不变的情况下,无回热气体制冷机理论循环冷却器中的放热过程 2-3 和冷箱中的吸热过程 4-1 具有传热温差,因而存在不可逆损失。压力比越大则传热温差越大,不可逆损失越大,循环的制冷系数越小,循环的热力完善度也越低。

由式(6-30)可以看出,当 p_c 及 p_0 给定时,COP 将保持不变,但随着 T_0 的降低(或 T_c 的升高)可逆卡诺循环的性能系数 COP_c 将下降,使气体制冷机理论循环的热力完善度提高。因此,用气体制冷机制取较低的温度时效率较高。

实际循环中压缩机与膨胀机中并非等熵过程,换热器中存在传热温差和流动阻力损失,这些因素使得实际循环的单位制冷量减小,单位功增大,性能系数与热力完善度降低,并引起循环特性的某些变化。

(2) 定压回热气体制冷循环

在分析无回热气体制冷机的理论循环时可得出如下结论:理论循环的性能系数随压力比 p_c/p_0 的减小而增大,所以适当的降低压力比是合理的。但是由于环境介质温度是一定的,降低压力比将使膨胀后的气体温度升高,从而限制了制冷箱温度的降低。应用回热原理既可以克服上述缺点,又可以达到降低压力比的目的。所谓回热,就是把由冷箱返回的冷气流引入一个热交换器——回热器,用来冷却从冷却器来的高压常温气流,使其温度进一步降低,而从冷箱返回的气流则被加热,温度升高。这样就使压缩机的吸气温度升高,而膨胀机的进气温度降低,因而循环的工作参数和特性发生了变化。

图 6-14 为定压回热式气体制冷机的系统图及其理论循环的 $T-s$ 图。图中 1-2 和 4-5 是压缩和膨胀过程;2-3 和 5-6 是在冷却器中的冷却过程和冷箱中的吸热过程;3-4 和 6-1 是在回热器中的回热过程。图 6-14b 中还表示出了工作于同一温度范围内具有相同制冷量的无回热循环 6-7-8-5-6。显然,两个循环具有相同的工作温度和相等的单位制冷量,但定压回热循环的压力比、单位压缩功和单位膨胀功都比无回热循环的小得多。下面进行定压同热理论循环的计算。

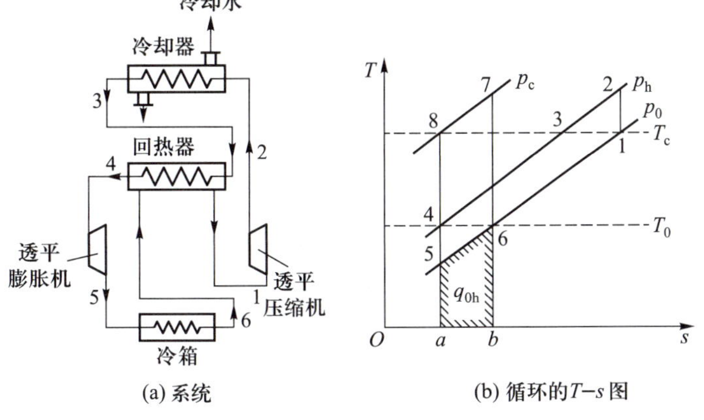

(a) 系统　　(b) 循环的T–s图

图 6-14　定压回热气体制冷机

有回热布雷顿循环

为了区别于无回热的制冷循环，在 q_0、q_c、w_c、w_e 和 w 等符号上增加下标"r"，则

$$q_{0r}=c_p(T_6-T_5),\qquad q_{cr}=c_p(T_2-T_3)$$

$$w_{cr}=c_p(T_2-T_1),\qquad w_{er}=c_p(T_4-T_5)$$

$$w_r=c_p(T_2-T_1)-c_p(T_4-T_5)$$

理论回热循环的性能系数

$$\mathrm{COP}_r=\frac{q_{0r}}{w_r}=\frac{T_6-T_5}{(T_2-T_1)-(T_4-T_5)}=\frac{1}{\dfrac{T_2-T_1}{T_4-T_5}-1}\qquad(6-32)$$

因为
$$\frac{T_2}{T_1}=\frac{T_4}{T_5}=\left(\frac{p_h}{p_0}\right)^{\frac{\kappa-1}{\kappa}}$$

故
$$\frac{T_2-T_1}{T_4-T_5}=\frac{T_1\left(\dfrac{T_2}{T_1}-1\right)}{T_5\left(\dfrac{T_4}{T_5}-1\right)}=\frac{T_1}{T_5}=\frac{T_1}{T_4}\frac{T_4}{T_5}=\frac{T_c}{T_0}\left(\frac{p_h}{p_0}\right)^{\frac{\kappa-1}{\kappa}}=\left(\frac{p_c}{p_0}\right)^{\frac{\kappa-1}{\kappa}}$$

$$\mathrm{COP}_r=\frac{1}{\left(\dfrac{p_c}{p_0}\right)^{\frac{\kappa-1}{\kappa}}-1}\qquad(6-33)$$

由式(6-33)可以看出，回热循环 2-3-4-5-6-1-2 与无回热循环 6-7-8-5-6，两者不单有相同的工作温度范围和相等的单位制冷量，而且理论性能系数的表达式也相同。但这并不能说明两种循环是等效的，因为回热循环压力比小，不仅减小了压缩机和膨胀机的单位功，而且减小了压缩过程、膨胀过程的不可逆

损失，所以回热循环实际性能系数比无回热循环大，特别是应用高效透平机械后制冷机经济性大大提高。当制取-80 ℃以下的低温时，定压回热气体制冷机的热力完善度超过了各种形式的蒸气压缩式制冷机。但是到目前为止，小型制冷装置中定压回热气体制冷机的应用还是很不普遍，这是因为它的热交换设备比较庞大，而且当应用透平机械时只适用于大型的制冷装置，尤其是低温装置中。

4. 克劳特液化循环

克劳特液化循环是以液化气体为目的的低温循环，其工作过程包括等温压缩、等压冷却、等熵膨胀、绝热节流、等压吸热过程，该循环的等压冷却过程中分流一部分气体进入膨胀机，在膨胀机中完成等熵膨胀过程提供制冷量，用于冷却未进入膨胀机的高温高压气体，使得被冷却的气体可以在更低温度下实现绝热节流，并实现部分液化（图 6-15）。克劳特循环中包含了等熵膨胀和绝热节流过程，分别利用两种制冷过程的各自优势，实现了压缩气体的绝热膨胀制冷，是最具有代表性的气体液化流程。

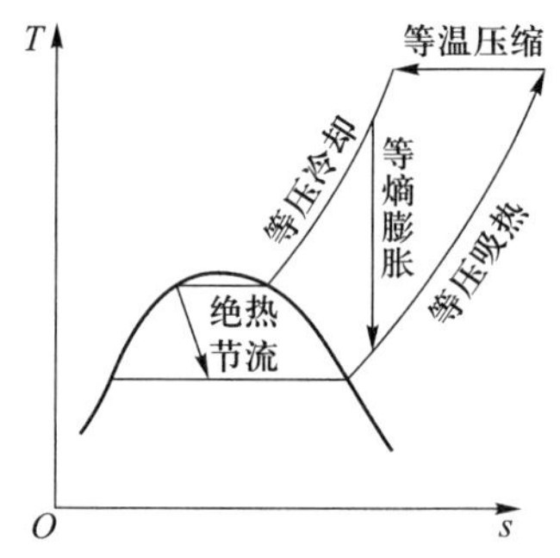

图 6-15　克劳特液化循环 T-s 图

克劳特液化循环是实现低温气体液化的基本循环形式。克劳特液化循环中膨胀机入口温度和进入膨胀机气体量的选择是循环设计的关键，因为该参数对液化循环性能影响显著。此外，在基本克劳特循环基础上，可以增加预冷环节，或者采用多级等熵膨胀、多级绝热节流的措施以实现不同温区液化需求。通过合理组织循环方案和液化流程，可以实现不同的温区气体的液化，如空气（含氧气、氮气、氩气）的液化、氢气的液化、氦气的液化等。

气体液化循环是低温技术原理的重要内容，对于液化循环将在第 7 章详细介绍。

6.2.3　其他获得低温的方法

1. 等温膨胀制冷

（1）斯特林制冷循环

1816 年，斯特林提出了一种由两个等温过程和两个等容回热过程组成的闭式热力学制冷循环，这种循环称为斯特林制冷循环，也称为定容回热制冷循环。

图 6-16 是理想的单级斯特林制冷循环示意图。制冷机由回热器 R、冷却器 A、冷量换热器 C 及两个气缸和两个活塞组成。左面为膨胀活塞，右面为压缩活

塞。两个气缸与活塞形成两个工作腔:冷腔(膨胀腔)V_{c0}和室温(压缩)腔 V_a,由回热器 R 连通,两个活塞作折线式间断运动。假设在稳定工况下,回热器中已经形成了温度梯度,冷腔保持温度 T_{c0},室温腔保持温度 T_a,如图 6-16a 所示。从图 6-16b、c 中的状态 1 开始,压缩活塞和膨胀活塞均处于右止点。气缸内有一定量的气体,压力为 p_1,容积为 V_1,循环所经历的过程如下。

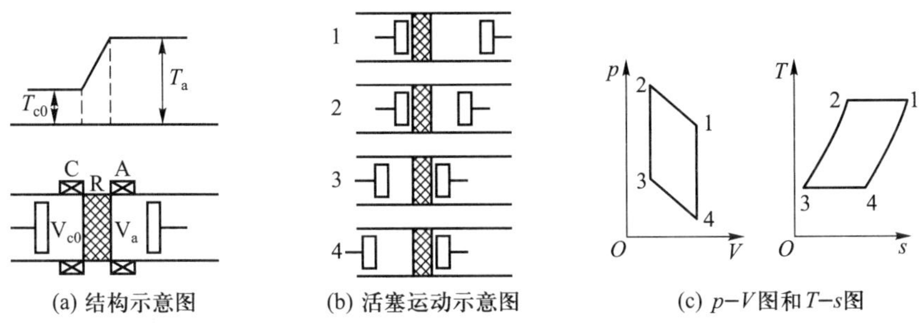

(a) 结构示意图　(b) 活塞运动示意图　(c) $p-V$ 图和 $T-s$ 图

图 6-16　斯特林制冷循环的工作过程

等温压缩过程 1-2:压缩活塞向左移动而膨胀活塞不动。气体被等温压缩,压缩热经冷却器 A 传给冷却介质(水或空气),温度保持恒值 T_a,压力升高到 p_2,容积减小到 V_2。

定容放热过程 2-3:两个活塞同时向左移动,气体的容积保持不变,即 $V_3 = V_2$,直至压缩活塞到达左止点。当气体通过回热器 R 时,将热量传给填料,因而温度由 T_a 降低到 T_{c0},同时压力由 p_2 降低到 p_3。

等温膨胀过程 3-4:压缩活塞停止在左止点,而膨胀活塞继续向左移动,直至左止点,温度为 T_{c0}的气体进行等温膨胀,通过冷量换热器 C 从低温热源(冷却对象)吸收一定的热量 Q_{c0}(循环制冷量)。容积增大到 V_4 而压力降低到 p_4。

定容吸热过程 4-1:两个活塞同时向右移动直至右止点,气体容积保持不变,$V_1 = V_4$,回复到起始位置。当温度为 T_{c0}的气体流经时从回热器 R 填料吸热,温度升高到 T_1,同时压力增加到 p_1。4-1 过程中气体吸收的热量等于 2-3 过程气体所放出的热量。

图 6-16c 示出了理想的斯特林制冷循环的 $p-V$ 图和 $T-s$ 图。

循环中 3-4 过程是制冷过程,理论的循环制冷量等于膨胀功,即

$$Q_{c0} = \int_3^4 p\mathrm{d}V = mRT_{c0}\ln\frac{p_3}{p_4} = mRT_{c0}\ln\frac{V_1}{V_2} \qquad (6-34)$$

式中,m 为冷腔内气体的质量。

过程 1-2 是放热过程,理论的循环放热量等于压缩功,即

$$Q_a = \int_1^2 p\mathrm{d}V = mRT_a \ln \frac{p_2}{p_1} = mRT_a \ln \frac{V_1}{V_2} \tag{6-35}$$

式中,m 为室温腔内气体的质量。

由于回热过程 2-3 和 4-1 中的换热量属于内部换热,与整个循环的能量消耗无关,故循环消耗的功等于压缩功与膨胀功之差,即

$$W_{in} = Q_a - Q_{c0} = mR[T_a - T_{c0}]\ln \frac{V_1}{V_2} \tag{6-36}$$

由此可求出循环的理论性能系数等于同温限下卡诺循环的性能系数:

$$\mathrm{COP} = \frac{Q_{c0}}{W_{in}} = \frac{T_{c0}}{T_a - T_{c0}} = \mathrm{COP}_c \tag{6-37}$$

由以上描述可知,理想斯特林制冷循环要求活塞做折线式的间断运动,如图 6-17b 中虚线所示,这是难以实现的。有几种结构可以近似地实现连续斯特林制冷循环。例如,图 6-17a 所示的曲柄连杆机构驱动的双活塞结构,通常作为热力分析的基本形式。图 6-17b 表示当曲轴以匀角速度转动时两工作腔容积变化的曲线(实线)。该活塞的运动是简谐运动。可见,活塞做简谐运动时的容积变化与理想折线式的容积变化是近似的,因而能够近似实现斯特林制冷循环。但必须使冷腔 V_{c0}的容积变化超前于室温腔 V_a,其相位差为 ϕ。如图示情况 $\phi=90°$(两气缸中心线夹角 $\beta=90°$)。在活塞做简谐运动的情况下,循环的 $p-V$ 图变成一个连续变化的光滑曲线(图 6-18)。

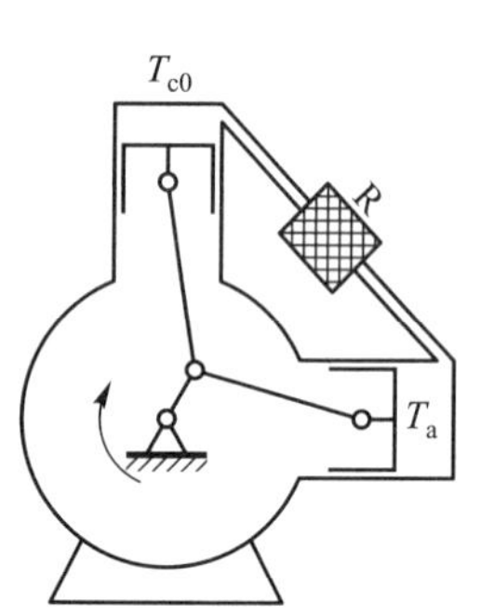

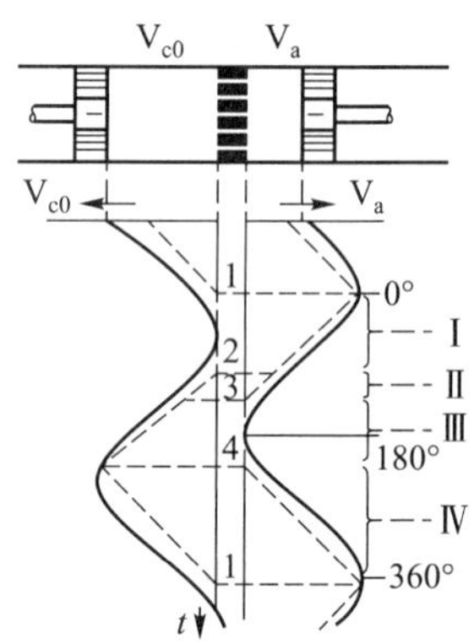

斯特林制冷循环

(a) 曲柄连杆机构驱动的双活塞结构(V_{c0}超前于V_a)　(b) 活塞做简谐运动时的容积变化规律

图 6-17　活塞做简谐运动情况下斯特林制冷循环原理图

在工作过程中,工质分布在冷腔、室温腔和死容积(不变的容积)内。图 6-18 是冷腔和室温腔的 $p-V$ 图,图中 V_w是冷腔和室温腔的最大值及死容积之和。冷腔的 $p-V$ 图沿顺时针方向,说明该腔中气体膨胀作功,因此该腔又称膨胀腔。

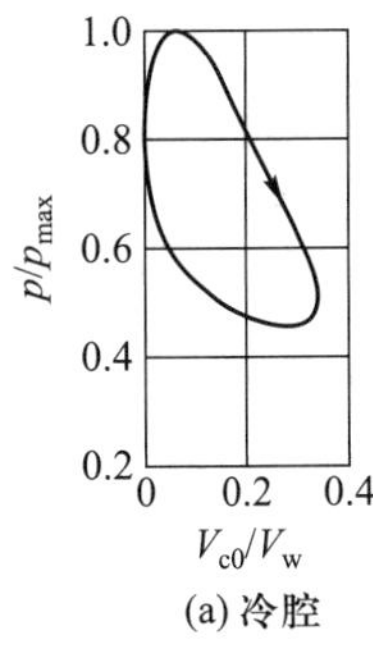

(a) 冷腔

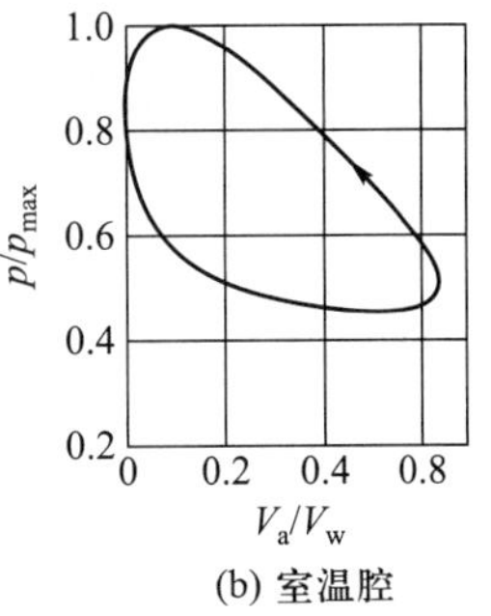

(b) 室温腔

图 6-18 斯特林制冷机的 $p-V$ 图

室温腔的 $p-V$ 图沿逆时针方向,说明该腔内气体吸收功而被压缩。在活塞简谐运动的情况下,室温腔大于冷腔。两幅图中曲线所围的面积分别是两个腔内的气体所做的功或者所吸收的功,两者之差为制冷机所消耗的理论功。

按热力学第一定律,各腔内的能量平衡为

$$dQ = dU + pdV - h_{in}dm_{in} + h_{out}dm_{out}$$

式中:Q 为输入(或放出)的热量;U 为内能;p 为压力;V 为体积;h 为比焓;m 为质量;下标 in 表示流入,out 表示流出。

在稳定工况,且假定流入、流出腔的气体比焓相等的前提下

$$Q = \oint pdV$$

因而 $p-V$ 图的封闭面积表示活塞做简谐运动时理论的循环制冷量(冷腔)或排热量(室温腔)。

在确定实际制冷量和实际功耗时,需考虑各种冷量损失和机器的效率。

斯特林制冷循环的工质在室温腔、冷却器、回热器、冷量换热器和冷腔等部分来回交变流动,而气体总量不变,所以是闭式循环。

在小型低温制冷机中,斯特林制冷机是研究深入、应用广泛、发展成熟、变型多的一种制冷机,特点是结构紧凑、工作温度范围宽、启动快、效率高、操作简便。

斯特林制冷机的发展变化主要有以下几方面:

1) 制冷温度从普冷到深冷,最低温度达到 3 K;

2) 冷量同时向微型(mW 级)和大型(kW 级)发展;

3) 发展了多缸制冷机;

4) 由单级发展到多级,已有 5 级制冷机;

5) 从单作用发展到多作用式制冷机;

6) 从整体式发展到分置式;

7) 发展了多种驱动方式,如曲柄-连杆机构、摇盘驱动、斜盘驱动、菱形驱

动、液压驱动、电磁驱动、气动等；

8）形式多样，如双活塞式、推移活塞式、平行排列、角形排列、同轴排列等；

9）使用寿命与可靠性大幅提高，最长的达 15 年无故障运行时间。

（2）维勒米尔制冷循环

按维勒米尔制冷循环运转的制冷机称为维勒米尔制冷机，即热动力回热式制冷机，简称 VM 制冷机。其冷量可小到 0.2 W，大到十几瓦。VM 制冷机的最低温度可达 11.5 K。

VM 制冷机按 VM 热动力闭式气体回热制冷循环原理工作，它可以看成是用热能驱动的斯特林制冷机，电动机只在启动时提供少量动力。常用 VM 制冷机的中间温度为环境温度，简称室温。

图 6-19 表示 VM 制冷机的基本部件。一台 VM 制冷机是由冷热两个气缸、冷热两个推移活塞、冷热两个回热器（R_{c0}、R_h）、三个换热器（冷量换热器 C、冷却器 A 和加热器 H）以及推移活塞的驱动机构组成。两个推移活塞的往复运动形成三个可变的工作容积，分别称为冷腔 V_{c0}、中间温度腔 V_a 和热腔 V_h。在稳定工况下，三个工作腔分别处于三个不同的温度：低温 T_{c0}、中间温度 T_m 和高温 T_h。热腔容积 V_h 的变化超前于冷腔容积 V_{c0} 的变化一个相位角 ϕ。中间腔容积 V_a 由冷气缸的中间温度部分和热气缸的中间温度部分的变化容积及两者的连接通道的容积组成。这种制冷机的工质是气体，通常采用氦气。冷气缸和热气缸之间一般有一定角度 β。两个推移活塞一般由曲柄连杆机构相连接。

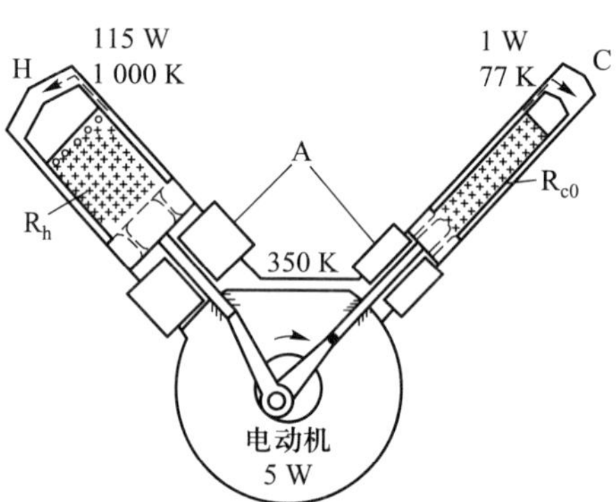

图 6-19　VM 制冷机结构图

在通常情况下，VM 制冷机的两个推移活塞的连杆连接于曲轴的同一曲柄，并且总工作容积不变。下面就以这种状态为对象来讨论其工作原理。VM 制冷机的工作过程示意图如图 6-20 所示。在讨论理想工作过程时，不考虑气体的流动阻力，所以工作腔内部处处压力相等。当制冷机处于位置 1（图 6-20）时，冷腔容积最大,热推移活塞处于中间位置,这时机器内部气体的平均温度较低,因而压力也较低。

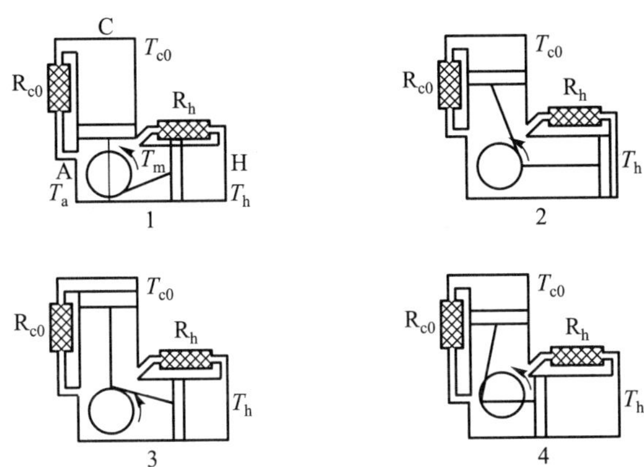

图 6-20 VM 制冷机工作过程示意图

过程 1-2:热推移活塞向右运动,冷推移活塞向上运动,冷腔和热腔容积同时减小;冷腔中的部分气体通过冷量回热器 R_{c0} 被其中的填料加热到中间温度 T_m,进入中间腔。而原来处于热腔内的气体通过热回热器 R_h,由填料冷却到中间温度 T_m,进入中间腔。在这个过程中,由于冷热两腔容积同时减小,整个机器内部气体的平均温度和压力变化不大;气体在冷量换热器 C 中吸热,产生制冷效应。

过程 2-3:冷推移活塞继续向上运动,而热推移活塞向左移动,热腔增大,冷腔减小。冷腔中所留气体经历与过程 1-2 大致相同的过程;而中间腔中的部分气体由热推移活塞推过热回热器 R_h 时,被填料加热到接近于高温 T_a 进入热腔。在本过程中,由于 V_{c0} 减小,V_h 增大,工质逐渐由低温区移到高温区,结果机器内部气体的平均温度升高,压力增高;工质由冷量换热器 C 和加热器 H 吸热。

过程 3-4:两个推移活塞运动使冷腔和热腔容积同时增大,中间腔内的部分气体通过冷量回热器 R_{c0} 被填料冷却到温度接近 T_{c0},进入冷腔,而在热侧,部分中间腔气体经热回热器 R_h 时被加热到温度接近于 T_h,进入热腔。该过程机器内气体的平均温度没有多大变化,因而压力变化也不大,有少量压缩,相应地在冷却器 A 中有热量排出。

过程 4-1:冷推移活塞继续下移,直至下止点,而热推移活塞则向右移动到中间位置,冷腔增加到最大,而热腔减小。热腔中部分气体经过热回热器 R_h 时向填料放热,温度降低到接近 T_m,进入中间腔;同时部分中间腔的气体通过冷量回热器 R_{c0} 时被填料冷却到温度接近 T_{c0},进入冷腔。该过程中工质逐渐由高温区移动到低温区,结果机器内部气体的平均温度降低,引起压力减小。此过程中气体在冷量换热器和加热器中吸收热量。

如 VM 制冷机的 $p-V$ 图(图 6-21)所示,中间腔 $p-V$ 图封闭的面积最大,这是由于中间腔是冷热两个气缸中间温度部分变化容积之和,而各腔的压力变化范围差不多所致。冷腔和热腔的 $p-V$ 图的循环方向均是顺时针的,说明这两个腔中气体是吸热的;而中间腔的 $p-V$ 图是逆时针的,说明中间腔内气体是放热的。

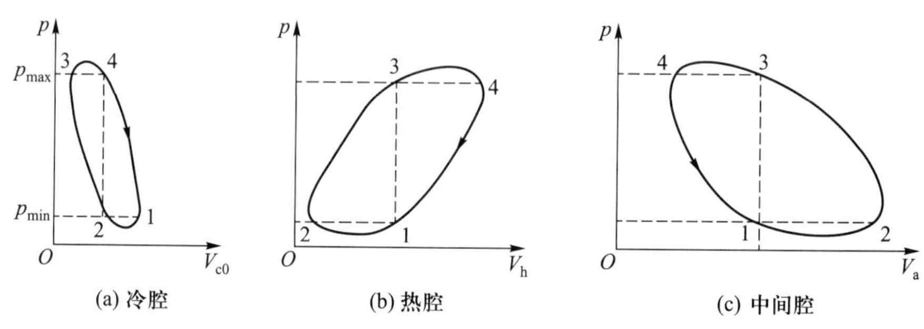

图 6-21　VM 制冷机的 $p-V$ 图

综合上述各过程,VM 制冷机的工质分别从低温热源 C 和高温热源 H 吸热,而向处于室温的冷却器 A 放热。从低温热源吸收的热量就是制冷量 ϕ_0,而从高温热源吸收的热量即为热耗量 ϕ_h。一般 VM 制冷机内部的总工作容积不变(推移活塞杆一般比较细,其所占容积可以忽略),当冷腔中气体减少、热腔中气体增多时,制冷机内部总气体的平均温度增加,引起压力升高。反之,若更多的气体分布在冷腔中时,整机中气体的平均温度降低,引起压力减小。因此,VM 制冷机内气体压力的波动仅仅由平均温度变化所形成,而不像斯特林制冷机那样,气体压力的波动是平均温度的变化、活塞移动、工作腔总容积发生变化综合作用的结果。

VM 制冷机的特点:

1) 其能源是热能,可以利用废热(废蒸汽、发动机排气等)、太阳能、矿物燃料、放射性同位素或电热器等产生的热能。

2) 这种制冷机内气体的总容积不变,工作腔中各部分只有流动阻力形成的压差,且转速比较低,因而轴承负荷轻、密封要求低、磨损小、振动小、噪声低、寿命长。

3) VM 制冷机只需要少量(小型机在 10 W 以下)的机械动力,或者不需要机械动力,甚至在制冷的同时还可以输出一定量的轴功率。

电热是 VM 制冷机用得最多的能源形式。废热的利用使 VM 制冷机在食品工业和空调中也有应用前景。当只需白天用空调时,可考虑采用太阳能的 VM 制冷机。

2. 绝热放气制冷

(1) 气体的绝热放气

设一刚性容器的容积为 V,放气前容器内气体处于状态 $1(p_1, T_1)$,气体质量

为 m_1；放气后变为状态 2(p_2, T_2)，气体质量为 m_2。在这一过程中 $Q=0, W=0$。在放气过程中，放出的气体的状态即是容器内气体在该瞬间的状态，故 h 为变值。过程的特性由下述微分方程描述：

$$h\mathrm{d}m = \mathrm{d}U = m\mathrm{d}u + u\mathrm{d}m \tag{6-38}$$

求解这一方程即可得到放气量及放气后的温度。

若容器内的气体可当作理想气体处理，c_p、c_V 为定值，并代入比内能 u 及比焓 h 的表达式

$$(c_p - c_V)T\mathrm{d}m = mc_V\mathrm{d}T$$

$$\frac{\mathrm{d}m}{m} = \frac{1}{\kappa - 1}\frac{\mathrm{d}T}{T}$$

对整个过程进行积分得

$$\frac{m_2}{m_1} = \left(\frac{T_2}{T_1}\right)^{\frac{1}{\kappa-1}} \tag{6-39}$$

再将理想气体的状态方程代入上式，经化简后即得

$$T_2 = T_1\left(\frac{p_2}{p_1}\right)^{\frac{\kappa-1}{\kappa}} \tag{6-40}$$

而且

$$m_2 = m_1\left(\frac{p_2}{p_1}\right)^{\frac{1}{\kappa}} \tag{6-41}$$

由式(6-40)可以看出，刚性容器绝热放气过程是一个降温过程。在 p_1、T_1 给定的情况下，放气过程终了时的压力越低，所能达到的温度也越低。式(6-41)还表明，绝热放气过程中容器内气体温度的变化规律同定量气体的可逆绝热膨胀过程完全一样。这一点并不奇怪，因为在上面的推导中假定容器内的气体在每一瞬间都处于平衡状态，而没有考虑流出的气体在容器外自由膨胀时的不可逆性。

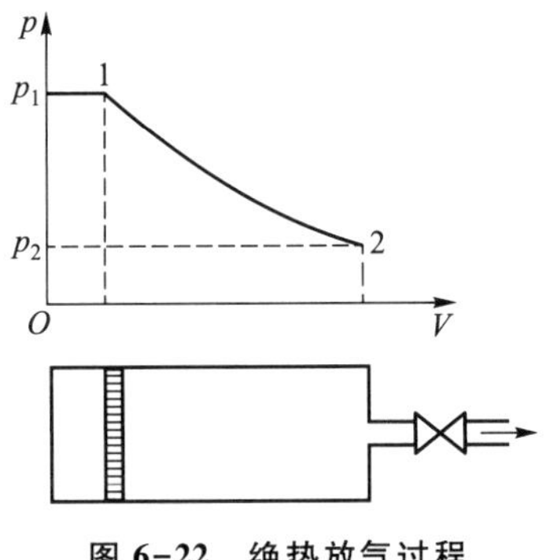

图 6-22 绝热放气过程

如图 6-22 所示，设有一个容器，内充高压气体，状态参数为 p_1、T_1。有一活塞将气体分成两部分，右侧部分在放气过程中可全部放出，左侧部分在放气结束后将占据整个容器，且压力降低到 p_2，温度降低到 T_2。如果放气过程进行得很慢，活塞左侧和右侧的

气体始终处于平衡状态,则将按等熵过程膨胀,初终两态的压力和温度将符合上式所表示的关系。在这种情况下,活塞左侧气体所作的功是按其本身的压力计算,因而所作的外功最大,温降也最大。

但是,这样的理想情况实际上是不可能达到的,它只是理论上可以设想的极限情况。现在再来考察另一种极限情况:设想在阀门打开后活塞右侧的气体立即从 p_1 降到 p_2,因而当活塞左侧的气体膨胀时只针对一个恒定不变的压力 p_2 作功,1 kg 气体所作的功为

$$w = p_2(v_2 - v_1)$$

因此气体比内能的变化为

$$\Delta u = u_2 - u_1 = - w = - p_2(v_2 - v_1) \tag{6-42}$$

若为理想气体,则 $u_2-u_1=c_V(T_2-T_1)$,$pv=RT$ 及 $c_V=\dfrac{R}{\kappa-1}$,将这些关系代入上式,并化简后得

$$\frac{T_2}{T_1} = \frac{\kappa - 1}{\kappa}\frac{p_2}{p_1} + \frac{1}{\kappa} \tag{6-43}$$

及

$$\Delta T = T_2 - T_1 = - \frac{\kappa - 1}{\kappa}T_1\left(1 - \frac{p_2}{p_1}\right) \tag{6-44}$$

将 $u_1=h_1-p_1v_1$,$u_2=h_2-p_2v_2$ 代入式(6-42),得气体的比焓降为

$$- \Delta h = h_1 - h_2 = p_1v_1\left(1 - \frac{p_2}{p_1}\right) = RT_1\left(1 - \frac{p_2}{p_1}\right) \tag{6-45}$$

设放气前容器内的气量 $m_1=\dfrac{p_1V}{RT_1}$,放气后容器内残存的气量 $m_2=\dfrac{p_2V}{RT_2}$,则可求得

$$\frac{m_2}{m_1} = \frac{p_2}{p_1}\frac{T_1}{T_2} = \frac{p_2}{p_1}\frac{1}{\dfrac{\kappa - 1}{\kappa}\dfrac{p_2}{p_1} + \dfrac{1}{\kappa}} = \frac{1}{1 + \dfrac{1}{\kappa}\left(\dfrac{p_1}{p_2} - 1\right)} \tag{6-46}$$

及

$$\Delta m = m_1 - m_2 = \frac{p_1V}{RT_1} - \frac{p_2V}{RT_2}$$

将式(6-46)代入上式,化简后得

$$\Delta m = \frac{V}{\kappa RT_2}(p_1 - p_2) \tag{6-47}$$

在这一极限情况下活塞左侧气体所作的功为最小值,因而按式(6-44)计算的温差必然是最小温差。

上述两种情况下温度与压力的变化关系如图 6-23 所示。实际的放气过程总是介于上述两种极限情况之间,因而它的温度比也将在图 6-23 中两条曲线之间。过程进行得越慢,越接近等熵膨胀过程。

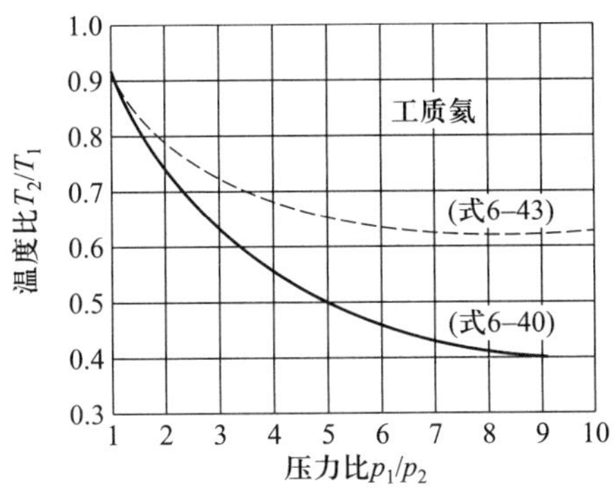

图 6-23 放气过程中温度与压力的变化关系

通过上述两种极限情况的分析可以得出下列两点结论:

1) 从分析式(6-40)、式(6-43)可以看出,气体的绝热指数 κ 越大,温度比 T_2/T_1(当 p_2/p_1 一定时)就越小,因此用单原子气体可以得到较大的温降;

2) 由图 6-23 可以看出,随着放气压力比 p_1/p_2 的增大,温度比 T_2/T_1 减小得越来越缓慢,因此从经济考虑单级放气压力比不宜过大,一般为 3~5。

(2) G-M 制冷循环

G-M 制冷循环由吉福特(Gifford)和麦克马洪(Mcmahon)二人发明,其原理是绝热气体放气制冷。目前已研制出单级、双级和三级 G-M 循环的制冷机,制冷温度从液氦温度到液氮温度,制冷量为 1~100 W。目前 G-M 型制冷机已得到广泛应用。

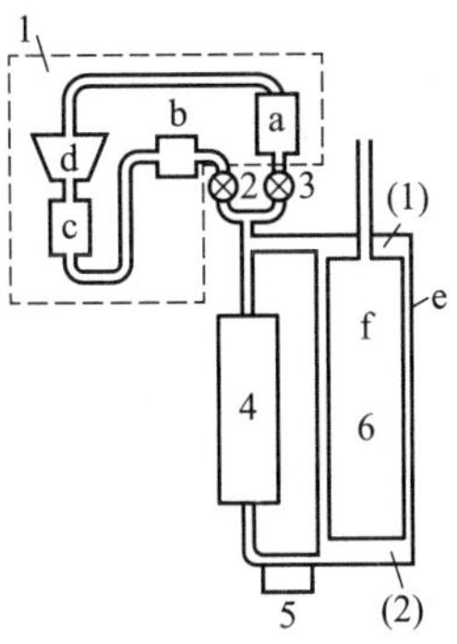

图 6-24 单级 G-M 制冷机的系统示意图

1—压缩机组;2—进气阀;3—排气阀;4—回热器;5—换热器;6—膨胀机;a—低压储气罐;b—高压储气罐;c—冷却器;d—往复式压缩机;e—薄壁不锈钢气缸;f—推移活塞

图 6-24 为单级 G-M 制冷机的系统示意图。单级 G-M 制冷机由压缩机组 1、进气阀 2、排气阀 3、回热器 4、换热器 5 和膨胀机 6 等组成。压缩机组包括低压储气罐 a、高压储气罐 b、冷却器 c 和往复式压缩机 d 四大部分,彼此间通过管道相连。进气阀 2 和排气阀 3 都处在室温下,由机械控制其开启和关闭,用来控制通过回热器与膨胀机的气流和循环的压力

G-M 制冷机

及容积。回热器 4 内装有金属网片,冷、热气流交替地流过它,起着储存和回收冷量的作用。通过该作用达到冷热气流间换热的目的,并建立室温和制冷机冷端之间的温差。要求其换热效率在 99%以上,否则直接影响制冷机的性能。换热器 5 供输出冷量用。膨胀机 6 由薄壁不锈钢气缸 e、推移活塞 f 和位于气缸两端的两个有效容积(1)和(2)组成。容积(1)处在室温下,容积(2)处在低温下,它们与回热器用管道相连接。推移活塞在气缸中的上下移动由一小曲轴控制,膨胀机和进、排气阀的控制机构组合在一起,由一个微型电动机带动。进、排气阀的开启和关闭与推移活塞的移动位置之间按一定的相对角配合,以保证实现制冷机的热力循环。

工作气体在压缩机 d 中压缩,然后经冷却器 c 冷却,清洁的高压气体进入高压储气罐 b。开始时,控制机构使推移活塞处于气缸底部,与此同时打开进气阀。高压气体进入推移活塞上方的热腔容积(1)和回热器 4。回热器 4 及容积(1)的压力增高。当压力平衡后,推移活塞从气缸底部向上移动,把进入到热腔(1)的气体推移出去,经回热器 4 被冷却后进入冷腔(2)。与此同时,还有一部分来自高压储气罐的气体,也经回热器 4 被冷却后进入冷腔(2)。推移活塞移动到气缸顶部,进气阀关闭。打开排气阀,使冷腔(2)内的气体经换热器 5、回热器 4 与低压储气罐相连通。这时,处在冷腔(2)中的高压气体向低压储气罐 a 放气。制得的冷量经换热器 5 输出。气体经回热器 4 加热后进入低压储气罐 a,然后进入高压储气罐 b。同时,推移活塞重新移动到气缸底部,排气阀关闭。这样,周而复始,整个系统就能连续工作,不断地制取冷量。

对于 G-M 制冷机做如下假定:

1) 系统中工质为理想气体;

2) 回热器、换热器和管道的空容积以及膨胀机的死隙容积均为零;

3) 回热器及换热器没有换热损失;

4) 不计回热器、阀门管道及换热器的流动损失;

5) 气缸体与推移活塞绝热良好,两者之间无摩擦,回热器本体无纵向热漏损失;

6) 没有外泄漏损失;

7) 压缩机的工作是可逆绝热的;

8) 进、排气阀提前关闭和开启的影响可忽略不计。

此时 G-M 制冷机完成的循环为理想 G-M 循环。它由升压、等压进气、绝热放气、等压排气四个热力过程组成。以冷腔为研究对象,G-M 循环的四个工作阶段及理想 $p-V$ 图如图 6 25 所示。

取换热器与膨胀机冷腔作为一个热力系统。在稳定工况下,系统完成一个

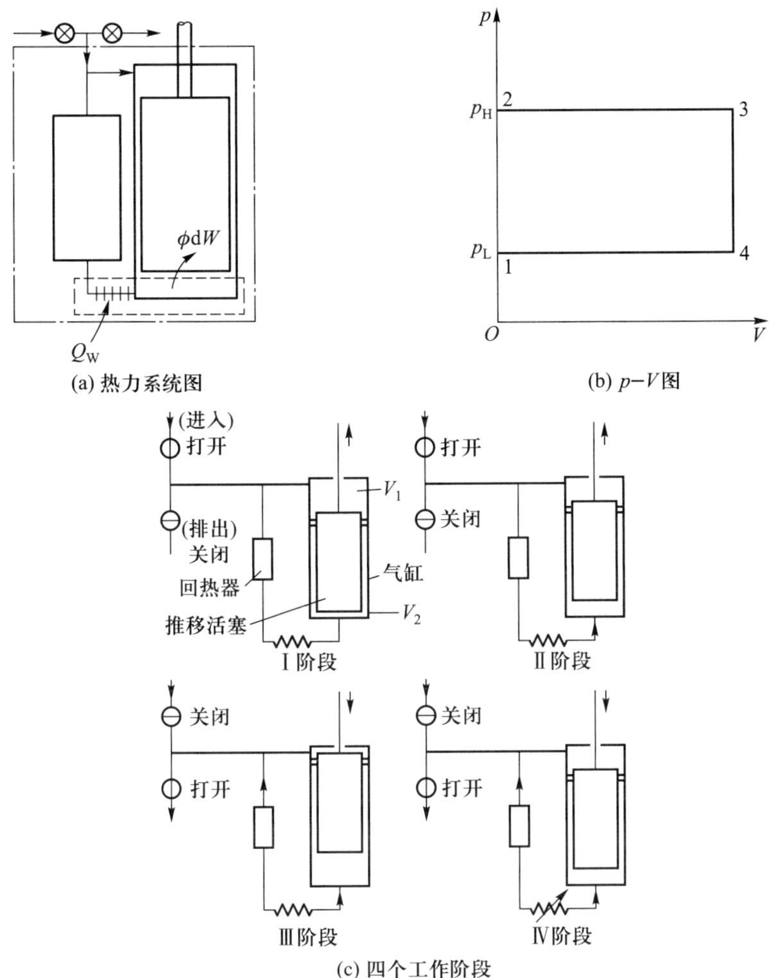

图 6-25 理想 G-M 循环的系统图、四个工作阶段及 $p-V$ 图

循环时其内能 U 保持不变,即 $dU=0$。又根据假定(3)和(5)没有热损失。于是,一个循环中系统的能量平衡式为

$$Q_{c0}=\oint dW$$

而冷腔对外界作的净功 $\oint dW$ 应等于冷腔 $p-V$ 图的面积。因此

$$Q_{c0}=\oint dW=(p_H-p_L)\ V \tag{6-48}$$

式中:Q_{c0}为理想的循环制冷量;p_H 为高压压力;p_L 为低压压力;V 为冷腔容积。

（3）SV 制冷循环

SV 制冷循环是索尔文提出的制冷循环，其工作原理与 G-M 制冷机原理相似，同样是利用绝热气体放气制冷。其单级制冷温度为 22~77 K，双级制冷温度可低到 12 K，制冷量 1~50 W。

图 6-26 为 SV 制冷机的系统示意图。它由压缩机组 1、进气阀 2、排气阀 3、回热器 4、换热器 5、膨胀机 6 和换热器 7 等组成。压缩机组包括往复式压缩机Ⅰ、冷却器Ⅱ、高压储气罐Ⅲ及低压储气罐Ⅳ四部分，彼此间以管道相连，保证供给膨胀机的气体是一定压力的清洁气体。进、排气阀都在室温下运行，由机械控制定时开启和关闭，以此控制进、出回热器 4，换热器 5 和膨胀机 6 冷腔的气流。通过这两个阀门的气流和膨胀机热腔是不连通的，这与 G-M 制冷机不同。回热器 4、换热器 5 都与单级 G-M 制冷机的部件类似。膨胀机 6 由薄壁气缸 a、推移活塞 b 和带节流元件 d（小孔或毛细管）的气室 c 组成。推移活塞可在气缸内上下自由移动，并将气缸分为上、下两腔。上腔（1）称为热腔，下腔（2）称为膨胀腔亦称为冷腔。热腔（1）通过小孔 d 与压力几乎恒定的气室 c 相通。气室 c 的容积约为推移活塞排量的 10 倍。因而，当推移活塞上下移动时，气室 c 的压力 p_{wa} 很少波动。p_{wa} 约等于进气压力 p_H 和排气压力 p_L 的平均值，即 $p_{wa} \approx (p_H+p_L)/2$。气室 c 和进、排气阀共同控制推移活塞的上下移动。单级 SV 制冷机正常工况

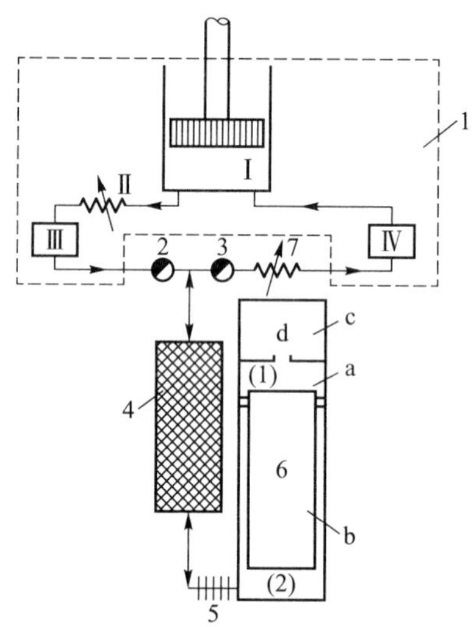

SV 制冷机

图 6-26　SV 制冷机的系统示意图

1—压缩机组；2—进气阀；3—排气阀；4—回热器；5—换热器；6—膨胀机；7—换热器；Ⅰ—往复式压缩机；Ⅱ—冷却器；Ⅲ—高压储气罐；Ⅳ—低压储气罐

的工作程序如下：

起始时，推移活塞在气缸的最下端。此时，热腔(1)容积最大，其中的气体压力和气室压力 p_{wa} 相同。进气阀开启后，高压气体通过进气阀、管路、回热器、换热器5进入推移活塞底部。推移活塞在上下压力差 p_H-p_{wa} 的作用下迅速上移，冷腔体积增大，高压气体进入冷腔。与此同时，热腔气体很快被压缩。

当推移活塞上移使热腔气体压力升到几乎等于进气压力 p_H 时，热腔气体通过小孔等速地流入气室，故而推移活塞等速上移，高压气体继续进入冷腔，直至推移活塞运动至顶端位置，进气阀关闭，冷腔才停止进气。推移活塞上移速度由小孔尺寸控制。此后，排气阀开启，冷腔的气体经换热器5、回热器4向低压排气管道及低压储气罐放气，产生冷效应。当冷腔压力降到低压 p_L 后，推移活塞在热腔残余高压气体的作用下迅速下降。与此同时，热腔压力也迅速降到 p_L，于是气室中压力为 p_{wa} 的气体就通过小孔流入热腔，迫使推移活塞等速地向下移动，冷腔容积逐渐缩小。冷气体经换热器5、回热器4及连接管道排到低压储气罐，然后由压缩机吸入，压缩后进入高压储气罐。冷气体流经换热器5时向外输出冷量；流经回热器时冷却回热器填料，自身温度升高。当推移活塞到达气缸的最下端位置时，排气阀关闭，推移活塞不动，而气室中的气体却继续通过小孔流入热腔，直至热腔中的压力逐渐回升到 p_{wa} 为止。至此，系统中各部件都回到初始位置。周而复始，即可连续控制冷量。机器启动时，整个系统处于室温。在达到正常稳定工况之前，气体产生的冷量不向外输出，而是用来预冷系统本身。因而，随着时间的延长，冷腔、换热器5与回热器冷端的温度越来越低，直至系统达到热平衡进入正常工况为止。当进入系统的热气体在回热器中放出的热量，与从冷腔排出的冷气体在回热器中吸收的热量相等时，回热器便达到周期性的稳定。这时，气体在冷腔膨胀产生的冷量便通过换热器5输出。单级SV制冷机能达到的最低温度为22 K。

(4) 脉管制冷机

脉管制冷是通过周期性地对一端封闭的管子充气压缩—放气膨胀而获得低温的一种方法。基本脉管制冷机如图6-27所示。

制冷机由压缩机、回热器和脉管单元组成，它们之间用金属软管连接。压缩机作为压力波发生器(这部分与上述G-M机的压缩机部分相同，图中未示出)。脉管单元是一根两端装有热交换器(图中的HC和HH)的管子，管内有层流化元件防止气体湍流混合。

旋转阀处于进气位置时，高压(p_H)气体先经过回热器被冷却到制冷温度 T_c，再进入热交换器HC，经过层流化元件使气体以层流态进入脉管，这是加压过程。该过程中气流无湍流运动，好似一片一片地由管子左端向右端推进。与此同时，由于受后续气体的压缩，所以一边推进，一边升温。待气体达到热交换器

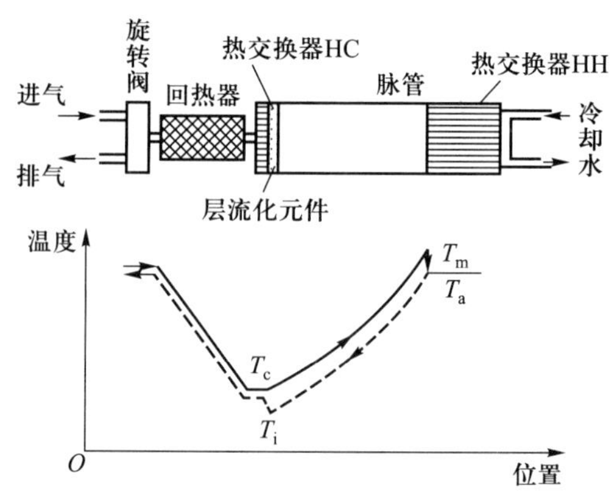

基本脉管制冷机

图 6-27　基本脉管制冷机

HH 时,温度升到 T_m。气体沿管程的温度分布如图 6-27 中实线所示。当脉管中压力提高到 p_H 时,紧接着静止一段时间。这时旋转阀关闭,进入 HH 的气体被水冷却温度降到 T_a。然后,旋转阀再转到与排气接通的位置。于是管内高压气体又一边向左流出,一边因降压膨胀而降温。这时管内气体的温度分布如图中虚线所示。当右侧气体返回到 HC 时其温度降到 T_i,$T_i<T_c$。因此,冷气体进入 HC 后可以从温度为 T_c 的外界吸热,产生制冷作用。在减压过程中由脉管流出的气体经过回热器被加热后又重新返回压缩机吸入侧。

由上可知,脉管制冷经历加压进气、静止、减压放气、静止这样四个阶段。为了防止脉管内气体发生湍流混合,要求进气和放气时间相当短;为了保证 HC 和 HH 有充分的时间传热,则需要静止期比较长。

对脉管制冷机理方面的经典分析是吉福特于 1967 年提出的“表面泵热”原理。他认为,脉管制冷是由于管内气体微团在压缩—膨胀行程内从一端向另一端附于管壁表面泵热的结果,并且定性地解释脉管几何尺寸、工作压力、脉冲频率等因素对其制冷性能的影响。

基本脉管制冷机由于外部热损失大、效率低,所以其制冷温度有限,最低只达到 124 K。以后又不断改进,产生了各种类型的脉管制冷机,如热声型脉管(用热声振荡产生压力波驱动脉管),小孔型脉管、双向进气脉管、多级脉管等。到目前为止,单级脉管制冷温度已达到 23.5 K。近年来,多级脉管的研究也有很大进展,已有四级脉管制冷机出现,最低制冷温度已达到 3 K 以下。

在相同的制冷负荷下,脉管制冷机所需用的气量为斯特林制冷机的 4 倍左右,蓄冷器的热负荷也要大得多。为了找出存在上述差距的原因,并提出解决存在问题的办法。西安交通大学朱绍伟等提出了双向进气脉管制冷机的新方案,法国学者采用相同的方案,单级最低温度到达 28 K。中国科学院周远、浙江大学陈国邦等人也做了大量工作,达到更低温度。

当前的研究进展表明:脉管将成为有竞争力的低温制冷机。它比常规回热式空气制冷机(如 G-M 机、斯特林机)突出的优越之处在于简单,无低温运动部件,具有可靠性高、运行周期(寿命)长的显著特点,特别适宜长期空间应用(对可靠性、寿命、振动要求极高),目前脉管制冷机已成功应用于地球同步卫星及太空探测器,它用以作为红外器件、低温电子器件冷源的应用前景十分广阔。

3. 声制冷

声制冷是利用热声效应的一种制冷方法。热声效应是指可压缩流体的声振荡与固体介质之间由于热相互作用而产生的时均能量效应。声能是一种振荡形式的能量,声波在空气中传播时会产生压力的波动和位移的波动,还会引起温度的波动。当声波所引起的压力、位移、温度波动作用到固体边界时,就会发生明显的声波能量与热能的相互转换,这就是热声效应。如果能够实现热能与声能的相互转化并与外界热源的热量交换,即可制成声发动机和声制冷机。

可产生热声效应的流体介质必须具备的特性是:具有可压缩性,热膨胀系数较大,普朗特数小。此外,对于要求制冷温差大、能量流密度较小的场合,流体比热容要小;对于要求制冷温差小、能量流密度较大的场合,流体比热容要大。因此,在低温制冷领域,声制冷的适宜流体是理想气体,如空气、氦气,特别是氦气;在普通制冷温度领域,声制冷的适宜流体为处于近临界区的液体,如液态 CO_2、碳氢化合物等。

图 6-28 所示为一个声制冷机的基本组成,包括声源、第一介质、第二介质和声共振管。声源可以是一个低频活塞式声发生器,或者是经过改装的中频扬声器。要求声源能在 1.0 MPa 以上的压力下工作,并能产生 35 kPa(185 dB)以上的交变压强。声源还是一个热汇。第一介质使用热膨胀性较大的可压缩流体,比如 ^{4}He,工作压力为 1.0 MPa 或更高。第二介质是声制冷机的最重要部件,对它的要求是热附面层厚度大、热容量大、纵向热导率小。通常是靠特殊的几何结构来实现这些要求,如不锈钢薄片或塑料布叠层结构。声共振管的作用是在其内部建立起声驻波场,这样声源的输出功率不要太大,而波腹处的声压级却可以很高。

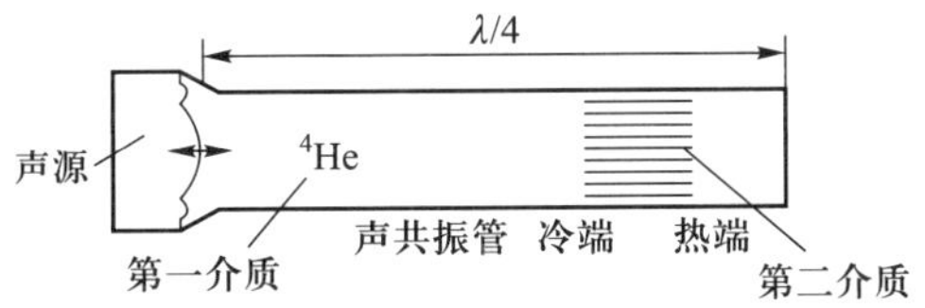

图 6-28 声制冷机的基本组成

图 6-29 描述出声制冷的微元循环过程中，气团运动与变形（图 6-29a）以及分别在 $T-S$ 图（图 6-29b）和 $p-V$ 图（图 6-29c）上表示出的热力状态变化。图 6-29a 中，代表第二介质的一小块短板与代表第一介质的小气团之间发生相互作用。平均温度和平均压力分别为 T_m、p_m 的气团受绝热压缩时，向右快速运动，移动了 x_1，同时吸收外功 dW，温度和压力升高到（T_m+T_1）和（p_m+p_1）（图中过程 1）。这时，由于气团的温度高于短板的平均温度，在（p_m+p_1）压力下向短板定压放热 dQ，温度降到（$T_m+T_1-\delta T$）（过程 2）；然后，气团又在声波作用下膨胀，向左快速运动，移动了 $-x_1$，膨胀后气团的压力、温度降低到 p_m、（$T_m-\delta T$），同时对外作功 dW'（过程 3）。接着，低温气团在低压下从短板定压吸热 dQ'，压力、温度恢复到 p_m、T_m（过程 4），于是气团完成一个循环过程。板在过程 2 吸收热量，但不传导热量，仅起存贮热量的作用，存贮在这里的热量 dQ 将在下一个周期被当前气团右边的气团继续向右转移。如果不考虑任何机理的能量损耗，$dQ=dQ'$，$dW=dW'$。于是，这样每完成一个循环，净作用是热量 $d\phi$ 从高压处被转移到低压处。通常，δT 和 dQ 都是微小量。因此，要利用此原理制冷的话，必须有

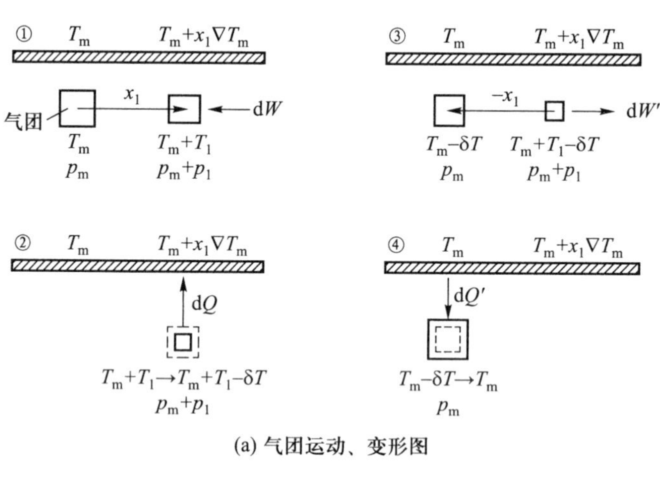

(a) 气团运动、变形图

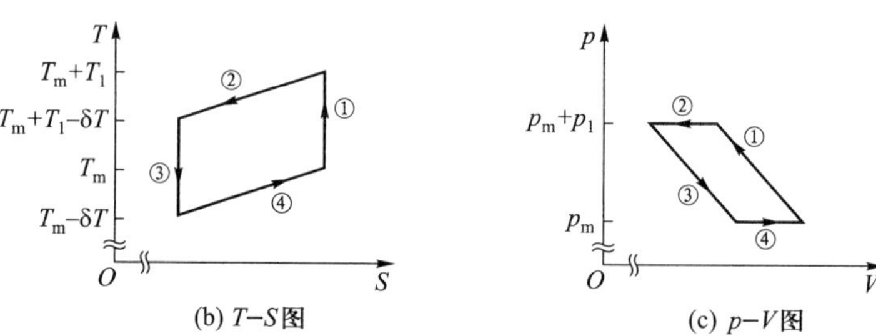

(b) $T-S$ 图　　(c) $p-V$ 图

图 6-29　声制冷的微元循环过程

一系列的气团以合适的相位接力式地工作，才能将足够的热量“泵”向声压波腹处而产生显著的热声效应。就是说，第二介质的整体长度和宽度都必须足够大。

声制冷的性能系数

$$COP = \Gamma COP_c \tag{6-49}$$

式中：COP_c 为相同温度条件下卡诺制冷循环的性能系数；Γ 为温度梯度 ∇T_m（见图 6-29a）与临界温度梯度 ∇T_c（$\delta T=0$ 时的温度梯度）之比，即

$$\Gamma = \nabla T_m / \nabla T_c \tag{6-50}$$

在数值上，$\Gamma<1$。

声制冷机的研究和开发兴起于 20 世纪 80 年代。首先开展这方面工作的主要有美国 LosAlamos 实验室及美国海军研究院。当前，声制冷原理已用于红外传感、雷达及其他低温电子器件的降温。低温电子器件的制冷问题与常规民用制冷相比，有自己的独特之处，它要求制冷温度低（-50～-200 ℃），但制冷量不大。要求制冷机的机械振动小，可靠性高和小型轻量化。声制冷装置的特点恰好能适应这些方面的要求，因此可以期望声制冷技术在低温电子学器件制冷方面有好的应用前景。

参 考 文 献

[1] 吴业正．制冷与低温技术原理[M]．北京：高等教育出版社，2004.

[2] 吴业正，厉彦忠．制冷与低温装置[M]．北京：高等教育出版社，2009.

[3] 张祉祐，石秉三．低温技术原理与装置[M]．北京：机械工业出版社，1985.

[4] 郑德馨，袁秀玲．低温工质热物理性质表和图[M]．北京：机械工业出版社，1982.

[5] 陈光明，陈国邦．制冷与低温原理[M]．北京：机械工业出版社，2000.

[6] 王立，厉彦忠，张华．低温工艺与装置[M]．北京：机械工业出版社，2016.

[7] 黄永华、陈国邦．低温流体热物理性质[M]．2 版．北京：国防工业出版社，2014.

[8] 黑丽民，侯予，孙烨．空间应用的低温工质[J]．低温与超导，2005，33(2)：21-25.

[9] 裴春生，厉彦忠，石泳，等．工质热物理性质的计算方法及程序设计[J]．低温与超导，2000，28(3)：63-68.

[10] 宋渤，王晓坡，吴江涛，等．稀有气体纯质热物理性质的预测[J]，物理学报，2011，60(3)：207-213.

[11] 林丽利，周武，葛玉振，等．氢气的低温制备和存储[J]．前沿科学，2018，12(1)：41-44.

[12] 黄元．最高冷的元素：氦[J]．物理，2020，49(8)：551-554.

[13] 何以广,王钊,梁晶,等．氦热力学性质的分子动力学研究[J]. 强激光与粒子束,2011,23(6):1649-1652.

[14] 黄永华,方蕾,王如竹．以氦-3 为工质的回热式气体制冷机性能分析[J]. 科学通报,2010,55(35):3426-3432.

[15] 顾安忠．液化天然气技术手册[M]. 北京:机械工业出版社,2010.

[16] 易冲冲,王文,卢超．隐式拟合在天然气热力性质计算中的应用[J]. 油气储运,2014,33(3):283-286.

[17] 郑欣,王遇冬,范君来．天然气气质对 LNG、CNG 生产的影响[J]. 煤气与热力,2006,26(2):20-23.

[18] 李军．低温下实际与理想气体状态方程的热物性比较[J]. 制冷与空调,2006,20(4):41-43.

[19] 陈国邦,等．最新低温制冷技术[M]. 2 版．北京:机械工业出版社,2003.

[20] 孙铭泽,马宁,李浩然,等．中低温超临界 CO_2 及其混合工质布雷顿循环热力学分析[J],化工学报,2022,73(3):1379-1388.

[21] BONDARENKO V L,ILYINSKAYA D N,KAZAKOVA A A,et al. Hydrogen,its Unique Properties and Applications in Industry[J].Chemical and Petroleum Engineering,2022,57(11-12):1015-1019.

[22] NAGASHIMA H,TSUDA S,TSUBOI N,et al. An analysis of quantum effects on the thermodynamic properties of cryogenic hydrogen using the path integral method[J]. Journal of Chemical Physics,2014,140(13):134506.

[23] XIE FUSHOU,LI YANZHONG,ZHU KANG,et al. Cooling behaviors of liquid hydrogen by helium gas injection[J]. Heat and Mass Transfer,2019,55(9):2373-2390.

[24] SUN XIAO,LI SIZHUO,WANG BO,et al. Numerical study of the thermal performance of a hydrogen pulsating heat pipe[J]. International Journal of Thermal Sciences,2022,172:107302.

[25] ALEKSEEV,ALEXANDER. Hydrogen liquefaction,hydrogen science and engineering: materials,processes[J]. Systems and Technology,2016,2:733-761.

[26] SCURLOCK R G. Cryogenic fluid dynamics and its applications today[J]. Refrigeration Science and Technology,2014,106-109.

[27] SCURLOCK R G. The future with cryogenic fluid dynamics Physics Procedia[C]. Berlin:[s. n.],2015.

[28] LEBRUN P,TAVIAN L.Cooling with superfluid helium[C]. Geneva:[s. n.],2014.

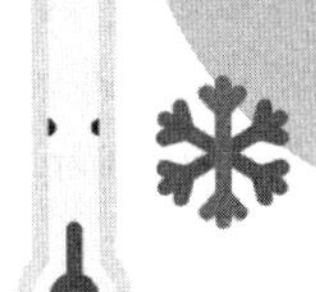

第 7 章

气体液化循环

7.1 概　　述

只有当气态物体的温度降低到其临界温度以下时才能液化。所有的低温工质的临界温度远比环境温度低，要使这些气体液化，必须应用人工制冷的方法。

气体液化循环由一系列热力过程组成，其作用在于使气态工质冷却到所需的低温，并补偿系统的冷损，以获得液化气体（或称低温液体）。这不同于以制取冷量为目的的制冷循环。在制冷循环中，制冷工质进行的是封闭循环过程；而对液化循环来说，气态低温工质在循环过程中既起制冷剂的作用，本身又被液化，部分或全部地作为液态产品从低温装置中输出，应用于需要保持低温的过程（如在低温试验中作为冷却剂）或用于气体分离过程（如液态空气分离为氧、氮等）。气体液化循环属于开式循环。

7.1.1　气体液化的理论最小功

气体液化的可逆循环是指由可逆过程组成的循环，在循环的各过程中不存在任何不可逆损失。采用可逆循环使气体液化所需消耗的功最小，因此称为气体液化的理论最小功。

可设想用不同的方法进行气体液化的可逆循环。如图 7-1 所示，设欲液化的气体从与环境介质相同的初始状态 p_1、T_1（点 1）转变成相同压力下的液体状态 p_1、T_0（点 0）。可逆循环可按下述方式进行：先将气体在压缩机中等温压缩到所需的高压 p_2，即从点 1 沿 1-2 线到达点 2（p_2，T_1）所示状态；然后，在膨胀机中

等熵膨胀到初压 p_1，并作外功，即从点 2 沿 2-0 线到达点 $0(p_1,T_0)$ 而全部液化。此后，液体在需要低温的过程中吸热汽化并复热到初始状态，如图 7-1 中的 0-3-1 过程。不过这一过程不是在液化装置中进行。

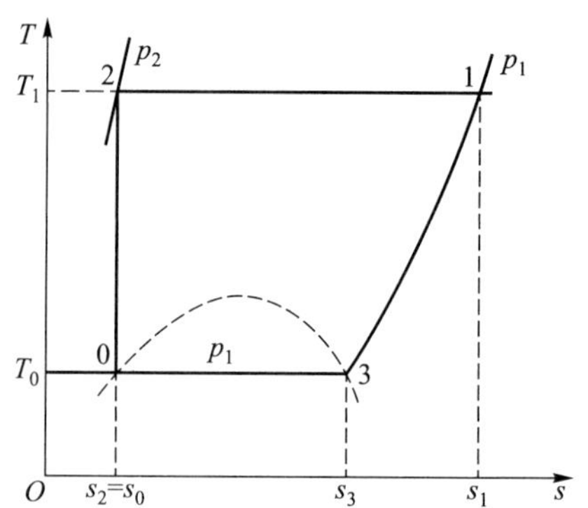

图 7-1　气体液化可逆循环的 T-s 图

循环所耗的功等于压缩功与膨胀功的差值。因为压缩和膨胀过程都是可逆的，则 1-2 压缩过程消耗的功最小，2-0 膨胀过程所作的功最大。因此，气体液化过程所需消耗的功最小，即为理论最小功

$$w_{min} = w_{co} - w_e \tag{7-1}$$

将等温压缩功 w_{co} 及绝热膨胀功 w_e 的表达式代入上式可得

$$w_{min} = T_1(s_1 - s_0) - (h_1 - h_0) \tag{7-2}$$

式(7-2)表明，气体液化的理论最小功仅与气体的性质及初态有关。对不同气体，液化所需的理论最小功不同。表 7-1 列出了一些气体液化 1 kg 和1 L 所需的理论最小功。

表 7-1　一些气体液化的理论最小功 w_{min}

气体	h_1-h_0	理论最小功 w_{min}		
	kJ/kg	kJ/kg	kW · h/kg	kW · h/L
空气	427.7	741.7	0.206	0.18
氧	407.1	638.4	0.177	0.201
氮	433.1	768.6	0.213	0.172
氩	273.6	478.5	0.132	0.184
氢	3 980	11 900	3.31	0.235
氦	1 562	6 850	1.9	0.237
氖	371.2	1 331	0.37	0.445
甲烷	915	1 110	0.307	0.13

注：空气、氧、氮与氩的初态参数为 p_1 = 105 kPa、T_1 = 303 K，氢、氦、氖、甲烷的初态参数为 p_1 = 101.35 kPa、T_1 = 303 K。

实际上，由于组成液化循环的各过程总是存在不可逆性（如节流、传热温

差、散向周围介质的冷损等),因此任何一种可逆循环都是不可能实现的。实际采用的气体液化循环所耗的功,大于理论最小功。然而,可逆循环在作为实际液化循环不可逆程度的比较标准和确定最小功耗的理论极限值方面具有重要价值。

7.1.2 气体液化循环的性能指标

在比较或分析气体液化循环时,除理论最小功外,某些表示实际循环经济性的系数也通常采用,如单位能耗 w_0、性能系数 COP、循环效率 η、效率 η_c 等。

单位能耗 w_0 表示获得 1 kg 液化气体需要消耗的功:

$$w_0 = \frac{w}{Z} \tag{7-3}$$

式中:w 为加工 1 kg 气体所耗的功,kJ/kg(加工气体);Z 为液化系数,表示加工 1 kg 气体所获得的液体量,kg/kg(加工气体)。

性能系数为液化气体复热时的单位制冷量 q_0 与所消耗单位功 w 之比,即

$$\mathrm{COP} = \frac{q_0}{w} \tag{7-4}$$

每加工 1 kg 气体得到的液化气体量为 Z kg,故单位制冷量可表示为

$$q_0 = Z(h_1 - h_0) \qquad \text{kJ/kg(加工气体)} \tag{7-5}$$

则

$$\mathrm{COP} = \frac{Z(h_1 - h_0)}{w} \tag{7-6}$$

用循环效率来度量实际循环的不可逆性和作为评价有关损失的方法。按照定义,循环效率 η 为实际循环的性能系数(COP)与可逆循环的性能系数(COP_c)之比,即

$$\eta = \frac{\mathrm{COP}}{\mathrm{COP}_c} \tag{7-7}$$

η 总是小于 1。η 值越接近于 1,说明实际循环的不可逆性越小,经济性越好。

循环效率可以用不同的方式表示。由于相比较的实际循环与可逆循环的制冷量必须相等,因此式(7-7)可写成

$$\eta = (q_0/w_{pr})/(q_0/w_{min}) = \frac{w_{min}}{w_{pr}} \tag{7-8}$$

即,循环效率可表示为可逆循环所需的最小功与实际循环所消耗的功之比。

7.2　节流液化循环

7.2.1　一次节流液化循环

一次节流循环是最早在工业上采用的气体液化循环。1895 年,德国林德和英国汉普逊分别独立地提出了一次节流循环,因此在文献上常称之为简单林德(或汉普逊)循环。

一次节流液化循环的流程图及 $T-s$ 图如图 7-2 所示。先讨论没有外部不可逆损失的理论循环,然后再推及实际循环。下面以空气的液化循环为例进行叙述。

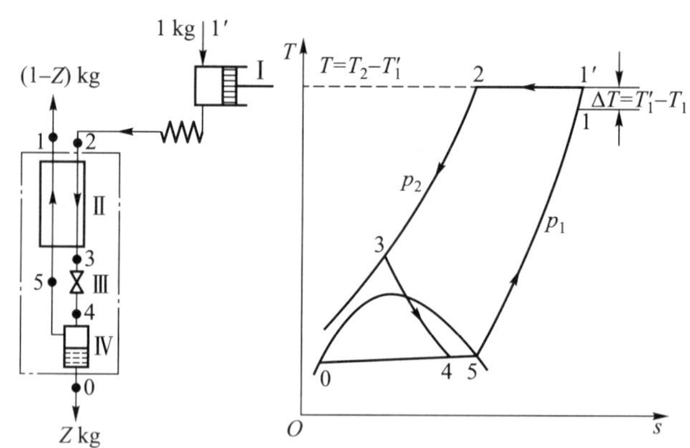

绝热节流循环

图 7-2　一次节流液化循环流程图及 $T-s$ 图

1. 理论循环

如图 7-2 所示,常温 T、常压 p_1 下的空气(点 1′),经压缩机 I 等温压缩至高压 p_2,在 $T-s$ 图上简单地用等温线 1′-2 表示。此后,高压空气在换热器 II 内被节流后的返流空气(点 5)冷却至温度 T_s(点 3),这是一个等压冷却过程,在 $T-s$ 图上用等压线 2-3 表示。然后高压空气经节流阀 III 节流膨胀至常压 p_1(点 4),温度降低到 p_1 压力下的饱和温度,同时有部分空气液化。在 $T-s$ 图上节流过程用等焓线 3-4 表示。节流后产生的液体空气(点 0)自气液分离器 IV 导出作为产品;未液化的空气(点 5)从气液分离器引出,返回流经换热器 II,以冷却节流前的高压空气,在理想情况下自身被加热到常温 T(点 1′),其复热过程在 $T-s$ 图上用等压线 5-1′表示。至此完成了一个空气液化循环。

如前所述，必须将高压空气预冷至一定的低温，节流后才能产生液体。因此，循环开始需要有一个逐渐冷却的过程，可称为起动过程。图 7-3 表示一次节流液化循环逐渐冷却过程的 T-s 图。空气由状态 1′等温压缩到状态 2，2-4′为第一次节流膨胀，结果使空气的温度降低 Δt_1。节流后的冷空气返回换热器以冷却高压空气，而自身复热到初始状态 1′。高压空气被冷却到状态 3′($T_{3'}$)，其温降为 $\Delta t_1'$。第二次节流膨胀从 3′沿 3′-4″等焓线进行，节流后达到更低的温度 $T_{4''}$。当它经过换热器复热至初态 1′时，可使新进入的高压空气被冷却到更低的温度 $T_{3''}$(状态 3″)，其温降为 $\Delta t_2'$。接着是从点 3″沿 3″-4‴进行节流膨胀等。这种逐渐冷却过程继续进行，直到高压空气冷却到某一温度 T_3(状态 3)，使节流后的状态进入湿蒸气区域。若此时两股空气流的换热已达到稳定工况，则起动过程结束，空气液化装置开始进入稳定运转状态。

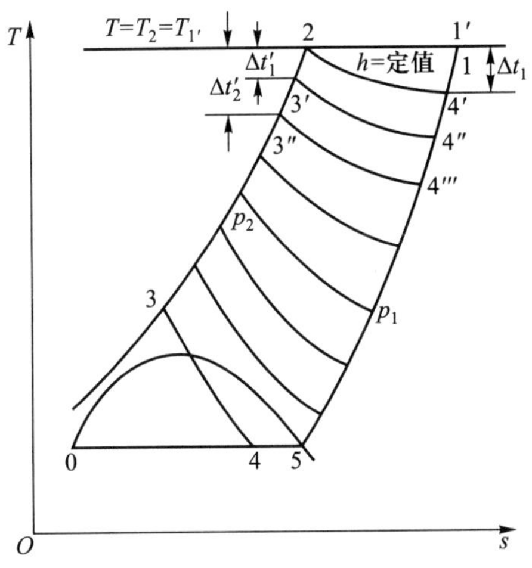

图 7-3　一次节流液化循环逐渐冷却过程的 T-s 图

现在讨论一次节流液化理论循环的液化量。设压缩 1 kg 空气时产生 Z kg 的液体空气，则相应返流空气量为$(1-Z)$kg。取换热器Ⅱ、节流阀Ⅲ与气液分离器Ⅳ为研究的热力系统，根据系统的热量平衡式

$$1 \times h_2 = Zh_0 + (1 - Z)h_{1'} \tag{7-9}$$

可得

$$Z = \frac{h_{1'} - h_2}{h_{1'} - h_0} \quad \text{kg/kg(加工空气)} \tag{7-10}$$

因为 $h_{1'}-h_2$ 是温度为 T 的高压空气由 p_2 节流到 p_1 时的等温节流效应 $-\Delta h_T$，所以

$$Z = \frac{-\Delta h_T}{h_{1'} - h_0} \quad \text{kg/kg(加工空气)} \tag{7-11}$$

循环的单位制冷量即 Z kg 液态空气恢复初态温度 $T_{1'}$ 时吸收的热量：

$$q_0 = Z(h_{1'} - h_0) = h_{1'} - h_2 = -\Delta h_T \quad \text{kJ/kg(加工空气)} \tag{7-12}$$

式(7-12)表明，一次节流液化理论循环的单位制冷量在数值上等于高压空气的等温节流效应。

由式(7-11)可见，当$-\Delta h_T$ 为最大值时 Z 最大。在温度一定时$-\Delta h_T$ 是压力 p 的函数，所以欲使$-\Delta h_T$ 为最大值，则需

$$\left[\frac{\partial(\Delta h_T)}{\partial p}\right]_T = 0 \tag{7-13}$$

Δh_T 可用热力学微分关系式表示。对于等温过程：

$$\mathrm{d}h_T = -\left[T\left(\frac{\partial v}{\partial T}\right)_p - v\right]\mathrm{d}p$$

积分后得

$$\Delta h_T = \int_{p_1}^{p_2} -\left[T\left(\frac{\partial v}{\partial T}\right)_p - v\right]\mathrm{d}p \tag{7-14}$$

因此，式(7-13)成立的条件必须是

$$T\left(\frac{\partial v}{\partial T}\right)_p - v = 0 \tag{7-15}$$

上式系转化曲线方程，即微分节流效应 α_h 等于零的方程。由此可见，对应$-\Delta h_T$ 及 Z 最大值的气体压力 p_2 必通过等温线 T 和转化曲线的交点。对于空气，若 $T=303$ K、$p_1=98$ kPa，则 $p_2 \approx 48\times10^3$ kPa 时 Z 最大。实际采用的压力 p_2 约为$(20\sim22)\times10^3$ kPa，因为压力过高使设备增加，而装置的制冷量增加比较小。

2. 实际循环

一次节流实际循环同理论循环相比存在许多不可逆损失。主要有：

(1) 压缩机中工作过程的不可逆损失。

(2) 换热器中不完全热交换的损失。即返流气体只能复热到 T_1(图 7-2)。

(3) 环境介质传热给低温设备引起的冷量损失，也称跑冷损失。

由于这些损失的存在，使循环的液化系数减小，效率降低。下面在考虑这些损失的条件下进行循环的分析和计算。

设不完全热交换损失为 q_2[kJ/kg(加工空气)]，它由温差 $\Delta T = T_{1'} - T_1$ 确定(图 7-2)。通常假定返流空气在 $T_{1'}$ 与 T_1 之间的比定压热容是定值，则 $q_2 = (1-Z_{\mathrm{pr}})c_{pl}(T_{1'}-T_1)$。设跑冷损失为 q_3，其值与装置的容量、绝热情况及环境温度有

关。至于压缩机的不可逆损失,一般由压缩机的效率予以考虑。

仍取图 7-2 中点画线包围的部分为热力系统,加工空气量为 1 kg,得下列热平衡方程式:

$$h_2 + q_3 = h_0 Z_{pr} + (1 - Z_{pr}) h_1$$

而
$$h_1 = h_{1'} - c_{pl}(T_{1'} - T_1) = h_{1'} - \frac{q_2}{1 - Z_{pr}}$$

由此可得实际液化系数

$$Z_{pr} = \frac{h_{1'} - h_2 - (q_2 + q_3)}{h_{1'} - h_0} = \frac{-\Delta h_T - \sum q}{h_{1'} - h_0} \quad \text{kg/kg(加工空气)} \quad (7-16)$$

实际循环的单位制冷量

$$q_{0,pr} = Z_{pr}(h_{1'} - h_0) = -\Delta h_T - \sum q \quad \text{kJ/kg(加工空气)} \quad (7-17)$$

从式(7-16)、(7-17)可见,实际循环的液化系数及单位制冷量的大小取决于$-\Delta h_T$与$\sum q$的差值;若实际循环的等温节流效应$-\Delta h_T$不能补偿全部冷损$\sum q$,则不可能获得液化气体。

若压缩机的等温效率用η_T表示,则对 1 kg 气体的实际压缩功为

$$w_{pr} = \frac{w_T}{\eta_T} = \frac{R_T \ln \frac{p_2}{p_1}}{\eta_T} \quad \text{kJ/kg(加工空气)} \quad (7-18)$$

产生 1 kg 液化空气(简称液空)的能耗称为实际单位能耗:

$$w_{0,pr} = \frac{w_{pr}}{Z_{pr}} = \frac{(h_{1'} - h_0) R_T \ln \frac{p_2}{p_1}}{\eta_T(-\Delta h_T - \sum q)} \quad \text{kJ/kg(液空)} \quad (7-19)$$

循环实际性能系数

$$\text{COP} = \frac{q_{0,pr}}{w_{pr}} = \frac{\eta_T(-\Delta h_T - \sum q)}{R_T \ln \frac{p_2}{p_1}} \quad (7-20)$$

循环效率

$$\eta = \frac{\text{COP}}{\text{COP}_c}$$

式中,可逆液化循环的性能系数(按图 7-2 所示状态)为

$$\text{COP}_c = \frac{q_0}{w_{min}} = \frac{h_{1'} - h_0}{T_{1'}(s_{1'} - s_0) - (h_{1'} - h_0)} \quad (7-21)$$

所以

$$\eta = \text{COP}\frac{T_{1'}(s_{1'}-s_0)-(h_{1'}-h_0)}{h_{1'}-h_0} \tag{7-22}$$

实际循环的性能指标与循环的主要参数如高压 p_2、初压 p_1、进换热器时高压空气的温度 T_2 有密切关系。理论分析表明，对一次节流液化循环，为改善循环的性能指标，可提高 p_2，一般 $p_2 \approx (20\sim22)\times10^3$ kPa(图 7-4)；在保证所需单位制冷量及液化温度的条件下，适当提高初压 p_1，从而减小节流的压力范围(图 7-5)；采取措施降低高压空气进换热器时的温度，从而提高液化系数(图 7-6)。

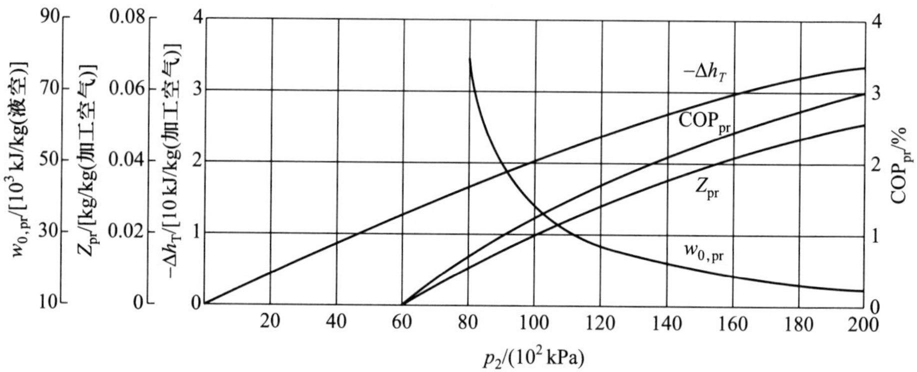

图 7-4　一次节流液化循环的特性

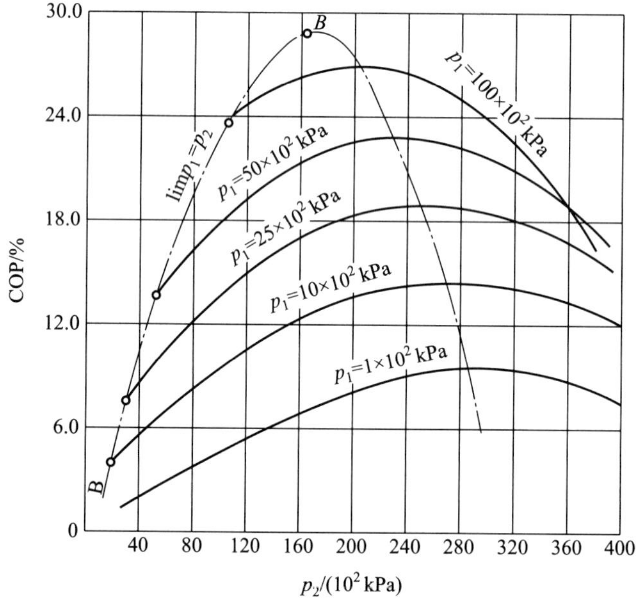

图 7-5　节流循环的 COP-p_1-p_2 关系图

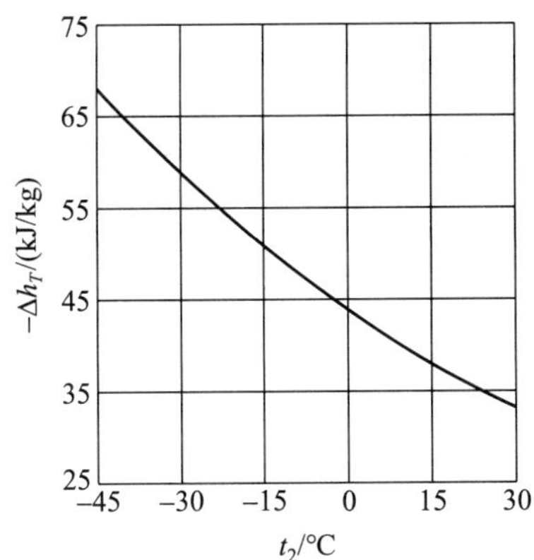

图 7-6　进换热器时高压空气的温度 t_2 与 $-\Delta h_T$ 的关系

7.2.2　有预冷的一次节流液化循环

降低换热器热端高压空气的温度可以提高循环的经济性。为此，除利用节流后的低压返流空气外，还可以采用外部冷源预冷，以降低进换热器时高压空气的温度。对于空气节流液化循环，一般采用氨或氟利昂制冷机组进行预冷，可使进入换热器的高压空气温度降至-40～-50 ℃。采用这一措施组成的节流循环称为有预冷的节流液化循环。

图 7-7 绘出了有预冷的一次节流液化循环的系统图及 T-s 图。

设加工 1 kg 空气时生产 Z_{pr} kg 的液化空气，制冷蒸发器供给的冷量为 q_{0c}。将装置分为 $ABCD$ 与 $CDEF$ 两个热力系统，其跑冷损失分别为 q_3^{I} 与 q_3^{II}，换热器 Ⅰ 和 Ⅱ 的不完全热交换损失分别为 q_2^{I} 和 q_2^{II}，则有

$$q_2^{\mathrm{I}} = (1 - Z_{pr})(h_{1'} - h_1)$$

$$q_2^{\mathrm{II}} = (1 - Z_{pr})(h_{8'} - h_8)$$

由 $ABCD$ 系统的能量平衡得

$$h_2 + (1 - Z_{pr})h_8 + q_3^{\mathrm{I}} = h_4 + (1 - Z_{pr})h_1 + q_{0c} \tag{7-23}$$

因
$$h_1 = h_{1'} - \frac{q_2^{\mathrm{I}}}{1 - Z_{pr}}$$

所以
$$(1 - Z_{pr})h_8 - h_4 = (1 - Z_{pr})h_{1'} - q_2^{\mathrm{I}} + q_{0c} - h_2 - q_3^{\mathrm{I}} \tag{7-24}$$

由 $CDEF$ 系统的能量平衡得

$$(1 - Z_{pr})h_8 + Z_{pr}h_0 = h_4 + q_3^{\mathrm{II}} \tag{7-25}$$

联解式(7-24)、式(7-25)求得循环的实际液化系数

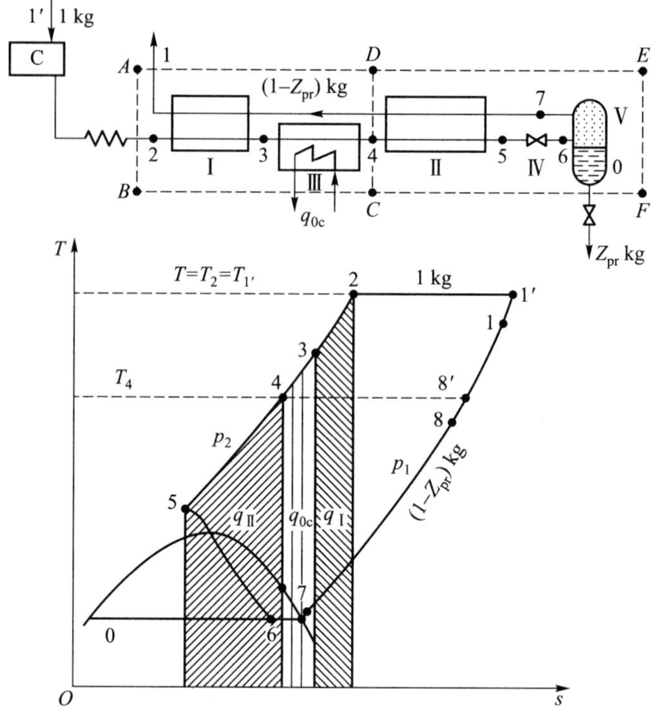

图 7-7　有预冷的一次节流液化循环流程图与 T-s 图

C—压缩机；Ⅰ—预换热器；Ⅱ—主换热器；Ⅲ—制冷设备的蒸发器；

Ⅳ—节流阀；Ⅴ—气液分离器

$$Z_{pr} = \frac{(h_{1'} - h_2) + q_{0c} - (q_2^{\mathrm{I}} + q_3^{\mathrm{I}} + q_3^{\mathrm{II}})}{h_{1'} - h_0}$$

$$= \frac{-\Delta h_T + q_{0c} - (q_2^{\mathrm{I}} + q_3)}{h_{1'} - h_0} \quad \text{kg/kg(加工空气)} \qquad (7-26)$$

式中，$q_3^{\mathrm{I}} + q_3^{\mathrm{II}} = q_3$。$q_3$ 是整个系统的跑冷损失。

循环的实际单位制冷量

$$q_{0,pr} = Z_{pr}(h_{1'} - h_0) = -\Delta h_T + q_{0c} - (q_2^{\mathrm{I}} + q_3) \quad \text{kJ/kg(加工空气)} \qquad (7-27)$$

将 q_2^{II} 代入式(7-25)可得循环实际液化系数的另一表达形式：

$$Z_{pr} = \frac{(h_{8'} - h_4) - (q_2^{\mathrm{II}} + q_3^{\mathrm{II}})}{h_{8'} - h_0} = \frac{-\Delta h_{T4} - (q_2^{\mathrm{II}} + q_3^{\mathrm{II}})}{h_{8'} - h_0} \quad \text{kg/kg(加工空气)} \qquad (7-28)$$

其中 $-\Delta h_{T4}$ 是在 T_4 温度下空气压力从 p_2 降低到 p_1 的等温节流效应。

因此在 p_1、p_2 与 T_2 相同的情况下，有预冷的一次节流循环的实际单位制冷量及液化系数比没有预冷的一次节流循环大，制冷量所大的值即为预冷设备输入的冷量 q_{0c}；液化系数的增大是由于在较低温度（T_4）下的等温节流效应增加了，即$-\Delta h_{T4}>-\Delta h_T$，同时分母的$(h_{8'}-h_0)<(h_{1'}-h_0)$，而冷损同样是比较小的。由此可见，$q_{0c}$作为一种附加冷量，借助主换热器及节流阀转化到更低的温度水平，增加了循环的单位制冷量和液化系数。而 q_{0c}是在较高的温度（$-40\sim-50$ ℃）下产生的冷量，它所需的能量消耗比起液化温度下产生相同冷量的能耗要小得多，因此采用预冷提高了循环的经济性。

制冷设备供给的冷量可以将 q_2^{II} 代入式(7-27)求得

$$\begin{aligned} q_{0c} &= (h_{8'} - h_4) - (h_{1'} - h_2) + Z_{pr}(h_{1'} - h_{8'}) + (q_2^{1} - q_2^{\text{II}}) + q_3^{\text{I}} \\ &= (-\Delta h_{T4}) - (-\Delta h_T) + Z_{pr}(h_{1'} - h_{8'}) + (q_2^{\text{I}} - q_2^{\text{II}}) + q_3^{\text{I}} \end{aligned}$$

kJ/kg(加工空气)　　(7-29)

有预冷的一次节流液化循环的能耗为空气压缩机能耗 $w_{a,pr}$和制冷机能耗 $w_{R,pr}$之和，即

$$w_{pr} = w_{a,pr} + w_{R,pr} \qquad \text{kJ/kg(加工空气)} \tag{7-30}$$

$w_{R,pr}$可由下式求得：

$$w_{R,pr} = \frac{q_{0c}}{q_{0,pcr}} \tag{7-31}$$

式中，$q_{0,pcr}$为单位功耗获得的预冷冷量(kJ/kg)。按文献推荐：以氨为工质的制冷机，预冷温度 $T_4=288$ K 时，$q_{0,pcr}=1.165$ kJ/kg。因此产生 1 kg 液化空气的单位能耗为

$$w_{0,pr} = (w_{a,pr} + w_{R,pr})/Z_{pr} = \frac{RT\ln\dfrac{p_2}{p_1}}{\eta_T Z_{pr}} + \frac{q_{0c}}{q_{0,pcr}Z_{pr}} \qquad \text{kJ/kg(液空)} \tag{7-32}$$

图 7-8 示出当 $T=303$ K、$p_1=98$ kPa、$\sum q=1.5$ kJ/kg(加工空气)、预冷温度为 288 K、$\eta_T=0.59$ 时，不同高压下有预冷的一次节流循环的特性曲线。比较图 7-4 和图 7-8 可以看出，在相同情况下，采用预冷后循环的实际液化系数 Z_{pr}、性能系数 COP 提高了，而单位能耗 $w_{0,pr}$降低了，而相应地循环效率 η 增加。

采用预冷之所以可获得较高的循环效率，主要是减少了换热器内高、低压空气的温差，使传热过程的不可逆性减少，从而提高了循环的效率。图 7-9 所示为有预冷和没有预冷时一次节流循环换热器中高、低压空气的温差变化

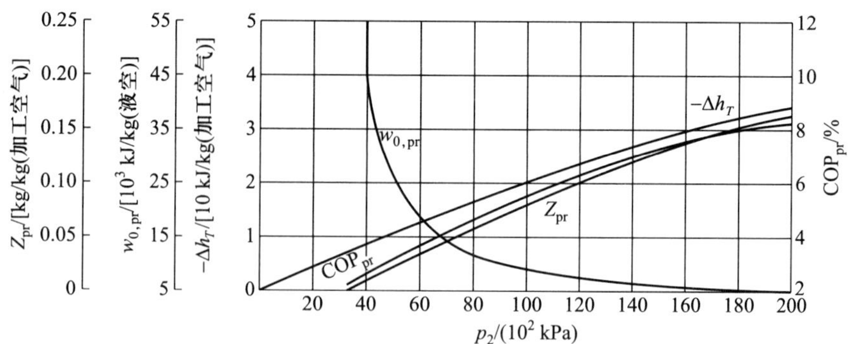

图 7-8　有预冷的一次节流液化循环特性

示意图。图的纵坐标代表换热器任一截面上两股气流传递的热量，横坐标代表气流的温度。根据热平衡方程可作出换热器各截面传递的热量与温度的关系曲线。图中 7-1 线为低压空气吸收的热量与温度的关系曲线；2-5′线表示没有预冷时高压空气放出的热量与温度的关系曲线。2-5′线与 7-1 线之间与横坐标平行的线段即为某截面上高、低压空气的温差。在预冷时，高压空气在预冷换热器中冷却到 T_3 后进入制冷设备的蒸发器，温度进一步降至 T_4，因而进主换热器Ⅱ的高压空气温度为 T_4。4-5 线与 7-8 线之间与横坐标平行的线段，即为主换热器中高、低压空气的温差。显然，其温差减少了，从而减少了不可逆损失。与此同时，还降低了高压空气节流前的温度，即 $T_5<T_{5'}$，因而使液化系数增加。

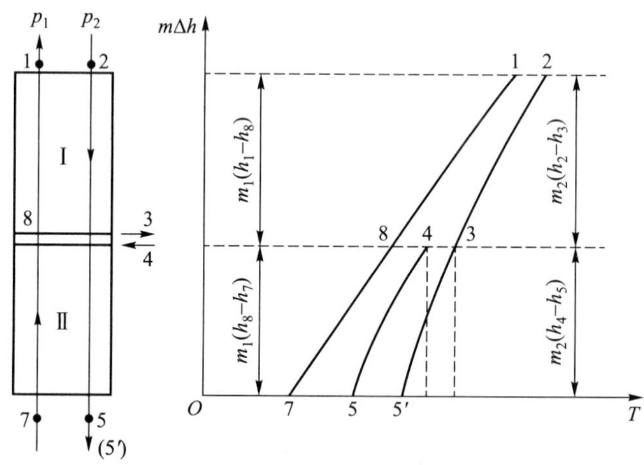

图 7-9　有预冷与没有预冷时节流循环换热器中高、低压空气温差变化示意图

7.2.3 二次节流液化循环

在讨论一次节流液化循环时得出结论:适当提高循环的低压压力可以提高循环的制冷系数。为此,在循环中使高压空气节流到某一中间压力(p_i)后,分成两部分,一部分回收其冷量后再回到高压压缩机(这部分气体称为循环气体),这就提高了高压压缩机的进气压力,减少了功耗;另一部分从中压再次节流到低压并获得液体。这种具有部分循环气体的液化循环称为二次节流液化循环。

二次节流液化循环系统图及 $T-s$ 图如图 7-10 所示。经低压压缩机 K_1将 D_2 kg 空气从 p_1等温压缩到中间压力 p_i,在点 2′同 D_1 kg 的循环空气合并成(D_1+D_2) kg,然后进入高压压缩机 K_2,被等温压缩到 p_2(点 3),经换热器冷却到 T_4(点 4),再节流到中间压力 p_i(点 5)并流入容器 R_1。在容器 R_1中,全部空气分成 D_1和 D_2两部分(相应为点 6 和点 7):压力为 p_i的 D_1 kg 冷空气返流通过换热器,复热后(点 2)进高压压缩机;另一部分 D_2 kg 则再次节流至低压 p_1并流入容器 R_2(点 8),这时获得 Z kg 低压液空,剩余的(D_2-Z) kg 低压冷空气(点 9)返流经换热器后复热到 T_1(点 1)。若 $p_i<p_{cr}$,第一次节流即可在容器 R_1中获得气液混合物,如图 7-10 中 $T-s$ 图表示的过程。在此情况下,第二次节流的是 D_2 kg 中压液空。若 $p_i>p_{cr}$,则 p_i等压线将在边界曲线上面,因此第一次节流不可能产生液空。进行第二节流的是 D_2kg 中压冷空气。

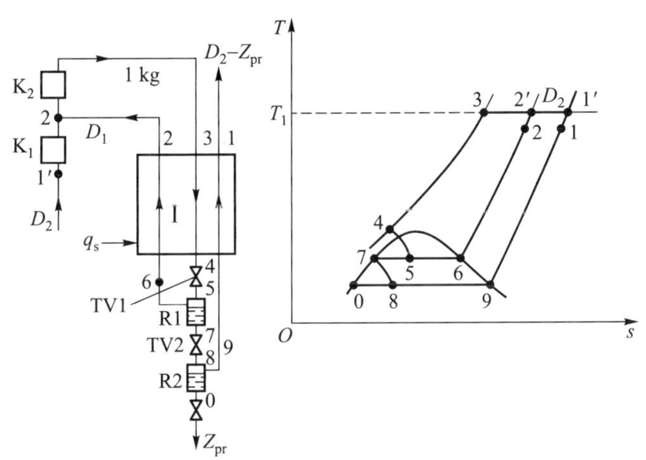

图 7-10 二次节流液化循环系统及 $T-s$ 图

二次节流液化循环流程较复杂,设备较多,故应用上受到一定的限制。一般用于制取液态产品的小型设备,也可用于分离其他混合气体的装置。

7.3　带膨胀机的液化循环

7.3.1　克劳特液化循环

1. 工作过程及性能指标

1902年，法国的克劳特首先实现了带有活塞膨胀机的空气液化循环，其流程图及 T-s 图如图7-11所示。

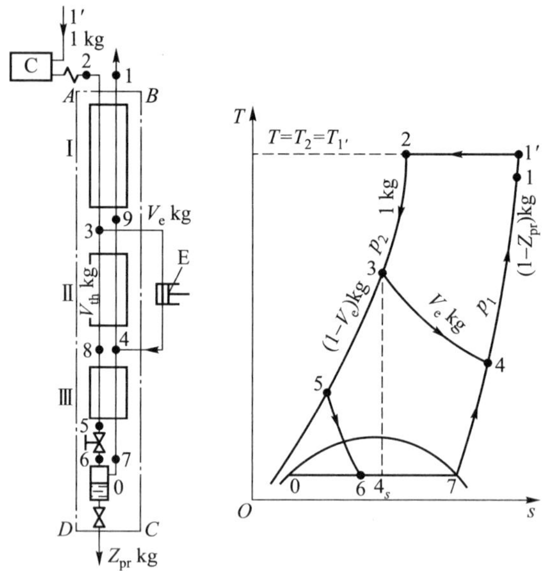

克劳特液化循环

图7-11　克劳特液化循环流程图及 T-s 图

1 kg温度 $T_{1'}$、压力 p_1（点1′）的空气，经压缩机C等温压缩到 p_2（点2），并经换热器Ⅰ冷却至 T_3（点3）后分成两部分：一部分 V_e kg的空气进入膨胀机E膨胀到 p_1（点4），温度降低并作外功，而膨胀后气体与返流气汇合流入换热器Ⅱ、Ⅰ以预冷高压空气；另一部分 $V_{th}=(1-V_e)$ kg的空气经换热器Ⅱ、Ⅲ冷却至温度 T_5（点5）后，经节流阀节流到 p_1（点6），获得 Z_{pr} kg液体，其余 $(V_{th}-Z_{pr})$ kg饱和蒸气返流经各换热器冷却高压空气。

设系统的跑冷损失为 q_3，不完全热交换损失为 q_2。由图中 $ABCD$ 热力系统的热平衡方程得

$$h_2 + V_e h_4 + q_3 = Z_{pr} h_0 + V_e h_3 + (1 - Z_{pr}) h_1$$

因
$$q_2 = (1 - Z_{pr})(h_{1'} - h_1)$$

所以
$$h_2 + V_e h_4 + q_3 = Z_{pr} h_0 + V_e h_3 + (1 - Z_{pr}) h_{1'} - q_2$$

从而可以得实际液化系数

$$Z_{pr} = \frac{(h_{1'} - h_2) + V_e(h_3 - h_4) - (q_2 + q_3)}{h_{1'} - h_0} = \frac{-\Delta h_{T2} + V_e(h_3 - h_4) - \sum q}{h_{1'} - h_0} \quad \text{kg/kg(加工空气)} \tag{7-33}$$

循环的单位制冷量

$$q_{0,pr} = Z_{pr}(h_{1'} - h_2) = -\Delta h_{T2} + V_e(h_3 - h_4) - \sum q \quad \text{kJ/kg(加工空气)} \tag{7-34}$$

在理想情况下，气体在膨胀机中的膨胀过程是等熵过程，如图 7-11 中 $T-s$ 图中的 $3-4_s$ 线。实际上，由于气体在膨胀机中流动时存在多种能量损失，外界的热量也不可避免地要传入，因此膨胀机的实际膨胀过程是有熵增的过程，如图 7-11流程图中的 3-4 线所示。

衡量气体在膨胀机中实际膨胀过程偏离等熵膨胀过程的尺度，称为膨胀机绝热效率 η_s，它可用膨胀机中膨胀气体实际比焓降与等熵膨胀比焓降之比来表示，即

$$\eta_s = \frac{h_3 - h_4}{h_3 - h_{4_s}} = \frac{h_3 - h_4}{\Delta h_s} \tag{7-35}$$

因此式(7-33)、式(7-34)也可写为

$$Z_{pr} = \frac{-\Delta h_{T2} + V_e \Delta h_s \eta_s - \sum q}{h_{1'} - h_0} \quad \text{kg/kg(加工空气)} \tag{7-36}$$

$$q_{0,pr} = -\Delta h_{T2} + V_e \Delta h_s \eta_s - \sum q \quad \text{kJ/kg(加工空气)} \tag{7-37}$$

将式(7-36)、式(7-37)与式(7-16)、式(7-17)比较可以看出，克劳特循环比一次节流循环的实际液化系数和单位制冷量大。在克劳特循环中，制冷量主要由膨胀机产生，其次为等温节流效应。

克劳特循环消耗的功应为压缩机消耗的功与膨胀机回收功的差，即

$$w_{pr} = \frac{R_T}{\eta_T} \ln \frac{p_2}{p_1} - V_e \Delta h_s \eta_s \eta_m \quad \text{kJ/kg(加工空气)} \tag{7-38}$$

式中，η_m 为膨胀机的机械效率。

由式(7-36)、式(7-38)即可求出制取 1 kg 液态空气所需的单位能耗。

分析以上各式可知，高压压力 p_2、进入膨胀机的气量 V_e 以及进膨胀机的高压空气温度 T_3 不仅影响循环的性能指标 Z_{pr}、$q_{0,pr}$、w_{pr} 等，还将影响系统中换热

器的工况。

2. 循环性能指标与主要参数的关系

当 p_2 与 T_3 不变时，增大膨胀量 V_e，膨胀机产冷量随之增大，循环的单位制冷量及液化系数相应增加。但 V_e 过分增大，通过节流阀的气量就太少，会导致冷量过剩，使换热器Ⅱ偏离正常工况。

当 V_e 与 T_3 一定时，提高高压压力 p_2，等温节流效应和膨胀机的单位制冷量均增大，液化系数相应增加。但过分提高 p_2 会造成冷量过剩，冷损增大，并因冷量被浪费掉而使能耗增大。

当 p_2 与 V_e 一定时，提高膨胀前温度 T_3，膨胀机的比焓降即单位制冷量增大，膨胀后气体的温度 T_4 也同时提高，而节流部分的高压空气出换热器Ⅱ的温度（T_8）和 T_4 有关，若 T_3 太高，膨胀机产生的较多冷量不能全部传给高压空气，导致冷损增大，甚至破坏换热器Ⅱ的正常工作。

在上述讨论中，都假定两个参数不变而分析某一参数对循环性能的影响。但是在实际过程中三个参数之间是相互制约的，因此在确定循环系数时几个因素应同时加以考虑，才能得到最佳值。

图 7-12 示出制取 1 kg 液空时 p_2、V_{th}及 $w_{0,pr}$的关系曲线。该曲线是在换热器Ⅰ、Ⅱ热端温差为 10 K、跑冷损失 q_3 = 8.37 kJ/kg（加工空气）、压缩机等温效率 η_T = 0.6、膨胀机绝热效率 η_s = 0.7、膨胀机机械效率 η_m = 0.7 及膨胀后压力 p_1 = 98 kPa 的情况下作出的。从图中可以看出，在克劳特空气液化循环中，当压力 p_2 较高和节流量 V_{th}值较小时单位能耗较低。

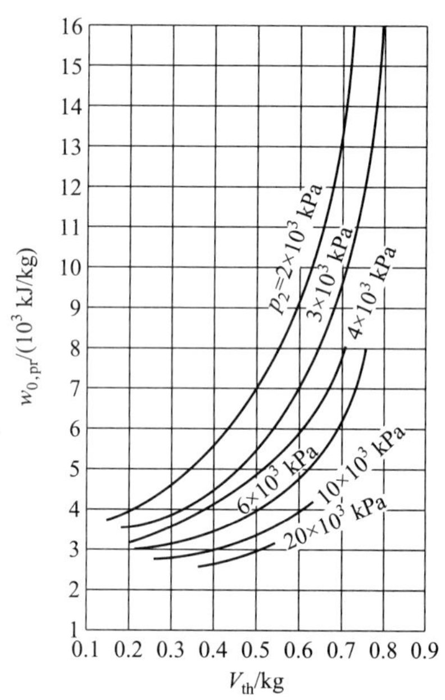

图 7-12　克劳特空气液化循环的 p_2、V_{th} 与 $w_{0,pr}$ 关系曲线

图 7-13 示出克劳特空气液化循环中最佳的膨胀前温度 T_3 及节流量 V_{th} 与高压压力 p_2 的关系曲线，作图条件与图 7-12相同。

3. 克劳特液化循环中换热器的温度工况

选择克劳特液化循环参数时，不仅从循环的能量平衡考虑，还需要满足换热器正常换热工况的要求。正常换热工况是指在换热器任一截面上热气体与冷气体之间的温差必须为正值，且温差分布比较合理，最小温差不低于某一定值（通常为 3～5 K）。冷、热气体间的最小温差可能发生在各换热器的不同截面上，这取决于循环的流程和气体的热力性质。

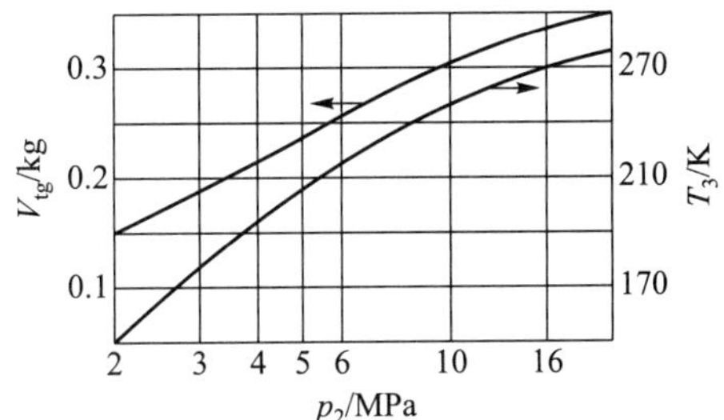

图 7-13　最佳膨胀机进气温度 T_3 和节流量 V_{th} 与高压 p_2 的关系曲线

换热器温差工况可用热量-温度图（$m\Delta h-T$ 图）表示。该图可以反映出气体不同截面的温度变化，也可以表示各截面上冷、热气流之间的温差。

现在讨论影响换热器温度工况的因素。图 7-14 表示克劳特循环的第Ⅱ换热器。压力 p_2 的正流空气量为 V_{th} kg，进、出口温度为 T_3、T_8，某一段返流气的平均比热容为 $\bar{c}_p$。若不考虑跑冷损失，在换热器任一截面 b-b 一侧的热平衡方程式为

$$V_{th}(T_3 - T_{b,p_2})\bar{c}_{p_2} = (1 - Z)(T_9 - T_{b,p_1})\bar{c}_{p_1} \tag{7-39}$$

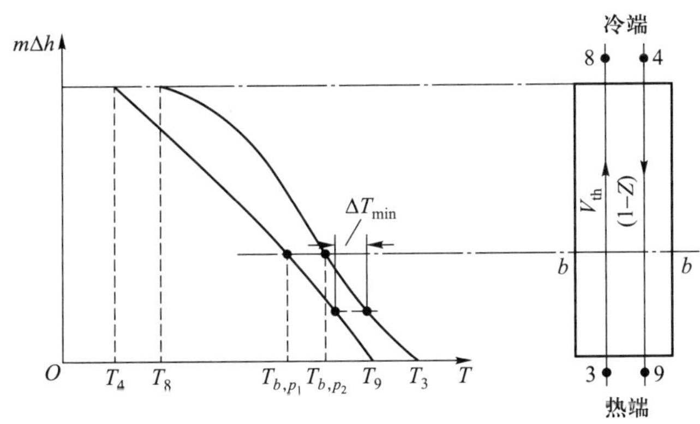

图 7-14　换热器Ⅱ中高、低压空气温差变化

式中，T_{b,p_1}、T_{b,p_2}分别为 b-b 截面上正流与返流空气的温度。令

$$\beta = \frac{1 - Z}{V_{th}}, \quad r_c = \frac{\bar{c}_{p_1}}{\bar{c}_{p_2}}$$

式（7-39）可转换为

$$T_3 - T_{b,p_2} = \beta r_c (T_9 - T_{b,p_1})$$

因而

$$T_{b,p_2} - T_{b,p_1} = T_3 - \beta r_c (T_9 - T_{b,p_1}) - T_{b,p_1}$$

$$= (T_3 - T_9) + (1 - \beta r_c)(T_9 - T_{b,p_1}) \tag{7-40}$$

从式(7-40)可以看出,换热器任一截面的温差($T_{b,p_2}-T_{b,p_1}$)与热端温差(T_3-T_9)或冷端温差(T_8-T_4)(若从冷端导出热平衡方程)、气流量比β及气流平均比热容比 r_c 有关,亦即和循环参数的选择有关。对于克劳特液化循环,由于部分加工空气 V_e 进入膨胀机,因而在气体分流后的换热器Ⅱ中,正流空气量减少,返流气与正流气流量比β较大,可能出现正流空气过冷,使冷、热气流之间的温差减少。其循环参数选择不当,在 $m\Delta h-T$ 图上就会出现某个局部温差小于设计所允许的最小温差,甚至出现"零温差"或"负温差"的现象。"负温差"在实际的换热器中是不存在的,这只是表明换热器的温度工况被破坏,已经不能正常进行工作。因此,在进行克劳特液化循环参数选择时,必须校核换热器的温度工况。

换热器中气流流量比的选择,实际上就是克劳特液化循环膨胀量的选择,是有一定范围的。

7.3.2 海兰德液化循环

从克劳特循环可知,提高循环压力 p_2 可降低单位能耗;提高膨胀前温度,可增加绝热比焓降和绝热效率。因此,海兰德于 1906 年提出了带高压膨胀机的气体液化循环即海兰德循环,实质上它是克劳特循环的一种特殊情况。

在海兰德循环(图 7-15)中,气体被压缩至(16~20)×10^3 kPa 的高压,且一

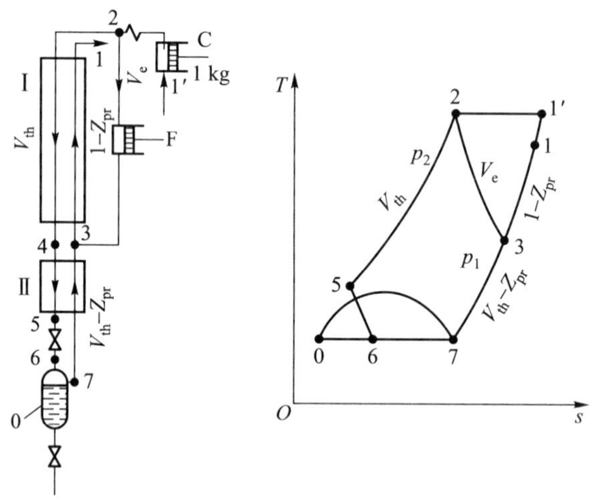

图 7-15　海兰德循环流程及 $T-s$ 图

部分高压气体 V_e 不经预冷而直接进入膨胀机；另一部分 V_{th} 进入换热器Ⅰ、Ⅱ，冷却后节流产生液体。

海兰德循环的液化系数 Z_{pr}、单位制冷量 $q_{0,pr}$ 和功耗 W_{pr} 的计算公式与克劳特循环相似，如式(7-36)、式(7-37)和式(7-38)所示。

确定海兰德循环最佳参数的方法亦和克劳特循环类似。所不同的是，海兰德循环进膨胀机气体的温度是室温，已经确定，因而只需对高压压力 p_2 和膨胀量 V_e 进行热平衡和换热器温差校核计算，即可确定最佳参数。

为了增加循环的液化系数，并使单位能耗降低，也可以采用预冷使进膨胀机的气体温度降低，如液化空气时预冷至 2~4 ℃为宜。海兰德循环通常用于生产液态产品的小型装置。

7.3.3 卡皮查液化循环

1937 年，苏联的卡皮查实现了带有高效率透平膨胀机的低压液化循环，即卡皮查循环。其流程图及 $T-s$ 图如图 7-16 所示。

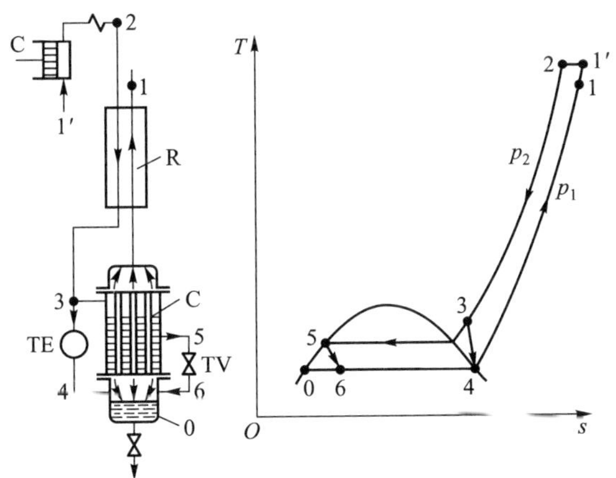

图 7-16 卡皮查循环流程与 $T-s$ 图

空气在透平压缩机中等温压缩到 500~600 kPa，经换热器 R 冷却到 T_3(点 3)后分为两部分，大部分空气进透平膨胀机 TE 膨胀到 100 kPa，温度降到 T_4(点 4)，而后进入冷凝器 C 的管内并输出冷量，使由膨胀机前引入冷凝管间的小部分压力为 500~600 kPa 的空气液化(点 5)。冷凝液经节流阀 TV 节流至 100 kPa，节流后产生的液体作为产品放出，其余的饱和蒸气同膨胀机出来的冷空气混合，经冷凝器 C 和换热器 R 回收冷量后排出。

卡皮查循环也是克劳特循环的一种特殊情况。它采用的压力较低，其等温节流效应与膨胀机绝热比焓降均较小，循环的液化系数不可能超过 5.8%。卡皮查循环之所以能实现，是因为采用了绝热效率高的透平膨胀机（通常 η_s 可达 0.8~0.82），以及采用了效率高的蓄冷器（或可逆式换热器）进行换热并同时清除空气中的水分和二氧化碳。

卡皮查循环的液化系数、单位制冷量和功耗的计算与克劳特循环相似，参见式（7-36）、式（7-37）和式（7-38）。

卡皮查循环流程简单，由于采用透平机械，单位能耗小、金属耗量及初投资降低、操作简单，广泛用于大、中型空气分离装置。

7.4　氦液化循环

氦具有很低的临界温度（5.201 4 K），是最难液化的气体。氦气节流时的最高转化温度为 46 K，仅在约 7 K 以下节流才能产生液体。因此，氦节流液化必须用液氮、液氢预冷，或者利用气体做外功的膨胀过程获得的冷量预冷。1908 年，荷兰的海克・卡末林・昂内斯采用液氮及液氢预冷的节流液化装置首次实现了氦的液化。

液氦的正常沸点为 4.224 K，在这样的低温下制取冷量需消耗的能量很大。因此，提高循环的效率显得十分重要。氦的汽化潜热很小，标准大气压下只有 20.8 kJ/kg，且液化温度与环境温度的温差很大，为了保证液体生产率，需要良好的绝热，以减少冷损。此外，在氦液化之前，所有气体杂质均已固化。因此，在液化流程中应设置工作可靠的纯化系统。

7.4.1　氦的节流液化循环

在这种循环中不用氦膨胀机，氦液化所需要的冷量由外部冷却剂（LN_2、LH_2 等）及返流的低压低温氦气提供，其最后一个冷却级则采用节流过程，使氦降温液化。

图 7-17 所示为用液氮、液氢预冷的氦节流液化循环的流程图。由液氢槽以下系统的热平衡得

$$Z_{pr}=\frac{(h_{10}-h_5)-q_3^{V+VI}}{h_{10}-h_0}\qquad \text{kg/kg（加工空气）}$$

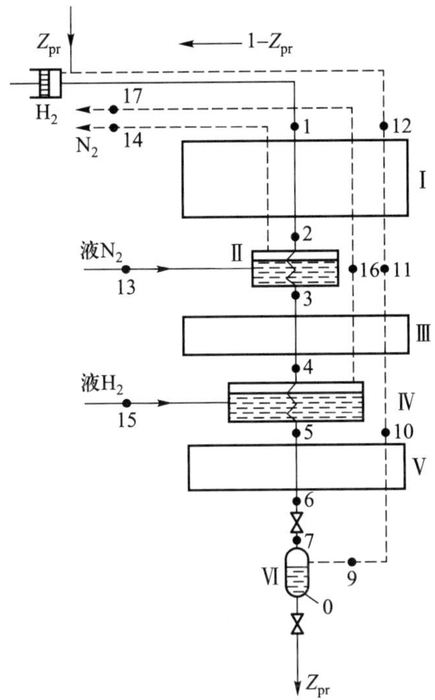

图 7-17 氦节流液化循环的流程图

或

$$Z_{pr} = \frac{-\Delta h_{T_5} - (q_2^{V} + q_3^{V+VI})}{h_{10'} - h_0} \quad \text{kg/kg(加工空气)} \qquad (7-41)$$

式中：$-\Delta h_{T_5}=h_{10'}-h_5$为预冷温度 T_5下的等温节流效应；$h_{10'}$为温度为 T_5、压力为 p_{10}时的焓值。

由式(7-41)可见，液化系数主要取决于$-\Delta h_{T_5}$及末级换热器 V 的热端温差(即 q_2^{V})。预冷强度 T_5降低，则$-\Delta h_{T_5}$增大，Z_{pr}提高。可用液氢槽抽真空的方法使预冷温度降低；但即使在负压液氢预冷下，氦节流效应也是很小的，因此末级换热器的热端温差对液化系数的影响很大，稍微减小热端温差，液化系数就会明显地增加。

7.4.2 带膨胀机的氦液化循环

1. 具有液氮预冷的克劳特氦液化循环

1934 年，卡皮查首先实现了带膨胀机的氦液化循环。循环的原理流程如

图 7-18 所示。这是一个包含液氮预冷、部分压缩氦在膨胀机中绝热膨胀制冷和通过节流阀降温液化三个冷却级的循环，工作压力一般为$(2.5\sim3)\times10^3$ kPa。由液氮槽以下热力系统热平衡可确定循环的液化系数。1 kg 加工氦气的热平衡方程为

$$h_3 + q_3^{\mathrm{III}+\mathrm{IV}+\mathrm{V}+\mathrm{VI}} = (1 - Z_{pr})h_{10} + V_e(h_4 - h_8) + Z_{pr}h_0$$

则循环液化系数为

$$Z_{pr} = \frac{(h_{10} - h_3) + V_e\Delta h_s\eta_s - q_3^{\mathrm{III}+\mathrm{IV}+\mathrm{V}+\mathrm{VI}}}{h_{10} - h_0} \quad \text{kg/kg(加工氦气)} \tag{7-42}$$

也可由换热器Ⅳ以下热力系统的热平衡求得 Z_{pr}，即

$$Z_{pr} = \frac{\left(1 - V_e\right)\left(h_8 - h_5\right) - q_3^{\mathrm{V}+\mathrm{VI}}}{h_8 - h_0} \quad \text{kg/kg(加工氦气)} \tag{7-43}$$

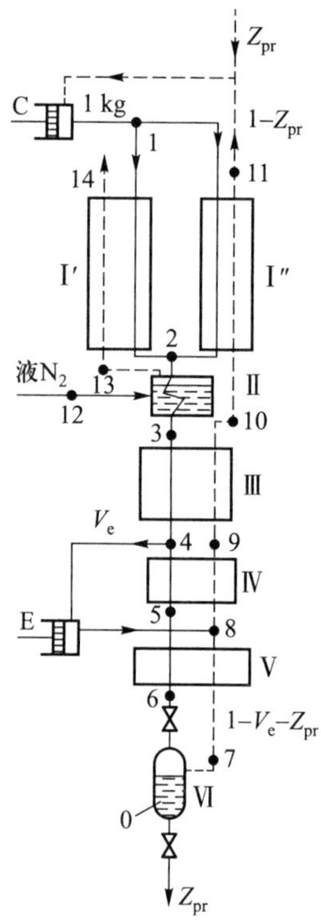

图 7-18　具有液氮预冷的克劳特氦液化循环

计算液化系数时，先要确定膨胀机进气量 V_e 或节流量 $V_{th}=1-V_e$。V_{th}值必须同时满足系统热平衡和换热器正常工况的要求。因此，根据循环参数作换热器的 $G\Delta h-T$ 图，图解求得$(1-Z_{pr})/V_{th}$值，然后与式(7-42)联立求 Z_{pr}和 V_e；或者直接从式(7-42)、式(7-43)联立求出 Z_{pr}和 V_e，然后作换热器的 $G\Delta h-T$ 图校核。如果 $G\Delta h-T$ 图出现负温差或局部温差小于一般设计所允许的最小温差，说明不能满足正常换热工况要求，应重新选择参数再进行计算；若温差太大，换热器损失大，也应重新调整参数再进行计算。这样一直试凑到符合要求为止。

由换热器 I′、Ⅱ′和液氮槽Ⅱ的热平衡可确定液氮耗量

$$m_{LN_2} = \frac{(h_1 - h_3) - (1 - Z_{pr})(h_{11} - h_{10}) + q_3^{\mathrm{I}'+\mathrm{II}'+\mathrm{III}}}{h_{14} - h_{12}} \quad \text{kg/kg(加工氦气)} \tag{7-44}$$

循环的单位能耗

$$w_{0,pr,LHe} = \frac{RT\ln(p_2/p_1)}{\eta_T Z_{pr}} + m_{LN_2}\frac{w_{0,pr,LN_2}}{Z_{pr}} - \frac{V_e\Delta h_5\eta_s\eta_m}{Z_{pr}} \quad \text{kJ/kg(液氦)} \tag{7-45}$$

式中，w_{0,pr,LN_2}为制取 1 kg 液氮的功耗，kJ/kg(液氮)。

循环的㶲效率

$$\eta_e = \frac{Z_{pre_0}}{w_{pr,He}} = \frac{e_0}{w_{0,pr,LHe}}$$

式中：e_0为液氦的比㶲；$w_{pr,He}$为加工 1 kg 氦气循环的能耗，kJ/kg(加工氦气)。

氦液化循环中有些参数受环境条件、设备条件及工艺水平等影响，其数值是一定的，如氦气进液化器温度 T_1、低压压力 p_1、液氮槽压力 p_{12}及机器效率等。另外一些参数根据综合因素，其数值按经验选取。

利用液氮预冷的克劳特氦液化循环，虽然效率不高，但其流程简单，没有液氢预冷从而消除了使用液氢的危险性，故在中、小型氦液化装置中广泛应用。

2. 柯林斯氦液化循环

1946 年，美国柯林斯首先提出了采用多级膨胀机和节流阀结合的氦液化循环，称柯林斯循环。图 7-19 为一种典型的具有两台膨胀机的柯林斯氦液化循环流程图。它有四个冷却级，其中温度最高的第一级由液氮预冷，温度最低的一级采用节流阀，其余为两台工作于不同温度的膨胀机。应指出，柯林斯循环不用液氮预冷同样也能产生液氦，但在通常情况下仍采用液氮预冷，以提高循环的液化系数。

计算多级膨胀机循环时，必须合理地选择级数，确定每级的温度及膨胀机气量。假设在由多台膨胀机组成的氦液化循环中，氦气从常温 T_1 经 n 个温度位 T_{i-1}、T_i、T_{i+1}等的冷却级冷却到 T_0；每一级有 E_i kg 的气量进入膨胀机，从氦气中带走 q_i 的热量。两个相邻冷却级 i 级和 $i-1$ 级如图 7-20 所示。在最末的冷却级，冷却至 T_0 的一部分氦气 Z kg 被液化，并从循环中排出，而在各个膨胀机中膨胀的气体全部返回至压缩机。若压缩机将 1 kg 氦气从 p_1 压缩到 p_2，显然

$$\sum_{i=1}^{n} E_i \text{ kg} + Z \text{ kg} = 1 \text{ kg} \tag{7-46}$$

在第 i 级，实际单位能耗可视为总能耗的一小部分，且正比于 E_i，即

$$w_{0,i} = \frac{E_i}{Z}\left[\frac{RT_1\ln(p_2/p_1)}{\eta_T^{\frac{1}{}}} - \Delta h_{s,i}\eta_{s,i}\eta_m\right] \tag{7-47}$$

式中，$\Delta h_{s,i}$、$\eta_{s,i}$分别为第 i 级膨胀机的等熵焓降及绝热效率。

假设氦气为理想气体，没有不可逆热交换损失和跑冷损失，则循环中第 i 级的能量平衡方程经整理可表示为

$$E_i c_p(T_i' - T_i) = Zc_p(T_{i-1} - T_i) \tag{7-48}$$

式中，T_i'、T_i 分别为第 i 级膨胀机的进、出口温度。

氦气在膨胀机中等熵膨胀后的温度为

$$T_{s,i} = T_i'\left(\frac{p_1}{p_2}\right)^{\frac{\kappa-1}{\kappa}} \tag{7-49}$$

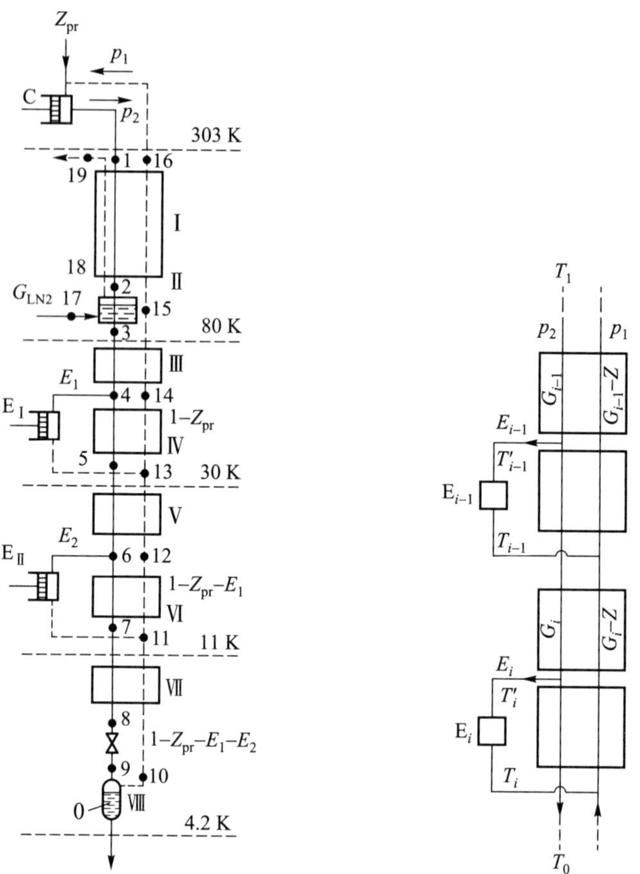

图 7-19　有液氮预冷和两台膨胀机的柯林斯氦液化循环流程图

图 7-20　两相邻冷却级流程示意图

膨胀机的绝热效率为

$$\eta_{s,i} = (T'_i - T_i)/(T'_i - T_{s,i}) \tag{7-50}$$

从式(7-49)、式(7-50)中消去 $T_{s,i}$，可得

$$T'_i = \frac{T_i}{1 - \eta_{s,i}[1 - (p_1/p_2)^{\kappa-1/\kappa}]} \tag{7-51}$$

将 T'_i 代入式(7-48)得

$$E_i T_i a_i = Z(T_{i-1} - T_i) \tag{7-52}$$

式中

$$a_i = \frac{\eta_{s,i}[1 - (p_1/p_2)^{\kappa-1/\kappa}]}{1 - \eta_{s,i}[1 - (p_1/p_2)^{\kappa-1/\kappa}]} \tag{7-53}$$

其中 a_i 为量纲为一的量,称为膨胀系数。

由式(7-52)可确定第 i 级膨胀机的膨胀量为

$$E_i = \frac{Z}{a_i}\left[\frac{T_{i-1}}{T_i} - 1\right]\text{kg} \tag{7-54}$$

可见,E_i 是液化系数 Z、膨胀系数 a_i 及相邻级温度比(T_{i-1}/T_i)的函数。

进入循环中 n 台膨胀机的总气量为

$$\sum_{i=1}^{n} E_i = Z\sum_{i=1}^{n}(1/a_i)(T_{i-1}/T_i - 1)\ \text{kg} \tag{7-55}$$

从式(7-47)知,每个冷却级的 $w_{0,i}$正比于 E_i。可见在液化系数 Z 不变的情况下,当进入所有膨胀机的气量 $\sum\limits_{i=1}^{n} E_i$ 最小时,该循环所需的功耗最小。因此,应在 T_n 至 T_0 温度区选择每级提供冷量的温度 T_i,使得在这些温度下 $\sum\limits_{i=1}^{n} E_i$ 为最小值。为此,将式(7-55)逐项对 T_i 求导,并令其导数$\frac{\partial}{\partial T_i}\sum E_i = 0$,可得到一恒定比值 A:

$$\frac{T_{i-1}}{a_i T_i} = \frac{T_i}{a_{i+1}T_{i+1}} = \Lambda = A = \text{常数} \tag{7-56}$$

将上式中所有 n 项连乘可求得常数 A:

$$A = \sqrt[n]{\frac{T_n}{T_0 a_1 a_2 \Lambda a_n}} \tag{7-57}$$

由式(7-54)、式(7-57)可得到最佳条件下第 i 级膨胀机气量

$$E_i = z\left(\sqrt[n]{\frac{T_n}{T_0}\frac{1}{a_1 a_2 \Lambda a_n}} - \frac{1}{a_i}\right) \tag{7-58}$$

为了确定膨胀机的出口温度,可将式(7-56)中最前面的 i 项连乘,得到

$$A^i = \frac{T_n}{T_i}\frac{1}{a_1 a_2 \Lambda a_i} \tag{7-59}$$

从式(7-57)、式(7-59)消去常数 A,可求得每级膨胀机出口温度的方程式

$$T_i = \sqrt[n]{T_n^{\,n-i} T_0^{\,i} \frac{(a_1 a_2 \Lambda a_n)^i}{(a_1 a_2 \Lambda a_i)^n}} \tag{7-60}$$

如果所有膨胀机的膨胀比 p_2/p_1 和绝热效率 $\eta_{s,i}$相同,则所有的 a_i 也相同,即 $a = a_1 = a_2 = \Lambda = a_n$。这时

$$E_i = E_{i-1} = \frac{Z}{a}\left(\sqrt[n]{\frac{T_n}{T_0}} - 1\right) \tag{7-61}$$

$$T_i = \sqrt[n]{T_n^{n-i} T_0^{i}} \tag{7-62}$$

由式(7-61)知,在使用多台膨胀机的液化循环中,当膨胀机的 η_s 相同时,最经济的情况是每台膨胀机的膨胀量相同;膨胀机的级数愈多,其总气量 E_i kg 与液化量 Z kg 之比 E_i/Z 愈小,循环的单位能耗则愈低。图 7-21 绘出了计算机得到的采用 1~4 台膨胀机制冷时,对于不同冷却终温 T_0 的膨胀机的相对气耗量($\sum E_i/Z$)。作图条件:氦气初温 $T_1=300$ K,膨胀比 $p_2/p_1=20$,绝热效率 $\eta_s=0.75$。由图可以看到,当 $n<2$,即少于两台膨胀机时,$\sum E_i/Z$ 很大,循环的经济性差;当 $n=3$ 时,能耗指标下降到 2/3;当 $n=4$ 时,能耗指标还可以下降一些,再进一步增加膨胀机台数就没有必要了。图中还画出 $\sum E_i/Z$ 最小时膨胀机台数 n_0 的曲线(虚线)。该曲线表明,膨胀机最多可以用四台,再增加台数时收效甚微。

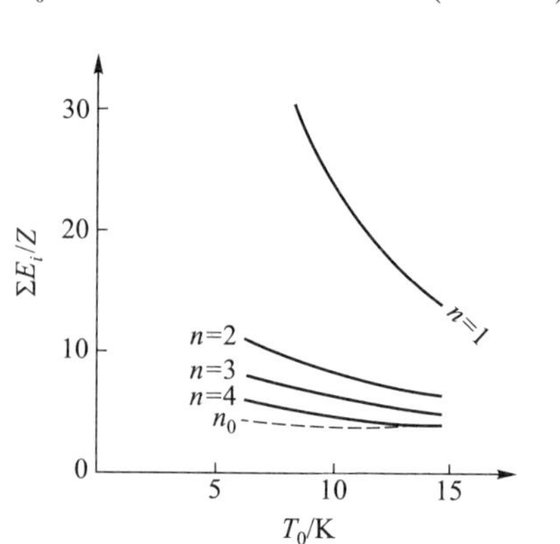

图 7-21　在膨胀比 $p_2/p_1=20$, $\eta_s=0.75$、$T_1=300$ K 时不同级数下膨胀机的相对气耗量 $\sum E_i/Z$ 与出口温度 T_0 的关系

应指出,上述计算没有考虑不完全热交换损失和跑冷损失。若计算时考虑这些损失,则取用的 a_i 值比按公式求得的计算值小 10%~20%。

在实际的柯林斯氦液化循环中,第一级用液氮预冷代替膨胀机,末级降温用节流阀实现,两者都起了与膨胀机相同的降温制冷作用。因此,冷却级数 n 的含义不限于上述推导中所指的膨胀机台(级)数,还应包括液氮预冷、节流降温两种制冷方式。

在较低温度下,氦气性质与理想气体相差甚大,所以按式(7-60)、式(7-62)确定末级冷却温度时误差较大。在实际的循环计算中,T_0 是根据获得最佳液化率所要求的进末级换热器热端的温度确定;T_n 为经液氮槽冷却的氦气温度,常压液氮预冷时能确保 $T_n=80$ K。

当确定了多级膨胀机液化循环的膨胀机台数及其工作温度后,可按下列步骤进行循环的热力计算:由末级换热器热平衡计算循环的液化系数;在换热器正常工作条件下,从每级的热量平衡计算中求出进入任一级膨胀机的气量。

图 7-22 示出包括膨胀机 E_2 与换热器Ⅴ和Ⅵ的单级计算流程图。图上标号与图 7-19 相对应。设加工氦气量为 1 kg,进入上一温度级膨胀量为 E_1 kg,则

$(1-E_1)$ kg 为进入这级的氦气量。q_3^i 为一级的跑冷损失。

热平衡方程

$$(1-E_1)h_5+(1-E_1-E_2-Z_{pr})h_{11}+q_3^i$$
$$=(1-E_1-E_2)h_7+E_2(h_6-h_{11})+(1-E_1-Z_{pr})h_{13} \quad (7-63)$$

进 E_2 的膨胀量 E_2 为

$$E_2=\frac{(1-E_1)[(h_5-h_{13})+(h_{11}-h_7)]+Z_{pr}(h_{13}-h_{11})+q_3^i}{(h_6-h_{11})+(h_{11}-h_7)}\text{ kg} \quad (7-64)$$

确定每一级膨胀机的膨胀量时必须保证每级分流后的换热器正常工作，即按 $m\Delta h-T$ 图求返流量与正流量之比 β 值。对于图 7-22 所示单级计算流程

$$\beta=\frac{1-E_1-Z_{pr}}{1-E_1-E_2} \quad (7-65)$$

联立式(7-64)、式(7-65)，求出进 E_2 的膨胀量 E_2。如果给出级的热端温度，对换热器工况进行分析、校核，而不需在 $m\Delta h-T$ 图上进行图解计算。

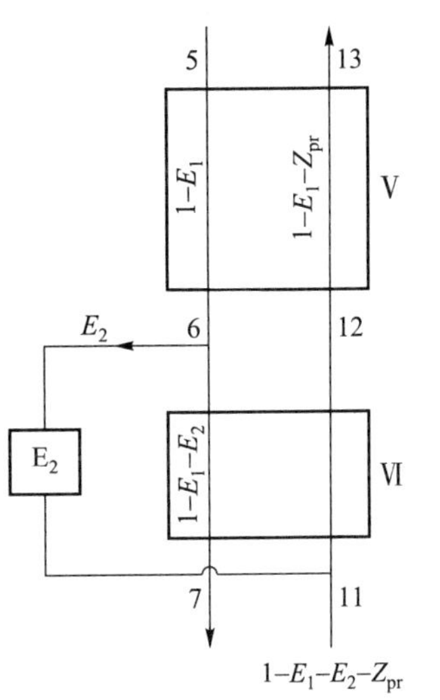

图 7-22 多级膨胀机液化循环单级计算流程

7.4.3 其他类型的氦液化循环

1. 双压氦液化循环

双压氦液化循环主要用于大型氦液化设备，常采用在较低压力和较小膨胀比下工作的透平膨胀机，其特点是将液化系统和膨胀机制冷系统分开。在液化系统内，为保证高液化率所需的最佳压力，仍采用较高压力；在制冷系统内仅需满足液化时所需的制冷量，故可采用较低压力。

图 7-23 所示为双压氦液化循环流程及 T-s 图。经高压压缩机压缩到 2.5×10^3 kPa 的氦气，通过第一换热器、液氦槽及另外五个换热器逐级冷却后节流，部分氦气液化，大部分氦气返流复热后回低压压缩机。由低压压缩机压缩至 400 kPa 的氦气，一部分进入高压压缩机继续压缩；另一部分经换热器冷却到约 50 K 后，其中三分之二的气体进第一台透平膨胀机 TE_{I}，膨胀到 120 kPa、40 K 与返流气汇合；其余三分之一的气体经换热器冷却至 16 K 后进入第二台透平膨胀机 TE_{II} 膨胀到 120 kPa、12 K 与返流气汇合，复热后进低压压缩机。

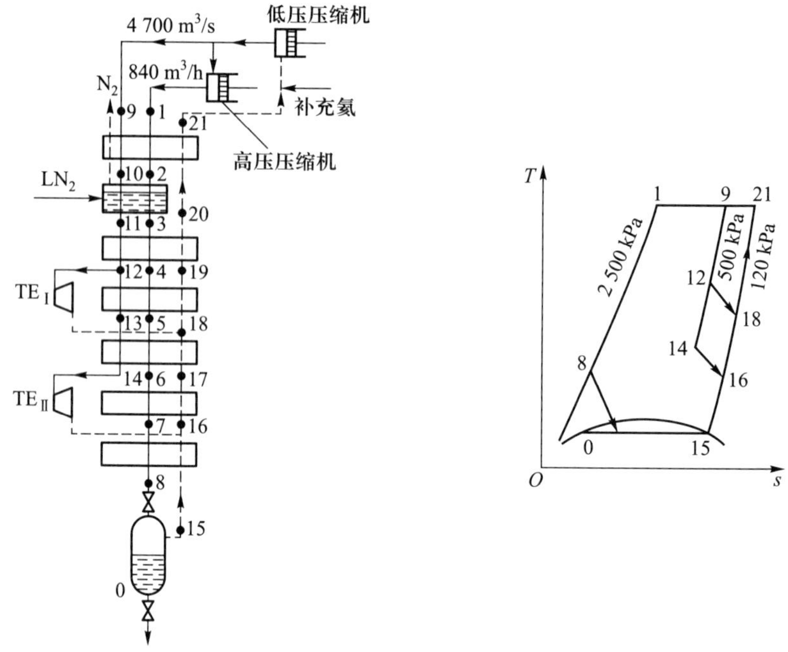

图 7-23　双压氦液化循环流程及 $T-s$ 图

采用双压循环降低了压缩机的功耗,而且减小了膨胀比,使透平膨胀机效率提高。

该循环曾用于 250 L/h 的氦液化器,制冷能力在 20 K 时约为 3 kW。

2. 两级膨胀、两级节流氦液化循环

两级膨胀、两级节流氦液化循环也是一种双压循环,其流程图如图 7-24 所示。该循环联合从天然气中提取氦气的装置,可生产 800 L/h 液氦。

由高压压缩机压缩到 1.62×10^3 kPa 的氦气,进入换热器Ⅰ冷却后,与从提氦装置来的补充氦气汇合,通过换热器Ⅱ~Ⅵ冷却到 6.1 K。然后经第一次节流到 400 kPa、温度为 5.9 K,其中一半氦气经换热器Ⅶ冷却到约 5.65 K,第二次节流到 125 kPa,部分氦气液化。未液化的氦气经换热器Ⅶ、Ⅵ与透平膨胀机 TE_2 来的气体汇合后,经换热器Ⅴ~Ⅰ复热返回低压压缩机。

低压压缩机将氦气压缩至 870 kPa,经换热器Ⅰ、Ⅱ冷却后进第一台透平膨胀机 TE_1,膨胀到压力 400 kPa、温度 32 K,经换热器Ⅳ冷却后与第一次节流后经换热器Ⅵ、Ⅴ的另一半氦气汇合,进入第二台膨胀机 TE_2 再次膨胀到压力 120 kPa、温度 10 K,与第二次节流后未液化的气体汇合后经Ⅴ~Ⅰ复热返回低压压缩机。

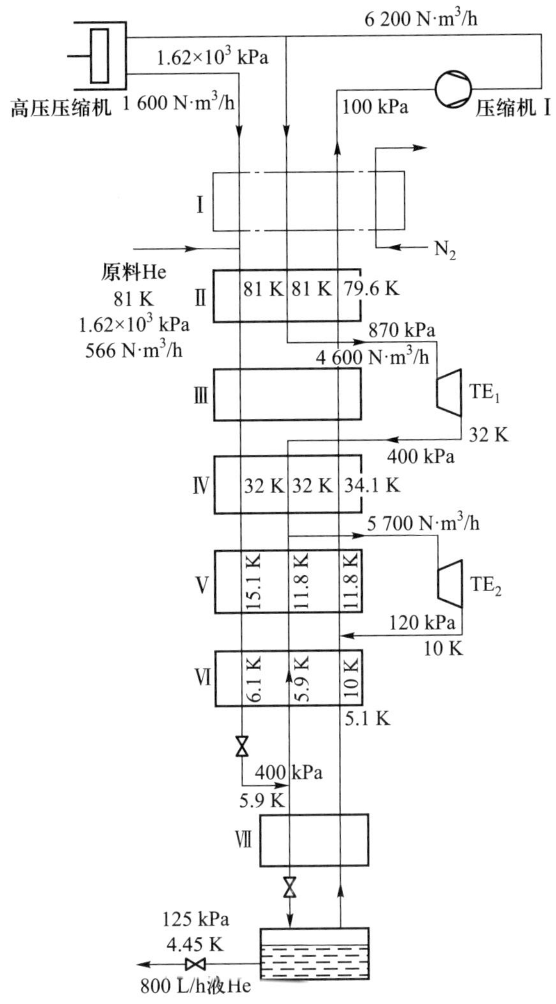

图 7-24 两级膨胀、两级节流氦液化循环流程图

采用两台串联使用的膨胀机,使膨胀比减小,达到较高的绝热效率;采用两级节流,可减少节流过程和热交换过程的不可逆损失,提高循环的热效率。

3. 附加制冷循环的氦液化循环

图 7-25 所示为附加制冷循环的氦液化循环流程图。该循环有两个独立的气体回路,左侧是用液氮和制冷循环预冷的节流液化循环,右侧是用液氮预冷和两台膨胀机的制冷循环。

由于制冷循环与液化循环完全分开,故只有液化循环部分的氦气需进行

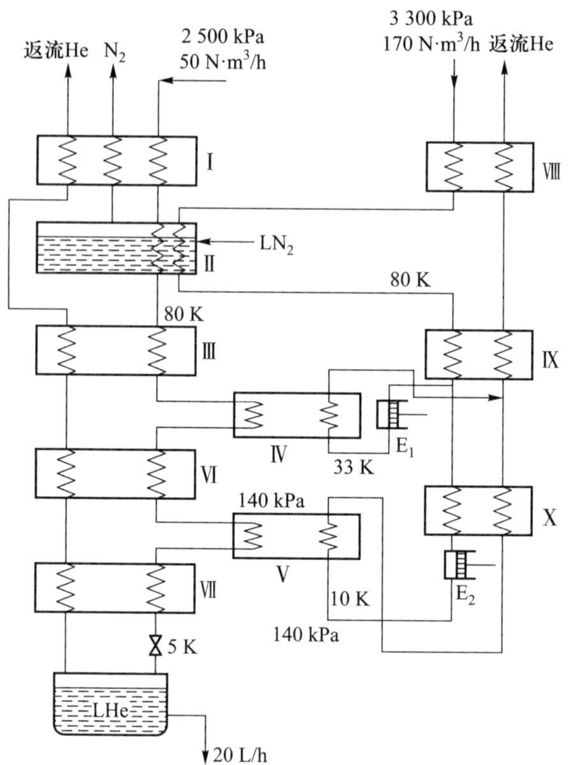

图 7-25　附加制冷循环的氦液化循环流程图

纯化处理，可减小纯化设备的尺寸。这种循环为林德公司采用，用于 20 L/h 氦液化器。

4. 带膨胀喷射器的氦液化循环

通常各种氦液化装置都是采用节流阀来降温并产生液体。由于等焓节流过程的高度不可逆性，㶲损很大。在使用节流阀的情况下，压缩机的吸气压力必须等于（忽略换热器流动阻力时）或小于液氦的蒸发压力。当需要液氦减压蒸发以得到 4.2 K 以下的低温时，压缩机吸气压力将比大气压低得多，因此压缩机系统和换热器的尺寸大大增加，压缩机的功耗也增大。另一方面，从液化装置放出的液氦通常是在常压下使用，因此要求液氦槽的压力一般不要高于 120 kPa。为了提高返流低压使压缩机吸入压力增加到 100 kPa 以上，同时获得更低的液化温度的要求，在氦液化流程中可用膨胀喷射器代替节流阀。

带膨胀喷射器的氦液化循环最先应用于菲利浦氦液化器（10 L/h）上，其原理流程如图 7-26 所示。循环中气流分为液化气路和制冷气路两部分。氦气经压缩机由 250 kPa 压缩到 2×10^3 kPa,通过五个紧凑式换热器Ⅰ~Ⅴ,其间还分别进入用作中间预冷的两台双级斯特林制冷机的四个冷头换热器 R_1 ~ R_4;从气瓶来的氦气压力为 2×10^3 kPa,其量相当于液化的氦气量,连续通过换热器Ⅰ~Ⅴ。两股氦气出换热器Ⅴ时的温度达到 7 K 左右,汇合后进入膨胀喷射器 j,膨胀到 250 kPa。膨胀后大部分气体返流通过各级换热器以冷却两股高压氦气,复热后回到压缩机;小部分氦气经换热器Ⅵ进一步冷却到 5.2 K 后,通过节流阀节流至 111 kPa,有 60%~70%的气体液化并输入外贮槽。未液化的氦气在Ⅵ中复热后,被膨胀喷射器吸入,在混合室与主气流混合,并经扩压器增压到 250 kPa,再返流通过换热器Ⅴ~Ⅰ回到压缩机。

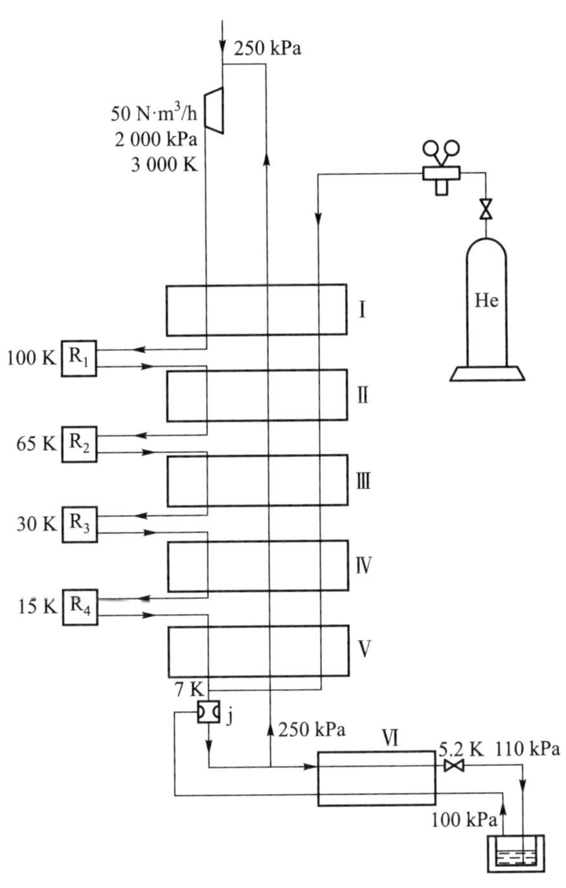

图 7-26　菲利浦氦液化器

由于使用喷射器,低压气流压力从 111 kPa 提高到 250 kPa。适当提高循环低压压力对减小压缩机、换热器结构尺寸和降低功耗都有利。喷射器在 1.8 K、

380 W 氦液化制冷设备上也已使用。

5. 采用两相膨胀机的氦液化循环

以氦为工质的膨胀机在两相区操作时,效率不会显著降低,不易产生液击,因为进气缸的高压氦气的热容量比残留在缸内液氦的潜热要大得多。因此,循环开始时,少量液氦的热影响不大。选择适当的配气机构及时将两相混合物排出,使残留的液氦量减少到最少,就能避免液击现象。

美国低温技术公司在 60 L/h 氦液化装置上对采用两相活塞膨胀机代替节流阀进行过对比液化试验。结果表明,在压比为 18 : 1、输入总功率为 86 kW 时,用节流阀的液氦产量为 60 L/h,相应制冷量为 180 W(4.5 K);用两相膨胀机时产量增加到 80 L/h,相应制冷量为 250 W(4.5 K),即装置的液化能力提高了 33%,制冷能力提高了 38.8%。由此可见,用两相膨胀机代替节流阀,能明显增加液化量和制冷量,从而降低装置的单位能耗。

6. 超流氦低温系统

极端物理条件下的科学研究为理论发现和科技创新提供了条件,低温作为重要的极端条件推动了一系列科学研究的发展。20 世纪末以来,美国、德国、日本等发达国家先后建立了用于研究微观物质结构的超级科学工程。例如,欧洲核子研究组织(CERN)的大型强子对撞机(LHC)、美国 BNL 国家实验室的相对论重离子对撞机(RHIC)、日本 KEK 国家实验室的正负电子对撞机(KEKB)、德国 DESY 国家实验室的高能粒子线性加速器(TESLA)。中国在此方面的研究有北京大学的超导加速器实验装置(PKU-SCAF)、中科院高能所的加速器驱动次临界洁净核能系统(ADS)等。由于超流氦具有优良的流动和传热性能,因此在很多应用场合,常用其冷却超导磁体。以上的科学装置均采用了超流氦低温系统冷却超导腔和超导磁体加速器。

超流氦低温系统一般包括一套 4.5 K 氦低温系统和一套 1.8/2 K 超流氦低温子系统。如图 7-27 所示,在超流氦低温系统中,通过真空泵的驱动,常压下饱和(或者接近饱和)液 He Ⅰ($4.2\ K/1.013\times10^5\ Pa$)先经过负压低温换热器降温,再经 J-T 节流阀节流到 1.8 K/1.37 kPa 的 He Ⅱ 得到超流氦。超流氦吸收热量后变为负压冷氦气,进入负压换热器的低压侧冷端,对负压换热器热端进口的液氦进行预冷。负压换热器由于低压端的压力很小(通常是 kPa 量级),考虑压缩泵入口压力的限制,应尽可能减小通过换热器和管路的压力损失。

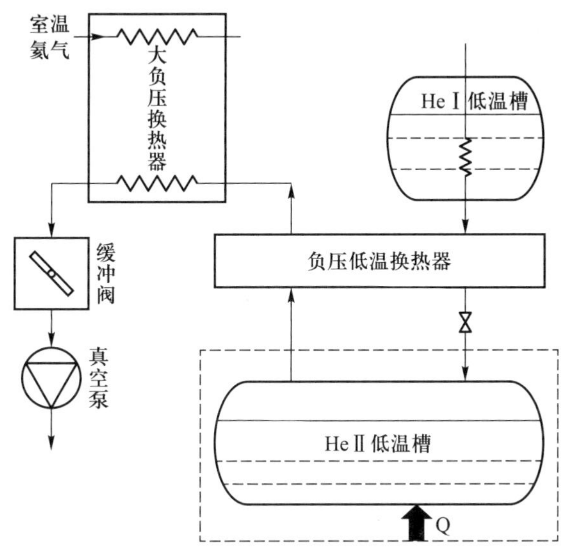

图 7-27 超流氦低温系统部分流程图

7.5 氢液化循环

氢的临界温度和转化温度低,汽化潜热较小,是一种较难液化的气体。氢液化的理论最小功在所有气体中最高。未经正—仲氢催化转化得到的液氢,在贮存时自发进行正—仲氢的转化,所释放的转化热会使液氢大量蒸发而损失。因此,在液化过程中合理地分布催化剂温度级,进行正—仲氢催化转化,对液氢生产和贮存十分重要。同时,氢是一种易燃易爆的气体;在液氢温度下,除氦以外所有杂质气体均已冻结,冻结的杂质气体可能阻塞液化系统通道。因此,对原料氢必须进行严格纯化。

在组织氢液化循环时,应考虑上述氢的性质和液化特点。氢液化循环一般可分为三种类型,节流液化循环、带膨胀机的液化循环和氦制冷的液化循环,同时近几年出现了以一体化氢液化流程和可再生能源综合利用的氢液化循环为代表的一系列大规模氢液化新技术,下面将分别讨论。

7.5.1 氢的节流液化循环

氢的转化温度约为 204 K,温度低于 80 K 进行节流才有较明显的制冷效应。

因此采用节流液化循环对氢进行液化时，需借助外部冷源预冷，一般采用液氮预冷。

1. 一次节流氢液化循环

图 7-28 为氢的一次节流液化循环流程图。压缩后的氢气经换热器Ⅰ、液氮槽Ⅱ、主换热器Ⅲ冷却，节流后进入液氢槽Ⅳ；未液化的低压氢气返流复热后回压缩机。

当生产液态仲氢时，若正常氢在液氢槽中一次催化转化，则必须考虑释放的转化热引起液化量的减少。

对液氮槽以下热力系统进行能量平衡计算，可确定循环的液化系数

$$Z_{pr}=\frac{(h_8-h_4)-(q_3^{\mathrm{III}}+q_3^{\mathrm{IV}})}{(h_8-h_0)+q_{cv}(\xi_2-\xi_1)}\quad \mathrm{kg/kg}(\text{加工氢})\tag{7-66}$$

式中：q_3^{III}、q_3^{IV}为换热器Ⅲ、液氢槽Ⅳ的跑冷损失；q_{cv}为转化热，kJ/kg，与温度有关，当生产正常液氢时 q_{cv} 为零；ξ_1、ξ_2 为转化前、后仲氢浓度；h_0为正常液氢的焓值，kJ/kg。

由换热器Ⅰ和液氮槽的热平衡可确定液氮耗量为

$$m_{LN_2}=\frac{(h_2-h_4)-(1-Z_{pr})(h_1-h_8)+q_3^{\mathrm{I}}+q_3^{\mathrm{II}}}{h_{11}-h_8}\quad \mathrm{kg/kg}(\text{加工氢})\tag{7-67}$$

一次节流氢液化循环简单可靠，但效率低，一般只用于小型设备。

2. 二次节流氢液化循环

由于循环的单位制冷量随压差的增大而增加，而压缩气体的能耗随压比的增大而增加，因此，为节省能耗，在循环中保持大压差及小压比是有利的。因此，具有中间压力的二次节流液化循环比一次节流液化循环具有较好的经济性。

图 7-29 所示为氢的二次节流液化循环原理流程图。高压氢气经换热器Ⅰ、液氮槽Ⅱ、换热器Ⅲ，节流至中间压力进入容器Ⅳ。大部分中压氢气返流复热至常温后回压缩机；比实际液化量稍多的一部分液氢经换热器Ⅴ过冷后，再次节流至低压进入液氢槽Ⅵ。

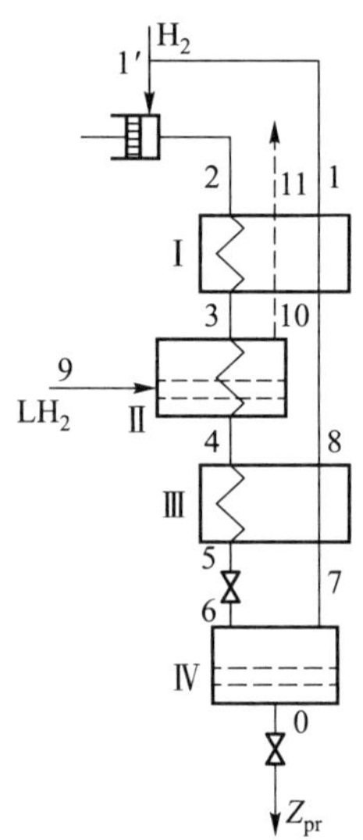

图 7-28　氢的一次节流液化循环

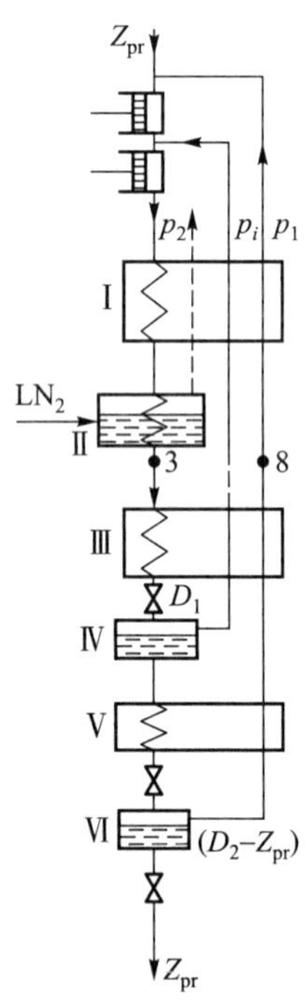

图 7-29　氢的二次节流液化循环

7.5.2 带膨胀机的氢液化循环

1. 有液氮预冷的克劳特氢液化循环

如图 7-30 所示,压缩后的氢气在换热器Ⅰ、液氮槽Ⅱ中冷却后分成两路,一路进入膨胀机 E,膨胀后与低压返流气汇合后复热回压缩机;另一路经换热器Ⅲ和Ⅳ进一步冷却并节流后进入液氢槽Ⅴ,未液化的气体返流经各换热器复热后回压缩机。

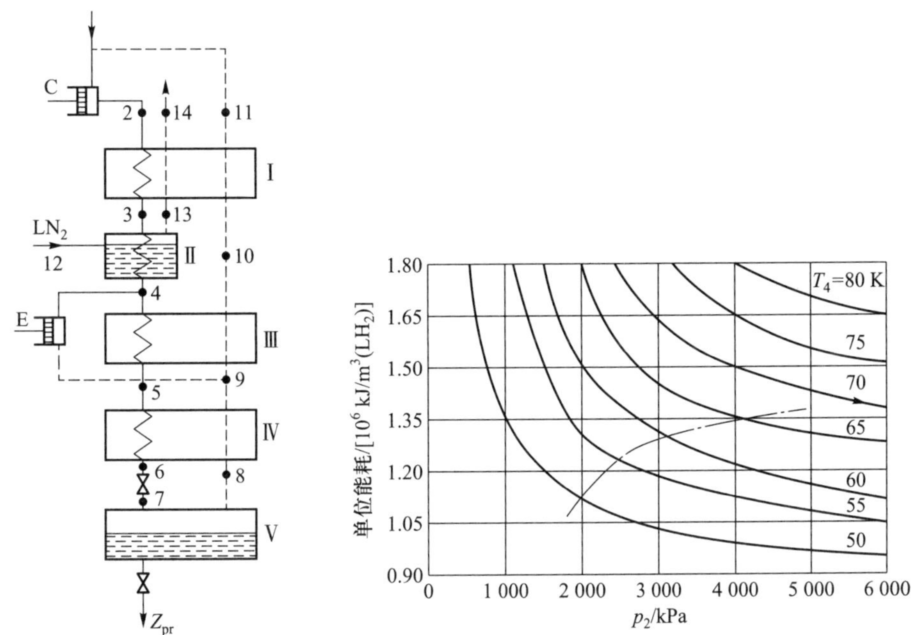

图 7-30 有液氮预冷的克劳特氢液化循环流程及单位能耗曲线图

膨胀机进气量由换热器正常工作条件所确定,由于氢的比热随温度和压力的变化比较剧烈,因此必须对换热器的温度工况进行校核。

图 7-30 右侧所示为该种液化循环的单位能耗同高压压力和膨胀前温度的关系。图上曲线表明,单位能耗随压力的增加而降低;当压力超过 5×10^3 kPa 时,单位能耗几乎不随压力而变。降低膨胀前温度使单位能耗减少;但过分降低膨胀前温度会使膨胀后出现液体。图中虚线下面的部分表示已进入两相区。

2. 带膨胀机的双压氢液化循环

带膨胀机的双压氢液化循环是在图 7-29 所示的二次节流液化循环中用一

台膨胀机代替第一个节流阀而构成的，由于作外功的膨胀过程不可逆损失较小，且获得更多冷量，因而提高了循环的液化系数，并减小了单位能耗。图 7-31 所示为该循环的流程及 T-s 图。压缩后的氢气经换热器Ⅰ、液氮槽Ⅱ和换热器Ⅲ冷却后分为两部分，一部分氢气在膨胀机 E 中膨胀至中间压力，返流复热后回高压压缩机 C_2；另一部分氢气在换热器Ⅳ中进一步冷却并节流进入液氢槽Ⅴ，未液化的低压氢气返流复热返回低压压缩机 C_1。

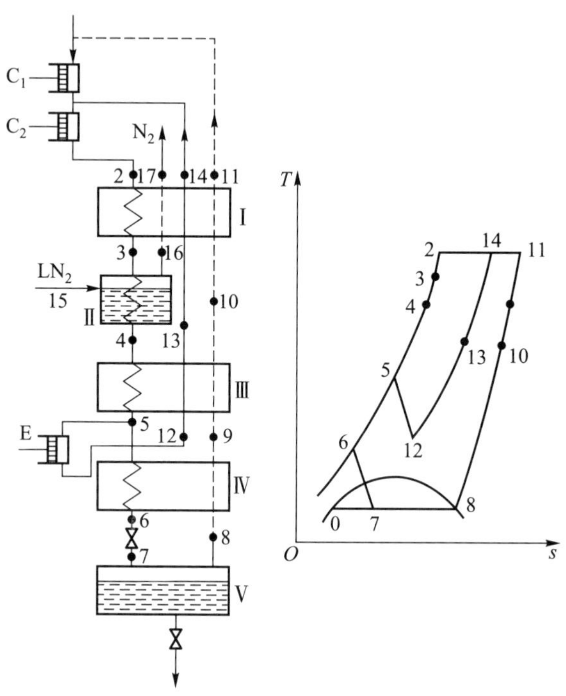

图 7-31　带膨胀机的双压氢液化循环流程及 T-s 图

带膨胀机的双压氢液化循环单位能耗比二次节流液化循环低，且中间压力的影响比较大。

7.5.3　用氦制冷设备提供冷量的氢液化循环

这类循环是用氦作为制冷工质，在带膨胀机的氦制冷循环和斯特林循环的制冷机中获得氢冷凝的温度，通过表面换热使氢液化。

图 7-32 为膨胀机型氦制冷氢液化循环流程图及特性曲线。压缩到 $1\times10^3\sim2\times10^3$ kPa 的氦气经换热器Ⅰ、液氮槽Ⅱ及换热器Ⅲ冷却后，在膨胀机 E 中膨胀降至能使氢冷凝的温度，然后经冷凝器Ⅶ、换热器Ⅲ和Ⅰ复热后返回氦压缩

机。原料氢通过换热器Ⅳ、液氮槽Ⅴ、换热器Ⅵ冷却后在冷凝器Ⅶ中被氦气冷凝,并节流进入液氢槽Ⅷ,未液化的氢气复热后返回氢压缩机。

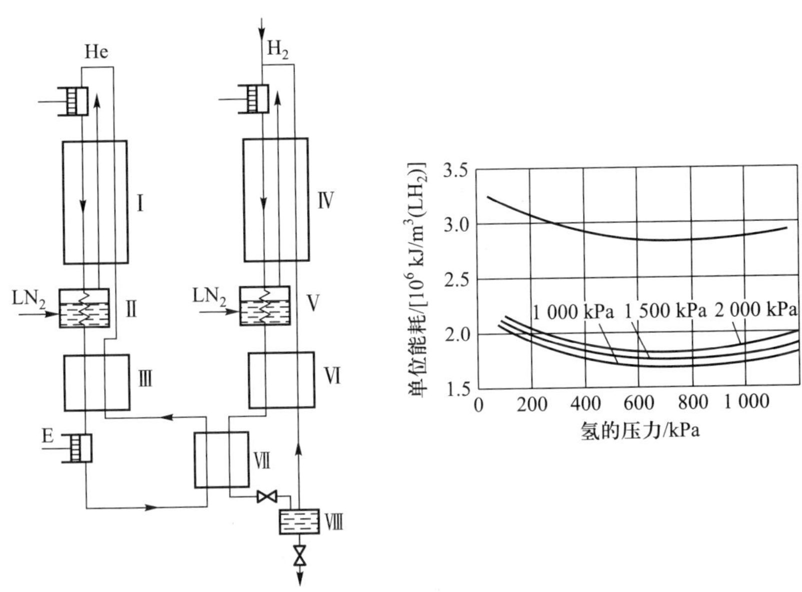

图 7-32 氦制冷氢液化循环流程图及单位能耗与氦、氢压力的关系

由图 7-32 中的循环特性曲线可知,下面三条曲线(正常液氢)比较靠近,说明氦气压力对产生正常液氢的单位能耗影响不明显;氢的压力在 $0.3\times10^3\sim1\times10^3$ kPa 时,曲线比较平直,表明在此压力范围内单位能耗几乎与氢压力无关。生产液态仲氢时单位能耗(上面一条曲线)比生产正常液氢要增加 50%左右,而大多数循环中前者比后者只增加 20%~30%。这种循环也可以用氖作工质使氢液化。

7.5.4 大规模氢液化新技术

现在运行的大部分氢液化装置存在能耗高[>13 kW · h/kg(LH_2)]和规模小(一般为 5~30 t/d)的问题,限制了液氢的生产以及氢能的广泛使用。许多研究者基于目前氢液化装置存在的问题提出了优化方向。结合最新的研究进展,对正—仲氢催化转化与换热一体化氢液化流程和可再生能源综合利用的氢液化循环两种大规模氢液化新技术进行介绍。

1. 正—仲氢催化转化与换热一体化氢液化循环

随着大规模氢液化流程的研究发展,一种正—仲氢催化转化与换热一体化的氢液化新流程被提出并引起关注。该类流程省去传统氢液化装置的正仲转化反应器，直接在低温换热器的高压氢气流道内填充催化剂颗粒（图 7-33），使高压氢气在换热冷却的同时加速完成连续的正—仲转化催化反应。目前，国外已经有该一体化技术的应用案例。典型的正—仲催化转化与换热一体化氢液化流程如图 7-34 所示，预冷后的高压氢气从液氮温区开始，采用填充催化剂颗粒的换热器进行逐级冷却和连续正仲转化反应，从而获得仲氢浓度在 95%以上的液氢。该类新型氢液化流程将正—仲氢催化转化反应与流动换热进行一体化整合之后具有以下优势：①换热器与正仲转化反应器相结合，氢气的冷却换热和正仲转化反应同时进行，不仅加速氢的正仲转化速率，且可有效提高低温冷能的利用效率和氢气液化的效率；②填充至换热器通道内的催化剂颗粒使得高压侧氢气流体换热明显增强，可有效减少换热面积和缩小换热设备体积；③换热器与正仲转化器合二为一，略去传统的正仲转化反应器及其配套冷却设备，提高了氢液化工艺系统的紧凑性，降低了设备投资及运行成本。

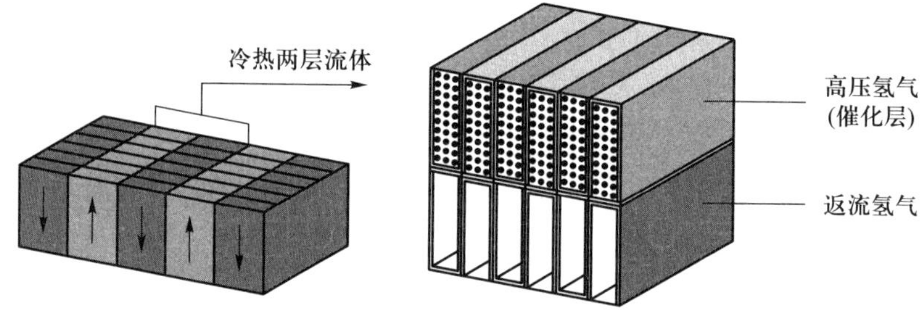

图 7-33　正—仲氢催化转化与换热一体化换热器

2. 可再生能源综合利用的氢液化循环

常规的可再生能源主要有生物质能、太阳能和地热能等，可再生能源具有来源广泛、环境友好和总量丰富的优点，但存在能源品质低、间断式供应和波动性大等问题，还导致可再生能源的利用受到限制，许多地方甚至出现了弃风电、光电等现象。可再生能源利用的关键在于寻求一种能源品质高、利用稳定的能源载体，氢能就是一种十分合适的能源载体。氢气的生产和液化过程中会消耗大量的能源，采用可再生能源代替电网电能为制氢和氢液化装置提供动力，可有效降低氢气生产和液化的能耗。综合能源系统是现在能源利用的新趋势，许多研究者考虑将可再生能源系统、制氢系统和氢液化系统进行耦合，提出了一系列新型氢液化流程。

图 7-35 所示为基于太阳能的大型制氢和氢液化综合能源系统简图。该综合能源系统主要包括太阳能热水循环系统、吸收式制冷系统、电解水制氢系统和氢液化系统等子系统。太阳辐射被太阳能集热器吸收，产生循环热水，然后按照

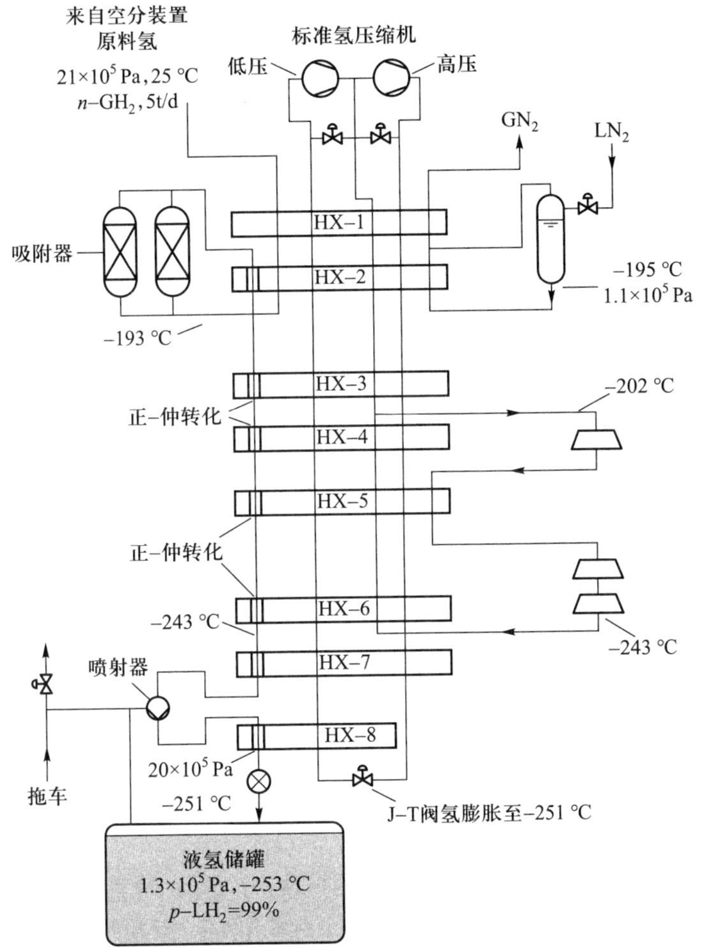

图 7-34 正—仲氢催化转化与换热一体化氢液化流程

各子系统需要的能量品质高低依次通过电解水制氢系统、朗肯循环、吸收式制冷系统、干燥系统和膜分离装置。氢液化系统是在氦预冷的氢液化循环基础上完善得到的，预冷和冷却阶段的冷量由氦制冷循环提供。朗肯循环和氢液化系统的膨胀机为电解水制氢系统和压缩机等用电设备提供电能。各个子系统需要的电能受集中的电力管控设备调控，分配到压缩机和泵等用电设备，不需要外界额外输入能量。目前报道的这些新型氢液化流程产量最低至 4 t/d 量级，最高能达到 500 t/d 量级，具有很大的可调节范围；最低的能耗只有目前运行的氢液化工厂能耗的 25%～30%，同时㶲效率相较于现运行的氢液化工厂和传统的氢液化循环均有所提升。

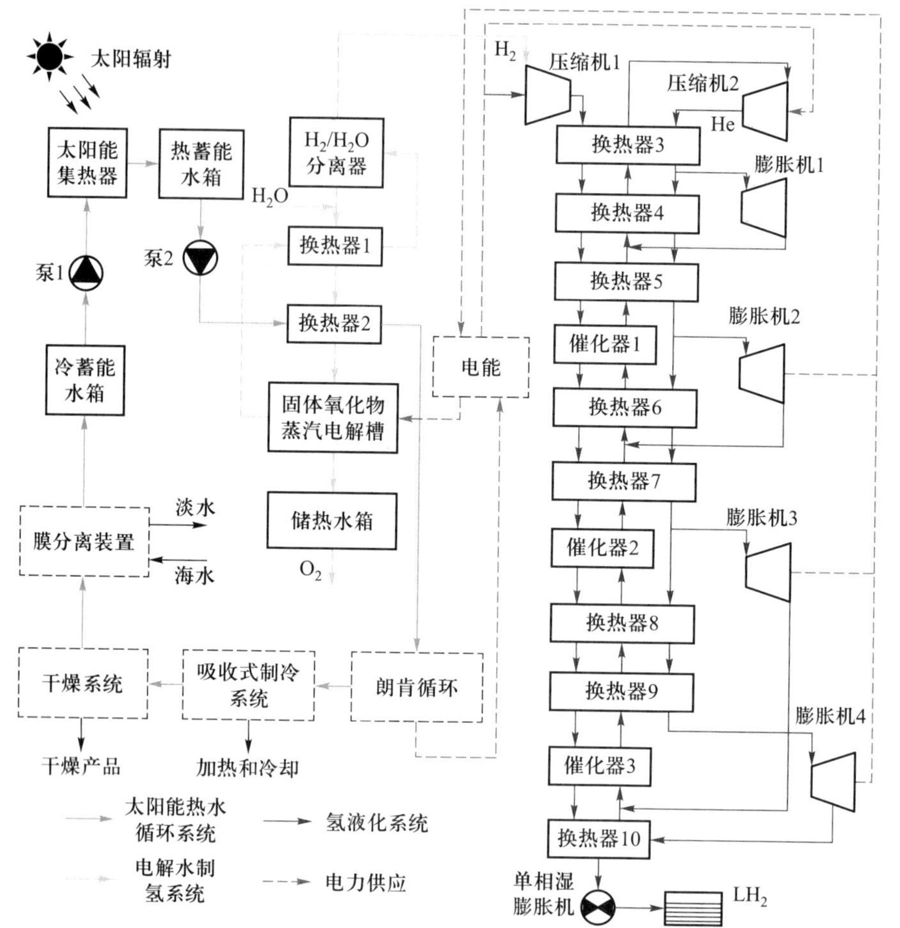

图 7-35 基于太阳能的大型制氢和氢液化综合能源系统

7.6 天然气液化循环

天然气中甲烷的含量通常约在80%以上，经预处理后甲烷的相对含量还要高。因此天然气的性质与甲烷相近。以甲烷为主的天然气液化后的体积只有原来的1/625左右，因此对天然气进行液化是大量存储和远距离输送的一种经济而有效的方法。

目前，天然气液化循环主要有三种类型：复叠式制冷液化循环、用混合制冷剂的液化循环和带膨胀机的液化循环。

7.6.1 复叠式制冷液化循环

这是一种常规的循环，它由若干个在不同低温下操作的蒸气压缩制冷循环复叠组成。对于天然气的液化，一般是由丙烷、乙烯和甲烷为制冷剂的三个制冷循环复叠而成。它们的制冷温度分别为-45 ℃、-100 ℃及-160 ℃。该循环的原理流程如图 7-36 所示。净化后的原料天然气在三个制冷循环的冷却器中逐级地被冷却、冷凝液化并过冷，最后用低温泵将液化天然气（LNG）送至贮槽。

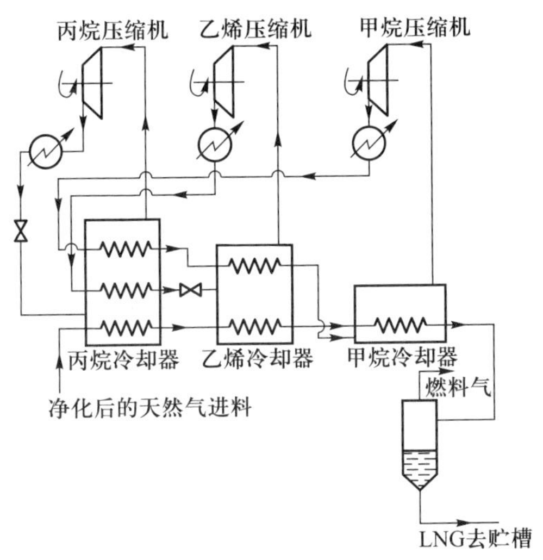

图 7-36　复叠式制冷液化循环原理流程

复叠式液化循环的工作压力较低，制冷剂在液态下不可逆性小，对于标准状态下 1 m^3 的原料气，实际单位能耗 $w_{0,pr}$ 约为 0.32 kW · h/m^3 原料气，是目前热效率最高的一种天然气液化循环。此外，制冷循环与天然气液化系统各自独立，相互影响少，操作稳定。但由于该循环机组多，流程系统复杂，对制冷剂纯度要求严格（否则将会引起工况变化），且不适用于含氮量较多的天然气，因此 1970 年以后这种循环在天然气液化装置上已很少应用。

7.6.2 用混合制冷剂制冷的液化循环

这种循环属自动复叠式循环。混合制冷剂一般是碳氢化合物和氮等五种以上组分的混合物，其组成根据原料气的组成和压力而定。混合制冷剂的大致组成列于表 7-2。工作时利用多组分混合物中重组分先冷凝、轻组分后冷凝的特性，将它们依次冷凝、节流。蒸发得到不同温度级的冷量，使天然气中对应的组分冷凝并最终全部液化。根据混合制冷剂是否与原料天然气相混合，分为闭式和开式两类循环。

表7-2　天然气液化及分离技术所使用的混合制冷剂的大致组成

组分	氮	甲烷	乙烯	丙烷	丁烷	戊烷
体积/%	0~3	20~32	34~44	12~20	8~15	3~8

闭式循环流程图如图7-37所示。制冷循环与天然气液化过程分开，自成一独立的制冷系统。被压缩的混合制冷剂，经水冷却后使重烃液化，在分离器1中进行气液分离。液体在换热器Ⅰ中过冷后，经节流并与返流的制冷剂混合，在换热器Ⅰ中冷却原料气和其他液体；气体在换热器Ⅰ中继续冷却并部分液化后进入分离器2。经气、液分离后进入下一级换热器Ⅱ，重复上述过程。最后，在分离器3中的气体主要是低沸点组分氮和甲烷，它们经节流并在换热器Ⅳ中使液化天然气过冷，然后经各换热器复热后返回压缩机。原料天然气经冷却并除去水分和二氧化碳后，依次进入换热器Ⅰ、Ⅱ和Ⅲ逐级冷却。换热器之间有气液分离器，将冷凝的液体分出。在换热器Ⅲ中原料气冷凝后经节流进入分离器6。液化天然气经换热器Ⅳ过冷后输出；节流后的蒸气依次经换热器Ⅳ直至Ⅰ复热后流出装置。

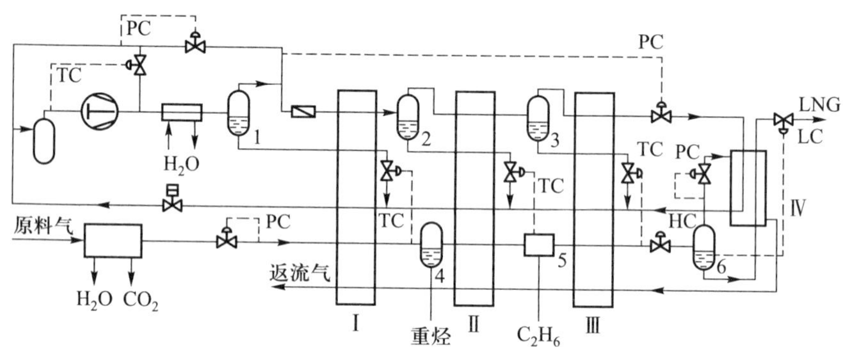

图7-37　闭式混合制冷剂液化循环流程图

TC—温度控制；PC—压力控制；LC—液面控制；HC—手动遥控

开式循环的特点是混合制冷剂与原料气混合在一起，其流程如图7-38所示。原料天然气经过冷却并除去水分和二氧化碳与混合制冷剂混合，依次流过各级换热器及气-液分离器，在天然气逐渐冷凝的同时，也把所需的制冷剂组分逐一地冷凝分离出来，然后又按沸点的高低将这些冷凝组分逐级蒸发汇集一起构成一个制冷循环。开式循环运行中利用各段的分凝液可及时地补充循环制冷剂，免去供启动、停机时存放混合制冷剂的贮罐，但其启动时间较长，且操作困难，因此是一种尚待完善的循环。

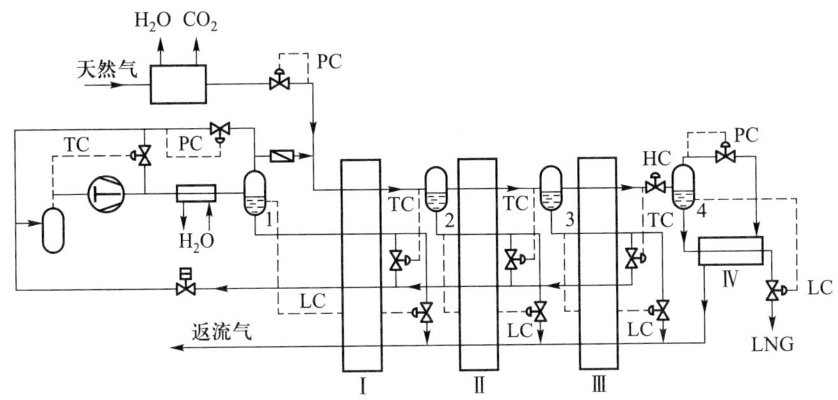

图 7-38 开式混合制冷剂液化循环流程图

TC—温度控制；PC—压力控制；LC—液面控制；HC—手动遥控

同复叠式液化循环相比，混合制冷剂液化循环具有流程简单、机组少、初投资少、对制冷剂纯度要求不高等优点。其缺点是能耗比复叠式液化循环高 20%左右；对混合制冷剂组分的配比要求严格，流程计算困难，必须提供各组分可靠的相平衡数据和物性参数。

为了降低能耗，出现了一些改进型的混合制冷剂液化循环。目前应用最多的是采用丙烷、乙烷或氨作前级预冷的混合制冷剂液化循环，将天然气预冷到238~223 K 后，再用混合制冷剂冷却。这时混合制冷剂只需氮、甲烷、乙烷和丙烷四种组分，因而显著地缩小了混合制冷剂的沸点范围。同时，在预冷阶段又保持了单组分制冷剂复叠式循环的优点，提高了热力学效率。

需要指出，混合制冷剂的各组分一般都是部分地至全部地由天然气原料来提供或补充。因此，当天然气含甲烷较多且其他制冷剂组分的供应又不太方便时，则不宜选用此类循环。

除在天然气液化及分离技术中使用混合制冷剂液化循环外，近年来在稀有气体的提取、工业尾气的低温分离及氮和氢的液化等方面也使用自动复叠式制冷剂液化循环。但随着冷却温度级的不同，混合制冷剂的组成也就不同。

7.6.3 带膨胀机的液化循环

这种循环利用气体在膨胀机中作外功的绝热膨胀来提供天然气液化所需的

冷量。图7-39为直接式膨胀机天然气液化循环流程图。它直接利用输气管道来提供天然气体在膨胀机中膨胀来制取冷量,使部分天然气冷却后节流液化。循环的液化系数主要取决于膨胀机的膨胀比,一般为7%~15%。这种循环特别适用于天然气输送压力较高,而实际使用压力较低且中间需要降压的场合。其突出的优点是能耗低、流程简单、原料气的预处理量少。由于在膨胀过程中天然气中一些高沸点组分会冷凝析出,致使膨胀机在带液工况下运行,故设计比较困难。

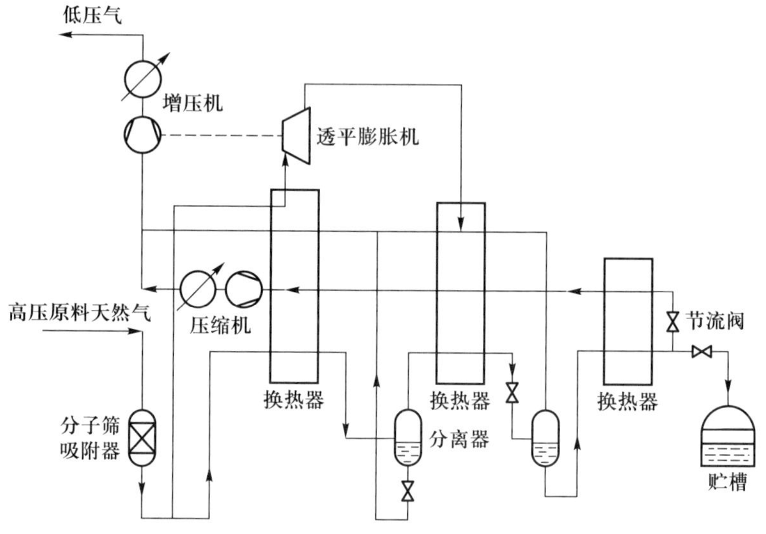

图7-39　直接式膨胀机天然气液化循环流程

图7-40所示的循环采用一个与天然气液化过程分开的具有两级氮膨胀的制冷循环来供给天然气液化所需的冷量。原料气经预纯化设备、换热器Ⅰ,在重烃分离出高碳化合物后进入换热器Ⅱ继续冷却,而后流入氮气提塔。在塔底得到液化天然气,经换热器Ⅲ过冷后去贮槽。在塔上部得到含部分甲烷的氮气,它流入氮-甲烷分离塔使氮与甲烷分离,在塔的下部获得纯液甲烷并送进贮槽,在塔上部流出的氮气与从换热器Ⅲ来的膨胀后的氮气汇合,经换热器Ⅱ、Ⅰ复热后流入循环压缩机。压缩后的氮气经换热器Ⅰ预冷后到第一台透平膨胀机膨胀,产生的冷量经换热器Ⅱ回收;随后氮气进入第二台透平膨胀机膨胀至更低压力,在换热器Ⅲ回收冷量将天然气液化。

该循环适用于含氮稍多的原料天然气,通过氮-甲烷分离塔可制取纯氮作为氮循环的补充气,并可副产少量的纯液态甲烷。这种间接式膨胀机循环的能耗较高,对于标准状态下1 m^3 的原料气能耗约为0.5 kW·h/m^3 原料气,比混合制冷剂循环高40%左右。

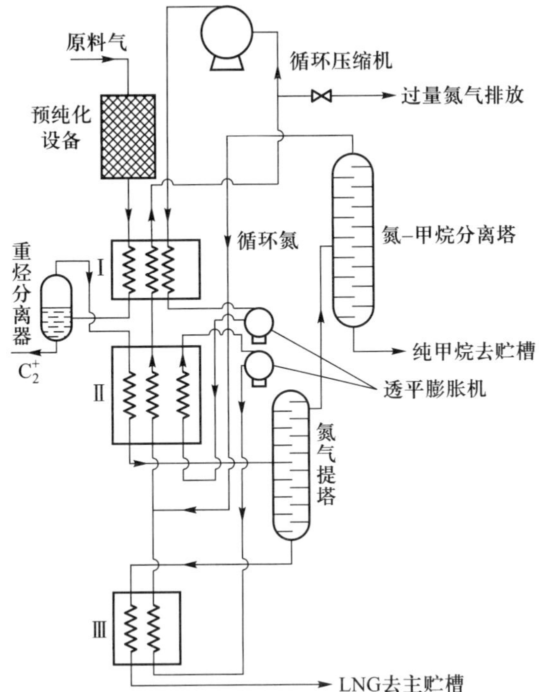

图 7-40 具有两级氮膨胀的天然气液化循环

参考文献

[1] 张祉祐.低温技术原理与装置[M]. 北京:机械工业出版社,1986.

[2] 张早校, 曲天非, 郁永章. 二氧化碳液化方案的节能分析[J]. 压缩机技术, 1997(04): 24-26.

[3] 梅同庆. 异步交流发电机制动的透平膨胀机在天然气深冷分离中的应用[J]. 天然气工业, 1997, 17(5): 67-71.

[4] 王勇. 天然气转化为液态烃技术[J]. 油气田地面工程, 1999, 18(1): 5-6.

[5] 陈光明, 陈国邦. 制冷与低温原理[M]. 北京: 机械工业出版社, 2000.

[6] 苏 A B, 亚齐克. 涡轮膨胀机在天然气处理系统中的应用[M]. 北京: 石油工业出版社, 1988.

[7] 严家騄, 尚德敏. 湿空气和烃燃气热力性质图表[M]. 北京: 高等教育出版社, 1989.

[8] KRASAE-IN S, STANG J H, NEKSA P. Development of large-scale hydrogen liquefaction processes from 1898 to 2009[J]. International Journal of Hydrogen Energy, 2010, 35(10): 4524-4533.

[9] 史俊茹,邱利民. 液氢无损储存系统的最新研究进展[J].低温工程,2006,(6):53-57.

[10] 殷靓,巨永林. 氢液化流程设计和优化方法研究进展[J]. 制冷学报, 2020, 41(03): 1-10.

[11] 吕翠,王金阵,朱伟平,等. 氢液化技术研究进展及能耗分析[J].低温与超导,2019,47(7):11-18.

[12] 陈双涛,周楷淼,赖天伟,等. 大规模氢液化方法与装置[J]. 真空与低温, 2020, 26(03): 173-178.

[13] MAJID A, MEHDI M. Large-scale liquid hydrogen production methods and approaches: a review[J]. Applied Energy,2018, 212, 57-83.

[14] SKAUGEN G, BERSTAD D, WILHELMSEN Ø. Comparing exergy losses and evaluating the potential of catalyst-filled plate-fin and spiral-wound heat exchangers in a large-scale Claude hydrogen liquefaction process[J]. International Journal of Hydrogen Energy, 2020, 45(11): 6663-6679.

[15] PARK J, LIM H, RHEE G, et al. Catalyst filled heat exchanger for hydrogen liquefaction[J]. International Journal of Heat and Mass Transfer, 2021, 170: 121007.

[16] 王坤祥,朱伟平,龚领会.超流氦系统负压换热器研究进展[J]. 低温与超导,2016,44(4):22-25.

[17] 徐攀,文键,厉彦忠,等. 氢正仲转化耦合流动换热板翅式换热器研究[J]. 西安交通大学学报, 2021, 55(12): 16-24.

[18] ONDER G, YILMAZ F, OZTURK M. Thermodynamic performance analysis of a copper-chlorine thermochemical cycle and biomass based combined plant for multigeneration[J]. International Journal of Energy Research, 2020, 44(9): 7548-7567.

[19] YUKSEL Y E, OZTURK M, DINCER I. Energetic and exergetic assessments of a novel solar power tower based multigeneration system with hydrogen production and liquefaction[J]. International Journal of Hydrogen Energy, 2019, 44(26): 13071-13084.

[20] YILMAZ C. Optimum energy evaluation and life cycle cost assessment of a hydrogen liquefaction system assisted by geothermal energy[J]. International Journal of Hydrogen Energy, 2020, 45(5): 3558-3568.

第 8 章

低温精馏分离基础

把一种物质以分子或离子状态均匀地分布于另一种物质中所得到的均匀、澄清、稳定的液体称为溶液。溶液可由下述方法生成：

(1) 两种液体混合。例如把乙醇加入水中，这两种物质就均匀而且密切地成为一个相同的体系，这个体系就是乙醇水溶液。液氮与液氧的混合物、液丙烷与液丁烷的混合物也属于这种溶液。

(2) 固体溶解于液体。如结晶溴化锂溶解于水中成为溴化锂水溶液，液氧中溶有乙炔的混合物也属于这种溶液。

(3) 气体溶解于液体。如氨蒸气溶解于水成为氨水溶液。

构成溶液的组分有溶剂、溶质之分，在溶液中习惯上称占较大比例的组分为溶剂，占较小比例的组分为溶质。但这种规定不是严格的，例如，对于水溶液，一般将水称为溶剂。当气体或固体溶解在液体中时，不管彼此间的相对含量如何，通常把液体当作溶剂，而把气体或固体当作溶质。溶液并非溶质和溶剂的简单的机械混合物，它们的组成比较复杂，除了溶质和溶剂之外，还有溶质和溶剂所形成的不确定的溶剂化合物。

根据溶液中组分的多少，可将溶液分成二元溶液和多元溶液。如果溶液由两种化学成分及物理性质不同的纯物质组成，称为二元溶液，如氨水溶液、溴化锂水溶液、乙炔-液氧溶液等。液化天然气及石油气由三种以上物质（主要为碳氢化合物）组成，为多元溶液的例子。

在制冷及低温技术中，空气的分离、天然气的液化和分离、吸收式制冷、冰盐冷却及共晶冷却、混合工质的研制与应用、空气设备的防爆以及各种新的二元溶液的研究等，都需要应用溶液热力学理论。

描述一种溶液必须指明其溶液成分份额，即某种溶质在溶液中所占的比例，通常用质量分数和摩尔分数两种方法。如果一种溶液由 k 种组分所组成，则某种溶质的质量分数 w_i 为该组分质量 m_i 与溶液总质量 m 之比，即

$$w_i = \frac{m_i}{m} = \frac{m_i}{\sum_{i=1}^{k} m_i} \tag{8-1}$$

$$\sum_{i=1}^{k} w_i = 1 \tag{8-2}$$

只要知道溶液中 k-1 个组分的质量分数,即可求得第 k 个组分的质量分数。摩尔分数 x_i 则表示某一溶质的摩尔数 n_i 与溶液总摩尔数 n 之比,即

$$x_i = \frac{n_i}{n} = \frac{n_i}{\sum_{i=1}^{k} n_i} \tag{8-3}$$

$$\sum_{i=1}^{k} x_i = 1 \tag{8-4}$$

质量分数与摩尔分数之间的关系为

$$x_i = \frac{w_i/M_i}{\sum_{i=1}^{k} w_i/M_i} \tag{8-5}$$

$$w_i = \frac{x_iM_i}{\sum_{i=1}^{k} x_iM_i} \tag{8-6}$$

式中,M_i 为第 i 个组分的摩尔质量。

8.1　基本定律

溶液和其液面之上的蒸气之间形成平衡,两相之间遵循一定的规律,以下几条基本定律从不同的方面说明溶液中组分以及蒸气之间的平衡关系。

8.1.1　拉乌尔定律

单组分液体和它的蒸气处于平衡时,由液面蒸发的分子数和从气相回到液体的分子数是相等的,这时蒸气的压力就是该液体的饱和蒸气压。但当不挥发的溶质(例如,溴化锂的沸点是1 265 ℃,可以认为它在大气中没有挥发的现象,因此在溴化锂的水溶液中,溴化锂是不挥发的溶质)溶入溶剂后,溶剂的一部分

表面或多或少地被溶质占据着，因此在单位时间内逸出液面的溶剂分子就相应地减少了，结果在达平衡时，溶剂的蒸气压必然比纯溶剂的饱和蒸气压小。

拉乌尔定律指出：无论在什么温度下，溶液液面上的蒸气混合物中，每一组分的蒸气分压等于该组分呈纯净状态并在同一温度下的饱和蒸气压力与该组分在溶液中的摩尔分数的乘积。用数学式表示为

$$p_i = p_i^0 x_i' \tag{8-7}$$

式中：x_i'为溶液里第 i 组分的摩尔分数；p_i 为第 i 组分的蒸气分压力；p_i^0 为第 i 纯组分的饱和蒸气压力。

拉乌尔定律对于不挥发溶质的溶液，其溶液饱和蒸气压力 p 可表示为

$$p = p^0 x' \tag{8-8}$$

式中：x'为溶液中溶剂的摩尔分数；p^0 为纯溶剂在溶液温度时的饱和蒸气压力。

如果溶质是挥发性的，则溶液的饱和蒸气压力为按式(8-7)计算得的各个分压力之和。例如对于二元溶液，其饱和蒸气压力可表示为

$$\begin{aligned} p &= p_1 + p_2 = p_1^0 x_1' + p_2^0 x_2' \\ &= p_1^0(1 - x_2') + p_2^0 x_2' \end{aligned}$$

上式说明，在一定温度下，拉乌尔定律计算的溶液的饱和蒸气压力与其液相中的摩尔分数呈直线关系，如图 8-1 所示（图中把 x_2' 简写为 x）。由图可以看出，溶液蒸气压力的数值是在两种纯组分的压力值之间，当 $x_2' = 0$ 时 $p = p_1^0$；当 $x_2' = 1$ 时 $p = p_2^0$。

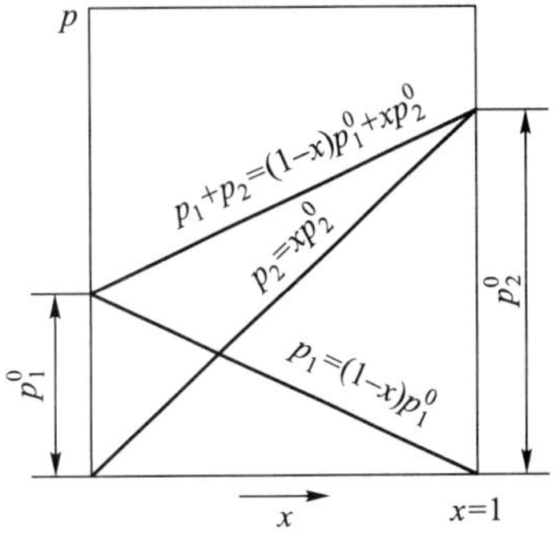

图 8-1 理想溶液的 p-x 图

8.1.2 康诺瓦罗夫定律

康诺瓦罗夫定律说明理想溶液中液相与气相中的成分是不同的。

假如两个有挥发性的溶液混合成一理想溶液，每种液体的蒸气压都符合拉乌尔定律，则可写成

$$p_A = p_A^0 x_A', \quad p_B = p_B^0 x_B'$$

设 x_A''和 x_B''为气相里 A 和 B 组分的摩尔分数，理想溶液的气相混合物当作理想气体混合物时，根据道尔顿定律，有

$$x_A'' - \frac{p_A}{p} = \frac{p_A^0 x_A'}{p}$$

$$x''_B=\frac{p_B}{p}=\frac{p_B^0x'_B}{p}$$

$$\frac{x''_A}{x''_B}=\frac{p_A^0x'_A}{p_B^0x'_B} \tag{8-9}$$

如果纯 B 组分的蒸气压力比纯 A 组分的大,即$\frac{p_A^0}{p_B^0}<1$,则

$$\frac{x''_A}{x''_B}<\frac{x'_A}{x'_B}$$

但是 $x''_B=1-x''_A$、$x'_B=1-x'_A$代入上式,得

$$x''_A(1-x'_A)<x'_A(1-x''_A)$$

$$x''_A-x'_Ax''_A<x'_A-x'_Ax''_A$$

故

$$x''_A<x'_A$$

若以 $x''_A=1-x''_B$、$x'_A=1-x'_B$代入上式,化简可得

$$x''_B>x'_B$$

这就是说,如果不同蒸气压的纯液体在给定温度下混合成二元溶液,则气相里摩尔分数与液相里摩尔分数并不相同,对于较高蒸气压的组分,它在气相里的摩尔分数大于它在液相里的摩尔分数。

在二元溶液中,沸点较低的液体有较大的挥发性,因此有较高的蒸气压。由于高蒸气压的液体就是低沸点的液体,故得到康诺瓦罗夫定律的另一说法:对于较低沸点的液体,它在气相里的摩尔分数大于它在液相里的摩尔分数。

康诺瓦罗夫定律是精馏原理的基础,因为如果溶液摩尔分数和气相摩尔分数完全相同,两组分根本不能用精馏法分离。

例 8-1　把空气当作二元混合物,已知空气中氧-氮的摩尔分数分别为 0.21 和 0.79,如果将空气温度降至100 K并使其液化,问按拉乌尔定律计算处于气、液相平衡条件下的液态空气中,氧和氮的摩尔分数各为多少?

解　查得氧、氮在 100 K 温度下的蒸气压力分别为 0.254 6 MPa 和 0.775 MPa,则有

$$x''_{O_2}=0.21,\qquad x''_{N_2}=0.79$$

$$p_{O_2}^0=0.254\ 6\ \text{MPa},\quad p_{N_2}^0=0.775\ \text{MPa}$$

由式(8-9)得

$$\frac{x'_{O_2}}{x'_{N_2}}=\frac{p_{N_2}^0}{p_{O_2}^0}\frac{x''_{O_2}}{x''_{N_2}}=\frac{0.775}{0.254\ 6}\times\frac{0.21}{0.79}=0.811\ 8$$

因为

$$x'_{O_2}+x'_{N_2}=1$$

所以
$$x'_{O_2} = 0.4481$$
$$x'_{N_2} = 0.5519$$

可以看出,高沸点(低蒸气压)的氧组分在液相中的摩尔分数大,而低沸点(高蒸气压)的氮组分在气相中的摩尔分数大。

8.2 气液相平衡

8.2.1 吉布斯相律

吉布斯相律描述了物质相平衡条件下的平衡规律,它表明物质达到相平衡时其约束条件(或称自由度)的个数与物质的组分数和物质所处的相数有相互依赖关系,即

$$N_f = N_c - N_p + 2 \tag{8-10}$$

式中: N_f 为约束条件数,即可独立变化的热力学参数的个数;N_c 为物质的组成份数;N_p 为物质相平衡时所处的相的个数。

这一相律关系可以利用物质的每一组分以及每一相中的热力学平衡关系予以证明。如一物质有 N_c 组分组成,那么每个组分与物质中摩尔分数之和为1,即

$$\sum_{i=1}^{N_c} x_i = 1 \tag{8-11}$$

只要知道 N_c-1 个组分的摩尔分数,那么第 N_c 个组分可以计算得出,因此组分的独立变化个数是 N_c-1。如果物质由多相组成,每一相均有如上式的平衡关系,则独立变化的摩尔分数可以有 $N_p(N_c-1)$ 个。然而,每个组分在不同相中的摩尔分数是相互联系的,如康诺瓦罗夫定律所描述的气相与液相平衡条件下的摩尔分数存在相关关系。根据热力学原理分析,某一组分在各相中的摩尔分数受其化学势的制约而达到平衡,平衡条件下某一组分在各相中的化学势达到一致。如第 i 个组分在各相中的化学势 ϕ_i 可描述为

$$\phi_{i1} = \phi_{i2} = \Lambda = \phi_{iN_p} \tag{8-12}$$

形成了 N_p-1 个等式,有 N_c 个组分就存在 $N_c(N_p-1)$ 个等式,那么各相中独立变化的摩尔分数就为 $N_p(N_c-1)-N_c(N_p-1)$,即 N_c-N_p。

除组分的摩尔分数作为独立变化参数外,因确定物质状态的参数(如温度、压力)同样也作为相平衡的约束条件,所以式(8-10)中有数字 2。至此,式

(8-10)得以证明。

对于单组分系统,$N_c=1$,则式(8-10)简化为 $N_f=3-N_p$。其约束条件数随着相数的增加而减少,如单相水蒸气 $N_p=1$,约束条件为 2,可以用两个状态参数限定其状态。当处在饱和状态时气液相平衡 $N_p=2$,则约束条件数变为 1。当处在气-液-固共存的三相点状态时,温度、压力均已固定,无需任何约束条件。

对于单相物质,$N_p=1$,则式(8-10)简化为 $N_f=N_c+1$。其约束条件随组分的增加而增加,如空气看作氧-氮-氩三元混合物,约束条件数共有 4 个,其中两个是组分的摩尔分数,两个是状态参数(压力、温度);如看作是氧-氮二元混合物,则约束条件有 3 个,一个是组分的摩尔分数,两个是状态参数。

8.2.2 相平衡图

1. 压力-摩尔分数图和温度-摩尔分数图

对于二元两相平衡系统,从相律已经知道系统的自由度为 2,因此对于这种系统只要两个参数就可能确定混合物(系统)的状态。一般选择下列几个组合作为参数,画出相应的平衡图,即压力(p)-质量分数或摩尔分数(w 或 x)图,或比焓(h)-质量分数或摩尔分数(w 或 x)图。

从康诺瓦罗夫定律知道,当两种不同的液体 A 和 B 混合而成溶液时,气相里的成分和液相里的成分是不相同的。如作 $p-x$ 图,显然在同一压力 p_1 下在图上可有两点(图 8-2):点 b_1'是液相中 B 的摩尔分数;点 b_1''是气相中 B 的摩尔分数。假如液体 B 的纯组分蒸气压高于液体 A 的,根据康诺瓦罗夫定律,B 组分在气相中的摩尔分数应大于液相中的摩尔分数,因而在图 8-2 上点 b_1''应在点 b_1'的右边。同样地,在不同压力下即可得不同的点 b'、b'',但始终是 $x_{b''}>x_{b'}$。因此,连接不同的点 b'得实线为液相饱和曲线;连接不同的点 b''得虚线为干饱和蒸气线。这两条曲线把图形分为三个区域:在实线的左上方是液体区,虚线的右下方是过热蒸气区,两条曲线中间为湿蒸气区。

一般蒸发过程是在等压下进行的,所以用 $T-x$ 图来研究蒸发过程更为方便,这时图上所表示的区域正好反过来(图 8-3)。纯组分蒸气压较高的应有较低的沸点,根据上面假设,B 组分的沸点较 A 组分的为低,因此 B 组分在气相中的摩尔分数应大于它在液相中的摩尔分数。这样,在图 8-3 中,虚线为干饱和蒸气线,实线为液相饱和曲线,相应分为三个区域,如图所示。根据曲线形状,这种曲线又称为鱼形曲线。

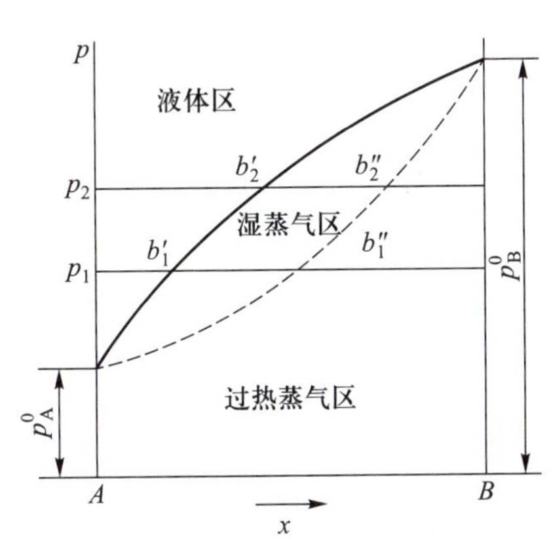

图 8-2　溶液的 $p-x$ 图

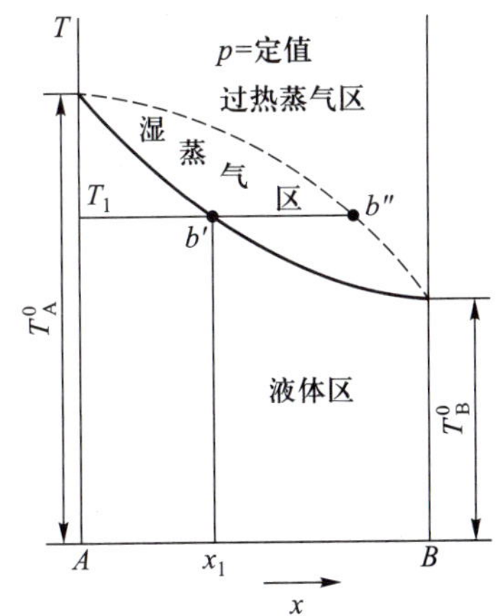

图 8-3　溶液的 $T-x$ 图

从二元溶液的 $T-x$ 图(图 8-3)可以看出,当 B 组分摩尔分数为 x_1 时,溶液的沸点是 T_1,既不等于 T_A^0,也不等于 T_B^0,而是介于二者之间。

2. 比焓-摩尔分数图

工程上大多数情况下是研究热现象的,因此通常用溶液的 $h-x$ 图或 $h-w$ 图来研究问题。它们的结构和特性是一样的,只是所使用的单位不同。

溶液的 $h-x$ 图($h-w$ 图也一样),可以利用 $T-x$ 图及已知的纯组分在气相和液相时的比焓值作出。饱和液体的比焓 h'和干饱和蒸气的比焓 h''与摩尔分数 x 的关系为

$$h'' = q_1'' + (1 - x)h_A'' + xh_B'' \qquad (8-13)$$

$$h' = q_1' + (1 - x)h_A' + xh_B' \qquad (8-14)$$

式中:q_1''、q_1'分别为溶液蒸气和液体的溶解热,J/mol;h_A''、h_B''分别为 A、B 两组分与溶液有相同温度和压力时,蒸气的比焓,J/mol;h_A'、h_B'分别为 A、B 两组分与溶液有相同温度和压力时,液体的比焓,J/mol。

图 8-4 表示将 $T-x$ 图转化成 $h-x$ 图的简单方法,图是相对于某一给定压力 p 而绘制的。在 $T-x$ 图上 1′-1″为某一等温线,1″是干饱和蒸气态,相应的成分为 x_1'';1′是饱和液体态,相应的成分为 x_1'。

由给定的压力、温度和成分再根据式(8-13)、式(8-14)就可以分别计算出 h_1''和 h_1',从而在 $h-x$ 图上得到相应点 1″(干饱和蒸气)和点 1′(饱和液体)。然后取不同的温度,用相同的方法,即可得到 $h-x$ 图上干饱和蒸气线和饱和液体线。相应地在 $h-x$ 图上也分成三个区,如图 8-4 所示。

由上所述,在给定压力和给定的 B 组分摩尔分数 x 下,溶液湿蒸气区的温度

是变数，这一点与纯物质不同，所以在湿蒸气区有必要作出等温线。有了干饱和蒸气线和饱和液体线，即可利用 $T-x$ 图上的等温线方便地作出 $h-x$ 图上湿蒸气区的等温线。

还可以看出 $h-x$ 图的下述特性：

（1）两条饱和曲线并不相交，在横坐标端点处蒸气与液体的比焓差分别为两个纯组分的汽化潜热；

（2）两相区内的等温线互不平行，从 $x=0$ 起，等温线的斜率先减小，然后增大（在横坐标的两个端点等温线同纵坐标重合）。

上面讨论的都是相对压力一定的情况。当压力改变时，由于纯组分的干饱和蒸气和饱和液体的比焓值随压力而变化，所以在 $h-x$ 图上，对不同的压力，干饱和蒸气线与饱和液体线的位置就不同，压力愈大，这两条曲线愈向上移。在图上同一点，对于不同的压力具有不同的聚集态，在湿蒸气区不同压力下同一温度的等温线是不相同的（图 8-5）。在过热蒸气区，由于过热蒸气的比焓值随压力和温度而变，所以不同的压力时同一温度的等温线也不相同。由于溶解热很小，可忽略，所以等温线是直线。而在液体区，当压力不大时压力对比焓的影响很小，所以在液体区等温线与压力无关。

溶解热对有些溶液（如氨水溶液）不能忽略时，等温线是一条曲线，如图8-5所示。

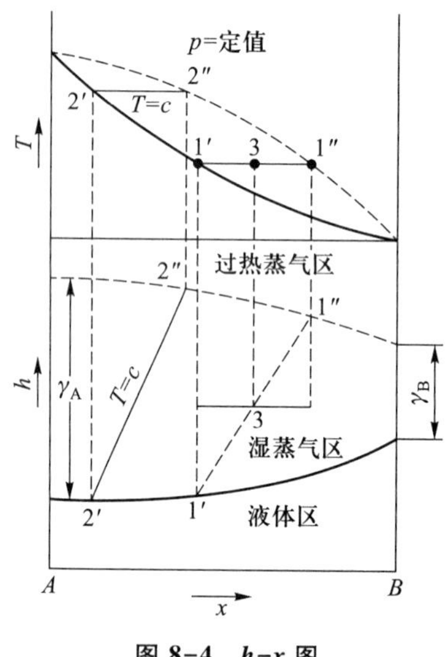

图 8-4　$h-x$ 图

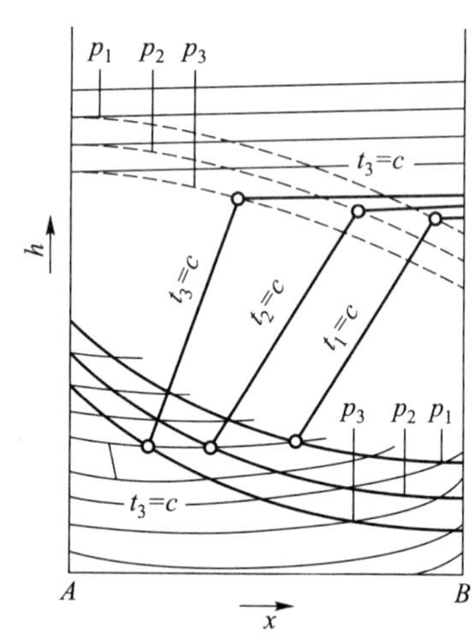

图 8-5　不同压力下溶液的 $h-x$ 图

8.2.3 溶液的基本热力过程

最常见的热力过程有混合、蒸发与冷凝、节流、吸收等，利用 $h-w$ 图或者 $h-x$ 图研究溶液的热力过程很方便。

1. 溶液的混合

当具有同样的组分，但是不同的组分质量分数的两种溶液混合时，混合后溶液的状态可以按下面的混合规则在 $h-w$ 图上求得。如图 8-6 所示，设第一种溶液的质量为 m_1，其状态参数为 t_1、h_1、w_1；第二种溶液的质量为 m_2，其状态参数为

图 8-6 混合过程示意图

t_2、h_2、w_2，在相同压力下混合成的质量 m 的溶液，其状态参数为 t、h、w。

根据质量守恒定律可写出

$$m_1 + m_2 = m \tag{8-15}$$

对于第二组分，根据质量守恒定律可写出

$$w_1 m_1 + w_2 m_2 = wm \tag{8-16}$$

得

$$w = \frac{w_1 m_1 + w_2 m_2}{m_1 + m_2} \tag{8-17}$$

或者

$$\frac{m_1}{m_2} = \frac{w_2 - w}{w - w_1} \tag{8-18}$$

在系统处于绝热、不作外功的条件下，根据热力学第一定律可以写出混合过程的能量平衡式为

$$m_1 h_1 + m_2 h_2 = mh \tag{8-19}$$

也可写成

$$h = h_1 + \frac{w - w_1}{w_2 - w_1}(h_2 - h_1) \tag{8-20}$$

式(8-20)是 $h-w$ 图(图 8-7)上通过点 1 及点 2 的直线公式，因此绝热混合点(混合溶液状态)在 $h-w$ 图上的位置将处在两个初态点的连线上，这条直线称为混合过程线。根据式(8-17)求得混合溶液的 w 后，即可在混合直线上确定混合点 M。

从图 8-7 可看出，$\triangle 1MN$ 和 $\triangle M2L$ 相似，因此

$$\frac{\overline{1M}}{\overline{M2}}=\frac{\overline{1N}}{\overline{ML}}=\frac{w-w_1}{w_2-w}=\frac{m_2}{m_1} \quad (8-21)$$

即点 M 与两个起始状态点的距离与混合前两溶液的质量成反比。

在 $h-x$ 图上也可得出同样的结论。

如果在混合过程中有热量的吸入或放出，则能量平衡式为

$$h=h_1+\frac{w-w_1}{w_2-w_1}(h_2-h_1)+q \quad (8-22)$$

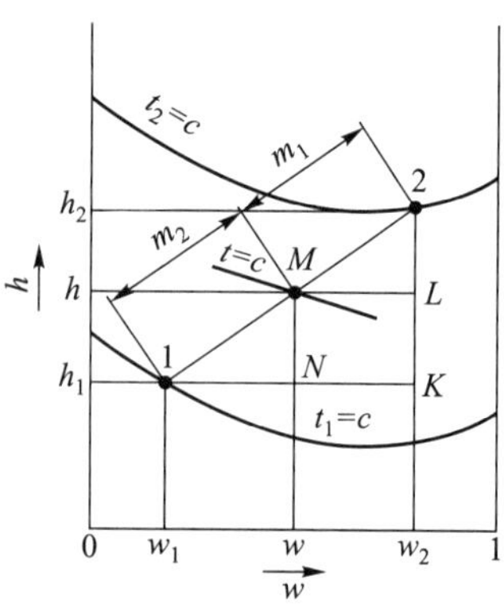

图 8-7　混合过程的 $h-w$ 图

式中，q 为吸入或放出的热量。

根据式(8-20)，上式可写成

$$h=h_M+q$$

式中，h_M 是在混合直线上点 M 的比焓。因此，当与外界有热交换时，混合后的溶液状态可以分两步来确定：先对应于绝热混合过程利用混合规则求得点 M，第二步再在第 w 线上从点 M 加上 q 大小的线段（向上或向下由 q 的符号决定），如图 8-8 上点 M'即为有热交换时混合点的状态。

混合规则对于所有溶液状态都适用，其中包括混合前及混合后的不同集态。

2. 蒸发及冷凝分离

先研究溶液在等压下的蒸发过程。溶液处于开始质量分数为 w_1 的过冷状态（相应于图 8-9 上的点 1），当外界加入热量以后，溶液的温度就逐渐升高，直

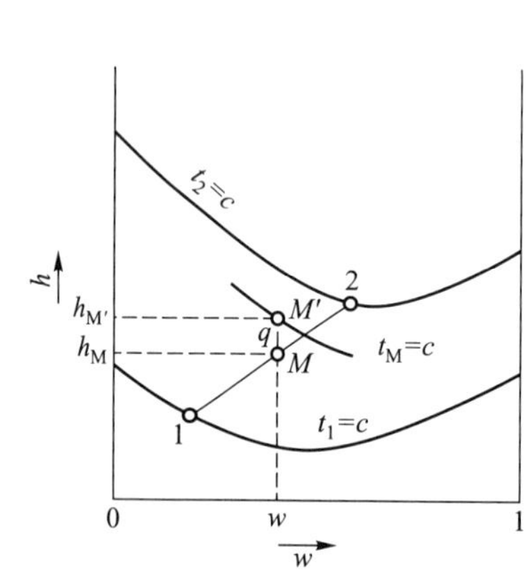

图 8-8　有热交换的混合过程

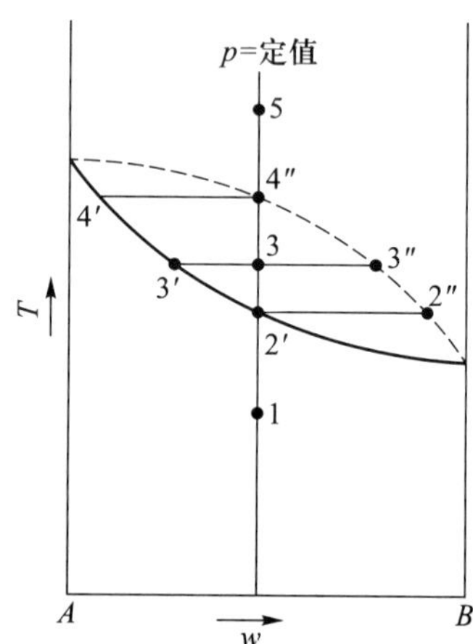

图 8-9　溶液蒸发过程的 $T-w$ 图

至消除过冷度时（相应于饱和点 2′），即开始产生蒸气泡。最初产生的蒸气在图中用点 2″表示，其质量分数为 w_2''，与液相质量分数为 w_2'的相平衡。当温度继续升高时（到点 3），蒸气量就不断增加，同时液相中 B 的质量分数逐渐下降（点 3′），而与这一质量分数相平衡的蒸气质量分数（点 3″）也就逐渐下降。由于蒸发过程是在密闭容器内进行，溶液的总质量及组分的质量应是不变的，因此

$$m' + m'' = m$$

$$m'w' + m''w'' = mw$$

式中，m'及 m''分别为液相及气相的质量。按照分析溶液混合过程的方法，根据上述两式可得出

$$\frac{m''}{m'} = \frac{w - w'}{w'' - w} \tag{8-23}$$

即处于两相平衡的二元溶液，其气相质量与液相质量之比，等于质量分数差 $w''-w$与 $w-w'$的反比。在 $h-x$ 图上，用同样的方法可以证明：气相的摩尔分数与液相的摩尔数之比等于摩尔分数差 $x''-x$ 与 $x-x'$的反比。这一关系称为杠杆规则。利用杠杆规则可以很方便地按 $h-w$ 图或 $h-x$ 图来确定溶液汽化的数量。

温度继续上升，最后全部变为蒸气，到达点 4″（图 8-9），这时蒸气的摩尔分数 w_4''就是开始时溶液的摩尔分数 w_1，而与这个蒸气摩尔分数平衡的是最后一滴溶液，其摩尔分数为 w_4'。此后再加热时即进入过热区，成为过热蒸气（点 5）。

溶液蒸气的凝结过程也可用 $h-w$ 图或 $h-x$ 图表示，它与上面所述的溶液蒸发过程相类似，但方向相反（从点 5 到点 1）。

从以上的分析可以看出，二元溶液气液相变过程的主要特性如下：

（1）对于某一成分的溶液，在一定压力下，开始冷凝或开始蒸发与冷凝结束或蒸发结束时的温度是不同的。这一点与纯组分不同，一定压力下纯组分在蒸发或冷凝过程中的温度是不变的。

（2）在冷凝或蒸发过程中，液相和气相中各组分的质量分数是连续变化的，如图 8-10 所示。

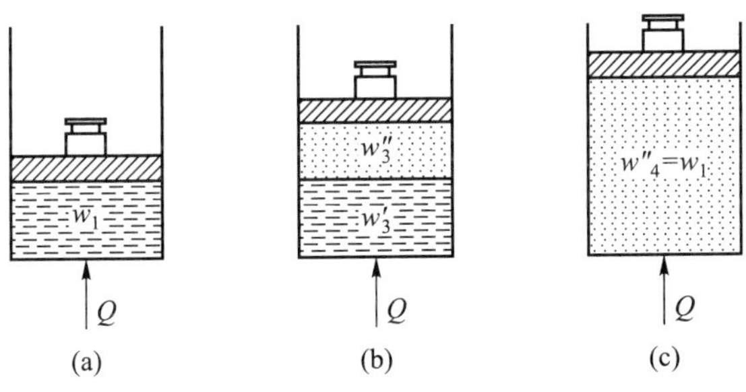

图 8-10　连续蒸发过程示意图

3. 溶液的节流

当溶液从状态 1 绝热节流到终态 2 时(图 8-11),其比焓值与平均的各组分质量分数均不变,即

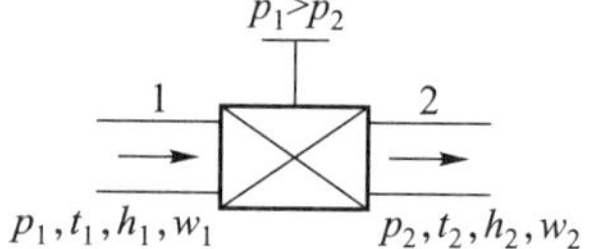

图 8-11　溶液的节流

$$h_1 = h_2,\ w_1 = w_2$$

因此,节流前后的两个状态在 $h-w$ 图上是用坐标为 $h_2=h_1$ 及 $w_2=w_1$ 的同一点表示,它们的压力不同,始态的压力为 p_1,终态的压力为 p_2。从图 8-12 中看出,初态 1 在等温线 t_1 上,处于液体区,而终态 2 在等温线 t_2 上,处于湿蒸气区,而且 $t_2<t_1$。

无论是 $h-w$ 图还是 $h-x$ 图都相同。例如在图 8-13 中,p_1 为高压力,p_2 为低压力;初态 1 为饱和液体,节流后终态 2 位于湿蒸气区,变成气液混合物。根据混合规则,通过点 2 的等温线 4-3 即气液的混合直线,按杠杆规则,饱和液体从 p_1 节流到 p_2 的汽化率 a 为

$$a = \frac{m''}{m} = \frac{\overline{1-3}}{\overline{3-4}} \tag{8-24}$$

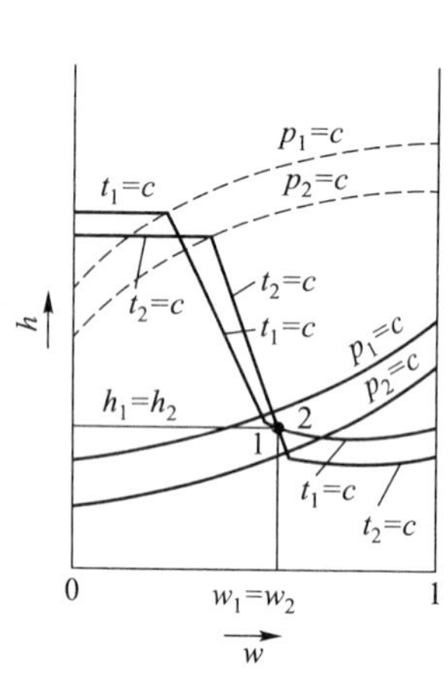

图 8-12　用 $h-w$ 图表示节流过程

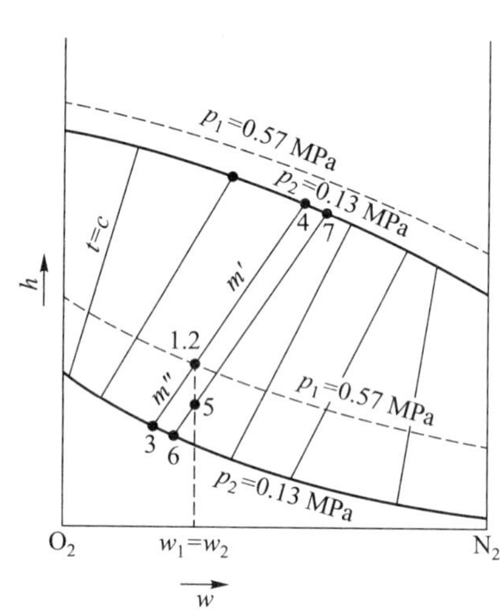

图 8-13　氧-氮系统的 $h-w$ 图

若节流前状态不是饱和液体而是过冷液体,如图中点 5,节流后处在等温线 6-7 上,则汽化率 $a_{s,c}$ 为

$$a_{s,c} = \frac{m''}{m} = \frac{\overline{5-6}}{\overline{6-7}} \tag{8-25}$$

由图上可以看出 $a_{s,c}<a$，即过冷液体节流后汽化率将减小。

节流过程是不可逆过程，经节流后溶液的熵增大，因此有工作能力的损失，可以利用溶液的 $s-w$ 图求出节流过程熵增 Δs_{1-2}，如图 8-14 所示。

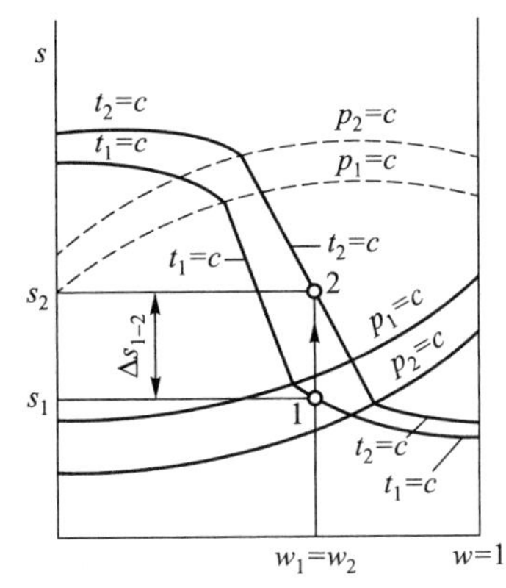

图 8-14　用 $s-w$ 图表示节流过程

4. 溶液的吸收

溶液的或其某一组分的蒸气溶于该溶液的过程，通常称为吸收。当液体的温度低于蒸气的温度时，纯物质的蒸气才可以被其液体冷凝。混合式换热器就是按此原理工作的。但溶液和纯物质不同，当溶液的温度高于蒸气的温度时，也可以实现吸收过程，只要被吸收的蒸气的压力高于溶液的饱和蒸气压力即可。

最简单的吸收过程可以作为混合过程来研究（图 8-15）。设有状态为 w_v、t_v、h_v 的被吸收蒸气 D(kg) 与状态为 w_1、t_1、h_1 的液体 m_1(kg) 混合，蒸气被吸收（或冷凝）于液体中从吸收器排出参数为 w_2、t_2、h_2 的液体 m_2(kg)。

在给定压力下的 $h-w$ 图（图 8-16）上分别以点 1 及点 d 表示液体和被吸收的蒸气。因为在吸收器中蒸气和液体溶液互相混合，混合状态可以根据混合规则在混合直线上求出。吸收过程的任务为将蒸气吸收于液体中，生成溶液的状态必须在液体区，此液体溶液的极限状态为饱和液体。因此，如图 8-16 所示，直线 1-d 与饱和液体线的交点 2 即为所能达到的极限状态。

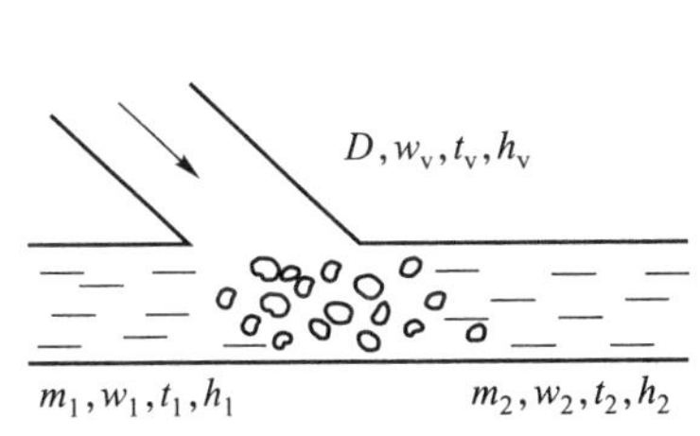

图 8-15　吸收过程示意图

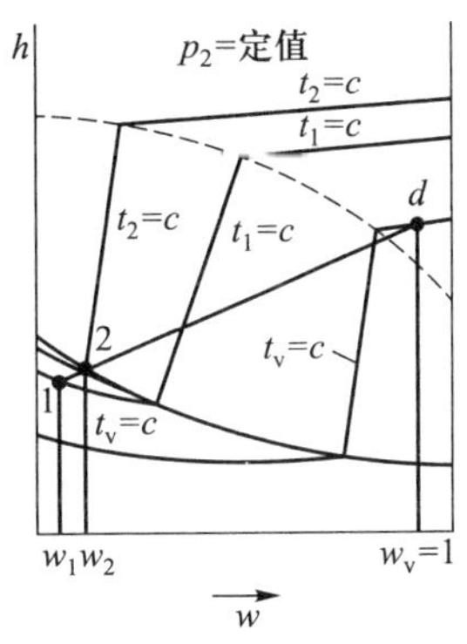

图 8-16　$h-\xi$ 图上的吸收过程

以上所讲的吸收过程没有考虑热交换，因此决定吸收效果的量主要为每吸收 1 kg 蒸气需要多少液体溶液,即 $g=\frac{m_1}{D}$。根据混合规则,液体溶液量与被吸收蒸气量的比和混合直线相应线段成反比,故

$$g=\frac{m_1}{D}=\frac{\overline{2-d}}{\overline{1-2}}=\frac{w_v-w_2}{w_2-w_1}$$

从图 8-16 可看出,g 比 1 大得多,即在无热交换的情况下每吸收 1 kg 蒸气需要较多的液体溶液。在这种情况下只有过冷液体才具有吸收能力。

如果在吸收时排出热量,则可以大大减少吸收时液体溶液耗量(图 8-17)。在此情况下蒸气与液体混合,一定的相对液体溶液量 $g=\frac{m_1}{D}$ 时,由于向外排热而使得混合物达到饱和液体状态。此时的液体溶液量小于无热量排出情况下的值。

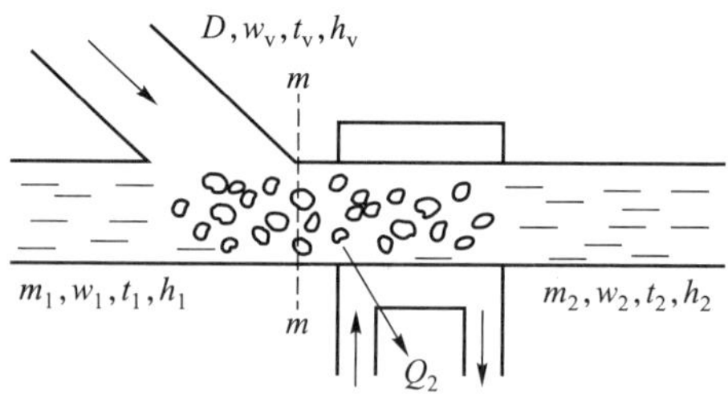

图 8-17　具有放热的过程

图 8-18 为在 $h-w$ 图上表示的具有排热的吸收过程。点 M 表示在排热开始前在吸收器截面 $m-m$ 处液体溶液(点 1)与蒸气(点 d)混合时生成的溶液状态,它尚处于湿蒸气区,故液体溶液的耗量减小。为了使从吸收器排出的溶液为液态,必须进行排热过程 $M-2$,使溶液达到状态 2。在极限情况下,点 2 落在与环境介质温度相等的等温线 t_2 上;而如果混合过程与冷却过程在同一设备中同时进行时,点 2 还必须落在饱和液体线上。

在过程 $M-2$ 中每吸收 1 kg 蒸气溶液排给环境介质的热量为

$$q_a=\frac{\varphi_a}{D}$$

根据物料平衡和能量平衡可求出 q_a:

$$q_a=h_v-h_1+\frac{w_v-w_2}{w_2-w_1}(h_1-h_2) \tag{8-26}$$

利用 $h-w$ 图可以求出 q_a:在 $h-w$ 图上 q_a 为从点 d 到 w_v = 定值的等浓度线与经过点 1、2 的直线的交点 3 的纵坐标线段(图 8-18)。

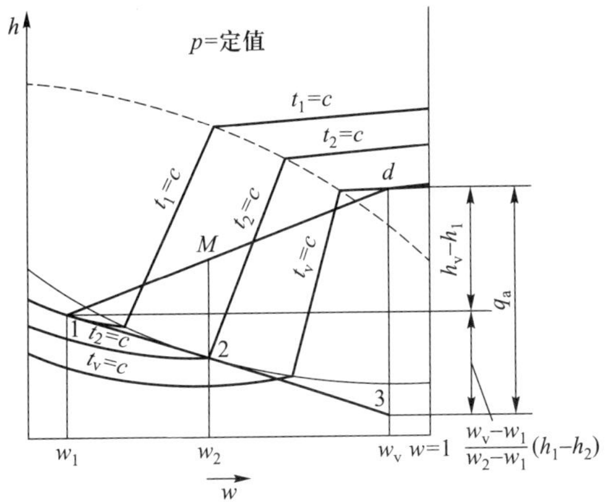

图 8-18 在 $h-w$ 图上表示的具有放热的吸收过程

如果给出溶液被冷却后的温度 t_w，则在 $h-w$ 图上即可确定点 2。由点 2 画竖直线与直线 1-d 相交，即得点 M。然后即可确定液体溶液的单位耗量 g，并按式(8-26)计算吸收热 q_a。

8.3 空气的气液相平衡

8.3.1 混合气体分离最小功

自然界中存在的气体通常是气体混合物。单一气体的获得通常采用从混合物中分离提取的办法，从混合物中提取纯气体，以满足人类对气体的各种需求。

1. 气体混合物的分离

两种及两种以上的单一气体形成气体混合物。这一过程是自发过程，而从混合物中提取某种纯气体，或将混合物中各种组分完全分离开来，则是非自发过程，要使过程进行必须投入一定补偿，这就是分离功。分离的最小可能功耗应该是通过一个可逆过程进行，所需的最小可逆功则决定于被分离的混合物组成、温度和压力以及所要求产物的组成、温度和压力。在恒温恒压条件下将均相的理想气体混合物分离成纯气体产物所需的最小功应为

$$W_{min} = -R_m T \sum_i x_i \ln x_i \tag{8-27}$$

式中：W_{min}为分离 1 mol 气体混合物所消耗的最小功；R_m 为通用气体常数；x_i 为

第 i 个组分的摩尔分数。

对于由组分 A、B 组成的双组分混合物，则其最小分离功为

$$W_{\min} = -R_m T[x_A \ln x_A + (1 - x_A)\ln(1 - x_A)] \tag{8-28}$$

将混合物分离成不纯的气体产物所耗的功要小于同条件下分离成纯物质的最小功，其耗功的计算可由式(8-28)的结果再减去不纯的气体产物进一步分离成纯质气体所耗的功，即：

$$W_{\min} = -R_m T\left(\sum_i x_i \ln x_i - \sum_j y_j \sum_i x_{ji} \ln x_{ji}\right) \tag{8-29}$$

式中：y_j 为不纯气体产物 j 占总气体混合物的摩尔分数；x_{ji} 为不纯气体产物 j 中 i 组分的摩尔分数。

事实上，将混合物实现完全的纯气体分离是不可能的。为了实现可逆过程、零温差传热和无密度差传质需要无穷大的换热面积和无限大的传质空间，这种要求实际上无法做到，因此提纯气体总有一定限度。也就是说，分离后的气体不可能达到 100%的纯度。

2. 空气的组成

空气是一种均匀的多组分混合气体，它的主要成分是氧、氮和氩，此外还含有微量的氢及氖、氦、氪、氙等稀有气体。根据地区条件的不同，空气中也会含有不定量的二氧化碳、水蒸气以及乙炔等碳氢化合物，空气的组成及各成分的沸点可参见第 6 章表 6-2。

3. 天然气的组成

泛指的天然气包括油田气和气田气两种，它们是碳氢化合物及少量的 N_2、H_2、CO_2 等组成的混合气体，其主要成分是以甲烷为主的烷烃。当气体中甲烷成分的含量在 90%以上时称为贫气或干气，常见于气田气。气体的成分含量因气田地域不同而异，同一气田的气体含量也因开采时间不同而变化。表 8-1 列出我国部分地区油田气及气田气（天然气）的组成。

表 8-1　我国部分地区油田气及天然气的组成（摩尔分数）

成分	气体组成/%					
	油田气 Ⅰ	油田气 Ⅱ	油田气 Ⅲ	天然气 Ⅰ	天然气 Ⅱ	天然气 Ⅲ
N_2	0.94	1.15	1.10	7.63	—	7.2
CO_2	0.24	0.36	0.46	0.005	—	0.02
C_1	83.16	63.66	66.00	92.064	92.0	92.56
C_2	4.91	14.55	14.00	0.056 6	0.83	0.04

续表

成分	气体组成/%					
	油田气Ⅰ	油田气Ⅱ	油田气Ⅲ	天然气Ⅰ	天然气Ⅱ	天然气Ⅲ
C_3	5.83	14.20	9.00	—	0.32	
i-C_4	0.75	1.43	0.90	—	—	
n-C_4	2.35	2.94	4.34	—	—	—
i-C_5	0.40	0.92	0.50	—	—	—
n-C_5	0.81	0.52	2.70	—	0.22	—
C_6	0.42	0.27	—	—	—	—
C_7	0.19	—	—	—	—	—
He	—	—	—	0.18	—	0.2
H_2	—	—	—	0.001	—	0.001
O_2	—	—	—	0.08	—	—
H_2S	—	—	—	0.001 3	4.65	微量
合计	100.00	100.00	100.00	100.00		

天然气和油田气可以分离出各种纯组分甲烷、乙烷等，分别作为生产甲醇、乙烯及其他石油化工产品的原料，也可以从中分离出轻汽油及液化石油气（其余称干气）等馏分，分别用作动力燃料及民用燃料。后一情况特别适用于小宗气体的分离。有些地区的天然气中氦含量较高，用以提氦比较经济而有效。

4. 其他多组分气体混合物

(1) 焦炉气

焦炉气是炼焦工业的副产品，以氢的含量为最高，其次是甲烷气，因此利用焦炉气进行分离制取氢气是目前重要的制氢来源之一。氢气常用作生产合成氨的原料，焦炉气的平均组成见表 8-2。

表 8-2 焦炉气的平均组成（摩尔分数）

组成	H_2	CH_4	C_nH_m	CO	O_2	N_2	CO_2	H_2S
含量/%	54~59	23~28	1.5~3	5.5~7	0.4~0.8	3.5~5	1.2~2.5	~1.2

(2) 石油裂解气

石油裂解气是将一些石油产品（如乙烷、丙烷、柴油、重油等）加以裂解而得到的混合气体。石油裂解气的组成见表 8-3，其主要组分除烷烃外，还有大量的不饱和碳氢化合物（如乙烯、丙烯等），后者是有机合成工业的重要原料。

表 8-3　几种石油裂解气的组成（摩尔分数）

组成/%	原料来源				
	乙烷裂解	丙烷裂解	轻柴油裂解	粗柴油裂解	原油闪蒸沙子炉裂解
H_2	35.2	16.1	9.9	11.1	12.7
CH_4	3.6	30.8	27.6	25.1	26.8
C_2H_2	0.2	0.3	0.1	4.6	0.2
C_2H_4	33.1	24.0	20.3	33.8	32.6
C_2H_6	26.7	3.9	7.7	0.3	3.9
C_3H_4	—	—	—	0.6	0.3
C_3H_6		11.1	13.1	0.5	13.1
C_3H_8	0.6	11.3	1.7	13.2	0.4
C_4H_4		0.9	1.6	5.0	1.8
C_4H_8	0.3	0.7	5.6	2.8	2.1
C_4H_{10}		0.1	0.2	0.2	0.4
C_5	0.3	0.8	12.2	2.8	4.8
CO、CO_2、N_2、S 等	不计	不计	不计	不计	0.9
总计	100	100	100	100	100

（3）合成氨尾气

合成氨尾气由合成氨时不断排放的驰放气及液氨降压时放出的膨胀气组成。合成氨尾气的组成如表 8-4 所示。从合成氨尾气中不但可回收氢，还可提氩、氪、氙等。以含氦的天然气为原料制造合成氨时，其中氦可浓缩 4~8 倍，用以提氦时具有较高的经济价值。

表 8-4　合成氨尾气组成（摩尔分数）

组成	H_2	N_2	CH_4	Ar	NH_3
含量/%	60~70	20~25	8~12	3~8	1~3

8.3.2 空气的二元系气液平衡

1. 气液平衡及氧、氩、氮饱和压力和饱和温度的关系

在气液平衡条件下,各相的状态参数保持不变,它们的温度、压力都分别相等,这时的温度称饱和温度,压力称饱和蒸气压力。纯物质在一定的压力下对应着唯一的饱和温度,或在一定的温度下对应有唯一的饱和压力。图 8-19 示出氧、氩、氮纯物质在气液平衡时,饱和压力与饱和温度之间的关系。

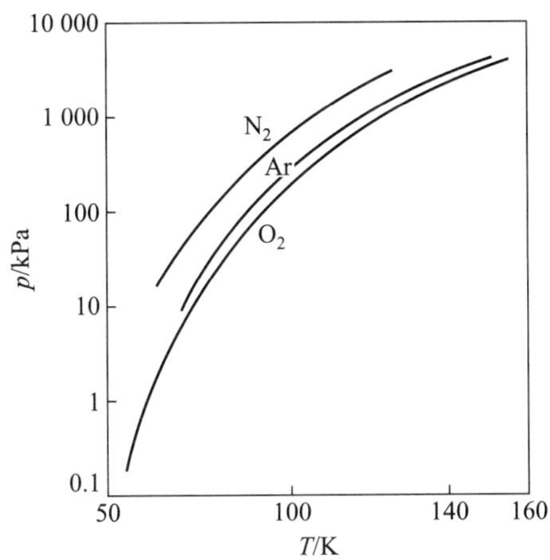

图 8-19 氧、氩、氮饱和压力与饱和温度的关系

由图 8-19 知,氧、氩、氮在同一温度下具有不同的饱和蒸气压力,这是由于它们的分子结构和分子间的引力不同所致。在同一温度下饱和蒸气压力的大小,表明了液体汽化的难易程度。饱和蒸气压大的物质容易由液体变为蒸气,反之,饱和蒸气压小的物质不易由液体变为蒸气。在相同的温度下,氮的饱和蒸气压高于氧的饱和蒸气压。而在相同的压力下,氮的饱和温度低于氧。氩则介于氧、氮之间。

2. 氧-氮二元系的气液平衡压力、温度、比焓与成分的关系

氧-氮二元系气液平衡关系可用相平衡图表示。对两组分体系(二元系),在气-液两相平衡时,气相中各组分的摩尔分数与液相中各组分的摩尔分数不同。为了区别组分在气相中的摩尔分数和液相中的摩尔分数,国际上通用的方法是:气相用 y 表示,液相用 x 表示。相应的气-液相平衡图为 T-x-y 图。相平衡图是用实验方法求得的温度(T)、压力(p)及摩尔分数(x、y)之间的关系绘制的。

（1）$T-x-y$ 图

如图 8-20 所示，图中的每组曲线都是在等压下作出的，纵坐标表示温度，横坐标表示氧的摩尔分数（x 及 y），对应于每一个压力都有一组气液相平衡曲线（称鱼形曲线，曲线中的压力数值的单位是 10^5 Pa）。曲线的两端点的纵坐标分别表示纯氧和纯氮在该压力下的饱和温度。由 $T-x-y$ 图可看出，氧-氮二元溶液有以下特点：

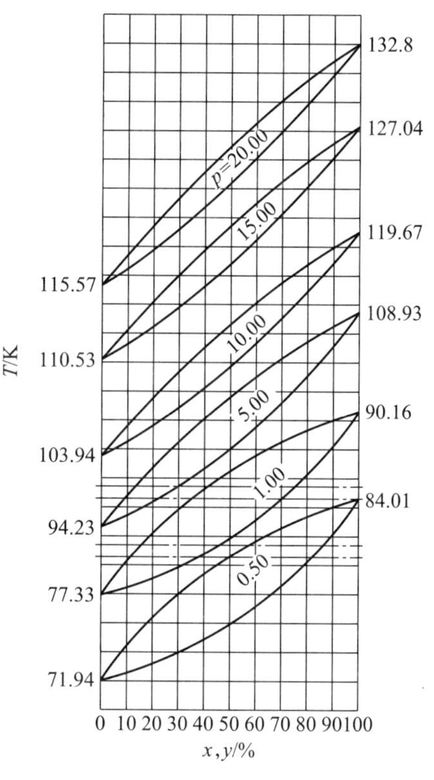

图 8-20　氧-氮气液平衡的 $T-x-y$ 图

1）气相中氧的摩尔分数为 30%～40%时，相平衡的气液摩尔分数差最大，增加或减少气相中的含氧量时，气液的摩尔分数差都减小。这表明，当气相（或液相）中的含氧（或含氮）量愈少时愈难分离。

2）压力越低，液相线与气相线的间距越大，即气液相间的摩尔分数差越大。这说明，在低压下分离空气比在高压下分离容易。

3）气液平衡时，液相中的氧摩尔分数大于气相中的氧摩尔分数，气相中的氮摩尔分数大于液相中的氮摩尔分数。

4）当压力一定时，溶液中高沸点组分（氧）的摩尔分数愈大，它的蒸发温度和冷凝温度愈高。

（2）$y-x$ 图

图 8-21 所示为氧-氮二元系在不同压力下氮的 $y-x$ 图，横坐标为溶液中氮的摩尔分数，用 x 表示；纵坐标为与液体相平衡的气相中氮的摩尔分数，用 y 表示。图中每一条曲线表示图示压力下的 $y-x$ 关系。在不同的压力下有不同的平衡曲线。由图可以看出，在不同压力下氮的气相及液相中的摩尔分数之间的关系。

图 8-22 为氧-氩二元系在 $p=133.3$ kPa 下氩的 $y-x$ 图。可见，气液平衡时 $y-x$ 差值比氧氮的摩尔分数差值小得多，所以氧氩分离较难。

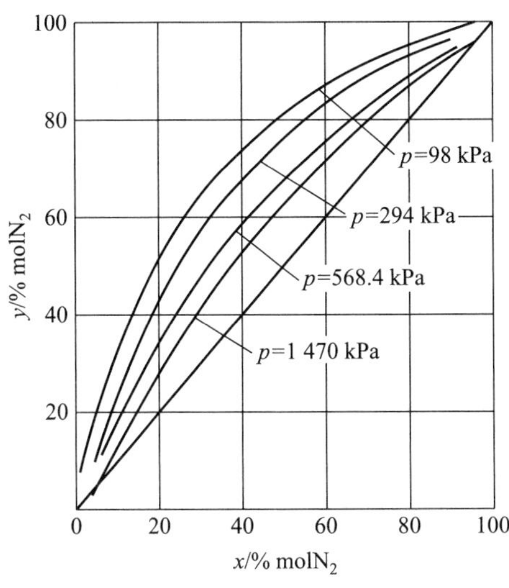

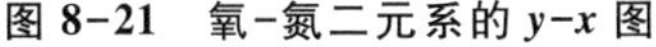
图 8-21 氧-氮二元系的 $y-x$ 图

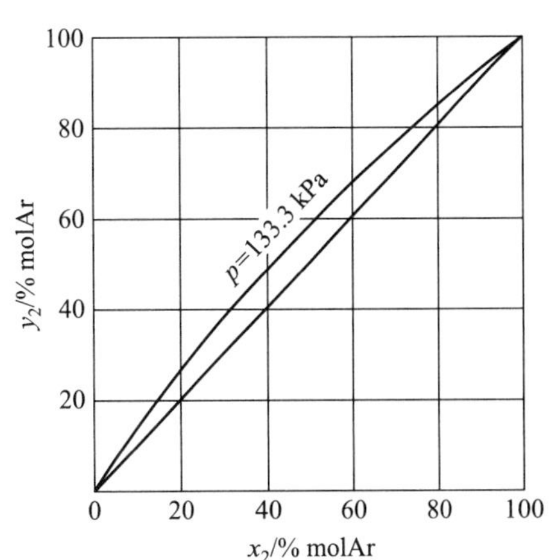

图 8-22 氧-氩二元系 $y-x$ 图

对于二元溶液的比焓,前面已有介绍,即气态的比焓不计溶解热,按纯组分的分数之和计算,但纯组分的比焓与溶液有相同温度和相同压力。液态溶液的比焓,对氧、氮、氩等组分的混合物不计溶解热,所以液态部分的等温线(在 $h-x$ 图上)也是直线。由于压力对液体的比焓影响小(特别当压力较低时),所以液相区等温线适用于各种不同压力。

8.3.3 空气的氧-氩-氮三元系气液平衡

三元系的气液平衡关系,可根据实验数据表示在相平衡图上。相平衡图一般有两种表示方法:三角形摩尔分数和直角坐标摩尔分数表示法。在三元系中分别以 y_1、y_2、y_3、x_1、x_2、x_3 代表氧、氩、氮气相及液相摩尔分数。

图 8-23 是氧-氩-氮三元系的 $T-x$ 图($p=133.3$ kPa),横坐标为液体中氧的摩尔分数 x_1,纵坐标为温度,表示三元混合物饱和液体的摩尔分数与温度的关系。

氧-氩-氮三元系平衡图如图 8-24 所示。图的左边为带有等氩摩尔分数线的氧 $x-y$ 图,右边为带有等氧摩尔分数线的氩 $x-y$ 图。通过该图可由已知的液相摩尔分数查得平衡气相摩尔分数,或者根据气相摩尔分数查得平衡液相摩尔分数。

例如,已知气相摩尔分数 $y_1=y_1^M$,$y_2=y_2^M$,压力为 133.3 kPa,则在图 8-24 横

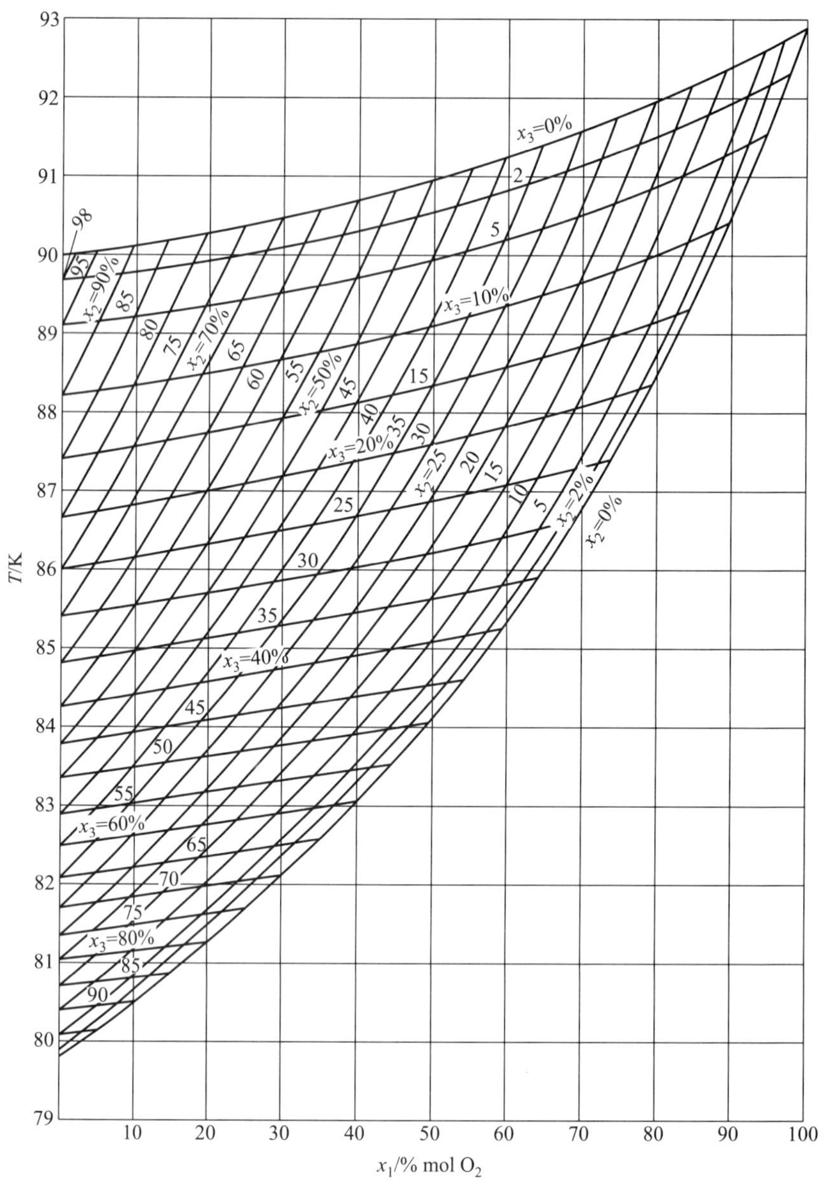

图 8-23 氧-氩-氮三元系 *T*-*x* 图

坐标上找到 $y_1=y_1^M$ 的读数，由此作垂线与氩的等摩尔分数 $y_2=y_2^M$ 相交于一点，由此点作水平线，与纵坐标交于 x_1^M，即为平衡液相中的氧摩尔分数。同样，在右图横坐标上找到 $y_2=y_2^M$ 的读数，由此作垂线与氧的等摩尔分数线 $y_1=y_1^M$ 交于一

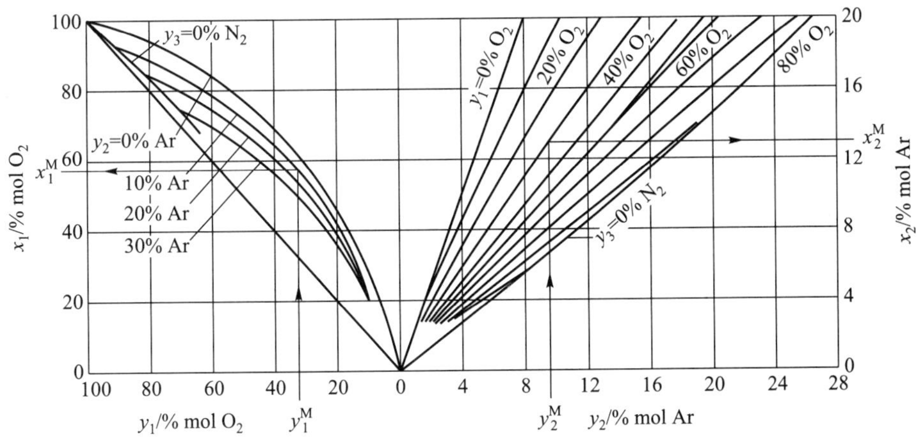

图 8-24　氧-氩-氮三元系平衡图(p=133.3 kPa)

点,由此交点作水平线与纵坐标交于 x_2^M,即为平衡液相中的氩摩尔分数。反之,如果已知液相中摩尔分数为 x_1^M、x_2^M,亦可由该平衡图查出与之平衡的气相摩尔分数。

三元平衡气液的比焓与二元相似,气体和液体混合物溶解热均忽略不计时,液体摩尔焓

$$H'_m = \sum_1^3 H'_{m,i} x_i$$

式中:$H'_{m,i}$为纯组分液体摩尔焓,与溶液温度相同,J/mol;x_i 为液体摩尔分数。

气体混合物摩尔焓 H''_m 为

$$H''_m = \sum_1^3 H''_{m,i} y_i$$

式中:$H''_{m,i}$为与混合气体相同温度、压力的纯组分气体摩尔焓,J/mol;y_i 为气体摩尔分数。

例 8-2　p=133.3 kPa 时,摩尔分数 x_1=15%、x_2=50%三元空气混合液的饱和温度及比焓为多少?

解　根据压力和摩尔分数查图 8-23 得饱和温度为 85 K。

据表 8-5 得 85 K 时液体比焓为

$$h_{O_2} = -143.1\ \text{kJ/kg},\ h_{Ar} = -120.1\ \text{kJ/kg},\ h_{N_2} = -105.7\ \text{kJ/kg}$$

混合液比焓

$$\begin{aligned} h\sum M_i x_i &= h_{O_2} M_{O_2} x_1 + h_{Ar} M_{Ar} x_2 + h_{N_2} M_{N_2} x_3 \\ &= (-143.1\ \text{kJ/kg}\times 32\times 15\%) + (-120.1\ \text{kJ/kg}\times 39.94\times 50\%) + \\ &\quad [-105.7\ \text{kJ/kg}\times 28.02\times(1-15\%-50\%)] \end{aligned}$$

$$= -4\ 121.9\ \text{kJ/kg}$$

$$h = (h_{O_2}M_{O_2}x_1 + h_{Ar}M_{Ar}x_2 + h_{N_2}M_{N_2}x_3) / \sum M_i x_i$$

$$= \frac{-4\ 121.9}{34.577}\ \text{kJ/kg}$$

$$= -119.2\ \text{kJ/kg}$$

以上计算忽略溶解热以及压力对液体比焓的影响。

表 8-5　氧、氩、氮、空气在不同温度时液体的比焓　　kJ/kg

T/K	氧	氩	氮	空气
75	-159.3		-126.7	-134.3
80	-151.3		-116.2	-125.1
85	-143.1	-120.1	-105.7	-115.7
90	-134.5	-114.5	-95.0	-106.1
95	-125.6	-108.8	-84.3	-96.3
100	-116.5	-102.9	-73.2	-85.8
105	-107.3	-97.0	-61.7	-74.8
110	-97.9	-90.9	-49.3	-62.9
115	-88.4	-84.6	-35.2	-49.8
120	-79.0	-78.2	-18.3	-35.4
125	-64.4	-71.6	+7.0	-18.8

参考文献

[1] 傅爱华. 化学热力学[M]. 杭州:浙江大学出版社,1991.

[2] 李大珍. 化学热力学基础[M]. 北京:北京师范大学出版社,1993.

[3] 林树昌. 溶液平衡[M]. 北京:北京师范大学出版社,1993.

[4] 大仁志. 溶液反应的化学[M]. 北京:高等教育出版社,1997.

[5] 韩德刚,高执棣. 化学热力学[M]. 北京:高等教育出版社,1997.

[6] 管文洁,方凌云,王学会. 天然气中甲烷及非烃组分的汽液相平衡研究进展[J]. 低温工程,2014,(3):47-53.

[7] 宋有强,王勤,贾磊. 二元混合制冷剂 CO_2/R600 的气液相平衡研究[J]. 低温与超导,2013,41(7):49-52.

[8] 王登海,郑欣,王文珍. 天然气中各组分气液相平衡的热力学模型研究[J]. 中国科技成果,2015,16(13):13-15.

[9] ZUO ZHONGQI,JIANG WENBING,PAN PINGAN,et al. Quasi-equilibrium evaporation characteristics of oxygen in the liquid-vapor interfacial region[J]. International Communications in Heat and Mass Transfer, 2021, 129:105697.

[10] WANG BIN,ZHOU RUI,YU LIU,et al. Evaluation of mass transfer correlations applying to cryogenic distillation process with non-equilibrium model[J]. Cryogenics, 2019, 97:22-30.

[11] ZHANG FAN,ELISE E A,ALAIN V,et al. Phase equilibrium of three binary mixtures containing NO and components present in ambient air[J]. Journal of Chemical and Engineering Data, 2018, 63(4):1021-1026.

[12] DIEGO K,ØIVIND W,SIGNE K. The influence of interfacial transfer and film coupling in the modeling of distillation columns to separate nitrogen and oxygen mixtures[J]. Chemical Engineering Science, 2020,8:100076.

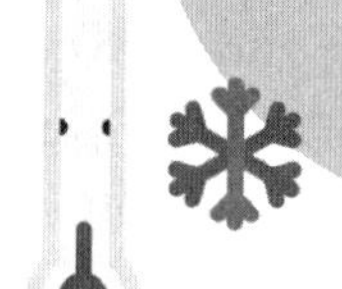

第 9 章 气体的低温分离

9.1 气体分离的方法

自然界中存在的气体通常是气体混合物。单一气体的获得通常采用从混合物中分离提取的办法，从混合物中提取纯气体，以满足人类对气体的各种需求。

气体分离技术从 20 世纪初开始发展，目前已广泛应用，如空气分离以制取氧、氮、氩及稀有气体；合成氨弛放气分离回收氢、氩及其他稀有气体；天然气分离提取氦气；焦炉气及水煤气分离获得氢或氢氮混合气等。科学技术的发展对气体分离技术不断提出新的要求，如经济合理地提供各种纯度的气体、综合利用工业废气以及进一步提纯中间产品等。

9.1.1 低温液化分离——分凝法

分凝法亦称部分冷凝法，它是根据混合气体中各组分冷凝温度的不同进行分离，当混合气体冷却到某一温度后，高沸点组分凝结成液体，而低沸点组分仍然为气体，这时将气体和液体分离也就将混合气中组分分离了。

1. 分凝法

分凝法一般用于分离沸点相距较远的气体混合物，如 N_2-He、N_2-H_2、CH_4-N_2、CH_4-H_2 等。

(1) 由空气制取富氧空气

分凝法可以使混合气体中易挥发组分的摩尔分数提高，冷凝液中难挥发组分摩尔分数提高。用分凝法可将空气分离为富氧空气和氮气。如图 9-1 所示，分凝器为一壳管式的热交换设备。压力为 490 kPa 的饱和空气由空气入口管 1 进入分凝器，在管内被冷却，冷凝的液体沿管壁流下汇集于底部釜中，一般釜液中含氧量可达 30%～40%；不凝气体则上升到分凝器顶部，可获得摩尔分数为 90%以上的氮气。釜液经节流后进入管间蒸发，以冷却管内的空气。釜液蒸发后自上部出口管 6 引出，即为富氧空气。

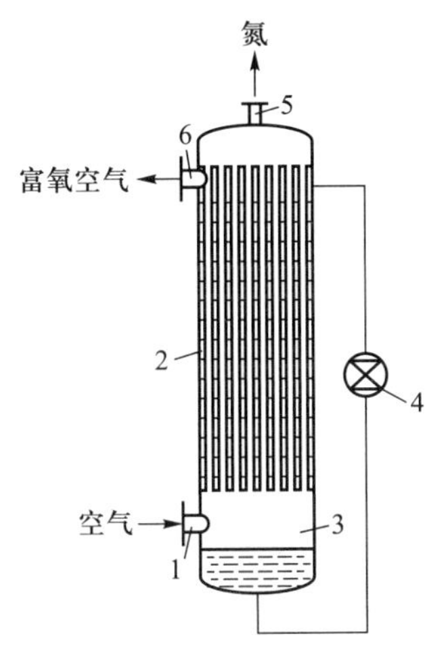

分凝器

图 9-1　分凝器示意图

1—空气入口管；2—分凝器管；3—分凝器釜；
4—节流阀；5—氮气出口管；6—富氧空气出口管

(2) 由空分装置提取氖氦混合气

以 600 kPa 压力含有少量氖、氦的氮气为原料气，用常压液氮作冷源，分凝器与图 9-1 相似。

分凝后可得粗氖、氦混合气，其中氖、氦含量可达 50%～60%。

(3) 多组分混合气的分级冷凝

天然气、石油气、焦炉气以及合成氨弛放气都是多组分混合气。实现它们的分离往往需要在若干个分离级中分阶段进行，在每一级中组分摩尔分数将发生显著变化，如图 9-2 所示。多组分气体混合物当被冷却到某一温度水平时，进入一分离器，将已冷凝组分分离出去，然后再进入下一级冷凝器，继续降温并分凝。一个冷凝器和一个分离器组成一个冷凝级。从工艺的角度来考虑，冷凝级数主要是根据需回收组分的要求来确定，但同时要保证在分凝器中不会出现高沸点组分被冻结的现象。比如，采用分凝法分离合成氨驰放气 $H_2-N_2-Ar-CH_4$，各组分的分凝如图 9-2 所示，当压力为 3 000 kPa 左右，要求回收纯度较高的甲烷、富氩馏分及纯氢时，可分三级进行：第一级冷凝温度控制在 150 K 左右，分离后得到纯度较高的甲烷凝液;第二级终了温度控制在120 K左右,分离后得到富氩凝分;第三级终了时温度控制在63 K左右,可获得较高纯度的氢气。

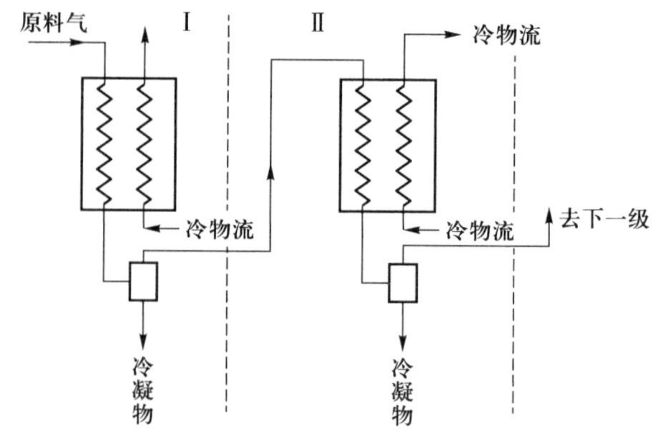

分离级

图9-2　分离级示意图

2. 分凝法的分类

在分凝的过程中,按被冷凝的混合气体和已冷凝的液体流向的异同,分为并流冷凝和逆流冷凝两类,其示意图如图9-3(注意两类冷凝方式中,被冷凝的气体与同它进行热交换的冷物流都是逆流换热的)。所谓并流冷凝,是指被冷凝气流与不断冷凝下来的冷凝液流向是一致的。而在逆流冷凝中被冷凝气体由下往上流动,已冷凝液体却是由上向下流动,两者流向相反。两种冷凝方式,各有特点:

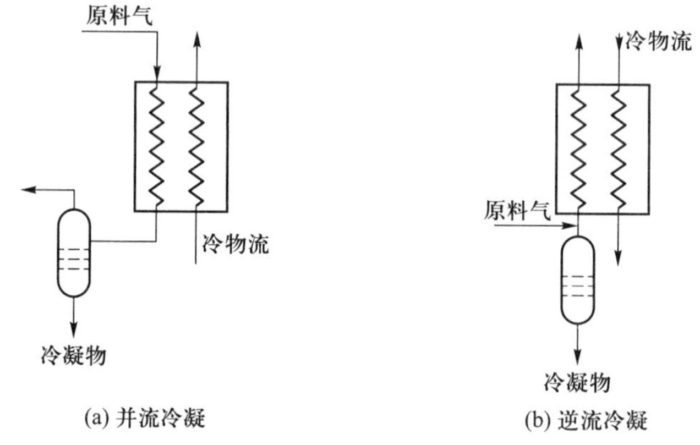

(a) 并流冷凝　　(b) 逆流冷凝

并流冷凝与逆流冷凝

图9-3　并流冷凝与逆流冷凝

1) 从温度分布看　如果冷物流在换热时没有相的变化,则进口温度低丁出口温度,那么并流冷凝时冷凝器底部温度较低,而顶部温度较高;在逆流冷凝时正好相反。可见，单就温度分布来看，并流冷凝的分离程度要完全一些。如果冷物流在换热过程中有相变，其温度几乎不变，则并流冷凝这一特点就不显著了。

2）从气液相中组分的摩尔分数分布看　在分凝过程中，使高沸点组分不断转入液相的推动力是气相与液相中组分的摩尔分数差。在并流冷凝时，愈接近冷凝器底部温度愈低，则气相中高沸点组分摩尔分数愈小，在出口处几乎达到气液平衡，高沸点组分继续被转入液相的推动力小了。故并流冷凝液中高沸点组分的摩尔分数较小。

而在逆流冷凝时，器底温度虽较高，但与冷凝器接触的是待分离的新鲜原料气，尽管冷凝液中高沸点组分摩尔分数高，可是气相中高沸点组分摩尔分数也高，转入液相的推动力仍较大，最终凝液与原料气达到气液平衡，所以逆流冷凝液中高沸点组分的摩尔分数较高。

根据以上分析，当冷物流无相变时，以采用并流冷凝为好；如果冷物流有相变，则以采用逆流冷凝为好。

3. 多组分混合气分凝过程的计算

多组分混合气体的冷凝液中各组分可能是互溶的，也可能是不互溶的。这里讨论互溶的情况。

计算的原理是多组分的气液平衡关系，计算的方法是采用相平衡常数。相平衡常数为某一组分气相摩尔分数和液相摩尔分数的比值，其数值通过实验得到。

（1）并流冷凝的计算

因为并流冷凝是冷凝液与未冷凝的气体同向流动，因此假定在冷凝器任何截面上冷凝液和气体都处于相平衡状态，最后引出的冷凝液与未凝气体也成平衡关系。

设有多组分原料气 100 mol。令 n'_a、n'_b、n'_c、⋯为原料气中各组分的物质的量，mol；x_a、x_b、x_c、⋯为冷凝液中各组分的摩尔分数；y_a、y_b、y_c、⋯为蒸气中各组分的摩尔分数；K_a、K_b、K_c、⋯为各组分的相平衡常数；n_t 为温度为 T 时的冷凝液量，mol；n_a、n_b、n_c、⋯为冷凝液中每一组分的物质的量，mol。则总的物料平衡方程式可表示为

$$n'_a+n'_b+n'_c+\Lambda=\sum n'=100 \tag{9-1}$$

冷凝液量 n_t 为各组分冷凝量之总和，即为

$$n_a+n_b+n_c+\Lambda=\sum n=n_t \tag{9-2}$$

冷凝后气相中各组分的摩尔分数是

$$y_a = \frac{n'_a - n_a}{100 - n_t}, \quad y_b = \frac{n'_b - n_b}{100 - n_t}, \quad y_c = \frac{n'_c - n_c}{100 - n_t}, \quad \Lambda \tag{9-3}$$

冷凝液中各组分的摩尔分数为

$$x_a = \frac{n_a}{n_t}, \quad x_b = \frac{n_b}{n_t}, \quad x_c = \frac{n_c}{n_t}, \quad \Lambda \tag{9-4}$$

当达到平衡时，气相与液相各组分的摩尔分数之间有如下的关系：

$$\frac{y_a}{x_a} = K_a, \quad \frac{y_b}{x_b} = K_b, \quad \frac{y_c}{x_c} = K_c, \quad \Lambda \tag{9-5}$$

最后得

$$\left.\begin{aligned} n_a &= \frac{n'_a}{1 + K_a \dfrac{100 - n_t}{n_t}} \\ n_b &= \frac{n'_b}{1 + K_b \dfrac{100 - n_t}{n_t}} \\ n_c &= \frac{n'_c}{1 + K_c \dfrac{100 - n_t}{n_t}} \end{aligned}\right\} \tag{9-6}$$

解联立方程组(9-6)以求 n_t。最简单的解法是采用试凑法。当相平衡常数 K 仅与温度、压力有关时，问题较简单。根据温度、压力确定 K 值后，先假设一个液化量 n_t，代入式(9-6)求出 n_a、n_b、n_c，…，试算 $\sum n$ 是否等于 n_t。如不等则重新假设试算，直至相等为止。对于液相为非理想溶液时，平衡常数 K 值不仅与温度、压力有关，还与组成有关，此时问题就比较复杂，只能先假设系统组成后确定相平衡常数，再进行试凑。

(2) 逆流冷凝的计算

设有多组分原料 100 mol，各组分的物质的量为 n'_a、n'_b、n'_c、…。由于冷凝液与原料气呈平衡关系，故冷凝液组成 x_a、x_b、x_c、…可通过相平衡常数求得。通常假定最高沸点的组分全部冷凝，并包括在冷凝液中，则总的冷凝量

$$n_t = \frac{n_a}{x_a} \tag{9-7}$$

冷凝液中每一组分的物质的量为

$$n_b = n_t x_b, \quad n_c = n_t x_c, \quad \Lambda \tag{9-8}$$

未凝气体的量等于$(100-n_t)$。而气相中每一组分的物质的量等于 n'_b-n_b，n'_c-

n_c,…,所以

$$y_c = \frac{n_c' - n_c}{100 - n_t} \tag{9-9}$$

9.1.2 低温精馏分离

气体混合物冷凝为液体后成为均匀的溶液,虽然各组分均能挥发,但有的组分易挥发,有的组分难挥发。在溶液部分汽化时,气相中含有的易挥发组分将比液相中的多,使原来的混合液达到某种程度的分离;而当混合气体部分冷凝时,冷凝液中所含的难挥发组分将比气相中多,也能达到一定程度的分离。虽然这种分离是不完全的,与所要求的纯度相差很多,但总可利用上述方法反复进行,每经过一次部分冷凝和部分蒸发,气体中易挥发组分增加,液体中难挥发组分也增加;通过多次的部分蒸发和部分冷凝过程,逐步达到所要求的纯度。这种利用组分间挥发度的差异,通过多次部分蒸发和部分冷凝分离气体的方法称为精馏。

在 9.2 节中,将以空气为例,详细阐述精馏分离的原理与过程。

在工业中,用精馏方法分离液体混合物的应用很广泛,如石油炼制中将原油分为汽油、煤油、柴油等一系列产品,氨水溶液分离,氢和重氢分离,氧和氮分离等。精馏方法特别适宜于被分离组分沸点相近的情况,因为用这种分离方法通常是大规模生产中最经济的。

9.1.3 应用第三种物质的气体分离方法

应用第三种物质促使混合气体分离的方法有薄膜渗透法、吸附法和吸收法。

1. 薄膜渗透法

利用混合气体中各组分对有机聚合膜的渗透性差别而使混合气体分离的方法称为薄膜渗透法。这种分离过程不需要发生相态的变化,不需要高温或低温,并且设备简单、占地面积小、操作方便。

有机聚合膜分微孔膜和均相无孔膜。在微孔膜内存在着固定的孔隙,气体以流体流动的方式穿过薄膜;而在相无孔膜中,没有固定的孔隙,但由于聚合膜分子的热运动而产生了分子链节间的空隙,这些空隙的位置和大小不断变化着,气体分子以活性扩散的方式由这个空隙跳入另一空隙逐渐渗过聚合膜。

一般认为,气体通过聚合膜的渗透过程主要分以下三步:

1）气体以分子状态在膜表面溶解；

2）气体分子在膜的内部向自由能降低的方向扩散；

3）气体分子在膜的另一表面解析或蒸发。

其过程如图 9-4 所示。

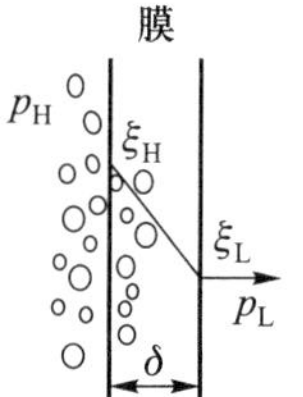

图 9-4　聚合膜中气体渗透示意图

气体渗透的速率取决于扩散过程。在稳定的情况下，气体扩散服从裴克第一定律，即

$$q_d = -D\frac{d\xi}{dx} \tag{9-10}$$

式中：q_d 为单位时间内，通过单位面积扩散的气体量；D 为扩散系数；$\frac{d\xi}{dx}$ 为气体分子沿 x 轴方向的摩尔分数梯度。如果 D 与摩尔分数无关，将式(9-10)沿膜厚 δ 积分得

$$q_d = -D\frac{\xi_H - \xi_L}{\delta} \tag{9-11}$$

式中，ξ_H、ξ_L 是气体分子在膜的高压和低压两侧表面上的摩尔分数。

因气体在聚合膜中的溶解度服从亨利定律，即气体在膜中溶解摩尔分数 ξ，与此气体在气相中的分压力 p 成正比，其比例系数称为溶解度 S，即 $\xi = Sp$，所以

$$q_d = -DS\frac{p_H - p_L}{\delta} = -P\frac{p_H - p_L}{\delta} \tag{9-12}$$

式中，P 称为气体渗透常数，是扩散系数和溶解度之积。对于一定的气体-聚合物，P 为常数，物理意义为：当膜两边分压差为 1 kPa 时，1 s 钟内通过厚 1 cm、面积为 1 cm^2 的膜所渗透气体的标准状态下的体积(单位为 cm^3)。

P 表示混合气体分离的重要特性，不同的聚合膜和不同的气体 P 值大小不同。气体和聚合膜一定时，P 的大小可判断气体透过膜的难易程度。

当二元混合物渗透通过某一膜时，两种气体渗透常数不同，单位时间、单位面积透过量不同。反映这种差异程度的参数为分离系数。

设 A、B 二元混合气体在分离高压侧的摩尔分数分别以 y_{HA}、y_{HB} 表示，低压侧已渗透气体 A、B 的摩尔分数分别以 y_{LA}、y_{LB} 表示，则分离系数 $\alpha_{A/B}$ 为

$$\alpha_{A/B} = \frac{y_{LA}/y_{LB}}{y_{HA}/y_{HB}} = \frac{y_{LA}y_{HB}}{y_{HA}y_{LB}} \tag{9-13}$$

如果 $\alpha_{A/B} = 1$，则 $y_{LA} = y_{HA}$、$y_{LB} = y_{HB}$，表示完全不能分离气体；若 $\alpha_{A/B} > 1$，则 $y_{LA} > y_{HA}$、$y_{LB} < y_{HB}$，表示 A 组分易渗透，而 B 组分难渗透；若 $\alpha_{A/B} < 1$，则表示 A 组分难渗透，而 B 组分易渗透。

分离系数 α 也可通过理论计算得到，当 A、B 两组分进行渗透分离，且经过

一定时间后，在渗过侧 A、B 组分的摩尔分数之比等于渗透量之比，即

$$\frac{y_{LA}}{y_{LB}}=\frac{q_{dA}}{q_{dB}}=\frac{P_A(p_{HA}-p_{LA})}{P_B(p_{HB}-p_{LB})}$$

而原料气摩尔分数之比等于它的分压之比，即

$$\frac{y_{HB}}{y_{HA}}=\frac{p_{HB}}{p_{HA}}$$

则

$$\alpha_{A/B}=\frac{P_A(p_{HA}-p_{LA})p_{HB}}{P_B(p_{HB}-p_{LB})p_{HA}} \tag{9-14}$$

由于供给侧与透过侧压力相差很大

$$\alpha_{A/B}\approx\frac{P_A}{P_B} \tag{9-15}$$

所以渗透常数之比称为理论分离系数。

薄膜渗透分离中的关键问题是膜的综合性能。近年来，某些薄膜渗透分离过程实现了工业化，主要原因在于解决了薄膜材料和成膜方法。因此，选择具有优良综合性能的薄膜是该分离技术的关键之一。

工业上应用的薄膜必须具备以下要求：

1）渗透率高，以保证产量并减少膜面积。

2）对于所分离的组分具有高的选择性，即分离系数要尽量大以减少渗透级数，并使流程简化。

3）具有化学、机械和热稳定性，使膜长期使用，性能不变。膜对气体的渗透性和选择性主要体现在渗透常数 P 上，渗透常数可通过试验求得。如硅橡胶对氦的渗透系数 $P_{He}=172.5\times10^{-10}$，而对甲烷为 $P_{CH_4}=442.5\times10^{-10}$，理论分离系数 $\alpha_{He/CH_4}=0.39$。显然，此膜不适用于从天然气中回收氦，虽然它有较高的渗透率。而 F_{46}膜的 $P_{He}=46.5\times10^{-10}$，$P_{CH_4}=1.05\times10^{-10}$，$\alpha_{He/CH_4}=44$，表现出渗透率稍低些但选择性很高的特性，适宜作为天然气提氦的薄膜材料。

为了使聚合膜适合气体分离要求，采用各种化学和物理处理方法以提高其选择和渗透性能。如聚乙烯膜经 Co60 照射后，该膜对氦渗透率变化不大，P_{He}由 3.2×10^{-10}变化到 2.3×10^{-10}，而对 CH_4 渗透率降低很大，P_{CH_4}由 1.8×10^{-10}降至 0.1×10^{-10}，使分离系数 α_{He/CH_4}由照射前的 1.7 提高到 23。再如，聚苯乙烯膜用紫外线照射后，α_{He/CH_4}由 50 猛增至 700。

分离气体的设备是使用带有选择渗透性的薄膜，借助于加压混合气，分离出特定的气体组分。薄膜的形式可考虑采用平膜和很细的空心纤维膜，如图 9-5

所示。图 9-5a 为平膜式，内装有多孔的耐压支撑物，加压后的混合气体从供气口导入，渗过薄膜的气体从取气口收集，废气从排气口排出。图 9-5b 所示的空心纤维膜式采用直径为 15～100 μm 的空心纤维，混合气从供气口导入加压室，被分离的气体组分透过空心纤维膜，经纤维膜内孔集于透过室中，再由取气口收集。加压室和透过室用隔板隔离。空心纤维的端部嵌在隔板上，使其在上述两室中不产生泄漏。隔板通常用环氧树脂一类可塑性的树脂加工成形。隔板成形的具体方法是：把空心纤维束嵌在树脂里，硬化后把顶端切掉。这样在气体透过室的一侧隔板上可看到许多空心纤维的空心洞。两种膜的比较示于表 9-1。

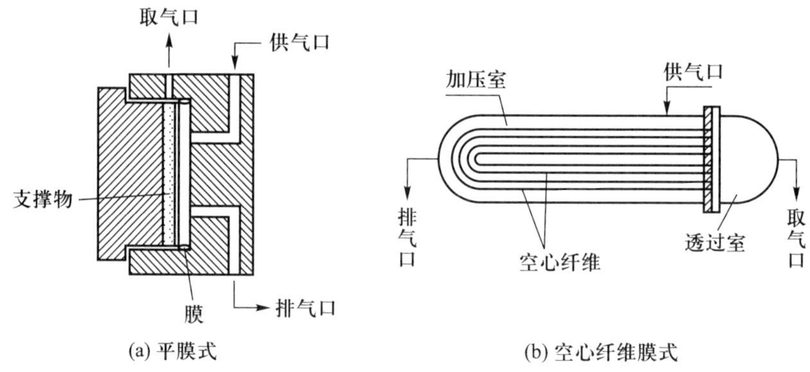

图 9-5　平膜式和空心纤维膜式示意图

表 9-1　平膜和空心纤维膜的比较

项　　目	平　　膜	空心纤维膜
膜填充密度/[m^2/m^3(容器)]	200～400	20 000～60 000
容器结构	需要膜支撑物，设计简单	不需膜支撑物
压力损失	小	大
膜制品的缺点	膜面易有针孔和膜面受力不均	易混入断的纤维和不完全空心纤维
易漏气处	膜与支撑物密封处	隔板部分（隔板树脂与空心纤维黏接部）

两种膜的最大不同点是：空心纤维膜在耐压容器中的膜面积（膜的填充密度）非常大。因此，如果膜材料相同，则空心纤维膜的容器单位体积所产的气量较大，生产成本较低。

薄膜渗透法的应用有：

1）从天然气中提氦，是目前世界上膜分离应用研究较多的一个领域。

2）分离空气制富氧，具有装置简单、操作方便，只需将原料空气增压，不需对空气干燥、净化，也不需要吸附、冷冻、复热等操作工艺等优点。

3）二氧化碳-氧的分离。

4）氮-氢-氨的分离，用于合成氨弛放气的回收利用。

5）石油炼气中氢气的回收。

6）燃烧气中二氧化硫的脱除，以解决空气污染的问题。

2. 吸附法

(1) 固体吸附

气体混合物的吸附分离是依靠各组分对固体吸附的能力差异而进行的。

用来吸附被吸附组分的固体物质称为吸附剂，被吸附的组分称为吸附质，不为吸附剂吸附的气体称为惰性气体。

工业吸附剂应具有下列性质：对吸附质有高的吸附能力，有高的选择性，有足够的机械强度，化学性质稳定，供应量大，能多次再生，价格低廉。

目前主要使用的吸附剂有活性炭、硅胶、活性氧化铝、沸石分子筛，其特性见表 9-2。

表 9-2　一些吸附剂的特性

<table>
<tr><th rowspan="2">性能</th><th colspan="2">球形硅胶</th><th rowspan="2">活性氧化铝</th><th rowspan="2">活性炭</th><th colspan="3">沸石子分筛</th></tr>
<tr><th>细孔</th><th>粗孔</th><th>4A</th><th>5A</th><th>13X</th></tr>
<tr><td>堆密度①/(kg/m^3)</td><td>670</td><td>450</td><td>750~850</td><td>400~540</td><td colspan="3">500~800</td></tr>
<tr><td>视密度②/(kg/L)</td><td>1.2~1.3</td><td>/</td><td>1.5~1.7</td><td>0.7~0.9</td><td colspan="3">0.9~1.2</td></tr>
<tr><td>真密度③/(kg/L)</td><td>2.1~2.3</td><td>/</td><td>2.6~3.3</td><td>1.6~2.1</td><td colspan="3">2~2.5</td></tr>
<tr><td>空隙率/%</td><td>43</td><td>50</td><td>44~50</td><td>44~52</td><td colspan="3">/</td></tr>
<tr><td>孔隙率/%</td><td>24</td><td>30</td><td>40~50</td><td>50~60</td><td>47</td><td>47</td><td>50</td></tr>
<tr><td>孔径/10^{-10} m</td><td>25~40</td><td>80~100</td><td>72</td><td>12~32</td><td>4.8</td><td>5.5</td><td>10</td></tr>
<tr><td>粒度/mm</td><td>2.5~7</td><td>4~8</td><td>3~6</td><td>1~7</td><td colspan="3">3~5</td></tr>
<tr><td rowspan="2">比表面积/(m^2/g)</td><td rowspan="2">500~600</td><td rowspan="2">100~300</td><td rowspan="2">300</td><td rowspan="2">800~1 050</td><td>800</td><td colspan="2">750~800</td></tr>
<tr><td colspan="3">800~1 000</td></tr>
<tr><td>导热系数/[W/(m·K)]</td><td>0.198</td><td>0.198</td><td>0.13</td><td>0.14</td><td colspan="3">0.589</td></tr>
</table>

续表

性能	球形硅胶		活性氧化铝	活性炭	沸石子分筛		
	细孔	粗孔			4A	5A	13X
比热容/[kJ/(kg·K)]	1	1	0.879	0.837	0.879		
再生温度/K	453～473		533	378～393	423～573		
机械强度/%	94～98	80～95	95	/	>90		
pH	/	7～9	/	/	9～11.5		

① 堆密度:包括孔隙和粒间空隙体积在内的单位体积质量。

② 视密度:包括孔隙的单位体积质量。

③ 真密度:去除孔隙和粒间体积的单位体积质量。

吸附剂和吸附质的种类不同,分子间引力有差别,因此吸附量可相差很多。

由表 9-3 中可看出,临界温度高的气体易被吸附,而且随吸附时气体温度和压力的变化,吸附剂的吸附量不同。

表 9-3　288 K 时活性炭吸附各种气体的吸附量

气体	H_2	N_2	CO	CH_4	CO_2	H_2S	NH_4	SO_2
吸附量/(m^3/kg)	4.7×10^{-3}	8×10^{-3}	9.3×10^{-3}	16.2×10^{-3}	48×10^{-3}	99×10^{-3}	181×10^{-3}	380×10^{-3}
临界温度/K	33	126	134	190	304	373	406	430

(2) 固体床吸附剂的再生

吸附分离法能否在工业上实现,除了决定于所选用的吸附剂是否有良好的吸附性能外,吸附剂的再生(或称脱附)方法也是一个关键。它涉及能量的消耗、产品的纯度和回收率等方面的问题。

1) 升温脱附

等压下升高吸附床温度,进行脱附,然后降温冷却重新吸附。如图 9-6 所示,吸附床的操作温度为 T_1,原料气中吸附质的分压为 p_1,当吸附床达饱和后吸附剂吸附容量为 x_1(图中点 A)。假定吸附阶段终了时要求吸附后气体中吸附质的分压降低到 p_2,就必须使吸附剂吸附容量低于 x_2(图中点 B)。升温脱附后,将吸附剂从 T_1 升温

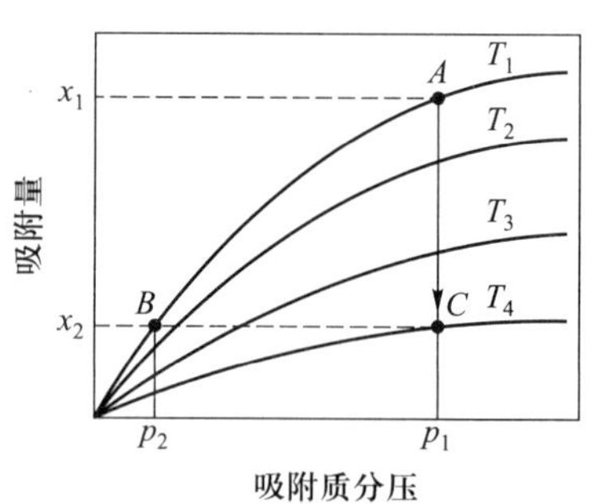

图 9-6　升温脱附

到 T_4 以上，吸附容量可以低于 x_2（图中点 C）。

再生过程中除加热外尚需要用再生气（不含吸附质的气体）带走脱附下来的吸附质，以免降温后重新吸附。升温脱附的温度要由吸附剂可以承受的温度以及吸附等温线几方面来选择。

脱附加热量是主要的能耗，所需的热量应包括：吸附剂由吸附温度加热到脱附温度所需的热量；脱附热（数量上等于吸附热）；将吸附器及其保温层加热所需的热量，保温层的温度可按升温到脱附温度的一半来估计；将管路、阀件加热所需的热量；热损失。

2）降压脱附

此方法是使吸附器在较高压力下进行吸附操作，然后降低压力使吸附质脱附，用部分产品气作为脱附冲洗气。如图 9-7 所示，吸附床的操作温度为 T_1，原料气中吸附质的分压为 p_1，当吸附床达饱和后吸附剂的吸附量为 x_1（图中点 A）。降压脱附沿着等温线进行，需使吸附质分压下降到 p_2 以下（点 B 以下），才能使吸附量低于 x_2。吸附过程在较高压力下进行，再生冲洗一般在常压下进行。通常把采用降压脱附的整个吸附操作工艺称为变压吸附（又称等温吸附）。

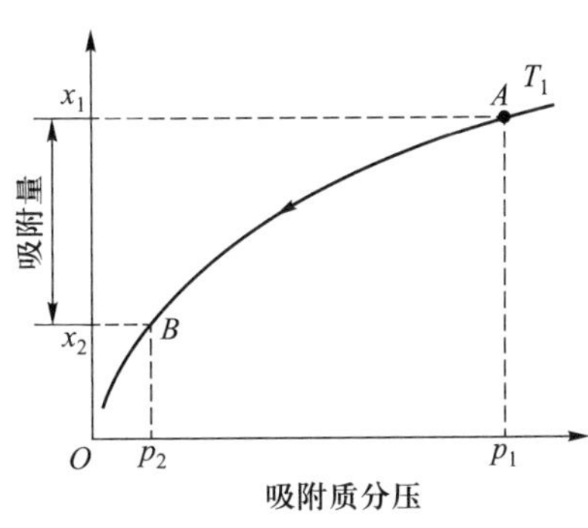

图 9-7 降压脱附

变压吸附具有能耗低、脱附时间短、一次能除去多种杂质、操作方便等优点。

3. 吸收法

用适当的液体溶剂来处理气体混合物，使其中一个或几个组分溶解于溶剂中，从而达到分离的目的。这种方法称为吸收法。在吸收过程中，被溶解的气体组分称为溶质（或吸收质），所用的液体溶剂称为吸收剂，不被溶解的气体为惰性气体。

吸收法的基本原理是利用气体混合物中各组分在吸收剂中溶解度的不同，将其中溶解度大的组分分离出来。

（1）吸收法的基本原理

1）气体在液体中的溶解度和气体的分压

气体与液体接触，则气体溶解在液体中。在气液两相经过相当长时间接触后，达到平衡，气体溶解过程终止。这时单位量液体所溶解的气体量称为平衡溶解度，它的数值通常由实验测定。

溶于液体中的溶质必然产生一定的分压，当溶质产生的分压与气相中该组分的分压相等时，气液达到平衡，溶解过程终止。当气相中该组分的分压大于其在溶液中产生的分压时，则溶解过程继续进行。氨溶于水中时它的分压很小，但氧溶于水中时产生的分压很大，这就是通常说的氨易溶于水，氧微溶于水。可见，溶液中溶解气体产生的分压愈低，其溶解度愈大。

气体的平衡溶解度还受温度的影响，温度上升，气体的溶解度将显著下降，因此控制吸收操作的温度是非常重要的。

2）气体吸收过程的推动力

将气液平衡时的液相摩尔分数和气相分压数据标绘于直角坐标图上所得的曲线称为平衡曲线，如图 9-8 中 OFA 所示。当气液两相处于不平衡状态，即两相的摩尔分数偏离平衡摩尔分数时，才能进行吸收（或解吸）。图 9-8 中点 E 表示在吸收塔中某一截面上气液相的实际操作情况，称操作点。点 E 的液相摩尔分数为 x，气相分压为 p；过点 E 作垂直及水平线分别与平衡曲线相交于 $F(x,p')$ 和 $A(x',p)$ 点，则 p'是与液相摩尔分数 x 相平衡的气相分压；x'是与气相分压 p 相平衡的液相摩尔分数。

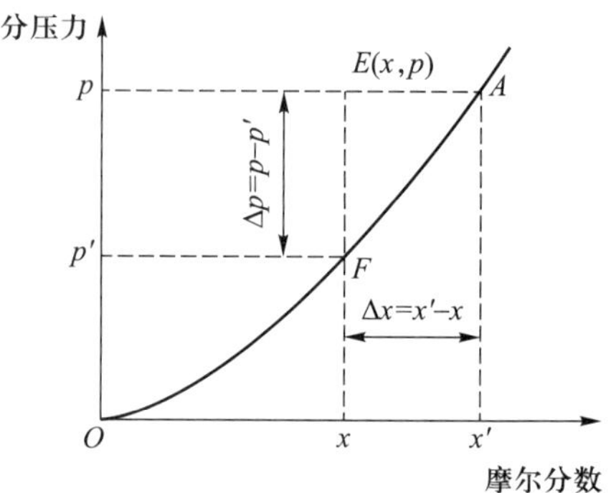

图 9-8　吸收过程的推动力

由于点 E 位于平衡曲线以上且 $p>p'$、$x<x'$，说明气相中的组分可以被液相所吸收。这是吸收过程能够进行的必要条件。此时吸收塔在这一截面上以气相分压表示的总推动力可以用 $\Delta p=p-p'$来表示。如果点 E 位于平衡曲线的下方，此时 $p<p'$，$x>x'$，在塔中进行的就不再是吸收，而是解吸过程了。

（2）吸收剂的选择

吸收剂应具有以下特点：

1）对于被吸收的气体具有较大的溶解度，这样可以减少液体用量，从而缩小设备体积，减小能量消耗；

2）选择性能好；

3）具有蒸气压低、不发泡、冰点低的特性，使吸收剂损失较小；

4）腐蚀性小，尽可能无毒，不易燃烧，黏度较低，化学稳定性好；

5）价廉，容易得到。

要找到一种吸收剂满足上述全部要求是很困难的，因此实际上应根据具体情况选择适当的吸收剂。

9.2 空气的精馏

9.2.1 液态空气的蒸发与空气的冷凝

1. 简单蒸发与冷凝

若将液空(液态空气的简称)置于一密闭的容器内,使它在定压下加热蒸发,且不引出蒸气,使容器内的气、液经常处于平衡状态,这种蒸发过程称为简单蒸发。如图 9-9 所示,当对过冷状态点 1 的液空进行等压加热时,其温度升高,液空组分不变。当温度升高到 T_2 时,液空成为饱和液体状态,如图中点 2′所示。若继续加热,液空便开始汽化,产生的第一个气泡中氮的摩尔分数为 y''_2(若在 98.1 kPa下蒸发,$y''_2 \approx 94\%$),液相氮的摩尔分数为 x'_2,气、液处于平衡状态。在相平衡条件下,低沸点物质在气相中的含量高于在液相中的含量,因此第一个气泡中氮气的摩尔分数最高。进一步加热时,液空继续蒸发,产生的气泡中氮的摩尔分数会越来越低,而液相中氧的摩尔分数越来越高。如果液空是在 98.1 kPa 下蒸发,则最后一滴液体的 $x'_5 \approx 52.8\%$。

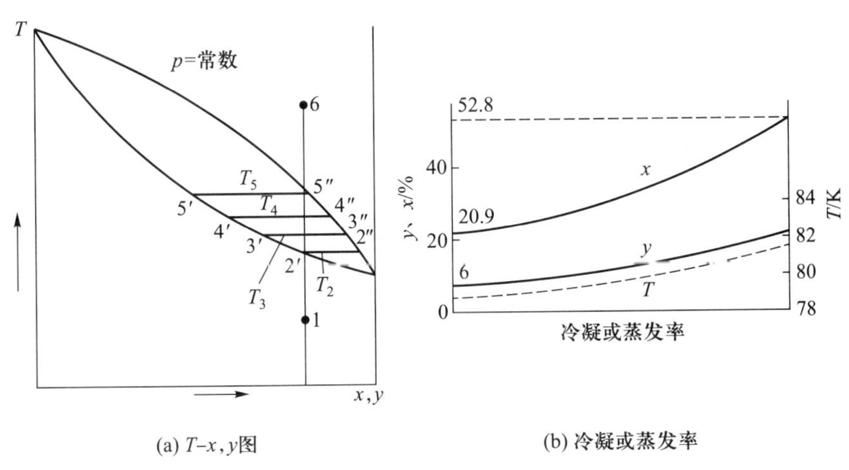

(a) T-x,y图 (b) 冷凝或蒸发率

图 9-9 液空的简单蒸发和空气的简单冷凝

空气的冷凝过程是沿蒸发过程相反方向进行的。若将空气置于一密闭容器中,使其在定压下冷却液化,气、液处于平衡状态且不引出冷凝液,这种过程称为简单冷凝。由图 9-9 可见,简单冷凝第一滴冷凝液中氧含量最高,仅 52.8%,最

后所剩的微量未凝气中氮含量最高，也只有 94%。

所以，用简单蒸发和冷凝不可能得到较高摩尔分数的氧、氮产品，而且分离过程也不可能连续进行。

2. 部分蒸发和冷凝

如果当液体蒸发时，把产生的蒸气连续不断地从容器中引出，这种蒸发过程称部分蒸发，如图 9-10a 所示，在蒸发过程中假定每一瞬时引出的蒸气与该瞬间的液体处于平衡状态，那么液相的摩尔分数沿 x_2'，x_3'，…变化；蒸气中氮组分沿 y_2''，y_3''，…变化。随着蒸发的进行，液相中氮的摩尔分数不断降低，最后可达 x_5'，x_4' 为简单蒸发过程最后一滴液体中氮的摩尔分数。可见相比简单蒸发，部分蒸发可在液相中获得更高的氧摩尔分数；但氧的摩尔分数越高，获得的液氧数量越少，数量与质量间存在着矛盾，而且不可能同时获得高纯度的气氮，如图 9-10b 所示。

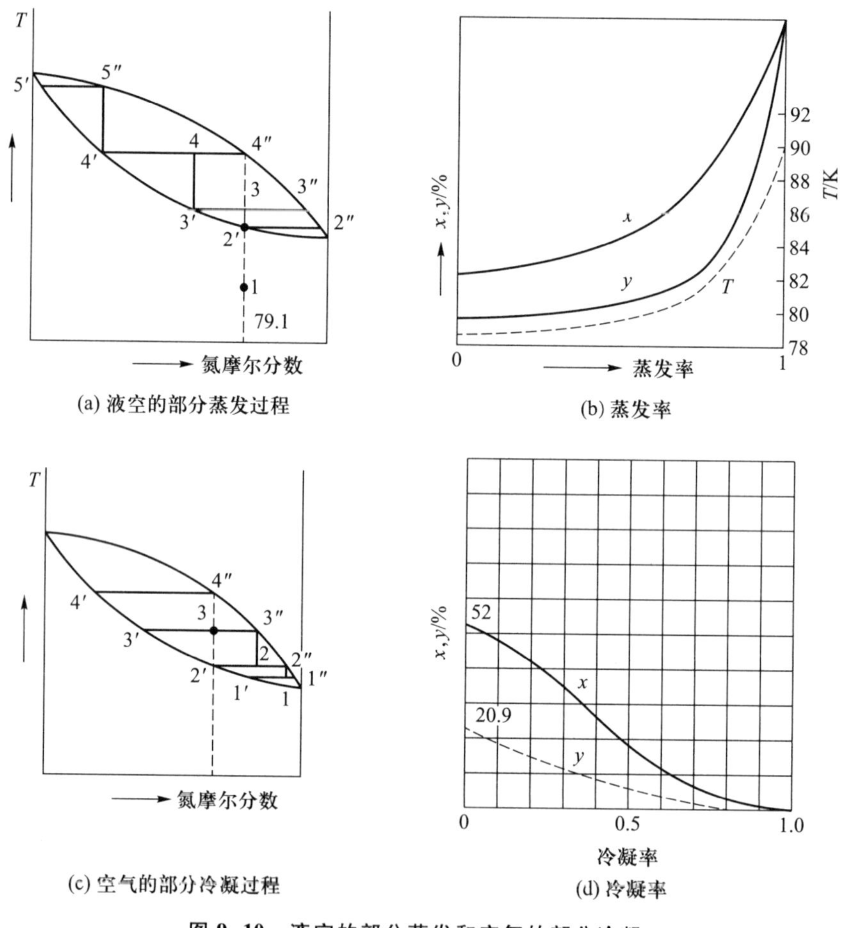

(a) 液空的部分蒸发过程

(b) 蒸发率

(c) 空气的部分冷凝过程

(d) 冷凝率

图 9-10　液空的部分蒸发和空气的部分冷凝

如果在空气定压冷凝过程中将所产生的冷凝液连续不断地从容器中导出，这种冷凝过程称部分冷凝，如图 9-10c 所示。在部分冷凝过程中，第一滴冷凝液的氮摩尔分数为 x_4'，它与被冷凝空气 y_4''（即点 4″）处于平衡状态。令空气在定压下继续冷凝，则气相中氮的摩尔分数沿 y_4''，y_3''，…变化，液相中氮的摩尔分数沿 x_4'，x_3'，…变化，冷凝到最后时所剩蒸气中氮的摩尔分数很高，但数量却很少。所以，部分冷凝仅能获得数量很少的高摩尔分数气氮，也存在着质和量的矛盾，而且不能获得高纯度的液氧，如图 9-10d 所示。

3. 多次部分蒸发与多次部分冷凝

从部分蒸发和部分冷凝的特点可看出，两种过程可以分别得到高纯度的氧和高纯度的氮，但不能同时获得高纯度氧和高纯度氮。而且两个过程的性质恰好相反：部分蒸发需外界供给热量，部分冷凝则要向外界放出热量；部分蒸发不断在向外界释放蒸气，如欲获得大量高纯度液氧，则需要相应地补充液体。而部分冷凝则是连续地放出冷凝液，如欲获得大量高纯度气氮，则需要相应地补充气体。如果将部分冷凝和部分蒸发结合起来，则可解决部分蒸发和部分冷凝单独进行所不能解决的问题。

多次的部分蒸发和部分冷凝过程的结合称为精馏过程。每经过一次部分冷凝和部分蒸发，气体中氮组分就增加，液体中氧组分也增加。这样经过多次便可将空气中氧和氮分离开。下面举例说明：如图 9-11 所示，有三个容器Ⅰ、Ⅱ、Ⅲ，其压力均为 98.1 kPa。在容器Ⅰ内盛有氧的摩尔分数为 20.9% 的液空，容器Ⅱ和Ⅲ分别盛有氧的摩尔分数为 30% 及 40% 的富氧液空，将空气冷却到冷凝温度（82 K）并通入容器Ⅲ的液体中。由于空气的温度比氧的摩尔分数为 40% 的液体的饱和温度（80.5 K）高，所以空气穿过液体时得到冷却，就发生部分冷凝；而液体被加热，就发生部分蒸发。当气液温度相等时，与液体相平衡的蒸气中氧的摩尔分数为只有 14%。将此蒸气引到容器Ⅱ，由于氧的摩尔分数为 30% 的富氧液空温度（79.6 K）比容器Ⅲ中的温度低，所以从容器Ⅲ引出的蒸气（80.5 K）又继续冷凝，同时使容器Ⅱ中的液体蒸发。当蒸气与氧的摩尔分数为 30% 的液体达到平衡状态时，蒸气中氧的摩尔分数就变成 9%。将此蒸气由容器Ⅱ再引入容器Ⅰ，再进行一次部分蒸发和部分冷凝过程，则蒸气中氮又增加，氧的摩尔分数仅为 6.3%。在上述过程中，在气相氧组分减少的同时，液体中氧则增加，最后气相中氮的摩尔分数由 79.1% 提高到 93.7%，而液体中氧的摩尔分数由 10% 提高到 40%，气体的数量虽每次冷凝要减少一些，但同时得到从液体中蒸发出来的气体，结果气体的数量没有多少变化，同样液体的数量也没有多少变化。这样多次进行下去，液相中氮会更多地蒸发到气相中，而气相中氧会更多地冷凝进入液相中,最后可获得足够数量的高纯度气氮和液氧。这就是利用精馏过程分离空气的实质。

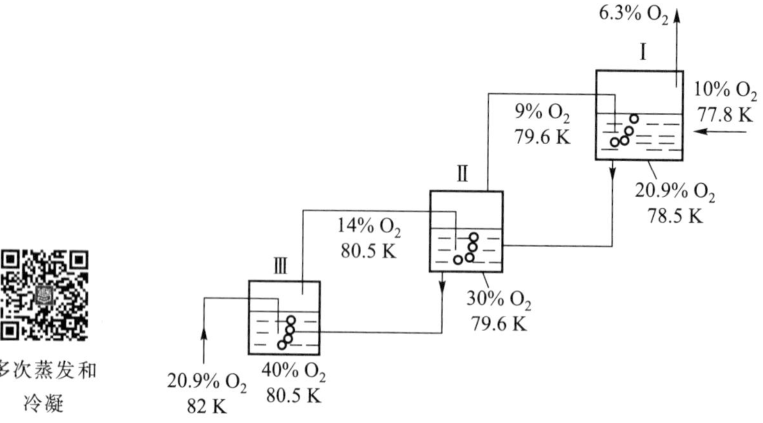

多次蒸发和冷凝

图 9-11　液空多次蒸发和冷凝的示意图

9.2.2　空气的精馏

1. 空气的液化

空气经外部冷源冷却,或经空气液化循环冷却和液化,由于空气精馏的特殊性,空气液化循环要适应精馏的要求:

(1) 压缩的空气经冷却后能全部送入精馏设备,以获得最多的分离产品量;

(2) 经节流阀节流后的空气压力和经膨胀机膨胀后的压力要适合于精馏的压力(根据精馏的需要而确定);

(3) 液化循环的液化系数及制冷量要根据精馏的要求而确定;

(4) 液化循环要满足分离设备启动阶段和正常运转的要求。

2. 空气的二元精馏

空气是多组分气体混合物,但氧和氮的摩尔分数超过 99%,为使精馏分离简化,常把空气当作二元混合物,这时的精馏称为二元精馏。空气中氧的摩尔分数为 20.9%,其余气体合并于氮中,故氮的摩尔分数为 79.1%,二元精馏是多元精馏的基础。二元精馏经过一定假设后使精馏中复杂问题得到简化。由于只有二个组分,所以空气经分离后,在精馏设备顶部分离得到低沸点组分氮,而底部获得高沸点组分氧。

3. 空气的三元及多元精馏

空气中氩的摩尔分数为 0.93%,氩的沸点又介于氧、氮之间(压力为 101.3 kPa 时,$T_{O_2}=90.18$ K,$T_{Ar}=87.29$ K,$T_{N_2}=77.35$ K),故氩对精馏过程的影响较大,特别在制取高纯度氧、氮产品时,必须考虑氩的影响。一般在较精确的计算中,将空气看作氧-氩-氮三元混合物,其摩尔分数为氧 20.95%、氩 0.93%、氮 78.12%。

三元精馏比二元精馏复杂得多,首先按三元系计算时,必须了解氧-氩-氮三元混合物的气液平衡关系。根据相律可知,由三种互相溶解的组分所组成的溶液,在两相状态时具有三个自由度,所以确定三元系的气液平衡状态时必须给定三个独立参数。在二元系中,当温度、压力已知时,气液平衡摩尔分数即能确定。而在三元系统中,除给定温度、压力外,需再给出一个组分的摩尔分数(气相或液相)平衡状态才能确定。

其次,分离的次序多,因每次分离只能得到一个纯组分,故有先分离氮还是先分离氧两种方案选择。将空气当作多元组分时,分离更复杂,平衡关系更难确定。分离空气的步骤是:

1) 先分离出三相点高的组分,如水分、二氧化碳;

2) 分离出有害的组分,如碳氢化合物;

3) 分离出沸点很低的组分,如氖、氦、氢;

4) 很难分离的组分如氪、氙放在最后分离。

所以,在精馏设备中空气有五个组分氮、氩、氧、氪、氙,由于氪、氙沸点高(比氧的沸点高),以及含量极少,只有百万分之一,而氩和氧的沸点相差不大(与氮和氩的沸点差别相比较),所以分离次序应先分离氮,再分离氩,随后进行氧与氪、氙分离,最后是氪与氙分离。

9.3 精馏塔

精馏过程的实质是上升蒸气和下流液体充分接触,两相间进行物质和能量的相互传递。精馏塔是精馏操作的主要设备,主要包括板式塔和填料塔两类,板式塔中的塔板和填料塔中填料的作用是为气液两相物流进行热量和质量传递提供场所。精馏过程的计算是决定要将原料气分离为一定纯度的产品所需要的塔板数或填料层高度。

本节首先以板式精馏塔为例,讨论精馏塔内的工作过程、物料和热量衡算。

9.3.1　精馏塔板上的工作过程

图9-12示出精馏塔中任意一段。来自塔板下面的蒸气经筛孔进入塔板上的液体中，与温度较低的液体直接接触，气液之间发生热质交换，一直进行到相平衡为止。这时氮含量增高后的蒸气便离开塔板继续上升到上一块塔板；而氧含量增高后的液体流到下一块塔板上去，这种往下流的液体称为回流液。离开塔板Ⅰ的上升蒸气V_2与从塔板Ⅰ往下流的液体L_1是接近平衡的。同样，V_3与L_2也是接近平衡的。而在两层塔板之间的同一截面上的气、液处于不平衡状态，即1-1、2-2、3-3截面上V_1与L_1、V_2与L_2、V_3与L_3，处于不平衡状态。

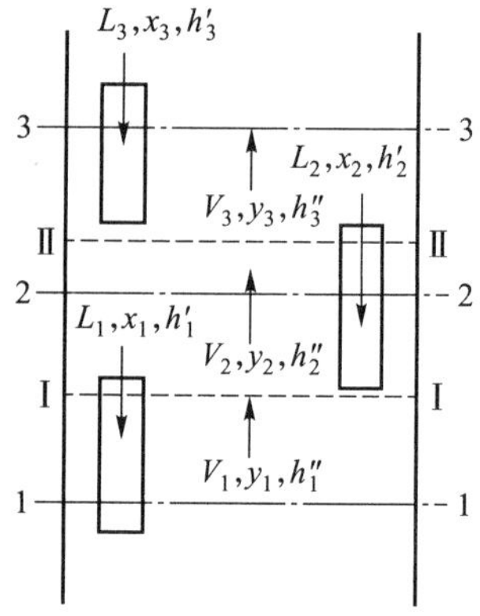

图9-12　精馏塔两相邻塔板间的截面图

V—上升气体物质的量；L—回流液体物质的量；x—液体中氮的摩尔分数；y'—与液体处于平衡状态的蒸气的氮的摩尔分数；h'—液体的比焓值；h''—蒸气的比焓值；r—蒸发潜热

为了便于计算，做如下假设：

1）塔板上的气相物流和液相物流达到完全平衡状态；

2）氧和氮的蒸发潜热相差很小，设它们相等；

3）氧和氮的混合热为零；

4）精馏塔理想绝热，外界热量的影响忽略不计；

5）塔内的工作压力沿塔高均一致。

在稳定工况下，任何塔段都应满足物料平衡和热量平衡关系。

今研究1-1和2-2截面间的一段，可写出下列三个方程式：

$$V_1 + L_2 = V_2 + L_1 \tag{9-16}$$

$$V_1 y_1 + L_2 x_2 = V_2 y_2 + L_1 x_1 \tag{9-17}$$

$$V_1 h''_1 + L_2 h'_2 = V_2 h''_2 + L_1 h'_1$$

式中：$h''=h''_{N_2}y+h''_{O_2}(1-y)$；$h'=h'_{N_2}x+h'_{O_2}(1-x)$；$h''_{N_2}$、$h''_{O_2}$，$h'_{N_2}$、$h'_{O_2}$分别为气相氮和氧、液相氮和氧的饱和比焓值。

消去V_1、V_2，化简得

$$L_2 = L_1 \frac{(h''_{N_2} - h'_{N_2})x_1 + (h''_{O_2} - h'_{O_2})(1 - x_1)}{(h''_{N_2} - h'_{N_2})x_2 + (h''_{O_2} - h'_{O_2})(1 - x_2)} = L_1 \frac{r_1}{r_2} \tag{9-18}$$

又据假设，塔板上液体的蒸发潜热不变，即$r_1 = r_2$，则

$$\left.\begin{aligned} L_2 = L_1 = L \\ V_2 = V_1 = V \end{aligned}\right\} \tag{9-19}$$

因此,在精馏塔中沿塔高上升气体量和下流的回流液量都分别保持不变,为恒值。

现在讨论同一块塔板上、下两截面气液中氮的摩尔分数的变化与 L、V 的关系。将式(9-19)的结果代入式(9-17)得

$$Vy_1 + Lx_2 = Vy_2 + Lx_1$$

或
$$\frac{L}{V} = \frac{y_2 - y_1}{x_2 - x_1} \tag{9-20}$$

如图 9-13 所示,式(9-20)表示这一块塔板上、下两截面气液中氮的摩尔分数的变化关系为一直线关系。该直线的斜率 $\tan\alpha = L/V$,为恒值。同理,对其他塔板也可以求得 $L/V=\frac{y_3-y_2}{x_3-x_2}$,$L/V=\frac{y_4-y_3}{x_4-x_3}$,…。因此,所有塔板上、下气液中氮的摩尔分数关系都满足斜率为 L/V 的同一条直线方程式。该直线称为精馏过程的操作线,其斜率 L/V 称为气液比。

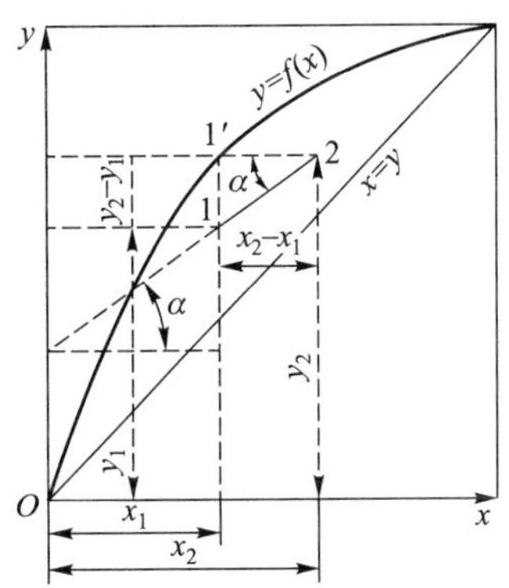

图 9-13 塔截面上物流摩尔分数变化

氮的摩尔分数为 x_2 及 y_1 的不平衡物流在塔板 I 上接触,进行热质交换,达到完全平衡时,其摩尔分数为 x_1 及 y_2,在图中由平衡曲线上的点 1′表示。

空气的精馏过程是在精馏塔中进行的。目前,我国制氧机中所用精馏塔主要是筛板塔和填料塔,筛板塔如图 9-14 所示。在直立圆柱形筒内装有水平放置的筛孔板,温度较低的液体由上一块塔板经溢流管流下来,温度较高的蒸气由塔板下方通过小孔往上流动,在筛孔板上与液体相遇,进行热质交换,也就是进行一次部分蒸发和部分冷凝过程,气、液趋近平衡状态。连续经多块塔板后就能够完成整个精馏过程,从而得到所要求纯度的氧、氮产品。

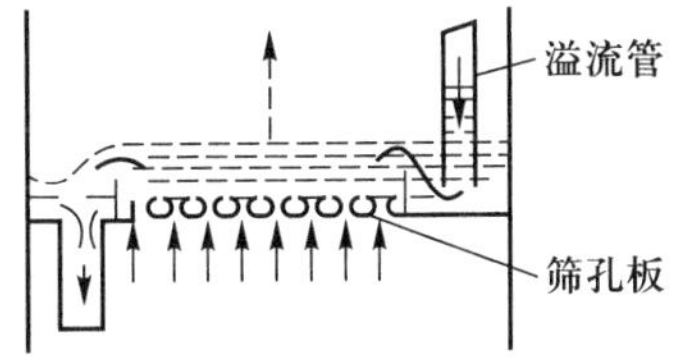

图 9-14 筛孔塔板示意图

空气的精馏一般分为单级精馏和双级精馏,因而有单级精馏塔和双级精馏塔。

9.3.2　单级精馏塔

单级精馏塔有两类，一类制取高纯度液氮（或气氮），一类制取高纯度液氧（或气氧），如图 9-15 所示。

图 9-15a 所示为制取高纯度液氮（或气氮）的单级精馏塔，它由塔釜、塔板及筒壳、冷凝蒸发器三部分组成。塔釜和冷凝蒸发器之间装有节流阀。压缩空气经换热器和净化系统，进入精馏塔进行热质交换，只要塔板数目足够多，在塔的顶部就能得到高纯度气氮（纯度为 99% 以上）。该气氮在冷凝蒸发器内被冷却而变成液体，一部分作为液氮产品，由冷凝蒸发器引出；另一部分作为回流液，沿塔板自上而下的流动。回流液与上升的蒸气进行热质交换，最后在塔底得到含氧较多的液体，称为富氧液空，或称釜液，其氧的摩尔分数约为 40%。釜液经节流阀进入冷凝蒸发器的蒸发侧（用来冷却冷凝侧的氮气）被加热而蒸发，变成富氧气体引出。如果需要获得气氮，则可从冷凝蒸发器顶盖下引出。

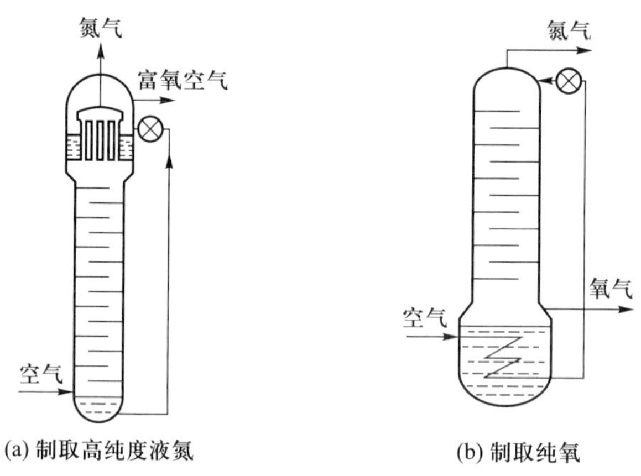

(a) 制取高纯度液氮　　(b) 制取纯氧

图 9-15　单级精馏塔示意图

由于釜液与进塔的空气处于接近平衡的状态，故该塔仅能获得高纯氮。

图 9-15b 所示为制取纯氧（99% 以上）的单级精馏塔，它由塔体及塔板、塔釜和釜中蛇管蒸发器组成。被冷却和净化过的压缩空气经过蛇管蒸发器时逐渐被冷凝，同时将它外面的液氧蒸发。冷凝后的压缩空气经过节流阀进入精馏塔的顶端。此时，由于节流降压，有一小部分液体汽化，大部分液体自塔顶沿塔板下流，与上升的蒸气在塔板上充分接触，含氧量逐步增加。当塔内有足够多的塔板数时，在塔底可以得到纯的液氧。所得产品氧可以气态或液态引出。该塔不

能获得纯氮。由于从塔顶引出的气体和节流后的液空处于接近相平衡状态，因而氮的摩尔分数约为93%。

综上所述，单级精馏分离空气是不完善的，不能同时获得纯氧和纯氮，只有在少数情况（如仅需纯氮或富氧）下使用。为了弥补单级精馏的不足，便产生了双级精馏塔。

9.3.3 双级精馏塔

1. 工作原理

图9-16给出双级精馏塔的示意图，双级精馏塔由下塔、上塔和上下塔之间的冷凝蒸发器组成。

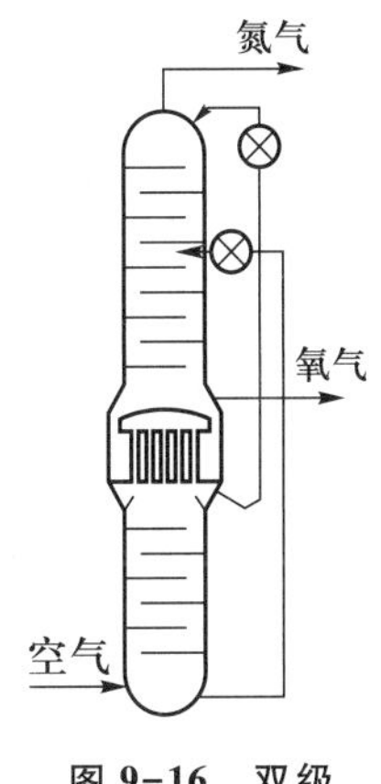

图9-16 双级精馏塔示意图

经过压缩、净化并冷却后的空气进入下塔底部自下而上地穿过每块塔板，至下塔顶部便得到一定纯度的气氮。下塔塔板数越多，气氮纯度越高。氮进入冷凝蒸发器的冷凝侧时，由于它的温度比蒸发侧液氧温度高，被液氧冷却变成液氮。一部分作为下塔回流液，沿塔板流下，至下塔塔釜便得到氧的摩尔分数为36%～40%的富氧液空；另一部分聚集在液氮槽中经液氮节流阀后，送入上塔顶部作上塔的回流液。

下塔塔釜中液空经节流阀后送入上塔中部，沿塔板逐块流下，参加精馏过程。只要有足够多的塔板，在上塔的最下一块塔板上就可以得到纯度很高的液氧。液氧进入冷凝蒸发器的蒸发侧，被下塔的气氮加热蒸发。蒸发出来的气氧一部分作为产品引出，另一部分自下而上穿过每块塔板进行精馏。气体越往上升，其中氮的摩尔分数越高。

双级精馏可在上塔顶部和底部同时获得纯氮和纯氧，也可以在冷凝蒸发器的蒸发侧和冷凝侧分别取出液氧和液氮。塔中空气的分离过程分为两级，空气首先在下塔进行第一次分离，获得液氮，同时得到富氧液空。富氧液空送往上塔进行进一步的精馏，从而获得纯氧及纯氮。上塔又分两段，一段是从液空进料口至上塔底部，是为了将液体中氮组分分离出来，提高液体中的含氧量，称为提馏段；另一段是从富氧液空进料口至上塔顶部，是用来进一步精馏上升气体，回收其中氧组分，不断提高气体中氮组分的摩尔分数，称为精馏段。

冷凝蒸发器是连接上下塔使二者进行热量交换，对下塔是冷凝器，对上塔是蒸发器。

2. 双级精馏塔的物料和热量的衡算

(1) 精馏塔各主要点工作参数的确定

在图 9-16 所示的双级精馏塔中,一般上塔压力为 130~150 kPa,下塔压力为 500~600 kPa。上、下塔顶部、底部的工作参数可通过计算及查相平衡图而求得。

1) 上塔顶部的压力 p_1 及温度 T_1

$$p_1 = p_0 + \Delta p_1$$

式中: p_0 为产品氮气输出的压力,要求稍高于大气的压力,一般取 103 kPa; Δp_1 为产品流动阻力(包括换热器、管道、阀门等)。温度 T_1 决定于 p_1 及排出氮气的摩尔分数,由相平衡图查得。

2) 上塔底部的压力 p_2 及温度 T_2

$$p_2 = p_1 + \Delta p_2$$

式中, Δp_2 为上塔阻力,一般取 10~15 kPa。温度 T_2 可由 p_2 及液氧的纯度决定。

3) 液氧的平均温度 T_m

冷凝蒸发器底部液氧的压力为

$$\{p_3\}_{kPa} = \{P_2\}_{kPa} + \{H\}_m \times \{\rho\}_{kg/m^3} \times 98.1 \times 10^{-4}$$

式中: H 为冷凝蒸发器中液氧液柱的高度,m; ρ 为液氧的密度,kg/m^3。根据 p_3 及液氧的纯度可确定液氧底部温度 T_3,则

$$T_m = \frac{T_2 + T_3}{2}$$

4) 冷凝蒸发器中氮的冷凝温度 T_4

$$T_4 = T_m + \theta_m$$

式中, θ_m 是冷凝蒸发器的传热温差,在设计中选定。θ_m 如果定得偏小,则导致冷凝蒸发器传热面积过大,如取得偏大,则造成下塔工作压力太高。对于中压空分装置一般取 θ_m=2~3 K,对全低压空分装置取 θ_m=1.6~1.8 K。

5) 下塔顶部的压力 p_4

根据冷凝蒸发器氮的冷凝温度,查相平衡图可得下塔顶部压力 p_4。

6) 下塔底部压力 p_5 及温度 T_5

$$p_5 = p_4 + \Delta p_3$$

式中, Δp_3 为下塔阻力,一般取 10 kPa。根据 p_5 及富氧液空的摩尔分数可确定温度 T_5。

(2) 精馏塔的物料衡算

在稳定工况时,单位时间进入精馏塔内的物质数量和能量应分别等于流出的物质数量和能量,即应保持物料平衡和热量平衡。根据物料平衡和热量平衡

可求出塔内物流数量和产品纯度,空气进塔状态及冷凝蒸发器热负荷等参数。物料平衡包括总物料平衡和各组分平衡。

总物料平衡:空气在精馏塔内分离所得各产品数量的总和应等于加工空气量。

各组分平衡:空气在精馏塔中分离所得各产品中某一组分量的总和应等于加工空气中该组分的量。

用 V_K、V_{O_2}、V_{N_2}分别代表加工空气、氧产品和氮产品的量,m^3(标准状态下);用 $y_{N_2}^K$、$y_{N_2}^O$、$y_{N_2}^N$分别代表空气、氧、氮产品中氮摩尔分数,则根据物料平衡得

$$\left.\begin{aligned} V_K &= V_{N_2} + V_{O_2} \\ V_K y_{N_2}^K &= V_{N_2} y_{N_2}^N + V_{O_2} y_{N_2}^O \end{aligned}\right\} \tag{9-21}$$

解上式得

$$\left.\begin{aligned} V_{O_2} &= \frac{y_{N_2}^N - y_{N_2}^K}{y_{N_2}^N - y_{N_2}^O} V_K \\ V_{N_2} &= \frac{y_{N_2}^K - y_{N_2}^O}{y_{N_2}^N - y_{N_2}^O} V_K \end{aligned}\right\} \tag{9-22}$$

由上式可看出,由于 $y_{N_2}^K$ 为给定值,氧、氮产量决定于 $y_{N_2}^O$、$y_{N_2}^N$及 V_K。在空气装置的操作中,氮的纯度愈高,表明精馏过程进行得愈完善,氧产量愈大;若氮纯度保持不变,降低氧产量,则氧纯度会提高。

式(9-22)也可写成

$$V_K = \frac{y_{N_2}^N - y_{N_2}^O}{y_{N_2}^N - y_{N_2}^K} V_{O_2} \tag{9-23}$$

如果已知氧产量,可用上式确定加工空气量。

为了评价精馏过程的完善程度,引入氧的提取率 β 这一概念,它以氧产品中的含氧量与加工空气中的含氧量之比来表示,即

$$\beta = \frac{V_{O_2} y_{O_2}^O}{V_K y_{O_2}^K}$$

式中,$y_{O_2}^O$、$y_{O_2}^K$代表氧气及空气中的氧的摩尔分数。

图 9-17 给出氧、氮的纯度和每生产 1 m^3 氧气所消耗的空气量之间的关系。

(3) 精馏塔的热量衡算

通过热量衡算可决定进塔的空气状态及冷凝蒸发器的热负荷。

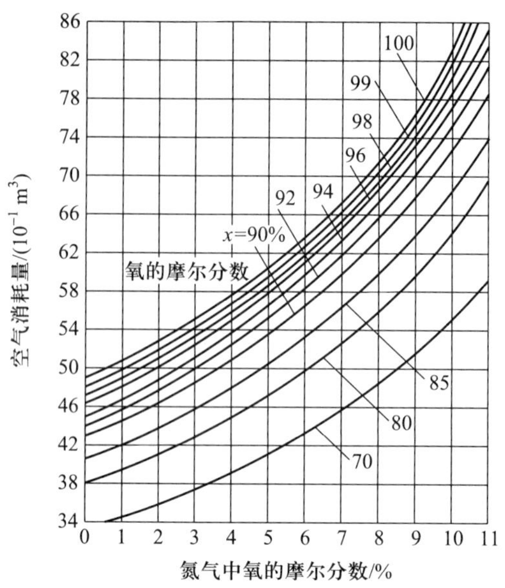

图 9-17　氮的纯度与空气消耗量的关系

令 h_K、h_{N_2}、h_{O_2}分别代表进塔空气、氮产品及氧产品在标准状态下 1 m^3 气体的焓值，单位为 kJ/Nm^3；q_3 代表跑冷损失，单位为 kJ/Nm^3(空气)。按热量平衡得

$$V_K h_K + q_3 V_K = V_{N_2} h_{N_2} + V_{O_2} h_{O_2}$$

即

$$h_K = \frac{V_{N_2}}{V_K} h_{N_2} + \frac{V_{O_2}}{V_K} h_{O_2} - q_3 \tag{9-24}$$

式中，V_{N_2}、V_{O_2}、V_K 已由物料衡算求得。又氮、氧出塔皆为饱和蒸气，故 h_{N_2}、h_{O_2} 可查相平衡图得到，q_3 根据经验取值，于是进塔空气的状态即可确定。

对上、下塔还可分别进行热量衡算。

1）下塔衡算　图 9-18a 所示为下塔物流示意图。

以 L_K、L_{N_2}分别代表液空、液氮的量，$x_{N_2}^K$、$x_{N_2}^N$ 分别代表液空及液氮的氮摩尔分数。则根据物料平衡得

$$V_K = L_K + L_{N_2}$$

$$V_K y_{N_2}^K = L_K x_{N_2}^K + L_{N_2} x_{N_2}^N$$

解上式得

$$L_K = \frac{x_{N_2}^N - y_{N_2}^K}{x_{N_2}^N - x_{N_2}^K} V_K$$

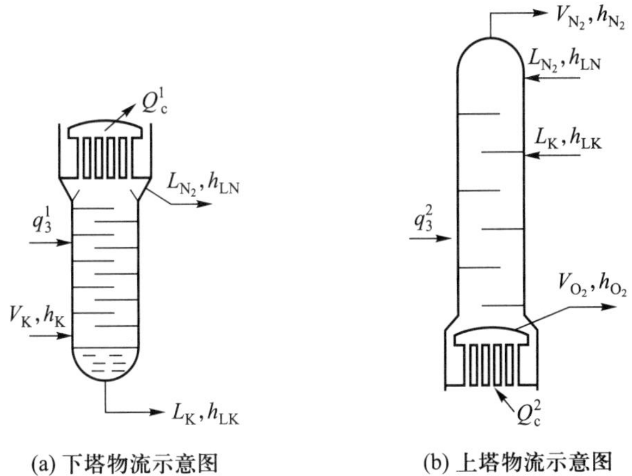

(a) 下塔物流示意图　　(b) 上塔物流示意图

图 9-18　物流示意图

$$L_{N_2} = \frac{y_{N_2}^{K} - x_{N_2}^{K}}{x_{N_2}^{N} - x_{N_2}^{K}} V_K \qquad (9-25)$$

根据下塔热量平衡得

$$V_K h_K + V_K q_3^1 = L_K h_{LK} + L_{N_2} h_{LN} + Q_c^1 \qquad (9-26)$$

式中：q_3^1 为下塔的跑冷损失，kJ/Nm^3（空气）；Q_c^1 为冷凝蒸发器的热负荷，kJ。

若 $V_K = 1\ m^3$，则式(9-26)可写成

$$q_c^1 = h_K + q_3^1 - (L_{N_2} h_{LN} + L_K h_{LK}) \qquad (9-27)$$

式中，q_c^1 为按每立方标米加工空气计的冷凝蒸发器热负荷。

L_{N_2}、L_K 可由式(9-25)计算，h_{LN}、h_{LK} 可由相平衡图查得。

2）上塔衡算　图 9-24b 所示为上塔物流示意图。根据上塔热量平衡得

$$V_{O_2} h_{O_2} + V_{N_2} h_{N_2} = L_K h_{LK} + L_{N_2} h_{LN} + V_K q_3^2 + Q_c^2 \qquad (9-28)$$

式中：q_3^2 为上塔的跑冷损失，kJ/Nm^3（空气）；Q_c^2 为冷凝蒸发器的热负荷，kJ。

若 $V_K = 1\ Nm^3$，则式(9-28)可改为

$$q_c^2 = V_{O_2} h_{O_2} + V_{N_2} h_{N_2} - L_K h_{LK} - L_{N_2} h_{LN} - q_3^2 \qquad (9-29)$$

由式(9-29)计算所得 q_c^2 和由式(9-27)计算所得 q_c^1 相比较，一般允许相差 3%，表明塔的物料衡算和热量衡算基本正确，否则需重新计算。

3. 全低压空分装置的双级精馏塔

随着工业的发展，对空气分离产品的质量和数量都提出了不同的要求。为了适应生产上不同类型的需要，就出现了各种形式的全低压空分装置的双级精馏塔。

图 9-19 所示为全低压空分装置的双级精馏塔的示意图。全低压流程中的空气压力和下塔压力相同，约为 500～600 kPa。装置运转时的冷量损失主要靠一部分压缩空气在透平膨胀机中膨胀产生冷量来补偿。膨胀后的压力为 138～140 kPa，低于下塔压力，这部分膨胀空气无法再进入下塔。如果不使其参加精馏，则氧的损失太大，很不经济。因而从低压流程的经济性来考虑，希望膨胀后的低压气流能参加精馏。因它的压力在上塔工况范围之内，故有可能进入上塔；同时上塔实际的气液比精馏所需的气液比大，即上塔的精馏有潜力。1932 年，拉赫曼发现了这一规律，并提出利用上塔精馏潜力的措施，可将适量（约占空气量的 20%～25%）的膨胀空气直接送入上塔进行精馏，这称为拉赫曼原理，如图 9-19a所示。它的特点是：80%左右的加工空气进下塔精馏，而 20%左右的加工空气经膨胀后直接进入上塔。随着化肥工业的发展，不仅需要纯氧，而且需要 99.99%N_2 的纯氮。为了提取纯氮，可在上塔顶部设置辅塔，用来进一步精馏一部分气氮，以便在上塔顶部得到纯氮。

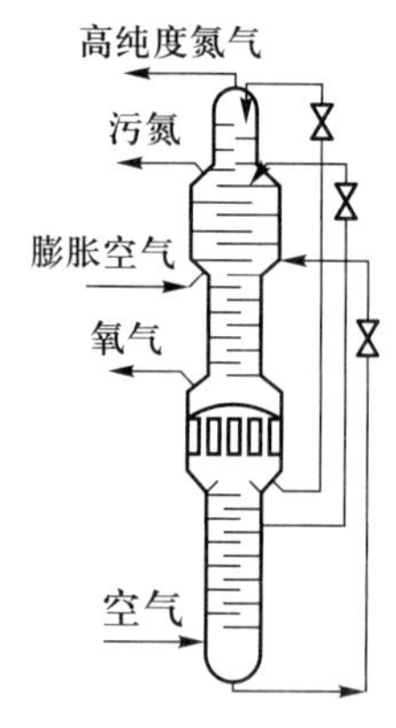

(a) 制取纯氧和纯氮的
全低压空分装置双级精馏塔示意图

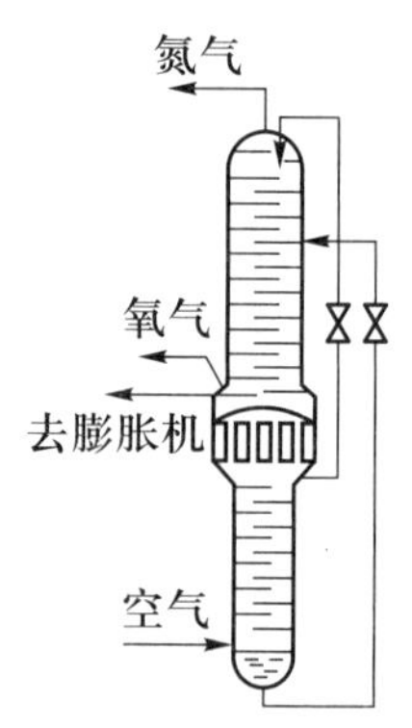

(b) 采用氮膨胀的全低压
空分装置双级精馏塔示意图

图 9-19　全低压空分装置的双级精馏塔

另一种利用上塔精馏潜力的措施是从下塔顶部或冷凝蒸发器顶盖下抽出氮气，复热后进入透平膨胀机，经膨胀并回收其冷量后作为产品输出或者放空，如图 9-19b所示。由于从下塔引出氮气，使得冷凝蒸发器的冷凝量减少，因而送入上塔的液体馏分量也减少，上塔精馏段的气液比也就减少，精馏潜力同样得到利用。

以上两种方法都是为了减少上塔液体馏分使精馏塔内气液间的温差减小，从而减少不可逆损失。图 9-20 示出一般双级精馏塔和减少上塔液体馏分后气液间温差和液相中氮摩尔分数的关系。从图可看出，在一般双级精馏塔中气液间温差较大，这是由于上塔液体馏分较多而引起的，采用“空气膨胀”和“氮气膨胀”后温差减小，而“空气膨胀”又比“氮气膨胀”的温差更小些。

如果用空分塔制取氮高纯度产品，如图 9-19a 所示，则气氮分纯氮及污氮，并以 V_{CN}、V_{WN} 分别表示纯氮及污氮的体积，以 $y_{N_2}^{CN}$、$y_{N_2}^{WN}$ 分别表示纯氮及污氮中的氮摩尔分数。为了便于计算，引入一个纯氮及污氮气的平均摩尔分数 $y_{N_2,m}^{N}$，即

$$(V_{CN}+V_{WN})y_{N_2,m}^{N}=V_{CN}y_{N_2}^{CN}+V_{WN}y_{N_2}^{WN}$$

则

$$y_{N_2}^{WN}=\frac{(V_{CN}+V_{WN})y_{N_2,m}^{N}-V_{CN}y_{N_2}^{CN}}{V_{WN}} \quad (9-30)$$

由物料平衡 $V_K=V_{O_2}+V_{CN}+V_{WN}$

即得 $V_{WN}=V_K-V_{O_2}-V_{CN}$

在计算 V_{O_2} 或 V_K 时，可将式(9-21)、式(9-22)中的 $y_{N_2}^{N}$ 用氮气的平均摩尔分数 $y_{N_2,m}^{N}$ 代替。

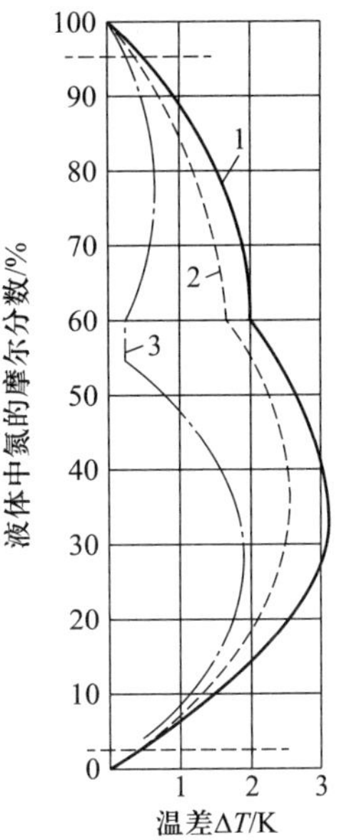

图 9-20 双级精馏塔内气液间的温差与液相中氮摩尔分数的关系

1—一般精馏塔气液相之间的温差曲线；2—氮气膨胀精馏塔气液相之间的温差曲线；3—空气膨胀精馏塔气液相之间的温差曲线

9.3.4 填料塔

1. 结构形式及工作特点

填料塔整体结构如图 9-21 所示，它是由塔体、填料、喷淋装置、支撑栅板、再分配器、气液进出口管等组成。填料提供了塔内的气液两相接触表面。液体自塔顶经喷淋装置喷洒于填料顶部，并在填料的表面呈膜状流下。气体从塔底的气体进口送入，流过填料的空隙，在填料层中与液体逆流接触进行传质。填料使气液两相高度分散，扩大了相间接触面积；喷淋装置使液体均匀分散喷洒在填料层中；支撑栅板用于支撑填料层，并使蒸气均匀通过填料层；再分配器的作用是使液体能够均匀地润湿填料。当液体在填料层内流动时，有向塔壁流动的趋势，塔壁附近液体流量会逐渐增大，这种现象称为壁流。壁流导致的结果是气液两相在填料层内分布不均。因此，为了创造气液接触的良好条件，在塔体中一定高度上设置再分配器，使液体集中进行再分配，以保证均匀喷洒。

填料塔内气液两相组成沿塔高连续变化，属于连续接触式的气液传质设备。填料塔不但结构简单，且流体通过填料层的压降较小，易于用耐腐蚀材料制造，所以它特别适用于处理量小、物料具有腐蚀性及要求压降小的场合。

2. 填料类型及性能

气液两相在填料塔内逆向流动接触，填料上的液膜表面是气液两相的主要传质面，因此选择适宜的填料材料和表面性质，使填料表面易被液体润湿，可使用较少的液体而获得较大的润湿表面。相反，填料的材料和表面性质选择不当，液体将不成膜而呈细流下降，使气液接触面积大为减少。

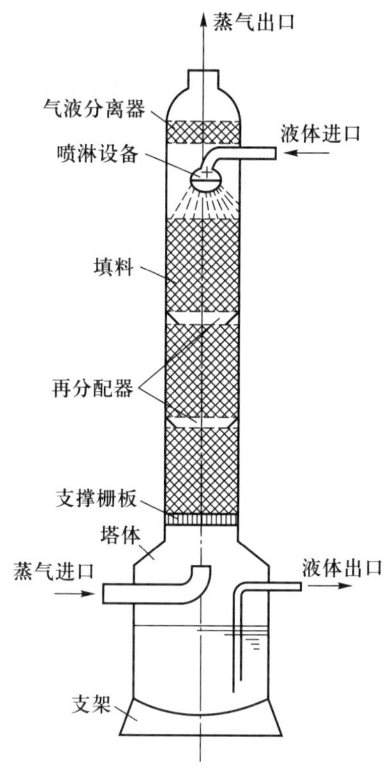

图 9-21 填料塔结构示意图

对填料的基本要求是：

1）有较大比表面积，有良好的润湿性能及有利于液体均匀分布的形状；

2）有较大的空隙率，当填料空隙率较大时气液通过能力大，气体流动阻力小；

3）从经济、实用及可靠方面要求单位体积填料轻、价格低、有足够的机械强度，对气液两相介质有良好的化学稳定性等。

填料按装填方式分为散装填料和规整填料，按使用效率分为普通填料和高效填料，按结构分为实体填料和网体填料。

（1）散装填料

散装填料是一个个具有一定几何形状和尺寸的颗粒体，一般以随机的方式堆积在塔内。散装填料根据结构特点不同，又可分为环形填料、鞍形填料、环鞍形填料及球形填料等，如图 9-22 所示。一些常见填料的特性参数可见表 9-4。拉西环填料于 1914 年由拉西发明，为使用最早的工业填料，鲍尔环填料是在拉西环填料的基础上改进而成，与拉西环填料相比鲍尔环填料的气体通量可增加 50%以上，传质效率提高 30%左右，是一种应用较广的填料。在鲍尔环填料的基础上改进而成的梯环填料，是目前所使用的环形填料中最为优良的一种。弧鞍填料是最早提出的一种鞍形填料，其形状如同马鞍，一般采用瓷质材料制成，强度较差，易破碎，目前工业中已很少采用。为克服弧鞍填料易发生套叠的缺点，将其两端的弧形面改为矩形面，且两面大小不等，即成为矩鞍填料。矩鞍填料堆积时不会套叠，液体分布较均匀，其性能优于拉西环填料。因此，绝大多数过去应用瓷拉西环填料的场合，现已被瓷矩鞍填料所取代。球形填料一般采用塑料注塑或陶瓷烧结而成，具有多种构形。由于球体结构的对称性，填料装填密度均匀，不易产生空穴和架桥，所以气液分散性能好。球形填料一般只适用于某些特定的场合，工业上应用较少。除上述几种较典型的散装填料外，各种新型高效的填料不断出现，如多面球形填料、共轭环填料、海尔环填料、泰勒花环填料、纳特环填料等。它们有比表面积大、传质效果好、阻力小、密度小、金属消耗少等优点。

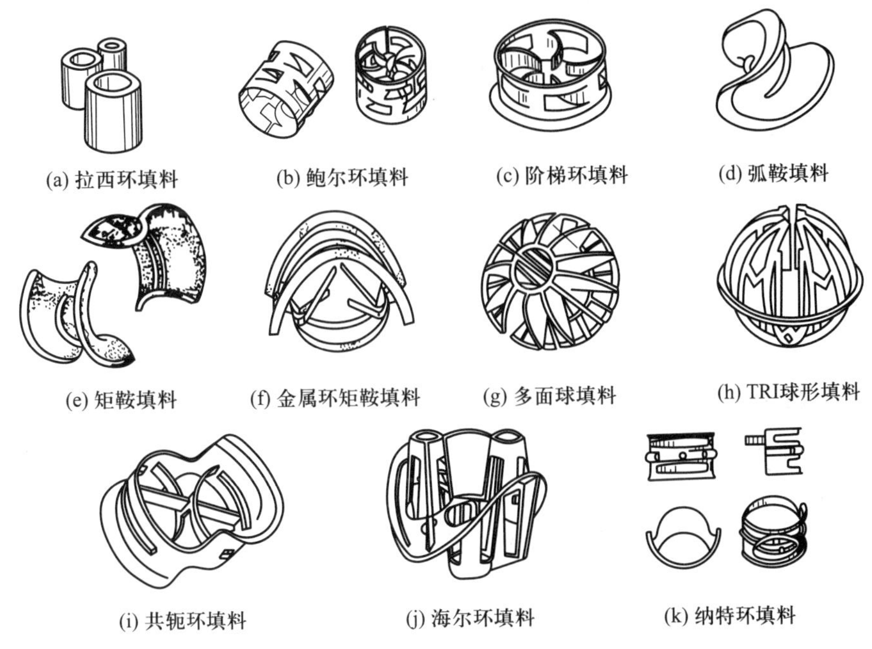

图 9-22　几种典型的散装填料

表 9-4　一些常见填料的特性参数

填料名称	规格(直径×高×厚)/mm	材质及堆积方式	比表面积/(m^2/m^3)	空隙率/(m^3/m^3)	干填料因子/m^{-1}	湿填料因子/m^{-1}
拉西环	50×50×4.5	陶瓷，乱堆	93	0.81	177	205
	80×80×9.5	陶瓷，乱堆	76	0.68	243	280
	50×50×1	金属，乱堆	110	0.95	130	175
	76×76×1.6	金属，乱堆	68	0.95	80	105
	25×25×2.5	陶瓷，乱堆	190	0.78	400	450
	25×25×0.8	金属，乱推	220	0.92	200	260
	10×10×1.5	陶瓷，乱堆	400	0.70	1 280	1 500

续表

填料名称	规格(直径×高×厚)/mm	材质及堆积方式	比表面积/(m^2/m^3)	空隙率/(m^3/m^3)	干填料因子/m^{-1}	湿填料因子/m^{-1}
鲍尔环	50×50×4.5	陶瓷,乱堆	110	0.81		130
	50×50×0.9	金属,乱堆	103	0.95		66
	25×25×0.6	金属,乱堆	209	0.94		160
	25×25	陶瓷,乱堆	220	0.76		300
阶梯环	25×12.5×1.4	塑料,乱堆	223	0.90		172
	38.5×19×1.0	塑料,乱堆	132.5	0.91		115
弧鞍形	25	陶瓷	252	0.69		360
	25	金属	280	0.83		
	50	金属	106	0.72		148
矩鞍形	50×7	陶瓷	120	0.79		130
	25×3.3	陶瓷	258	0.775		320

(2) 规整填料

规整填料是按一定的几何构形排列,整齐堆砌的填料。规整填料种类很多,根据其结构特点可分为格栅填料、波纹填料、脉冲填料等。一般而言,规整填料的传质效率高于散装填料。

工业上应用最早的规整填料为格栅填料,以图 9-23a 所示的木格栅填料和图 9-23b 所示的格里奇格栅填料最具代表性。格栅填料的比表面积较小,主要用于要求压降小、负荷大及防堵等场合。

金属丝网波纹填料是用金属网压制成波纹形,然后裁成片状,各板高度相同但长短不等,波纹与水平方向呈 60°倾角,相邻两板反向叠靠,使其波纹倾斜方向互相交叉,搭配排列而成圆饼状,如图 9-23c 所示。填料盘直径一般较塔内径小 1~2 mm,在整装入塔时填料盘叠放于塔内。相邻上下两盘的波纹片排列方向互成 90°角,波纹的峰高为 6.3 mm,波距为 9.2 mm,比表面积为500 m^2/m^3,水力直径为 7.5 mm,空隙率 90%,密度为 250 kg/m^3(不锈钢材料)。网波填料片上开有直径为 4.5 mm 的小孔,呈正三角形排列,孔间距为 10 mm,开孔率约为 18.4%。

金属丝网波纹填料具有以下主要优点:

1) 气液接触好,传质效率高。由于流体通道对塔轴心有一定倾斜角度,使流体流动成 Z 字形,增强对流体的扰动。而且在丝网的毛细作用下,填料表面均匀形成一层很薄的液膜，即使少量液体也能良好地分布到整个塔截面，从而使气液两相得到很充分的横向混合。

2）空隙率大，压降小，等板高度可低于 0.1 m，相当于一块理论塔板的填料层压降仅有 50~70 Pa。

3）特别适用于难分离物系，可实现高纯度产品和低压降的精馏。

这种填料的缺点是造价高、易堵塞、怕腐蚀，一般要求工作流体清洁，进料处装过滤器，通常只能用化学清洗，不能机械清洗。

由于金属丝网波纹填料成本高，因此后期开发的金属孔板波纹填料（图 9-23d），用金属薄片在上面开孔或开槽，然后轧制成波纹填料，同金属丝网波纹填料一样组织成填料块。

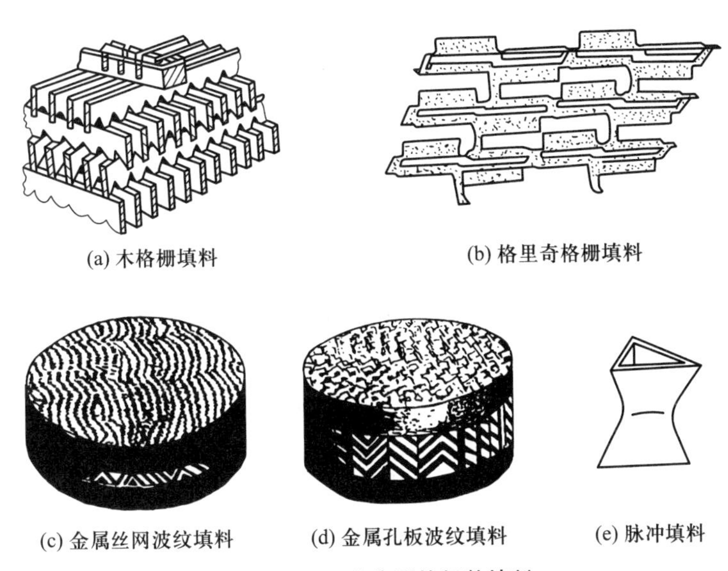

(a) 木格栅填料　(b) 格里奇格栅填料

(c) 金属丝网波纹填料　(d) 金属孔板波纹填料　(e) 脉冲填料

图 9-23　几种典型的规整填料

波纹填料属于规整填料，因结构紧凑，具有较大的比表面积和空隙率，流体阻力小，空塔气速可提高，因上、下两块填料的板片相互垂直，使上升气体不断改变方向，下流的液体也不断重新分布，故其效率提高。

脉冲填料是一种新型规整填料，它是由如图 9-23e 所示的带缩颈的中空棱柱形个体按一定方式拼装而成。脉冲填料组装后，会形成带缩颈的多孔菱形通道，其纵面流道交替收缩和扩大，气、液两相通过时产生强烈的湍动。在收缩段，气流速度最高，湍动强烈，从而强化传质；在扩大段，气流速度减到最小，实现两相的分离。流道收缩、扩大的交替重复，实现了“脉冲”传质过程。脉冲填料的特点是处理量大、压降小，是真空精馏的理想填料。但脉冲填料制作较为烦琐、造价高,故工业上很少应用。

3. 流体力学性能

填料塔的流体力学性能通常包括填料层的持液量、填料层压降等。在填料塔操作时,填料塔传质性能的好坏、负荷的大小及操作的稳定性等很大程度上取决于流体力学性能。在设计填料塔时,通常根据持液量来设计填料支承板;根据填料层压降选择气体输送设备,确定其类型和功率。由此可见,填料塔的流体力学性能对填料塔的设计和操作都是至关重要的。

(1) 填料层的持液量

填料层的持液量是指在一定操作条件下,在单位体积填料层内所积存的液体体积,通常以 m^3 液体/m^3 填料表示。它是填料塔流体力学性能的重要参数之一。

持液量可分为动持液量 H_o、静持液量 H_s 和总持液量 H_t。动持液量是指填料塔停止气、液两相进料后,经足够长时间流出的液体量,它与填料、液体特性及气、液负荷有关。静持液量是指当停止气、液两相进料,并经排液至无滴液流出时存留于填料层中的液体量,它取决于填料和液体的特性,与气、液负荷无关。总持液量是指在一定操作条件下存留于填料层中的液体总量。显然,总持液量为动持液量和静持液量之和,即

$$H_t = H_s + H_o$$

填料层的持液量可由实验测出,也可由经验公式计算。一般来说,适当的持液量对填料塔操作的稳定性和传质是有益的,可以提供更大的气、液相接触面积;但持液量过大,将减少填料层的空隙和气相流通截面,使压降增大,处理能力下降。一般认为,持液量以能提供较大的气、液传质面积且操作稳定为宜。

(2) 气体通过填料的压降

在逆流操作的填料塔内,液体依靠重力作用沿填料表面成膜状流下,气体依靠压差自下而上通过填料,液膜与填料表面的摩擦、液膜与上升气体的摩擦构成了流动阻力,形成了填料层的压降。将气体体积流量与塔截面积之比定义为空塔气速(简称气速,以区别于填料中的实际气速)u,单位为 m/s。显然,填料层压降与液体喷淋量及气速有关,在一定的气速下,液体喷淋量越大,压降越大;在一定的液体喷淋量下,气速越大,压降也越大。将不同液体喷淋量下的单位填料层高度对应压降 $\Delta p/Z$ 与空塔气速 u 的关系标绘在对数坐标纸上,可得到如图 9-24 所示的曲线簇。图中,直线 0 表示无液体喷淋时干填料的 $\Delta p/Z \sim u$ 关系,称为干填料压降线,实验发现该压降线为直线;曲线 1、2 和 3 表示不同液体喷淋量下填料层的 $\Delta p/Z \sim u$ 关系,称为填料操作压降线。

在一定的喷淋量下，填料操作压降线被载点（点 A）、泛点（点 B）大致可分为恒持液量区、载液区和液泛区三个区域。当气速低于载点时，上升气流对液膜的曳力很小，液体流动不受气流的影响，压降与气速关系线与干填料压降线几乎平行。此时，填料表面上覆盖的液膜厚度基本不变，填料层的持液量不变，因而该区域称为恒持液量区。当气速超过载点时，上升气流对液膜的曳力较大，对液膜流动产生阻滞作用，致使液膜增厚，填料层的液量随气速的增加而增大，此现象称为拦液。开始发生拦液现象时的气速称为载点气速。若气速继续增大，到达泛点时，喷淋的液体向下流动严重受阻，不能顺利向下流动，液体积聚使填料层的持液量不断增大，填料层内几乎充满液体。气速增加很小便会引起压降的剧增，此现象称为液泛。开始发生液泛现象时的气速称为泛点气速。从载点到泛点的区域称为载液区，泛点以上的区域称为液泛区。泛点以后，液体不能顺利流下，从塔顶溢出。

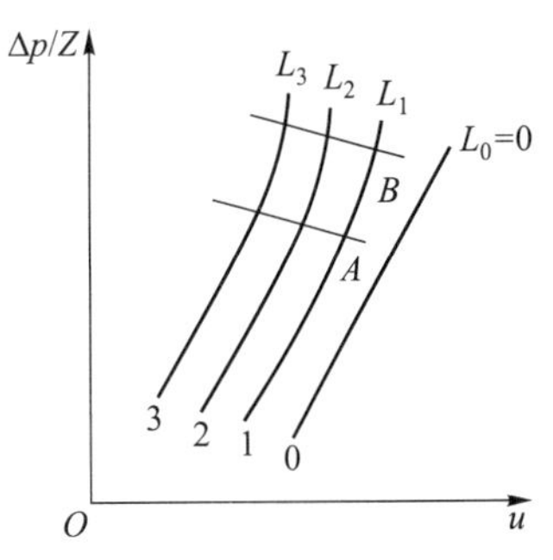

图 9-24 填料塔压降与空塔气速的关系

填料层压降是填料塔设计中的重要参数，它决定了填料塔的动力消耗。填料层压降可通过实验测得，也可由经验公式计算。对于散装填料，其填料层压降可采用埃克脱通用关联图计算。

4. 流动工况与操作特性

气、液两相的均匀分布是填料塔设计与操作中十分重要的问题。精馏塔内气、液两相的初始分布主要取决于分布装置的设计，而在一定的操作条件下，气、液两相在填料层内依靠自身性质与流动状态所进行的动态分布，则与操作条件、填料的类型与规格、填料充填的均匀程度、塔安装的垂直度、塔的直径等密切相关。

根据喷淋液体的强度和气流速度的不同，塔中流动工况基本上可分为下列五种：

1）稳流工况　当喷流密度和气流速度不大时，液体在填料表面形成薄膜和液滴，蒸气连续不断地自下往上流动，并在填料表面与液膜等接触进行热质交换。

2）中间工况　若继续增加液体喷淋密度和气流速度，就开始产生液体不能畅通地往下流动的凝滞作用，并在气流中产生涡流。这种工况比稳流工况更有利于热质交换。

3）湍流工况　对中间工况继续增加喷淋密度和气流速度，则气流在填料中产生托持液体并阻止其下流的现象，蒸气在液体中形成涡流并破坏液体薄膜，热质交换较中间工况更为增强。

4）乳化工况 继续加大喷淋密度和气流速度，这时蒸气和液体剧烈地混合，在填料的自由空间中充满了泡沫，气液难以分清。这种工况使蒸气和液体具有最大的接触面积，最有利于热质交换。

5）液泛工况 当气流速度高于乳化工况的气流速度时，则气流把液体夹带着往上流，将发生液泛现象。此时，液相充满塔内，液相由分散相变为连续相；气体则呈气泡形式通过液层，由连续相变为分散相。在液泛状态下，气流出现脉动，压降随气速急剧上升，液体被大量带出塔顶，正常的精馏过程遭到破坏。填料塔在操作中，应避免液泛现象的发生。

影响液泛的因素很多，主要有以下几点：

1）填料的特性 填料特性的影响集中体现在填料因子上。填料的比表面积越小、空隙率越大，则填料因子值越小，相应的泛点气速越大，越不易发生液泛现象。

2）流体的物理性质 流体物理性质的影响体现在气体的密度、液体的密度和黏度上。气体的密度越小，液体的密度越大、黏度越小，则泛点气速越大，越不易发生液泛现象。

3）液气比 液气比越大，则在一定气速下液体喷淋量越大，填料层的持液量增加而空隙率减小，故泛点气速越小，越易发生液泛现象。

泛点气速是确定填料塔的操作气速及计算填料塔塔径的关键，通常采用贝恩（Bain）-霍根（Hougen）关联式和埃克脱通用关联图计算。操作气速与泛点气速的比值称为泛点率，其定义式为

$$\Phi = \frac{u}{u_F} \times 100\% \tag{9-31}$$

式中：Φ 为泛点率，%；u 为空塔气速，m/s；u_F 为泛点气速，m/s。

根据工程经验，填料塔的泛点率选择范围如下：

对于散装填料 $\Phi = 50\% \sim 85\%$

对于规整填料 $\Phi = 60\% \sim 95\%$

9.4 空气二元系精馏过程的计算

精馏过程计算的主要问题是求取理论塔板数。求理论塔板数的方法虽很

多,但其基本道理是一致的。可以用逐板计算法,也可用图解法($y-x$ 图)。$y-x$ 图解法的作图方法较简单,而且对精馏过程的反映比较直观,本节主要用$y-x$图说明二元系精馏过程的计算。

9.4.1 用 $y-x$ 图解法求双级精馏塔的理论板数

1. 下塔

取下塔任一截面至塔釜的部分为物料衡算系统,如图 9-25 所示,物料平衡方程式为

$$\left.\begin{aligned} V_K + L &= L_K + V \\ V_K y_{N_2}^K + Lx &= L_K x_{N_2}^K + Vy \end{aligned}\right\} \tag{9-32}$$

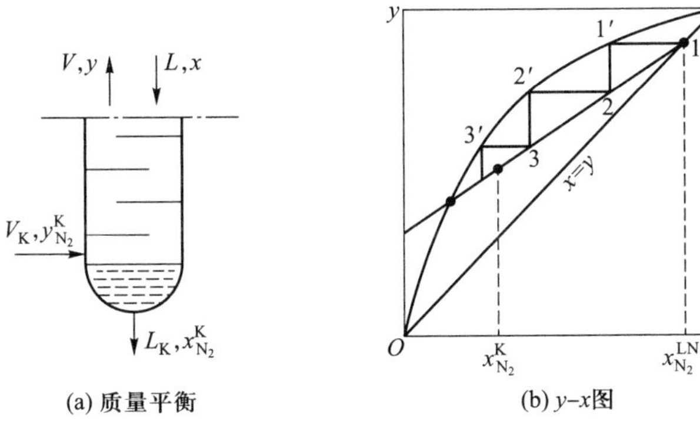

(a) 质量平衡　　(b) $y-x$图

图 9-25　下塔

若是干饱和空气进塔,则不存在新的液体的补充,且因已假定液体的蒸发潜热不变,故按照式(9-19)得

$$L = L_K, \qquad V = V_K$$

代入式(9-32)并整理后可得下塔操作线方程

$$y = \frac{L_K}{V_K}x + \left(y_{N_2}^K - \frac{L_K}{V_K}x_{N_2}^K \right) \tag{9-33}$$

及操作线的截距(即 $x=0$ 时)

$$y = y_{N_2}^K - \frac{L_K}{V_K}x_{N_2}^K$$

下塔顶部的气氮摩尔分数与冷凝的液氮摩尔分数相同,因此表示该截面气液组分摩尔分数的点在 $y=x$ 线(即 $y-x$ 图的对角线)上。联立下塔操作线方程

式(9-33)和 $y=x$ 可得其交点的横坐标 $x=x_{N_2}^{LN}$。在 $y-x$ 图上可得到$\left(x=0, y=y_{N_2}^{K}-\frac{L_K}{V_K}x_{N_2}^{K}\right)$及($y=x_{N_2}^{LN}, x=x_{N_2}^{LN}$)两点。连接这两点得一直线,该直线便是下塔的操作线。过 $y=x=x_{N_2}^{LN}$ 点作水平线,与平衡曲线相交于点 1′,作垂直线与操作线交于点 2,所得三角形代表下塔中的一块理论塔板。同样方法做下去,一直到点 3′,由此点作垂线所得的 x 值等于或稍小于 $x_{N_2}^{K}$ 值为止,所得的三角形数就是下塔的理论塔板数。图 9-25b 中所示为 2.6 块理论塔板。

2. 上塔

以液空进料口为界分为精馏段及提馏段。

(1) 精馏段

取上塔精馏段任意截面(Ⅰ—Ⅰ)至塔顶的部分为物料衡算系统,如图 9-26a 所示,得组分平衡方程式

$$L_{N_2}x_{N_2}^{N}+V_{\mathrm{I}}y_{\mathrm{I}}=V_{N_2}y_{N_2}^{N}+L_{\mathrm{I}}x_{\mathrm{I}} \qquad (9-34)$$

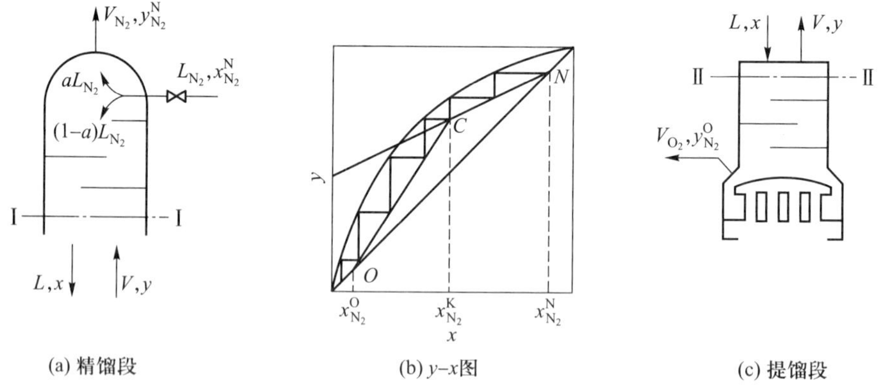

图 9-26　上塔精馏段及提馏段

设液氮节流后汽化率为 a,则

$$L_{\mathrm{I}}=(1-a)L_{N_2}$$

$$V_{\mathrm{I}}=V_{N_2}-aL_{N_2}$$

代入式(9-34)中,得精馏段操作线方程式

$$y_{\mathrm{I}}=\frac{(1-a)L_{N_2}}{V_{N_2}-aL_{N_2}}x_{\mathrm{I}}+\frac{V_{N_2}y_{N_2}^{N}-L_{N_2}x_{N_2}^{N}}{V_{N_2}-aL_{N_2}} \qquad (9-35)$$

及精馏段操作线截距：$x_{\mathrm{I}}=0$ 时，$y_{\mathrm{I}}=\dfrac{V_{N_2}y_{N_2}^{N}-L_{N_2}x_{N_2}^{N}}{V_{N_2}-aL_{N_2}}$

其斜率为

$$\tan a_{\mathrm{I}}=\frac{L_{\mathrm{I}}}{V_{\mathrm{I}}}=\frac{(1-a)L_{N_2}}{V_{N_2}-aL_{N_2}}$$

对于上塔顶部，$y_{N_2}^{N}\approx x_{N_2}^{N}$，精馏段操作线与 $y=x$ 线交点的横坐标为

$$x_{\mathrm{I}}=\frac{V_{N_2}y_{N_2}^{N}-L_{N_2}x_{N_2}^{N}}{V_{N_2}-L_{N_2}}\approx x_{N_2}^{N}$$

根据这三个条件中的任意两个，便可在 $y-x$ 图中作出精馏段的操作线。

(2) 提馏段

取上塔提馏段任意截面(Ⅱ—Ⅱ)至冷凝蒸发器的部分为物料衡算系统，如图 9-26c 所示，得组分平衡方程式

$$V_{\mathrm{II}}y_{\mathrm{II}}+V_{O_2}y_{N_2}^{O}=L_{\mathrm{II}}x_{\mathrm{II}} \tag{9-36}$$

设液空节流后的汽化率为 a_{K}，则

$$V_{\mathrm{II}}=V_{N_2}-aL_{N_2}-a_{\mathrm{K}}L_{\mathrm{K}}$$

$$L_{\mathrm{II}}=(1-a)L_{N_2}+(1-a)L_{\mathrm{K}}$$

代入式(9-36)中，得提馏段操作线方程式

$$y_{\mathrm{II}}=\frac{(1-a)L_{N_2}+(1-a_{\mathrm{K}})L_{\mathrm{K}}}{V_{N_2}-aL_{N_2}-a_{\mathrm{K}}L_{\mathrm{K}}}x_{\mathrm{II}}+\frac{V_{O_2}y_{N_2}^{O}}{V_{N_2}-aL_{N_2}-a_{\mathrm{K}}L_{\mathrm{K}}} \tag{9-37}$$

及提馏段操作线与 $y=x$ 线交点的横坐标 $x_{\mathrm{II}}=y_{N_2}^{O}$。

提馏段操作线的斜率　$\tan a_{\mathrm{II}}=\dfrac{L_{\mathrm{II}}}{V_{\mathrm{II}}}=\dfrac{(1-a)L_{N_2}+(1-a_{\mathrm{K}})L_{\mathrm{K}}}{V_{N_2}-aL_{N_2}-a_{\mathrm{K}}L_{\mathrm{K}}}$

根据这两个条件可在 $y-x$ 图上作出提馏段的操作线，如图 9-26b 所示。从图中可看出，提馏段操作线的斜率与精馏段不同，即两者的气液比不同。两段虽在同一塔中，但由于在塔中部有液空进料，从而使两段的 L 和 V 值发生了变化。所以，对一个精馏塔如果有物料加入或取出时，则精馏塔应按物料加入或取出的位置分为若干段进行计算，每段 L/V 不同，则其操作线不同。

从图 9-26b 中点 N 起，在精馏段操作线和气液平衡曲线之间作水平线、垂直线。当 x 值低于 $x_{N_2}^{K}$ 后则按提馏段操作线作图，直至提馏段的点 O 为止。所得三角形数为上塔的理论塔板数。其中以点 C 为精馏段和提馏段的分界，从点 C 至点 O，这段中三角形数为提馏段的理论塔板数。也可由点 C 开始分别向两边在平衡曲线与精馏段及提馏段操作之间作阶梯线，直至达到或超过点 N 和点 O。

本图所示精馏段理论塔板为 2 块，提馏段为 3.5 块。

综上所述，用 $y-x$ 图解法确定理论塔板数的步骤是：

1）根据工作压力确定氧-氮二元系在 $y-x$ 图上的平衡曲线，并作对角线；

2）在 $y-x$ 图上作出相应塔段的操作线；

3）在平衡曲线和操作线之间作阶梯形线段，在各塔段形成的三角形数便代表该段的理论塔板数。

3. 液空进料状态对进料位置的影响

设上塔精馏段和提馏段操作线的交点为 $C(x_C, y_C)$，点 C 的位置与精馏段的气液比及液空进料状态有关。

令 δ 表示液空进料的含液率，则

$$\delta = \frac{H''_{\mathrm{m}} - H_{\mathrm{m}}}{r}$$

式中：H''_{m} 为液空饱和蒸气的摩尔焓，J/mol；H_{m} 为液空进塔时的摩尔焓，J/mol；r 为液空的汽化潜热，J/mol。

通过物料衡算可以证明

$$y_C = \frac{\delta}{\delta - 1}x_C - \frac{1}{\delta - 1}x_{N_2}^{K} \tag{9-38}$$

此式为两操作线交点 C 在 $y-x$ 图中的轨迹，为一直线，称 δ 线，斜率为 $\tan\theta \approx \frac{\delta}{\delta-1}$。图 9-27 表示各种进料状态下的 δ 线。在任何进料状态下，δ 线与 $x=y$ 线总是交于 $x=y=x_{N_2}^{K}$ 这一点，即点 C_2。于是，已知精馏段的操作线后，可由点 C_2 作 δ 线，与精馏段操作线交于点 C，过点 C 即可作提馏段的操作线。

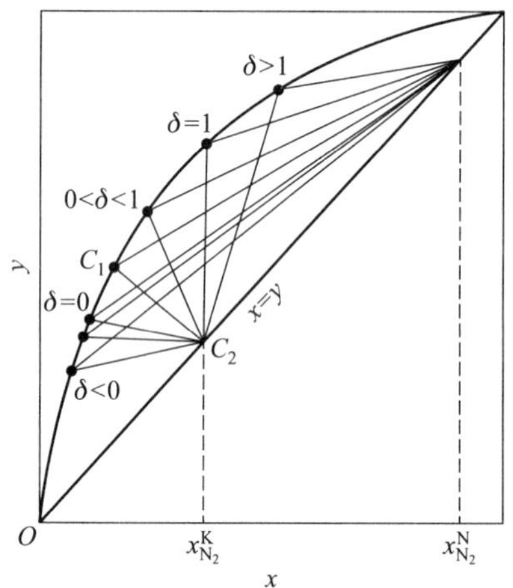

图 9-27　各种进料状态下的 δ 线

4. 气液比对塔板的影响

沿塔下流的液体和上升蒸气之比 $\frac{L}{V}$ 称为气液比，气液比对精馏过程和理论塔板数有直接的影响。

如图 9-28 所示，当氧、氮纯度已定，精馏段和提馏段两操作线的交点 C 的位置可以随气液比的不同在点 C_1 和点 C_2 之间沿 δ 线移动。当交点愈偏向点 C_1 时，说明精馏段气液比愈小，塔板数则愈多，塔的高度和沿塔的流动阻力都会增

加。当交点达到点C_1时，精馏段操作线的斜率为最小值，要达到这种工况，理论上需要无穷多块塔板。

最小气液比为

$$\left(\frac{L}{V}\right)_{\min}=\frac{x_{N_2}^{N}-y_{C_1}}{x_{N_2}^{N}-x_{C_1}} \qquad (9-39)$$

交点愈偏向点C_2，表示气液比愈大，塔板数愈小，但由于所需液体量多，而且气液温差大，以致不可逆损失大，造成能量消耗大。当交点落在点C_2时，即操作线与对角线重合，此时精馏段的气液比为最大，值达到$\frac{L}{V}=1$，这种情况下物流的摩尔分数差最大，理论塔板数最少，能量消耗最大。因此除少数情况外，一般精馏段的气液比应介于上述二极限值之间，即

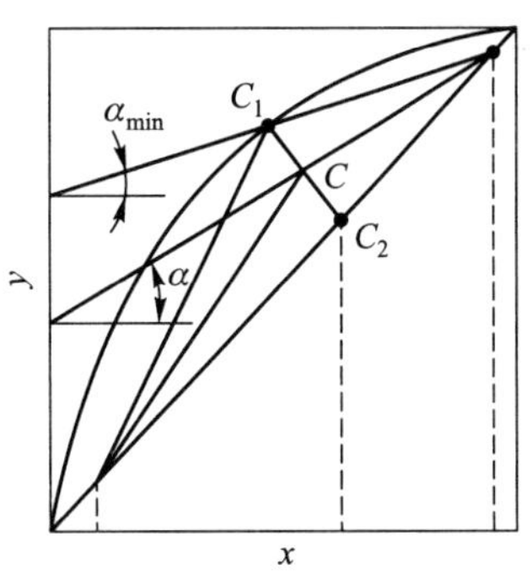

图 9-28　气液比的极限情况

$$1>\left(\frac{L}{V}\right)_{pr}>\left(\frac{L}{V}\right)_{\min}$$

例 9-1　图 9-16 所示的双级精馏塔，下塔压力为 588.6 kPa，上塔压力为 132.4 kPa。产品氧的摩尔分数$y_{O_2}^{O}=99\%$；上塔引出氮气的摩尔分数$y_{N_2}^{N}=97\%$；下塔液氮槽液氮的摩尔分数$x_{N_2}^{N}=97\%$；富氧液空的氮摩尔分数$x_{N_2}^{K}=61.5\%$。设空气以干饱和状态进入下塔，液氮节流汽化率$a=0.17$，试利用$y-x$图解法求理论塔板数。

解　(1) 首先通过物料衡算确定各物流的量

按标准状态计算，设加工空气量$V_K=1\ \text{m}^3$，

则产品氧量　$$V_{O_2}=\frac{y_{N_2}^{N}-y_{N_2}^{K}}{y_{N_2}^{N}-y_{N_2}^{O}}V_K=\frac{97-79.1}{97-1}\ \text{m}^3=0.186\ \text{m}^3$$

上塔引出的氮气量

$$V_{N_2}=V_K-V_{O_2}=1\ \text{m}^3-0.186\ \text{m}^3=0.814\ \text{m}^3$$

富氧液空量

$$L_K=\frac{x_{N_2}^{N}-y_{N_2}^{K}}{x_{N_2}^{N}-x_{N_2}^{K}}V_K=\frac{97-79.1}{97-61.5}\ \text{m}^3=0.504\ \text{m}^3$$

(2) 下塔理论塔板数的确定

将求得的有关数值代入式(9-33)，得下塔操作线方程

$$y=0.504x+48.1\%$$

作 $p=588.6$ kPa 的平衡曲线如图 9-29a 所示。操作线一端为 $x=x_{N_2}^{N}=97\%$，得点 N。当 $x=0$ 时，由操作线 $y=48.1\%$，得点 E。连接点 N、E，与 $x=x_{N_2}^{K}=61.5\%$ 直线交于点 K，则点 K 为下塔操作线的另一端点。过点 N 作三角形直至点 K，得 8.2 个三角形，即下塔理论板塔数为 8.2 块。

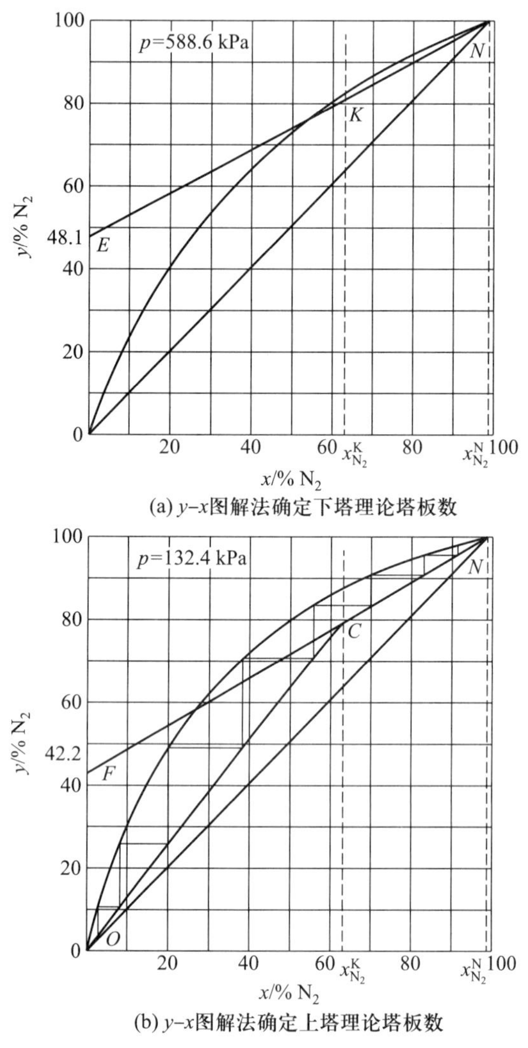

(a) y–x图解法确定下塔理论塔板数

(b) y–x图解法确定上塔理论塔板数

图 9-29　上、下塔理论塔板数的确定

（3）上塔理论塔板数的确定

将有关数值代入式(9-35)得 $y_1=0.564x+42.2\%$，作 $p=132.4$ kPa 的平衡曲线，如图 9-29b 所示。

因精馏段操作线与 $y=x$ 线交点的横坐标 $x=x_{N_2}^{N}=97\%$，由横坐标轴 $x_{N_2}^{N}$ 处作垂线与 $y=x$ 线交于点 N，由精馏段操作线截距，即 $x=0$ 时 $y=42.2\%$ 得点 F。连接点 N、F 得直线 NF，精馏段和提馏段操作线的交点可近似地(将液空进料当作饱和液体)认为是在 $x=x_{N_2}^{K}$ 线上。因此，过 $x_{N_2}^{K}$ 作垂线与直线 NF 交于点 C，直线 NC 即为精馏段操作线。

提馏段操作线一端为点 C，另一端是与 $y=x$ 线交于 $x=x_{N_2}^{O}=1\%$，即点 O，连接点 C、O 得提馏段操作线。过点 N 作三角形，直至点 O，精馏段理论塔板数为 3.5 块，提馏段为 4.5 块，上塔理论板数共 8 块。

为了计算精确，应考虑液空进料状态的影响，则需作 δ 线，精馏段操作线和 δ 线的交点即为两操作线的交点。

9.4.2　精馏塔的塔板效率

通过气液平衡与物料衡算的关系，用图解法或计算法可求得精馏塔的理论塔板数。但在分析计算中曾做过一系列假设，这些假设与实际情况是有出入的，特别是认为离开每块塔板的蒸气和液体处于平衡状态，这实际上是无法实现的。所以实际需要的塔板数与理论塔板数相差甚远，按理论塔板数设计的塔无法达到规定的要求。为了达到一定的分离要求，必须确定实际需要的塔板数。为此，必须研究塔板上实际达到的分离程度与理论上平衡情况的差别，亦即所谓塔板效率问题。塔板效率的影响因素很多，而且比较复杂，虽然已进行大量的研究，但目前还很难做到各种塔型都能精确地计算。

1. 塔板效率的表示方法

(1) 全塔效率 η

$$\eta=\frac{N_{\mathrm{th}}}{N_{\mathrm{pr}}} \tag{9-40}$$

全塔效率是一个概括性的概念。事实上，在一个塔内各个板上的传质情况不全相同，因而各板上的相应效率往往不完全一样。但在工程计算中，为了简便起见，常用这一概念。

对空分双级精馏板塔的塔板效率，目前推荐值为

1) 按二元系计算时，平均塔板效率中上塔塔板效率为 $\eta=0.25$；下塔塔板效率为 $\eta=0.3\sim0.35$。

2) 按三元系计算时，平均塔板效率为 $\eta=0.6\sim0.8$。

(2) 板效率 η_{MV}(或 η_{ML})

根据理论塔板的定义,当离开塔板的气相与液相达到平衡状态时,称为一块理论塔板。实际上,摩尔分数变化与平衡时应达到的摩尔分数变化之比,称为板效率。气相和液相的板效率分别为

$$\eta_{MV}=\frac{y_n-y_{n-1}}{y_n^*-y_{n-1}} \tag{9-41}$$

$$\eta_{ML}=\frac{x_{n+1}-x_n}{x_{n+1}-x_n^*} \tag{9-42}$$

式中:η_{MV}、η_{ML}分别表示气相及液相的板效率;y_n、y_{n-1}为第 n 板及 $n-1$ 板上的蒸气平均摩尔分数;x_n、x_{n+1}为第 n 板及 $n+1$ 板上的液体平均摩尔分数;y_n^* 为与 x_n 平衡的气相摩尔分数;x_n^* 为与 y_n 平衡的液相摩尔分数。

式(9-41)与式(9-42)的右边,分子 y_n-y_{n-1} 及 $x_{n+1}-x_n$ 表示通过 n 板的作用实际获得的蒸气及液体的摩尔分数变化,而分母 $y_n^*-y_{n-1}$ 及 $x_{n+1}-x_n^*$ 表示通过 n 板的作用可能达到的最大提纯程度。以上定义的效率在国外文献上通常称莫弗里效率。η_{MV} 及 η_{ML} 二者数值是不相同的,通过物料平衡,可以得到它们的相互关系如下:

$$\eta_{MV}=\frac{\eta_{ML}}{\eta_{ML}+\frac{1}{A}(1-\eta_{ML})} \tag{9-43}$$

式中:$A=\frac{L/V}{M}$,其中 M 为板上气液相平衡线的斜率;L/V 为气液比,即操作线的斜率。A 的含义为操作线斜率与平衡线斜率之比。当操作线与平衡线平行时,$A=1$,即 $\eta_{MV}=\eta_{ML}$。

(3) 点效率 η_{OV}

在每一块实际塔板上,气液相均为错流接触,板上的液相摩尔分数由 x_{n+1}变为 x_n;各处气液接触时间、流动情况都不全相同,所以传质速率也不一样。因此严格说,用上述板效率的概念只能代表板上传质过程的平均情况,尚不能反映各点的真实情况。为了研究各点的局部情况,提出了点效率。

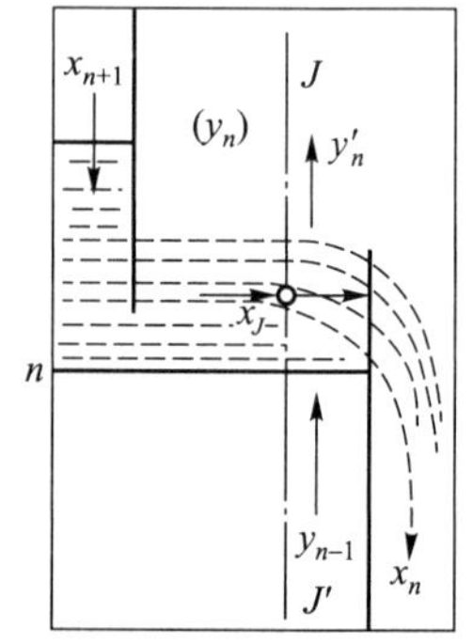

图 9-30　点效率模型图

在图 9-30 中,设在塔板上某一垂直轴线 $J-J'$ 上,进入的气相摩尔分数为 y_{n-1},离开液面后变为 y'_n,在 $J-J'$ 处与 x_J 平衡的气相摩尔分数为 y'_J,则气相点效

率为

$$\eta_{\mathrm{OV}} = \frac{y'_n - y_{n-1}}{y'_J - y_{n-1}} \tag{9-44}$$

由点效率与板效率的定义，可认为板效率是板上各点效率数值积分结果的一种表达形式。

2. 雾沫夹带对板效率的影响

前述的板效率 η_{MV} 只考虑了传质，而未考虑塔板上雾沫夹带的影响。由于雾沫夹带的结果，使一部分高沸点组分含量多的液相直接被带到上一层塔板，从而降低了上一层塔板上的低沸点组分的摩尔分数，抵消了部分精馏的效果，降低了 η_{MV} 值。

考布尔曾推导出雾沫夹带对板效率影响的公式

$$\eta_{\mathrm{a}} = \frac{\eta_{\mathrm{MV}}}{1 + \dfrac{e'\eta_{\mathrm{MV}}}{L'_{\mathrm{M}}}} \tag{9-45}$$

式中：η_{a} 为有雾沫夹带影响的板效率，又称表观效率；e' 为单位鼓泡面积的夹带量，kmol/m^2；L'_{M} 为单位鼓泡面积的液相流量，kmol/m^2。

式(9-45)推导时假设操作线和平衡线接近平行，操作线斜率与平衡线斜率 $A=1$，即各相邻塔板间摩尔分数增值接近相等。

根据雾沫夹带对板效率的影响，工业上一般建议使 $\dfrac{e'\eta_{\mathrm{MV}}}{L'_{\mathrm{M}}}$ 不超过 0.1。这样对于表观效率的降低程度一般在 10%之内。

3. 板效率与全塔效率的关系

求得各层塔板上的表面效率 η_{a} 后，即可以此修正逐板计算中的气液平衡关系，把实际达到的摩尔分数代入，最后得到所需的实际板数。

图 9-31 为二元系 $x-y$ 图解计算求实际塔板数的方法，$ABCK$ 为通常的理论塔板数作图法，对一块理论板，气相中组分的摩尔分数由点 $A(y_{n-1})$ 提浓到点 $B(y'_n)$。实际上，由于板效率的原因，离开塔板时只能达到点 D 的摩尔分数(y_n)。显然，这时的板效

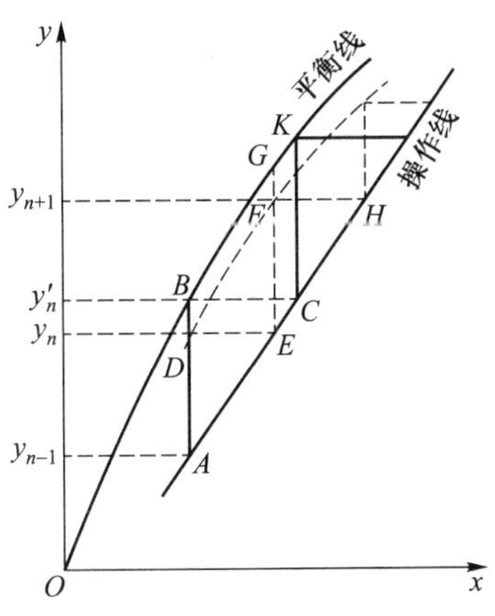

图 9-31 实际塔板数计算

率 $\eta_a = \dfrac{\overline{AD}}{\overline{AB}}$。同样，对于上一层板$\overline{EF} = \eta_a' \overline{EG}$，如此沿 $ADEF$ 继续进行，即可作出实际需要的塔板数。把 D、F、J、…各点连接起来，即可认为是考虑了板效率后的“拟平衡线”。

当操作线和平衡线都是直线时，路易斯曾推导出全塔效率和表观效率之间存在如下关系：

$$\eta = \frac{N_{th}}{N_{pr}} = \frac{\ln\left[1 + \eta_a\left(\dfrac{1}{A} - 1\right)\right]}{\ln \dfrac{1}{A}} \tag{9-46}$$

9.4.3　填料层高度的计算

前面介绍的精馏计算都是针对板式精馏塔的。板式塔的特点是气、液中组分的摩尔分数沿塔高成阶梯式变化。如果精馏塔采用另一种形式的塔，即在空塔内充装拉西环、鲍尔环等散装填料或规整填料，使蒸气自下而上穿过填料空隙，液体自上而下连续地流过填料层，在填料层表面和空隙体积内气液间形成相接触界面，进行质量交换。这类塔称为填料塔，它的传质过程的特点是，气、液中组分的摩尔分数沿塔呈连续变化。填料塔结构简单、压降较小，而且便于用耐腐蚀材料制造，在精馏及吸收等气体分离过程中都有广泛的应用。

1. 填料塔中的传质过程

如图 9-32 所示，气、液在塔内逆向流动，气、液摩尔分数沿填料层高度不断变化。气相中低沸点组分由塔底至塔顶逐渐升高，液相中低沸点组分由塔顶至塔底逐渐降低。在图 9-32 中取一微元高度 dH 来研究它的传质规律。

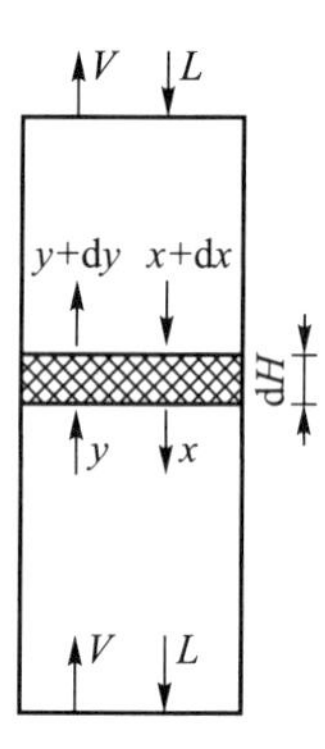

图 9-32　填料塔内的物料平衡

在稳定流动的情况下，列出微元高度 dH 内的物料衡算方程式

$$dG = Vdy = Ldx$$

式中，dG 为单位时间内通过相间接触面积 dF 传递的组分量。

根据传质规律，可写出传质速率方程

$$g = K_V(y^* - y) = K_L(x - x^*)$$

或 $$dG = g\,dF = K_V(y^* - y)\,dF = K_L(x - x^*)\,dF \tag{9-47}$$

式中：K_V、K_L 分别为以气相中组分的摩尔分数差及液相中组分的摩尔分数差为推动力的总传质系数；y^*、x^* 为 x、y 相平衡的摩尔分数。

由此得

$$\left.\begin{aligned} V\,dy &= K_V(y^* - y)\,dF \\ L\,dx &= K_L(x - x^*)\,dF \end{aligned}\right\} \tag{9-48}$$

又 $$dF = aA_r\,dH$$

式中：a 为填料比表面积；A_r 为塔的横断面积。

代入式(9-48)中并积分得

$$\left.\begin{aligned} H &= \frac{V}{K_V a A_r}\int_{y_2}^{y_1}\frac{dy}{y^* - y} \\ H &= \frac{L}{K_L a A_r}\int_{x_2}^{x_1}\frac{dx}{x - x^*} \end{aligned}\right\} \tag{9-49}$$

此式反映填料塔内传质的规律，是计算填料层高度的基本公式。

2. 填料层高度的计算

(1) 传质单元数与传质单元高度

由上节可知，式(9 - 49) 可用于计算填料层的高度。该式的右边可视为两项数字的乘积，以气相总传质为例，积分项$\int_{y_2}^{y_1}\frac{dy}{y^* - y}$之值表示此系统的分离难易程度，称为“传质单元数”；而$\frac{V}{K_V a A_r}$一项可视为相应于每个传质单元所需的填料高度，称为“传质单元高度”。若令

$$H_{OV} = \frac{V}{K_V a A_r}, \qquad N_{OV} = \int_{y_2}^{y_1}\frac{dy}{y^* - y}$$

则

$$H = H_{OV}N_{OV} \tag{9-50}$$

同理对液相总传质也可得

$$H_{OL} = \frac{L}{K_L a A_r}, \qquad N_{OL} = \int_{x_2}^{x_1}\frac{dx}{x - x^*}$$

$$H = H_{OL}N_{OL} \tag{9-51}$$

如能分别求得 H_{OV}、N_{OV}或者 H_{OL}、N_{OL}，则填料层高度 H 即可求得。

1) 传质单元数的计算　为了了解总传质单元数的物理意义，现以气相总传质单元数$\int_{y_2}^{y_1}\frac{dy}{y^* - y}$为例加以说明。$dy$ 为气相中组分的摩尔分数变化，

$(y^* - y)$ 为气相传质推动力，因此 $\int_{y_2}^{y_1}\frac{\mathrm{d}y}{y^* - y}$ 的值越大，表示此系统越难分离，反之表示容易分离。如图 9－33 所示，取一小段填料层，其高度为一个气相总传质单元高度，蒸气通过此单元高度时组分的摩尔分数由 y_a 变到 y_b。假定这段组分的摩尔分数变化不大，其平均推动力可以用 $(y^* - y)_m$ 表示，那么这一小段的积分值可写成

$$\int_{y_a}^{y_b}\frac{\mathrm{d}y}{y^* - y} = \frac{y_b - y_a}{(y^* - y)_m} = 1 \qquad (9-52)$$

所以 $y_b - y_a = (y^* - y)_m$。这就是说，当气流经某小段填料层的组分的摩尔分数变化等于该段内气相平均推动力时，则此段填料层称为一个气相总传质单元。而 $\int_{y_2}^{y_1}\frac{\mathrm{d}y}{y^* - y}$ 值的含义为气相中组分的摩尔分数由 y_2 变至 y_1 时所含的 $\int_{y_a}^{y_b}\frac{\mathrm{d}y}{y^* - y}$ 值的倍数。

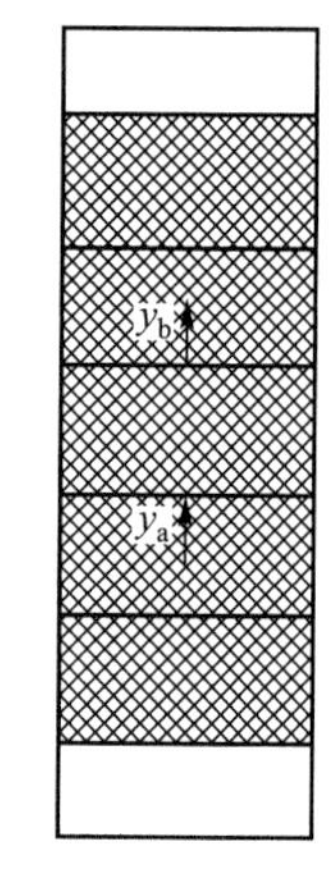

图 9－33　填料塔传质单元示意图

传质单元数的计算方法很多，各有其特点及使用场合，对精馏过程应用较广的是图解法。今以空分精馏塔下塔为例，说明传质单元数的求法。

空分下塔底部富氧液空中 N_2 的摩尔分数为 x^K，顶部引出的液氮中 N_2 的摩尔分数为 x^N。传质单元数为

$$N_{OV} = \int_{y=x^K}^{y=x^N}\frac{\mathrm{d}y}{y^* - y}$$

可按图解法求出。(y^*-y) 值在 $y-x$ 图中为操作线与平衡曲线的垂直距离，如图 9-34 所示。根据相应的条件在 $y-x$ 图中作出塔的操作线，从而可以得出 $(y^* - y)$ 的数值及它的倒数 $\frac{1}{y^*-y}$，在 $y-\frac{1}{y^*-y}$ 坐标系中可获得相应的 $N'M'K'$ 曲线，该曲线与 y 轴所包括的面积即为所求的传质单元数。

2）传质单元高度的计算　由前面已经知道，气相总传质单元高度

$$H_{OV} = \frac{V}{K_V a A_r}$$

液相总传质单元高度

$$H_{OL} = \frac{L}{K_L a A_r}$$

式中 V、L、a、A_r 皆为已知，因此只要知道总传质系数 K_V、K_L，则传质单元高度即可求出。一般 K_V、K_L 由实验的方法得到。

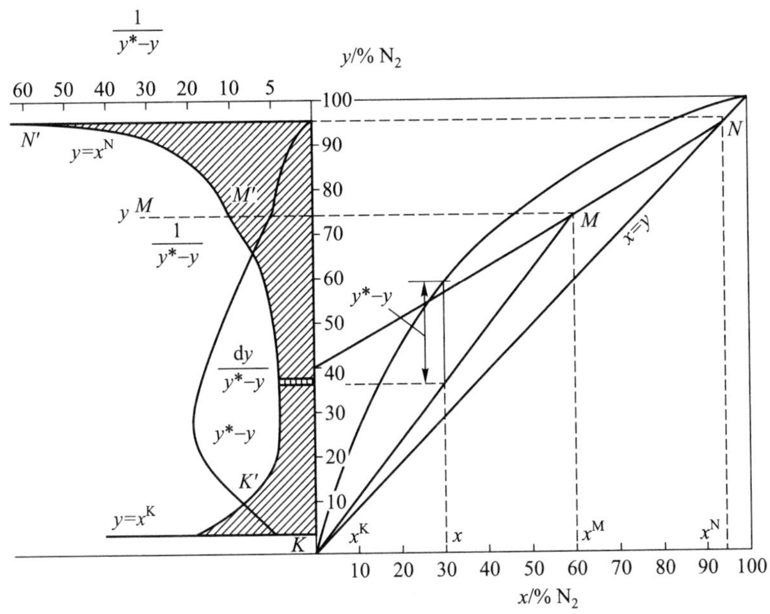

图 9-34　传质单元数的计算

(2) 理论板数和等板高度

填料塔虽不属于梯级式传质系统,但为了计算方便,在设计上仍可采用理论塔板数的方法表达精馏计算的结果。于是填料高度的计算就可归纳为求理论板数和相当于一块理论塔板(注意不是实际塔板)分离效果所需的填料高度(称等板高度)的问题,即

$$H = hN_{\mathrm{th}} \tag{9-53}$$

式中:H 为填料层高度,m;h 相当于一块理论板作用的填料层高度,即等板高度(一般资料上用 H.E.T.P 表示);N_{th} 为理论塔板数。

等板高度主要和被分离混合物的物理化学特性、塔的尺寸、填料形状、塔内物流的流动工况等有关,一般根据试验或经验确定。例如,空分塔用 10 mm×10 mm×0.2 mm 的铜质拉西环,塔径为 200~500 mm 时 $h=250\sim300$ mm。若环尺寸为 6 mm×6 mm×1.5 mm,则 $h=150\sim200$ mm。又如:在回热式液氮机的分馏塔中采用鞍形丝网填料,在 $\phi75$ mm 的塔内进行氧、氮分离时用 6 mm 的鞍形填料,$h=38$ mm;在 $\phi150$ mm 的塔内,用 6 mm 的鞍形填料,$h=50\sim100$ mm;用 10 mm的鞍形填料,$h=75\sim100$ mm;用 13 mm 的鞍形填料,$h=75\sim115$ mm。h 值随气速的增加而增大。规整填料优于散装填料,等板高度应试验确定。

9.5　空气中稀有气体的分离

空气中的氦、氖、氪、氙等稀有气体的含量是极低的，例如，氦的体积分数约为 5.2×10^{-6}，氙的体积分数约为 0.08×10^{-6}。在低温气体分离装置内，通过富集和各种净化步骤后，可以利用沸点差异实现稀有气体的提取。稀有气体全提取是空分装置的发展方向。

9.5.1　稀有气体在空分塔中的分布及提取方法

1. 稀有气体在空分塔中的分布

因各稀有气体与氧、氮沸点不同，在空分塔中汇集的部位各不相同。氪、氙因沸点高于氧，随空气进入下塔后被冷凝在下塔底部的液空中，并随着液空进入上塔，然后汇集在上塔底部的液氧中；最后，当液氧蒸发成气氧时，随着气氧离开空分塔。提取氪、氙时通常是将产品氧经过氪塔，用精馏法提取贫氪原料气，随后再逐步提纯成氪、氙。

相反，氖、氦的沸点比氧、氮要低得多，所以在空分塔中氖、氦通常是与低沸点氮一起。空气进入下塔后，氖、氦组分随着气体上升直至冷凝蒸发器，形成“不凝性气体”，汇集在下塔顶部和冷凝蒸发器的冷凝侧顶部。提取氖、氦时，可把这部分“不凝性气体”引出，送入更低温度的分凝器，得到氖、氦含量较高的粗氖、氦气。因氖、氦不在空分塔塔板上浓缩，同时含量很少，故不会对精馏过程造成影响。但它们在冷凝蒸发器中不冷凝，使冷凝蒸发器传热恶化，将引起下塔压力升高，进而造成空分装置产量下降或能耗增加。为使冷凝蒸发器可靠工作，对不提取氖、氦的空分塔，在冷凝蒸发器的顶盖上应有氖、氦的排除管，定期将“不凝性气体”排出塔外。

2. 提取稀有气体的主要方法

从空气中提取稀有气体仍是利用气体沸点和分子性质之间的差异来进行分离。稀有气体在空气中的含量非常稀少，且有的稀有气体其沸点差异大于氧、氮沸点差异，因此提取稀有气体需要逐步浓缩、分阶段提纯。

目前常用的方法有：

1）精馏法　与氧、氮分离的精馏过程完全类似。例如，粗氩塔中进行的氧、氩分离，去氮塔中进行的氩、氮分离，氪塔中进行的氧、氪氙分离等都是精馏法的具体应用。

2) 分凝法　沸点差异较大时,可采用分凝方法。如空分塔中排出的含有氖、氦的氮气,在低压液氮蒸发温度下进行分凝,使得氮和氖、氦组分初步分离,得到氖、氦浓缩物。

3) 冻结法　利用某组分凝固点高的特点使其冻结而与其他组分分离。例如,在负压液氢温度下使氖、氦分离,在 9.33 kPa(70 mmHg)压力时液氢温度为 13K,此时凝固点为 24.3K 的氖已冻结,而沸点为约 4.2K 的氦尚未液化,可使氖、氦分离。

4) 吸附法　利用吸附剂(分子筛、活性炭等)选择性吸附的原理,使组分分离或进一步提纯。如粗氩的净化,氖、氦、氪、氙的提纯都可应用吸附法。

5) 催化反应法　如粗氩通过加氢催化反应除去其中的氧;在氪氙提纯中通过催化剂净除碳氢化合物等。

稀有气体使用时一般纯度要求较高,大多数在 99.95%以上,因此需要多种方法联合使用。例如,氖、氦的提取即通过逐步使用分凝、吸附、冻结等方法,最后获得纯氖和纯氦。

9.5.2 空气中氩的分离

1. 氩在空分装置主塔的富集

氩的沸点介于氧和氮的沸点之间,并接近氧的沸点。空气中的氩随空气进入下塔后参与精馏过程。与氮相比,氩组分是高沸点组分,故在液相中氩含量大于气相中氩含量,如图 9-35 所示。虽然沿塔高氩会有些积聚,但一般在蒸气中最大氩含量不超过 1.5%,液相中氩的含量不超过 2.5%。因此,空气中的大部分氩被冷凝在下塔的液空中并随液空进入上塔,一少部分存在于液氮中并随液氮进入上塔。

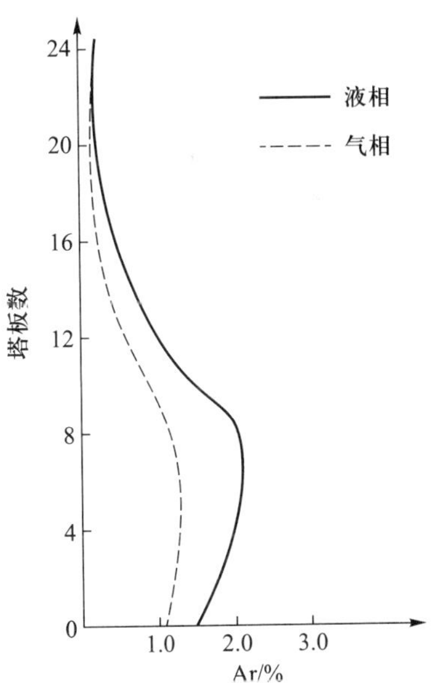

图 9-35　氩在下塔的分布

在上塔精馏段,氩相对于氮是高沸点、不易挥发组分,因此氩含量沿塔高自上而下地逐渐增大,且在液相中的氩含量大于同一塔板气相中的氩含量。当氩含量增加到一定程度时,塔板分离效果变差,氩含量的变化很小，甚至不再增高，氧含量的变化率也较小，进入所谓精馏段恒浓度区。在该区内塔板上引入液空或膨胀空气以打破热量平衡和气液平衡，可以促使精馏过程更有效地进行。

在上塔提馏段，氩的浓度则沿塔自上而下先逐渐增加，后迅速下降并逐渐趋于零。在临近液空进料口的提馏段上部，氧和氩相对于氮仍是高沸点组分，因此液相中的氧、氩含量沿塔高自上而下逐渐升高。经过一定数量塔板后，氩从原来的高沸点组分相对地转变为低沸点组分，液相、气相中氩含量均逐渐减少，且氩在气相中的含量开始大于同一塔板上液相中的含量。提馏段因此形成了一个氩含量很高的区域，气相中的氩含量可达 18%，这种现象称为氩的积聚，该现象对精馏工况的影响非常大。小型中压装置和全低压空分装置中氩的分布情况如图 9-36、图 9-37 所示。

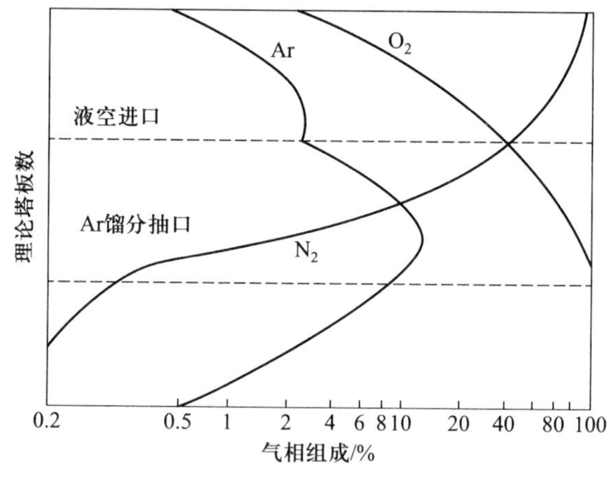

图 9-36　中压空分装置中氩的分布

氩在上塔的分布特性取决于上塔分离产品（氧和氮）的纯度。若产品氮中的氩含量相当大，则最高氩浓度出现在上塔的精馏段；若产品氧中氩含量高于氮中的氩含量（制氮条件），则最高的氩含量出现在上塔的提馏段；如果氧产量下降、纯度提高，则富氩区上移，反之则下移。

2. 氩的提取

空分装置下塔氩含量最高不超过 2.5%，在保证主塔正常生产的前提下，氩馏分应从出现氩积聚的上塔提取。由于粗氩塔主要为氧、氩分离，故氩馏分抽取位置应略低于提馏段富集区的最大氩含量处，氩含量控制在 8%～12%，氮含量小于 0.1%，其余为氧。若上塔不抽取氩馏分，则氩组分一部分随氧气被带走，而另一部分随氮气被带走。

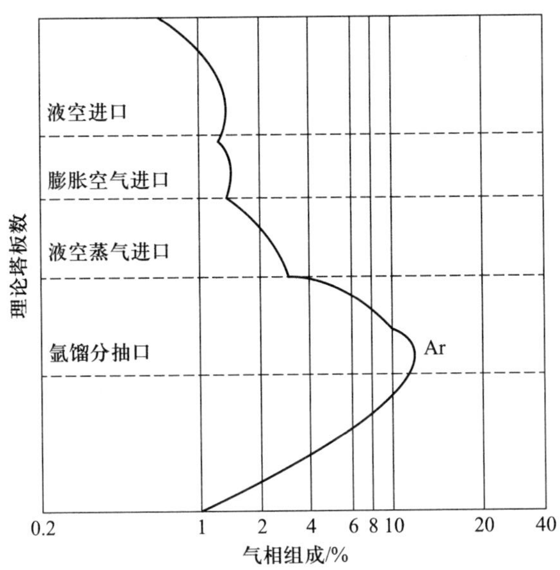

图 9-37 全低压空分装置中氩的分布

（1）氩的提取率

氩提取率是粗氩与加工空气的氩含量之比。

氩在主塔的损失主要是随产品氧、氮排出而造成的损失，故增加氧、氮纯度可以提高氩的提取率。当氧纯度为 99.2%时，氧带走的氩损失约为 15%；氧纯度提高至 99.5%时，氩的损失降为约 9%。而要获得较高纯度的氧、氮产品，进而提高氩提取率，必须有足够多的上塔塔板。

除产品纯度和塔板数外，空分装置的类型也直接影响氩提取率。对于全低压空分装置，为补偿装置运转时的冷量损失，一部分压缩空气膨胀产生冷量后被直接送入上塔进行精馏，这一利用上塔精馏潜力的措施，使其精馏段的气液比远不及高压或中压流程，加上氩含量较高的污液氮在上塔加入回流液，随污氮气带走的氩损失甚至可以高达 50%。因此，全低压空分装置的粗氩提取率较低，一般只有 20%～50%；而中压装置的粗氩提取率可达 60%～70%；而进塔膨胀量大为减少的全低压分子筛纯化增压流程，氩的提取率可在 80%以上。此外，由于规整填料塔分离效率高、氧提取率可达 99%以上，采用规整填料上塔的外压缩空分流程的氩提取率可达 70%～80%，膨胀空气进上塔的内压缩空分流程的氩提取率可达 90%～92%。

（2）氧氩分离

由于氩的存在，若不采取适宜的措施，无法在一个精馏塔中同时制取大量高纯度的氮和氧。例如,当制取纯度为 100%的纯氧时,氮中的氩含量为 1.18%;当制取纯度 100%的纯氮时,氧中的氩含量为 4.26%。因此,在空分主塔的上塔抽取氩馏分有利于提高氧、氮产品纯度,但同时会影响主塔的精馏工况。例如,提取气相氩馏分时,抽取口上方的上升蒸气量减少,塔板上易出现漏液现象,使塔板效率下降,同时,由于上升蒸气量减少,气液比降低,为达到原来的分离效果,必须增加理论塔板数。

主塔抽取的氩馏分进入粗氩塔中进行氧氩分离。上升蒸气到达粗氩塔顶部时,得到氩含量为 95%~98%、氧含量为 1%~3%、其余为氮的粗氩。粗氩在冷凝器中大部分被冷凝成液体,作为回流液;小部分则作为半成品,由粗氩塔顶部引出。沿着粗氩塔向下流动的回流液,由于与上升蒸气不断进行热质交换,高沸点组分氧含量不断增加,最后在底部抽出,返回到主塔氩馏分抽口下 1~2 块塔板处。与一般空分精馏塔相比,粗氩塔的气液比要大得多。

粗氩冷凝器的冷量来源多为主塔液空。如图 9-38 所示,粗氩塔和主塔通过馏分抽取、液空进料有机地联系着。主塔的塔板数、各段塔板的分配、液空进料位置和馏分抽取位置的改变都将直接影响主塔和粗氩塔的精馏工况,上塔的稳定也对粗氩塔的操作和提取率有很大影响。一般主塔氧纯度变动 0.1%,氩馏分变动 0.8%~1%,变动幅度扩大了 8~10 倍。液氧液面波动值超过 5~10 cm 时,就会有较为显著的反应。

根据送入粗氩塔冷凝器的液空量大小,氧氩分离流程可以分为三种类型:

1) 全回流　主塔来的液空全部经过粗氩冷凝器,然后再按气态和液态分别送回上塔。

2) 全蒸发　主塔的液空经过液空过冷器过冷以后分为两部分,一部分送入粗氩塔冷凝器作为冷源,在这里全部蒸发变成气态送入主塔;另一部分液空则直接送入主塔。

3) 半回流　主塔下塔液空的一小部分直接节流送入上塔,而大部分液空进入粗氩塔冷凝器进行部分蒸发,蒸发后的空气和未蒸发的液空导回主塔上塔。

全回流流程的粗氩塔冷源充足、冷凝器温差大、精馏工况好,但液空蒸发量大,对主塔的影响大;全蒸发与全回流相反。半回流介于全回流和全蒸发之间,既保证粗氩塔的正常工况,又减少了对主塔的影响,是采用较多的一种类型。

(3) 空分主塔的调整

1) 上塔塔板数的调整　从空分装置中提氩时,主塔塔板数及各段塔板分配都需要进行相应的改变,以精确选择氩馏分的抽口位置。对于全低压空分装置,由于膨胀空气直接进入上塔,氧和氩不易分离,在提取氩气时其主塔上塔的塔板

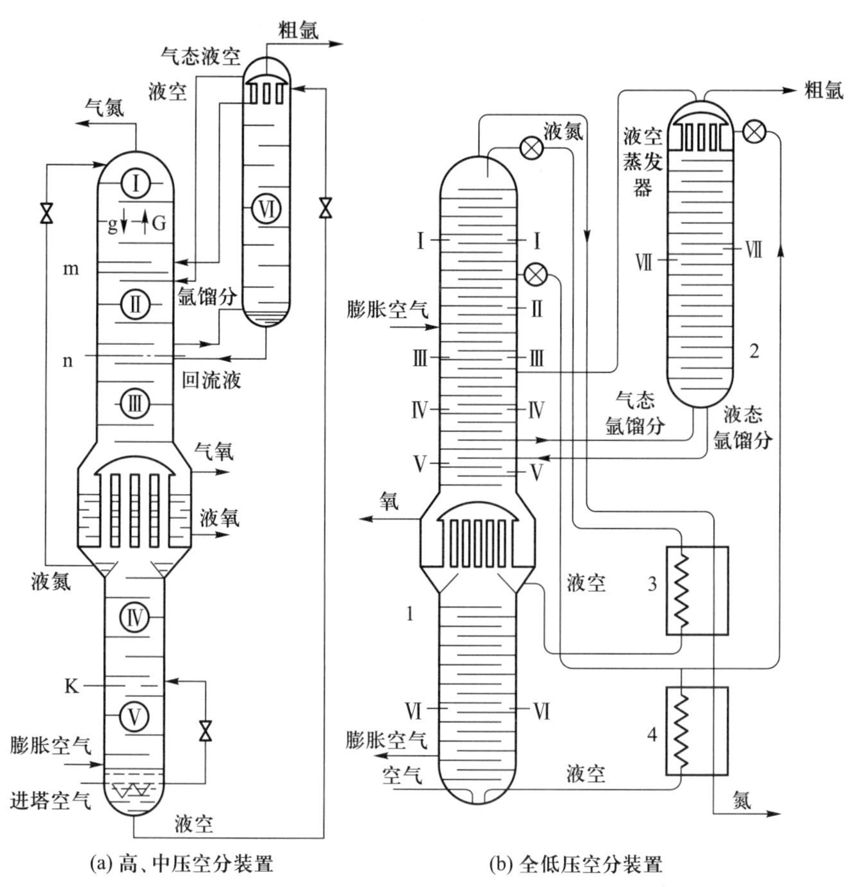

图 9-38　空分装置的主塔与粗氩塔

1—空分塔;2—粗氩塔;3、4—过冷器

数一定增加,以保证氧的纯度。增加的塔板主要位于提馏段氩馏分抽口至液空进料口之间,使液空进料后能得到充分的分离,以此确保抽出氮含量很低、氩含量较高的氩馏分。全低压空分装置氩馏分抽口与液空进料口的间距较高压或中压装置的间距要大。增加主冷凝蒸发器至氩馏分抽口段的塔板,则可减少氩馏分中的氧含量,保证氩的提取率。而在精馏段增加 1~2 块塔板,则能提高氩的提取率和主塔操作工况的稳定性。表 9-5、表 9-6 列出了国内、国外带氩塔空分装置的上塔参数。

表 9-5　国内空分装置主塔的上塔塔板数分配

段别	空分装置氧产量/(m^3/h)							
	中压		全低压(空气膨胀)					
	1 500	300	1 000	1 500	6 000	12 000	20 000	30 000
副塔	—	—	18	12	22	16	15	14
液空进口至液氮进口	21	13	7	11	10	6	7	10
膨胀空气进口至液空进口	氩馏分抽口至液空进口		2	4	2	10	10	3
氩馏分抽口至膨胀空气进口	17	25	17	20	12	12	12	15
氧气出口至氩馏分抽口	20	22	32	32	24	32	34	34
总塔板数	58	60	76	79	70	76	78	81

注:附设氩塔的低压空分设备为双高(氧气纯度 99.5%、氮气纯度 99.99%)塔,其余均为单高(氧气纯度 99.2%)塔。

表 9-6　国外带氩塔的空分装置的上塔参数

特性		苏联 1 600/(m^3/h)	日本 1 500/(m^3/h)	法国 6 500/(m^3/h)	德国 10 000/(m^3/h)
氧纯度/(%,O_2)		99.2	99.5	99.5	99.5
氮纯度/(%,N_2)		99.5	99.99	99.99	99.99
氩馏分纯度/(%,$Ar/O_2/N_2$)		10/87.6/2.4	5~6/94~95/少量		11/89/少量
上塔总塔板数/块		66	70	79	
塔板数由上至下	污氮抽口	66		64	68
	液空进口	46	52	52	59
	膨胀空气进口		48	44	53
	氩馏分抽口	31	22 或 24	34	35

注:除 1 600 m^3/h 空分装置为高压外,其余均为全低压空分装置。

2) 液空进料口的位置调整　不论是否抽取氩馏分,主塔液空进料口都应该在精馏段的氩恒浓度区。

考虑到液空进料的位置对氩积聚的影响,并根据氧-氩-氮三元精馏计算,主塔在提氩时的液空进料口位置应比不设置氩塔时高。以根据无氩塔工况设计的某 6 000 m^3/h 空分装置为例,上塔液空进料口在第 38 块塔板处,增加氩塔后,由于液空进料口位置低,与氩馏分抽口位置之间仅 14 块塔板,抽取的氩馏分中的氩含量很低，只能将氧纯度降低到 99%左右。

合理地确定提氩上塔的液空进料口位置十分重要。提高液空进料口的位置，可以增大富氩区的最大氩含量，因此可以抽取氩含量高的氩馏分。但是液空进料口位置过高，将会影响氧产品的纯度，只有增加更多的塔板，才能保证氧的纯度。

3. 传统加氢制氩流程

加氢制氩工艺分为以下三个步骤：① 用低温精馏法制取粗氩；② 用化学法脱除粗氩中的氧，制取工艺氩；③ 用低温精馏法提取纯氩。

(1) 粗氩制取

主塔抽取的氩馏分在粗氩塔中进行氧氩分离，得到的粗氩其组成为 90%～95% Ar，1%～2% O_2，其余为氮组分。根据抽出氩馏分的制取工艺流程状态和粗氩塔冷、热源的不同，有多种类型，广泛采用的流程如图 9-39 所示的全低压空分装置流程所示。从主塔提馏段抽取的气相氩馏分（氩含量为 7%～8%，氮含量小于 0.1%），进入粗氩塔底部。粗氩塔为仅有精馏段的筛板塔，塔顶设置冷凝器，冷凝器的冷源是下塔节流后的部分液空，冷量较为充足；蒸发后的空气与未蒸发的液空分别返回主塔的上塔。

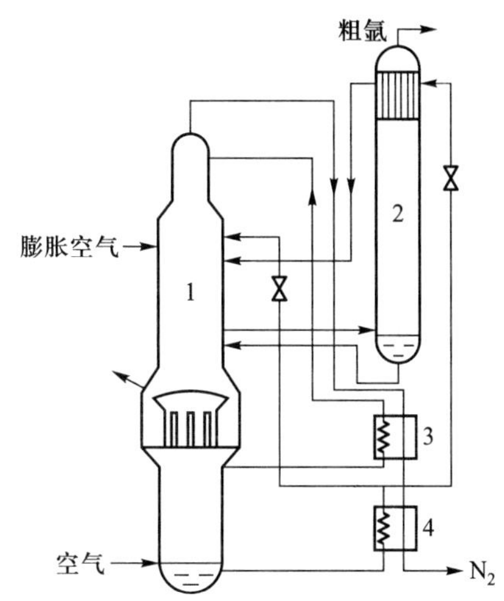

图 9-39　全低压空分装置提取粗氩工艺流程

1—主塔；2—粗氩塔；3—液氮过冷器；4—液空过冷器

除液空外，来自主冷凝蒸发器的液氮也可作为粗氩冷凝器的冷源。相比液空，液氮冷源虽然能提供更大且恒定的温差，但作为主塔上塔精馏段回流液的唯一来源，液氮抽取量一旦大于 20%，上塔的精馏工况就会恶化，液空的抽取则影响较小。除使用空分装置内部冷量外，也可利用外部冷源（如采用液化天然气）和附加循环的方式为粗氩塔提供冷量。

(2) 粗氩纯化

粗氩中的 O_2 通常采用加氢催化法和活性铜法脱除，脱氧后氧含量可由 1%～2%降至 1×10^{-6} 以下，一般被称为工艺氩。

1）活性铜脱氧　粗氩通过炽热的活性铜表面时，氧组分与铜发生化学反应生成氧化铜。这一化学反应的温度是 300～400 ℃，氧的转化率可达 97%～

99%。一般活性铜的利用率只有 30%~50%，且由于反应不可逆，活性铜应用一段时间后，必须使用氢气或 25% N_2与 75% H_2的混合气将氧化铜还原。活性铜除氧法已逐渐被加氢催化除氧取代。

2）加氢催化法脱氧　借助催化剂的加速作用使粗氩中的氧与氢直接化合生成水。为了使氧的转换率达 100%，实际操作中氢的加入量要略大于完全化学反应平衡所需要的量，多余的氢（即工艺氩中的氢含量）称为过量氢。反应过程放出的热量会使气体及催化剂的温度升高，在绝热条件下，每增加 1%的氧含量会使气体温度升高 233 ℃。催化剂的活性随温度升高而降低，超过 500 ℃时会被烧结失去活性，因此要求粗氩中的氧含量不能高于 2%。此外，粗氩中过高的氧含量还有生成爆炸混合物的危险。试验证明，当粗氩中氧含量大于 5%时，加氢除氧化学反应过程中就会产生爆鸣声。因此，加氢催化除氧方法需要严格限制粗氩中的氧含量，以保证脱氧性能和设备与人身安全。

常用脱氧催化剂的性能见表 9-7。

表 9-7　常用的除氧催化剂性能

性能	钯催化剂	铂催化剂	105 型	201 型	活性铜
成分	活性氧化铝镀钯	活性氧化铝镀铂	4A 或 5A 分子筛镀钯	13X 分子筛镀银	纯铜
粒度/mm	4~5	3~4	0.02	0.425~0.85	
堆密度/(10^4 kg/m^3)	0.8~0.9	0.8	0.8	0.8	
工作温度/℃	常温	60	常温	常温	450~500
体积流量/(m^3/h)	8 800~14 000	7 500~10 000	10 000	10 000	
净化后气体中氧含量/(10^{-6})	<0.15	<0.5	<5	<0.2	<0.5
还原气氛	氢	氢	25%(N_2)+75%(H_2)	25%(N_2)+75%(H_2)	氢或 25%(N_2)+75%(H_2)
还原温度/℃	450~500	300	250~300	300~400	150~200
恒温时间/h	2	6			4
还原体积流量/(m^3/h)	1 000	7 200	0.5~0.8m^3/(kg·h)	3 000 ~ 12 000	300~500

用化学法净除粗氩中的氧和清除氢、氧化合反应所生成的水的流程，称为粗

氩纯化流程。纯化工艺流程包括加压催化、冷却、干燥及加氢系统。图 9-40 所示为林德氧气产量 10 000 m^3/h 空分装置的纯化系统工艺流程。

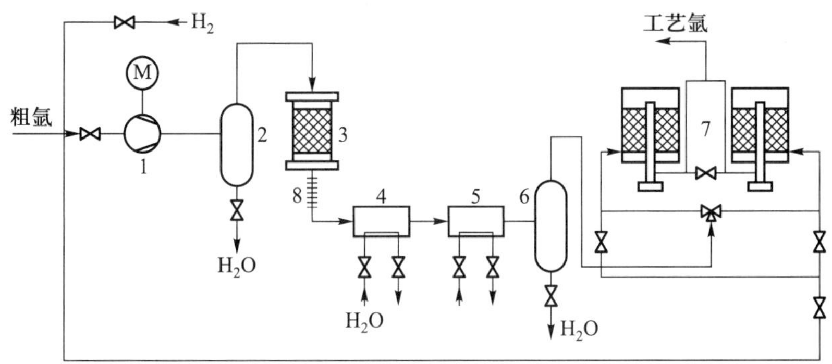

图 9-40 林德氧气产量 10 000 m^3/h 空分装置的纯化系统工艺流程

1—粗氩压缩机;2、6—水分离器;3—反应器;4、5—冷却器;7—分子筛干燥器;8—空气冷却器

(3) 纯氩制取

工艺氩中含有 1%~4% N_2 和 0.5%~1% H_2,欲制取纯氩还必须进一步清除其中的氮和氢。

氩、氮沸点相差较大(达 10 ℃),低温精馏法可使产品氩中的氮含量降至 0.000 1%以下。工业上使用低温精馏法分离氩-氮混合物的工艺流程如图 9-41 所示。工艺氩被冷却、节流至 0.13~0.15 MPa 后,以过热蒸气状态进入纯氩塔中部,在纯氩塔精馏段与塔顶流下的回流液进行热质交换,上升蒸气中的氩组分不断被凝结,到塔顶冷凝器后被液氮冷凝成纯氩塔的回流液,回流液在下降过程

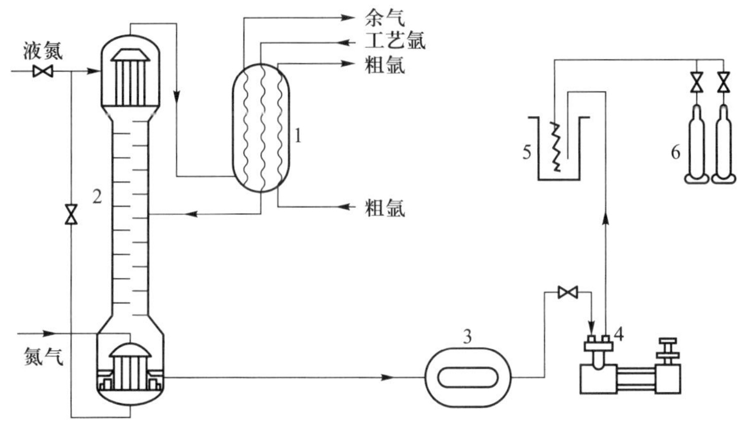

图 9-41 分离氩-氮混合物工艺流程示意图

1—热交换器;2—纯氩塔;3—液氮储罐;4—液氩泵;5—汽化器;6—充瓶台

中氩含量不断提高，最后在塔底获得纯度大于 99.99%的纯液氩。从纯氩塔塔顶排出的废气其组成一般为 40%～50% 的 N_2、2%～3%的 H_2，其余为氩。

纯氩塔可视为分离氩-氮二元混合物的分馏塔，氩氮分离过程的稳定性受工艺氩中氢含量波动的影响。为了改善纯氩塔的精馏工况，可以在工艺氩进入纯氩塔前，使用分离器把工艺氩中的氢预先分离出来并回收，以降低加氢催化过程的氢消耗量。

4. 全精馏制氩（无氢制氩）流程

传统加氢制氩工艺中，氩馏分在粗氩塔中不能完全实现氧和氩的分离，粗氩中仍含有 1%～2%的氧需要通过加氢脱除。这不仅需要稳定的氢气源，而且需要专门的净化车间。如图 9-42 所示，粗氩经过粗氩压缩机从冷箱中引出，复热至常温进入净化车间，在反应器中氢和氧反应生成水，出反应器后的工艺氩经过多级冷却与水分离，再由分子筛干燥器干燥后，返回冷箱冷却，过程工艺复杂，能耗高。

传统加氢制氩工艺已被全精馏制氩（也称为无氢制氩技术）取代。

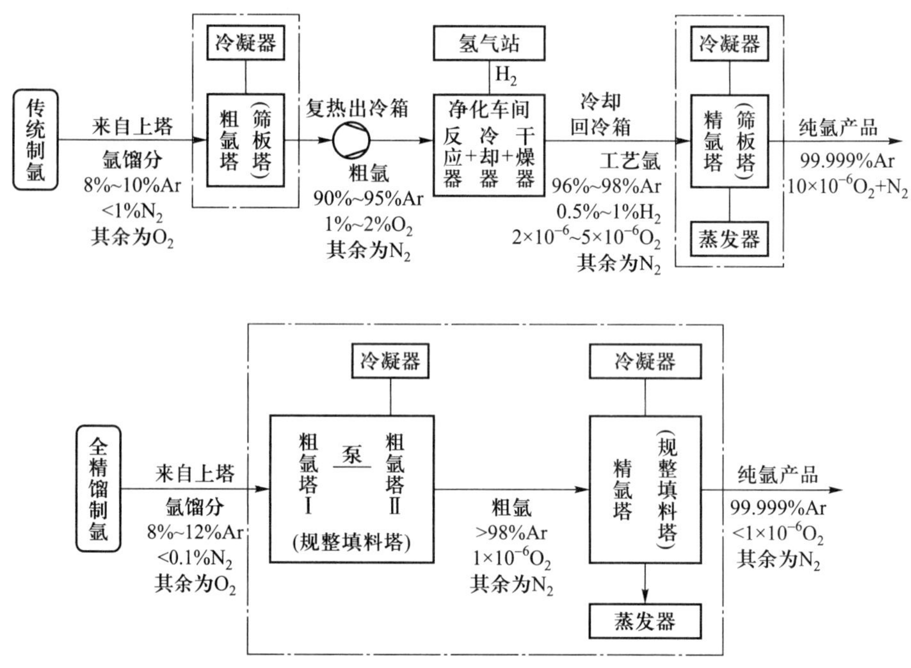

图 9-42　传统加氢制氩和全精馏制氩

（1）全精馏制氩粗氩塔

氧和氩的标准沸点仅相差 2.89 K，两组分实现分离需要非常多的塔板。经过精馏计算,氩纯度与理论塔数的关系如图 9-43 所示。若获得氧含量小于 1×10^{-6}的纯氩,需要 180~200 块塔板。若采用筛板塔作为全精馏制氩的粗氩塔,每块塔板的阻力约为 200 ~300 Pa,总阻力将达到 0.1 MPa 以上,这会使上塔压力大幅度提升。

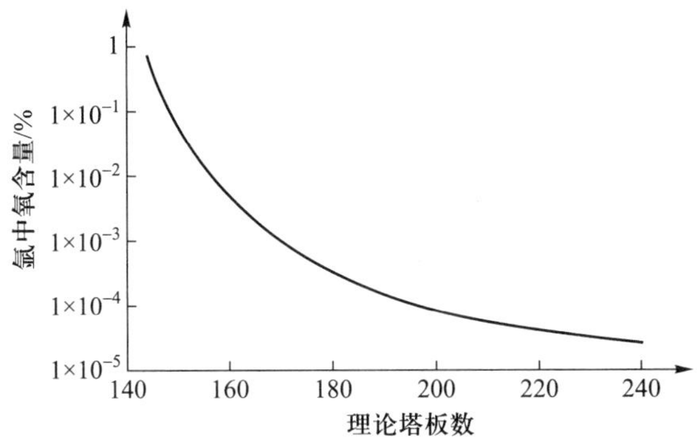

图 9-43 氩中氧含量与理论塔板数的关系

阻力小是填料塔的主要优点。粗氩塔若使用散装填料,例如比表面积仅为 303 m^2/m^3的 $\phi16$ mm 共轭环填料,其体积庞大且易产生沟流及壁流效应,氧氩分离效率不高,不能实现全精馏制氩。而规整填料塔的阻力仅为筛板塔的 1/7~1/10,粗氩塔总阻力可以控制在 0.01 MPa 以下,因此实现全精馏制氩技术必须采用规整填料粗氩塔。

(2) 全精馏制氩流程

全精馏无氢制氩工艺流程如图 9-44 所示,粗氩塔和精氩塔均为波纹板规整填料塔。

粗氩塔由于理论板数多,等板高度高(理论塔板高度为 170~280 mm),加上液体收集器和分布器等填料塔附件的设置,高度可达 70~80 m,在全精馏制氩流程中被分成了粗氩塔Ⅰ和粗氩塔Ⅱ。粗氩冷凝器设置在粗氩塔Ⅱ的顶部,冷源来自液空过冷器的液空。气相氩馏分从空分主塔的上塔提馏段抽出后,进入粗氩塔Ⅰ的底部,粗氩塔Ⅱ底部的液体经液氩泵返回粗氩塔Ⅰ顶部作为回流液。在粗氩塔顶抽出的粗氩中,Ar 含量大于 98%、O_2含量小于 1×10^{-6}。精氩塔的底部设置汽化器,热源为下塔顶部的压力氮;顶部设有冷凝器,冷源为节流后的液氮。粗液氩从精氩塔中部进料,在精氩塔中完成精馏实现氩、氧的完全分离,获得纯氩(小于 1×10^{-6}的 O_2,小于 5×10^{-5}的 N_2)。纯液氩产品由精氩塔底部送出。

全精馏制氩具有以下优点:

1) 流程大为简化,操作简便。取消了净化工序,粗氩塔和精氩塔全在冷箱内。

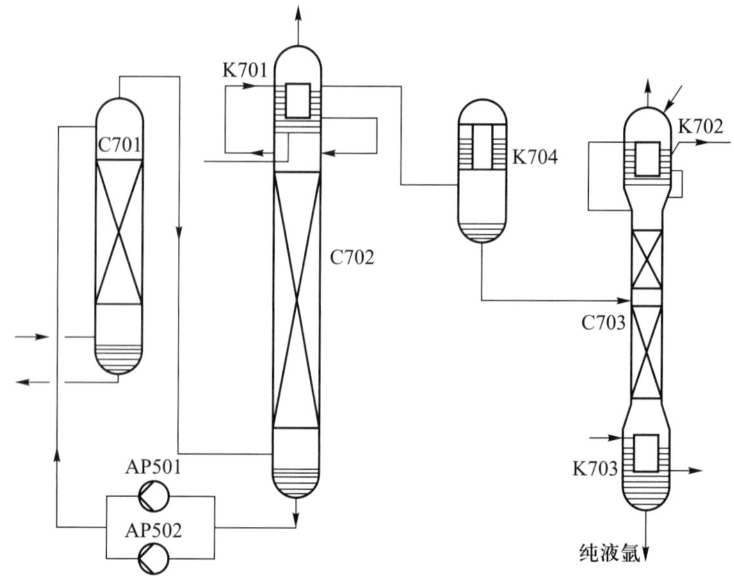

图 9-44　全精馏无氢制氩工艺流程图

C701—粗氩塔Ⅰ；C702—粗氩塔Ⅱ；C703—精氩塔；K701—粗氩冷凝器；K702—精氩冷凝器；K703—精氩蒸发器；K704—粗氩液化器；AP501/ AP502—循环液氩泵

2）节省投资和运行成本。无氢气消耗，不需设置净化车间和氢气站，不仅安装和建设时间缩短，也使工程建设、安装费用和运行成本大为降低。

3）能耗低。全精馏制氩使空分装置的能耗降低了 6%～8%。除阻力小外，还可以节省制氢能耗、粗氩压缩机能耗以及反复加热和冷却的不可逆损失等。

4）氩的提取率提高。规整填料塔的连续精馏过程分离效率高，氩的提取率从加氢制氩工艺的 30%～50%提高至 70%～90%。

5）氩纯度提高。氩中氧含量可达到 1×10^{-6}以下；无氢使得精氩塔氩氮分离更为彻底，氩中氮含量可降至 5×10^{-6}以下。

6）阻力减小。规整填料塔的阻力是筛板塔阻力的 1/7～1/10，采用规整填料塔使制氩系统的阻力低于 0.01 MPa，比采用筛板式的粗氩塔和精氩塔时降低了 10%左右。

7）负荷变化范围大。因持液量少，运行稳定，所以全精馏制氩流程的变负荷范围可达到 30%～110%。

9.5.3　空气中氦、氖的分离

氖和氦是低沸点气体，在空分塔中聚积于冷凝蒸发器的上部。管内冷凝的管式冷凝蒸发器顶部不凝气中氖氦浓度为 5%~15%；而其他形式的冷凝蒸发器，其顶部氖、氦的积聚不明显，不凝气中氖、氦的浓度不高。从空分装置中提取氖、氦，一般包括粗氖氦混合气的提取、纯氖氦混合气的制备和纯氖、纯氦的制备三个工序。

1. 粗氖氦混合气的提取

由空分装置提取粗氖、氦气一般采用分凝的方法。从下塔引出的不凝气主要是氮、氢、氖、氦的混合气。对于板翅式冷凝蒸发器，为了提高氖、氦的提取率，需同时引出下塔至上塔的液氮，其目的是为了回收混入液氮中的氖氦混合气。经分凝后在分凝器顶部可获得含量 50%左右的粗氖氦混合气。

2. 纯氖氦混合气的制备

由氖、氦分凝器出来的粗氖氦混合气，必须经过除氢、除氮两个工序，才能得到纯度大于 99.95%的纯氖氦混合气。

一般采用钯或铂触媒和加氧催化方法除氢，反应后的过量氧控制在 0.5%左右，反应温度为 373~423 K，反应后的残余氢含量小于 20 ppm。除氢后生成的水分，需用硅胶或分子筛予以脱除，脱水以后的露点要求低于 218 K。

氮的脱除一般有两种方法。一种方法是高压低温冷凝和低温吸附相结合的方法。此法工艺可靠，除氮纯度能达到要求，是工业上常用的方法。高压低温冷凝的操作条件为 3.92×10^3 kPa、64 K，可获得 90%~98%氖与氦、2%~10%氮的混合气。残余的氮用 78 K 低温下的活性炭吸附脱除，椰子壳活性炭对氮的吸附容量为 150~200 L/kg。采用这种方法的液氮消耗为 13~14 kg/m^3 混合气，提取率为 92%~96%。

另一方法是常温下的变压吸附和低温吸附相结合的方法。在常温下用 5A 分子筛为吸附剂，采用三组或五组吸附器交替使用的变压吸附法，可获得 95%以上的氖氦混合气，提取率达 90%以上。

3. 纯氖、纯氦的制备

制备纯氖和纯氦常用的方法有冷凝法和吸附法两种。其中，冷凝法由于冷源不同，有不同的工艺流程，主要包括：① 液氢冷凝法分离氖氦，采用液氢或负压液氢为冷源固化氖，使氖氦分离；② 液氖冷凝法分离氖氦。

9.5.4 空气中氪、氙的分离

氪、氙在空气中属高沸点组分，在空气分离过程中氪、氙通常是溶解于液氧中，当液氧蒸发成气氧产品放出时氪、氙也随之被带走。因此，从空分装置中提取氪、氙均是从液氧产品或气氧产品中提取。目前，制取氪、氙大致要经过提取贫氪混合物,脱除贫氪中碳氢化合物、二氧化碳及水分,制取粗氪,制取纯氪和粗氙,粗氙精制等工序。

1. 提取贫氪混合物

在大型空分装置中提取贫氪均采用气氧或液氧精馏法,从而获得贫氪混合物。在主塔中氪的提取率取决于产品氧的浓度。氧的浓度降低,可以提高氪的提取率。例如,当氧的浓度为 95.5%~96%时,氮中带走的氪量仅占总氪量的 1%~2%;在氧浓度大于 99%时,氪被氮带走的损失将提高到 5%~10%。空分装置在附设一氪塔后,系统的冷损将增加 10%~15%;对于全低压大型空分装置,每立方米气氧产品的能耗增加 5%~7%。

2. 脱除贫氪中碳氢化合物、二氧化碳及水分

在氪浓缩过程中(浓缩倍率一般为 200~300),碳氢化合物含量也随之增加,且含量过高时会呈现过饱和态而析出,并与液氧形成爆炸物,限制了氪的进一步浓缩。因此,清除贫氪混合物中的碳氢化合物是制氪工艺中的重要环节。工业上对贫氪混合物中少量碳氢化合物的清除主要依靠触媒的催化反应,目前采用的银-铝触媒具有碳氢化合物转化率高、价格便宜的优点,但反应温度高。为了降低反应温度,国外已采用钯-铂触媒。

脱除碳氢化合物时生成的水分和二氧化碳,必须予以清除。早期采用固体碱吸收或液体碱洗的方法分别去除水和二氧化碳,虽然过程中氪、氙的损失小,但效果较差。碱洗后气体中的二氧化碳含量一般在 10 ppm 左右。目前采用 5A 分子筛在常温下同时吸附水分和二氧化碳,效果较好,当气体流速为 0.03 m/s 时,净化后的二氧化碳含量可小于 5 ppm,水分含量约为 1 ppm。

3. 粗氪、粗氙的制取和纯化以及氪氙分离

可采用精馏法或吸附法浓缩贫氪混合物以制得 40%~60%的氪氙混合物(粗氪)。

1) 精馏法　除去碳氢化合物后的粗氪,在三氪塔内进行间歇精馏,使氪、氙分离。三氪塔内粗氪冷凝以后,在由液氧蒸发压力或冷凝器传热面积控制的三种不同温度下,可释出五种馏分:① 氪含量小于 0.1%的废气(氧、氮、氪),直接放空;② 氪含量在 0.1%~99%之间的产品,作为粗氪回收;③ 氪含量大于 99%的粗氪,通过除氧炉获得 99.99%的纯氪;④ 氙含量小于 99%的氙混合物,作为粗氙回收;⑤ 氙含量大于 99%的氙混合物,进一步精制后制得 99.99%的纯氙。这种分级蒸发的方法,适用于较大规模的生产装置。

2) 色谱分离法　在色谱分析的基础上发展起来的纯化和分离稀有气体的方法,也是目前稀有气体生产上的一种新工艺。它是将气体混合物加入载气中,通过色谱柱的层析分离而得到几种二元混合物(载气和某一组分),然后再将这

些二元混合物予以分离,便可得所需要的产品气体。获得的氢-氪或氢-氙用减压液氮冻结。

9.6 多组分气体的分离

9.6.1 多组分气体精馏过程的计算

多组分混合物的汽化、冷凝和精馏原理等与两组分混合物基本类似。

多组分气体的组分较多,它们的物性又差别很大,在同样压力下各组分的冷凝温度(露点)可能相差甚远。

在进行多组分气体的精馏计算时,只有在知道了塔顶和塔底产品的全部组成后,才能进行精馏过程的计算。但在开始计算时,不能任意指定产品中所有组分的成分,只能在塔顶和塔底产品中各指定一个组分的成分,而其他组分的成分需通过精馏过程的计算才能确定下来。因此,精馏过程的计算需用试凑法,即先假设所有其他组分在塔顶和塔底产品中的组成(或量),并根据这些组成进行精馏过程的计算,然后再校核原来所设的组成是否正确。显然,多组分气体精馏计算的工作量很大,应借助计算机使计算快速和精确。

多组分分离计算包括如下主要内容:工艺流程方案选择,全塔物料衡算,精馏塔操作压力和温度的决定,最小回流比及最少理论板数的计算,理论板数和实际板数的确定,进料板位置的确定和全塔热量衡算。

(1) 工艺流程方案选择

由于原料组成复杂,在组织精馏时则需要有较多方案选择。

图 9-45 所示为普通精馏塔(即不抽取侧线产品)的示意图。从塔顶馏出的蒸气 V_2 进入冷凝器,在冷凝器中该蒸气被部分或全部冷凝。在贮液器中聚集的液体中,一部分液体 L_1 流回塔中作回流液,另一部分则作为塔顶产品 D 被提取。当塔顶蒸气 V_2 全部被冷凝成液体状态,且被提取的塔顶产品 D 也是液体时,这种冷凝器称为全冷凝器;若 V_2 被部分地冷凝成液体状态以提供回流液 L_1,而被提取的塔顶产品 D 是气体时,该冷凝器称为部分冷凝器。

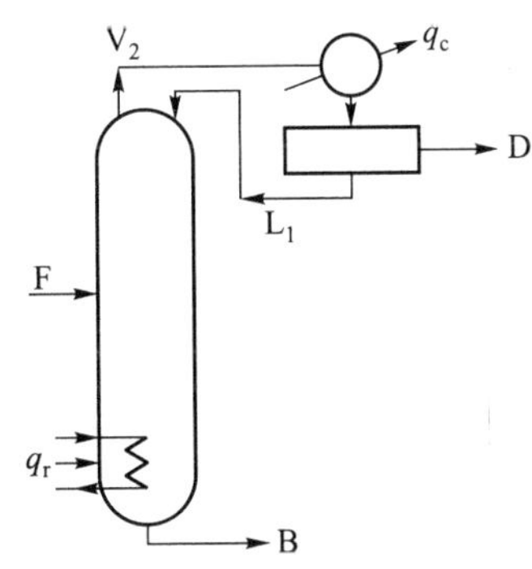

图 9-45 普通精馏塔示意图

对于两组分混合物,用一个普通精馏塔就可将进塔原料从塔顶和塔底分离出两个纯组分。对于多组分混合物,情况则不同,例如欲分离由 A、B、C、D 四个组分组成的混合物为纯组分时,就需要三个精馏塔。如图 9-46 所示,除最后一个塔可以分出两个纯组分产品外,其余两个塔都只能分出一个纯组分产品,另一个为“半产品”并作为下一个塔的进料。

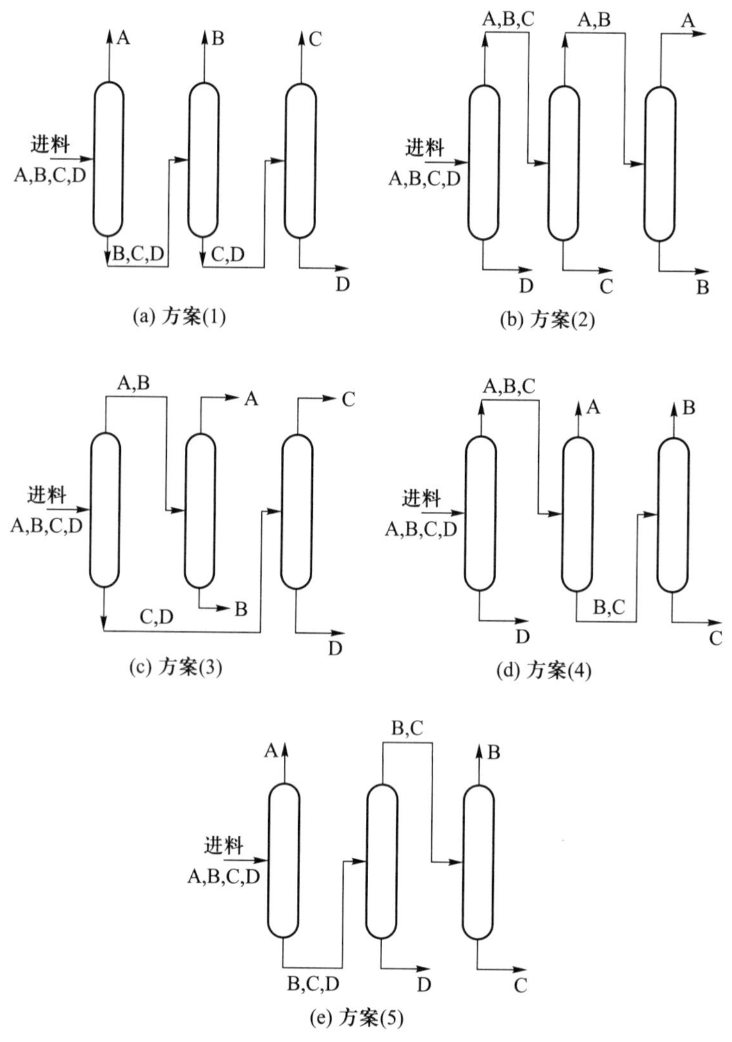

(a) 方案(1)　(b) 方案(2)　(c) 方案(3)　(d) 方案(4)　(e) 方案(5)

图 9-46　四组分混合物的精馏方案

四组分精馏需要三个塔,就有一个流程安排问题。图 9-46 示出四组分精馏的五种不同流程方案。设 A、B、C 和 D 恰是各组分由轻到重(即相应挥发度由大到小)的次序,显然,方案(1)是使产品由轻到重安排,方案(2)是由重到轻安排,其他三个方案则是混合安排。

一般地说,将 n 个组分的混合物分离成 n 个产品,需要用 $n-1$ 个普通精馏塔,而精馏的流程方案数 S_n 可用下式表示:

$$S_n = \sum_{j=1}^{n-1} S_j S_{n-j}$$

规定 $S_j=1$ 且当 n 为不同数值时,按上式计算的流程方案数示于表 9-8 中。可见,被分离混合物中的组分数愈多,可采用的流程方案数也愈多。具体流程方案的选择,需结合设计要求和工艺特点,经过全面的技术经济分析才能决定。一般来说,选定流程方案时遵循的原则是:按相对挥发度的大小逐个从塔顶分离出各个组分,或者使各个塔的馏出液的摩尔分数与釜液的摩尔分数接近相等,或者把分离要求最高的塔放在最后。这样考虑,均比较有利。

表 9-8 不同组分时塔的流程方案数

组分数 n	2	3	4	5	6	7	8	9	10	…
流程方案数 S_n	1	2	5	14	42	132	429	1 430	4 862	…

(2) 全塔物料衡算

1) 关键组分的确定

在多组分气体精馏计算中,设计者指定摩尔分数或回收率的那个组分称为关键组分,它们对分离过程起着控制作用。进料混合物中除关键组分外的其余组分,统称为非关键组分。

两个关键组分的挥发度总是有差别的,定义两个关键组分中具有较高挥发度的组分为轻关键组分,具有较低挥发度的组分为重关键组分。当轻、重两个关键组分的挥发度相邻时,称为相邻的关键组分;反之,当轻、重关键组分的挥发度被非关键组分分隔时,称为分隔的关键组分。

轻、重关键组分表示了精馏过程的主要分离界限。进料混合物中比轻关键组分轻的组分(即挥发度比轻关键组分更大的组分)和它本身的绝大部分将进入塔顶馏出物中;而进料混合物中比重关键组分重的组分和它本身的绝大部分将进入塔底出料中。

2) 回收率(或分离度)

关键组分确定后,还应规定关键组分在塔顶、塔底产品中的组成或回收率。轻关键组分的回收率是指轻关键组分在塔顶产品中的量占它在进料中的量的百分数;重关键组分的回收率是指重关键组分在塔底产品中的量占它在进料中的量的百分数。

回收率又称分离度,用 φ 表示,则

$$\varphi_l = \frac{Dy_{Dl}}{Fx_{Fl}} \times 100\% \tag{9-54}$$

$$\varphi_h = \frac{Bx_{Bh}}{Fx_{Fh}} \times 100\% \tag{9-55}$$

式中:F、D、B 分别表示进料、塔顶和塔底产品量,kmol;x_F、y_D、x_B 分别表示关键组分在进料、塔顶和塔底产品的摩尔分数,%;下标 l、h 分别代表轻、重关键组分。

3）塔顶、塔底物料分配

先将进料混合物中的各组分按挥发度的大小顺序排列,然后视关键组分的挥发度分两种情况进行各组分在产品中的预分配。当关键组分为相邻的关键组分时,可认为比重关键组分还重的组分全部在塔底产品中,而比轻关键组分还轻的组分全部在塔顶产品中。至于非关键组分在塔顶、塔底产品中的分配可通过物料衡算求得。现通过一个例题来说明相邻关键组分时物料衡算的方法。

例 9-2　在普通精馏塔中(图 9-45)分离由组分 a、b、c、d、e、f 和 g(按挥发度降低的顺序排列)所组成的混合流体 F(单位为 kmol),经精馏后 c 为轻关键组分,在塔底中的组成为 0.004;d 为重关键组分,在塔顶馏出物的组成为 0.004(组成均为摩尔分数),试估算其他组分在产品中的组成。原料液的组成见下表:

组分	a	b	c	d	e	f	g	Σ
x_{Fi}	0.213	0.144	0.108	0.142	0.195	0.141	0.057	1.00

解　本题为相邻的关键组分,即比重关键组分还重的组分在塔顶不出现;比轻关键组分还轻的组分在塔底不出现。现以原料液 $F = 100$ kmol 为基础,对全塔各组分作物料衡算,计算的论据是

$$F_i = D_i + B_i$$

计算结果表列如下:

组分	a	b	c	d	e	f	g	Σ
进料量 F/kmol	21.3	14.4	9.8	14.2	19.5	14.1	5.7	100

续表

组分	a	b	c	d	e	f	g	Σ
塔顶产品量 D/kmol	21.3	14.4	$9.8-0.004B$	$0.004D$	0	0	0	D
塔底产品量 B/kmol	0	0	$0.004B$	$14.2-0.004D$	19.5	14.1	5.7	B

由表列数值可知，塔顶气体量为

$$D = 21.3 + 14.4 + (10.8 - 0.004B) + 0.004D$$

整理得

$$0.996D = 46.5 - 0.004B$$

又由总物料衡算得

$$D = 100 - B$$

联立以上两式求解得

$$D = 46.5\ \text{kmol}$$

$$B = 53.5\ \text{kmol}$$

产品组成用下式计算：

塔顶 $$y_{Di} = \frac{D_i}{D}$$

塔底 $$x_{Bi} = \frac{B_i}{B}$$

计算得到的各组分在塔顶、塔底产品中的预分配情况列于下表：

组分	a	b	c	d	e	f	g	Σ
塔顶产品量 D/kmol	21.3	14.4	9.6	0.19	0	0	0	46.5
塔顶产品组成 y_{Di}	0.458	0.31	0.228	0.004	0	0	0	1.00
塔底产品量 B/kmol	0	0	0.21	14.0	19.5	14.1	5.7	53.5
塔底产品组成 x_{Di}	0	0	0.004	0.262	0.365	0.264	0.107	1.00

(3) 塔的操作压力和温度的确定

1) 塔的操作压力

从碳氢化合物的物性参数可以看出，在常压下分离时必须维持很低的温度。若适当提高操作压力，则操作温度也相应提高而节省能量。但压力过高溶解度相应增大，回收率反而降低。另外，压力增大，气、液饱和曲线变窄，反而使分离更加困难。因此，操作压力不宜选得过高。

此外，确定塔的操作压力还应考虑工艺流程的具体要求，如产品的输出和压缩机的选型等。

2）塔的操作温度

在一定的操作压力下，塔顶温度是塔顶气体的露点温度，可用露点方程求得。塔底温度是塔釜液体的泡点温度，可用泡点方程求得。即多组分精馏塔中的 $p-T-x_i-y_i$ 之间的关系是通过泡点方程、露点方程和相平衡方程表示的。

（4）最小回流比及最少理论板数

1）最小回流比

关于最小回流比的概念，多组分精馏与两组分精馏是完全相同的，只是前者的最小回流比不能用 $y-x$ 图解法求解，必须用解析法来计算。实际上，精确计算多组分精馏的最小回流比是很困难的，迄今为止提出的一些计算法多属简化估算法，常用的有恩德渥德法和柯尔本法。恩德渥德法计算过程简单，对分离碳氢化合物基本上能满足工业设计的要求，因此这里重点介绍。

恩德渥德公式所用的简化条件是：塔内气、液流量沿塔高为常数；各组分的相对挥发度均为常数。其公式为

$$R_m = \sum_{i=1}^{N} \frac{a_i y_{Di}}{a_i - \theta} - 1 \tag{9-56}$$

及

$$\sum_{i=1}^{N} \frac{a_i y_{Fi}}{a_i - \theta} = 1 - q \tag{9-57}$$

式中：R_m 为最小回流比；y_{Fi}、y_{Di} 为组分 i 在进料混合物或塔顶气体馏出物中的摩尔分数，当塔顶馏出物为液体时，将 y_{Di} 改用 x_{Di} 代替即可；N 为进料混合物中的组分数；q 为进料的液化率；θ 为恩德渥德方程的根。由于解上述方程有多个根，故按经验只取 θ 值在轻、重关键组分的相对挥发度 a 之间的值，即 $a_l>\theta>a_h$。一般用试凑法求 θ 值。

2）最少理论板数

首先介绍全回流的概念。全回流是指一个塔（图9-47）的塔釜只进行蒸发，但不出料，同时塔顶冷凝器也不出料，而将其冷凝液全部作为回流液。换句话说，物料只在塔内循环。

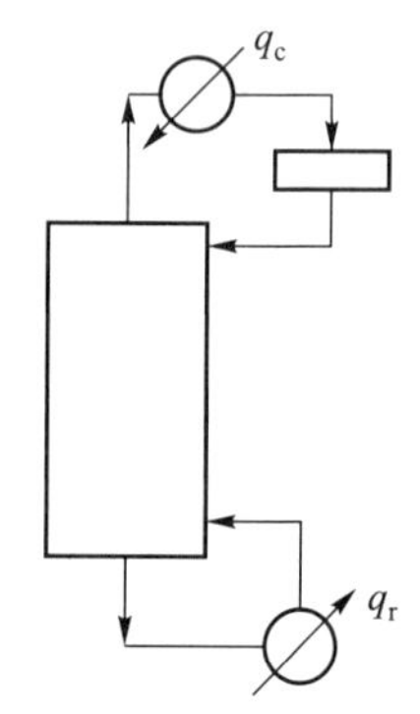

图9-47　全回流塔示意图

在全回流条件下，一定塔板数具有最大的分离能力。

相应地,当给定塔顶、塔底的物料组成时,所需要的理论板数最少。

在全回流时,不但每个塔段气、液量(V 和 L)为常数,而且 $L=V$,即回流比 $L/V=1$。显然,对塔中任一塔板(如第 S 块塔板)来说,从该塔板上升的蒸气 $y_{i,S}$ 与从它的上面一块板(第 $S+1$ 块板)流下的液体 $x_{i,S+1}$ 将相等,即

$$y_{i,S} = x_{i,S+1} \tag{9-58}$$

式(9-58)就是全回流条件下的操作方程。在此条件下计算出的理论塔板数最少。

对混合物中的任意两个组分 i、j 交替运用回流操作线方程和相平衡方程 $y=Kx$(K 为相平衡常数),可以推导出全回流条件下最小理论塔板数的计算公式。图 9-48 和图 9-49 表示烃类组分的相平衡常数随压力和温度的变化。

对全冷凝器

$$S + 1 = \frac{\lg\left[\left(\frac{x_l}{x_h}\right)_D \left(\frac{x_h}{x_l}\right)_B\right]}{\lg a_m} \tag{9-59}$$

对部分冷凝器

$$S + 2 = \frac{\lg\left[\left(\frac{y_l}{y_h}\right)_D \left(\frac{y_h}{y_l}\right)_B\right]}{\lg a_m} \tag{9-60}$$

式(9-59)、式(9-60)即为有名的芬斯克公式。式(9-59)中的 1 表示塔釜,相当于一块理论板;式(9-60)中的 2 表示塔釜和部分冷凝器,各相当于一个理论板。a_m 应取相对挥发度的平均值,一般可取塔顶、塔釜两处相对挥发度的几何平均值

$$a_m = \sqrt{a_D a_B}$$

若以 N_m 表示最少理论板数,显然对全冷凝器,最少理论板数为

$$N_m = (S + 1) - 1$$

对部分冷凝器,最少理论板数为

$$N_m = (S + 2) - 2$$

(5) 理论板数和实际板数的确定

目前广泛使用简捷法求理论板数。简捷法就是根据一些经验关系求操作回流比(或工作回流比)下的理论板数。

最常用的经验关系是吉利兰图,如图 9-50a 所示。图中的曲线表示了最小回流比 R_m、操作回流比 R[一般 $R=(1.3\sim2.0)R_m$]、全回流时所需的最少理论板数 N_m 及操作回流比 R 时所需的理论板数 N 之间的关系。建立吉利兰图时物

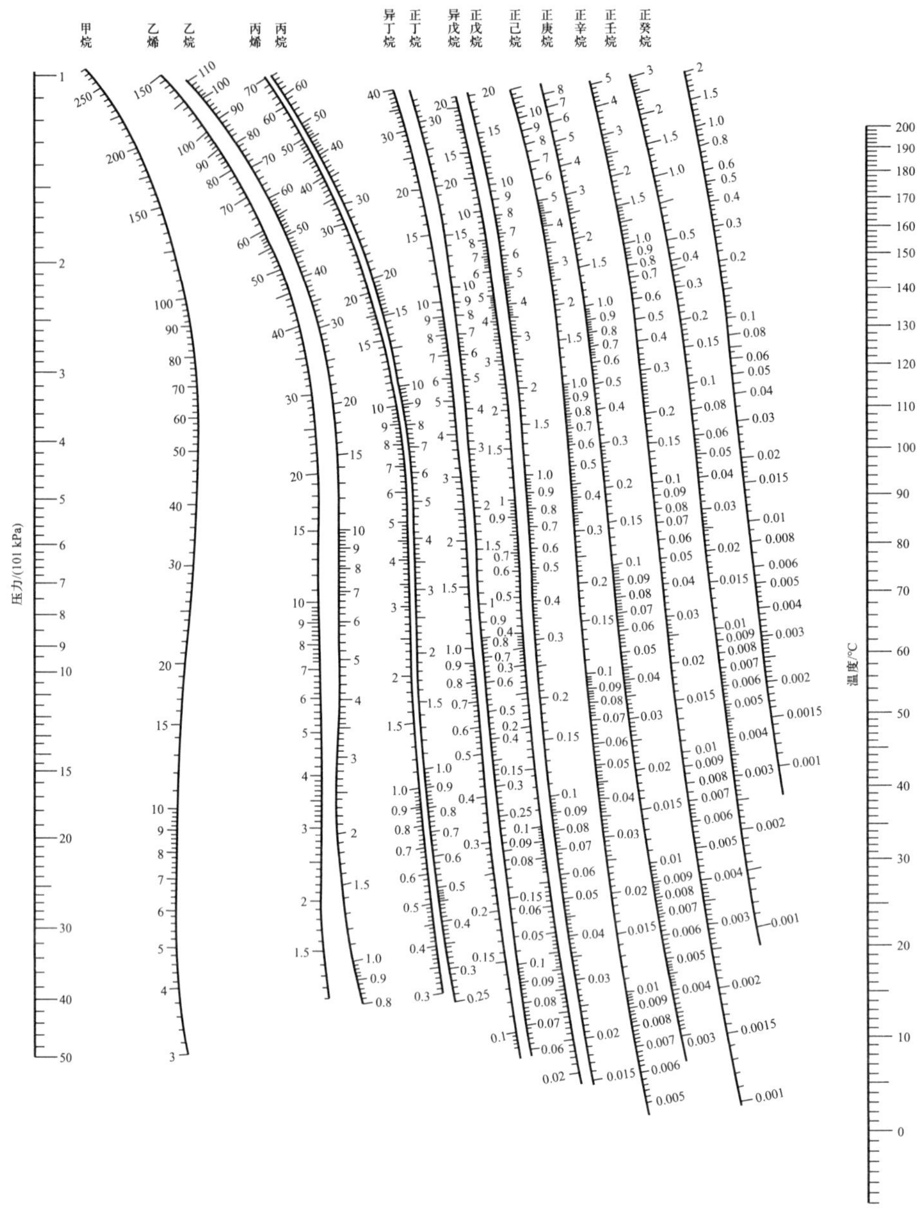

图 9-48 烃类的 p-T-K 图(高温段)

系及操作条件范围为:物系的组分数为 2~11;进料状态从冷进料至蒸气进料;操作压力从接近真空至 4.4×10^{3} kPa;关键组分的相对挥发度为 1.26~4.05;最小回流比为 0.53~7.0;理论板数为 2.4~43.1。

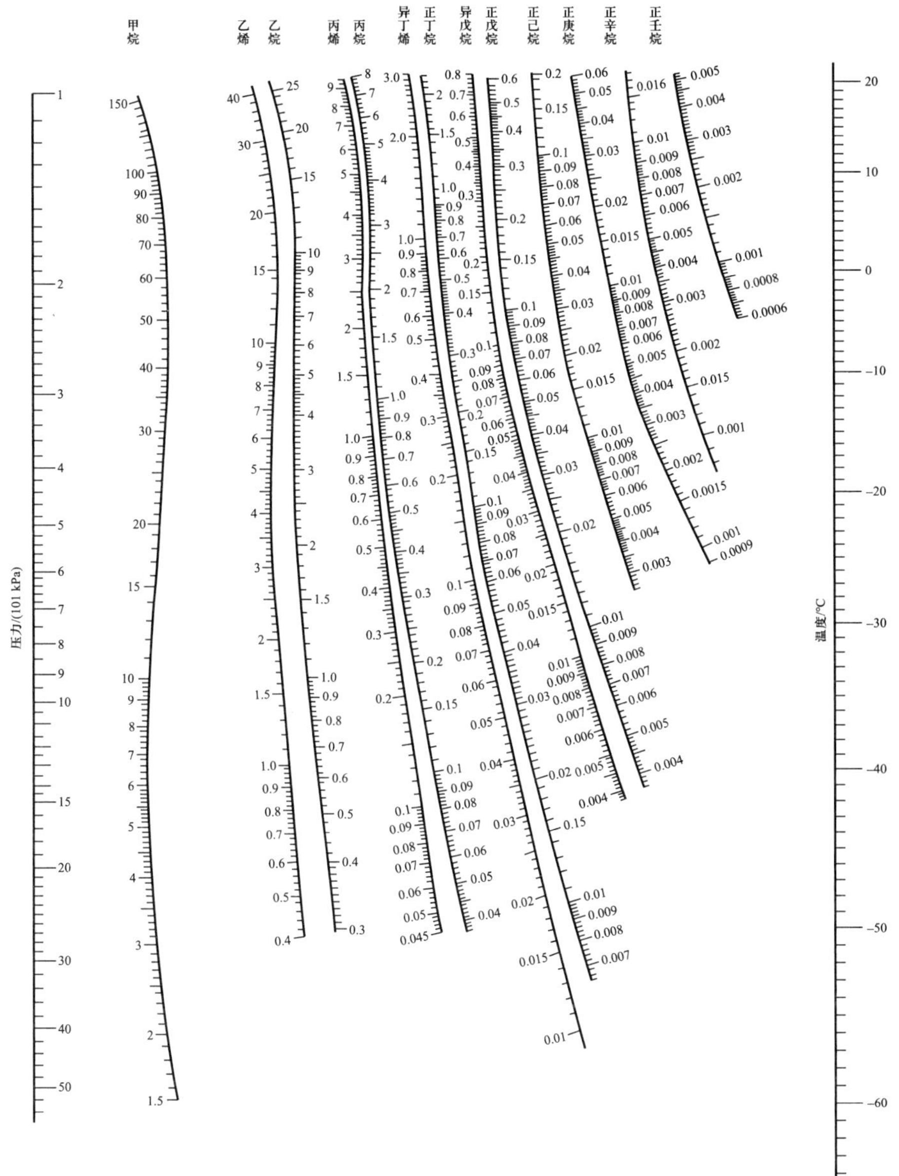

图 9-49　烃类的 p-T-K 图(低温段)

另一个关联图是由耳波和马多克斯提出的,如图 9-50b 所示。由于该图所依据的数据更多,对多组分气体精馏计算的适用性比吉利兰图更大(图 9-50b 中,$S_m=N_m+1$,$S=N+1$)。两图确定的 N 值是多组分精馏塔的理论塔板数 N_{th}。

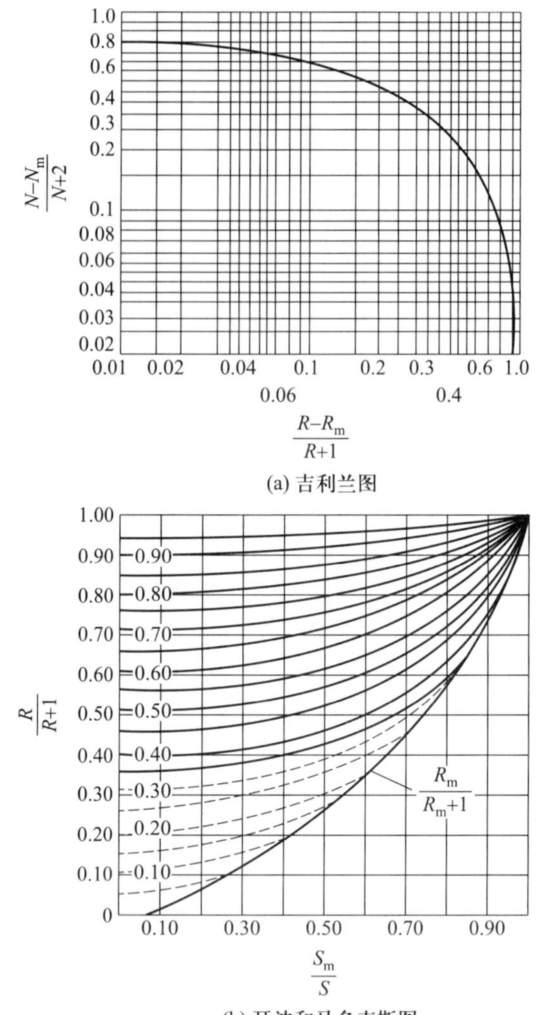

(a) 吉利兰图

(b) 耳波和马多克斯图

图 9-50　计算理论板数的关联图

实际操作中,由于传质情况不完善,所需的实际板数 N_{pr} 较理论板数 N_{th} 多。一般用全塔板效率 η 做如下修正:

$$N_{pr} = N_{th}/\eta$$

(6) 进料位置的确定

用芬斯克公式计算最少理论板数,既能用于全塔,也能单独用于精馏段或提馏段。

若以 n 表示精馏段理论板数,m 表示提馏段理论板数,则

$$N_m + 1 = m + n$$

式中的 m 包括塔釜。

在全塔范围内，a 值变化不大时，可按下式计算：

$$\frac{n}{m} = \frac{\lg\left[\left(\frac{x_l}{x_h}\right)_D\left(\frac{x_h}{x_l}\right)_F\right]}{\lg\left[\left(\frac{x_l}{x_h}\right)_F\left(\frac{x_h}{x_l}\right)_B\right]} \qquad (9-61)$$

式中，下标 D、B、F 表示塔顶、塔底和进料。

（7）全塔热量衡算

对全塔进、出热量之差进行计算，结果便得到再沸器热负荷。冷凝器热负荷计算方法完全与两组分塔相同，这里不再重复。

例 9-3 在图 9-46 所示的精馏塔中连续精馏多组分混合液。进料为饱和液体，进料和产品的组成以及平均操作条件下各组分对重关键组分的相对挥发度示于下表中。试用简捷法计算理论板数。

组分	x_{Fi}	x_{Di}	x_{Bi}	a_{ih}
a	0.25	0.5	0	5
b(轻关键组分)	0.25	0.48	0.02	2.5
c(重关键组分)	0.25	0.02	0.48	1
d	0.25	0	0.5	0.2

解 已知 b 为轻关键组分，c 为重关键组分。

1）用恩德渥德法计算最小回流比

因用饱和液体进料，故 $q=1$。用试凑法按下式求 θ 值（$1<\theta<2.5$）：

$$\sum_{i=1}^{4}\frac{a_{ih}x_{iF}}{a_{ih}-\theta} = 1 - q = 0$$

假设不同的 θ 值，计算结果列于下表：

假设值	1.3	1.31	1.306	1.307
$\sum_{i=1}^{4}\frac{a_{ih}x_{iF}}{a_{ih}-\theta}$ 计算值	-0.020 1	0.012 5	-0.000 31	-0.002 87

因此 $\theta \approx 1.306$

$$R_m = \sum_{i=1}^{4}\frac{a_{ih}x_{iF}}{a_{ih}-\theta} - 1$$

$$=\frac{5\times0.5}{5-1.306}+\frac{2.5\times0.48}{2.5-1.306}+\frac{1\times0.02}{1-1.306}+\frac{0.2\times0}{0.2-1.306}-1=0.62$$

2）选择操作回流比

$$R=1.5R_m=1.5\times0.62=0.93$$

3）用芬斯克公式计算最少理论板数

$$N_m=\frac{\lg\left[\left(\frac{x_l}{x_h}\right)_D\left(\frac{x_h}{x_l}\right)_B\right]}{\lg a_{CP}}-1$$

$$=\frac{\lg\left[\left(\frac{0.48}{0.02}\right)_D\times\left(\frac{0.48}{0.02}\right)_B\right]}{\lg 2.5}-1=5.9$$

4）根据 R_m、R 及 N_m，用吉利兰图确定理论板数

因
$$\frac{R-R_m}{R+1}=\frac{0.93-0.62}{0.93+1}=0.161$$

查吉利兰图得

$$\frac{N-N_m}{N+2}=0.47$$

解得 $N=12.9$（不包括再沸器），即理论塔板数 N_{th} 为 12.9 块。

9.6.2　石油气的分离

1. 分离为馏分

石油气的主要组分可分为三类：① 干气，即氮－甲烷－乙烷混合物，其液化温度较低，压力不太高的常温环境下为气态；② 液化石油气，即丙烷－丁烷混合物，在不太高的压力下呈液态；③ 轻油，即戊烷以上的烷烃，在常温常压条件下呈液态。

将石油气分离成上述三种馏分属于初步分离，方法为对原料气加压并逐级冷却使之部分液化后，采用精馏法将凝液分离成所要求的产品。

由于液化石油气及轻油两种产品均以液态输出，同时也存在不可逆换热及跑冷损失，分离装置需要一定的冷量来维持正常运转，该冷量来源于原料气本身和外部制冷机或介质。原料气通过等温节流和部分膨胀作功的方式提供制冷量；外部冷源包括环境介质（如冷却水）以及氨或氟利昂制冷机，前者可使压缩后的原料气冷却到常温，并使原料气中的较重组分人部分凝析出来，后者通过单级和两级压缩可将原料气分别冷却到－20 ℃和－50 ℃左右，使中等组分大部分

凝析出来。是否选用制冷机作为外部冷源,需根据流程来确定,通常与原料气的组成及所选定的工作压力有关。若原料气较富,则凝析液多,需冷量大,而干气所能提供的膨胀制冷量较少,就必须使用外部冷源。反之,若原料气较贫,就可以少使用甚至不使用外部冷源。工作压力高时,原料气本身的制冷能力大,也可以少使用或不使用外部冷源。

分离装置按照工作压力有中压及高压之分。中压流程的工作压力在 2 000 kPa 左右,一般通过两级压缩实现;高压流程的压力在 2 500~4 000 kPa 以上,需应用三级或四级压缩机。图 9-51 所示为回收丙烷、丁烷装置的工艺流程图,该流程实质为中压带液透平膨胀机的克劳德循环。原料气采用吸附方法来干燥,并用低温分凝法分离原料气中的重烃,然后经精馏塔进行再分离,以获得液化石油气和轻油。

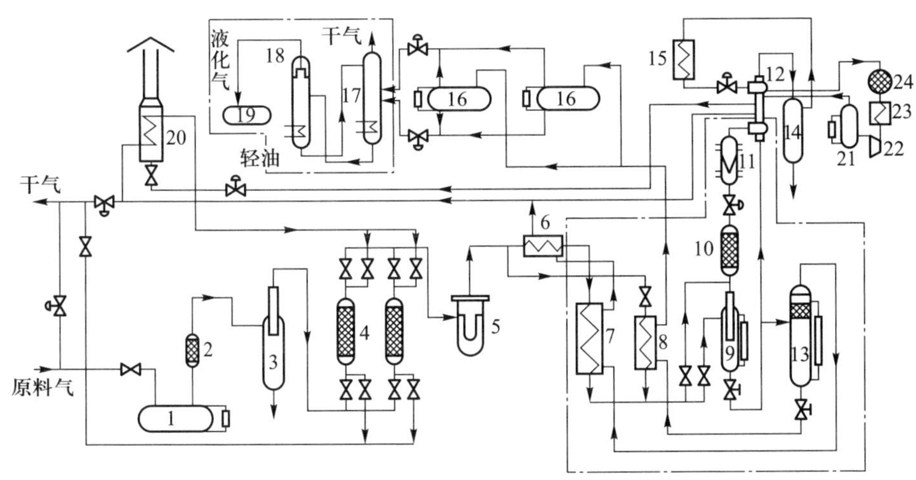

图 9-51　中压带液透平膨胀机制冷回收丙烷、丁烷装置的工艺流程图

1—卧式分离器;2—原料气过滤器;3—立式分离器;4—吸附器组;5—吸附过滤器;6—预冷器;7—热交换器Ⅰ;8—热交换器Ⅱ;9—平衡分离器;10—冷箱过滤器;11—膨胀前过滤器;12—透平膨胀机;13—分离器;14—平衡器;15—水冷却器;16—平衡分离液罐;17—脱乙烷塔;18—稳定塔;19—液化气罐;20—加热炉;21—油箱;22—油泵;23—油水冷却器;24—油过滤器

2. 分离为纯组分

油田气、石油裂解气在内的各种油气,均可分离为各种纯度的烷烃、烯烃等纯组分产品。本节以石油裂解气为例,介绍多组分气体分离为纯组分的方法。

石油裂解气的组成随裂解原料及裂解条件而变(见表 8-3),主要成分除烷烃外,还有大量的不饱和碳氢化合物、氢,以及一氧化碳、二氧化碳、硫化物等杂质。

石油裂解气采用低温分离法，经过压缩、冷却、净化、回热换热、膨胀、分凝、精馏等工序，首先将氢、甲烷与其他烃组分利用沸点差异分开，然后在适当的温度下通过精馏法分离为纯组分。流程组织与将石油气分离成馏分的装置相近，但因需分离组分较多，必须设置较多的精馏塔。分离程度取决于对产品的要求，供生产聚乙烯、聚丙烯用的乙烯、丙烯对纯度要求较高，应达到聚合级纯度；而用作特种燃料的丁烷则纯度要求较低。此外，石油裂解气中有时含有一些不稳定的烃类（主要是二烯烃），它们在较高温度下会聚合甚至结焦，这对分离过程很不利，而且会影响装置的连续运转。因此，裂解气中的重质烃应在压缩过程中脱除，其方法一般是在中间冷却或压缩后冷却时将凝液除去。

图 9-52 为分离石油裂解气的装置流程图，主要产品为乙烯及丙烯，乙烯纯度达 99.9%，提取率为 95%，丙烯纯度为 99%；其他副产品为 H_2+CH_4气、CH_4气、C_2H_6气、C_3H_8液体、C_4及较 C_4更重的组分（轻油）。在处理 C_2H_4含量为 25%～27%的原料气时，制得 1 m^3 C_2H_4气体的消耗（将全部消耗作为乙烯的消耗）为：消耗能量 5 940～6 840 kJ；消耗水 0.5～0.65 m^3；消耗蒸汽 1.6～2.0 kg。

9.6.3　合成氨尾气的分离与回收

合成氨尾气包括驰放气和膨胀气，前者是由于合成氨时原料气中的氢、甲烷等杂质在系统中积累而排出，后者是液氨降压时放出。合成氨尾气的组成见表 8-4，利用各组分之间的沸点差异，采用部分冷凝、精馏或低温液体的洗涤以及吸附等方法将尾气中的各组分分离，不但可回收氢，还可提氩、氪、氙。若原料气为含氦的天然气（或油田气），合成氨过程中氦可被浓缩 4～8 倍，用以提氦具有较高的经济价值。

1. 氢的回收

由于氢的沸点与氮、氩、甲烷的沸点相差较远，因此只需采用部分冷凝法就可以将氢从混合组分中分离出来。但这种冷凝法工艺受相平衡的限制，氢产品的纯度最高只能达到 98%，比较经济的纯度为 80%～90%。

最早利用低温冷凝法对合成氨尾气中的氢进行工业化回收的是英国石油碳素开发公司（PCD 公司）。该公司在 20 世纪 60 年代末推出了 HR-A 氢回收装置，其冷箱部分工艺流程如图 9-53 所示。其中，冷凝压力为 3.923 MPa，产品氢纯度为 98%，氢回收率为 92%，产品气输出压力为 1.471～1.961 MPa。1978 年，PCD 公司又推出了 6.865 MPa 下的图 9-54a 所示装置，该装置带有板翅式热交换器，氢产品纯度为 90%，氢回收率为 92%。为了提高氢产品的纯度，图 9-54 中的氨制冷循环发展成了更低温度级的氮制冷循环（图 9-54b），随后又发展成

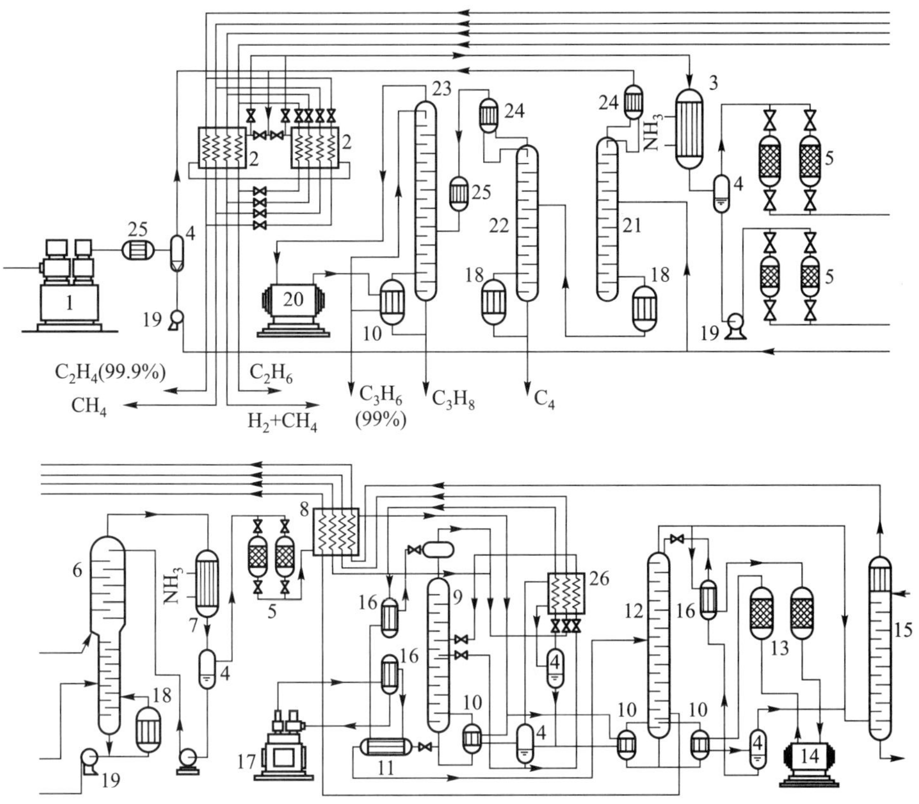

图 9-52 石油裂解气的装置流程图

1—裂解气压缩机；2—预冷器；3—氨蒸发器；4—分离器；5—吸附器；6—乙烷塔；7—分凝器；8—主热交换器；9—甲烷塔；10—再沸器；11—乙烯热交换器；12—乙烯塔；13—乙烯蓄冷器；14—乙烯循环压缩机；15—洗涤塔；16—过冷器；17—甲烷压缩机；18—再沸器；19—离心泵；20—丙烯循环压缩机；21—预精馏塔；22—丙烷塔；23—丙烯塔；24—水冷分凝器；25—水冷却器；26—末端热交换器

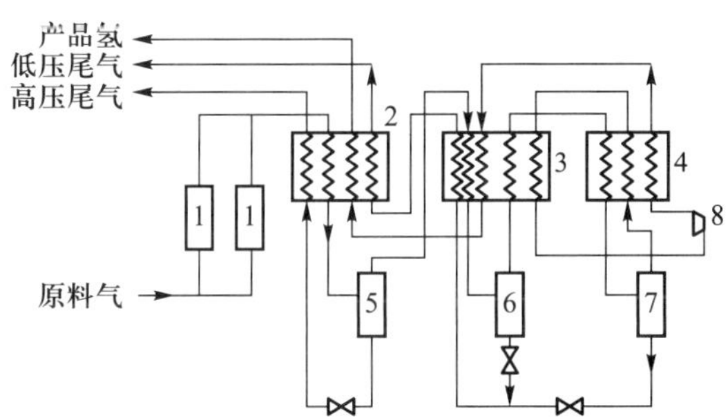

图 9-53 PCD 公司低温回收氢工艺流程图

1—分子筛吸附器；2、3、4—热交换器；5、6、7—分离器；8—氮透平膨胀机带有粗氢膨胀机的氢回收流程(图 9-54c),使产品氢在透平膨胀机内进行绝热膨胀,提供 63~65 K 温度级的冷量。

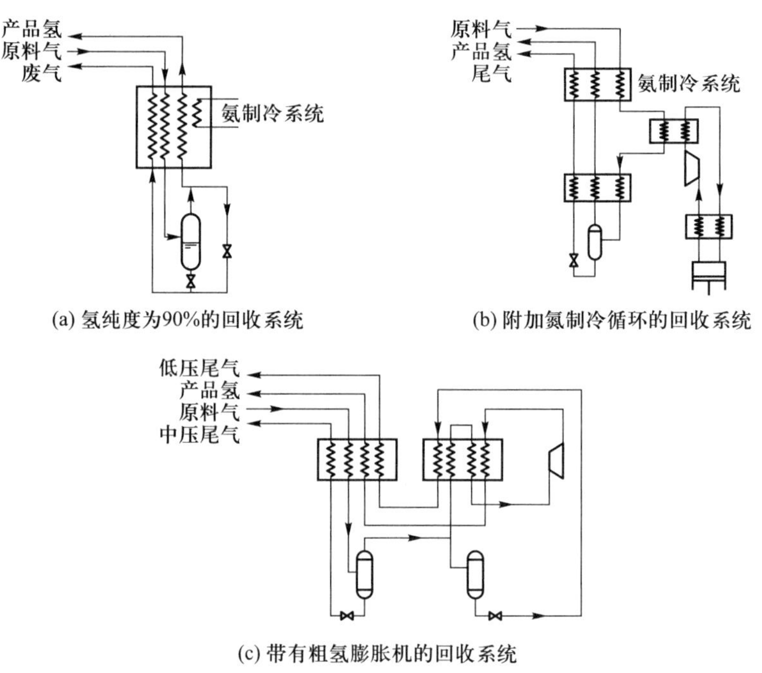

图 9-54　PCD 公司氢回收系统

20 世纪 80 年代初,四川空气分离设备厂针对小化肥行业粗氢回收开发了 LWQ-650 型合成氨尾气氢回收装置,其流程如图 9-55 所示。该低温冷凝装置采用活塞式氢膨胀机,处理气量(标准状态)为 650 m^3/h,操作压力为 5.884 MPa,回收的粗氢压力为 1.324 MPa,氢回收率达 96%,投产后每年增产合成氨 1 000 t。

2. 氩的提取

合成氨尾气中提取氩普遍采用的是低温精馏或冷凝蒸发的方法,工艺一般包括原料气的净化、氢的脱除、甲烷的脱除和氮的脱除 4 个工序,制得的氩纯度为 99.99%~99.999%。

(1) 原料气的净化

原料气净化的目的在于脱除原料气中所含有的氨及水分等杂质,使净化后的原料气氨含量少于 0.1×10^{-6},露点低于-45 ℃。一般采用软水洗涤与吸附组合净化原料气。

水洗脱氨塔工业上常选用填料塔,使用脱氧软水洗涤可将氨含量降至 200×10^{-6}以下。除氨后的原料气使用二级吸附装置将氨脱除到痕量。第一

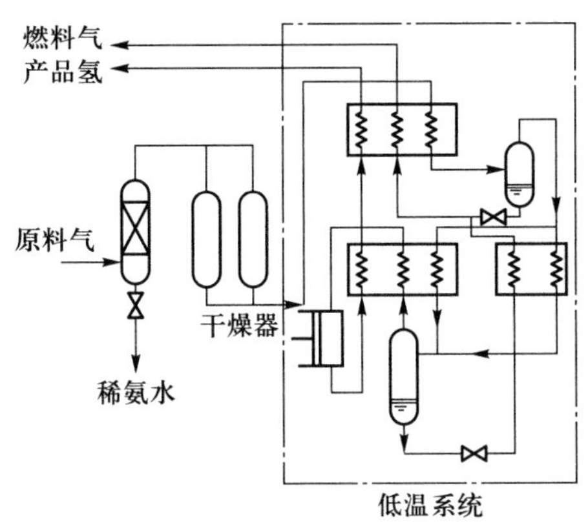

图 9-55 LWQ-650 型合成氨尾气回收氢流程图

级吸附器采用粗孔球形硅胶进行氨-水共吸附，使氨含量由 200×10^{-6}降至 5×10^{-6}，第二级吸附器使用细孔球形硅胶进行微量氨脱除，使氨含量进一步降至 1×10^{-6}以下。原料气中的水分可用分子筛或硅胶在吸附氨的同时一起脱除。

(2) 氢的脱除

早期的工业脱氢装置采用精馏塔分离氢，简称为三塔流程，如图 9-56 所示。氢、甲烷和氩分别在三个精馏塔中进行分离，装置冷量由克劳德氮制冷循环提供。脱氢塔依靠冷凝回流液的洗涤作用将氢和其他组分进行分离，氩的提取率取决于脱氢塔的操作条件，一般为 90%。由于氢气与其他组分的沸点相差很大，无脱氢塔的二级部分冷凝法（简称二塔流程，如图 9-57 所示）已取代了上述的三塔流程。二塔流程采用低温高压下的二级部分冷凝来分离氢气，氢气纯度一般为 80%～95%，氩的纯度为 99.999%，氢、氩的回收率分别为 92% 和 82%。

(3) 甲烷的脱除

甲烷的标准沸点与氩、氮组分沸点相差 20 K 以上，分离较为容易。合成氨尾气提氩的各种流程，几乎都通过设置甲烷塔、利用低温精馏原理将甲烷从氩-氮-甲烷三元组分中分离出来。为使产品氩中甲烷含量小于 10^{-6}，甲烷塔塔顶出来的氩氮混合气中甲烷的含量必须小于 0.3×10^{-6}。因合成氨尾气组分波动频繁，甲烷塔除按三元组分设计外，加料板的位置要有可调节的措施，总塔板数要有足够的裕量。甲烷塔的操作压力需与其塔顶冷凝温度相适应，操作压力越高，冷凝温度也越高。

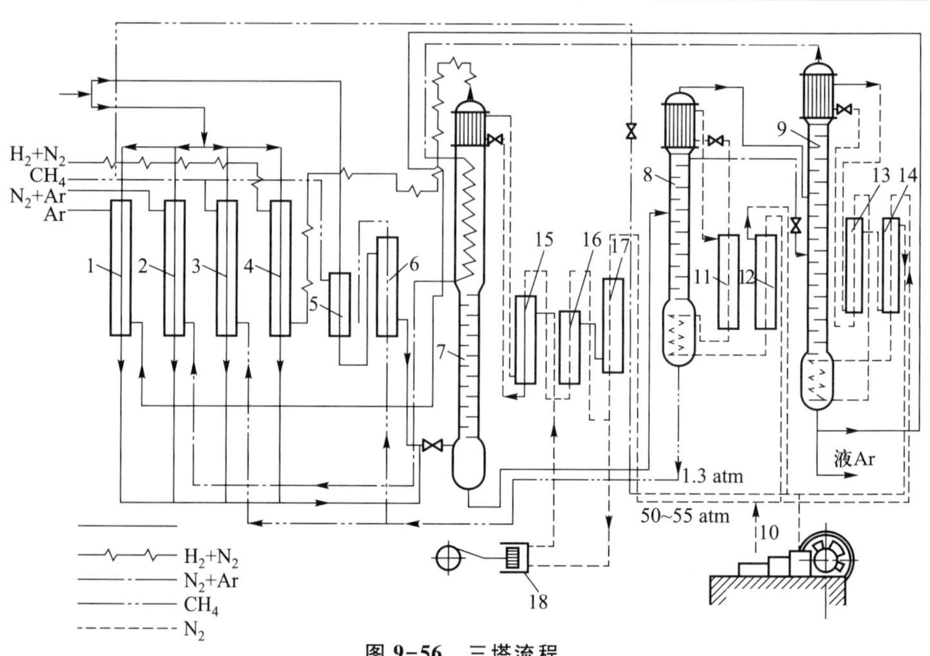

图 9-56　三塔流程

1~6 及 11~17—热交换器；7—氢塔；8—甲烷塔；9—氩塔；10—氮压缩机；18—氮膨胀机

注：1 atm = 101.325 kPa。

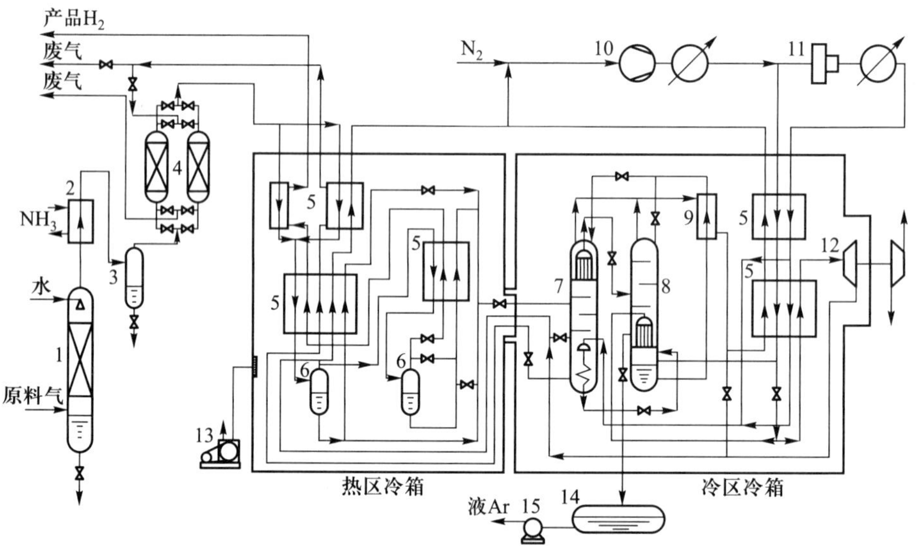

图 9-57　二塔提氩流程

1—水冷塔；2—预冷器；3—水分离器；4—分子筛吸附器；5—热交换器；6—气液分离器；7—甲烷塔；8—氩塔；9—过冷器；10—低压氮循环压缩机；11—高压氮循环压缩机；12—透平膨胀机；13—真空泵；14—液氩槽；15—液压泵

(4) 氮的脱除

氩、氮的沸点相差约 9.9 K,可采用与空分装置精氩塔类似的氩氮分离塔进行分离。原料气经过脱氢、脱甲烷后,进入氩氮分离塔脱除氮杂质,在塔釜可得到 99.99%~99.999%的纯液氩。纯液氩冷却后以液态形式进行储存,或复热成气态经压缩后充入钢瓶(也可液态加压后汽化充瓶)。

3. 氦的提取

以含氦天然气为原料的合成氨尾气,其低温法提氦又称液氢法。氦在从含氦天然气转移至合成氨尾气的过程中被浓缩了 4~8 倍,提氦是合成氨尾气综合利用的一个方面。氦的沸点低于氢,需要从粗氢中进一步提取获得。提取过程所经工序,以四川省化学工业研究设计院合成氨尾气提氦装置为例进行介绍。

(1) 粗氢纯化

粗氢必须进行纯化以防止高沸点组分在氢液化过程中冻结。粗氢经压缩机压缩到 12.85 MPa,与返回氢、液氮换热冷却到约 83 K 后,进入硅胶吸附器,通过低温吸附法除去 Ar、N_2等高沸点组分,在吸附器出口高沸点组分 Ar、N_2含量小于 1×10^{-6}, O_2含量要求小于 0.1×10^{-6},以避免出现固体氧。

(2) 氢液化、氢氦分离

纯化后的氢(氦含量为 0.4%)经过与负压液氮、返流氢换热,被冷却至 35~43 K,之后节流进入氢氦分离塔。氢氦分离塔的操作压力为 0.69~0.89 MPa,塔顶获得氦含量为 50%~60%的富氦馏分(一次粗氦),塔釜的液氢馏分节流至 150 kPa 作为精馏塔的冷源。氢气经复热,一部分作为低温硅胶吸附器、氢干燥器的再生气,另一部分作为氢产品输出。

(3) 低压吸附除氢

来自氢氦分离塔的一次粗氦进入活性炭吸附器,在压力为 0.69~0.89 MPa、温度约 83 K 条件下吸附净化,获得氦含量高于 99%的二次粗氦。吸附器在液氮温度下,通过抽真空再生。

(4) 高压吸附纯化氦

二次粗氦被压缩至 14.7 MPa,经干燥和液氮冷却后进入活性炭吸附器,在负压液氮温度下,吸附除去 Ne、H_2、O_2和 N_2等杂质,即可获得纯度为 99.99%以上的纯氦,并直接充入钢瓶。

参考文献

[1] 王炳忠,殷合香,李映嬴.低温分离气体产品与周围环境[J].低温与特气,2002,20(2): 5-6.

[2] ROHDE W,顾荣而.采用填料塔生产纯氩的新流程[J].深冷技术,1998(1):5-8.

[3] 陈华,蒋国梁.膜分离法与深冷法联合用于从天然气中提取氦[J].天然气工业, 1995,15(2):71-73.

[4] 李文波,毛鹏生,王长英,等.空气分离技术进展[J].石化技术,2000,7(3):173-175.

[5] 徐文灏,王宝训.低温全精馏制氩工艺计算演绎之三:空分精馏全面参与氩精馏[J].深冷技术,1999(4):1-9.

[6] 刘芙蓉,张元珍.精氩塔的设计型计算[J].低温与特气,1995(3):33-37.

[7] 梁肃臣.气体的纯化方法[J].低温与特气,1995(3):66-69.

[8] RATHBONE T,KLER S C,戴炜臣.空气分离和过程综合展望[J].深冷技术,1995(5):13-18.

[9] TRATHBONE,顾荣而.低温法分离气体的最新进展[J].深冷技术,1994(3):6-10.

[10] 李铁军,王朝霞.天然气轻烃回收分离压力及温度[J].油气田地面工程,2001, 20(4):17.

[11] 邑诚,朱建华.分子筛在空气分离中的新进展[J].江苏化工,2001,29(4):23-27.

[12] 李闽,李士伦,郭平.气液固三相相平衡计算[J].石油学报,2002, 23(1):98-102.

[13] LEWIS A.膜分离优化天然气净化[J].天然气与石油,1997(3):22-24.

[14] 荆国林,隋军.天然气工业中的膜分离技术[J].石油与天然气化工,1998(2):104-106.

[15] 朱自强 姚善泾,金彰礼.流体相平衡原理及其应用[M].杭州:浙江大学出版社, 1990.

[16] 蔡济道, 章炎生, 孙鸿昶,等. 稀有气体的制取[M]. 北京: 科学出版社, 1982.

[17] 李化治. 制氧技术[M]. 北京:冶金工业出版社, 2009.

[18] 王立.稀有气体的制取原理与方法[M]. 北京:冶金工业出版社, 1993.

[19] 柴诚敬,贾绍义. 化工原理[M].3 版. 北京:高等教育出版社, 2017.

[20] 王立,厉彦忠,张华.低温工艺与装置[M].北京:机械工业出版社, 2018.

郑重声明

高等教育出版社依法对本书享有专有出版权。任何未经许可的复制、销售行为均违反《中华人民共和国著作权法》，其行为人将承担相应的民事责任和行政责任；构成犯罪的，将被依法追究刑事责任。为了维护市场秩序，保护读者的合法权益，避免读者误用盗版书造成不良后果，我社将配合行政执法部门和司法机关对违法犯罪的单位和个人进行严厉打击。社会各界人士如发现上述侵权行为，希望及时举报，我社将奖励举报有功人员。

反盗版举报电话 (010)58581999 58582371

反盗版举报邮箱 dd@hep.com.cn

通信地址 北京市西城区德外大街4号

高等教育出版社法律事务部

邮政编码 100120

防伪查询说明

用户购书后刮开封底防伪涂层，使用手机微信等软件扫描二维码，会跳转至防伪查询网页，获得所购图书详细信息。

防伪客服电话 (010)58582300